现代物理基础丛书·典藏版

引力理论

（上册）

王永久　著

科学出版社

北京

内 容 简 介

本书系统地阐述了广义相对论的基本内容和相关领域近年来的新进展，包括作者和合作者们以及国内外同行学者们的近期研究成果. 全书包括绪论、广义相对论基础、一些特殊形式的引力场、广义相对论流体动力学、黑洞物理、广义相对论宇宙学、宇宙的暴胀、量子宇宙学、Brans-Dicke 理论和膜宇宙、广义相对论引力效应十篇，共 37 章 230 节.

本书可供理论物理、天体物理和应用数学专业的硕士生、博士生和研究人员阅读，也可供本科高年级学生和自学者参考.

图书在版编目(CIP)数据

引力理论. 上册/王永久著. —北京：科学出版社，2011
（现代物理基础丛书 · 典藏版）
ISBN 978-7-03-031070-5
I. ①引… II. ①王… III. ①引力理论 IV. ①O314
中国版本图书馆 CIP 数据核字(2011) 第 088586 号

责任编辑：钱 俊 张 静／责任校对：张怡君
责任印制：赵 博／封面设计：陈 敬

科学出版社 出版
北京东黄城根北街 16 号
邮政编码：100717
http://www.sciencep.com
涿州市般润文化传播有限公司印刷
科学出版社发行 各地新华书店经销
*
2011 年 6 月第 一 版 开本：B5(720 × 1000)
2021 年 6 月印 刷 印张：50
字数：966 000
定价：198.00 元（上、下册）

前　　言

《引力理论和引力效应》一书自 1990 年出版以来有幸受到诸多读者的欢迎, 出版不到两年时间便已售完, 不少读者希望再版. 本书在对《引力理论和引力效应》进行修改的基础上增加了广义相对论近年来的新成果和新进展. 由于篇幅限制, 关于黑洞量子化的部分内容 (黑洞的面积量子化、质量量子化和电荷量子化) 以及宇宙学的部分内容 (宇宙暴胀的机制、圈量子宇宙和大爆炸的量子特性) 未做详细阐述, 有兴趣的读者可分别参阅《经典黑洞和量子黑洞》(王永久, 2008) 和《经典宇宙和量子宇宙》(王永久, 2010).

1687 年, 牛顿创立了第一个引力理论, 这是人类对自然界普遍存在的力 —— 引力的认识的第一次升华. 牛顿引力理论首次揭开了行星运动之谜, 奇迹般地预言了两个行星 (海王星和冥王星) 的存在并被天文观测所证实, 从此牛顿的名字誉满全球. 直至 20 世纪初, 这一理论是人们普遍接受的、唯一正确的引力理论. 随着人类智慧的发展, 牛顿引力理论的困难日益引起学者们的重视: 它无法解释天文学家观测到的事实 —— 水星近日点的移动, 无法解释物体的引力质量为何等于惯性质量 ······

牛顿引力理论无法用来研究宇宙. 用牛顿引力理论研究宇宙会导致著名的纽曼 (Newman) 疑难.

1916 年, 爱因斯坦以全新的观点创立了新的引力理论 —— 广义相对论, 这是人类对引力认识的第二次升华. 爱因斯坦引力理论将时–空几何和引力场统为一体, 以其简洁的逻辑和优美的结构令学者们叹服甚至陶醉. 它圆满地解决了牛顿引力理论的困难, 并将牛顿引力理论纳入自己的特殊情况 (弱场近似).

爱因斯坦引力理论的建立, 第一次为宇宙学提供了动力学基础, 使宇宙学成为一门定量的科学. 爱因斯坦的引力场方程可以用于宇宙, 作为宇宙演化的动力学方程. 因此, 应用广义相对论, 可以根据宇宙的现在研究宇宙的过去和未来.

引力理论的发展在很大程度上取决于爱因斯坦场方程的严格解及其物理解释. 本书第一部分以场方程的严格解为中心论述广义相对论的基本内容, 给出了爱因斯坦引力场方程的数十个严格解的推导过程和诸种生成解技术; 系统地叙述了广义相对论流体动力学; 阐述了黑洞的时空理论、经典黑洞热力学、黑洞熵的量子修正和黑洞的量子效应.

大爆炸宇宙学成功地解释了自 $t = 10^{-2}$ 秒 (轻核形成) 至 $t = 10^{10}$ 年 (现在) 宇宙演化阶段的观测事实. 其中包括元素的起源 (氦丰度测量)、星系光谱的宇宙学红移、3K 微波背景辐射、星系计数、宇宙大尺度的均匀各向同性等. 宇宙背景辐射的观测两次获得诺贝尔物理学奖 (1978 年, 2006 年), 就是因为它们支持了大爆炸宇宙模型. 由于大爆炸宇宙模型普遍为人们所接受, 故称其为标准宇宙模型. 然而标准宇宙模型仍有它的困难, 就是在 $t = 10^{-10}$ 秒这一极早期演化阶段中的四个问题: 奇点问题、视界问题、平直性问题和磁单极问题. 本书第七篇阐述了宇宙的暴胀理论. 这一理论解决了上述四个问题中的后三个. 它已经把我们带到 $t = 10^{-36}$ 秒的宇宙极早期, 已接近宇宙的开端. 我们可以把加入了暴胀理论的大爆炸宇宙模型称为新的标准宇宙模型. 标准宇宙模型原来的四个困难问题还剩下一个, 即宇宙的初始奇点 (宇宙的创生) 问题, 这是本书第八篇 (量子宇宙学) 的内容.

广义相对论宇宙学是建立在爱因斯坦引力理论基础上的. 严格地说, 量子宇宙学应该建立在量子引力理论的基础上. 然而, 至今尚未建立一个令人满意的量子引力理论. 尽管如此, 人们仍然可以根据已经了解到的量子引力的某些特征, 去寻找各种途径, 尝试解决量子宇宙学的主要问题 —— 宇宙的创生问题. 20 世纪末, 哈特 (Hartle)、霍金 (Hawking)、维林金 (Vilenkin) 等提出, 用宇宙波函数来描述宇宙的量子状态, 宇宙动力学方程即惠勒–德维特方程. 这样, 只要确定宇宙的边界条件, 便可定量地研究宇宙的创生问题了. 本书第八篇阐述了哈特–霍金的量子宇宙学理论.

由引力场方程和场源物质及试验粒子的运动方程, 可以引出许多新的推论, 其中有一些具有明显的物理意义. 这些推论是牛顿力学中所没有的, 称为广义相对论引力效应. 本书第十篇收集了 141 种广义相对论引力效应. 除了和几个经典实验相对应的引力效应以外, 还有更多的引力效应不能为目前的实验所检验. 随着观测技术、引力辐射探测技术和空间技术的发展, 太阳系不再是检验引力理论的唯一场所, 这一点已经越来越明显. 可望在今后的 10 年内, 有更多的引力效应为新的实验所检验.

全书包括绪论、广义相对论基础、一些特殊形式的引力场、广义相对论流体动力学、黑洞物理、广义相对论宇宙学、宇宙的暴胀、量子宇宙学、Brans-Dicke 理论和膜宇宙、广义相对论引力效应十篇, 共 37 章 230 节.

作者与同事和合作者荆继良教授、余洪伟教授和唐智明教授获得过两次国际引力研究荣誉奖 (美国)、两次中国图书奖和一次教育部科技进步奖; 在几种相关杂志上发表过一些文章 (*Phys.Rev.D* 47 篇, *Ap.J.Lett.* 3 篇, *Ap.J.* 3 篇, *JCAP* 3 篇, *Nucl. Phys.* B 21 篇, *JHEP* 9 篇, *Phys. Lett. A&B* 32 篇, 《中国科学》4 篇), 加上诸多国内外同行学者的原始论文, 其中部分相关内容经补充推导和加工整理已写入书中.

作者深深感谢刘辽教授、郭汉英研究员、张元仲研究员、D.Kramer 教授、C.Will 教授、V.Cruz 教授、易照华教授和王绶琯院士、曲钦岳院士、杨国桢院士、周又元院士、陆埮院士, 他们曾对作者的部分论文的初稿提出过有益的意见, 对作者的科研工作给予热情的关心和支持.

作者和须重明教授、彭秋和教授、梁灿彬教授、赵峥教授、王永成教授、李新洲教授、桂元星教授、钟在哲教授、黄超光研究员、沈有根研究员、罗俊教授、李芳昱教授进行过多次讨论和交流, 受益颇多, 在此一并致谢.

作者还要感谢樊军辉教授、吕君丽教授、郭鸿钧教授、黎忠恒教授、鄢德平编审以及黄亦斌、罗新炼、陈菊华、黄秀菊、陈松柏、潘启元、张佳林、龚添喜诸位博士, 他们对作者的科研工作和本书的出版给予了热情的帮助和支持.

本书和作者的前两本书《经典黑洞和量子黑洞》(王永久, 2008)、《经典宇宙和量子宇宙》(王永久, 2010) 分别得到了国家 "973" 计划、国家理论物理重点学科和中国科学院科学出版基金的资助, 作者深表感谢.

王永久
于湖南师范大学物理研究所
2010 年 4 月

目　录

第一篇　绪　论

第二篇　广义相对论基础

第三篇　一些特殊形式的引力场

第四篇 广义相对论流体动力学

第五篇　黑 洞 物 理

第一篇　绪　　论

1905 年, 爱因斯坦历史性地突破了经典物理学框架, 创立了狭义相对论, 完整地建立了相对论运动学、相对论动力学和相对论电动力学. 本篇力求系统地阐述四维形式的狭义相对论, 为读者能够顺利地进入广义相对论做必要的知识准备.

第 1 章　广义洛伦兹变换

1.1　非本征欧氏空间

狭义相对论的基本原理之一是光速不变原理.

对于任意一个洛伦兹 (Lorentz) 变换, 二次齐次式

$$ds^2 = c^2 dt^2 - dx^2 - dy^2 - dz^2 \tag{1.1.1}$$

是一个不变量; 对于光信号有

$$ds^2 = 0. \tag{1.1.2}$$

我们这里取的度规符号为 $(+---)$.

不变量 (1.1.1) 给出一个欧几里得空间 (欧氏空间). 这里应注意, ds^2 不一定是正定的. 因此, 这一空间常称为伪欧氏空间 (非本征欧氏空间).

1.2　附 加 惯 例

1. 附标

在相对论中, 采用的坐标有时不都是实的, 如

$$x^1 = x, \quad x^2 = y, \quad x^3 = z, \quad x^4 = ict, \tag{1.2.1}$$

或者写成

$$x^\mu, \quad \mu = 1,2,3,4. \tag{1.2.2}$$

有时选取坐标都是实的, 如:

$$x^1 = x, \quad x^2 = y, \quad x^3 = z, \quad x^0 = ct, \tag{1.2.3}$$

或者写成

$$x^\mu, \quad \mu = 1,2,3,0. \tag{1.2.4}$$

2. 取和惯例

若在同一项中有上下一对附标相同, 则意味着取和:

$$A_\mu B^\mu = A_1 B^1 + A_2 B^2 + A_3 B^3 + A_0 B^0, \quad \mu = 1,2,3,0,$$
$$A_i B^i = A_1 B^1 + A_2 B^2 + A_3 B^3, \quad i = 1,2,3.$$

以下凡希腊字母作为附标, 其取值为 1,2,3,0 或 1,2,3,4; 凡拉丁字母作为附标, 其取值为 1,2,3.

3. 矢量

在三维空间中, 矢量记为 $\boldsymbol{A}$. 该矢量以分量表示可写为

$$A^1 = A_x, \quad A^2 = A_y, \quad A^3 = A_z;$$

或者写成

$$A^i, \quad i = 1, 2, 3.$$

在四维空间中矢量也可记为 $\boldsymbol{A}$, 它的分量为

$$A^1 = A_x, \quad A^2 = A_y, \quad A^3 = A_z, \quad A^0 = A_{ct} \quad \text{或}\ A^4 = A_{\mathrm{i}ct};$$

或者写成

$$A^\mu, \quad \mu = 1, 2, 3, 0(\text{或}\ 1, 2, 3, 4).$$

应注意, 四维矢量的前三个分量不一定是三维矢量的三个分量, 例如, 坐标微分四维矢量 $\mathrm{d}x^\mu$ 的前三个分量 $\mathrm{d}x^i$ 是三维矢量的分量. 但是四维速度矢量$u^\mu = \dfrac{\mathrm{d}x^\mu}{\mathrm{d}\tau}$ 的前三个分量 $u^i = \dfrac{\mathrm{d}x^i}{\mathrm{d}\tau}$ 就不是三维速度矢量 $v^i = \dfrac{\mathrm{d}x^i}{\mathrm{d}t}$ 的分量. 换句话说, $v^\mu = (v^i, v^4)$ 不构成四维矢量.

1.3　狭义相对论中线元的表示式

1. 选用虚坐标

若令

$$x^1 = \mathrm{i}x, \quad x^2 = \mathrm{i}y, \quad x^3 = \mathrm{i}z, \quad x^4 = ct, \tag{1.3.1}$$

则线元 (1.1.1) 可表示为椭圆形式:

$$\mathrm{d}s^2 = \sum_\mu (\mathrm{d}x^\mu)^2, \quad \mu = 1, 2, 3, 4. \tag{1.3.2}$$

这是四维欧氏空间中的线元 (直线正交系).

如果直线正交坐标轴以四个单位矢量 $\boldsymbol{e}_\mu$ 表示之, 则有

$$\begin{aligned} &\boldsymbol{e}_\mu \cdot \boldsymbol{e}_\nu = 0, \ \text{当}\ \mu \neq \nu; \\ &\boldsymbol{e}_\mu \cdot \boldsymbol{e}_\nu = 1, \ \text{当}\ \mu = \nu; \end{aligned} \tag{1.3.3}$$

和

$$\mathrm{d}\boldsymbol{s} = \boldsymbol{e}_\mu \mathrm{d}x^\mu. \tag{1.3.4}$$

按 (1.3.4), $\mathrm{d}s\cdot\mathrm{d}s=\mathrm{d}s^2$ 恰为 (1.3.2).

条件 (1.3.3) 可写为

$$\boldsymbol{e}_\mu\cdot\boldsymbol{e}_\nu=\delta_{\mu\nu}. \tag{1.3.5}$$

这样, (1.3.2) 可表示为

$$\mathrm{d}s^2=g_{\mu\nu}\mathrm{d}x^\mu\mathrm{d}x^\nu, \tag{1.3.6}$$

$$g_{\mu\nu}=\delta_{\mu\nu}. \tag{1.3.7}$$

由 (1.3.7) 可以得到

$$A_\mu\equiv g_{\mu\nu}A^\nu=A^\mu. \tag{1.3.8}$$

上式表明, 在直线正交坐标系中, 协变矢量和逆变矢量没有区分的必要.

很容易得到两个矢量的标量积和矢量模的表示式:

$$\boldsymbol{A}\cdot\boldsymbol{B}=g_{\mu\nu}A^\mu B^\nu=\sum_\mu A^\mu B^\mu, \tag{1.3.9}$$

$$|\boldsymbol{A}|^2=g_{\mu\nu}A^\mu A^\nu=\sum_\mu(A^\mu)^2. \tag{1.3.10}$$

通常, 令

$$x^1=x,\quad x^2=y,\quad x^3=z,\quad x^4=\mathrm{i}ct,$$

这时有

$$\mathrm{d}s^2=g_{\mu\nu}\mathrm{d}x^\mu\mathrm{d}x^\nu=-\sum_\mu(\mathrm{d}x^\mu)^2, \tag{1.3.11}$$

这对应于

$$\boldsymbol{e}_\mu\cdot\boldsymbol{e}_\nu=-\delta_{\mu\nu}, \tag{1.3.12}$$

或

$$g_{\mu\nu}=-\delta_{\mu\nu}. \tag{1.3.13}$$

对于这样的坐标系, 矢量的协变分量和逆变分量之间的关系为

$$A_\mu=g_{\mu\nu}A^\nu=-A^\mu. \tag{1.3.14}$$

标积和模表示为

$$\boldsymbol{A}\cdot\boldsymbol{B}=g_{\mu\nu}A^\mu B^\nu=-\sum_\mu A^\mu B^\mu, \tag{1.3.15}$$

$$|\boldsymbol{A}^2|=g_{\mu\nu}A^\mu A^\nu=-\sum_\mu(A^\mu)^2. \tag{1.3.16}$$

2. 选用实坐标

$$x^1 = x, \quad x^2 = y, \quad x^3 = z, \quad x^0 = ct, \tag{1.3.17}$$

则线元 (1.1.1) 表示为

$$\mathrm{d}s^2 = (\mathrm{d}x^0)^2 - \sum_p (\mathrm{d}x^p)^2, \tag{1.3.18}$$

此时 $\mathrm{d}s^2$ 为双曲线型, 符号为 $(+\ -\ -\ -)$. 它对应于以基矢量系 $\boldsymbol{e}_\mu(\mu = 1, 2, 3, 0)$ 表征的直线坐标系. 可将 $\mathrm{d}\boldsymbol{s}$ 写为

$$\mathrm{d}\boldsymbol{s} = \boldsymbol{e}_\mu \mathrm{d}x^\mu, \tag{1.3.19}$$

于是标积 $\mathrm{d}\boldsymbol{s} \cdot \mathrm{d}\boldsymbol{s}$ 具有形式

$$\mathrm{d}\boldsymbol{s} \cdot \mathrm{d}\boldsymbol{s} = \mathrm{d}s^2 = (\mathrm{d}x^0)^2 - \sum_p (\mathrm{d}x^p)^2,$$

只要满足条件

$$\begin{aligned} &\boldsymbol{e}_\mu \cdot \boldsymbol{e}_\nu = 0,\ \text{当}\, \mu \neq \nu, \\ &e_0^2 = 1,\ e_p^2 = -1, \quad p = 1, 2, 3. \end{aligned} \tag{1.3.20}$$

上面的条件可写为

$$\boldsymbol{e}_\mu \cdot \boldsymbol{e}_\nu \equiv \eta_{\mu\nu}, \tag{1.3.21}$$

$$[\eta_{\mu\nu}] = \begin{pmatrix} -1 & & & 0 \\ & -1 & & \\ & & -1 & \\ 0 & & & +1 \end{pmatrix}.$$

(1.3.21) 与实坐标相对应, 此时线元 $\mathrm{d}s^2$ 的表示式为 (1.3.18) 式. 如果将 (1.3.18) 与 (1.3.6) 比较, 则得到

$$g_{\mu\nu} = \eta_{\mu\nu}. \tag{1.3.22}$$

此时我们有

$$A_\mu \equiv g_{\mu\nu} A^\nu = \eta_{\mu\nu} A^\nu, \tag{1.3.23}$$

即

$$A_p = \eta_{p\nu} A^\nu = -\delta_{p\nu} A^\nu = -A^p, \tag{1.3.24}$$

$$A_0 = \eta_{0\nu} A^\nu = \delta_{0\nu} A^\nu = A^0. \tag{1.3.25}$$

选用实坐标时, 二矢量的标量积和矢量的模表示为

$$\boldsymbol{A}\cdot\boldsymbol{B}=g_{\mu\nu}A^\mu B^\nu=-A^0B^0-\sum_p A^pB^p, \tag{1.3.26}$$

$$|\boldsymbol{A}|^2=g_{\mu\nu}A^\mu A^\nu=(A^0)^2-\sum_p(A^p)^2. \tag{1.3.27}$$

由 (1.3.10)、(1.3.16) 和 (1.3.27) 可见, 任意非零实矢量的模平方不一定是正的. 即狭义相对论中的四维空间是**非本征的欧几里得空间.**

1.4 类空、类时和各向同性四维矢量

矢量 $\boldsymbol{A}$ 的模平方大于、小于或等于零, 对应地称此矢量为**类时**、**类空**或**各向同性矢量**.

选择实坐标. 在与 (1.3.22) 对应的正交坐标系中, 根据 (1.3.27), 我们有三种情况:

$$|\boldsymbol{A}|^2=g_{\mu\nu}A^\mu A^\nu=(A^0)^2-\sum_p(A^p)^2\gtreqless 0. \tag{1.4.1}$$

如果 $\sum\limits_p(A^p)^2=(A^0)^2$, 则它是各向同性的.

对于质点的运动,$v<c$, $\mathrm{d}s^2>0$, 故知质点时迹的切线方向沿着四维类时矢量. 即质点时迹位于特征锥面 $\mathrm{d}s^2=0$ 之内.

$\mathrm{d}s^2=0$ 的粒子的时迹对应于光线 ($v=c$). 即光子的时迹位于特征锥面上.

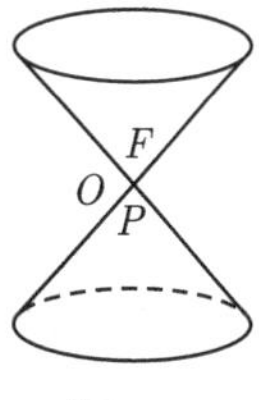

图 1-1

特征锥面 $\mathrm{d}s^2=0$ 把四维空间分为两部分. 第一部 ($\mathrm{d}s^2>0$) 对应于特征曲面的内部, 包含所有的类时矢量. 这区域又包含两部分 —— 原点上方和原点下方 (分别记为 F 区和 P 区). 在 F 区域中, 所有四维类时矢量的分量 A^0 都是正的. 这是**未来区域**. 相反, P 区为**过去区域**. 第二部分 ($\mathrm{d}s^2=0$) 为**光子迹区域**. 第三部分 ($\mathrm{d}s^2<0$) 对应于特征锥面的外部, 包含所有四维类空矢量. 与原点比较, 这是**无因果关系的区域** (图 1-1).

1.5 四维欧氏空间的运动群

设两个坐标系都满足正交条件 (1.3.7), (1.3.13) 或 (1.3.22), 我们寻求不改变长度单位的坐标变换.

采用虚坐标, 正交条件具有形式 $g_{\mu\nu} = \delta_{\mu\nu}$ 或 $g_{\mu\nu} = -\delta_{\mu\nu}, \mathrm{d}s^2$ 表示为 (1.3.2) 或 (1.3.11). 此时应满足条件

$$\sum_{\mu}(\mathrm{d}x^{\mu})^2 = \sum_{\mu}(\mathrm{d}x'^{\mu})^2. \tag{1.5.1}$$

如果采用实坐标 ($x^0 = -ct$), 则有归一化条件 $g_{\mu\nu} = \eta_{\mu\nu} \cdot \mathrm{d}s^2$ 的形式由下式确定:

$$\mathrm{d}s^2 = (\mathrm{d}x^0)^2 - \sum_{p}(\mathrm{d}x^p)^2.$$

对于上述坐标变换, 此式仍然保持不变;

$$(\mathrm{d}x^0)^2 - \sum_{p}(\mathrm{d}x^p)^2 = (\mathrm{d}x'^0)^2 - \sum_{p}(\mathrm{d}x'^p)^2. \tag{1.5.2}$$

这一不变性对应一变换群 —— 欧几里得 (或非本征欧几里得) 四维空间的运动群. 这个群包括**位移**

$$x'^{\mu} = x^{\mu} + a^{\mu}, \quad a^{\mu} = \text{const}. \tag{1.5.3}$$

此时有

$$\mathrm{d}x'^{\mu} = \mathrm{d}x^{\mu}. \tag{1.5.4}$$

欧氏空间或非本征欧氏空间的线性正交变换具有形式

$$\boldsymbol{e}'_{\mu} = a^{\nu}_{\mu'}\boldsymbol{e}_{\nu}, \quad \boldsymbol{e}_{\mu} = a^{\nu'}_{\mu}\boldsymbol{e}_{\nu}, \tag{1.5.5a}$$

$$x'^{\mu} = a^{\mu'}_{\nu}x^{\nu}, \quad x^{\mu} = a^{\mu}_{\nu'}x'^{\nu}. \tag{1.5.5b}$$

式中

$$a^{\rho}_{\mu'}a^{\nu'}_{\rho} = a^{\rho'}_{\mu}a^{\nu}_{\rho'} = \delta^{\nu}_{\mu}. \tag{1.5.6}$$

要使变换后的坐标系仍然是正交的, 其充分且必要条件是

$$g'_{\mu\nu} = \boldsymbol{e}'_{\mu} \cdot \boldsymbol{e}'_{\nu} = (\boldsymbol{e}_{\mu} \cdot \boldsymbol{e}_{\nu}) = g_{\mu\nu}, \tag{1.5.7}$$

或者满足

$$a^{\rho}_{\mu'}g_{\rho\lambda} = a^{\rho'}_{\lambda}g_{\mu\rho}. \tag{1.5.8}$$

如果轴的正交条件是 $g_{\mu\nu} = \delta_{\mu\nu}$ 或 $g_{\mu\nu} = -\delta_{\mu\nu}$, 则由 (1.5.8) 有

$$a^{\lambda}_{\mu'} = a^{\mu'}_{\lambda}. \tag{1.5.9}$$

这时, 与 (1.5.6) 和 (1.5.9) 相对应, 对于变换 (1.5.5), 我们有

$$\sum_{\mu} a^{\mu}_{\nu'}a^{\mu}_{\lambda'} = \delta_{\nu\lambda}. \tag{1.5.10}$$

如果轴的正交条件是 $g_{\mu\nu}=\eta_{\mu\nu}$, 则由 (1.5.8) 得

$$a^{j}_{i'}=a^{i'}_{j},\quad a^{0}_{0'}=a^{0'}_{0},\quad a^{0}_{i'}=-a^{i}_{0'},\quad a^{i}_{0'}=-a^{0'}_{i}. \tag{1.5.11}$$

【注意】如果设 $x^4=\mathrm{i}ct$, 则 $a^{\rho}_{\mu'}$ 和 $a^{\rho'}_{\mu}$ 将是实的, 而 $a^{4}_{p'}$ 和 $a^{p}_{4'}$ 是纯虚的. 此时由 (1.5.10) 有

$$(a^{4}_{4'})^2=1-\sum_{i}(a^{i}_{4'})^2\geqslant 1. \tag{1.5.12}$$

如果设 $x^0=ct$, 则 $a^{\rho}_{\mu'}$ 和 $a^{\rho'}_{\mu}$ 是实的. 此时由 (1.5.6) 和 (1.5.11) 有

$$(a^{0}_{0'})^2=1+\sum_{p}(a^{p}_{0'})^2\geqslant 1. \tag{1.5.13}$$

在上述两种情况下, 应得到

$$a^{4}_{4'}\geqslant 1\quad 或\, a^{4}_{4'}\leqslant -1; \tag{1.5.14}$$

$$a^{0}_{0'}\geqslant 1\quad 或\, a^{0}_{0'}\leqslant -1. \tag{1.5.15}$$

考虑 $a^{0}_{0'}\geqslant 1$(或 $a^{4}_{4'}\geqslant 1$) 对变换 (1.5.5) 的限制, 它构成一个群. 这就是说, 如果上述条件成立, 当变换 $x^{\mu}\to x'^{\mu}$, 然后 $x'^{\mu}\to x''_{\mu}$ 时, 则变换 $x^{\mu}\to x''_{\mu}$ 一定按同样形式进行, 即

$$x'^{\mu}=a^{\mu'}_{\nu}x^{\nu},\quad x''^{\mu}=a^{\mu''}_{\nu'}x'^{\nu}, \tag{1.5.16}$$

$$x''^{\mu}=a^{\mu'}_{\rho}x^{\rho}, \tag{1.5.17}$$

式中

$$a^{\mu''}_{\rho}\equiv a^{\mu''}_{\nu'}a^{\nu'}_{\rho} \tag{1.5.18}$$

一定和 $a^{\mu''}_{\rho'}$ 以及 $a^{\mu'}_{\rho}$ 具有相同形式. 为了使变换 (1.5.16) 构成一个群, 还应引入恒等变换, 以限制系数 $a^{0}_{0'}$, 使满足不等式 $a^{0}_{0'}\geqslant 1$. 这一不等式表明, 所研究的这一类线性正交变换保持矢量 $(\boldsymbol{A}^2>0)$ 的分量 A^0 的符号不变. 显然, 在伽利略变换中这符号是不变的. 特别应该强调的是, 如果在伽利略系中采用实坐标, 则矢量 $\mathrm{d}\boldsymbol{x}$ 总是类时的 (对于质点), 因为 $\nu<c$, $\mathrm{d}s^2>0$. 由于在未来区域内 $\mathrm{d}x^0$ 的符号是正的, 所以当一个伽利略系变到另一个伽利略系时 $\mathrm{d}x^0$ 总保持是正的. 这就是说, 在所有具有物理意义的伽利略系中, 时间的增长都具有相同的方向.

式 (1.5.5) 表明时间和空间坐标起着相同的作用, 但是与不等式 $a^{0}_{0'}\geqslant 0$ 相联系, 暗含着时间不可逆性的假定.

1.6 广义和狭义洛伦兹变换

在 1.5 节中我们已经看到, 四维欧氏空间的运动群保持 $\mathrm{d}s^2$ 的形式不变. 上述线性正交变换间的等效性以及 (根据条件 $a^{0}_{0'}\geqslant 1$) 时间流逝方向的等效性都由此得出. 这个群确定了广义洛伦兹变换.

应该指出, 如果相对于坐标轴, 速度的方向是任意的, 那么所有无旋转的洛伦兹变换不构成群. 一般地, 两个无旋转的洛伦兹变换 $S_1 \to S_2 \to S_3$ 确定一个洛伦兹变换 $S_1 \to S_3$, 但它已经不一定再是无旋转的洛伦兹变换了, 一般情况下会出现旋转. 例如, $S_1 \to S_2$ 和 $S_2 \to S_3$ 由 $v_{12} = -v_{21}, v_{23} = -v_{32}$ 确定; 则与 $Dv_{31} = -v_{13}$ 相对应已有旋转.

广义洛伦兹变换由三个变换组合而成: 绕空间轴原点的纯空间转动, 空间坐标原点的移动和时间坐标原点的移动.

狭义洛伦兹变换是当两个系的坐标轴对应平行而且速度 v 沿一对坐标轴时的特殊情况.

实际上, 借助于四个变量可以使 s 系和 s' 系的空间坐标原点重合, 且使它们的时间原点重合; 再借助于一个空间轴旋转, 可使 Ox 与 Ox' 轴和 v 重合, 再将 s' 系绕 Ox' 轴旋转, 即可使 Oy 轴平行于 Oy' 轴、Oz; 轴平行于 Oz 轴. 这样便过渡到狭义洛伦兹变换的情况.

广义洛伦兹变换由下式确定:

$$\boldsymbol{e}_\mu = a_\mu^{\nu'} \boldsymbol{e}'_\nu, \quad \boldsymbol{e}'_\mu = a_{\mu'}^\nu \boldsymbol{e}_\nu, \tag{1.6.1a}$$

$$x^\mu = a_{\nu'}^\mu x^\nu, \quad x'^\mu = a_\nu^{\mu'} x^\nu. \tag{1.6.1b}$$

式中

$$a_\mu^{\rho'} a_{\rho'}^\nu = a_{\mu'}^\rho a_\rho^{\nu'} = \delta_\mu^\nu \tag{1.6.2}$$

与限制条件 $a_{\mu'}^\rho g_{\rho\nu} = a_\nu^{\rho'} g_{\mu\rho}$ 相联系.

采用实坐标, $g_{\mu\nu} = \eta_{\mu\nu}$, 上述限制条件给出

$$a_{\mu'}^\rho \eta_{\rho\nu} = a_\nu^{\rho'} \eta_{\mu\rho},$$

即

$$a_{p'}^q = a_q^{p'}, \quad a_{0'}^0 = a_0^{0'}, \quad a_{p'}^0 = -a_0^{p'}, \quad a_{0'}^p = a_p^{0'}. \tag{1.6.3}$$

(1.6.2) 写为

$$\sum_i a_p^{i'} a_q^{i'} - a_p^{0'} a_q^{0'} = \delta_{pq},$$

$$(a_0^{0'})^2 - \sum_i a_0^{i'} a_0^{i'} = 1, \quad a_p^{0'} a_0^{0'} - \sum_i a_p^{i'} a_0^{i'} = 0. \tag{1.6.4}$$

与本节开头所说的过程相反, 可以由狭义洛伦兹变换过渡到广义洛伦兹变换. 由 x^μ 系向 x'^μ 系变换, 在一般情况下有

$$x'^p = D^{-1} x^p + D^{-1} v^p \left\{ \frac{\alpha}{v^2} (\boldsymbol{x} \cdot \boldsymbol{v}) - \frac{x^0}{c\sqrt{1-\beta^2}} \right\}, \tag{1.6.5}$$

$$x'^0 = \frac{x^0 - (\boldsymbol{x} \cdot \boldsymbol{v})/c}{\sqrt{1-\beta^2}}. \tag{1.6.6}$$

式中

$$\boldsymbol{v} = (\boldsymbol{v}^p), \quad \boldsymbol{x} = (\boldsymbol{x}^p), \quad x^\mu = (\boldsymbol{x}, ct), \tag{1.6.7}$$

$$v_p = -v^p, \quad v^2 = \sum_p (v^p)^2, \tag{1.6.8}$$

$$\boldsymbol{x} \cdot \boldsymbol{v} = \sum_r x^r v^r = -x^r v_r,$$

$$\alpha = \frac{1}{\sqrt{1-\beta^2}} - 1. \tag{1.6.9}$$

算符 D 由下式确定 (广义洛伦兹变换):

$$D\boldsymbol{r}' = \boldsymbol{r} + \boldsymbol{v}\left[\frac{a}{v^2}(\boldsymbol{r} \cdot \boldsymbol{v}) - \frac{t}{\sqrt{1-\beta^2}}\right]. \tag{1.6.10}$$

由于 $\mathrm{d}t$ 不是不变量, 所以 $v^p = \dfrac{\mathrm{d}x^p}{\mathrm{d}^t}$ 不是四维矢量的空间分量, 代替它的是四维矢量 $u^\mu = \dfrac{\mathrm{d}x^\mu}{\mathrm{d}s}$. 它的空间分量和时间分量分别为

$$u^p = \frac{\mathrm{d}x^p}{\mathrm{d}s} = \frac{\mathrm{d}x^p}{\mathrm{d}t} \cdot \frac{\mathrm{d}t}{\mathrm{d}s} = \frac{v^p}{c\sqrt{1-\beta^2}}, \tag{1.6.11}$$

$$u^0 = \frac{\mathrm{d}x^0}{\mathrm{d}s} = c\frac{\mathrm{d}t}{\mathrm{d}s} = \frac{1}{\sqrt{1-\beta^2}}.$$

考虑到 (1.6.11), 可将 (1.6.5) 和 (1.6.6) 写为

$$x'^p = D^{-1}x^p - D^{-1}u^p\left\{\alpha\left(\frac{1-\beta^2}{\beta^2}\right)x^r\mu_r + x^0\right\}, \tag{1.6.12}$$

$$x'^0 = x^0 u_0 + x^p u_p. \tag{1.6.13}$$

用 a_p^q 表示空间转动系数 D^{-1}, 我们有

$$D^{-1}x^p = a_q^{p'} x^q. \tag{1.6.14}$$

将 (1.6.14) 与 (1.6.12)、(1.6.13)、(1.5.5b) 比较得到

$$a_q^{p'} = a_{p'}^q = a_q^p - \alpha\left(\frac{1-\beta^2}{\beta^2}\right)a_r^p u^r u_q = a_q^p - \frac{\alpha}{v^2}a_r^p v^r v_q. \tag{1.6.15}$$

$$a_0^{p'} = -a_{p'}^0 = -a_r^p u^r, \quad a_p^{0'} = -a_{0'}^p = -u_p. \tag{1.6.16}$$

写成矩阵形式为

$$[a_\mu^{\nu'}] = \begin{pmatrix} a_r^1\gamma_1^r & a_r^2\gamma_1^r & a_r^3\gamma_1^r & -u^1 \\ a_r^1\gamma_2^r & a_r^2\gamma_2^r & a_r^3\gamma_2^r & -u^2 \\ a_r^1\gamma_3^r & a_r^2\gamma_3^r & a_r^3\gamma_3^r & -u^3 \\ -a_r^1u^r & -a_r^2u^r & -a_r^3u^r & u^0 \end{pmatrix}. \tag{1.6.17}$$

$$[a_{\mu'}^{\nu}] = \begin{pmatrix} a_r^1\gamma_1^r & a_r^1\gamma_2^r & a_r^1\gamma_3^r & a_r^1u^r \\ a_r^2\gamma_1^r & a_r^2\gamma_2^r & a_r^2\gamma_3^r & a_r^2u^r \\ a_r^3\gamma_1^r & a_r^3\gamma_2^r & a_r^3\gamma_3^r & a_r^3u^r \\ u^1 & u^2 & u^3 & u^0 \end{pmatrix}, \tag{1.6.18}$$

$$\gamma_p^r = \delta_p^r + \frac{\alpha}{v^2}u^r u^p. \tag{1.6.19}$$

对于无转动的洛伦兹变换有

$$\alpha_p^q = \delta_p^q. \tag{1.6.20}$$

这时 (1.6.15) 和 (1.6.16) 可以写为

$$a_p^{q'} = a_{p'}^q = \delta_p^q + \frac{\alpha}{v^2}v^p v^q, \tag{1.6.21}$$

$$a_{0'}^0 = a_0^{0'} = \frac{1}{\sqrt{1-\beta^2}} = u_0; \tag{1.6.22}$$

$$a_0^{p'} = -a_{p'}^0 = -\frac{v^p}{c\sqrt{1-\beta^2}} = -u^p, \tag{1.6.23}$$

$$a_p^{0'} = -a_{0'}^p = -\frac{v^p}{c\sqrt{1-\beta^2}} = -u^p, \tag{1.6.24}$$

即

$$[a_\mu^{\nu'}] = \begin{pmatrix} \gamma_1^1 & \gamma_1^2 & \gamma_1^3 & -u^1 \\ \gamma_2^1 & \gamma_2^2 & \gamma_2^3 & -u^2 \\ \gamma_3^1 & \gamma_3^2 & \gamma_3^3 & -u^3 \\ -u^1 & -u^2 & -u^3 & u^0 \end{pmatrix}, \tag{1.6.25a}$$

$$[a_{\mu'}^{\nu}] = \begin{pmatrix} \gamma_1^1 & \gamma_1^2 & \gamma_1^3 & u^1 \\ \gamma_2^1 & \gamma_2^2 & \gamma_2^3 & u^2 \\ \gamma_3^1 & \gamma_3^2 & \gamma_3^3 & u^3 \\ u^1 & u^2 & u^3 & u^0 \end{pmatrix}. \tag{1.6.25b}$$

作为特殊情况, 我们讨论狭义洛伦兹变换

$$v^p = v^1, \quad v^2 = v^3 = 0. \tag{1.6.26}$$

在这种情况下,(1.6.21)~(1.6.24) 中不为零的系数为

$$
\begin{aligned}
&a_1^{1'}=a_{1'}^1=1+\alpha=\frac{1}{\sqrt{1-\beta^2}},\quad a_2^{2'}=a_{2'}^2=a_3^{3'}=a_{3'}^3=1,\\
&a_0^{1'}=-a_{1'}^0=-\frac{\beta}{\sqrt{1-\beta^2}},\quad a_1^{0'}=-a_{0'}^1=-\frac{\beta}{\sqrt{1-\beta^2}},\\
&a_0^{0'}=a_{0'}^0=\frac{1}{\sqrt{1-\beta^2}}.
\end{aligned}
\tag{1.6.27}
$$

式 (1.6.27) 中各系数的值与通常直接由狭义洛伦兹变换得到的完全一致, 令 $\beta=$ thϕ, 上式为

$$
[a_\mu^{\nu'}]=\begin{pmatrix}\mathrm{ch}\phi & 0 & 0 & -\mathrm{sh}\phi\\ 0 & 1 & 0 & 0\\ 0 & 0 & 1 & 0\\ -\mathrm{sh}\phi & 0 & 0 & \mathrm{ch}\phi\end{pmatrix},
\tag{1.6.28}
$$

$$
[a_{\mu'}^{\nu}]=\begin{pmatrix}\mathrm{ch}\phi & 0 & 0 & \mathrm{sh}\phi\\ 0 & 1 & 0 & 0\\ 0 & 0 & 1 & 0\\ \mathrm{sh}\phi & 0 & 0 & \mathrm{ch}\phi\end{pmatrix}.
\tag{1.6.29}
$$

如果我们采用虚坐标 ($x^4=\mathrm{i}ct$), 并设 $\tan\psi=\mathrm{i}\beta$, 则与式 (1.6.28) 和 (1.6.29) 对应地有

$$
[a_\mu^{\nu'}]=\begin{pmatrix}\cos\psi & 0 & 0 & \sin\psi\\ 0 & 1 & 0 & 0\\ 0 & 0 & 1 & 0\\ -\sin\psi & 0 & 0 & \cos\psi\end{pmatrix},
\tag{1.6.30}
$$

$$
[a_{\mu'}^{\nu}]=\begin{pmatrix}\cos\psi & 0 & 0 & -\sin\psi\\ 0 & 1 & 0 & 0\\ 0 & 0 & 1 & 0\\ \sin\psi & 0 & 0 & \cos\psi\end{pmatrix}.
\tag{1.6.31}
$$

作为例子, 我们讨论矢量 A^μ 和张量 $T^{\mu\nu}$ 的变换.

选用实坐标, 由逆变分量和协变分量的变换式

$$
A'^\mu=a_\nu^{\mu'}A^\nu,\quad A'_\mu=a_{\mu'}^\nu A_\nu,
\tag{1.6.32}
$$

对于逆变分量, 得到

$$
A'^p=a_q^{p'}A^q+a_0^{p'}A^0=\alpha_r^p\gamma_q^r A^q-\alpha_r^p u^r A^0,
\tag{1.6.33a}
$$

$$A'^0 = a^{0'}_p A^p + a^{0'}_0 A^0 = -\sum_p u^p A^p + u^0 A^0; \tag{1.6.33b}$$

对于协变分量, 得到

$$A'_p = a^q_{p'} A_q + a^0_{p'} A_0 = \sum_q \alpha^p_r \gamma^r_q A_q + \alpha^q_r u^r A_0, \tag{1.6.34a}$$

$$A'_0 = a^p_{0'} A_p + a^0_{0'} A_0 = u^p A_p + u^0 A_0. \tag{1.6.34b}$$

对于无转动的情况, 由 $\alpha^q_p = \delta^q_p$, 得到

$$A'^p = \left[\delta^q_p + \sum_q \frac{\alpha}{\beta^2}(1-\beta)^2 u^p u^q\right] A^q - u^p A^0, \tag{1.6.35a}$$

$$A'^0 = -\sum_p u^p A^p + u^0 A^0; \tag{1.6.35b}$$

$$A'_p = \left[\delta^q_p + \frac{\alpha}{\beta^2}(1-\beta^2) u^p u^q\right] A_q + u^p A_0, \tag{1.6.36a}$$

$$A'_0 = u^p A_p + u^0 A_0. \tag{1.6.36b}$$

如果上述变换是特殊的洛伦兹变换, 即

$$u = u^1 = \frac{v^1}{c\sqrt{1-\beta^2}} = \frac{\beta}{\sqrt{1-\beta^2}}, \quad u^2 = u^3 = 0,$$

$$u^0 = \frac{1}{\sqrt{1-\beta^2}}, \tag{1.6.37}$$

则 (1.6.35) 和 (1.6.36) 简化为

$$A'^1 = \frac{A^1 - \beta A^0}{\sqrt{1-\beta^2}}, \quad A'^2 = A^2, \quad A'^3 = A^3, \quad A'^0 = \frac{A^0 - \beta A^1}{\sqrt{1-\beta^2}}; \tag{1.6.38}$$

$$A'_1 = \frac{A_1 + \beta A_0}{\sqrt{1-\beta^2}}, \quad A'_2 = A_2, \quad A'_3 = A_3, \quad A'_0 = \frac{A_0 + \beta A_1}{\sqrt{1-\beta^2}}. \tag{1.6.39}$$

其逆变换式为

$$A' = \frac{A'^1 + \beta A'^0}{\sqrt{1-\beta^2}}, \quad A^2 = A'^2, \quad A^3 = A'^3,$$

$$A^0 = \frac{A'^0 + \beta A'^1}{\sqrt{1-\beta^2}}; \tag{1.6.40}$$

$$A_1 = \frac{A'_1 - \beta A'_0}{\sqrt{1-\beta^2}}, \quad A_2 = A'_2, \quad A_3 = A'_3,$$

$$A_0 = \frac{A'_0 - \beta A'_1}{\sqrt{1-\beta^2}}. \tag{1.6.41}$$

如果选用虚坐标, 则由 (1.6.30) 和 (1.6.31) 得到

$$
\begin{aligned}
&A'^1 = \frac{A^1 + \mathrm{i}\beta A^4}{\sqrt{1-\beta^2}}, \quad A'^2 = A^2, \quad A'^3 = A^3, \\
&A'^4 = \frac{A^4 - \mathrm{i}\beta A^1}{\sqrt{1-\beta^2}};
\end{aligned} \tag{1.6.42}
$$

$$
\begin{aligned}
&A'_1 = \frac{A_1 + \mathrm{i}\beta A_4}{\sqrt{1-\beta^2}}, \quad A'_2 = A_2, \quad A'_3 = A_3, \\
&A'_4 = \frac{A_4 - \mathrm{i}\beta A_1}{\sqrt{1-\beta^2}}.
\end{aligned} \tag{1.6.43}
$$

逆变换式为

$$
\begin{aligned}
&A^1 = \frac{A'^1 - \mathrm{i}\beta A'^4}{\sqrt{1-\beta^2}}, \quad A^2 = A'^2, \quad A^3 = A'^3, \\
&A^4 = \frac{A'^4 + \mathrm{i}\beta A'^1}{\sqrt{1-\beta^2}};
\end{aligned} \tag{1.6.44}
$$

$$
\begin{aligned}
&A_1 = \frac{A'_1 - \mathrm{i}\beta A'_4}{\sqrt{1-\beta^2}}, \quad A^2 = A'_2, \quad A^3 = A'_3, \\
&A_4 = \frac{A'_4 + \mathrm{i}\beta A'_1}{\sqrt{1-\beta^2}}.
\end{aligned} \tag{1.6.45}
$$

对于二阶张量, 由变换式

$$
T'^{\mu v} = a^{\mu'}_{\rho} a^{v'}_{\sigma} T^{\rho\sigma}, \quad T'_{\mu v} = a^{\rho}_{\mu'} a^{\sigma}_{v'} T_{\rho\sigma}, \tag{1.6.46}
$$

得到二阶逆变张量的变换式为

$$
T'^{pq} = \frac{1}{2}(a^{p'}_r a^{q'}_s - a^p_s a^{q'}_r) T^{rs} - (a^{p'}_0 a^{q'}_r - a^{p'}_r a^{q'}_0) T^{r0}, \tag{1.6.47a}
$$

$$
T'^{p0} = \frac{1}{2}(a^{p'}_r a^{0'}_s - a^p_s a^{0'}_r) T^{rs} + (a^{p'}_0 a^{0'}_r - a^{p'}_r a^{0'}_r) T^{r0}, \tag{1.6.47b}
$$

即

$$
\begin{aligned}
T'^{pq} =& \alpha^p_m \alpha^q_n \left[T^{mn} - \frac{\alpha}{\beta^2}(1-\beta^2) u_r (u^n T^{mr} + u^m T^{rn}) \right. \\
& \left. + T^{n0} u^m - T^{m0} u^n \right],
\end{aligned} \tag{1.6.48a}
$$

$$
\begin{aligned}
T'^{p0} =& \alpha^p_m \left[T^{ms} u_s + T^{m0} u^0 + u^m u_r T^{r0} \right. \\
& \left. - \frac{\alpha}{\beta^2}(1-\beta^2) u^m u_r u_0 T^{r0} \right].
\end{aligned} \tag{1.6.48b}
$$

二阶协变张量的变换式为

$$T'_{pq} = \frac{1}{2}(a^r_{p'}a^s_{q'} - a^s_{p'}a^r_{q'})T_{rs} + (a^r_{p'}a^0_{q'} - a^0_{p'}a^r_{q'})T_{r0}, \tag{1.6.49a}$$

$$T'_{p0} = \frac{1}{2}(a^r_{p'}a^s_{0'} - a^s_{p'}a^r_{0'})T_{rs} + (a^r_{p'}a^0_{0'} - a^0_{p'}a^r_{0'})T_{r0}, \tag{1.6.49b}$$

即

$$\begin{aligned} T'_{pq} =& \sum_{rs} \alpha^p_r \alpha^q_s [T_{rs} - \frac{\alpha}{\beta^2}(1-\beta^2)(T_{rn}u_s - T_{sn}u_r)u^n \\ & - (T_{r0}u_s - T_{s0}u_r)], \end{aligned} \tag{1.6.50a}$$

$$\begin{aligned} T'_{p0} =& \sum_{r} \alpha^p_r [u^s T_{rs} + u^0 T_{r0} + u^m u_r T_{m0} \\ & - \frac{\alpha}{\beta^2}(1-\beta^2) u_r u^m u^0 T_{m0}]. \end{aligned} \tag{1.6.50b}$$

当变换无转动时有

$$\begin{aligned} T'^{pq} =& T^{pq} - \frac{\alpha}{\beta^2}(1-\beta^2)u_r(u^q T^{pr} - u^p T^{qr}) \\ & + T^{q0}u^p - T^{p0}u^q, \end{aligned} \tag{1.6.51a}$$

$$T'^{p0} = T^{ps}u_s + T^{p0}u_0 + \frac{\alpha}{\beta^2}(1-\beta^2)u^p u_r T^{r0}. \tag{1.6.51b}$$

以及

$$\begin{aligned} T'_{pq} =& T_{pq} - \frac{\alpha}{\beta^2}(1-\beta^2)u^s(u_q T_{ps} - u_p T_q s) \\ & + (u_p T_{q0} - u_q T_{p0}), \end{aligned} \tag{1.6.52a}$$

$$T'_{p0} = T_{pr}u^r + T_{p0}u^0 + \frac{\alpha}{\beta^2}(1-\beta^2)u^r u_p T_{r0}. \tag{1.6.52b}$$

对于狭义洛伦兹变换有

$$u = u^1 = \frac{\beta}{\sqrt{1-\beta^2}}, \quad u^2 = u^3 = 0, \tag{1.6.53}$$

于是我们得到

$$\begin{aligned} T'^{1q} &= \frac{T^{1q} - \beta T^{0q}}{\sqrt{1-\beta^2}}, \quad T'^{2s} = T^{2s}; \\ T'^{0p} &= \frac{T^{0p} - \beta T^{1p}}{\sqrt{1-\beta^2}}, \quad T'^{10} = T^{10}, \quad p \neq 1. \end{aligned} \tag{1.6.54}$$

以及

$$T'_{1q} = \frac{T_{1q} + \beta T_{0q}}{\sqrt{1-\beta^2}}, \quad T'_{23} = T_{23},$$

$$T'_{0p} = \frac{T_{0p} + \beta T^{1p}}{\sqrt{1-\beta^2}}, \quad T'_{01} = T_{01}, \quad p \neq 1. \tag{1.6.55}$$

下面我们讨论在广义洛伦兹变换下速度的变换式.

设惯性系 S' 相对于惯性系 S 的速度为 $\boldsymbol{v}$. 一质点相对于 S 和 S' 的速度分别为 $\boldsymbol{v} = \dfrac{\mathrm{d}\boldsymbol{x}}{\mathrm{d}t}$ 和 $\boldsymbol{v}' = \dfrac{\mathrm{d}\boldsymbol{x}'}{\mathrm{d}t'}$, 令 $\beta = \dfrac{V}{c}$.

由线元的表示式

$$\mathrm{d}s^2 = c^2\mathrm{d}t^2 - \sum_p (\mathrm{d}x^p)^2 = c^2\mathrm{d}t'^2 - \sum_p (\mathrm{d}x'^p)^2 \tag{1.6.56}$$

得到

$$1 - \frac{v^2}{c^2} = \left(\frac{\mathrm{d}t'}{\mathrm{d}t}\right)^2 \left(1 - \frac{v'^2}{c^2}\right). \tag{1.6.57}$$

式中

$$v^p = \frac{\mathrm{d}x^p}{\mathrm{d}t}, \quad v'^p = \frac{\mathrm{d}x'^p}{\mathrm{d}t}, \quad v^2 = \sum_p (v^p)^2, \quad v'^2 = \sum_p (v'^p)^2. \tag{1.6.58}$$

由上式解出

$$\frac{\mathrm{d}t'}{\mathrm{d}t} = \sqrt{\frac{1 - \dfrac{v^2}{c^2}}{1 - \dfrac{v'^2}{c^2}}}. \tag{1.6.59}$$

由广义洛伦兹变换

$$x'^\mu = a^{\mu'}_\nu x^\nu, \quad x^\mu = a^\mu_{\nu'} x'^\nu \tag{1.6.60}$$

可写出矢量 $\boldsymbol{x}$ 的时间分量和空间分量的变换式

$$x'^p = a^{p'}_q x^q + a^{p'}_0 x^0, \quad x^p = a^p_{q'} x'^q + a^p_{0'} x'^0, \tag{1.6.61a}$$

$$x'^0 = a^{0'}_p x^p + a^{0'}_0 x^0, \quad x^0 = a^0_{p'} x'^p + a^0_{0'} x'^0; \tag{1.6.61b}$$

由此得

$$\frac{\mathrm{d}x'^0}{\mathrm{d}x^0} = \frac{\mathrm{d}t'}{\mathrm{d}t} = a^{0'}_p \frac{v^p}{c} + a^{0'}_0, \quad \frac{\mathrm{d}x^0}{\mathrm{d}x'^0} = \frac{\mathrm{d}t}{\mathrm{d}t'} = a^0_{p'} \frac{v'^p}{c} + a^0_{0'}, \tag{1.6.62a}$$

$$\frac{\mathrm{d}x'^p}{\mathrm{d}x^0} = a^{p'}_q \frac{v^q}{c} + a^{p'}_0, \quad \frac{\mathrm{d}x^p}{\mathrm{d}x'^0} = a^p_{q'} \frac{v'^q}{c} + a^p_{0'}. \tag{1.6.62b}$$

由上二式得到

$$\frac{\mathrm{d}t'}{\mathrm{d}t} = a^{0'}_p \frac{v^p}{c} + a^{0'}_0 = \sqrt{\frac{1 - \dfrac{v^2}{c^2}}{1 - \dfrac{v'^2}{c^2}}}. \tag{1.6.63}$$

将 (1.6.63) 代入 (1.6.62b), 得到

$$\frac{v'^p}{c}\sqrt{\frac{1-\dfrac{v^2}{c^2}}{1-\dfrac{v'^2}{c^2}}}=a_q^{p'}\frac{v^q}{c}+a_0^{p'}, \tag{1.6.64}$$

$$\frac{v^p}{c}\sqrt{\frac{1-\dfrac{v'^2}{c^2}}{1-\dfrac{v^2}{c^2}}}=a_{q'}^{p}\frac{v'^q}{c}+a_{0'}^{p}.$$

如果 S' 系固连于运动的质点 (本征系), 则有

$$\boldsymbol{v}'=0,\quad \boldsymbol{v}=\boldsymbol{V}. \tag{1.6.65}$$

此时由 (1.6.63) 直接得到

$$a_{0'}^0=\frac{1}{\sqrt{1-\beta^2}},\quad a_p^{0'}\frac{v^p}{c}=-\frac{\beta^2}{\sqrt{1-\beta^2}}, \tag{1.6.66}$$

即

$$a_p^{0'}=\frac{-v^p}{c\sqrt{1-\beta^2}}=-u^p. \tag{1.6.67}$$

又由 (1.6.64) 得

$$\frac{v^p}{c\sqrt{1-\beta^2}}=-a_{0'}^p, \tag{1.6.68}$$

$$a_q^{p'}\frac{v^q}{c}=-a_0^{p'}. \tag{1.6.69}$$

如果 S 系是质点的本征系, 即

$$\boldsymbol{v}=0,\quad \boldsymbol{v}'=\boldsymbol{V}'=-D^{-1}\boldsymbol{V}=-D^{-1}\boldsymbol{v}, \tag{1.6.70}$$

式中 $\boldsymbol{V}'$ 是 S 系相对于 S' 系的速度.

在这种情况下, 由 (1.6.63) 得到

$$\begin{aligned}a_{p'}^0&=-\frac{v'p}{c\sqrt{1-\beta^2}}=\frac{D^{-1}v^p}{c\sqrt{1-\beta^2}}=\frac{\alpha_q^p v^q}{c\sqrt{1-\beta^2}}=\alpha_q^p u^q,\\ a_0^{0'}&=\frac{1}{\sqrt{1-\beta^2}}.\end{aligned} \tag{1.6.71}$$

由 (1.6.64) 得到

$$a_0^{p'}=\frac{v'^p}{c\sqrt{1-\beta^2}}=u'^p=-D^{-1}u^p=-\alpha_q^p u^q, \tag{1.6.72}$$

$$a^p_{q'}\frac{v'^q}{c} = -a^p_{0'}. \tag{1.6.73}$$

将 (1.6. 72) 代入 (1.6.69), 将 (1.6.68) 代入 (1.6.73), 我们求得

$$a^{p'}_q\frac{v^q}{c} = \alpha^p_q u^q, \tag{1.6.74}$$

$$a^p_{q'}\frac{v'^q}{c} = -u^p. \tag{1.6.75}$$

解方程 (1.6.74) 和 (1.6.75) 得到

$$a^{p'}_q = \alpha^p_q + \frac{\alpha}{v^2}\alpha^p_r v^r v^q, \tag{1.6.76}$$

$$a^p_{q'} = \alpha^p_q + \frac{\alpha}{v^2}\alpha^q_r v^r v^p. \tag{1.6.77}$$

很容易验证, (1.6.76) 和 (1.6.77) 满足方程 (1.6.74) 和 (1.6.75). 将 (1.6.76) 代入 (1.6.74), 得到

$$\begin{aligned} a^{p'}_q\frac{v^q}{c} &= \alpha^p_q\frac{v^q}{c} + \frac{\alpha}{v^2}\alpha^p_r v^r\left(\frac{v^2}{c}\right) = (1+\alpha)\alpha^p_q\frac{v^q}{c} \\ &= \frac{\alpha^p_q v^q}{c\sqrt{1-\beta^2}} = \alpha^p_q u^q. \end{aligned}$$

将 (1.6.77) 代入 (1.6.75), 得到

$$\begin{aligned} a^p_{q'}\frac{v'^q}{c} &= \sum_q\left(\alpha^q_p\frac{v'^q}{c} + \frac{\alpha}{v^2}\alpha^q_r v^p v^r\frac{v'^q}{c}\right) \\ &= D^{-1}\frac{v'^p}{c} + \sum_r\frac{\alpha}{v^2}(D^{-1}v'^r)v^p\frac{v^r}{c} \\ &= -\frac{v^p}{c} - \frac{\alpha}{v^2}v^p\left(\frac{v^2}{c}\right) = -\frac{1+\alpha}{c}v^p = -u^p. \end{aligned}$$

第 2 章　相对论运动学

本章采用的坐标均为实坐标

$$x^1 = x, \quad x^2 = y, \quad x^3 = z, \quad x^0 = ct. \tag{2.0.1}$$

在非本征四维欧几里得空间中, 采用直线坐标轴, 其单位矢量为 $\boldsymbol{e}_\mu(\boldsymbol{e}_0, \boldsymbol{e}_1, \boldsymbol{e}_2, \boldsymbol{e}_3)$; 度规张量为

$$g_{\mu\nu} = (\boldsymbol{e}_\mu \cdot \boldsymbol{e}_\nu) = \eta_{\mu\nu}, \tag{2.0.2}$$

式中

$$[\eta_{\mu\nu}] = \begin{pmatrix} 1 & 0 & 0 & 0 \\ 0 & -1 & 0 & 0 \\ 0 & 0 & -1 & 0 \\ 0 & 0 & 0 & -1 \end{pmatrix}. \tag{2.0.3}$$

四维线元具有形式

$$\mathrm{d}s^2 = c^2\mathrm{d}t^2 - \mathrm{d}x^2 - \mathrm{d}y^2 - \mathrm{d}z^2 = (\mathrm{d}x^0)^2 - \sum_p (\mathrm{d}x^p)^2. \tag{2.0.4}$$

2.1　四维速度矢量

三维空间中质点速度的分量

$$v^p = \frac{\mathrm{d}x^p}{\mathrm{d}t} \tag{2.1.1}$$

不构成四维矢量的空间分量, 因为 $\mathrm{d}t$ 不是标量. 代替 (2.1.1), 我们引入四维矢量

$$u^\mu = \frac{\mathrm{d}x^\mu}{\mathrm{d}s}. \tag{2.1.2}$$

由线元的表示式

$$\begin{aligned} \mathrm{d}s^2 &= c^2\mathrm{d}t^2 - \sum_p (\mathrm{d}x^p)^2 = c^2\mathrm{d}t^2 \left[1 - \frac{1}{c^2}\sum_p \left(\frac{\mathrm{d}x^p}{\mathrm{d}t}\right)^2\right] \\ &= c^2\mathrm{d}t^2(1-\beta^2) \end{aligned} \tag{2.1.3}$$

可以得到

$$\frac{\mathrm{d}t}{\mathrm{d}s}=\frac{1}{c\sqrt{1-\beta^2}}, \tag{2.1.4}$$

$$u^\mu=\frac{\mathrm{d}x^p}{\mathrm{d}s}=\frac{1}{c\sqrt{1-\beta^2}}\frac{\mathrm{d}x^\mu}{\mathrm{d}t}. \tag{2.1.5}$$

将 (2.1.4) 和 (2.1.5) 式写为空间分量和时间分量的形式

$$u^p=\frac{v^p}{c\sqrt{1-\beta^2}}, \tag{2.1.6a}$$

$$u^0=\frac{1}{\sqrt{1-\beta^2}}. \tag{2.1.6b}$$

由 (2.1.6) 可知有

$$u^\mu u_\mu=(u^0)^2-\sum_p(u^p)^2=\frac{1-\sum\limits_p(u^p/c)^2}{1-\beta^2}=1. \tag{2.1.7}$$

下面我们讨论速度的变换式. 设一质点相对于惯性系 S 的速度为 $\boldsymbol{v}$. 质点的四维速度为 $u^\mu=\dfrac{\mathrm{d}x^\mu}{\mathrm{d}s}$, 其空间分量和时间分量分别以 (2.1.6a) 和 (2.1.6b) 表示. 当由惯性系 S 变换到惯性系 S' 时, 四维矢量 u^μ 将按下式变换:

$$u'^\mu=a_v^{\mu'}u^\nu=a_q^{\mu'}u^q+a_0^{\mu'}u^0. \tag{2.1.8}$$

逆变换为

$$u^\mu=a_{r'}^\mu u'^\nu=a_{q'}^\mu u'^q+a_{0'}^\mu u'^0. \tag{2.1.9}$$

考虑到 (2.1.6), 可将上二式写为

$$\frac{v'^p}{c\sqrt{1-\dfrac{v'^2}{c^2}}}=a_q^{p'}\frac{v^p}{c\sqrt{1-\dfrac{v^2}{c^2}}}+a_0^{p'}\frac{1}{\sqrt{1-\dfrac{v^2}{c^2}}}, \tag{2.1.10a}$$

$$\frac{1}{\sqrt{1-\dfrac{v'^2}{c^2}}}=a_q^{0'}\frac{c^q}{c\sqrt{1-\dfrac{v^2}{c^2}}}+a_0^{0'}\frac{1}{\sqrt{1-\dfrac{v^2}{c^2}}}; \tag{2.1.10b}$$

以及

$$\frac{v^p}{c\sqrt{1-\dfrac{v^2}{c^2}}}=a_{q'}^{p}\frac{v'^q}{c\sqrt{1-\dfrac{v'^2}{c^2}}}+a_{0'}^{p}\frac{1}{\sqrt{1-\dfrac{v'^2}{c^2}}}, \tag{2.1.11a}$$

$$\frac{1}{\sqrt{1-\dfrac{v^2}{c^2}}} = a^0_{q'}\frac{v'^q}{c\sqrt{1-\dfrac{v'^2}{c^2}}} + a^0_{0'}\frac{1}{\sqrt{1-\dfrac{v'^2}{c^2}}}. \tag{2.1.11b}$$

由 (2.1.11) 可以得到

$$a^{0'}_q\frac{v^q}{c} + a^{0'}_0 = \frac{1}{a^0_{q'}\dfrac{v'^q}{c} + a^0_{0'}} = \sqrt{\frac{1-\dfrac{v^2}{c^2}}{1-\dfrac{v'^2}{c^2}}}. \tag{2.1.12}$$

将 (2.1.12) 代入 (2.1.10) 和 (2.1.11), 得到

$$\frac{v'^p}{c} = \frac{a^{p'}_q\dfrac{v^q}{c} + a^{p'}_0}{a^{q'}_0\dfrac{v^q}{c} + a^{0'}_0}, \tag{2.1.13}$$

以及

$$\frac{v^p}{c} = \frac{a^p_{q'}\dfrac{v'^q}{c} + a^{p'}_0}{a^0_{q'}\dfrac{v'^q}{c} + a^0_{0'}}. \tag{2.1.14}$$

2.2　广义速度合成公式

前一节我们得到了广义洛伦兹变换下 ($a^{\nu'}_\mu$ 和 $a^\nu_{\mu'}$ 是变换系数), 质点三维速度的变换式

$$\boldsymbol{v}' = \boldsymbol{v}'(\boldsymbol{v}, a^{\nu'}_\mu), \tag{2.2.1}$$

$$\boldsymbol{v} = \boldsymbol{v}(\boldsymbol{v}', a^\nu_{\mu'}). \tag{2.2.2}$$

在特殊情况下, 当惯性系 S 或 S' 是质点的本征系 S_0 时, 系数 $a^{\nu'}_\mu$ 和 $a^\nu_{\mu'}$ 便确定了 S 向 S_0 或 S' 向 S_0 的变换. 即

$$\boldsymbol{v}' = 0, \quad \boldsymbol{v} = \boldsymbol{V}, \quad 当\ S' = S_0,$$

$$\boldsymbol{v} = 0, \quad \boldsymbol{v}' = \boldsymbol{V}' = -D^{-1}\boldsymbol{V}, \quad 当\ S = S_0.$$

由 (2.2.1) 和 (2.2.2) 可以确定系数 $a^{\nu'}_\mu$ 和 $a^\nu_{\mu'}$ 与两个参考系相对速度 $\boldsymbol{V}$ 之间的关系. 这一工作在前一节中已经做过了. 我们得到

$$a^{\nu'}_\mu = a^{\nu'}_\mu(\boldsymbol{v}, \boldsymbol{v}')|_{S'\equiv S_0} = a^{\nu'}_\mu(\boldsymbol{v} = \boldsymbol{V}, \boldsymbol{v}' = 0), \tag{2.2.3}$$

$$a^\nu_{\mu'} = a^\nu_{\mu'}(\boldsymbol{v}, \boldsymbol{v}')|_{S\equiv S_0} = a^\nu_{\mu'}(\boldsymbol{v}' = -D^{-1}\boldsymbol{V}, \boldsymbol{v} = 0). \tag{2.2.4}$$

式中的广义洛伦兹变换系数由 (1.6.68)~(1.6.77) 确定.

将 (2.2.1) 代入 (2.2.2), 得到

$$\boldsymbol{v}' = \boldsymbol{v}'(v, a_{\mu}^{\nu'}(\boldsymbol{V})), \tag{2.2.5}$$

$$\boldsymbol{v} = \boldsymbol{v}(\boldsymbol{v}', a_{\mu'}^{\nu}(-D^{-1}\boldsymbol{V})). \tag{2.2.6}$$

实际上这一运算就是将 (1.6.17)~(1.6.19) 代入 (2.1.13) 和 (2.1.14). 由此可得

$$\frac{v'^p}{c} = \frac{\alpha_r^p \gamma_q^r \dfrac{v^q}{c} - \alpha^{pr} u^r}{-\displaystyle\sum_p u^p \frac{v^p}{c} + u^0}, \tag{2.2.7}$$

$$\frac{v^p}{c} = \frac{\displaystyle\sum_q \alpha_r^q \gamma_p^r \frac{v'^q}{c} + u^p}{\displaystyle\sum_p \alpha_s^p u^s \frac{v^p}{c} + u^0}, \tag{2.2.8}$$

式中

$$\begin{aligned}\gamma_p^r &= \delta_p^r + \frac{\sqrt{1-\beta^2}}{\beta^2}(1-\sqrt{1-\beta^2})u^r u^p \\ &= \delta_p^r + \frac{(1-\sqrt{1-\beta^2})V^r V^p}{v'^2\sqrt{1-\beta^2}}.\end{aligned} \tag{2.2.9}$$

在无转动的情况下, 我们得到

$$\begin{aligned}\frac{v'^p}{c} &= \frac{\left(\gamma_q^p \dfrac{v^q}{c} - u^p\right)\sqrt{1-\beta^2}}{1-\displaystyle\sum_q \frac{v^q V^q}{c^2}} \\ &= \frac{\dfrac{v^p}{c}\sqrt{1-\beta^2} + \dfrac{v^p}{c}\left[\displaystyle\sum_q \frac{V^q v^q}{V^2}(1-\sqrt{1-\beta^2}) - 1\right]}{1-\displaystyle\sum_p \frac{v^p V^p}{c^2}},\end{aligned} \tag{2.2.10}$$

$$\frac{v^p}{c} = \frac{\left(\displaystyle\sum_q \gamma_q^p \frac{v'^q}{c} + u^p\right)\sqrt{1-\beta^2}}{1+\displaystyle\sum_p \frac{v'^p V^p}{c^2}}$$

$$= \frac{\frac{v'^p}{c}\sqrt{1-\beta^2} + \frac{v^p}{c}\left[\sum_q \frac{v'^q V^q}{V^2}(1-\sqrt{1-\beta^2}) + 1\right]}{1 + \sum_p \frac{v'^p V^p}{c^2}}, \tag{2.2.11}$$

(2.2.10) 和 (2.2.11) 式可以写成矢量形式

$$\boldsymbol{v}' = \frac{\boldsymbol{v}\sqrt{1-\beta^2} + \boldsymbol{V}\left[\frac{\boldsymbol{v}\cdot\boldsymbol{V}}{V^2}(1-\sqrt{1-\beta^2}) - 1\right]}{1 - \frac{\boldsymbol{v}\cdot\boldsymbol{V}}{c^2}}, \tag{2.2.12}$$

$$\boldsymbol{v} = \frac{\boldsymbol{v}'\sqrt{1-\beta^2} + \boldsymbol{V}\left[\frac{\boldsymbol{v}'\cdot\boldsymbol{V}}{V^2}(1-\sqrt{1-\beta^2}) + 1\right]}{1 + \frac{\boldsymbol{v}'\cdot\boldsymbol{V}}{c^2}}. \tag{2.2.13}$$

在更特殊的情况下, 当 S 系和 S' 系的坐标轴对应平行, 且相对速度方向沿 Ox 轴时, 上式便退化为通常狭义相对论中的速度合成公式

$$\begin{aligned} v'_x &= \frac{v_x - V}{1 - \frac{\beta}{c}v_x}, \quad v'_y = \frac{v_y\sqrt{1-\beta^2}}{1-\frac{\beta}{c}v_x}, \\ v'_z &= \frac{v^z\sqrt{1-\beta^2}}{1+\frac{\beta}{c}v_x}; \end{aligned} \tag{2.2.14}$$

$$\begin{aligned} v_x &= \frac{v'_x + V}{1 + \frac{\beta}{c}v'_x}, \quad v_y = \frac{v'_y\sqrt{1-\beta^2}}{1+\frac{\beta}{c}v'_x}, \\ v'_z &= \frac{v'^z\sqrt{1-\beta^2}}{1+\frac{\beta}{c}v'_x}. \end{aligned} \tag{2.2.15}$$

2.3 速度矢量的大小和方向

将变换系数的表示式 (1.6.17) 和 (1.6.18) 代入 (2.1.12), 得到

$$-\sum_q \frac{u^q u^q}{c} + u^0 = \frac{1}{\sum_q \alpha^q_r u^r \frac{v'^q}{c} + u^0} = \sqrt{\frac{1-\frac{v^2}{c^2}}{1-\frac{v'^2}{c^2}}}. \tag{2.3.1}$$

我们限于讨论无转动的情况. 这时上式可写为

$$\frac{1-\dfrac{\boldsymbol{v}\cdot\boldsymbol{V}}{c^2}}{\sqrt{1-\beta^2}}=\frac{\sqrt{1-\beta^2}}{1+\dfrac{\boldsymbol{v}'\cdot\boldsymbol{V}}{c^2}}=\sqrt{\frac{1-\dfrac{v^2}{c^2}}{1-\dfrac{v'^2}{c^2}}}. \tag{2.3.2}$$

由此可得

$$\frac{1-\dfrac{v'^2}{c^2}}{1-\dfrac{v^2}{c^2}}=\frac{\left(1+\dfrac{\boldsymbol{v}'\cdot\boldsymbol{V}}{c^2}\right)^2}{1-\beta^2}=\frac{1-\beta^2}{\left(1-\dfrac{\boldsymbol{v}\cdot\boldsymbol{V}}{c^2}\right)^2}, \tag{2.3.3}$$

解之得

$$v^2=c^2\left[1-\frac{\left(1-\dfrac{v'^2}{c^2}\right)(1-\beta^2)}{\left(1+\dfrac{\boldsymbol{v}'\cdot\boldsymbol{V}}{c^2}\right)^2}\right], \tag{2.3.4a}$$

$$v'^2=c^2\left[1-\frac{\left(1-\dfrac{v^2}{c^2}\right)(1-\beta^2)}{\left(1-\dfrac{\boldsymbol{v}\cdot\boldsymbol{V}}{c^2}\right)^2}\right]. \tag{2.3.4b}$$

以 θ 表示 $\boldsymbol{v}$ 和 Ox 轴的夹角, 以 θ' 表示 $\boldsymbol{v}'$ 和 Ox' 轴的夹角. 对于所讨论的特殊洛伦兹变换, θ' 满足

$$\tan\theta'=\frac{\sqrt{v_y'^2+v_z'^2}}{v_x'}, \tag{2.3.5}$$

$$\sin\theta'=\frac{\sqrt{v_y'^2+v_z'^2}}{v'},\quad \cos\theta'=\frac{v_x'}{v'}. \tag{2.3.6}$$

将 (2.3.5)、(2.3.6) 和关于 θ 的类似表示式代入 (2.3.4) 得

$$v^2=\frac{v'^2+V^2+2v'V\cos\theta'-\left(\dfrac{v'V}{c}\sin\theta'\right)^2}{\left(1+\dfrac{v'V}{c^2}\cos\theta'\right)^2}, \tag{2.3.7}$$

$$v'^2=\frac{v^2+V^2+2vV\cos\theta-\left(\dfrac{vV}{c}\sin\theta\right)^2}{\left(1-\dfrac{vV}{c^2}\cos\theta\right)^2}, \tag{2.3.8}$$

适当选择坐标轴, 使 $\boldsymbol{v}'$ 在 xOy 平面内, 即 $v_x' = 0$. 此时由 (2.2.15) 可知 $v_z = 0$, 即 $\boldsymbol{v}$ 也在 xOy 平面内.

比较 (2.3.5)、(2.3.6) 和变换式 (2.2.14), 我们得到

$$\tan\theta' = \frac{v_y'}{v_x'} = \frac{v_y\sqrt{1-\beta^2}}{v_x - V} = \frac{v\sqrt{1-\beta^2}\sin\theta}{v\cos\theta - V}, \tag{2.3.9}$$

$$v'\sin\theta' = v_y' = \frac{v_y\sqrt{1-\beta^2}}{1-\dfrac{\beta}{c}v_x},$$

$$v'\cos\theta' = \frac{v_x - V}{1-\dfrac{\beta}{c}v_x}. \tag{2.3.10}$$

由 (2.3.9) 得到

$$\tan\theta' = \frac{\sqrt{1-\beta^2}\sin\theta}{\cos\theta - \dfrac{V}{v}}, \tag{2.3.11}$$

由 (2.3.10) 得到

$$\sin\theta' = \frac{\sqrt{1-\beta^2}\sin\theta}{\left(1+\dfrac{V^2}{v^2}-\dfrac{2V}{v}\cos\theta-\beta^2\sin^2\theta\right)^{1/2}}, \tag{2.3.12a}$$

$$\cos\theta' = \frac{\cos\theta - \dfrac{V}{v}}{\left(1+\dfrac{V^2}{v^2}-\dfrac{2V}{v}\cos\theta-\beta^2\sin^2\theta\right)^{1/2}}. \tag{2.3.12b}$$

由 (2.3.10) 直接得到

$$v'^2 = \frac{v_y^2(1-\beta^2)+(v_x^2-V^2)}{\left(1-\dfrac{\beta}{c}v_x\right)^2}, \tag{2.3.13}$$

即

$$v' = v\frac{\left[1+\dfrac{V^2}{v^2}-\dfrac{2V}{v}\cos\theta-\beta^2\sin^2\theta\right]^{1/2}}{1-\dfrac{\beta v}{c}\cos\theta}. \tag{2.3.14}$$

上式还可改写为

$$v' = v\frac{\left[\left(\dfrac{\beta c}{v}-\cos\theta\right)^2-(1-\beta^2)\sin^2\theta\right]^{1/2}}{1-\dfrac{\beta v}{c}\cos\theta}. \tag{2.3.15}$$

同样, 可以将 v 用 v' 和 θ' 表示出来

$$v = v'\frac{\left[1+\frac{V^2}{v'^2}+\frac{2V}{v'}\cos\theta'-\beta^2\sin^2\theta'\right]^{1/2}}{1+\frac{\beta v'}{c}\cos\theta'}. \tag{2.3.16}$$

2.4 多普勒效应

设一平面波在折射系数为 n 的介质中传播, 波阵面与 xOy 平面垂直. 波相对于 S 系和 S' 系的相速度分别为 u 和 u'. 两个惯性系之间的相对速度为 $\boldsymbol{v}$, 其方向沿着 Ox 轴.

设在时刻 $t = t' = 0$, 两参考系坐标轴对应重合, 此时波阵面自 O 点出发 (图 1-2)

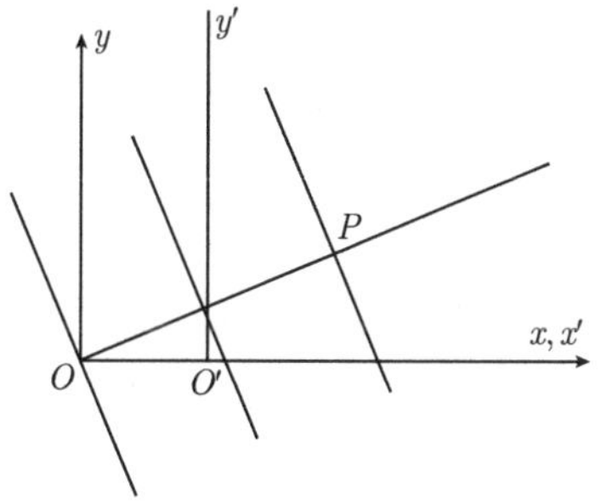

图 1-2

在 S 系中计算, 经过时间 t_0 后, 波阵面传播的距离为

$$ut_0 = x\cos\theta + y\sin\theta,$$

θ 为 $\boldsymbol{u}$ 和 x 轴夹角, 或写成

$$t_0 = \frac{x\cos\theta + y\sin\theta}{u}. \tag{2.4.1}$$

至时刻 t, 到达观察者 $P(x, y)$ 的波数为

$$\nu(t-t_0) = \nu\left(t - \frac{x\cos\theta + y\sin\theta}{u}\right). \tag{2.4.2}$$

在 S' 系中计算, 在对应时间间隔内到达 $P(x', y')$ 的波数为

$$\nu'(t'-t'_0) = \nu'\left(t' - \frac{x'\cos\theta' + y'\sin\theta'}{u'}\right). \tag{2.4.3}$$

在对应时间间隔内, 通过观察者 P 的波数应该相等, 即这一波数不可能依赖于参考系的选择. 于是我们得到

$$\nu\left(t-\frac{x\cos\theta+y\sin\theta}{u}\right)=\nu'\left(t'-\frac{x'\cos\theta'+y'\sin\theta'}{u'}\right). \tag{2.4.4}$$

将狭义洛伦兹变换式代入上式, 得到

$$\nu'=\frac{\nu}{\sqrt{1-\beta^2}}-\frac{V\nu\cos\theta}{u\sqrt{1-\beta^2}}, \tag{2.4.5}$$

$$-\frac{\nu'\cos\theta'}{u'}=\frac{\beta\nu}{c\sqrt{1-\beta^2}}-\frac{\nu\cos\theta}{u\sqrt{1-\beta^2}}, \tag{2.4.6}$$

$$\frac{\nu'\sin\theta'}{u'}=\frac{\nu\sin\theta}{u}. \tag{2.4.7}$$

由上二式可得

$$\tan\theta'=\frac{\sqrt{1-\beta^2}\sin\theta}{\cos\theta-\dfrac{\beta u}{c}}, \tag{2.4.8}$$

$$\sin\theta'=\frac{\sqrt{1-\beta^2}\sin\theta}{\sqrt{\left(\dfrac{\beta u}{c}-\cos\theta\right)^2+(1-\beta^2)\sin^2\theta}}, \tag{2.4.9}$$

$$\cos\theta'=\frac{\cos\theta-(\beta u/c)}{\sqrt{\left(\dfrac{\beta u}{c}-\cos\theta\right)^2+(1-\beta^2)\sin^2\theta}}, \tag{2.4.10}$$

$$u'=\frac{u-\beta c\cos\theta}{\sqrt{\left(\dfrac{\beta u}{c}-\cos\theta\right)^2+(1-\beta^2)\sin^2\theta}}. \tag{2.4.11}$$

这些关系式表征相对论多普勒效应和光行差现象.

有趣的是, 如果设

$$\frac{u}{c^2}=\frac{1}{v}, \tag{2.4.12}$$

则式 (2.4.8) 和 (2.4.11) 分别与质点速度合成的式 (2.3.11) 和 (2.3.15) 相合, 即平面波相速度 u 的变换可以从粒子随动波所具有的速度 $v=c^2/u$ 的变换式得到. 这一性质使我们可以用相对论形式表征波和粒子之间的关系：每一个具有恒定速度 v 的粒子都伴随有一个相速度等于 $u=c^2/v$ 的平面波. 这样, 该平面波的波长为

$$\lambda=\frac{u}{\nu}=\frac{c^2}{v}\frac{h}{\varepsilon}=\frac{h}{mc^2}.$$

这里, 与德布罗意关系相对应, 我们设粒子的能量为 $\varepsilon = h\nu = mc^2$.

在特殊情况下, 当 $v = c$ 时, 由 (2.4.12) 得到波的相速度

$$u = \frac{c^2}{v} = c, \tag{2.4.13}$$

与伴随粒子的速度相同.

在 (2.4.5) 和 (2.4.8) 中代入 $u = c$, 便得到常见的相对论多普勒效应表示式

$$\nu' = \frac{\nu(1 - \beta\cos\theta)}{\sqrt{1-\beta^2}}, \tag{2.4.14}$$

$$\tan\theta' = \frac{\sqrt{1-\beta^2}\sin\theta}{\cos\theta - \beta}, \tag{2.4.15}$$

$$\cos\theta' = \frac{\cos\theta - \beta}{1 - \beta\cos\theta}, \quad \sin\theta' = \frac{\sqrt{1-\beta^2}\sin\theta}{1 - \beta\cos\theta}. \tag{2.4.16}$$

通常以 $\nu' = \nu_0$ 表示原子的本征频率, 因此有

$$\nu = \frac{\nu_0\sqrt{1-\beta^2}}{1 - \beta\cos\theta}. \tag{2.4.17}$$

第 3 章　相对论动力学

3.1　动量、能量和固有质量

在牛顿力学中, 质点的动量表示为

$$\boldsymbol{p}_N = m_0 \boldsymbol{v}, \tag{3.1.1}$$

式中 m_0 是质点的固有常数 ——**惯性质量**.

在狭义相对论中, $\boldsymbol{p}_N$ 和 $\boldsymbol{v}$ 类似, 都不能构成四维矢量的空间分量. 因此, 应该用一个四维矢量代替 (3.1.1), 作为四维动量. 取实坐标, 有正交条件

$$g_{\mu\nu} = (\boldsymbol{e}_\mu \cdot \boldsymbol{e}_\nu) = \eta_{\mu\nu}, \tag{3.1.2}$$

及线元表示式

$$\mathrm{d}s^2 = (\mathrm{d}x^0)^2 + \sum_p (\mathrm{d}x^p)^2. \tag{3.1.3}$$

由四维速度矢量

$$u^\mu = \frac{\mathrm{d}x^\mu}{\mathrm{d}s} \tag{3.1.4}$$

可定义四维动量矢量

$$P^\mu = m_0 c u^\mu, \quad u^\mu u_\mu = 1, \tag{3.1.5}$$

式中

$$u^p = \frac{v^p}{c\sqrt{1-\beta^2}}, \quad u^0 = \frac{1}{\sqrt{1-\beta^2}}, \quad \beta = \frac{v}{c}. \tag{3.1.6}$$

m_0 是质点的固有常数, 称为**固有质量.**

由 (3.1.5) 和 (3.1.6) 可得

$$P^q = \frac{m_0 v^q}{\sqrt{1-\beta^2}} = m v^q, \tag{3.1.5a}$$

$$P^0 = m_0 c u^0 = \frac{m_0 c}{\sqrt{1-\beta^2}} = mc. \tag{3.1.5b}$$

式中令

$$m = \frac{m^0}{\sqrt{1-\beta^2}}. \tag{3.1.7}$$

当质点速度很小时, $\beta \to 0, m \to m_0$, 而式 (3.1.5a) 中的 $P^q \to P_N^q$(见 3.1.1). 因此, m_0 是质点的**静止质量**.

由 (3.1.5) 可见, $\boldsymbol{P}^\mu$ 满足关系式

$$
\begin{aligned}
P_\mu P^\mu &= (P^0)^2 - \sum_q (P^q)^2 = \frac{m_0^2 c^2}{1-\beta^2}(1 - \sum_q (v^q)^2/c^2) \\
&= m_0^2 c^2. \qquad (3.1.8)
\end{aligned}
$$

如果令 $\boldsymbol{p} = (P^1, P^2, P^3)$, 则有

$$p^2 = \sum_q (p^q)^2 = \sum_q (p^q)^2, \qquad (3.1.9)$$

$$(P^0)^2 = p^2 + m_0^2 c^2. \qquad (3.1.10)$$

设

$$\frac{W}{c} = P^0 = mc, \qquad (3.1.11)$$

即

$$W = \frac{m^0 c^2}{\sqrt{1-\beta^2}} = mc^2, \qquad (3.1.12)$$

则式 (3.1.10) 可改写为

$$W^2 = c^2 p^2 + m_0^2 c^4. \qquad (3.1.13)$$

下面我们将看到, 量 W 和质点的动能 T 只差一个常数 $W_0 = m_0 c^2$, 此常数是质点在本征系中 ($\beta = 0$) 的能量 (静止能量).

3.2 质点动力学基本定律

牛顿质点动力学的基本定律为

$$\boldsymbol{f}_N = \frac{\mathrm{d}\boldsymbol{P}_N}{\mathrm{d}t} = m_0 \frac{\mathrm{d}\boldsymbol{v}}{\mathrm{d}t}, \qquad (3.2.1)$$

由此得

$$\frac{\mathrm{d}}{\mathrm{d}t}\left(\frac{1}{2} m_0 v^2\right) = \boldsymbol{f}_N \cdot \boldsymbol{v}, \qquad (3.2.2)$$

与此相应的能量守恒定律为

$$
\begin{aligned}
&\mathrm{d}T = \boldsymbol{f}_N \cdot \boldsymbol{v}\mathrm{d}t = \boldsymbol{f} \cdot \mathrm{d}\boldsymbol{l}, \\
&T = \frac{1}{2} m_0 v^2. \qquad (3.2.3)
\end{aligned}
$$

显然, 式 (3.2.1) 不是洛伦兹协变的.$\boldsymbol{f}_N$ 不是四维矢量的空间分量, $\mathrm{d}t$ 也不是标量. 为了得到洛伦兹协变的质点动力学基本定律, 我们用四维速度矢量 u^μ 代替 $\boldsymbol{v}$, 用本征时间元间隔 $\mathrm{d}\tau$ $\left(\mathrm{d}\tau=\dfrac{\mathrm{d}s}{c}\right)$ 代替 $\mathrm{d}t$. 这时式 (3.2.1) 代之以

$$\boldsymbol{F}=\frac{\mathrm{d}\boldsymbol{P}}{\mathrm{d}\tau}=m_0c\frac{\mathrm{d}\boldsymbol{u}}{\mathrm{d}\tau},$$

或者写成

$$F^\mu=\frac{\mathrm{d}P^\mu}{\mathrm{d}\tau}=m_0c\frac{\mathrm{d}u^\mu}{\mathrm{d}\tau}=m_0c^2u^p\frac{\mathrm{d}u^\mu}{\mathrm{d}x^p}. \tag{3.2.4}$$

F^μ 称为四维力.

在引力理论中, 常将对坐标的导数简写为

$$\frac{\partial A}{\partial x^\rho}\equiv A_{,\rho}, \tag{3.2.5}$$

这样, (3.2.4) 可简写为

$$F^\mu=m_0c^2u^\rho u^\mu_{,\rho}. \tag{3.2.6}$$

由 (3.1.5) 可得 $\dfrac{\mathrm{d}}{\mathrm{d}x^\rho}(P^\mu u_\mu)=0$, 于是有

$$F^\mu u_\mu=F_\mu u^\mu=0. \tag{3.2.7}$$

还可以将 F^μ 写成空间分量和时间分量的形式

$$\begin{aligned}F^p&=m_0c\frac{\mathrm{d}u^p}{\mathrm{d}\tau}=m_0\frac{\mathrm{d}t}{\mathrm{d}\tau}\frac{\mathrm{d}}{\mathrm{d}t}\frac{v^p}{\sqrt{1-\beta^2}}\\&=\frac{m_0}{\sqrt{1-\beta^2}}\frac{\mathrm{d}}{\mathrm{d}t}\frac{v^p}{\sqrt{1-\beta^2}},\end{aligned} \tag{3.2.8}$$

$$\begin{aligned}F^0&=m_0c\frac{\mathrm{d}u^0}{\mathrm{d}\tau}=m_0c\frac{\mathrm{d}t}{\mathrm{d}\tau}\frac{\mathrm{d}}{\mathrm{d}t}\frac{1}{\sqrt{1-\beta^2}}\\&=\frac{m_0c}{\sqrt{1-\beta^2}}\frac{\mathrm{d}}{\mathrm{d}t}\frac{1}{\sqrt{1-\beta^2}}.\end{aligned} \tag{3.2.9}$$

下面我们导出与 (3.2.2) 对应的式子.

以 $\boldsymbol{f}$ 表示空间矢量 (f^1,f^2,f^3)

$$f^q=m_0\frac{\mathrm{d}}{\mathrm{d}t}\frac{v^q}{\sqrt{1-\beta^2}}. \tag{3.2.10}$$

可以看出, 这样定义的空间矢量 $\boldsymbol{f}$ 在 $\beta\cdot 0$ 时退化为牛顿力 $\boldsymbol{f}_N$. 由 (3.2.10), (3.1.9) 和 (3.1.5a) 可得

$$\boldsymbol{f}=\frac{\mathrm{d}\boldsymbol{p}}{\mathrm{d}t}. \tag{3.2.11}$$

比较 (3.2.8) 和 (3.2.10), 得到

$$F^p = \frac{f^p}{\sqrt{1-\beta^2}}. \tag{3.2.12}$$

将上式代入 (3.2.7) 得

$$F_0 u^0 = -F_p u^p = \frac{-f_p v^p}{c(1-\beta^2)}, \tag{3.2.13}$$

即

$$F_0 = \frac{-f_p v^p}{c\sqrt{1-\beta^2}} = \frac{\boldsymbol{f}\cdot\boldsymbol{v}}{c\sqrt{1-\beta^2}}. \tag{3.2.14}$$

将 (3.2.14) 与 (3.2.9) 比较, 并注意到 (3.1.12), 得到

$$(\boldsymbol{f}\cdot\boldsymbol{v}) = \frac{\mathrm{d}}{\mathrm{d}t}\frac{m_0 c^2}{\sqrt{1-\beta^2}} - \frac{\mathrm{d}W}{\mathrm{d}t}. \tag{3.2.15}$$

此式便与 (3.2.2) 对应. 它的含义将在下一节中讨论.

由 (3.1.5a) 和 $\boldsymbol{p} = (P^1, P^2, P^3)$ 可得

$$\boldsymbol{p} = m\boldsymbol{v}, \tag{3.2.16}$$

所以

$$\boldsymbol{f} = \frac{\mathrm{d}\boldsymbol{p}}{\mathrm{d}t} = \frac{\mathrm{d}m}{\mathrm{d}t}\boldsymbol{v} + m\frac{\mathrm{d}\boldsymbol{v}}{\mathrm{d}t}. \tag{3.2.17}$$

(3.2.15) 可改写为

$$\frac{\mathrm{d}m}{\mathrm{d}t} = \frac{\boldsymbol{f}\cdot\boldsymbol{v}}{c^2} \tag{3.2.18}$$

代入 (3.2.17) 得

$$m\frac{\mathrm{d}\boldsymbol{v}}{\mathrm{d}t} = \boldsymbol{f} - \left(\frac{\boldsymbol{f}\cdot\boldsymbol{v}}{c^2}\right)\boldsymbol{v}. \tag{3.2.19}$$

上式表明, 作用在质点上的力的方向, 在一般情况下与加速度方向不一致. 仅当力与速度方向平行或垂直时它们才同向. 例如, 带电粒子在恒磁场中运动, $\boldsymbol{f} = \frac{q}{c}(\boldsymbol{v}\times\boldsymbol{H})$, 这时牛顿运动定律具有形式

$$\boldsymbol{f} = m\frac{\mathrm{d}\boldsymbol{v}}{\mathrm{d}t}.$$

3.3 质量–能量关系式

现在我们接着讨论 (3.2.15). 与 (3.2.2) 的情况类似, 我们可以由 (3.2.15) 得出质点动能的定义:

$$T = \frac{m_0 c^2}{\sqrt{1-\beta^2}} + \text{const}. \tag{3.3.1}$$

在 $\beta \ll 1$ 的情况下, 上式退化为

$$T = m_0c^2 + \frac{1}{2}m_0v^2 + \text{const.} \tag{3.3.2}$$

令 $\text{const} = -m_0c^2$, 则 (3.3.2) 恰为牛顿力学中质点的动能. 于是 (3.3.1) 为

$$T = \frac{m_0c^2}{\sqrt{1-\beta^2}} - m_0c^2, \tag{3.3.3}$$

或者写成

$$T = (m - m_0)c^2 = W - W_0, \tag{3.3.4}$$

$$W_0 = m_0c^2, \quad W = mc^2. \tag{3.3.5}$$

$W_0 = m_0c^2$ 与质点的静止质量相对应, 表示质点的本征能量 (静能), $W = mc^2$ 是质点的总能量.

注意到 $m_0 = \dfrac{W_0}{c^2}$, 可将质点动量 P^μ 的表示式改写为

$$P^q = p^q = \frac{m_0v^q}{\sqrt{1-\beta^2}} = \frac{W_0}{c^2}\frac{v^q}{\sqrt{1-\beta^2}}, \tag{3.3.6a}$$

$$P^0 = \frac{m_0c}{\sqrt{1-\beta^2}} = \frac{W_0}{c}\frac{1}{\sqrt{1-\beta^2}}. \tag{3.3.6b}$$

如果一自由粒子 ($\boldsymbol{v} = \text{const}$) 辐射能量 $\varepsilon_0 = h\nu$, 则它的质量变为 m'. 在本征系中, 由能量守恒定律有

$$W_0 = \varepsilon_0 + W_0', \tag{3.3.7}$$

由此得

$$m_0 = m_0' + \frac{\varepsilon_0}{c^2}. \tag{3.3.8}$$

这里已应用 (3.1.13) 和 $\boldsymbol{p} = 0$(本征系). 本征质量的变化为

$$\Delta m_0 = m_0 - m_0' = \frac{W_0}{c^2}. \tag{3.3.9}$$

3.4　时钟佯谬的狭义相对论处理

时钟佯谬是自爱因斯坦创立狭义相对论以来一直为人们关心和竞相讨论的问题. 这一问题的内容表述如下:

两个标准钟在地球上调整同步, 其中一个标准钟 C_1 留在地球上; 当 $t_1 = t_2 = 0$ 时, 另一个标准钟 C_2 由一艘飞船运载飞往一恒星. 飞船以恒定速率 v 沿一直线抵

达恒星, 然后以相同的速率 v 沿同一直线返回地球. 对于这一往返过程, C_1 指示的时间隔为 $\Delta\tau_1$, C_2 指示的时间间隔为 $\Delta\tau_2$. 地球上的观察者 (S 系) 测得

$$\Delta\tau_2 = \Delta\tau_1\sqrt{1-\beta^2}, \quad \beta = v/c. \tag{3.4.1}$$

这一结果正是洛伦兹延缓式. 根据相对性原理, 对于飞船上的观察者 (S' 系), 钟 C_1 同样有洛伦兹延缓.

$$\Delta\tau_1 = \Delta\tau_2\sqrt{1-\beta^2}. \tag{3.4.2}$$

这就是说, 根据相对性原理, (3.4.1) 和 (3.4.2) 应该同时成立. 但是两个钟相遇, 只能有一个结果, 上二式不可能同时成立. 这便是著名的时钟佯谬.

几十年来, 许多学者, 用不同方法讨论过时钟佯谬. 其中有狭义相对论的方法, 也有广义相对论的方法. 本节将用两种狭义相对论方法进行讨论.

方法一 如图 1-3 所示, 标准钟 C 和 C_1 在地球上调整同步, 当 $t=t_1=0$ 时, C_1 由一飞船运载飞往恒星, 飞行速率为 v. 当 C_1 到达恒星时, 恰好与速率相同、反向飞来的另一飞船相遇, 并在相遇时, 将这一飞船上的钟 C_2 调整与 C_1 同步 (设此时 $t_1=t_2=\tau_1$). 此后, C_2 由飞船运载到达地球, 并与 C 比较快慢.

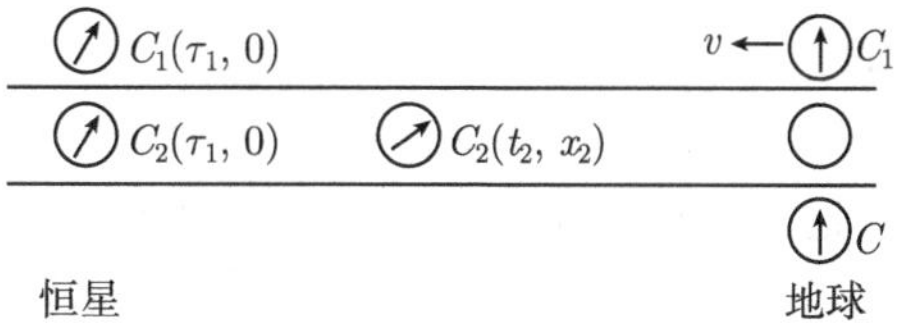

图 1-3

设 C,C_1,C_2 分别固连于参考系 S,S_1 和 S_2. 由于 S_1 和 S 之间存在通常的狭义洛伦兹变换

$$x=\gamma(x_1+vt_1), \quad \gamma=(1-\beta^2)^{-1/2}, \quad t=\gamma\left(t_1+\frac{\beta}{c}x_1\right),$$

故知 C_1 和 C_2 相遇时 $(x_1=0, t_1=\tau_1)$ 有

$$x=\gamma v\tau_1, \quad t=\gamma\tau_1. \tag{3.4.3}$$

设 C_2 在任一时刻的坐标为 (t_2,x_2). 因为 C_2 和 C 未校过零点, 即当 $x=0,t=0$ 时 x_2 和 t_2 不一定为零, 因此 S_2 和 S 之间的坐标变换可写为

$$\begin{aligned} x_2+\lambda &= \gamma(x+vt), \\ t_2+\mu &= \gamma\left(t+\frac{\beta}{c}x\right), \end{aligned} \tag{3.4.4}$$

式中 λ 和 μ 是两个待定常数. 将 C_1 和 C_2 相遇时调整同步的条件 (3.4.3)(当 $x_1 = x_2 = 0$ 时, $t_1 = t_2 = \tau_1$) 代入 (3.4.4), 定出 λ 和 μ

$$\lambda = 2\gamma^2 v\tau_1, \quad \mu = 2\gamma^2 v^2 \tau_1/c^2. \tag{3.4.5}$$

将 (3.4.5) 代回 (3.4.4), 得到 S_2 和 S 之间的坐标变换

$$\begin{aligned} x_2 + 2\gamma^2 v\tau_1 &= \gamma(x + vt), \\ t_2 + 2\gamma^2 v^2\tau_1/c^2 &= \gamma\left(t + \frac{\beta}{c}x\right). \end{aligned} \tag{3.4.6}$$

钟 C_2 到达地球, 和 C 相遇的条件是 $x_2 = x = 0$. 将此条件代入 (3.4.6), 得到

$$t_2 = t\sqrt{1-\beta^2}. \tag{3.4.7}$$

这就是 C_2 和 C 相遇时两种读数的关系. S 和 S_1 中的观察者都应承认这一结果: C_2 较 C 慢了一个因子 $\sqrt{1-\beta^2}$. 因为 C_2 曾与 C_1 调整同步, 因此 S_1 和 S_2 的观察者都承认 C_2 完全可以代替 C_1 去与 C 比较快慢; 而 C_1 和 C 又是校准了零点的. 于是 S_1 和 S 中的观察者得到**同一结论**: 离开地球 (惯性系 S) 作宇航的时钟较留在地球上的时钟慢一个因子 $\sqrt{1-\beta^2}$. 佯谬不复存在. 这一解决方法是 1961 年司蒂文逊 (Stevenson) 给出的.

方法二 如图 1-4 所示, 设钟 C' 由地球到达恒星这一过程, C' 记录的时间间隔为 t', 地球上的钟 C_1 记录的时间间隔为 t_1. 则在固连于地球的 S 系中观测的结果如图 1-4(a) 所示, C_1 和 C_2 同步; $t' = t_1\sqrt{1-\beta^2} = t_2\sqrt{1-\beta^2}$. 对于 C' 返回地球的运动过程, 有同样的关系式. 因此 S 系得到结论

$$\Delta t' = \Delta t\sqrt{1-\beta^2}, \tag{3.4.8}$$

式中 $\Delta t' = 2t', \Delta t = 2t_1 = 2t_2$.

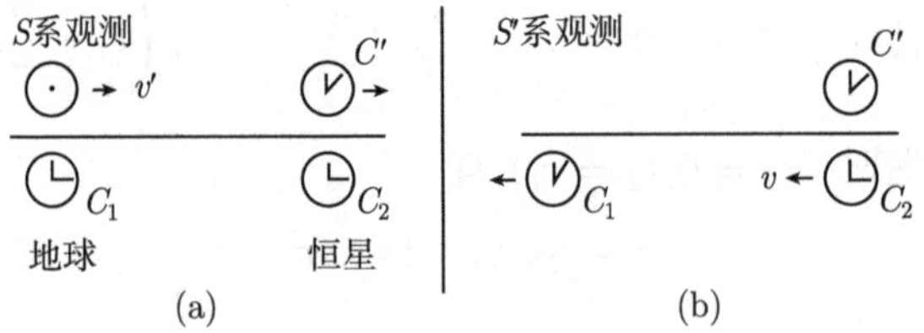

图 1-4

在固连于飞船的 S' 系中观测的结果 (转向前) 如图 1-4(b) 所示: S' 系发现 S 系的两钟 C_1 和 C_2 是不同步的. 按洛伦兹变换容易算得

$$t_2 - t_1 = \gamma \cdot \frac{\beta}{c} l', \quad l' = vt'. \tag{3.4.9}$$

钟 C_1 和 C' 是校过零点的 ($t_1=0$ 时 $t'=0$), 而钟 C_2 和 C' 从未校过零点. 因此, 在 C' 和 C_2 相遇时, 虽然 S 系和 S' 系的观察者都发现 C_2 和 C' 快, 但 S' 系观察者不可能承认 S' 系的钟较 S 系的钟慢了, 他要将 C' 与 C_1 比较. 实际上, 当 C' 与 C_2 相遇时, S' 系测得 C_1 的读数为

$$\begin{aligned}t_1&=t_2-\gamma\frac{\beta}{c}l'\\&=\gamma t'-\frac{\beta}{c}\gamma\cdot vt'=t'\sqrt{1-\beta^2},\end{aligned}\tag{3.4.10}$$

正符合相对性原理.

转向后, 式 (3.4.9) 中的 v 换为 $(-v)$. S' 系测得, 钟 C' 指同一时刻, 钟 C_1 却突然跳过了 $2\gamma\frac{\beta}{c}l'$. 于是对于整个往返过程, S' 系测得

$$\begin{aligned}\Delta t=\Delta t_1&=\Delta t'\sqrt{1-\beta^2}+2\gamma\cdot\frac{\beta}{c}vt'\\&=\Delta t'(\sqrt{1-\beta^2}+\gamma\beta^2)=\gamma\Delta t',\end{aligned}$$

或者

$$\Delta t'=\Delta t\sqrt{1-\beta^2},\tag{3.4.11}$$

此式与 S 系测得的结果 (3.4.8) 完全相同, 消除了佯谬. 这一方法是 1992 年 Peirin 给出的.

狭义相对论的诸种方案终因无法计算加速和减速时间而存在缺陷. 在第十篇 5.6 节中, 我们给出一个广义相对论的严格解决方案.

第 4 章　相对论电动力学

4.1　电磁场张量

我们采用实坐标 $x^\mu(\mu = 1, 2, 3, 0; x^0 = ct)$.

由于 $g_{\mu\nu} = \eta_{\mu\nu}$, 所以有

$$g_{pq} = g^{pq} = -\delta_{pq}, \quad g_{0p} = -g^{0p} = 0, \quad g_{00} = g^{00} = 1.$$

Maxwell 方程可写为

$$\nabla \times \boldsymbol{H} - \frac{1}{c}\frac{\partial \boldsymbol{D}}{\partial t} = \frac{4\pi}{c}\boldsymbol{J}, \tag{4.1.1a}$$

$$\nabla \times \boldsymbol{E} + \frac{1}{c}\frac{\partial \boldsymbol{B}}{\partial t} = 0, \tag{4.1.1b}$$

$$\nabla \cdot \boldsymbol{D} = 4\pi\rho, \tag{4.1.2a}$$

$$\nabla \cdot \boldsymbol{B} = 0. \tag{4.1.2b}$$

引入四维电流密度矢量

$$J_\mu = \left\{-\frac{4\pi}{c}\boldsymbol{J}, 4\pi\rho\right\}, \tag{4.1.3}$$

上述四个方程可写为

$$H_{q,p} - H_{p,q} - D_{r,0} = -J_r, \tag{4.1.1a$'$}$$

$$E_{q,p} - E_{p,q} + B_{r,0} = 0, \tag{4.1.1b$'$}$$

$$\sum_p D_{p,p} = J_0, \tag{4.1.2a$'$}$$

$$\sum_p B_{p,p} = 0, \tag{4.1.2b$'$}$$

式中 $p, q, r = 1, 2, 3$; (4.1.1a′) 和 (4.1.1b′) 中的 p, q, r 按 1, 2, 3 顺序取值.

只要使 $\boldsymbol{H}, \boldsymbol{D}, \boldsymbol{B}, \boldsymbol{E}$ 按下面的规律变换:

$$D_1' = D_1, \quad D_2' = \frac{D_2 - \beta H_3}{\sqrt{1-\beta^2}}, \quad D_3' = \frac{D_3 + \beta H_2}{\sqrt{1-\beta^2}}, \tag{4.1.4a}$$

$$E_1' = E_1, \quad E_2' = \frac{E_2 - \beta B_3}{\sqrt{1-\beta^2}}, \quad E_3' = \frac{E_3 + \beta B_2}{\sqrt{1-\beta^2}},$$

$$H_1' = H_1, \quad H_2' = \frac{H_2 + \beta D_3}{\sqrt{1-\beta^2}}, \quad H_3' = \frac{H_3 - \beta D_2}{\sqrt{1-\beta^2}}, \tag{4.1.4b}$$
$$B_1' = B_1, \quad B_2' = \frac{B_2 + \beta E_3}{\sqrt{1-\beta^2}}, \quad B_3' = \frac{B_3 - \beta E_2}{\sqrt{1-\beta^2}},$$

便可以保证 Maxwell 方程组 (4.1.1a′)∼(4.1.2.b′) 在洛伦兹变换下是协变的.

引入二阶张量 $f_{\mu\nu}$ 和 $F_{\mu\nu}$, 令

$$H_p = \varepsilon_{pqr} f^{qr}, \quad D_p = f_{po} = -f^{po}, \tag{4.1.5}$$

即

$$H_1 = f_{23} = f^{23}, \quad H_2 = f_{31} = f^{31}, \quad H_3 = f_{12} = f^{12},$$
$$D_1 = f_{10} = -f^{10}, \quad D_2 = f_{20} = -f^{20}, \quad D_3 = f_{30} = -f^{30}$$

和

$$B_p = \varepsilon_{pqr} F^{qr}, \quad E_p = F_{po} = -F^{po}, \tag{4.1.6}$$

即

$$B_1 = F_{23} = F^{23}, \quad B_2 = F_{31} = F^{31}, \quad B_3 = F_{12} = F^{12},$$
$$E_1 = F_{10} = -F^{10}, \quad E_2 = F_{20} = -F^{20}, \quad E_3 = F_{30} = -F^{30},$$

则 (4.1.1a′) 和 (4.1.2.a′) 可合写为

$$f^{\mu\rho}_{,\rho} = J^\mu, \quad \mu = 1, 2, 3, 0. \tag{4.1.7}$$

方程 (4.1.1b′) 和 (4.1.2b′) 可合写为

$$F_{\mu\nu,\rho} + F_{\nu\rho,\mu} + F_{\rho\mu,\nu} = 0. \tag{4.1.8}$$

同时, 由 (4.1.7) 直接得到连续性方程

$$J^\mu_{,\mu} = 0. \tag{4.1.9}$$

通常, 把 (4.1.5) 和 (4.1.6) 写成矩阵形式

$$[f_{\mu\nu}] = \begin{pmatrix} 0 & H_3 & -H_2 & D_1 \\ -H_3 & 0 & H_1 & D_2 \\ H_2 & -H_1 & 0 & D_3 \\ -D_1 & -D_2 & -D_3 & 0 \end{pmatrix}, \tag{4.1.5a}$$

$$[F_{\mu\nu}] = \begin{pmatrix} 0 & B_3 & -B_2 & E_1 \\ -B_3 & 0 & B_1 & E_2 \\ B_2 & -B_1 & 0 & E_3 \\ -E_1 & -E_2 & -E_3 & 0 \end{pmatrix}. \tag{4.1.6a}$$

当 $\varepsilon = \mu = 1$ 时, $f_{\mu\nu} = F_{\mu\nu}$, (4.1.5) 和 (4.1.6) 相合.

4.2 四 维 势

在经典电磁学中已经知道

$$\boldsymbol{E} = -\nabla\varphi - \frac{1}{c}\frac{\partial \boldsymbol{A}}{\partial t},$$
$$\boldsymbol{B} = \nabla \times \boldsymbol{A}.$$

令

$$A_\mu = \{\boldsymbol{A}, -\varphi\}, \tag{4.2.1}$$

可将前二式写为

$$E_p = A_{o,p} - A_{p,o}, \tag{4.2.2a}$$

$$B_p = A_{r,q} - A_{q,r}, \tag{4.2.2b}$$

式中 p, q, r 按 1,2,3 次序循环. 注意到 (4.1.6), 上二式可统一为

$$F_{\mu\nu} = A_{\nu,\mu} - A_{u,\nu}. \tag{4.2.2c}$$

因此, 电磁场的势构成一个四维矢量 A_μ. 但是很明显, 矢量 A_μ 的确定只准确到一个标量的梯度. 即当以

$$A'_\mu = A_\mu - \psi_{,\mu} \quad (\psi\ 为一标量) \tag{4.2.3}$$

代替 A_μ 时, (4.2.2c) 中的 $F_{\mu\nu}$ 不变. 变换 (4.2.3) 叫做规范变换. 因此通常说, 电磁场的势的确定只准确到规范变换.

4.3 能量–动量张量

考虑二阶张量

$$E_\mu^\lambda = -F_{\mu\rho}F^{\lambda\rho} + \frac{1}{4}g_\mu^\lambda F_{\rho\sigma}F^{\rho\sigma}, \tag{4.3.1}$$

或

$$E_{\mu\nu} = -F_{\mu\rho}F_{\nu}^{\rho} + \frac{1}{4}g_{\mu\nu}F_{\rho\sigma}F^{\rho\sigma}, \tag{4.3.1a}$$

式中

$$g_{\mu\nu} = \eta_{\mu\nu}. \tag{4.3.2}$$

它的分量可以写为矩阵形式

$$[E_{\mu\nu}] = \begin{pmatrix} E_{11} & E_{12} & E_{13} & -4\pi S_1 \\ E_{21} & E_{22} & E_{23} & -4\pi S_2 \\ E_{31} & E_{32} & E_{33} & -4\pi S_3 \\ -4\pi S_1 & -4\pi S_2 & -4\pi S_3 & 4\pi w \end{pmatrix}. \tag{4.3.1b}$$

式中

$$E_{pq} = -(E_pE_q + H_pH_q) + \frac{1}{2}\delta_{pq}(E^2 + H^2), \tag{4.3.3}$$

$$S_p = \frac{1}{4\pi}(\boldsymbol{E} \times \boldsymbol{H})_p, \tag{4.3.4}$$

$$w = \frac{1}{8\pi}(E^2 + H^2), \tag{4.3.5}$$

$\boldsymbol{E}$ 和 $\boldsymbol{H}$ 均为微观场强. 这就是说, E_{po} 表示动量密度, E_{oo} 表示能量密度.

取 (4.3.1) 的散度, 得到

$$E_{\mu,\lambda}^{\lambda} = -F_{\mu\rho,\lambda}F^{\lambda\rho} - F_{\mu\rho}F_{,\lambda}^{\lambda\rho} + \frac{1}{4}(F_{\rho\sigma}F^{\rho\sigma})_{,\mu}, \tag{4.3.6}$$

或者写成

$$\begin{aligned} E_{\mu,\lambda}^{\lambda} = & -\frac{1}{2}(F_{\mu\rho,\lambda} + F_{\lambda\mu,\rho})F^{\lambda\rho} + F_{\mu\rho}J^{\rho} \\ & + \frac{1}{4}(F_{\rho\sigma}F^{\rho\sigma})_{,\mu}. \end{aligned} \tag{4.3.7}$$

但是由第二对 Maxwell 方程可得

$$E_{\mu,\lambda}^{\lambda} = \frac{1}{2}F_{\rho\lambda,\mu}F^{\lambda\rho} + F_{\mu\rho}J^{\rho} + \frac{1}{4}(F_{\rho\sigma}F^{\rho\sigma})_{,\mu}. \tag{4.3.8}$$

由于

$$\begin{aligned} \frac{1}{2}F_{\rho\lambda,\mu}F^{\lambda\rho} &= \frac{1}{2}\eta^{\lambda\sigma}\eta^{\rho\tau}F_{\rho\lambda,\mu}F_{\sigma\tau} \\ &= \frac{1}{4}\eta^{\lambda\sigma}\eta^{\rho\tau}(F_{\rho\lambda}F_{\sigma\tau})_{,\mu} \\ &= -\frac{1}{4}(F_{\rho\lambda}F^{\lambda\rho})_{,\mu}, \end{aligned}$$

故 (4.3.8) 可改写为

$$E^{\lambda}_{\mu,\lambda} = F_{\mu\rho}J^{\rho}. \tag{4.3.9}$$

洛伦兹力的公式为

$$f^{\mu} = \frac{1}{4\pi}f^{\rho\mu}J_{\rho},$$

相应的四维矢量

$$4\pi f_{\mu} = F_{\rho\mu}J^{\rho} \tag{4.3.10}$$

的三个空间分量即对应于洛伦兹力. 于是有

$$E^{\lambda}_{\mu,\lambda} = -4\pi f_{\mu}. \tag{4.3.11}$$

此时 (4.3.11) 的第四式为

$$E^{p}_{0,p} + E^{0}_{0,0} = -4\pi f_0, \tag{4.3.12}$$

即

$$\frac{1}{c}\frac{\partial w}{\partial t} + \nabla\cdot\boldsymbol{s} = -\rho\left(\frac{\boldsymbol{v}}{c}\cdot\boldsymbol{E}\right). \tag{4.3.13}$$

这正是坡印亭定理. 因此, (4.3.11) 既作为洛伦兹力的定义, 也作为电磁能量守恒的条件.

4.4　任意曲线坐标系中的表示式

1. Maxwell 方程

在欧几里得空间中, 我们取一任意的曲线坐标系. 对于正交系成立的 Maxwell 方程, 当过渡到任意坐标系时将不是协变的. 为了使方程协变, 应该将普通导数改为协变导数. 此时 Maxwell 方程成为

$$f^{\mu\rho}_{;\rho} = J^{\mu}, \tag{4.4.1}$$

$$F_{\mu\nu;\rho} + F_{\nu p;\mu} + F_{\rho\mu;\nu} = 0, \tag{4.4.2}$$

以及

$$F_{\mu\nu} = A_{\nu;\mu} - A_{\mu;\nu}. \tag{4.4.3}$$

此外, 协变张量 $f^{\mu\nu}$ 和 J^{μ} 用对应的张量密度表示有时是方便的. 即

$$\mathscr{F}^{\mu\nu} = -\sqrt{g}f^{\mu\nu}\quad (g = \det g_{\mu\nu}), \tag{4.4.4}$$

$$\mathscr{J}^{\mu} = \sqrt{-g}J^{\mu}. \tag{4.4.5}$$

这时方程 (4.4.1) 可写为

$$\mathscr{F}^{\mu\rho}_{;\rho} = \mathscr{J}^{\mu}. \tag{4.4.6}$$

读者可自己证明 (4.4.1)~(4.4.3) 和 (4.4.6) 的正确性.

有时引入对偶张量 $\widetilde{F}^{\mu\nu}$ 和 $\widetilde{F}_{\mu\nu}$ 是方便的. $\widetilde{F}^{\mu\nu}$ 和 $\widetilde{F}_{\mu\nu}$ 的定义是

$$\begin{aligned}\widetilde{F}^{\mu\nu} &= \frac{1}{2\sqrt{-g}}\varepsilon^{\mu\nu\rho\sigma}F_{\rho\sigma},\\ \widetilde{F}_{\mu\nu} &= -\frac{\sqrt{-g}}{2}\varepsilon_{\mu\nu\rho\sigma}F^{\rho\sigma},\end{aligned} \tag{4.4.7}$$

式中 $\varepsilon_{\mu\nu\rho\sigma} = \varepsilon^{\mu\nu\rho\sigma}$ 是 Levi–Civita 符号. 此时 (4.4.2) 可写为

$$(\sqrt{-g}\widetilde{F}^{\mu\rho})_{,\rho} = 0,$$

或者

$$\widetilde{F}^{\mu\rho}_{;\rho} = 0. \tag{4.4.8}$$

这样, Maxwell 方程可表示为下面两个比较对称的方程组:

$$f^{\mu\rho}_{;\rho} = J^{\mu} \quad 或 \quad (\sqrt{-g}f^{\mu\rho})_{,\rho} = \mathscr{J}; \tag{4.4.9}$$

$$\widetilde{F}^{\mu\rho}_{;\rho} = 0 \quad 或 \quad (\sqrt{-g}\widetilde{F}^{\mu\rho})_{,\rho} = 0. \tag{4.4.10}$$

由此得到连续性方程:

$$J^{\mu}_{;\mu} = 0. \tag{4.4.11}$$

如果 $\varepsilon\mu = 1$, 则有

$$F^{;\nu}_{\mu\nu} \equiv g^{\nu\lambda}F_{\mu\nu;\lambda} = A^{;\nu}_{\nu;\mu} - A^{;\nu}_{\mu;\nu}. \tag{4.4.12}$$

由于 $f_{\mu\nu} = \varepsilon F_{\mu\nu} = \dfrac{1}{\mu}F_{\mu\nu}$ 和 $f^{\mu\rho}_{;\rho} = J^{\mu}, \mu f^{;\nu}_{\mu\nu} = \mu J_{\mu}$. 因此, 对于欧氏空间有

$$\mu J_{\mu} = (A^{;\nu}_{\nu})_{;\mu} - \Box A_{\mu}, \tag{4.4.13}$$

式中

$$\Box \equiv \nabla^{\nu}\nabla_{\nu} \equiv g^{\rho\sigma}\nabla_{\rho}\nabla_{\sigma}, \quad \nabla_{\rho}A \equiv A_{;\rho}.$$

注意洛伦兹条件

$$A^{;\nu}_{\nu} = 0, \tag{4.4.14}$$

(4.4.13) 可写为

$$\Box A_{\mu} = -\mu J_{\mu}. \tag{4.4.15}$$

2. 荷电质点的轨迹

由相对论力学可知, 式

$$F^{\mu}=m_0c^2u^{\rho}u^{\mu}_{;\rho} \tag{4.4.16}$$

确定质点的轨迹. 式中 $u^{\mu}=\dfrac{\mathrm{d}x^{\mu}}{\mathrm{d}s}$ 是质点在任意坐标系中的四维速度. 方程 (4.4.16) 也可写为

$$F^{\mu}=m_0c^2\left(\frac{\mathrm{d}^2x^{\mu}}{\mathrm{d}s^2}+\Gamma^{\mu}_{\sigma\rho}\frac{\mathrm{d}x^{\sigma}}{\mathrm{d}s}\frac{\mathrm{d}x^{\rho}}{\mathrm{d}s}\right). \tag{4.4.17}$$

对于荷电粒子, F^{μ} 归结为洛伦兹力

$$f^{\mu}=\frac{1}{4\pi}F^{\rho\mu}J_{\rho},$$

它也可以由 Maxwell 张量

$$E^{\nu}_{\mu}=-F_{\mu\rho}f^{\nu\rho}+\frac{1}{4}\delta^{\nu}_{\mu}F_{\rho\sigma}f^{\rho\sigma}$$

得到. 这里, 和 (4.3.11) 一样, 设

$$E^{\nu}_{\mu;\nu}=-4\pi f_{\mu}. \tag{4.4.18}$$

因此有

$$m_0c^2\left(\frac{\mathrm{d}^2x^{\mu}}{\mathrm{d}s^2}+\Gamma^{\mu}_{\rho\sigma}\frac{\mathrm{d}x^{\rho}}{\mathrm{d}s}\frac{\mathrm{d}x^{\sigma}}{\mathrm{d}s}\right)=\frac{1}{4\pi}F^{\rho\mu}J_{\rho}. \tag{4.4.19}$$

在真空的情况下, 电流 J_{ρ} 和四维速度成正比

$$J_{\rho}=4\pi\rho_0u_{\rho}.$$

(4.4.19) 可改写为

$$\frac{\mathrm{d}}{\mathrm{d}s}(u^{\mu}+\Gamma^{\mu}_{\sigma\rho}u^{\sigma}x^{\rho})=\frac{\rho_0}{m_0c^2}F^{\rho\mu}u_{\rho}, \tag{4.4.20}$$

或者

$$\frac{\mathrm{d}x^{\lambda}}{\mathrm{d}s}(u^{\mu}_{,\lambda}+\Gamma^{\mu}_{\sigma\lambda}u^{\sigma})=\frac{\rho_0}{m_0c^2}F^{\rho\mu}u_{\rho}, \tag{4.4.21}$$

即

$$u^{\lambda}u^{\mu}_{;\lambda}=\frac{\rho_0}{m_0c^2}F^{\rho\mu}u_{\rho}. \tag{4.4.22}$$

4.5 存在磁单极的情况

在 Maxwell 方程中, $\nabla\cdot\boldsymbol{B}=0$ 和 $\nabla\cdot\boldsymbol{D}=4\pi\rho_e$ 是不对称的, 其理由是至目前为止始终没有发现磁单极的存在.

早在 1931 年, Dirac 由荷电质点波函数的奇异性, 得到磁单极磁荷 g 和电子电荷 e 之间的关系式

$$\frac{g}{e}=\frac{1}{2\alpha}=\frac{\hbar c}{2e^2}\approx\frac{137}{2}, \tag{4.5.1}$$

式中 $\alpha=\dfrac{e^2}{\hbar c}$ 为索末菲精细结构常数. Dirac 这一理论是根据量子力学得出的,这里不做介绍. 下面讨论假定磁单极存在时, Maxwell 方程和洛伦兹力应具有的形式.

我们讨论微观电磁场方程. 此时 $f_{\mu\nu}=F_{\mu\nu}$. 场方程和洛伦兹力表示为 (正交系中)

$$F^{\mu\nu}_{,\nu}=J^{\mu}_{e}, \tag{4.5.2}$$

$$\widetilde{F}^{\mu\nu}_{,\nu}=0, \tag{4.5.3}$$

$$f^{\mu}_{e}=\frac{1}{4\pi}F^{\rho\mu}J_{\rho}. \tag{4.5.4}$$

引入磁荷密度 ρ_g 和磁流密度 k^{μ} 及 k_{μ}

$$k^{\mu}=\{\rho_g c,\rho_g \boldsymbol{u}\}, \tag{4.5.5}$$

$$k_{\mu}=\{\rho_g c,-\rho_g \boldsymbol{u}\}, \tag{4.5.6}$$

并假定 (取直角坐标系有 $\sqrt{-g}=1$)

$$\widetilde{F}^{\mu\nu}_{,\nu}=\frac{4\pi}{c}k^{\mu}, \tag{4.5.7}$$

$$f^{\mu}_{g}=\frac{1}{c}\widetilde{F}^{\mu\nu}k_{\nu}. \tag{4.5.8}$$

方程 (4.5.2),(4.5.7) 和 (4.5.4), (4.5.8) 构成了有磁单极时的 Maxwell 方程和洛伦兹力公式.

这里必须指出, $F^{\mu\nu}$ 与 A^{μ} 之间的关系式要加以修正. 因为按原来的假设

$$\begin{aligned}F^{\mu\nu}&=A_{\nu,\mu}-A_{\mu;\nu},\\ \widetilde{F}^{\mu\nu}&=\frac{1}{2\sqrt{-g}}\varepsilon^{\mu\nu\tau\lambda}F_{\tau\lambda},\end{aligned} \tag{4.5.9}$$

容易得到

$$\widetilde{F}^{0\nu}_{,\nu}=0,\quad \widetilde{F}^{p\nu}_{,\nu}=0,$$

于是仍然得到

$$\widetilde{F}^{\mu\nu}_{,\nu}=0,$$

除非 A^{μ} 有奇异性. 这就是说, 按 (4.5.9) 给出的定义, 是不可能引入磁流 k^{μ} 的.

为了引入 k^μ, Dirac(1948) 将 (4.5.9) 式修正为

$$F^{\mu\nu} = A^{\nu}_{,\mu} - A^{\mu}_{,\nu} + \Sigma \widetilde{G}^{\mu\nu}. \tag{4.5.10}$$

式中 $\widetilde{G}^{\mu\nu}$ 为一张量, Σ 对所有磁单极取和, 除了磁单极所在的世界线上以外 $\widetilde{G}^{\mu\nu}$ 恒等于零. 下面给出 $G^{\mu\nu}$ 满足的方程. 点电荷和点磁荷产生的 J_μ 和 k_μ 可表示为

$$J_\mu(x) = \sum_i e_i \int \frac{\mathrm{d}\bar{x}_\mu}{\mathrm{d}s} \prod_{j=0}^{3} \delta(x_j - \bar{x}_j)\mathrm{d}s, \tag{4.5.11}$$

$$k_\mu(x) = \sum_i g_i \int \frac{\mathrm{d}\bar{x}_\mu}{\mathrm{d}s} \prod_{j=0}^{3} \delta(x_j - \bar{x}_j)\mathrm{d}s, \tag{4.5.12}$$

式中 $\bar{x}_\mu$ 为电荷或磁荷世界线上点的坐标, 积分沿世界线; $\delta(x_j - \bar{x}_j)$ 为 Dirac δ 函数,

$$\prod_{j=0}^{3} \delta(x_j - \bar{x}_j) = \delta(x_0 - \bar{x}_0)\delta(x_1 - \bar{x}_1)\delta(x_2 - \bar{x}_2)\delta(x_3 - \bar{x}_3),$$

$$\mathrm{d}s^2 = \mathrm{d}(x_\mu - \bar{x}_\mu)\mathrm{d}(x^\mu - \bar{x}^\mu).$$

电荷和磁荷的运动方程式为

$$\begin{aligned} m_e \frac{\mathrm{d}^2\bar{x}^\mu}{\mathrm{d}s^2} &= eF^{\mu\nu}(\bar{x})\frac{\mathrm{d}\bar{x}_\nu}{\mathrm{d}s}, \\ m_g \frac{\mathrm{d}^2\bar{x}^\mu}{\mathrm{d}s^2} &= g\widetilde{F}^{\mu\nu}(\bar{x})\frac{\mathrm{d}\bar{x}_\nu}{\mathrm{d}s}. \end{aligned} \tag{4.5.13}$$

由于在世界线上 A^μ 及 $f^{\mu\nu}$ 是奇异的, 故须修改 $F^{\mu\nu}$ 的表示式. 我们引入一新的张量 $\overset{*}{F}{}^{\mu\nu}$, 它和 (4.5.10) 中 $F^{\mu\nu}$ 的关系为

$$\overset{*}{F}{}^{\mu\nu}(x) = \int f^{\mu\nu}(x')\gamma(x - x')\mathrm{d}^4x', \tag{4.5.14}$$

式中 γ 函数暂未确定. 将 (4.5.11) 和 (4.5.12) 代入 (4.5.2), (4.5.7) 以及 (4.5.12), (4.5.13), 我们得到

$$\overset{*}{F}{}^{\mu\nu}_{,\nu} = \sum_i e_i \int \frac{\mathrm{d}\bar{x}^\mu}{\mathrm{d}s} \prod_{j=0}^{3} \delta(x_j - \bar{x}_j)\mathrm{d}s, \tag{4.5.15}$$

$$\widetilde{F}^{\mu\nu}_{,\nu} = \sum_i g_i \int \frac{\mathrm{d}\bar{x}^\mu}{\mathrm{d}s} \prod_{j=0}^{3} \delta(x_j - \bar{x}_j)\mathrm{d}s, \tag{4.5.16}$$

$$m_e \frac{\mathrm{d}^2\bar{x}^\mu}{\mathrm{d}s^2} = eF^{\mu\nu}(\bar{x})\frac{\mathrm{d}\bar{x}_\nu}{\mathrm{d}s}, \tag{4.5.17}$$

$$m_g \frac{\mathrm{d}^2 \bar{x}^\mu}{\mathrm{d}s^2} = g \overset{*}{F}{}^{\mu\nu}(\bar{x}) \frac{\mathrm{d}\bar{x}_\nu}{\mathrm{d}s}. \tag{4.5.18}$$

将 (4.5.10) 代入 (4.5.16), 并利用 $\widetilde{F}^{\mu\nu}$ 的定义, 得到张量 $G^{\mu\nu}$ 满足的方程

$$G^{\mu\nu}_{,\nu} = g \int \frac{\mathrm{d}\bar{x}^\mu}{\mathrm{d}s} \prod_{j=0}^{3} \delta(x_j - \bar{x}_j) \mathrm{d}s. \tag{4.5.19}$$

4.6 Dirac 的磁单极理论

Maxwell 方程的规范不变性可推广至量子力学中荷电点质量的波方程.

考虑一自由质点, Dirac 波方程为

$$\gamma^\mu \frac{\hbar \partial \varPsi}{\mathrm{i}\partial x_\mu} - \mathrm{i}mc\varPsi = 0, \quad \mu = 1,2,3,4, \tag{4.6.1}$$

这里采用虚坐标: $x^\mu = \{x, y, z, \mathrm{i}ct\}, \gamma^\mu$ 为 4×4 矩阵. 如果存在一电磁场, 矢势为 $A^\mu = \{A_x, A_y, A_z, \mathrm{i}\phi\}$, 则电子的波方程为

$$\gamma^\mu \left(\frac{\hbar}{\mathrm{i}} \frac{\partial}{\partial x^\mu} - \frac{e}{c} A^\mu \right) \varPsi - \mathrm{i}mc\varPsi = 0. \tag{4.6.2}$$

对势 A_μ 作规范变换

$$\begin{aligned} A'_k &= A_k + \chi_{,k}, \\ \phi' &= \phi - \frac{1}{c} \frac{\partial \chi}{\partial t}. \end{aligned} \tag{4.6.3}$$

对波函数作如下变换:

$$\varPsi' = \varPsi \exp\left(-\frac{\mathrm{i}e}{\hbar c} \chi \right). \tag{4.6.4}$$

易证

$$\gamma^\mu \left(\frac{\hbar}{\mathrm{i}} \frac{\partial}{\partial x^\mu} - \frac{e}{c} A'_\mu \right) \varPsi' = \exp\left(\frac{\mathrm{i}e}{\hbar c} \chi \right) \cdot \gamma^\mu \left(\frac{\hbar}{\mathrm{i}} \frac{\partial}{\partial x^\mu} - \frac{e}{c} A_\mu \right) \varPsi, \tag{4.6.5}$$

故有

$$\gamma^\mu \left(\frac{\hbar}{\mathrm{i}} \frac{\partial}{\partial x^\mu} - \frac{e}{c} A'_\mu \right) \varPsi' = \mathrm{i}mc\varPsi' = 0, \tag{4.6.6}$$

即 $\varPsi'$ 与 $\varPsi$ 满足同一波方程. 相 $\frac{e}{\hbar c}\chi(x)$ 是取决于电磁场的一个 x^μ 的函数, 与态 $\varPsi$ 无关. 由一点 $x^\mu_{(1)}$ 变至另一点 $x^\mu_{(2)}$ 时, 相的变化与路径无关. 这种情况下的相称为可积分的相位. 对于我们的讨论, 这种相没什么用途.

我们考虑方程 (4.6.2). 设

$$\Psi = \Psi' \exp\left(\frac{\mathrm{i}e}{\hbar c}\int A_\mu \mathrm{d}x^\mu\right), \tag{4.6.7}$$

代入 (4.6.2), 得到

$$\exp\left(\frac{\mathrm{i}e}{\hbar c}\int A_\mu \mathrm{d}x^\mu\right)\left(\gamma_\mu \frac{\hbar}{\mathrm{i}}\frac{\partial}{\partial x^v} - imc\right)\Psi' = 0. \tag{4.6.8}$$

这正是自由质点的波方程. 因此, 引入电磁场 A_μ 等效于在自由质点的波函数中介入一个相因子

$$\exp\left(\frac{\mathrm{i}e}{\hbar e}\int A_\mu \mathrm{d}x^\mu\right). \tag{4.6.9}$$

这里的相位与 (4.6.4) 不同, 量 $\int A_\mu \mathrm{d}x^\mu$ 不是点 x^μ 的函数, 而与积分路径有关. 即

$$\oint A_\mu \mathrm{d}x^\mu \neq 0.$$

应用四维 Stokes 定理, 得到

$$\oint A_\mu \mathrm{d}x^\mu = \iint_s \nabla \times \boldsymbol{A} \cdot \mathrm{d}\boldsymbol{s} \neq 0, \tag{4.6.10}$$

式中 $\nabla \times \boldsymbol{A}$ 表示四维旋度. 上式表明 A_μ 不普遍满足 $\nabla \times \boldsymbol{A} = 0$. 相位 (4.6.9) 称为不可积分的相位.

在经典电动力学中, 电磁现象由电场 E, 磁场 H 或电磁场张量 $F^{\mu v}$ 表述, 它们满足 Maxwell 方程. 在量子力学中, 波动方程含有的量是势 $A_\mu(\boldsymbol{A}, \phi)$ 而不是 E, H 和 $F^{\mu v}$. 在相位的表示式中出现的也是 A_μ. 可见规范变换是极其重要的.

Dirac 考虑到电磁场的奇异性与荷电质点波函数相位的关系, 提出了磁单极存在的假设.

在一般情况下, 波函数 ($\Psi = \Psi' \mathrm{e}^{\mathrm{i}\beta}$) 的相位 β 精确到一个任意常数：当电磁场存在时, β 不是坐标 x^μ 的函数, 而取决于电磁场 A_μ; 它与质点的态无关. 因此, 当波函数绕一闭合路径一周时, 位相的增量 $\Delta\beta$ 对任何波函数都相同. 例如, 积分 $\int \Psi_m^* \Psi_n \mathrm{d}\tau$ 的位相 $(-\beta_m + \beta_n)$ 绕一闭合路径的增量等于零. 故此积分有一定值.

上边所讨论的位相增量 $\Delta\beta$ 似乎只能精确到 2π 的整数倍, 无法确定. 但是这一不确定性可以由连续性的考虑消除. 设有任意两个波函数, 当绕一闭合路径一周时, 它们位相的增量 $\Delta\beta$ 之间相差一个 2π 的倍数. 现在使闭合路径 (如闭圈) 连续缩小. 由于波函数的连续性, 闭圈越小则 $\Delta\beta$ 也越小, 终不能有 2π 之差.

假设波函数 Ψ 有一波节线 (其上 $\Psi=0$). 当 $\Psi=0$ 时相位无意义. 因此, 当波函数绕一波节线绕行一周时, 不再能依据波函数的连续性了, 可以说 $\Delta\beta$ 必须很小. 我们只能说 $\Delta\beta$ 接近于 $2n\pi$, n 为正 (或负) 整数. n 的数值是波节线的特征; 其正负号取决于绕行方向 (相对于波节线的方向). Dirac 假设, 波函数沿一环绕波节线的一个小闭圈绕行一周所产生的相位增量 $\Delta\beta$ 与最相近的 $2n\pi$ 之差 $(\Delta\beta-2n\pi)$ 等于任一个没有波节线的波函数绕此闭圈一周产生的相位差.

在磁场中, 绕一个小闭圈 (无波节线穿过) 产生的相位差可写为

$$\frac{e}{\hbar c}\oint A_\mu \mathrm{d}x^\mu=\frac{e}{\hbar c}\iint\limits_s \boldsymbol{H}\cdot\mathrm{d}\boldsymbol{S}.$$

按上述假设有

$$\Delta\beta-2n\pi=\frac{e}{\hbar c}\iint\limits_s \boldsymbol{H}\cdot\mathrm{d}\boldsymbol{S}. \tag{4.6.11}$$

如闭圈子绕过了多个波节线, 则

$$\Delta\beta-2\sum n\pi=\frac{e}{\hbar c}\iint\limits_s \boldsymbol{H}\cdot\mathrm{d}\boldsymbol{S},$$

式中积分域 s 是以闭圈为边的任一面. 如果将圈缩小, 使 s 成为一闭面, 则 $\Delta\beta\to 0$, 上式成为

$$2\pi\sum n=\frac{e}{\hbar c}\iint\limits_s \boldsymbol{H}\cdot\mathrm{d}\boldsymbol{S}. \tag{4.6.12}$$

由于上式右端与波节线无关, 所以 $\sum n$ 与波函数无关. 如果 $\sum n\neq 0$, 则闭面 s 内一定有波节线的端点; 若 s 内没有端点, 则每一波节线必须穿过 s 偶数次. 所以, $\sum n$ 等于 s 内有端点的波节线的 n 之和. 这些端点对所有的波函数都相同, 说明它们是场的特征 (奇异性) 而与波函数无关.

设 s 内有一磁单极, 强度为 g(磁荷), 与电荷同单位, 则有

$$\iint\limits_s \boldsymbol{H}\cdot\mathrm{d}\boldsymbol{S}=4\pi g. \tag{4.6.13}$$

代入 (4.6.12), 得到

$$\frac{\hbar c}{e}n=2g,\quad n=\pm1,\pm2,\cdots.$$

$n=1$ 时磁单极具有最小磁荷, 此时有

$$\frac{g}{e}=\frac{\hbar c}{2e^2}=\frac{1}{2\alpha}\approx\frac{137}{2}. \tag{4.6.14}$$

第二篇　广义相对论基础

1916 年以前, 即在经典物理学和狭义相对论中, 人们虽然早已知道欧几里得几何和黎曼几何都是合理的, 但一直认为只有欧几里得几何才是真实的, 真实的空间是平直的. 1916 年, 爱因斯坦历史性地突破了经典引力理论的框架, 以全新的观点创立了新的引力理论 —— 广义相对论. 它准确地告诉人们, 当没有引力场存在时, 空间是平直的, 欧几里得几何是真实的; 当有引力场存在时, 空间是弯曲的, 黎曼几何是真实的.

第 1 章　平直时空引力理论

1.1　万有引力定律

两个质量分别为 M 和 M' 的质量相距 r 时, 其间存在一引力

$$F = K\frac{MM'}{r^2}, \tag{1.1.1}$$

式中常数 M 和 M' 是两质点的**引力质量**; K 为普适常数, 它的数值取决于单位制的选择.

牛顿的万有引力定律的建立, 使人们能够严格地导出行星轨道的所有参数, 能够轻而易举地推得开普勒三定律. 从而, 人们第一次揭开了天体运行之谜. 1846 年, 勒威耶和亚当斯根据天王星轨道的摄动, 应用牛顿的万有引力定律, 成功地预言了当时尚未发现的两颗行星 (海王星和冥王星, 冥王星稍晚一些) 的存在, 后来果然被天文观察所证实. 从此, 牛顿的平直时空引力理论得到举世公认, 牛顿的名字誉满全球. 此外, 牛顿引力定律还成功地解释了潮汐现象、地球的形状等地球物理现象. 牛顿引力理论是第一个成功的引力理论. 但是这一理论也有不可克服的困难.

首先, 由式 (1.1.1) 所确定的力是超距作用力. 根据近代的和经典的概念, 这都是不可理解的. 甚至牛顿本人也认为是无法接受的.

更重要的是, 牛顿引力理论与实验事实不相符：牛顿引力定律 (1.1.1) 无法解释天文观测发现的水星近日点的进动这一现象.

人们曾经试图对 (1.1.1) 进行修正. 霍尔 (Hall) 提出

$$F(r) = K\frac{MM'}{r^N}. \tag{1.1.2}$$

按照水星的实验观测资料, 欲使 (1.1.2) 与观测结果相符合, 应有 $N \approx 2.00000016$. 可是如果 N 取这一数值, 则 (1.1.2) 又无法与月球的运动规律相符合.

人们也曾经试图给 (1.1.1) 附加上按 $\dfrac{1}{r^n}$ 规律变化的附加项

$$F(r) = K\frac{MM'}{r^2}\left(1 + \frac{\alpha}{r^n}\right) \tag{1.1.3}$$

式中 $n = 3, 4$ 或 5. 按行星轨道近日点的进动, α 应为正数. 不难发现, 无论 α 取什么值都无法符合水星和其他行星以及月球的运动规律.

牛顿引力理论不能研究宇宙. 用牛顿引力理论研究宇宙将导致著名的 Newman 疑难, 其内容如下:

根据宇宙学原理, 宇宙是各向同性的, 宇宙物质是均匀分布的. 由高斯定理和 (1.1.1) 式容易得到

$$\int \nabla \cdot \boldsymbol{g} \mathrm{d}v = \oint \boldsymbol{g} \cdot \mathrm{d}\boldsymbol{s}, \tag{1.1.4}$$

式中 $\boldsymbol{g}$ 为引力场强. 和静电学的情况类似, 注意 $\rho = \text{const}$, 得到 $|\boldsymbol{g}| \sim \rho R$. R 可取得任意大, 于是有 g 值不确定. 这是不可接受的.

宇宙是无限的还将导致著名的 Olbers 佯谬. 设宇宙中任一点 O, 在以 O 点为圆心以 r 为半径的球壳内, 恒星数为 $4\pi r^2 \rho \mathrm{d}r, \rho$ 为恒星密度. 球壳内每颗恒星在 O 点产生的照度为 $\dfrac{k}{r^2}, k = \text{const}$, 于是球壳内恒星在 O 点的照度为 $4\pi\rho k \mathrm{d}r$, 宇宙中任一点 O 处的总照度为

$$\int_0^\infty 4\pi\rho k \mathrm{d}r = \infty,$$

即"天空是无限明亮的". 此即 Olbers 佯谬.

1.2 牛顿引力势

设质点 M 为引力源, 质点 $M' = m$ 为试验质点, 则 (1.1.1) 可写为场分布的形式 (与静电学中的情形类似)

$$\boldsymbol{F} = -m\nabla U, \tag{1.2.1}$$

$$U = -K\frac{M}{r}. \tag{1.2.2}$$

U 叫做牛顿引力势, 它满足拉普拉斯方程

$$\nabla^2 U = 0$$

如果产生引力场的场源物质密度为 $\rho(x, y, z)$, 则牛顿引力势 $U(x, y, z)$ 满足泊松方程

$$\nabla^2 U = 4\pi k \rho(x, y, z). \tag{1.2.3}$$

牛顿引力理论实际上是一个三维场论. 泊松方程的解给出引力势的空间分布 $U(x, y, z)$. 例如, 当观察点 (x^i) 与物质系统的距离远大于物质系统的线度时, 方程 (1.2.3) 的解可写为

$$U = -k\int \frac{\rho(\boldsymbol{r}')}{|\boldsymbol{r} - \boldsymbol{r}'|} \mathrm{d}^3 x', \tag{1.2.4}$$

式中 $\boldsymbol{r}=\{x^i\},\boldsymbol{r}'\{x'^i\}$, 分别为观察点和质量元的位矢. 上式可展开为 $\dfrac{1}{r}$ 的幂级数

$$U=-K\left\{\frac{M}{r}+\frac{1}{6}D_{ij}\frac{\partial^2}{\partial x^i\partial x^j}\left(\frac{1}{r}\right)+\cdots\right\}, \tag{1.2.5}$$

式中

$$M=\int\rho\mathrm{d}^3x \tag{1.2.6}$$

是系统总质量. 质量四极矩张量 D_{ij} 可表示为

$$\begin{aligned}D_{ij}&=\int\rho(3x^ix^j-r^2\delta^{ij})\mathrm{d}^3x\\&=J_{kk}\delta_{ij}-3J_{ij},\end{aligned} \tag{1.2.7}$$

式中

$$J_{ij}=\int\rho(r^2\delta^{ij}-x^ix^j)\mathrm{d}^3x\quad(J_{kk}=J_{11}+J_{22}+J_{33}) \tag{1.2.8}$$

是惯性矩张量. 按定义, 质量四级矩张量是零迹的, 即 $D_{kk}=D_{11}+D_{22}+D_{33}=0$.

1.3 惯性质量和引力质量

由式 (1.1.1) 定义的质量叫做引力质量. 另外, 根据动力学定律

$$\boldsymbol{F}=M\boldsymbol{a}, \tag{1.3.1}$$

其中的常数 M 表征物体对加速的阻碍作用, 定义为物体的**惯性质量**. 同一物体的引力质量和惯性质量分别记为 M_g 和 M_I. 如果设

$$\frac{M_g}{M_I}=\lambda, \tag{1.3.2}$$

则 (1.1.1) 可写为

$$F=K\lambda^2\frac{M_IM_I'}{r^2}=G\frac{M_IM_I'}{r^2},\quad G\equiv K\lambda^2. \tag{1.3.3}$$

伽利略落体实验和精确度不断提高的厄缶 (Eötvös) 实验都证明了物体的引力质量恒等于惯性质量, 即 $\lambda\equiv1$. 因此有

$$K\equiv G, \tag{1.3.4}$$

式中 G 为牛顿引力常数.

由 $M_g\equiv M_I$ 可以得到试验粒子在引力场中的加速度

$$\boldsymbol{a}=\frac{\boldsymbol{F}}{m_I}=-\frac{m_g}{m_I},\quad\nabla U=-\nabla U. \tag{1.3.5}$$

这就是说, 加速度 $\boldsymbol{a}$ 不依赖于试验物体, 只和引力场有关. 这正是伽利略落体实验所得出的结论. 这一结果和电磁场中的情况不同. 在那里, 我们有

$$\boldsymbol{F}=-q\nabla\phi,$$

$$\boldsymbol{F}=m\boldsymbol{a}.$$

从而有

$$\boldsymbol{a}=-\frac{q}{m}\nabla\phi.$$

即加速度依赖于试验粒子的荷质比, 而不单纯依赖于电磁场.

为了发现物体的引力质量与惯性质量的差别, 人们不断提高实验的精度, 但所得到的都是零结果. 表 2-1 给出了一些代表性实验的结果, 最右边一纵行的精度表示 $|m_g-m_I|/m_I$.

表 2-1

年份	实验者	精确度
1610	Galileo	2×10^{-3}
1680	Newton	2×10^{-3}
1827	Bessel	2×10^{-5}
1890	Eötvös	5×10^{-8}
1922	Eötvös,Pekar	3×10^{-9}
1935	Renner	2×10^{-10}
1964	Dicke,Krotkov	3×10^{-11}
1971	Braginsky,Panov	9×10^{-13}

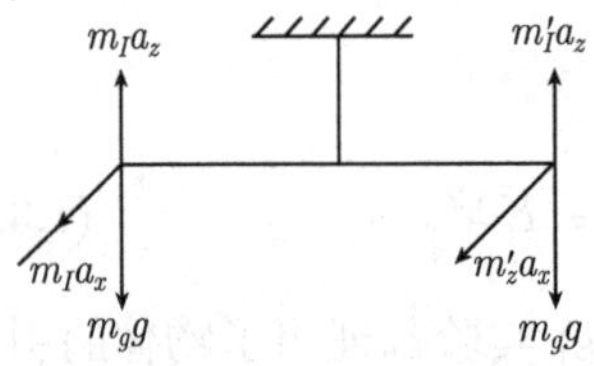

图 2-1

图 2-1 是 Eötvös 实验的示意图. 在一扭秤的两端固定两个材料不同的物体, 调整两壁水平且东西取向. 实验将给出引力质量与惯性质量之比对两个物体是否相同. 如果这一比值 m_g/m_I 对两个物体是相同的, 那么没有扭矩加在扭秤上. 如果比值 m_g/m_I 对于两个物体不相等, 则将产生一个扭矩加在扭秤上, 从而引起它转动.

图中每个物体受两个力：指向地心的引力 $m_g\boldsymbol{g}$ 和惯性离心力 (由于地球绕轴自转产生的)$m_I\boldsymbol{a}$. 设 z 轴沿径向, 则 $m_I\boldsymbol{a}$ 沿 z 轴和 x 轴方向的分量分别为 m_Ia_z 和 m_Ia_x; $m_g\boldsymbol{g}$ 沿 z 轴的负方向. 我们来计算作用在扭秤上的扭矩的分量. 沿 z 轴的分量为

$$M_z=m_Ia_xl-m_I'a_xl',\tag{1.3.6}$$

沿 x 轴的分量是

$$M_x = (m_g g - m_I a_z)l - (m'_g g - m'_I a_z)l'. \tag{1.3.7}$$

由于秤处于平衡状态, 所以 $M_x = 0$. 由上二式可得 (消去 l')

$$M_z = m_I a_x l \frac{m'_g/m'_I - m_g/m_I}{m'_g/m'_I - a_z/g}. \tag{1.3.8}$$

设 $\frac{m_g}{m_I} = \lambda$. 由上式可见, 如果 $\lambda' \neq \lambda$, 则 $M_z \neq 0$. 结果秤转动 (平衡后使其东西指向). 这时扭矩 M_z 与悬挂的细金属丝产生的反向扭转平衡. 将整个装置绕竖直轴转动 180°, 这等效于交换了两个物体的质量 m 和 m', 引起 M_z 变号. 因此转动 180° 以后 (如果 $M_z \neq 0$), 臂将偏离东西方向. 但实验结果是不存在这种偏离, 即 $M_z = 0, \lambda' = \lambda$.

Dicke 的实验也是用扭秤做的, 但是与 Eötvös 实验不同. 这里的引力是太阳的引力; 惯性离心力是由地球绕太阳的运动产生的. 假定实验是在地球北极做的, 则惯性离心力是水平的. 他所得到的扭矩沿竖直方向的分量为

$$M_z = \{(m_g g - m_I a)l - (m'_g g - m'_I a)j'\}\sin\phi, \tag{1.3.9}$$

式中 g 是由于太阳的引力场产生的加速度, a 是地球上的局部的惯性离心力产生的加速度, ϕ 是秤臂与指向太阳方向的夹角. 由于扭秤固定在实验室中, 所以随着角 ϕ 增加 360°, 扭矩以 24 小时为周期振动. 用这方法可以消除任何非周期效应. 实际上 Dicke 的装置比 Eötvös 的复杂得多, 并且扭秤用三个物体, 而不是两个.

综上所述, 牛顿引力理论取得了辉煌成就, 但也始终存在着不可克服的困难. 它无法解释水星近日点的进动. 在牛顿力学理论 (和狭义相对论) 中, 物体的引力质量恒等于惯性质量这一事实也只能被视为一种"偶合".

爱因斯坦从这"偶合"的事件中发现了新理论的线索, 突破了牛顿引力理论的框架, 从而建立了全新的引力理论. 在爱因斯坦的引力理论 (广义相对论) 的基础上, 建立了现代宇宙学.

第 2 章　爱因斯坦引力理论基础

2.1　等 效 原 理

考虑一局部空间中的一个假想实验. 如图 2-2 所示, 一封闭实验室中的观察者发现, 其中一物体对弹簧秤的拉力为 mg, 方向向下. 他无法区分所在的参考系属于下列两种情况中的哪一种: ①系统正在太空中, 远离任何一个引力体; 实验室以加速度 g 向上运动. 此时这一局部空间中存在一惯性力场, 物体 m 受一虚构的力 (惯性力)mg 的作用. ②系统停留在一永久引力体的表面, 其局部永久引力场的场强为 g. 此时物体受到真实力 (引力)mg 的作用.

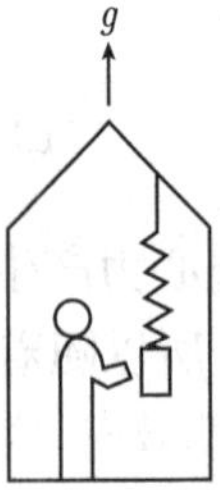

图 2-2

这一假想实验的结果表明, 在局部空间区域, 不可能将虚构的惯性力场和真实的引力场区分开来; 二者的动力学效应之间存在着局部等效性.

对于大的空间区域, 一般不存在上述等效性. 例如, 地球的引力场, 在充分大的空间区域中其力线是辐射状的, 所以不存在一个非惯性系, 其中的惯性力场能够等效于这一辐射状的引力场.

爱因斯坦把上述等效性作为新理论的第一条基本原理 ——**等效原理**, 表述为: **惯性力场和引力场的动力学效应是局部不可分辨的**.

在爱因斯坦提出等效原理之前, 人们无法处理真实力和虚构力之间的关系, 无法承认物体的引力质量恒等于惯性质量这一事实是自然的. 牛顿认为真实力和虚构力是不同的. 前者依赖于产生它的系统的物理性质, 后者则是由于过渡到加速系所产生的. 惯性力 (惯性离心力、科里奥利力等) 具有特殊的性质; 它可以使物体产生加速度, 且此加速度与被加速的物体的性质无关 (由于这类力可以借助于适当的坐标变换消除, 所以称其为虚构的力). 在这种意义上, 绝对空间可以由选定的一特定参考系表征, 在这一参考系中不存在虚构的力, 只有真实的力; 物理定律具有自然的表述形式. 牛顿曾以著名的水桶实验来证明绝对空间的存在.

图 2-3 中的两幅图分别表示桶开始转动、水未被带动和稳定转动后桶突然静止的情形. 自上向下看, 第一种情况是水相对于桶逆时针转动, 此时水面是平面; 第二种情况是水相对于桶顺时针转动, 此时水面是凹面. 显然, 水的转动对液面形状的影响不能以桶作为参照物, 因为两种情况下水相对于桶都做转动. 两种情况的差异 (液面平与凹) 必取决于第三物体 (或物体组). 牛顿认为这第三物体就是绝对空

间. 当水相对于绝对静止的绝对空间做绝对运动 (转动) 时, 水面是凹面; 当水相对于绝对空间绝对静止时, 水面是平面. 马赫反对这种绝对空间的概念. 他指出, 设想桶变得很大, 大得与恒星系有相同的线度和质量, 相对转动对于水面形状不起作用, 则遥远的恒星不再能作为“第三物体”, 绝对空间在哪儿呢?

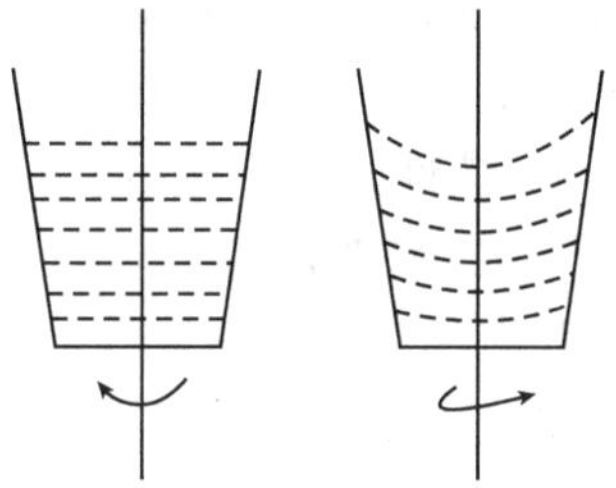

图 2-3

自上向下看: 水相对于桶逆时针转动时水面为平面; 水相对于桶顺时针转动时水面为凹面

在牛顿力学中, 动力学定律是相对于绝对参照系而建立的 (允许相差一个均匀平移, 即关于伽利略群的不变性), 遥远恒星的唯一影响是改变转动桶附近的引力势. 因此马赫认为这种效应 (在经典力学范围内) 是无法理解的.

赫兹和马赫都不同意牛顿的绝对空间的概念, 他们试图从另外的想法出发引入惯性力.

赫兹希望把一定距离上的电磁作用归结为接触作用. 对于引力, 他也想这样做. 惯性原理确定一自由质量做匀速直线运动. 有惯性力时运动的区别是由于其他质量的存在所引起的. 物体的轨迹可由高斯的最小偏离原理确定: 真实的运动以最小的可能程度偏离匀速直线运动. 因此, 惯性原理是最小偏离原理的特殊情况, 它对应于不存在力而存在隐藏质量的情况.

马赫认为, 局部空间的惯性效应 (惯性力场) 是由于远距离质量的存在所引起的. 如果没有远距恒星 (例如, 在空间中只有地球), 则所有的参考系都是等效的, 并且都是惯性系.

爱因斯坦吸取了马赫的上述思想, 提出了等效原理, 并建立了新的引力场方程.

等效原理逻辑简洁地、统一地处理了惯性力场和局部引力场的联系, 自然地得出了物体的惯性质量恒等于引力质量的结论, 即自然地解释了落体实验和厄缶实验的结果.

根据理论研究的需要, 有时将等效原理区分为弱等效原理和强等效原理两种. 上面所表述的 (惯性力场和引力场的动力学效应局部不可分辨) 是弱等效原理. 它还可以这样表述: 物体的引力加速度与被加速物体的成分和物质结构无关. 显然, 弱等效原理是直接为 Eötvös 实验所支持的.

将弱等效原理中的“动力学效应”推广为“任何物理效应”, 便得到了强等效原理. 这一原理表述为：在引力场中一自由落下的 (非转动的) 实验室里, 局部物理定律具有同一数学形式, 与实验室的空间位置无关. 或者表述为：在引力场中任一时空点引入一局部惯性系, 则物理规律的数学形式是洛伦兹协变的. 强等效原理是弱等效原理的推广, 它没有直接的实验支持. 这一原理是广义相对论的基础, 它的正确性只能由它的各个推论是否与实验符合来检验.

等效原理指出, 当空间某一范围存在引力场时 (这是普遍情况), 就不能引入和采用惯性系. 因为在惯性系统中, 惯性力等于零, 而引力却不为零, 这与等效原理矛盾. 因此, 在引力场中只能引入局部惯性系.

在广义相对论中, 由于不存在相互做匀速直线运动的惯性系, 从而使加速度的概念不再像牛顿力学和狭义相对论中那样是绝对的, 而是相对的了.

下面讨论作为爱因斯坦引力理论 (广大相对论) 基础的第二个原理 —— 广义协变原理, 或称广义相对性原理.

2.2　广义协变原理

几乎在所有的物理现象中, 都有引力的参与. 这就是说, 在研究物理现象时必须考虑引力场的存在. 在前节的讨论中已经说明, 当引力场存在时, 不能引入统一的惯性系. 因此, 人们必须在非惯性系中描述物理现象. 狭义相对论只在一时空点的邻域内成立. 这样, 就应该将狭义相对性原理延拓到引力场存在的情况. 换言之, 真实的物理规律不仅在惯性系间的洛伦兹变换下是协变的 (狭义相对性原理), 而且在任意坐标变换下都应该是协变的. 这就是**广义协变原理**, 或称**广义相对性原理**.

广义协变原理可以用下列形式之一表述：

(1) 对于描述物理规律, 所有的坐标系都具有同等资格, 不存在任何一个优越的坐标系.

(2) 描述物理规律的方程中各项应是四维黎曼时空中的同阶张量.

(3) 描述物理定律的方程在所有坐标系中应具有相同的形式.

可以发现, 以上三种表述形式不是完全等价的. 但是从这些表述中不难看出, 根据广义协变原理, 在爱因斯坦引力理论 (广义相对论) 中, 坐标只是用来标记时空事件的簿记系统而已, 不含有比这更多的内容. 物理学结论和结果应不依赖于获得结果所采用的特殊坐标系. 通常, 只有坐标变换下的不变量才具有物理意义.

广义协变原理对于推导物理定律和建立场方程具有指导意义. 例如, 通常在建立场方程时, 首先选择一个由同阶张量构成的标量泛函作为作用量, 再应用变分原理获得场方程. 这一方法就是以广义协变原理为指导的. 又如, 当我们试图把物理定律从狭义相对论形式推广到广义相对论形式 (把引力场包括进去) 时, 这原理是最有用的. 它指导我们将狭义相对论中的麦克斯韦方程推广到广义相对论中. 在这一过程中常常以协变导数代替普通导数. 当引力被去掉时它们应回到平直时空中的原有形式.

等效原理和广义协变原理是整个广义相对论的基础. 和任何其他的物理学原理一样, 它们不可能由已知的理论、原理证明和推导出来; 在新理论建立时, 它们只能作为假定提出来. 原理的正确性只能由它的和整个新理论的各个推论是否与实验相符合来检验.

爱因斯坦引力理论逻辑十分简洁, 只需要这两个原理就够了. 由这两个原理出发, 导致了引力场的几何化, 即用黎曼几何描述引力场. 这一描述是如此成功、如此漂亮, 致使人们称这两个原理是理论物理中最大的个人成就.

2.3 广义相对论中的空间和时间

1. 非欧几里得几何的引入

早在 1913 年, 爱因斯坦就意识到引力场和惯性力场的等效性应导致空间几何性质的改变. 他假设我们生活的空间是非欧几里得的. 但当时还不知道引力定律以什么形式和黎曼空间的结构条件相联系.

新的引力理论是建立在黎曼空间概念基础上的. 在叙述新的引力定律之前, 我们希望能够阐明非欧几里得几何的空间概念是怎样引入的, 即引力场和惯性力场的等效性以及任意加速参考系的等效性是怎样导致空间的非欧几里得性质的.

爱因斯坦的广义协变原理要求引力定律的数学形式在任何参考系中都是相同的. 这样, 新的引力场方程必须是由非欧几里得空间量构成的方程. 下面我们将看到, 上述空间量就是时空的曲率张量; 同时, 引力场由各质点的世界线 (即时空中的短程线) 给出. 在这里, 动力学问题归结为运动学问题, 而运动学问题是和时空几何概念相联系的; 这几何概念又等效于引力场的概念.

在爱因斯坦引力理论中, 引力场是几何化的, 即假定存在非欧几里得空间, 受引力场作用的质点即为此空间中的自由质点. 根据惯性定律, 这些质点的轨迹应该是欧几里得直线的推广. 在这空间中, 两点间的最短距离是其间的短程线. 因此, 赫兹理论中的隐藏质量和马赫原理中的遥远恒星所产生的效应都表现为使时空弯曲, 从而使质点在这弯曲时空中沿短程线运动. 引力场和惯性力场的等效性奠定了世界结构几何化的基础, 物质分布的影响不表现为力的作用, 而表现为时空的弯曲. 至于欧几里得空间, 则是没有物质的世界.

这样, 引入非欧几里得空间, 便可将相对性原理推广到加速系和由任意弯曲标架所确定的参考系. 换言之, 物理定律的形式不仅对于洛伦兹变换是协变的, 对于任意坐标变换都是协变的.

在欧几里得空间中, 可以确定任意的坐标系, 也可以引入任意的坐标变换. 但是应该指出, 对于整个空间, 两种表述是等效的. 与此相反, 加速系和惯性系的等效性只具有局部性质. 在非欧几里得空间中, 这一局部等效性导致这样的结论: **仿射流形的小区域可以用切于流形某给定点的欧几里得空间来代替**.

非欧几里得空间的引入, 准确地给出了等效原理的含义和它的适用范围.

2. *爱因斯坦转盘*

考虑两个同一平面内的同心转盘 S 和 S_0. S_0 为伽利略系 (如实验室坐标系), S 绕中心轴相对于 S_0 以恒定角速度 ω 转动. 在 S_0 系中, 空间是欧几里得的. S 系不再是惯性系, 导致洛伦兹变换的狭义相对论基本假设不再适用. 标准尺和标准钟都要受到惯性力场的影响.

设 S' 系是在所研究的时刻固连于杆 $\mathrm{d}l$ 的惯性系. 我们假定, S 系和 S_0 系中对应的杆长 $\mathrm{d}l$ 和 $\mathrm{d}l_0$ 的比值等于 S' 系和 S_0 系中对应的比值. 这样, 沿同一圆周放置的标准尺都有洛伦兹收缩.

采用柱坐标 (r,θ). 在 S 系中两无限近的点 (r,θ) 和 $(r+\mathrm{d}r,\theta+\mathrm{d}\theta)$ 之间的距离, 在 S_0 系测量, 其值恒为

$$\mathrm{d}l^2=\mathrm{d}r^2+r^2\mathrm{d}\theta^2. \tag{2.3.1}$$

在 S_0 系观测, S 系中沿径向放置的尺等于单位长 ($v=0$, 无洛伦兹收缩); 垂直于半径放置的尺则长度变为 $\sqrt{1-\omega^2r^2/c^2}$. 因此, 在 S 系中测量上述两邻点的距离时, 其值为

$$\mathrm{d}l^2=\mathrm{d}r^2+\frac{r^2\mathrm{d}\theta^2}{1-\omega^2r^2/c^2}. \tag{2.3.2}$$

特殊地, 如果在 S 系中测量一半径为 r 的圆的周长, 则得

$$S=\int\mathrm{d}l=\frac{r}{\sqrt{1-\omega^2r^2/c^2}}\int_0^{2\pi}\mathrm{d}\theta=\frac{S_0}{\sqrt{1-\omega^2r^2/c^2}}>S_0. \tag{2.3.3}$$

周长与直径之比 (S 系测得) 为

$$\frac{S}{2r}=\frac{S_0}{2r\sqrt{1-\omega^2r^2/c^2}}=\frac{\pi}{\sqrt{1-\omega^2r^2/c^2}}>\pi. \tag{2.3.4}$$

S 系测得圆的面积为

$$S=\int_0^{2\pi}\int_0^r\frac{r\mathrm{d}\theta}{\sqrt{1-\omega^2r^2/c^2}}\mathrm{d}r=\left(1-\sqrt{1-\frac{\omega^2r^2}{c^2}}\right)\frac{2\pi c^2}{\omega^2}. \tag{2.3.5}$$

如果 $v=\omega r\ll c$, 则有

$$S\approx\pi r^2\left(1+\frac{\omega^2r^2}{4c^2}\right). \tag{2.3.6}$$

用加速 (转动系 S) 的标准尺所进行的一切测量, 都将得到 (2.3.2)~(2.3.6). 而加速系中观察者认为只有这样的标准尺才是自然的. 因此, 对于加速系中的观察者, 由测量所构成的几何学是非欧几里得几何学. 他们得到的结论是: **由于存在引力场**(等效原理), **使空间几何不再是欧几里得几何的**.

对于上述转动参考系中的惯性力场, 由式 (2.3.4) 可知, 离中心越远的地方 (引力场强越强) 与欧几里得几何的偏离越大.

下面我们讨论转盘上的“直线”(短程线). 在固定于转盘的 S 系中, 空间的几何性质由其中的线元

$$\mathrm{d}l^2 = g_{ab}\mathrm{d}x^a\mathrm{d}x^b, \quad i, j = 1, 2 \tag{2.3.7}$$

确定. 设

$$x^1 = r, \quad x^2 = \theta, \tag{2.3.8}$$

由 (2.3.2) 得

$$g_{11} = 1, \quad g_{22} = \frac{r^2}{1 - \omega^2 r^2/c}, \tag{2.3.9}$$

$$g_{12} = g_{21} = 0; \tag{2.3.10}$$

$$g^{11} = \frac{g_{22}}{g} = 1, \quad g^{22} = \frac{g_{11}}{g} = \left(1 - \frac{\omega^2 r^2}{c^2}\right) r^{-2}, \tag{2.3.11}$$

$$g^{12} = g^{21} = 0. \tag{2.3.12}$$

代入 $\Gamma^{\mu}_{\nu\lambda}$ 的表达式, 得到其不为零的分量

$$\Gamma^1_{22} = -\frac{1}{2} g^{11} g_{22,1} = \frac{-r}{(1 - \omega^2 r^2/c^2)^2},$$

$$\Gamma^2_{12} = \Gamma^2_{21} = \frac{1}{2} g^{22} g_{22,1} = \frac{1}{r(1 - \omega^2 r^2/c^2)}, \tag{2.3.13}$$

式中 $A_{,1} \equiv \dfrac{\partial A}{\partial x^1}$. 将 (2.3.13) 代入短程线方程

$$\frac{\mathrm{d}^2 x^c}{\mathrm{d}l^2} + \Gamma^c_{ab} \frac{\mathrm{d}x^a}{\mathrm{d}l} \frac{\mathrm{d}x^b}{\mathrm{d}l} = 0, \tag{2.3.14}$$

得到

$$\frac{\mathrm{d}^2 r}{\mathrm{d}l^2} - \frac{r}{(1 - \omega^2 r^2/c^2)^2} \left(\frac{\mathrm{d}\theta}{\mathrm{d}l}\right)^2 = 0, \tag{2.3.15}$$

$$\frac{\mathrm{d}^2 \theta}{\mathrm{d}l^2} + \frac{2}{r(1 - \omega^2 r^2/c^2)} \frac{\mathrm{d}r}{\mathrm{d}l} \frac{\mathrm{d}\theta}{\mathrm{d}l} = 0. \tag{2.3.16}$$

(2.3.16) 即

$$\frac{\mathrm{d}}{\mathrm{d}l}\left(\frac{r^2}{1-\omega^2r^2/c^2}\frac{\mathrm{d}\theta}{\mathrm{d}t}\right)=0. \tag{2.3.17}$$

积分得

$$\frac{r^2}{1-\omega^2r^2/c^2}\frac{\mathrm{d}\theta}{\mathrm{d}l}=k. \tag{2.3.18}$$

将上式代入 (2.3.4) 得

$$\left(\frac{\mathrm{d}r}{\mathrm{d}l}\right)^2=1-\frac{r^2}{1-\dfrac{\omega^2r^2}{c^2}}\left(\frac{\mathrm{d}\theta}{\mathrm{d}l}\right)^2=1-\frac{k^2}{r^2}\left(1-\frac{\omega^2r^2}{c^2}\right), \tag{2.3.19}$$

或者写成

$$\frac{\mathrm{d}r}{\mathrm{d}\theta}\frac{\mathrm{d}\theta}{\mathrm{d}l}=\frac{\mathrm{d}r}{\mathrm{d}\theta}\frac{k}{r^2}\left(1-\frac{\omega^2r^2}{c^2}\right)=\pm\sqrt{1-\frac{k^2}{r^2}\left(1-\frac{\omega^2r^2}{c^2}\right)}. \tag{2.3.20}$$

如果积分常数 $k=0$, 则由 (2.3.19) 和 (2.3.18) 可得

$$\frac{\mathrm{d}r}{\mathrm{d}l}=1,\quad \frac{\mathrm{d}\theta}{\mathrm{d}l}=0. \tag{2.3.21}$$

这就是说, 转盘上的短程线是曲线 $\theta=\mathrm{const}$, 即盘的半径.

若 $k\neq0$, 短程线方程 (2.3.20) 可写为

$$\frac{\mathrm{d}r}{\mathrm{d}\theta}=\pm\frac{r^2}{k}\left(1-\frac{\omega^2r^2}{c^2}\right)^{-1}\sqrt{1-\frac{k^2}{r^2}+\frac{k^2\omega^2}{c^2}}. \tag{2.3.22}$$

令

$$\rho=\frac{r}{k}\sqrt{1+\frac{\omega^2k^2}{c^2}}, \tag{2.3.23}$$

(2.3.22) 可写为

$$\frac{1}{\rho^2\sqrt{1-\rho^{-2}}}\frac{\mathrm{d}\rho}{\mathrm{d}\theta}=\pm1+\frac{k^2\omega^2/c^2}{1+\dfrac{k\omega^2}{c^2}}\frac{1}{\sqrt{1-\rho^{-2}}}\frac{\mathrm{d}\rho}{\mathrm{d}\theta}, \tag{2.3.24}$$

积分得

$$\mathrm{arccos}\rho^{-1}=\pm(\theta-\theta_0)+\frac{k^2\omega^2/c^2}{1+\dfrac{k^2\omega^2}{c^2}}\sqrt{\rho^2-1}. \tag{2.3.25}$$

取 $\theta_0=0$, 我们得到

$$\theta=\pm\mathrm{arccos}\frac{\lambda}{\gamma}\mp\frac{\lambda\omega^2}{c^2}\sqrt{r^2-\lambda^2}. \tag{2.3.26}$$

式中

$$\lambda = \frac{k}{\sqrt{1+\dfrac{k^2\omega^2}{c^2}}}. \tag{2.3.27}$$

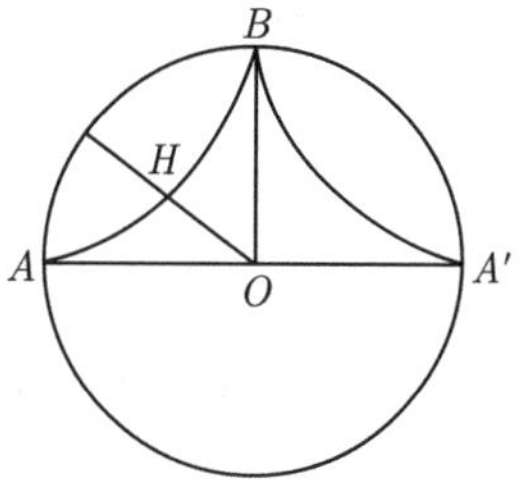

图 2-4

图 2-4 中的三条短程线 AOA', AB 和 BA' 构成一三角形, 其内角和显然介于 0 到 π 之间. 考虑由三条短程线构成的另一三角形 OHA. OA 和 OH 沿径向, AH 沿短程线. 将 (2.3.11) 代入两曲线间夹角的表达式 ①

$$\cos\phi = \frac{g_{ab}\mathrm{d}x^a\delta x^b}{\mathrm{d}l\delta l}, \quad a,b=1,2, \tag{2.3.28}$$

式中

$$\begin{aligned} \mathrm{d}l^2 &= g_{ab}\mathrm{d}x^a\mathrm{d}x^b, \\ \delta l^2 &= g_{ab}\delta x^a\delta x^b, \end{aligned} \tag{2.3.29}$$

① 为了导出式 (2.3.28), 我们考虑三维欧氏空间中的一个二维曲面. 欧氏空间中的直角坐标以 $X^i(i=1,2,3)$ 表示, 曲面上的高斯坐标以 $x^a(a=1,2)$ 表示, 此时曲面方程可写为

$$X^i = X^i(x^a), \quad i=1,2,3 \tag{A$_1$}$$

曲面上两点 X^a 和 $X^a+\mathrm{d}x^a$ 之间的距离为

$$\mathrm{d}s^2 = \sum_i \mathrm{d}X^i\mathrm{d}X^i = \left(\sum_i \frac{\partial X^i}{\partial x^a}\frac{\partial X^i}{\partial x^b}\right)\mathrm{d}x^a\mathrm{d}x^b. \tag{A$_2$}$$

令

$$g_{ab} = \sum_i \frac{\partial X^i}{\partial x^a}\frac{\partial X^i}{\partial x^b}, \tag{A$_3$}$$

则 (A$_2$) 表示为

$$\mathrm{d}s^2 = g_{ab}\mathrm{d}x^a\mathrm{d}x^b, \quad a,b=1,2. \tag{A$_4$}$$

另一方面, 两个方向 $\mathrm{d}x^a$ 和 δx^a 之间夹角的余弦等于

$$\cos\theta = \sum_i \frac{\mathrm{d}X^i}{\mathrm{d}s} - \frac{\delta X^i}{\delta s}, \tag{A$_5$}$$

而

$$\mathrm{d}s = \sqrt{\sum_i \mathrm{d}X^i\mathrm{d}X^i}, \quad \delta s = \sqrt{\sum_i \delta X^i\delta X^i}. \tag{A$_6$}$$

将 (A$_2$) – (A$_4$) 代入, 得到

$$\cos\theta = \frac{g_{ab}\mathrm{d}x^a\delta x^b}{\mathrm{d}s\delta s} = \frac{g_{ab}\mathrm{d}x^a\delta x^b}{\sqrt{g_{ab}\mathrm{d}x^a\mathrm{d}x^d}\sqrt{g_{ef}\mathrm{d}x^a\mathrm{d}x^f}}, \tag{A$_7$}$$

式中 $a,b,c,d,e,f=1,2$.

δ 和 d 分别表示沿两条曲线的增量, 我们得到

$$\cos\phi=\frac{\mathrm{d}r}{\mathrm{d}l}\frac{\delta r}{\delta l}+\frac{r^2}{1-\dfrac{\omega^2r^2}{c^2}}\frac{\mathrm{d}\theta}{\mathrm{d}l}\frac{\delta\theta}{\delta l}. \tag{2.3.30}$$

考虑到 (2.3.18) 和 (2.3.19), 可将 (2.3.30) 写成

$$\cos\phi=\sqrt{1-\frac{k_1^2}{r^2}+\frac{k_1^2\omega^2}{c^2}}\sqrt{1-\frac{k_2^2}{r^2}+\frac{k_2^2\omega^2}{c^2}}+k_1k_2\frac{1-\dfrac{r^2\omega^2}{c^2}}{r^2}, \tag{2.3.31}$$

式中 k_1 和 k_2 分别表示与 $\left(\dfrac{\mathrm{d}r}{\mathrm{d}l},\dfrac{\mathrm{d}\theta}{\mathrm{d}l}\right)$ 和 $\left(\dfrac{\delta r}{\delta l},\dfrac{\delta\theta}{\delta l}\right)$ 对应的积分常数 k.

现在计算短程线三角形 OHA 的内角和. 首先求出沿三条边的 k 值. 对于 OH 和 OA, $\dfrac{\mathrm{d}\theta}{\mathrm{d}l}=0$, 故 $k_1=k_3=0$.

对于 HA, 在 H 点有 $\dfrac{\mathrm{d}r}{\mathrm{d}l}=0$, 由 (2.3.19) 得

$$k_2=\frac{r_H}{\sqrt{1-\dfrac{\omega^2r_H^2}{c^2}}},\quad r_H=OH. \tag{2.3.32}$$

将此式代入 (2.3.18) 得

$$\left(\frac{\mathrm{d}\theta}{\mathrm{d}l}\right)_H=k_2\frac{1-\dfrac{\omega^2r_H^2}{c^2}}{r_H^2}=r_H^{-1}\sqrt{1-\frac{\omega^2r_H^2}{c^2}}. \tag{2.3.33}$$

代入 (2.3.31), 对于点 H 有

$$r=r_H,\quad k_1=0,\quad k_2=\frac{r_H}{\sqrt{1-\dfrac{\omega^2r_H^2}{c^2}}},$$

$$\cos\phi_H=0,\quad \phi_H=\frac{\pi}{2}; \tag{2.3.34}$$

对于点 A(设边缘 $\omega r=c$), 我们有

$$\gamma=\frac{c}{\omega},\quad \kappa_1=\frac{-\gamma_H}{\sqrt{1-\omega^2r_H^2c^2}},\quad \kappa_3=0,$$

$$\cos\phi_A=1,\quad \phi_A=0; \tag{2.3.35}$$

对于 O 点, 空间为欧几里得的, 故有

$$\phi_0\leqslant\frac{\pi}{2}. \tag{2.3.36}$$

由 (2.34)~(2.36) 可知, 三条短程线构成的三角形其内角之和介于 0 到 π 之间

$$\phi_H + \phi_A + \phi_0 \leqslant \pi. \tag{2.3.37}$$

此式再次表明, 由于引力场的存在, 转盘上的空间不再遵守欧几里得几何学.

下面讨论转盘上的坐标时和本征时. 设 S 系钟 C 的读数记为 t, S_0 系的钟 C_0 的读数记作 t_0, S' 系钟 C' 的读数记作 t'. 它们有共同的零点. 和长度测量的情况类似, 我们假定 t 和 t_0 的比值与 t' 和 t_0 的比值相同 (t' 对应于惯性系 S' 系的钟). 这就等于假定同一空间位置的两个钟的读数间存在着洛伦兹关系式:

$$t = t_0\sqrt{1 - \frac{\omega^2 r^2}{c^2}}. \tag{2.3.38}$$

两个参考系 S 和 S_0 的观察者都发现 C 较 C_0 慢一个洛伦兹因子. S_0 系观察者把这一现象解释为 C 经受了加速过程; S 系观察者则解释为引力场的作用. 引力场的势为 $U = -\frac{1}{2}\omega^2 r$, 故 (2.3.38) 又可写为

$$t = t_0\sqrt{1 + \frac{2U}{c}}. \tag{2.3.39}$$

在 S 系中, 不同位置的钟是不同步的, 但位于同一半径圆周上的所有钟都同步. 由式 (2.3.38) 确定的时间称为 S 系中的坐标时.

容易发现, 若用坐标时来确定光速, 则它不等于常数. 实际上, 在 S_0 系中, 对于光信号有

$$\mathrm{d}s_0^2 = -\mathrm{d}r_0^2 - r_0^2\mathrm{d}\theta_0^2 - \mathrm{d}z_0^2 + c^2\mathrm{d}t_0^2 = 0. \tag{2.3.40}$$

变换到 S 系

$$r = r_0, \quad \theta = \theta_0 - \omega t_0, \quad z = z_0, \tag{2.3.41}$$

我们有

$$-\mathrm{d}r^2 - r^2\mathrm{d}\theta^2 - \mathrm{d}z^2 \mp \frac{2\omega r^2\mathrm{d}\theta\mathrm{d}t}{\sqrt{1 - \dfrac{\omega^2 r^2}{c^2}}} + c^2\mathrm{d}t^2 = 0, \tag{2.3.42}$$

或者写成

$$\mathrm{d}l_e^2 \pm \frac{2\omega r^2\mathrm{d}\theta\mathrm{d}t}{\sqrt{1 - \dfrac{\omega^2 r^2}{c^2}}} - c^2\mathrm{d}t^2 = 0. \tag{2.3.43}$$

采用坐标时, 光速应为

$$v = \frac{\mathrm{d}l_e}{\mathrm{d}t} = \left\{c^2 \mp \frac{\omega\gamma^2}{\sqrt{1 - \dfrac{\omega^2 r^2}{c^2}\mathrm{d}t}}\frac{\mathrm{d}\theta}{\mathrm{d}t}\right\}^{1/2}, \tag{2.3.44}$$

式中 $\mathrm{d}l_e$ 为欧几里得空间的线元

$$\mathrm{d}l_e^2 = \mathrm{d}r^2 + r^2\mathrm{d}\theta^2 + \mathrm{d}z^2. \tag{2.3.45}$$

由 (2.3.44) 可见, 坐标光速不等于常数 c.

下面采用本征时. 代替欧几里得空间线元 $\mathrm{d}l_e$, 我们引入转盘上的非欧几里得空间线元

$$\mathrm{d}l^2 = \mathrm{d}r^2 \frac{r^2\mathrm{d}\theta^2}{1-\dfrac{\omega^2 r^2}{c^2}} + \mathrm{d}z^2. \tag{2.3.46}$$

将此式代入 (2.3.42), 得到

$$-\mathrm{d}l^2 + c^2\mathrm{d}\tau^2 = 0, \tag{2.3.47}$$

其中

$$\mathrm{d}\tau = \sqrt{1-\frac{\omega^2 r^2}{c^2}}\left(\mathrm{d}t_0 \pm \frac{\omega r^2 \mathrm{d}\theta}{c^2(1-\omega^2 r^2/c^2)}\right). \tag{2.3.48}$$

量 τ 是与转盘上的非欧几何相对应的本征时间. 采用本征时间, 则光速恒等于常数 c. 这一结论对于一般的静态引力场 (取 $g_{i0}=0$) 都是正确的.

3. 广义相对论中的空间和时间

我们已经看到, 转盘上的二维空间几何是非欧几里得的; 转盘上各处的标准钟是不同步的. 其原因是这一二维空间中存在引力场. 或者说, 引力场使空间弯曲了; 引力场改变了时空属性. 在狭义相对论中, 不管引力场存在与否, 空间都是平直的, 同一参考系中各处的钟都是同步的. 或者说, 在狭义相对论中, 引力场的存在对时空属性没有影响 (严格些说, 忽略了这种影响).

19 世纪以前, 人们认为欧几里得几何学是唯一合理、唯一真实的几何学. 19 世纪初, 人们开始认识到非欧几何和欧几里得几何同样是合理的. 但仍然认为欧几里得几何学是唯一真实的 —— 真实的三维空间只遵守欧几里得几何学. 20 世纪, 广义相对论诞生. 它断言二者都是真实的: 当引力场不存在时, 欧几里得几何是真实的; 当引力场存在时, 非欧几何是真实的.

对于转盘上的二维空间, 我们看到, 任意二曲线间的夹角 (类似地, 任一面元) 都由度规张量 g_{ab} 唯一确定. 对于任意的四维时空, 其几何性质、空间量, 也都由度规张量 $g_{\mu\nu}$ 唯一确定. 这就是说, 只要给出线元的具体表达形式

$$\mathrm{d}s^2 = g_{\mu\nu}\mathrm{d}x^\mu \mathrm{d}x^\nu, \quad \mu,\nu = 0,1,2,3 \tag{2.3.49}$$

时空的一切性质便唯一确定.

前面我们曾讨论了转盘上的坐标时和本征时的区别. 下面讨论坐标时和本征时以及坐标钟和标准钟的普遍定义, 给出它们之间的关系.

在任意坐标系 x^μ 中, $t=\dfrac{x^0}{c}$ 称为**坐标时**, 其时计称为**坐标钟**. 在引力场中任一点, 引入一局部静止惯性系 $(\mathrm{d}x^i=0)$, 其中静止粒子世界线长度除以 c 称为**本征时**, 以 τ 表示, 其时计称为**标准钟**. 即

$$\mathrm{d}\tau=\frac{\mathrm{d}s}{c}=\sqrt{g_{00}}\mathrm{d}t, \tag{2.3.50}$$

此即坐标钟和标准钟的关系.

2.4 引力场的势

定义引力场强 $\boldsymbol{a}$

$$a^i=\frac{\mathrm{d}^2x^i}{\mathrm{d}t^2},\quad a_i=\gamma_{ij}a^j, \tag{2.4.1}$$

式中 $\gamma_{ij}=\dfrac{g_{0i}g_{0j}}{g_{00}}-g_{ij}$ 为纯空间度规.

和电场的情况类似, 引力场强度也可表示为标势的梯度和矢势对时间的微商. 引力场强可用一静止试验质点所受的力来量度. 在引力场中, 一自由质点的运动方程应为短程线方程

$$\frac{\mathrm{d}}{\mathrm{d}\lambda}\left(g_{\mu\sigma}\frac{\mathrm{d}x^\sigma}{\mathrm{d}\lambda}\right)=\frac{1}{2}\frac{\partial g_{\nu\sigma}}{\partial x^\mu}\frac{\mathrm{d}x^\nu}{\mathrm{d}^\lambda}\frac{\mathrm{d}x^\sigma}{\mathrm{d}\lambda}, \tag{2.4.2}$$

或者

$$\frac{\mathrm{d}^2x^\mu}{\mathrm{d}\lambda^2}+\Gamma^\mu_{\alpha\beta}\frac{\mathrm{d}x^\alpha}{\mathrm{d}\lambda}\frac{\mathrm{d}x^\beta}{\mathrm{d}\lambda}=0. \tag{2.4.3}$$

试验质点瞬时静止 $(\mathrm{d}x^i=0)$, 上式的空间分量表示为 (取参量 $\lambda=\tau$)

$$g_{ij}\frac{\mathrm{d}^2x^j}{\mathrm{d}\tau^2}=\frac{1}{2}\frac{\partial g_{00}}{\partial x^i}\left(\frac{\mathrm{d}x^0}{\mathrm{d}\tau}\right)^2-\frac{\mathrm{d}}{\mathrm{d}\tau}\left(g_{i0}\frac{\mathrm{d}x^0}{\mathrm{d}\tau}\right). \tag{2.4.4}$$

又有

$$\mathrm{d}s^2=c^2\mathrm{d}\tau^2=-\mathrm{d}l^2+g_{00}\mathrm{d}x^{0^2}\left\{1-\frac{\gamma_i}{\sqrt{g_{00}}}\frac{u^i}{c}\right\}^2, \tag{2.4.5}$$

式中

$$u^i\equiv\frac{\mathrm{d}x^i}{\mathrm{d}t}=c\frac{\mathrm{d}x^i}{\mathrm{d}x^0},\quad \gamma_i\equiv\frac{-g_{i0}}{\sqrt{g_{00}}}. \tag{2.4.6}$$

将 (2.4.5) 两边除以 $\mathrm{d}x^{02}$, 解出 $\dfrac{\mathrm{d}x^0}{\mathrm{d}\tau}$, 得到

$$\frac{\mathrm{d}x^0}{\mathrm{d}\tau}=c\left\{g_{00}\left(1-\frac{\gamma_iu^i}{c\sqrt{g_{00}}}\right)^2-\frac{u^2}{c^2}\right\}^{-\frac{1}{2}}, \tag{2.4.7}$$

式中

$$u = \frac{\mathrm{d}l}{\mathrm{d}t}. \tag{2.4.8}$$

上式即

$$g_{i0}\frac{\mathrm{d}x^0}{\mathrm{d}\tau} = c\gamma_i\left\{\left(1 - \frac{\gamma_k u^k}{c\sqrt{g_{00}}}\right)^2 - \frac{u^2}{c^2 g_{00}}\right\}^{-\frac{1}{2}}. \tag{2.4.9}$$

两边对 τ 微分, 并注意到 $u^i = 0, \mathrm{d}s^2 = g_{00}\mathrm{d}x^{0^2} = c^2\mathrm{d}\tau^2$, 得到

$$\frac{\mathrm{d}}{\mathrm{d}\tau}\left(g_{0i}\frac{\mathrm{d}x^0}{\mathrm{d}\tau}\right) = \frac{1}{\sqrt{g_{00}}}\left\{c^2\frac{\partial\gamma_i}{\partial x^0} + \frac{\gamma_i\gamma_k}{\sqrt{g_{00}}}\frac{\mathrm{d}^2x^k}{\mathrm{d}t^2}\right\}. \tag{2.4.10}$$

又由 $\mathrm{d}\tau = \sqrt{g_{00}}\mathrm{d}t$ 可得

$$\frac{\mathrm{d}^2x^k}{\mathrm{d}\tau^2} = \frac{1}{g_{00}}\frac{\mathrm{d}^2x^k}{\mathrm{d}t^2}. \tag{2.4.11}$$

将 (2.4.6)~(2.4.11) 代入 (2.4.4), 得到

$$\gamma_{ik}\frac{\mathrm{d}^2x^k}{\mathrm{d}t^2} = -\frac{\partial}{\partial x^i}\left(\frac{c^2 g_{00}}{2}\right) - c\sqrt{g_{00}}\frac{\partial\gamma_i}{\partial t}. \tag{2.4.12}$$

令

$$U = -\frac{c^2}{2}(1 - g_{00}),$$

即

$$g_{00} = 1 + \frac{2U}{c^2}, \tag{2.4.13}$$

(2.4.12) 可写为

$$a_i = \gamma_{ik}\frac{\mathrm{d}^2x^k}{\mathrm{d}t^2} = -\frac{\partial U}{\partial x^i} - c\sqrt{1 + \frac{2U}{c^2}}\frac{\partial\gamma_i}{\partial t}. \tag{2.4.14}$$

U 称为标量引力势,γ_i 称为矢量引力势. 对于时轴正交系, $\gamma_i = 0$.

第 3 章　引力场方程

3.1　场方程的建立

引力场的分布确定了时空的几何结构; 反之, 时空的几何结构唯一确定了引力场的分布. 而时空的几何性质完全由度规张量 $g_{\mu\nu}$ 确定. 因此, 张量 $g_{\mu\nu}$ 既描述时空几何又描述引力场. 换句话说, 引力场就是时空度规张量场. 既然 $g_{\mu\nu}$ 作为 (引力) 场分布, 故应满足一定形式的微分方程. 按照广义协变原理, 这些方程应该由同阶张量组成; 方程应含有场变量 $g_{\mu\nu}$ 所构成的张量, 还应含有作为场源的物质场的张量. 在牛顿近似下, 该方程应能退化为牛顿引力场方程.

我们知道, 牛顿引力势 U 满足泊松方程

$$\nabla^2 U = 4\pi G\rho. \tag{3.1.1}$$

而 (2.4.13) 告诉我们, 引力场的势 U 与 g_{00} 有简单的关系 (只差常数). 在狭义相对论中, 上式右端的质量密度 ρ 又恰为能量动量张量的分量 T_{00}. 因此, 由牛顿引力场方程 (3.1.1) 推断, 推广后的新的引力场方程的右端应为物质场的能量-动量张量, 左端应该是含有 $g_{\mu\nu}$ 的二阶协变导数的二阶张量. 由上式还可以推断, 新方程关于 $g_{\mu\nu}$ 的二阶导数应是线性的. 只有这样, 才能保证在近似条件下新的方程能够退化为方程 (3.1.1).

含有 $g_{\mu\nu}$ 和它的一阶、二阶导数, 且对二阶导数为线性组合的二阶张量的一般形式为

$$C_1 R_{\mu\nu} + C_2 R g_{\mu\nu} + C_3 g_{\mu\nu}, \tag{3.1.2}$$

其中 C_1, C_2 和 C_3 均为常数. 因此, 场方程的最普遍的可能形式应为

$$R_{\mu\nu} + ARg_{\mu\nu} + \lambda g_{\mu\nu} = kT_{\mu\nu}, \tag{3.1.3}$$

式中 k 由引力常数唯一确定. A 和 λ 是待定常数, 可以由 Ricci 张量 $R_{\mu\nu}$ 的内在性质和无限远处的时空渐近性质来确定.

在狭义相对论中, 能量动量守恒定律表示为 $T^{\mu\nu}_{,\nu} = 0$. 在广义相对论中自然应推广为 $T^{\mu\nu}_{;\nu} = 0$. 这样, 应该要求

$$(R^{\mu\nu} + ARg^{\mu\nu})_{;\nu} = 0. \tag{3.1.4}$$

将此式与爱因斯坦张量式 $G^{\mu\nu}_{;\nu}=0$ 比较, 知

$$A=-\frac{1}{2}. \tag{3.1.5}$$

于是 (3.1.3) 可写为

$$R_{\mu\nu}-\frac{1}{2}Rg_{\mu\nu}+\lambda g_{\mu\nu}=kT_{\nu\mu\nu}. \tag{3.1.6}$$

对于真空的情况, $T_{\mu\nu}=0$, (3.1.6) 简化为

$$R_{\mu\nu}+\lambda g_{\mu\nu}=0. \tag{3.1.7}$$

这一方程中只含有 $g_{\mu\nu}$ 和它们的导数. 这表明, λ 的值只能由整体空间的几何性质决定. 如果承认无引力场时, 空间是欧几里得的, 那么时空结构就必须满足条件

$$R_{\mu\nu\gamma\lambda}=0. \tag{3.1.8}$$

(3.1.8) 是时空平直的充分且必要条件. 此式应导致

$$R_{\mu\nu}=0. \tag{3.1.9}$$

实验观测结果表明, 在数十万光年的空间范围内, (3.1.9) 是和实验结果符合得很好的. 在太阳系内的实验观测就更加准确地与 (3.1.9) 相合. 于是可以断定, λ 值应该等于零或极其微小.

我们有理由认为,"没有物质场 $(T_{\mu\nu}=0)$ 的空间是欧几里得的"这是小范围空间内的经验概念, 可望在更大的空间范围内会与欧几里得几何有偏离; 那时才有必要考虑场方程中的 $\lambda g_{\mu\nu}$ 一项 $(\lambda\neq 0)$. 因此, 常数 λ 称为宇宙因子. $[\lambda]=[L^{-2}]$, L 为宇宙距离, 数量级为宇宙半径.

方程 (3.1.6) 即爱因斯坦引力场方程. 它可以写为下述形式:

$$R^{\nu}_{\mu}-\frac{R}{2}\delta^{\nu}_{\mu}+\lambda\delta^{\nu}_{\mu}=kT^{\nu}_{\mu}, \tag{3.1.10}$$

$$R^{\mu\nu}-\frac{R}{2}g^{\mu\nu}+\lambda g^{\mu\nu}=kT^{\mu\nu}; \tag{3.1.11}$$

或者注意到 $R=4\lambda-kT$, 有

$$R^{\nu}_{\mu}+\lambda\delta^{\nu}_{\mu}=\kappa\left(T^{\nu}_{\mu}+\frac{T}{2}\delta^{\nu}_{\mu}\right), \tag{3.1.12}$$

$$R^{\mu\nu}+\lambda g^{\mu\nu}=\kappa\left(T^{\mu\nu}+\frac{T}{2}g^{\mu\nu}\right), \tag{3.1.13}$$

$$R_{\mu\nu}+\lambda g_{\mu\nu}=\kappa\left(T_{\mu\nu}+\frac{T}{2}g_{\mu\nu}\right). \tag{3.1.14}$$

3.2 牛 顿 极 限

我们讨论弱引力场的情况. 在线元 $\mathrm{d}s^2 = g_{\mu\nu}\mathrm{d}x^\mu\mathrm{d}x^\nu$ 的表达式中, 取 $x^0 = ct, t$ 为时间坐标. 线元表达式右端各项中, $g_{00}\mathrm{d}x^0\mathrm{d}x^0$ 比 $2g_0\mathrm{d}x^0\mathrm{d}x^k$ 要大一个量级, 而 $2g_{0k}\mathrm{d}x^o\mathrm{d}x^k$ 又要比 $g_{kl}\mathrm{d}x^k\mathrm{d}x^l$ 大一个量级. 因此, 忽略一阶小量时有 $\mathrm{d}s^2 \approx g_{00}\mathrm{d}x^0\mathrm{d}x^0$. 显然, 当速度 $\dfrac{\mathrm{d}x^k}{\mathrm{d}t} \ll c$ 或者 $\mathrm{d}x^k \ll c\mathrm{d}t$ 时上述条件成立, 这正是牛顿极限条件.

在短程线方程

$$\frac{\mathrm{d}^2 x^\mu}{\mathrm{d}s^2} + \Gamma^\mu_{\alpha\beta}\frac{\mathrm{d}x^\alpha}{\mathrm{d}s}\frac{\mathrm{d}x^\beta}{\mathrm{d}s} = 0 \tag{3.2.1}$$

中, 我们引入另一参量 λ(沿短程线)

$$\frac{\mathrm{d}x^\alpha}{\mathrm{d}s} = \frac{\mathrm{d}x^\alpha}{\mathrm{d}\lambda}\frac{\mathrm{d}\lambda}{\mathrm{d}s}, \tag{3.2.2}$$

$$\frac{\mathrm{d}^2 x^\alpha}{\mathrm{d}s^2} = \frac{\mathrm{d}^2 x^\alpha}{\mathrm{d}\lambda^2}\left(\frac{\mathrm{d}\lambda}{\mathrm{d}s}\right)^2 + \frac{\mathrm{d}x^\alpha}{\mathrm{d}\lambda}\frac{\mathrm{d}^2\lambda}{\mathrm{d}s^2}. \tag{3.2.3}$$

将 (3.2.2) 和 (3.2.3) 代入 (3.2.1), 得到

$$\frac{\mathrm{d}^2 x^\mu}{\mathrm{d}\lambda^2} + \Gamma^\mu_{\alpha\beta}\frac{\mathrm{d}x^\alpha}{\mathrm{d}\lambda}\frac{\mathrm{d}x^\beta}{\mathrm{d}\lambda} = -\frac{\mathrm{d}^2\lambda}{\mathrm{d}s^2}\left(\frac{\mathrm{d}\lambda}{\mathrm{d}s}\right)^{-2}\frac{\mathrm{d}x^\mu}{\mathrm{d}\lambda}. \tag{3.2.4}$$

现在取参量 λ 为时间坐标 x^0, 此时 (3.2.4) 可写为

$$\ddot{x}^\mu + \Gamma^\mu_{\alpha\beta}\dot{x}^\alpha\dot{x}^\beta = -\frac{\mathrm{d}^2 x^0}{\mathrm{d}s^2}\left(\frac{\mathrm{d}x^0}{\mathrm{d}s}\right)^{-2}\dot{x}^\mu, \tag{3.2.5}$$

式中一点表示对 x^0 求微商. 上式的零分量为

$$\ddot{x}^0 + \Gamma^0_{\alpha\beta}\dot{x}^\alpha\dot{x}^\beta = -\frac{\mathrm{d}^2 x^0}{\mathrm{d}s^2}\left(\frac{\mathrm{d}x^0}{\mathrm{d}s}\right)^{-2}\dot{x}^0.$$

但是 $\dot{x}^0 = 1, \ddot{x}^0 = 0$. 故有

$$\frac{\mathrm{d}^2 x^0}{\mathrm{d}s^2}\left(\frac{\mathrm{d}x^0}{\mathrm{d}s}\right)^{-2} = -\Gamma^0_{\alpha\beta}\dot{x}^\alpha\dot{x}^\beta. \tag{3.2.6}$$

将上式代入 (3.2.4), 得到

$$\ddot{x}^\mu + \left(\Gamma^\mu_{\alpha\beta} - \Gamma^0_{\alpha\beta}\dot{x}^\mu\right)\dot{x}^\alpha\dot{x}^\beta = 0. \tag{3.2.7}$$

由于 $\ddot{x}^0 = 0$ 和 $\dot{x}^0 = 1$, 上式的零分量是一恒等式, 因此它等效于下面的方程:

$$\ddot{x}^i + (\Gamma^i_{\alpha\beta} - \Gamma^0_{\alpha\beta}\dot{x}^i)\dot{x}^\alpha\dot{x}^\beta = 0. \tag{3.2.8}$$

注意到 $\dot{x}^i=\dfrac{1}{c}\dfrac{\mathrm{d}x^i}{\mathrm{d}t}$, 有 $\Gamma^i_{\alpha\beta}\gg\Gamma^0_{\alpha\beta}\dot{x}^i$. 同时, 考虑到 $\dot{x}^0\gg\dot{x}^k$, 上式最后简化为

$$\ddot{x}^i=-\Gamma^i_{00}. \tag{3.2.9}$$

此式表明 Γ^i_{00} 是单位质量试验粒子所受的牛顿力. 我们还可以进一步简化 Γ^i_{00} 的表达式

$$\begin{aligned}\Gamma^i_{00}&=\frac{1}{2}g^{i\sigma}\left(2\frac{\partial g_{\sigma0}}{\partial x^0}-\frac{\partial g_{00}}{\partial x^\sigma}\right)\\&\approx-\frac{1}{2}\eta^{i\sigma}\frac{\partial g_{00}}{\partial x^\sigma}=\frac{1}{2}\frac{\partial g_{00}}{\partial x^i}.\end{aligned} \tag{3.2.10}$$

结果得到最低级近似下的短程线方程

$$\ddot{x}^i=-\frac{1}{2}\frac{\partial g_{00}}{\partial x^i}. \tag{3.2.11}$$

考虑到 $g_{00}=1+\dfrac{2U}{c^2}$, 上式可用引力标势 U 表示

$$\ddot{x}^i=-\frac{1}{c^2}\frac{\partial U}{\partial x^i} \tag{3.2.12}$$

或

$$\frac{\mathrm{d}^2x^i}{\mathrm{d}t^2}=-\frac{\partial U}{\partial x^i}. \tag{3.2.13}$$

此式表明 U 即为牛顿引力势.

下面讨论场方程的牛顿极限. 考虑忽略宇宙项的场方程

$$R_{\mu\nu}=k\left(T_{\mu\nu}-\frac{1}{2}Tg_{\mu\nu}\right). \tag{3.2.14}$$

在最低级近似下, 我们有

$$T=T_{\mu\nu}g^{\mu\nu}\approx T_{\mu\nu}\eta^{\mu\nu}\approx T_{00}\eta^{00}=T_{00}. \tag{3.2.15}$$

由此得

$$\begin{aligned}R_{00}&=k\left(T_{00}-\frac{1}{2}g_{00}T\right)\\&\approx k\left(T_{00}-\frac{1}{2}\eta_{00}T\right)=\frac{1}{2}kT_{00}\\&=\frac{1}{2}k\rho c^2,\end{aligned} \tag{3.2.16}$$

式中 ρ 为引力场源物质的密度. R_{00} 的渐近式还可以由 $\Gamma^\tau_{\mu\nu}$ 给出

$$R_{00}=\frac{\partial\Gamma^\lambda_{00}}{\partial x^\lambda}-\frac{\partial\Gamma^\lambda_{0\lambda}}{\partial x^0}+\Gamma^\sigma_{00}\Gamma^\lambda_{\lambda0}-\Gamma^\sigma_{0\lambda}\Gamma^\lambda_{0\sigma}$$

$$\approx \frac{\partial \Gamma^{\lambda}_{00}}{\partial x^{\lambda}} \approx \frac{\partial \Gamma^{k}_{00}}{\partial x^{k}}. \tag{3.2.17}$$

将 (3.2.10) 代入上式, 得到

$$R_{00} \approx \frac{1}{2}\sum_{i} \frac{\partial^2 g_{00}}{\partial x^i \partial x^i} = \frac{1}{2}\nabla^2 g_{00} = \frac{1}{c^2}\nabla^2 U, \tag{3.2.18}$$

式中 ∇^2 为三维拉普拉斯算符.

比较 (3.2.16) 和 (3.2.18), 得到

$$\nabla^2 U = \frac{1}{2} k c^4 \rho. \tag{3.2.19}$$

将上式与牛顿引力场方程 $\nabla^2 U = 4\pi G\rho$ 比较, 得到常数 k 的值

$$k = \frac{8\pi G}{c^4}. \tag{3.2.20}$$

至此, 爱因斯坦引力场方程 (3.1.3) 中的常数 A 和 k 均已确定.

3.3 关于宇宙因子 λ 的讨论

起初爱因斯坦引入宇宙因子 λ 是为了得到静态宇宙解. 对于不等于零的平均密度 $T^0_0 = \rho c^2 = \text{const}, \lambda$ 应等于 $8\pi G\rho/c^2$. 后来发现了红移, 爱因斯坦倾向于 $\lambda = 0$ 的场方程. 1930 年以前, 人们详细研究了 $\lambda \neq 0$ 的宇宙解 (静态的和非静态的). 但是直到 1967 年以前, 人们一直没有完全确认引入宇宙因子 λ 的必要性和真实性. 1967 年, 类星体按红移分布的一种解释指出, λ 可能不为零, 具有量级 $\lambda \approx 10^{-55}\text{cm}^{-2}$.

至今, 上述解释也没有被完全证明. 甚至在用于一些新观测到的类星体时遇到了困难. 但是另一方面, 讨论过程表明, 简单地假定 $\lambda = 0$ 也没有根据, 大多数学者不认为 $\lambda = 0$. 可以预料, 近些年仍然很难确定 λ 值或它的极限值.

宇宙因子有什么物理含义? 为什么学者们对它如此感兴趣呢?

前面曾指出, λ 的量纲是 $[\lambda] = \text{cm}^{-2}$. 由此可以把它看作空的空间 (没有物质和引力波) 的曲率. 而引力理论把曲率和能量、动量、物质压强联系起来. 在式 (3.1.6) 中, 将 λ 项移到右端, 我们得到

$$R_{\mu\nu} - \frac{1}{2} g_{\mu\nu} R = k T_{\mu\nu} - \lambda g_{\mu\nu}. \tag{3.3.1}$$

$\lambda \neq 0$ 意味着空的空间产生了引力场. 它相当于充满整个空间的物质, 其密度为

$$\rho_\lambda = \frac{c^2 \lambda}{8\pi G}, \tag{3.3.2}$$

能量密度为

$$\varepsilon_\lambda = \frac{c^4\lambda}{8\pi G}, \tag{3.3.3}$$

压强为

$$P_\lambda = -\varepsilon_\lambda = -\frac{c^4\lambda}{8\pi G}. \tag{3.3.4}$$

对于 $\lambda \approx 10^{-55}\text{cm}^{-2}, \rho_\lambda \approx 10^{-28}\text{g}\cdot\text{cm}^{-3}, \varepsilon_\lambda \approx 10^{-7}\text{erg}\cdot\text{cm}^{-3}(1\text{erg} = 10^{-7}\text{J})$.

在这个意义上, 可以说真空具有能量密度 ε_λ 和压强 P_λ(压强张量).

这里应指出, 对于 ε_λ 和 ρ_λ, 我们做了这样的假定：理论的相对论协变性不被破坏; ε_λ 和 P_λ 在洛伦兹变换下是不变的.

上述各量在基本粒子实验和原子、分子物理实验中不表现出来. 进行实验的局部空间中的真空能量起着常数项的作用, 可以在能量守恒定律中被消掉.

ε_λ 和 P_λ 只在引力现象中出现. 由 (3.3.1) 可见, 宇宙项在场方程中是和物质场能–动张量平权的一项, 它们同样作用于空间. 因此, 卡文迪许实验原则上应可以用来发现和测量 ε_λ 及 P_λ. 两铅球的引力取决于铅的密度和真空的密度 $\rho_\lambda(|\rho_\lambda| < 10^{-28}\text{g}\cdot\text{cm}^{-3})$, 积分时遍及铅球的体积.

实际测量 ε_λ 和 P_λ 是不可能的. 无论用实验室中的实验、观测太阳系中行星的运动, 还是观测银河系中恒星的运动, 都无法测得 ε_λ 和 P_λ 的值. 实际上, 在太阳系中, 在半径等于地球轨道半径的空间范围内, 物质的平均密度为 $\langle\rho\rangle \approx 10^{-7}\text{g}\cdot\text{cm}^{-3}$, 在银河系中为 $10^{-24}\text{g}\cdot\text{cm}^{-3}$ ρ_λ 的效应均无法观测 (可忽略不计). 它的影响只能在宇宙尺度上表现出来.

关于 λ 的性质, 一些学者认为, 确定的值 λ 和对应的 ρ_λ、ε_λ、P_λ 均作为宇宙常数, 不再作进一步的解释. 另一种观点是假定零级近似：$\lambda = \rho_\lambda = \varepsilon_\lambda = P_\lambda = 0$.

下面我们先回顾一下关于真空能量的理论发展, 再说明关于建立宇宙因子 λ 的理论的一些观点.

第一批关于电磁场量子化的尝试导致了真空能量密度无限大的佯谬. 真空作为所研究系统的最低能态 (例如在研究电磁现象时用 Maxwell 议程组表征), 粒子 (如光子) 是基本的受激系统. 类似于量子力学中原子核在晶体点阵中运动的图像：基本的受激态称为光子 (声子、量子); 在晶体的基态不含有光子, 即具有零温度. 这个状态类似于真空. 晶体基态的能量具有完全确定的值, 是可以测量的. 同一元素的不同的同位素, 其基态能量依赖于同位素原子气体的温度. 在最简单的场论方案中, 基态具有无限大的能量. 但是可以改变一下理论的形式, 使得自由场的自由态能量等于零.

在经典 Maxwell 理论中, 能量密度等于 $\varepsilon = \dfrac{E^2 + H^2}{8\pi}$. 里弗西兹 (Lifshitz) 曾指出, 不存在一种量子电动力学理论, 能使真空中 E^2 或 H^2 的平均值等于零 (离电荷很远并且不存在实光子). 因此, 为了借助于通常的算符乘积来构成这些理论, 使真空 $\varepsilon=0$, 就必须放弃 ε 与场强之间的经典关系式.

真空能量的另一种来源是由狄拉克 (Dirac) 电子理论给出的. 负能态被充满的思想不可避免地导致能量密度具有负值. 在这种情况下, 也必须改变原理论, 使得对于无相互作用的真空 ε 恒等于零. 但是不能保证在有相互作用时真空能量仍为零. 按照现在的理论, 不仅实粒子之间存在相互作用, 而且虚粒子也有相互作用. 注意这里"相互作用"一术语和经典意义上的不同. 在经典物理中谈到两个碰撞物体的相互作用, 质子和电子的库仑相互作用等; 在量子场论中谈到 4-费米相互作用 (当中子、电子、质子和中微子散射时) 和光子–电子相互作用 (当电子辐射光子时).

众所周知, 自由电子不能辐射实光子. 但是可以说自由电子辐射然后又吸收了虚光子. 这将使电子的质量和磁矩发生变化, 正如 Lemb 实验所证实的那样. 实验测定电子质量的变化是不可能的, 因为不可能测量失去虚光子后电子的质量. 但是电子磁矩的变化却可以测出来.

还有许多类似的过程, 例如电子对 (e^+,e^-) 在真空中产生和湮灭.

现在, 真空的组成和性质的理论不像 60 年前那么简单和明显.

真空能量理论的第一个可能方案是假定在没有场和相互作用时真空的能量恒等于零; 当它们存在时真空的能量不等于零. 引入实粒子时它应等于一个附加常数. 根据这一方案建立的粒子理论可以使所得结果不依赖于未知的 (不确定的或无限大的) 真空能量. 费曼正是这样做的. 他把跃迁幅 A_{12}(真空加始态 1 的粒子 $\rightarrow$ 真空加末态 2 的粒子) 分解成 A_V(真空 $\rightarrow$ 真空) 和比值 A_{12}/A_V 的积. 只有 A_{12}/A_V 才是与实粒子相互作用对应的真实值. 这一方案使真空能量问题得到了很好的解决, 但是这一方案不包含引力场. 在引力理论中, 真空的能量密度如前面所说, 是真实的, 原则上可观测的.

在粒子理论中, 真空能量理论的第二个方案, 即公理式的方案, 假定真空的能量密度和相应的压强恒等于零.

这一假定只能作一种可能性提出. 有些文献中出现这样的断言: 这一公理是必需的, 只有这样才能与相对论的不变性相符合. 这样的断言是不正确的. 正如前面指出的, 真空的压强 P_λ 和能量密度 ε_λ 均不为零, 它们之间的关系 $P_\lambda=-\varepsilon_\lambda$(由场方程得出) 具有相对不变性.

我们指出, 像粒子理论一样, 原则上可以估计 ε_λ 的量级, 它不等于零且保持相对论不变性. 这里应注意, 常常在研究有限体积 V 内的能量 $E=\varepsilon\nu$ 时发生错误. 真空的三维动量 P 显然等于零, 因为真空中无法分辨方向. 能量和动量构成四维矢量 $(E,\boldsymbol{P})$; 对于给定的体积, 这 4- 矢量是 $(E,0)$. 这样的组合显然不是不变量. 如果不假定 $E=0(\varepsilon=0)$, 在另一相对于该坐标系运动的坐标系中将有 $\boldsymbol{P}\neq 0$. 错误发生在选择了特殊的有限体积, 因为这违背相对论不变性. 无限的 (非局域的) 介质, 其中包括真空, 可以用能量密度表征, 它是一个能量–动量张量的分量 T_0^0, 此张量的其余分量 $T_0^i(i=1,2,3)$ 同时描述空间的能流和动量密度. 能量–动量张量的分量 T_ν^μ 对应于弹性理论中的张力. 对于流体 (各向同性的)$T_\nu^\mu = P\delta_\nu^\mu$.

在这里重复这些众所周知的内容是为了强调, 问题不在于真空是否具有能量–动量矢量, 而在于是否存在能量–动量张量. 不存在具有相对论不变性的矢量 (它的大小恒等于零), 但是完全有可能存在相对论不变的张量. 在洛伦兹系中, 这一张量应具有形式

$$[T_{\mu\nu}] = \text{const}\begin{pmatrix} 1 & 0 & 0 & 0 \\ 0 & -1 & 0 & 0 \\ 0 & 0 & -1 & 0 \\ 0 & 0 & 0 & -1 \end{pmatrix}, \tag{3.3.5}$$

而这正是在 $\lambda \neq 0$ 的情况下所提到的那个张量. 人们没有理由先验地排除这样的与真空相联系的张量.

现在仍然存在的问题是:

(1) 是否存在某种要求 $\lambda \neq 0$ 的原理?

(2) 我们是否应该把 λ 看作新的独立的常数? 或者说

(3) 能否由其他的普适常数来计算 λ(尽管只是量级)?

下面我们试图回答第三个问题, 不涉及前两个问题. 这一回答 (根据量纲和量级的比较) 也许有利于构成更正确的和最终的理论.

在实验物理中, 我们测量 (真空 + 粒子) 系统和单独真空系统的能量之差, 不等于零的 ε_λ 在计算中被消掉了. 按照真空极化理论和量子的粒子理论所作的全部工作都是这样的.

量 ε_λ 只在引力理论中才引入. 虽然没有精确的理论, 但是我们可以借助于量纲的分析提出重要的设想.

基本粒子理论使人们能够建立具有 ε_λ 的量纲的量. 由理论基本常数可以构成能量 mc^2, 长度 $\dfrac{h}{mc}$, 密度 $\left(\dfrac{mc}{h}\right)^3$ 和 $\varepsilon_\lambda = mc^2 \times \left(\dfrac{mc}{h}\right)^3$. 这样得到的量 ε_λ 明显地不合用. 因为以电子质量代入时得 $\varepsilon_\lambda = 10^{22}\text{erg}\cdot\text{cm}^{-3}$, 以质子质量代入时得 $\varepsilon_\lambda \sim 10^{35}\text{erg}\cdot\text{cm}^{-3}$. 这些数值远大于宇宙学中假定的值 ($\varepsilon_\lambda < 10^{-7}\text{erg}\cdot\text{cm}^{-3}$). 正因为这样, 物理学家才本能地反对 $\lambda \neq 0$: 如果不能取更大的 ε_λ(相应地取更大的 λ), 则什么都谈不到.

在天文学家的影响下, 人们发现将 $mc^2\left(\dfrac{mc}{h}\right)^3$ 乘以一个表征引力的无量纲因子 $\dfrac{Gm^2}{hc}$, 可能构造出一个合理的 ε_λ. 这一表达式为

$$\varepsilon_\lambda = \left(\frac{Gm^2}{hc}\right)\cdot mc^2 \cdot \left(\frac{mc}{h}\right)^3$$

$$= \frac{Gm^2}{\lambda} \cdot \frac{1}{\lambda^3}, \quad \lambda = \frac{h}{mc}. \tag{3.3.6}$$

这一表达式可以解释为：在真空中产生虚粒子, 质量为 m, 它们的平均空间距离为 λ; 假定它们的总的本征能量为零, 使得真空的总能量密度只取决于相邻粒子间的相互作用. 对于 $m = m_e$, 上式给出 $\varepsilon_\lambda = 10^{-19}\text{erg} \cdot \text{cm}^{-3}$; 对于 $m = m_p$, 上式给出 $\varepsilon_\lambda = 1\text{erg} \cdot \text{cm}^{-3}$. 宇宙学所假定的 ε_λ 值介于二者之间.

还有一个问题, 人们常说 $\lambda \neq 0$ 意味着引力子具有不为零的静止质量, 这似乎不合理. 我们知道, 当 $\lambda \neq 0$ 时, 即使物质不存在, 时空也不可能是平直的. 而在弯曲空间中引力子质量的定义是不明确的.

宇宙因子项如果不等于零, 它的数值也是很小的, 它的效应只在宇宙学中才可能出现, 这一点是无疑的.

关于宇宙常数, 我们在第六篇 3.8 节和第九篇 2.1 节中还要讨论.

3.4 引力场的变分原理

前面已经建立了爱因斯坦引力场方程. 本节将由引力场的变分原理得到这一组场方程. 为了使所得到的场方程具有协变性, 最好的途径是由变分原理出发进行推导. 在许多非爱因斯坦引力理论中也都是这样做的. 问题的关键在于选择适当的作用量泛函.

引入标量泛函

$$I = I_g + I_f = \int (L_g + L_f)\sqrt{-g}\mathrm{d}^4x, \tag{3.4.1}$$

式中 I_g 和 L_g 分别表示引力场的作用量和拉格朗日函数, I_f 和 L_f 分别表示除引力场之外的所有其他场的作用量和拉格朗日函数. L_g 和 L_f 的表示式取为

$$L_g = R, \quad L_f = -2kL_f, \tag{3.4.2}$$

式中 k 为爱因斯坦引力常数, $k = 8\pi G/c^4$.

变分原理表示为

$$\delta I = 0. \tag{3.4.3}$$

首先计算 δI_g.

$$\begin{aligned} \delta I_g &= \delta \int \sqrt{-g}R\mathrm{d}^4x = \delta \int \sqrt{-g}g^{\mu\nu}R_{\mu\nu}\mathrm{d}^4x \\ &= \int \sqrt{-g}g^{\mu\nu}\delta R_{\mu\nu}\mathrm{d}^4x + \int R_{\mu\nu}\delta(\sqrt{-g}g^{\mu\nu})\mathrm{d}^4x. \end{aligned} \tag{3.4.4}$$

为了求出 $\delta R_{\mu\nu}$, 采用短程线坐标系. 此时有

$$\begin{aligned}\delta R_{\mu\nu} &= \delta\left\{\frac{\partial \Gamma^{\lambda}_{\mu\nu}}{\partial x^{\lambda}} - \frac{\partial \Gamma^{\lambda}_{\mu\lambda}}{\partial x^{\nu}} + \Gamma^{\sigma}_{\mu\nu}\Gamma^{\lambda}_{\lambda\sigma} - \Gamma^{\sigma}_{\nu\lambda}\Gamma^{\lambda}_{\mu\sigma}\right\} \\ &= \delta\left\{\frac{\partial \Gamma^{\lambda}_{\mu\nu}}{\partial x^{\lambda}} - \frac{\partial \Gamma^{\lambda}_{\mu\lambda}}{\partial x^{\nu}}\right\} \\ &= \frac{\partial(\delta\Gamma^{\lambda}_{\mu\nu})}{\partial x^{\lambda}} - \frac{\partial(\delta\Gamma^{\lambda}_{\mu\lambda})}{\partial x^{\nu}} \\ &= (\delta\Gamma^{\lambda}_{\mu\nu})_{;\lambda} - (\delta\Gamma^{\lambda}_{\mu\lambda})_{;\nu}. \end{aligned} \tag{3.4.5}$$

在上式中, 注意到 $(\delta\Gamma^{\lambda}_{\mu\nu})$ 是张量. 这是一个张量方程, 因此, 它在任何参考系中的任何时空点都成立, 不局限于短程线参考系. 于是式 (3.4.4) 右端第一项的被积式可写为

$$\begin{aligned}\sqrt{-g}g^{\mu\nu}\delta R_{\mu\nu} &= \sqrt{-g}g_{\mu\nu}\{(\delta\Gamma^{\lambda}_{\mu\nu})_{;\lambda} - (\delta\Gamma^{\lambda}_{\mu\lambda})_{;\nu}\} \\ &= \sqrt{-g}\{g^{\mu\nu}\delta\Gamma^{\lambda}_{\mu\nu})_{;\lambda} - (g^{\mu\nu}\Gamma^{\lambda}_{\mu\lambda})_{;\nu}\} \\ &= \sqrt{-g}\{(g^{\mu\nu}\delta\Gamma^{\lambda}_{\mu\nu})_{;\lambda}) - (g^{\mu\lambda}\delta\Gamma^{\sigma}_{\mu\sigma})_{;,\lambda}\} \\ &= \sqrt{-g}V^{\lambda}_{;\lambda}, \end{aligned} \tag{3.4.6}$$

式中

$$V^{\lambda} = g^{\mu\nu}\delta\Gamma^{\lambda}_{\mu\nu} - g^{\mu\lambda}\delta\Gamma^{\sigma}_{\mu\sigma} \tag{3.4.7}$$

为一逆变矢量. 由此得到

$$\int \sqrt{-g}g^{\mu\nu}\delta R_{\mu\nu}\mathrm{d}^4x = \int \frac{\partial(\sqrt{-g}V^{\lambda})}{\partial x^{\lambda}}\mathrm{d}^4x. \tag{3.4.8}$$

此式由高斯定理化为沿系统边界面的面积分. 在系统边界面上 $\delta g^{\mu\nu}$(从而 $\delta\Gamma^{\lambda}_{\mu\nu}$) 为零, 因此上式等于零

$$\int \sqrt{-g}g^{\mu\nu}\delta R_{\mu\nu}\mathrm{d}^4x = 0. \tag{3.4.9}$$

(3.4.4) 右端第二项为

$$\begin{aligned}\int R_{\mu\nu}\delta(\sqrt{-g}g^{\mu\nu})\mathrm{d}x &= \int \sqrt{-g}R_{\mu\nu}\delta g^{\mu\nu}\mathrm{d}^4x + \int R_{\mu\nu}g^{\mu\nu}\delta\sqrt{-g}\mathrm{d}^4x \\ &= \int \sqrt{-g}R_{\mu\nu}\delta g^{\mu\nu}\mathrm{d}^4x + \int R\delta\sqrt{-g}\mathrm{d}^4x. \end{aligned} \tag{3.4.10}$$

其中右端第二项中 $\delta\sqrt{-g}$ 可由行列式性质得到

$$\delta\sqrt{-g} = -\frac{1}{2}\frac{1}{\sqrt{-g}}\delta g = -\frac{1}{2}\sqrt{-g}g_{\mu\nu}\delta g_{\mu\nu}. \tag{3.4.11}$$

于是有

$$\int R_{\mu\nu}\delta(\sqrt{-g}g^{\mu\nu})\mathrm{d}^4x=\int\sqrt{-g}\left(R_{\mu\nu}-\frac{1}{2}g_{\mu\nu}R\right)\delta g^{\mu\nu}\mathrm{d}^4x. \tag{3.4.12}$$

将上式和 (3.4.9) 代入 (3.4.4) 得

$$\delta I_g=\delta\int\sqrt{-g}R\mathrm{d}^4x=\int\sqrt{-g}\left(R_{\mu\nu}-\frac{1}{2}g_{\mu\nu}R\right)\delta g^{\mu\nu}\mathrm{d}^4x. \tag{3.4.13}$$

下面计算除引力场以外的其他场作用量 I_f 的变分 δI_f. 由 (3.4.1) 和 (3.4.2) 知

$$\delta I_f=-2k\delta\int\sqrt{-g}L_f\mathrm{d}^4x. \tag{3.4.14}$$

由变分学可知, 对于泛函

$$I=\int F(q^\mu,q^\mu_{,\lambda},q^\mu_{,\lambda,\lambda_1},\cdots,q^\nu,q^\nu_{,\lambda},q^\nu_{,\lambda,\lambda_1},\cdots)\mathrm{d}^nx, \tag{3.4.15}$$

其变分表示为

$$\begin{aligned}\delta I=\int\bigg\{&\frac{\delta F}{\delta q^\mu}\delta q^\mu+\frac{\delta F}{\delta q^\mu_{,\lambda}}\delta q^\mu_{,\lambda}+\frac{\delta F}{\delta q^\mu_{,\lambda,\lambda_1}}\delta q^\mu_{,\lambda,\lambda_1}+\cdots\\&+\frac{\delta F}{\delta q^\nu}\delta q^\nu+\frac{\delta F}{\delta q^\nu_{,\lambda}}\delta q^\nu_{,\lambda}+\frac{\delta F}{\delta q^\nu_{,\lambda,\lambda_1}}\delta q^\mu_{,\lambda,\lambda_1}+\cdots\bigg\}\mathrm{d}^nx.\end{aligned} \tag{3.4.16}$$

式中各变分导数表示为

$$\frac{\delta F}{\delta q^\mu}=\sum_{m\geqslant 0}(-1)^m\left(\frac{\partial F}{\partial q^\mu_{,\lambda_1,\lambda_2,\cdots,\lambda_m}}\right)_{,\lambda_1,\lambda_2,\cdots,\lambda_m}. \tag{3.4.17}$$

$$\frac{\delta F}{\delta q^\mu_{,\lambda}}=\sum_{m\geqslant 0}(-1)^m\left(\frac{\partial F}{\partial q^\mu_{,\lambda,\lambda_1,\lambda_2,\cdots,\lambda_m}}\right)_{,\lambda_1,\lambda_2,\cdots,\lambda_m}. \tag{3.4.18}$$

设 (3.4.14) 中的 L_f 不含有 $g^{\mu\nu}$ 的高于一阶偏导数, $L_f=L_f(g^{\mu\nu},g^{\mu\nu}_{,\lambda})$, 代入 (3.4.15)~(3.4.18) 得

$$\delta I_f=-2k\int\left\{\frac{\partial(\sqrt{-g}L_f)}{\partial g^{\mu\nu}}\delta g^{\mu\nu}+\frac{\partial(\sqrt{-g}L_f)}{\partial g^{\mu\nu}_{,\lambda}}\delta g^{\mu\nu}_{,\lambda}\right\}\mathrm{d}^4x. \tag{3.4.19}$$

(3.4.19) 右端被积式中第二项可写为

$$\frac{\partial(\sqrt{-g}L_f)}{\partial g^{\mu\nu}_{,\lambda}}\delta g^{\mu\nu}_{,\lambda}=\left[\frac{\partial(\sqrt{-g}L_f)}{\partial g^{\mu\nu}_{,\lambda}}\delta g^{\mu\nu}\right]_{,\lambda}-\left[\frac{\partial(\sqrt{-g}L_f)}{\partial g^{\mu\nu}_{,\lambda}}\right]_{,\lambda}\delta g^{\mu\nu}. \tag{3.4.20}$$

上式第一项代入 (3.4.19) 化为沿系统边界面的面积分, 等于零 (因为边界面上 $\delta g^{\mu\nu}=0$). 将上式第二项代入 (3.4.19) 得

$$\delta I_f=-2k\int\left\{\frac{\partial(\sqrt{-g}L_f)}{\partial g^{\mu\nu}}-\left\{\frac{\partial(\sqrt{-g}L_f)}{\partial g^{\mu\nu}_{,\lambda}}\right]_{,\lambda}\right\}\delta g^{\mu\nu}\mathrm{d}^4x. \tag{3.4.21}$$

定义能量–动量张量 $T_{\mu\nu}$

$$T_{\mu\nu}=\frac{2}{\sqrt{-g}}\left\{\frac{\partial(\sqrt{-g}L_f)}{\partial g^{\mu\nu}}-\left[\frac{\partial(\sqrt{-g}L_f)}{\partial g^{\mu\nu}_{,\lambda}}\right]_{,\lambda}\right\}, \tag{3.4.22}$$

我们得到

$$\delta I_f=-k\int\sqrt{-g}T_{\mu\nu}\delta g^{\mu\nu}\mathrm{d}^4x. \tag{3.4.23}$$

由 (3.4.23) 和 (3.4.13) 可知作用量 I 的变分 δI 为

$$\delta I=\int\sqrt{-g}\left(R_{\mu\nu}-\frac{1}{2}g_{\mu\nu}R-kT_{\mu\nu}\right)\delta g^{\mu\nu}\mathrm{d}^4x. \tag{3.4.24}$$

令 $\delta I=0$, 考虑到 $\delta g^{\mu\nu}$ 的任意性, 得到

$$R_{\mu\nu}-\frac{1}{2}g_{\mu\nu}R=kT_{\mu\nu}. \tag{3.4.25}$$

如果在作用量 I 中引入宇宙作用量

$$I_\lambda=c\int\sqrt{-g}\mathrm{d}^4x, \tag{3.4.26}$$

式中 c 为一待定常数. 则有

$$\delta I_\lambda=\frac{c}{2}\int g_{\mu\nu}\delta g^{\mu\nu}\sqrt{-g}\mathrm{d}^4x.$$

此时由 $\delta(I_g+I_f+I_\lambda)=0$ 得

$$R_{\mu\nu}-\frac{1}{2}g_{\mu\nu}R+\lambda g_{\mu\nu}=kT_{\mu\nu}, \tag{3.4.27}$$

式中 $\lambda=\dfrac{c}{2}$, 此即含宇宙项的爱因斯坦引力场方程.

3.5　引力场中的 Maxwell 方程

根据广义协变原理, 我们可以将狭义相对论中四维形式的 Maxwell 方程推广到弯曲空间. 原则上讲, 只要将普通导数换为协变导数即可.

当电磁场存在时, 因为它属于引力场以外的物质场, 它应影响时空几何性质, 电磁场的能量-动量张量作为引力场方程中 $T_{\mu\nu}$ 的一个组成部分, 应以明显形式给出. 我们仍从变分原理出发.

如果除引力场之外只有电磁场存在, 则由狭义相对论推广到弯曲空间的情况, (3.4.14) 中的 L_f 应具有形式

$$L_f = -\frac{1}{16\pi}F_{\mu\nu}F^{\mu\nu} + \frac{1}{c}J^\mu A_\mu + L_e, \tag{3.5.1}$$

式中 J^μ 为四维电流密度, L_e 为电荷对 L_f 的单独贡献. 现在考虑纯电磁场的情况, 即上式后两项为零:

$$L_f = -\frac{1}{16\pi}F_{\mu\nu}F^{\mu\nu}. \tag{3.5.2}$$

注意到 $F_{\mu\nu} = A_{\nu;\mu} - A_{\mu;\nu}$, 可知 $(L_f\sqrt{-g})$ 只是 g_μ 和 A_μ 的函数.

首先, 保持 A_μ 不变, 对 $g_{\mu\nu}$ 求变分. 此时 $F_{\mu\nu} = \text{const}$, 而 $F^{\mu\nu} \neq \text{const}$. 我们得到

$$\begin{aligned}
&\frac{\partial(\sqrt{-g}L_f)}{\partial g^{\mu\nu}} = -\frac{1}{16\pi}F_{\rho\sigma}F_{\alpha\beta}\frac{\partial(\sqrt{-g}g^{\alpha\rho}g^{\beta\sigma})}{\partial g^{\mu\nu}}\\
=&-\frac{1}{16\pi}F_{\alpha\beta}F_{\rho\sigma}\left\{g^{\alpha\rho}g^{\beta\sigma}\frac{\partial\sqrt{-g}}{\partial g^{\mu\nu}} + \sqrt{-g}(g^{\alpha\rho}\delta^\beta_\mu\delta^\sigma_\nu + g^{\beta\sigma}\delta^\alpha_\mu\delta^\rho_\nu)\right\}\\
=&-\frac{1}{16\pi}\left(F_{\alpha\beta}F^{\alpha\beta}\frac{\partial\sqrt{-g}}{\partial g^{\mu\nu}} + 2\sqrt{-g}F_{\mu\sigma}F^\sigma_\nu\right),
\end{aligned} \tag{3.5.3}$$

其中

$$\frac{\partial\sqrt{-g}}{\partial g^{\mu\nu}} = -\frac{1}{2}\frac{1}{\sqrt{-g}}\frac{\partial g}{\partial g^{\mu\nu}} = -\frac{1}{2}\sqrt{-g}g_{\mu\nu}. \tag{3.5.4}$$

最后得

$$\frac{\partial(\sqrt{-g}L_f)}{\partial g^{\mu\nu}} = \frac{\sqrt{-g}}{8\pi}\left(\frac{1}{4}g_{\mu\nu}F_{\alpha\beta}F^{\alpha\beta} - F_{\mu\sigma}F^\sigma_\nu\right). \tag{3.5.5}$$

令

$$E_{\mu\nu} = T_{\mu\nu(e_m)} = \frac{1}{4\pi}\left(\frac{1}{4}g_{\mu\nu}F_{\alpha\beta}F^{\alpha\beta} - F_{\mu\sigma}F^\sigma_\nu\right). \tag{3.5.6}$$

此式正是狭义相对论中对应式的推广. 将 (3.5.5) 代入 $\delta I = \delta(I_g + I_f) = 0$, 便得到 Einstein-Maxwell 方程

$$R_{\mu\nu} - \frac{1}{2}g_{\mu\nu}R = kE_{\mu\nu}. \tag{3.5.7}$$

张量 E^ν_μ 是零迹的:

$$E = E^\lambda_\lambda = g^{\lambda\sigma}E_{\lambda\sigma} = 0. \tag{3.5.8}$$

将 (3.5.7) 缩并得 $R = -kE$, 所以 $R = 0$, (3.5.7) 简化为

$$R_{\mu\nu} = kE_{\mu\nu}. \tag{3.5.9}$$

上式是只存在电磁场时的爱因斯坦引力场方程.

有电荷存在时, 作用量应增加一项. 对于电荷为 e 的单个粒子, 增加的一项为

$$I_e = -e\int A_\mu \mathrm{d}x^\mu \mathrm{d}\tau = -e\int A_\mu u^\mu \mathrm{d}s\mathrm{d}\tau, \tag{3.5.10}$$

式中积分 $\mathrm{d}s$ 沿世界线.

为了避免奇点, 我们讨论带电物质连续分布的情况. 设每一物质元带有电荷. 在每一点 x^μ, 有速度矢量 u^μ(可有一因子与之相乘). 我们总可以确定一逆变矢量密度 $\mathscr{T}^\mu$, 它与 u^μ 同方向, 并使

$$\mathscr{T}^0 \mathrm{d}x^1 \mathrm{d}x^2 \mathrm{d}x^3 \tag{3.5.11}$$

表示某一体元 d^3x 内的电荷, 而使

$$\mathscr{T}^1 \mathrm{d}x^0 \mathrm{d}x^2 \mathrm{d}x^3 \tag{3.5.12}$$

表示时间间隔 $\mathrm{d}x^0$ 内通过面元 $\mathrm{d}x^2\mathrm{d}x^3$ 的电量. 由于电荷守恒, 于是有

$$\mathscr{T}^\mu_{,\mu} = 0. \tag{3.5.13}$$

设一电荷元由位置 x^μ 移到位置 $x^\mu + h^\mu$, h^μ 为一阶小量. 我们要确定给定点 x^μ 处 $\mathscr{T}^\mu$ 的变化.

首先考虑 $h^0 = 0$ 的情况. 在一三维体积 V 内, 电荷的增量等于通过 V 的界面流出的电量的负值:

$$\delta\int_V \mathscr{T}^0 \mathrm{d}x^1 \mathrm{d}x^2 \mathrm{d}x^3 = -\int_S \mathscr{T}^0 h^i \mathrm{d}s_i, \tag{3.5.14}$$

式中 S 为 V 的界面. 根据高斯定理, 可以把上式右端的面积分换成体积分. 于是得到

$$\delta\mathscr{T}^0 = -(\mathscr{T}^0 h^i)_{,i}. \tag{3.5.15}$$

下面将 (3.5.15) 推广到 $h^0 \neq 0$ 的情况. 我们注意到, 如果 h^μ 正比于 $\mathscr{T}^\mu$, 则物质元沿其世界线移动, 从而 $\mathscr{T}^\mu$ 不变. 这样, 上式应推广为

$$\delta\mathscr{T}^0 = (\mathscr{T}^i h^0 - \mathscr{T}^0 h^i)_{,i} \tag{3.5.16}$$

这是因为当 $h^0 = 0$ 时上式与 (3.5.15) 相合; 而当 h^μ 正比于 $\mathscr{T}^\mu$ 时, 上式给出 $\delta\mathscr{T}^0 = 0$. 对于 $\mathscr{T}^\mu$ 的其他分量有相应的式子, 所以可写为

$$\delta\mathscr{T}^\mu = (\mathscr{T}^\nu h^\mu - \mathscr{T}^\mu h\nu)_{,\nu} \tag{3.5.17}$$

量 $\mathscr{T}^\mu$ 是连续带电物质流作用量中的基本变量. 经过变分和适当的分部积分运算后, 令 h^μ 的系数等于零, 便给出电荷的运动方程.

对于带电物质连续分布的情况, 带电粒子的作用量 (3.5.10) 应写为

$$I_e = -\int \mathscr{T}^0 A_\mu u^\mu \mathrm{d}x^1 \mathrm{d}x^2 \mathrm{d}x^3 \mathrm{d}s. \tag{3.5.18}$$

引进度规时可令

$$\mathscr{T}^\mu = \rho_e u^\mu \sqrt{-g}, \tag{3.5.19}$$

式中 ρ_e 为一标量, 表征电荷密度. 于是 (3.5.18) 变为

$$\begin{aligned} I_e &= -\int \rho_e A_\mu u^\mu \sqrt{-g} \mathrm{d}x^1 \mathrm{d}x^2 \mathrm{d}x^3 \mathrm{d}s \\ &= -\int A_\mu \mathscr{T}^\mu \mathrm{d}x^1 \mathrm{d}x^2 \mathrm{d}x^3 \mathrm{d}s. \end{aligned} \tag{3.5.20}$$

由此得

$$\begin{aligned} \delta I_e &= -\int \{\mathscr{T}^\mu \delta A_\mu + A_\mu (\mathscr{T}^\nu h^\mu - \mathscr{T}^\mu h^\nu)_{,\nu}\} \mathrm{d}^4 x \\ &= \int \{-\rho_e u^\mu \sqrt{-g} \delta A_\mu + A_{\mu,\nu} (\mathscr{T}^\nu h^\mu - \mathscr{T}^\mu h^\nu)\} \mathrm{d}^4 x \\ &= \int \rho_e (-u^\mu \delta A_\mu + F_{\mu\nu} u^\nu h^\mu) \sqrt{-g} \mathrm{d}^4 x. \end{aligned} \tag{3.5.21}$$

代入变分原理

$$\delta_I = \delta(I_g + I_{em} + I_\lambda + I_e + I_m) = 0. \tag{3.5.22}$$

式中括号内各项分别表示引力场、电磁场、真空场、电荷和物质场的作用量, 我们可以得到上述各类场和引力场相互作用的方程. 为此, 将前面得到的 $\delta I_g, \delta I_{em}, \delta I_\lambda, \delta I_e$ 和 δI_f[即 (3.4.23)] 代入 (3.5.22), 并注意到 (3.5.17), 然后分别令 $\delta g_{\mu\nu}, \delta A_\mu$ 和 h^μ 的系数为零.

(1) $\delta g_{\mu\nu}$ 的系数为零给出

$$R_{\mu\nu} - \frac{1}{2} g_{\mu\nu} R + \lambda g_{\mu\nu} = k(T_{\mu\nu} + E_{\mu\nu}). \tag{3.5.23}$$

这就是有电磁场和物质场存在时的 Einstein-Maxwell 方程, 右端的 $T_{\mu\nu}$ 表示物质场的能量–动量张量.

(2) δA_μ 的系数为零给出

$$-\rho_e u^\mu + F^{\mu\nu}_{\nu} = 0. \tag{3.5.24}$$

由 (3.5.19) 可知 $\rho_e u^\mu = J^\mu$ 为电流密度矢量, 因此上式即为引力场中的 Maxwell 方程

$$F^{\mu\nu}_{;\nu} = J^\mu. \tag{3.5.25}$$

至于另一组 Maxwell 方程, 很容易由 $F_{\mu\nu}$ 的反对称性得到. 实际上, 由 $F_{\mu\nu} = -F_{\nu\mu}$ 和 $\Gamma^\mu_{\sigma\tau} = \Gamma^\mu_{\tau\sigma}$ 得到

$$\Gamma^\rho_{\mu\nu} F_{\lambda\rho} + \Gamma^\rho_{\nu\mu} F_{\rho\lambda} = \Gamma^\rho_{\lambda\mu} F_{\nu\rho} + \Gamma^\rho_{\mu\lambda} F_{\rho\nu} = \Gamma^\rho_{\nu\lambda} F_{\mu\rho} + \Gamma^\rho_{\lambda\nu} F_{\rho\mu} = 0.$$

将这三个等于零的式子与狭义相对论中对应的方程

$$F_{\mu\nu;\lambda} + F_{\nu\lambda;\mu} + F_{\lambda\mu,\nu} = 0 \tag{3.5.26}$$

相加, 便得到

$$F_{\mu\nu;\lambda} + F_{\nu\lambda;\mu} + F_{\lambda\mu;\nu} = 0. \tag{3.5.27}$$

这就是另一组 Maxwell 方程 (在引力场中).

(3) 式 (3.5.23) 中的连续物质的 $T_{\mu\nu}$ 可由与引入 $\mathscr{T}^\mu$ 类似的过程引入 ρ^μ 而得到 (零压情况), 其结果为

$$T_{\mu\nu} = \rho u_\mu u_\nu. \tag{3.5.28}$$

此时 h^μ 的系数为零给出

$$\rho u_{\mu;\nu} u^\nu + \rho_e F_{\mu\nu} u^\nu = 0,$$

即

$$-\rho u_{\mu;\nu} u^\nu + F_{\mu\nu} J^\nu = 0. \tag{3.5.29}$$

式中第二项给出洛伦兹力, 它使物质元的运动偏离短程线.

方程 (3.5.29) 也可由守恒定律得到. 即由

$$(\rho u^\mu u^\nu + E^{\mu\nu})_{;\nu} = 0 \tag{3.5.30}$$

导出. 由于

$$\begin{aligned} E^{\mu\nu}_{;\nu} &= F^{\mu\alpha} F^\nu_{\alpha;\nu} + F^{\mu\alpha}_{;\nu} F^\nu_\alpha - \frac{1}{2} g^{\mu\nu} F^{\alpha\beta} F_{\alpha\beta;\nu} \\ &= F^{\mu\alpha} F^\nu_{\alpha;\nu} + \frac{1}{2} g^{\mu\rho} F^{\nu\sigma} (F_{\rho\sigma;\nu} - F_{\rho\nu;\sigma} - F_{\nu\sigma;\rho}) \\ &= -F^{\mu\alpha} J_\alpha, \end{aligned}$$

我们得到

$$u^\mu (\rho u^\nu)_{;\nu} + \rho u^\mu u^\nu_{;\nu} - F^{\mu\alpha} J_\alpha = 0. \tag{3.5.31}$$

上式乘以 u_μ 缩并, 并注意

$$u_\mu u^\nu_{;\sigma} = 0, \tag{3.5.32}$$

得到

$$(\rho u^\nu)_{;\nu} = -F^{\mu\alpha} u_\mu J_\alpha = 0. \tag{3.5.33}$$

这里用了条件 $J_\alpha = \rho_e u_\alpha$, 即 J_α 与 u_α 同一方向. 将 (3.5.33) 代入 (3.5.31), 便得到 (3.5.29).

在这里, 我们选择自然单位制 ($c = G = 1$).

3.6 物质的运动方程和物质场的能量–动量张量

当电磁场不存在时, 爱因斯坦引力场方程可写为 (对于零压流体)

$$R_{\mu\nu} - \frac{1}{2} g_{\mu\nu} R = 8\pi\rho u_\mu u_\nu. \tag{3.6.1}$$

从方程 (3.6.1) 可以导出物质守恒方程和物质运动方程 —— 短程线方程. 为此, 将方程两端求协变散度, 得到

$$(\rho u^\mu u^\nu)_{;\nu} = 0,$$

即

$$u^\mu (\rho u^\nu)_{;\nu} + \rho u^\nu u^\mu_{;\nu} = 0. \tag{3.6.2}$$

上式乘以 u_μ 缩并, 注意到 $u_\mu u^\mu_{;\nu} = 0$, 得到

$$(\rho u^\nu)_{;\nu} = 0, \tag{3.6.3}$$

此即物质守恒方程. 将此式代回 (3.6.2), 便得到短程线方程:

$$u^\nu u^\mu_{;\nu} = 0. \tag{3.6.4}$$

这就是说, 对于一个物质元, 把真空引力场方程应用到该物质元的周围空间, 则其运动被约束在一短程线上.

由场方程可以导出场源的运动方程, 或者说, 场方程中包含了场源的运动方程, 这是引力场特有的性质.

电磁场不具有上述性质. 由电磁场方程

$$F^{\mu\nu}_{;\nu} = J^\mu$$

求协变散度, 注意到 $F^{\mu\nu} = -F^{\nu\mu}$, 得到

$$J^\mu_{;\mu} = 0, \tag{3.6.5}$$

这是电荷守恒定律. 由此可见, 电磁场方程本身只包含场源的守恒律, 与场源的运动方程无关. 这表明, 在电动力学中, 可以在满足守恒律的条件下任意给定场源 (电荷) 的分布和运动来求解场方程. 而在引力理论中, 引力场源 (物质系统) 的运动方程必须与引力场方程同时求解.

下面我们给出几种场源物质的能量–动量张量的具体形式.

各向同性理想流体的能量–动量张量与狭义相对论中的形式相同

$$T_{\mu\nu} = (\rho + p)u_\mu u_\nu - pg_{\mu\nu}, \tag{3.6.6}$$

式中 ρ 表示随动坐标系中的能量密度, p 是压强. 如果以 ρ 表示质量密度, 还常加内能项 $\rho\pi$.

在随动坐标系中, 流体的动量和能量流均为零, 所以

$$T_{0\mu} = T_{\mu 0} = 0. \tag{3.6.7}$$

由于压强各向同性, 故有

$$T_\mu^\nu = T\delta_\mu^\nu. \tag{3.6.8}$$

于是 $T_{\mu\nu}$ 具有简单形式

$$[T_{\mu\nu}] = \begin{pmatrix} \rho & 0 & 0 & 0 \\ 0 & p & 0 & 0 \\ 0 & 0 & p & 0 \\ 0 & 0 & 0 & p \end{pmatrix}. \tag{3.6.9}$$

沿 x 轴正方向以光速运动的相对论粒子, 其能量–动量张量可写为

$$[T_{\mu\nu}] = \begin{pmatrix} \rho & \rho & 0 & 0 \\ \rho & \rho & 0 & 0 \\ 0 & 0 & 0 & 0 \\ 0 & 0 & 0 & 0 \end{pmatrix}. \tag{3.6.10}$$

上述粒子沿 x 轴反方向运动时, 其能量–动量张量可写为

$$[T_{\mu\nu}] = \begin{pmatrix} \rho & -\rho & 0 & 0 \\ -\rho & \rho & 0 & 0 \\ 0 & 0 & 0 & 0 \\ 0 & 0 & 0 & 0 \end{pmatrix}. \tag{3.6.11}$$

所有方向的粒子流叠加, 便得到相对论气体的能量–动量张量 ($p = \rho/3$).

在洛伦兹系中, 沿 $x^1 = x$ 方向的纯磁场 $(H_y = H_z = E_i = 0)$ 的能量–动量张量可写为

$$[T_{\mu\nu}] = \begin{pmatrix} \rho & 0 & 0 & 0 \\ 0 & -\rho & 0 & 0 \\ 0 & 0 & \rho & 0 \\ 0 & 0 & 0 & \rho \end{pmatrix}, \tag{3.6.12}$$

此式是 (3.5.6) 的特殊情况. 式中 $\rho = \dfrac{H^2}{8\pi}$, 为能量密度. 沿 x 轴方向作用有负压力 $(T_{11} = -\rho)$ 沿 y 轴和 z 轴作用有正压力 (ρ). 如果场强是沿着一个确定的轴, 而是任意的, 则 $T_{\mu\nu}$ 中会有不为零的对角元素. 但是它的迹 T^i_i(在直角坐标系中等于 $-T_{11} - T_{22} - T_{33}$) 保持不变.

对于纯磁场, 将能量–动量张量按最大不均匀程度取平均, 我们得到

$$[T_{\mu\nu}] = \begin{pmatrix} \rho & 0 & 0 & 0 \\ 0 & \rho/3 & 0 & 0 \\ 0 & 0 & \rho/3 & 0 \\ 0 & 0 & 0 & \rho/3 \end{pmatrix}. \tag{3.6.13}$$

即纯磁场平均地看类似于气体, 它具有特殊的态方程 $p = \rho/3$. 我们重新得到了前边的结果.

3.7 Lie 导数和时空的对称性

对于坐标变换 $x \to x'$, 度规 $g_{\mu\nu}(x)$ 变为 $g'_{\mu\nu}(x')$. 如果 $g'_{\mu\nu}(x)$ 作为 x 的函数的形式与 $g'_{\mu\nu}(x')$ 作为 x' 的函数的形式相同, 则将 $g'_{\mu\nu}(x')$ 中的 x' 换为 x 时, 所得函数 $g'_{\mu\nu}(x)$ 便与 $g_{\mu\nu}(x)$ 相等了

$$g'_{\mu\nu}(x) = g_{\mu\nu}(x). \tag{3.7.1}$$

如果对于所有点 x^μ, (3.7.1) 均成立, 则称度规 $g_{\mu\nu}(x)$ 对于坐标变换 $x \to x'$ 是**形式不变的**(注意上述条件与标量的变换条件不同).

在任一点 x^μ, 度规的变换式为

$$g'_{\mu\nu}(x') = \frac{\partial x^\lambda}{\partial x'^\mu}\frac{\partial x^\sigma}{\partial x'^\nu} g_{\lambda\sigma}(x), \tag{3.7.2}$$

$$g_{\mu\nu}(x) = \frac{\partial x'^\lambda}{\partial x^\mu}\frac{\partial x'^\sigma}{\partial x^\nu} g'_{\lambda\sigma}(x'). \tag{3.7.3}$$

将 (3.7.1) 代入得

$$g_{\mu\nu}(x) = \frac{\partial x'^\lambda}{\partial x^\mu}\frac{\partial x'^\sigma}{\partial x^\nu} g_{\lambda\sigma}(x'). \tag{3.7.4}$$

满足 (3.7.4) 的变换称为**等度量变换**.

在时空中同一点, 可以用两个坐标系 x^μ 和 x'^μ 来描述. 例如, 在 Minkowski 时空中的每一点, 既可用 $x^\mu=(ct,x,y,z)$ 描述, 也可用球坐标 $x'^\mu=(ct,r,\theta,\phi)$ 描述. 两坐标之间有确定的变换关系. 本节中我们引入一种本质不同的坐标变换, 从而引入 Lie 导数的概念, 以便用来讨论时空的对称性.

条件 (3.7.4) 对函数 $x'^\mu=x'^\mu(x)$ 是一个很复杂的限制. 为了使其简化, 我们讨论特殊情况. 考虑一坐标变换

$$\widetilde{x}^\mu=\widetilde{x}^\mu(\varepsilon;x), \tag{3.7.5}$$

式中

$$x^\mu=\widetilde{x}^\mu(0;x), \tag{3.7.6}$$

ε 为一参量. 方程 (3.7.5) 表示变换 $x\to\widetilde{x}$ 的一个单参量族.

设时空中有一点 P, 以坐标 x^μ 标志; 同一时空中我们指定另一点 Q, 以坐标 $\widetilde{x}^\mu$ 标志.$\widetilde{x}^\mu$ 和 x^μ 属于同一坐标系. 因此, 变换 (3.7.5) 表示一个**时空映射 (向自身的)**.

再考虑 (3.7.5) 的一个特殊情况 —— 无穷小变换

$$\widetilde{x}^\mu=x^\mu+\varepsilon\xi^\mu(x),\quad |\varepsilon|\ll 1. \tag{3.7.7}$$

这便是一个**无穷小映射**. 式中 ε 是一个无穷小参量, $\xi^\mu(x)$ 是一个逆变矢量场.$\xi^\mu(x)$ 由下式确定:

$$\xi^\mu(x)=\left.\frac{\partial\widetilde{x}^\mu}{\partial\varepsilon}\right|_{\varepsilon=0}. \tag{3.7.8}$$

考虑同一时空中一个张量场 $T(x)$. 在点 $Q(\widetilde{x}^\mu)$, 我们可以用两种不同的方法确定张量 T 的值. 首先, 有坐标系 x^μ 中, 有 T 的值 $T(\widetilde{x})$. 另一方面, 用通常坐标变换的方法得到 $\widetilde{x}^\mu$ 系中 T 的值 $\widetilde{T}(\widetilde{x})$. 这样, 在坐标为 $\widetilde{x}^\mu$ 的点 Q, 张量 T 有两个不同的值. 二者之差便给张量 T 的**Lie 导数**的概念.

下面分别给出标量场、矢量场和张量场的 Lie 导数.

1. **标量场 $\phi(x)$**

在点 Q,ϕ 的值为 $\phi(\widetilde{x})$. 可将 $\phi(\widetilde{x})$ 在 x^μ 处按 ε 作无限小展开

$$\phi(\widetilde{x})=\phi(x+\varepsilon\xi)=\phi(x)+\varepsilon\frac{\partial\phi(x)}{\partial x^\alpha}\xi^\alpha. \tag{3.7.9}$$

另一方面, 按定义, 标量函数 ϕ 在坐标变换下是不变的, 即

$$\widetilde{\phi}(\widetilde{x})=\phi(x), \tag{3.7.10}$$

式中 $\widetilde{\phi}$ 是定值在点 Q 的一个函数, 其坐标为 $\widetilde{x}^\mu$; 而 ϕ 是定值在点 P 的, 其坐标为 x^μ.

标量函数的 Lie 导数记作 $\mathscr{L}_\xi\phi(x)$, 其定义为

$$\mathscr{L}_\xi\phi(x) = \operatorname*{Lim}_{\varepsilon\to 0}\frac{\phi(\widetilde{x}) - \widetilde{\phi}(\widetilde{x})}{\varepsilon}. \tag{3.7.11}$$

将 (3.7.9) 和 (3.7.10) 代入上式得到

$$\mathscr{L}_\xi\phi(x) = \xi^\alpha(x)\frac{\partial\phi(x)}{\partial x^\alpha}, \tag{3.7.12}$$

即函数 ϕ 的 Lie 导数恰为矢量 ξ^α 和 ϕ 的梯度的标量积.

还可以用另一途径给出标量函数 ϕ 的 Lie 导数. 我们认为所有函数都定值在点 P. 这时函数 $\widetilde{\phi}(\widetilde{x})$ 展开为

$$\begin{aligned}\widetilde{\phi}(\widetilde{x}) &= \widetilde{\phi}(x+\varepsilon\xi)\\ &= \widetilde{\phi}(x) + \varepsilon\xi^\alpha(x)\frac{\partial\phi(x)}{\partial x^\alpha} + o(\varepsilon^2).\end{aligned} \tag{3.7.13}$$

将 (3.7.10) 代入得

$$\phi(x) - \widetilde{\phi}(x) = \varepsilon\xi^\alpha(x)\frac{\partial\widetilde{\phi}(x)}{\partial x^\alpha} + o(\varepsilon^2). \tag{3.7.14}$$

于是有

$$\mathscr{L}_\xi\phi(x) = \operatorname*{Lim}_{\varepsilon\to 0}\frac{\phi(x) - \widetilde{\phi}(x)}{\varepsilon} = \xi^\alpha(x)\frac{\partial\phi(x)}{\partial x^\alpha}. \tag{3.7.15}$$

在引力场中, 我们应该用协变导数代替上式中的偏导数. 注意到 $\phi(x)$ 的是标量函数, 上式可直接写为

$$\mathscr{L}_\xi\phi(x) = \xi^\alpha(x)[\phi(x)]_{;\alpha}. \tag{3.7.16}$$

按照标量函数 Lie 导数的定义式, 一般张量 T 的 Lie 导数定义为

$$\mathscr{L}_\xi T(x) = \operatorname*{Lim}_{\varepsilon\to 0}\frac{T(x) - \widetilde{T}(x)}{\varepsilon}. \tag{3.7.17}$$

下面讨论矢量和二阶张量的 Lie 导数表示式.

2. *逆变矢量场* A^μ

对于无限小坐标变换 (3.7.7), 矢量 A^μ 按下式变换:

$$\widetilde{A}^\mu(\widetilde{x}) = \frac{\partial\widetilde{x}^\mu}{\partial x^\alpha}A^\alpha(x). \tag{3.7.18}$$

由 (3.7.7) 得

$$\frac{\partial\widetilde{x}^\mu}{\partial x^\alpha} = \partial^\mu_\alpha + \varepsilon\frac{\partial\xi^\mu}{\partial x^\alpha}. \tag{3.7.19}$$

代入 (3.7.18) 得

$$\widetilde{A}^{\mu}(\widetilde{x}) = A^{\mu}(x) + \varepsilon A^{\alpha}(x)\frac{\partial \xi^{\mu}}{\partial x^{\alpha}}. \tag{3.7.20}$$

将 $\widetilde{A}^{\mu}(\widetilde{x})$ 在点 x^{μ} 展开

$$\widetilde{A}^{\mu}(\widetilde{x}) = \widetilde{A}(x) + \varepsilon\xi^{\alpha}(x)\frac{\partial A^{\mu}(x)}{\partial x^{\alpha}} + o(\varepsilon^2). \tag{3.7.21}$$

比较 (3.7.21) 和 (3.7.20), 得到

$$\widetilde{A}^{\mu}(x) = A^{\mu}(x) + \varepsilon\left(A^{\alpha}\frac{\partial \xi^{\mu}}{\partial x^{\alpha}} - \xi^{\alpha}\frac{\partial A^{\mu}}{\partial x^{\alpha}}\right) + o(\varepsilon^2). \tag{3.7.22}$$

式中所有函数都定值在 P 点. 由此得

$$\mathscr{L}_{\xi}A = \operatorname*{Lim}_{\varepsilon\to 0}\frac{A^{\mu}(x) - \widetilde{A}(x)}{\varepsilon} = \xi^{\alpha}\frac{\partial A^{\mu}}{\partial x^{\alpha}} - A^{\alpha}\frac{\partial \xi^{\mu}}{\partial x^{\alpha}}. \tag{3.7.23}$$

上式中的偏导数可代之以协变导数

$$\mathscr{L}_{\xi}A^{\mu} = \xi^{\alpha}A^{\mu}_{;\alpha} - A^{\alpha}\xi^{\mu}_{;\alpha}. \tag{3.7.24}$$

3. 协变矢量场 A_{μ}

按照同样的方法, 我们有

$$\widetilde{A}_{\mu}(\widetilde{x}) = \frac{\partial x^{\alpha}}{\partial \widetilde{x}^{\mu}}A_{\alpha}(x). \tag{3.7.25}$$

将 (3.7.7) 对 $\widetilde{x}^{\nu}$ 求导得

$$\delta^{\mu}_{\nu} = \frac{\partial x^{\mu}}{\partial \widetilde{x}^{\nu}} + \varepsilon\frac{\partial \xi^{\mu}}{\partial \widetilde{x}^{\nu}}.$$

代入 (3.7.25), 得到

$$\widetilde{A}_{\mu}(\widetilde{x}) = A_{\mu}(x) - \varepsilon A_{\alpha}(x)\frac{\partial \xi^{\alpha}(x)}{\partial x^{\mu}} + o(\varepsilon^2). \tag{3.7.26}$$

将 $\widetilde{A}(\widetilde{x})$ 在 P 点展开

$$\widetilde{A}_{\mu}(\widetilde{x}) = \widetilde{A}_{\mu}(x) + \varepsilon\xi^{\alpha}(x)\frac{\partial A_{\mu}(x)}{\partial x^{\alpha}} + o(\varepsilon^2). \tag{3.7.27}$$

比较 (3.7.26) 和 (3.7.27) 得

$$\widetilde{A}_{\mu}(x) = A_{\mu}(x) - \varepsilon\left(A_{\alpha}\frac{\partial \xi^{\alpha}}{\partial x^{\mu}} + \xi^{\alpha}\frac{\partial A_{\mu}}{\partial x^{\alpha}}\right) + o(\varepsilon^2). \tag{3.7.28}$$

按定义 (3.7.17) 有

$$\mathscr{L}_{\xi}A_{\mu} = \xi^{\alpha}\frac{\partial A_{\mu}}{\partial x^{\alpha}} + A^{\alpha}\frac{\partial \xi^{\alpha}}{\partial x^{\mu}}. \tag{3.7.29}$$

上式中的偏导数可代之以协变导数, 我们最后得到协变矢量的 Lie 导数:

$$\mathscr{L}_{\xi}A_{\mu} = \xi^{\alpha}A_{\mu;\alpha} + A_{\alpha}\xi^{\alpha}_{;\mu}. \tag{3.7.30}$$

4. 二阶张量场 $T_{\mu\nu}$ 和 $T^{\mu\nu}$

对于无限小坐标变换 (3.7.7), $T_{\mu\nu}$ 的变换式为

$$\widetilde{T}_{\mu\nu}(\widetilde{x}) = T_{\mu\nu}(x) - \varepsilon\left(T_{\mu\alpha}\frac{\partial\xi^\alpha}{\partial x^\nu} + T_{\alpha\nu}\frac{\partial\xi^\alpha}{\partial x^\mu}\right) + o(\varepsilon^2). \tag{3.7.31}$$

另一方面, 将 $\widetilde{T}_{\mu\nu}(\widetilde{x})$ 按 x^μ 展开, 得到

$$\widetilde{T}_{\mu\nu}(\widetilde{x}) = \widetilde{T}_{\mu\nu}(x) + \varepsilon\xi^\alpha\frac{\partial T_{\mu\nu}}{\partial x^\alpha} + o(\varepsilon^2). \tag{3.7.32}$$

比较上二式, 得到

$$\widetilde{T}_{\mu\nu}(x) = T_{\mu\nu}(x) - \varepsilon\left(\xi^\alpha\frac{\partial T_{\mu\nu}}{\partial x^\alpha} + T_{\mu\alpha}\frac{\partial\xi^\alpha}{\partial x^\nu} + T_{\alpha\gamma}\frac{\partial\xi^\alpha}{\partial x^\mu}\right) + o(\varepsilon^2). \tag{3.7.33}$$

于是有

$$\mathscr{L}_\xi T_{\mu\nu} = \xi^\alpha\frac{\partial T_{\mu\nu}}{\partial x^\sigma} + T_{\mu\alpha}\frac{\partial\xi^\alpha}{\partial x^\nu} + T_{\alpha\nu}\frac{\partial\xi^\alpha}{\partial x^\mu}. \tag{3.7.34}$$

对于二阶逆变张量 $T^{\mu\nu}$, 类似地可以得到

$$\mathscr{L}_\xi T^{\mu\nu} = \xi^\alpha\frac{\partial T^{\mu\nu}}{\partial x^\alpha} - T^{\mu\alpha}\frac{\partial\xi^\nu}{\partial x^\alpha} - T^{\alpha\nu}\frac{\partial\xi^\mu}{\partial x^\alpha}. \tag{3.7.35}$$

我们可以将上二式中的偏导数代之以协变导数

$$\mathscr{L}_\xi T_{\mu\nu} = \xi^\alpha T_{\mu\nu;\alpha} + T_{\mu\alpha}\xi^\alpha_{;\nu} + T_{\alpha\nu}\xi^\alpha_{;\mu}, \tag{3.7.36}$$

$$\mathscr{L}_\xi T^{\mu\nu} = \xi^\alpha T^{\mu\nu}_{;\alpha} - T^{\mu\alpha}\xi^\nu_{;\alpha} - T^{\alpha\nu}\xi^\mu_{;\alpha}. \tag{3.7.37}$$

对于度规张量场, 由上二式可得

$$\mathscr{L}_\xi g_{\mu\nu} = \xi_{\nu;\mu} + \xi_{\nu;\mu}, \tag{3.7.38}$$

$$\mathscr{L}_\xi g^{\mu\nu} = -(\xi^{\nu;\mu} + \xi^{\mu;\nu}), \tag{3.7.39}$$

$$(\nabla^\mu = g^{\mu\alpha}\nabla_\alpha).$$

5. 矢量和张量的积

可以证明, 矢量和张量的积的 Lie 导数满足下式:

$$\mathscr{L}_\xi(AT) = A\mathscr{L}_\xi T + (\mathscr{L}_\xi A)T. \tag{3.7.40}$$

作为例子, 我们计算 $\mathscr{L}_\xi(A^\alpha T_{\alpha\rho})$.

$$\begin{aligned}\mathscr{L}_\xi(A^\alpha T_{\alpha\rho}) &= \xi^\beta(A^\alpha T_{\alpha\rho})_{;\beta} + A^\alpha T_{\alpha\beta}\xi^\beta_{e\rho}\\ &= \xi^\beta(A^\alpha T_{\alpha\rho;\beta} + T_{\alpha\rho}A^\alpha_{;\beta}) + A^\alpha T_{\alpha\beta}\xi^\beta_{;\rho}\\ &= A^\alpha(\xi^\beta T_{\alpha\rho;\beta} + T_{\alpha\rho}\xi^\beta_{;\rho} + T_{\beta\rho}\xi^\beta_{;\alpha}) + T_{\alpha\rho}(\xi^\beta A^\alpha_{;\beta} - A^\beta\xi^\alpha_{;\beta})\\ &= A^\alpha\mathscr{L}_\xi T_{\alpha\rho} + (\mathscr{L}_\xi A^\alpha)T_{\alpha\rho}.\end{aligned}$$

6. 标量密度 ($W=+1$)

设 A 为标量, 则其密度为

$$\mathscr{A}=\sqrt{-g}A.$$

将 $\mathscr{A}(\widetilde{x})$ 在点 x^μ 展开, 得到

$$\widetilde{\mathscr{A}}(\widetilde{x})=\widetilde{\mathscr{A}}(x+\varepsilon\xi)=\widetilde{\mathscr{A}}(x)+\varepsilon\xi^\alpha\frac{\partial\mathscr{A}}{\partial x^\alpha}+o(\varepsilon^2). \tag{3.7.41}$$

另一方面, 函数 $\mathscr{A}$ 的变换为

$$\widetilde{\mathscr{A}}(\widetilde{x})=\sqrt{-\widetilde{g}(\widetilde{x})}\widetilde{A}(\widetilde{x})=\sqrt{-\widetilde{g}(\widetilde{x})}A(x). \tag{3.7.42}$$

由 $\widetilde{g}=\left|\dfrac{\partial x}{\partial x}\right|^2 g$, 可将上式写为

$$\widetilde{\mathscr{A}}(\widetilde{x})=\left|\frac{\partial x}{\partial x}\right|\sqrt{-g(x)}A(x)=\left|\frac{\partial x}{\partial\widetilde{x}}\right|\mathscr{A}(x). \tag{3.7.43}$$

又由 (3.7.7) 可得

$$\frac{\partial x^\mu}{\partial\widetilde{x}^\nu}=\delta^\mu_\nu-\varepsilon\frac{\partial\xi^\mu}{\partial x^\nu}+o(\varepsilon^2), \tag{3.7.44}$$

从而有

$$\left|\frac{\partial x}{\partial\widetilde{x}}\right|=1-\varepsilon\frac{\partial\xi^\mu}{\partial x^\mu}+o(\varepsilon^2). \tag{3.7.45}$$

将上式代入 (3.7.43) 得

$$\widetilde{\mathscr{A}}(\widetilde{x})=\mathscr{A}(x)-\varepsilon\mathscr{A}(x)\frac{\partial\xi^\mu}{\partial x^\mu}+o(\varepsilon^2). \tag{3.7.46}$$

比较 (3.7.41) 和 (3.7.46), 得到

$$\widetilde{\mathscr{A}}=\mathscr{A}-\varepsilon\left(\xi^\alpha\frac{\partial\mathscr{A}}{\partial x^\alpha}+\mathscr{A}\frac{\partial\xi^\alpha}{\partial x^\alpha}\right)+o(\varepsilon^2),$$

$$\mathscr{L}_\xi\mathscr{A}=\lim_{\varepsilon\to0}\frac{\mathscr{A}(x)-\widetilde{\mathscr{A}}(x)}{\varepsilon}=\xi^\alpha\frac{\partial\mathscr{A}}{\partial x^\alpha}+\mathscr{A}\frac{\partial\xi^\alpha}{\partial x^\alpha}. \tag{3.7.47}$$

我们可以将上式中的偏导数改写为协变导数

$$\mathscr{L}_\xi\mathscr{A}=\xi^\alpha\mathscr{A}_{;\alpha}+\mathscr{A}\xi^\alpha_{;\alpha}. \tag{3.7.48}$$

3.8　Killing 矢　量

从本节开始, 我们应用 Lie 导数的概念讨论度规张量的对称性, 即讨论时空的对称性.

我们已经谈到了等度量变换 (3.7.2) 或 (3.7.1), 按照 Lie 导数的定义, 无穷小变换

$$\widetilde{x} = x^{\mu} + \varepsilon\xi^{\mu} \tag{3.8.1}$$

为等度量变换的条件即度规张量的 Lie 导数等于零. 此时由 (3.7.38) 有

$$\xi_{\nu;\mu} + \xi_{\mu;\nu} = 0. \tag{3.8.2}$$

度规张量 $g_{\mu\nu}(x)$ 在变换 (3.8.1) 下是形式不变的, 这就是说时空映射为其自身. 这种映射称为**共形映射.**

可以看出, 方程 (3.8.2) 的解 $\xi_{\mu}(x)$ 存在, 是时空中存在共形映射的条件. 方程 (3.8.2) 称为**Killing 方程**; 它的解 $\xi_{\mu}(x)$ 称为**Killing 矢量**. 当然, 给定一时空, Killing 方程不一定有解. 没有对称性的时空, 此方程无解.

一般地说, 如果存在 Killing 矢量, 即 Killing 方程有解, 则对应的时空具有确定的对称性.

Killing 方程 (3.8.2) 是对时空的很强的约束条件. 由这一方程, 我们可以从 ξ_{μ} 和 $\xi_{\mu;\nu}$ 的给定值来决定整个函数 $\xi_{\mu}(x)$. 下面我们论证这一点.

矢量 ξ_{μ} 的两次协变导数的对易式为

$$\xi_{\mu;\rho;\sigma} - \xi_{\mu;\sigma;\rho} = R^{\tau}_{\mu\rho\sigma}\xi_{;\tau}. \tag{3.8.3}$$

将上式脚标作两次循环, 并将所得二式与上式相加, 得到 ξ_{μ} 须满足的式子

$$\xi_{\mu;\rho;\sigma} - \xi_{\mu;\sigma;\rho} + \xi_{\sigma;\mu;\rho} - \xi_{\rho;\mu;\sigma} + \xi_{\rho;\sigma;\mu} - \xi_{\sigma;\rho;\mu} = 0. \tag{3.8.4}$$

将 Killing 方程 (3.8.2) 代入上式得

$$\xi_{\mu;\rho;\sigma} - \xi_{\mu;\sigma;\rho} - \xi_{\sigma;\rho;\mu} = 0. \tag{3.8.5}$$

于是 (3.8.3) 可写为

$$\xi_{\sigma;\rho;\mu} = R^{\tau}_{\mu\rho\sigma}\xi_{\tau}. \tag{3.8.6}$$

此式表明, 在某一给定的点 $\bar{x}$, 一旦给出 $\xi_{\tau}(\bar{x})$ 和 $\xi_{\tau;\lambda}(\bar{x})$, 便可求得 $\xi_{\tau}(x)$ 在点 $\bar{x}$ 处的二阶导数值. 再对 (3.8.6) 求导数, 可继续求得 $\xi^{\zeta}_{\tau}(x)$ 在 $\bar{x}$ 的高阶导数值. 这样, $\xi_{\tau}(x)$ 在 $\bar{x}$ 点的各阶导数值均可表示为 $\xi_{\tau}(\bar{x})$ 和 $\xi_{\tau;\lambda}(\bar{x})$ 的线性组合. 于是在点 $\bar{x}$ 的邻域内可将函数 $\xi_{\tau}(x)$ 表示为 $(x^{\lambda} - \bar{x}^{\lambda})$ 的泰勒级数. 即任一度规 $g_{\mu\nu}(x)$ 的 Killing 矢量 $\xi^{n}_{\rho}(x)$ 可以写为

$$\xi^{n}_{\rho}(x) = M^{\lambda}_{\rho}(x;\bar{x})\xi^{n}_{\lambda}(\bar{x}) + N^{\lambda\nu}_{\rho}(x;\bar{x})\xi^{n}_{\lambda;\nu}(\bar{x}). \tag{3.8.7}$$

式中 M_ρ^λ 和 $N_\rho^{\lambda\nu}$ 是度规和 $\bar{x}$ 的函数, 但不含有 $\xi_\lambda(\bar{x})$ 和 $\xi_{\lambda;\nu}(\bar{x})$, 因此它们对于所有的 Killing 矢量都是相同的. 这就是说, 所有 Killing 矢量 $\xi_\rho(x)$ 都可由任一给定点 $\bar{x}$ 处的 $x_\rho(\bar{x})$ 和 $\xi_{\rho;\lambda}(\bar{x})$ 值唯一确定.

下面我们讨论 N 维空间中最多能有多少个 Killing 矢量. 考虑一组 Killing 矢量 $\xi_\mu^n(x)$, 其中 n 表示序号, 从 1 取到 M(即共有 M 个矢量). 对于每一个 n, 显然有 N 个独立的 $\xi_\mu^n(\bar{x})$. 注意到式 (3.8.2), 知 $\xi_{\mu;\nu}^n(\bar{x})$ 和 $\xi_{\nu;\mu}^n(\bar{x})$ 不是独立的. 因此, 独立的量 $\xi_{\mu;\nu}^n(\bar{x})$ 的个数等于

$$C_N^2=\frac{1}{2}N(N-1). \tag{3.8.8}$$

式中 C_N^2 表示从 N 个元素中任取 2 个的组合数. 这样, 在式 (3.8.7) 的右端有 $N+\frac{N}{2}(N-1)=\frac{1}{2}N(N+1)$ 个独立的项 $\xi_\mu^n(\bar{x})$ 和 $\xi_{\mu;\nu}^n(\bar{x})$; 只能组成 $\frac{1}{2}N(N+1)$ 个独立的 Killing 矢量 $\xi_\mu^n(x)$. 这里我们不妨把 $\xi_\mu^n(\bar{x})$ 和 $\xi_{\mu;\nu}^n(\bar{x})$看作这 M 个矢量在 $\frac{1}{2}N(N+1)$ 维空间中的分量. 如果 $M>\frac{1}{2}N(N+1)$, 则这 M 个矢量不可能是线性独立的, 所以它们必须满足关系式

$$C_n\xi_\rho^n(\bar{x})=C_n\xi_{\rho;\nu}^n(\bar{x})=0\quad(C_n\text{为常数}); \tag{3.8.9}$$

由 (3.8.7) 知 Killing 矢量 $\xi_\rho^n(x)$ 处处满足条件

$$C_n\xi_\rho^n(x)=0, \tag{3.8.10}$$

所以它们不是独立的 Killing 矢量. 至此, 我们证明了一个定理: **在 N 维空间中最多能有 $\frac{1}{2}N(N+1)$个独立的 Killing 矢量**. 这里**独立的**矢量定义为不满足任何常系数线性关系 (3.8.10) 的矢量.

根据这一定理, 四维时空最多能有 10 个 Killing 矢量. 下面我们将求出四维 Minkowski 平直时空的 Killing 矢量. 这时 $g_{\mu\nu}=\eta_{\mu\nu}$,

$$[\eta_{\mu\nu}]=\begin{pmatrix}1&&&0\\&-1&&\\&&-1&\\0&&&-1\end{pmatrix}. \tag{3.8.11}$$

将上式代入 Killing 方程 (3.8.2) 并取 $\mu,\nu=0,1,2,3$, 得到四个方程

$$\frac{\partial\xi_0}{\partial x^0}=\frac{\partial\xi_1}{\partial x^1}=\frac{\partial\xi_2}{\partial x^2}=\frac{\partial\xi_3}{\partial \xi^3}=0, \tag{3.8.12}$$

和另外六个方程

$$\frac{\partial\xi_0}{\partial x^i}=-\frac{\partial\xi_i}{\partial x^0}, \tag{3.8.13}$$

$$\frac{\partial \xi_i}{\partial x^k} = -\frac{\partial \xi_k}{\partial x^i}. \tag{3.8.14}$$

方程 (3.8.12) 的解具有形式

$$\begin{aligned}&\xi_0 = \xi_0(x^i), \quad \xi_1 = \xi_1(x^0, x^2, x^3),\\&\xi_2 = \xi_2(x^0, x^1, x^3), \quad \xi_3 = \xi_3(x^0, x^1, x^2).\end{aligned} \tag{3.8.15}$$

方程 (3.8.13) 的左端不含 x^0, 而右端不含 $x^i(i=1$ 或 2,3), 所以两端都必须等于常数. 同理, (3.8.14) 两端也都必须等于常数. 于是 (3.8.13) 和 (3.8.14) 的解具有形式

$$\xi_\mu(x) = \alpha_{\mu\nu} x^\nu + \zeta_\mu. \tag{3.8.16}$$

式中 $\alpha_{\mu\nu}$ 和 ζ_μ 为常数, 且 $\alpha_{\mu\nu} = -\alpha_{\nu\mu}$. 上式写成矩阵形式为

$$\begin{pmatrix}\xi_0\\\xi_1\\\xi_2\\\xi_3\end{pmatrix} = \begin{pmatrix}0 & \alpha_{01} & \alpha_{02} & \alpha_{03}\\-\alpha_{01} & 0 & \alpha_{12} & \alpha_{13}\\-\alpha_{02} & -\alpha_{12} & 0 & \alpha_{23}\\-\alpha_{03} & -\alpha_{13} & -\alpha_{23} & 0\end{pmatrix}\begin{pmatrix}x^0\\x^1\\x^2\\x^3\end{pmatrix} + \begin{pmatrix}\zeta_0\\\zeta_1\\\zeta_2\\\zeta_3\end{pmatrix}. \tag{3.8.17}$$

逆变分量为

$$\xi^\mu(x) = \eta^{\mu\nu}\xi_\mu(x) = \alpha^\mu_\lambda x^\lambda + \zeta^\mu. \tag{3.8.18}$$

式中

$$\alpha^\mu_\lambda = \eta^{\mu\nu}\alpha_{\nu\lambda}, \quad \zeta^\mu = \eta^{\mu\nu}\zeta_\nu. \tag{3.8.19}$$

上式可写为矩阵形式

$$\begin{pmatrix}\xi^0\\\xi^1\\\xi^2\\\xi^3\end{pmatrix} = \begin{pmatrix}0 & \alpha_{01} & \alpha_{02} & \alpha_{03}\\\alpha_{01} & 0 & -\alpha_{12} & \alpha_{31}\\\alpha_{02} & \alpha_{12} & 0 & -\alpha_{23}\\\alpha_{03} & -\alpha_{31} & \alpha_{23} & 0\end{pmatrix}\begin{pmatrix}x^0\\x^1\\x^2\\x^3\end{pmatrix} + \begin{pmatrix}\zeta^0\\\zeta^1\\\zeta^2\\\zeta^3\end{pmatrix}. \tag{3.8.20}$$

上式明显地给出了 Killing 矢量的几何意义. 矢量 ζ^μ 显然描述 Minkowski 空间中沿 x^μ 轴的平移. 它们是 Poincare 群之平移子群的无限小生成元, 是 Minkowski 平直空间的对称群. 另外 6 个参量 $\alpha_{\mu\nu}$ 显然描述平直空间中的 6 个 Lorentz 转动. 它们中每一个描述一个三维转动或者一个均匀的 Lorentz 变换 (缩短). 其中 α_{23}, α_{31} 和 α_{12} 分别描述绕 $x^i(i=1,2,3)$ 轴的三维转动, 可以用矩阵表示为

$$\alpha^1 = \begin{pmatrix}0&0&0&0\\0&0&0&0\\0&0&0&-1\\0&0&1&0\end{pmatrix}, \quad \alpha^2 = \begin{pmatrix}0&0&0&0\\0&0&0&1\\0&0&0&0\\0&-1&0&0\end{pmatrix},$$

$$\alpha^3 = \begin{pmatrix} 0 & 0 & 0 & 0 \\ 0 & 0 & -1 & 0 \\ 0 & 1 & 0 & 0 \\ 0 & 0 & 0 & 0 \end{pmatrix}; \tag{3.8.21}$$

$\alpha_{01}, \alpha_{02}, \alpha_{03}$ 分别描述沿 x^i 轴的 Lorentz 缩短, 可用矩阵表示为

$$\alpha^4 = \begin{pmatrix} 0 & 1 & 0 & 0 \\ 1 & 0 & 0 & 0 \\ 0 & 0 & 0 & 0 \\ 0 & 0 & 0 & 0 \end{pmatrix}, \quad \alpha^5 = \begin{pmatrix} 0 & 0 & 1 & 0 \\ 0 & 0 & 0 & 0 \\ 1 & 0 & 0 & 0 \\ 0 & 0 & 0 & 0 \end{pmatrix},$$

$$\alpha^6 = \begin{pmatrix} 0 & 0 & 0 & 1 \\ 0 & 0 & 0 & 0 \\ 0 & 0 & 0 & 0 \\ 1 & 0 & 0 & 0 \end{pmatrix}. \tag{3.8.22}$$

利用上二式, 可将 (3.8.20) 改写为

$$\begin{aligned}(\xi^\mu) =& ((\alpha_{23}\alpha^1 + \alpha_{31}\alpha^2 + \alpha_{12}\alpha^3) \\ &+ (\alpha_{01}\alpha^4 + \alpha_{02}\alpha^5 + \alpha_{03}\alpha^6))(x^\mu) + (\zeta^\mu).\end{aligned} \tag{3.8.23}$$

为了说明无限小 Lorentz 矩阵的确满足通常均匀 Lorentz 群的对易关系, 我们令

$$\begin{aligned}&J_l = \mathrm{i}\alpha^l, \quad l = 1,2,3, \\ &K_l = \mathrm{i}\alpha^p, \quad p = 4,5,6 \text{ 分别与 } l = 1,2,3 \text{ 对应}.\end{aligned} \tag{3.8.24}$$

此时容易得到 $(l, m, n = 1, 2, 3)$

$$[J_l, J_m] = \mathrm{i}\varepsilon_{lmn} J_n, \tag{3.8.25a}$$

$$[K_l, K_m] = -\mathrm{i}\varepsilon_{lmn} J_n, \tag{3.8.25b}$$

$$[J_l, K_m] = \mathrm{i}\varepsilon_{lmn} K_n. \tag{3.8.25c}$$

式中 $[A, B] \equiv AB - BA$.

令

$$J_l = \frac{1}{2}\varepsilon_{lmn} J_{mn}, \quad K_l = \mathrm{i}J_{ol}. \tag{3.8.26}$$

式中 J_{lm} 关于脚标具有和 ε_{lm} 相同的对称性. 此时可将 (3.8.25) 诸式合写为一个式子

$$[J_{l\lambda}, J_{\mu\nu}] = \mathrm{i}(\delta_{l\mu} J_{\lambda\nu} + \delta_{\lambda\nu} J_{l\mu} - \delta_{l\nu} J_{\lambda\mu} - \delta_{\lambda\mu} J_{l\nu}). \tag{3.8.27}$$

用无限小矩阵 $\alpha^l(l=1,2,\cdots,6)$ 可表示 3 维有限转动和有限 Lorentz 变换

$$\begin{aligned}\alpha^l(\psi) &= \exp(\psi\alpha^l) \\ &= I+\psi\alpha^l+\frac{\psi^2}{2!}(\alpha^l)^2+\frac{\psi^3}{3!}(\alpha^l)^3+\cdots\end{aligned} \tag{3.8.28}$$

式中 I 为 4×4 单位矩阵. 当 $l=1$, 容易得到

$$(\alpha^1)^{2m+1}=(-1)^m\alpha^1, \quad (\alpha^1)^{2m}=(-1)^{m+1}(\alpha^1)^2, \quad m=1,2,\cdots \tag{3.8.29}$$

其中 α^1 已由 (3.8.21) 给出, 而 $(\alpha^1)^2$ 可写为

$$(\alpha^1)^2=\begin{pmatrix} 0 & 0 & 0 & 0 \\ 0 & 0 & 0 & 0 \\ 0 & 0 & -1 & 0 \\ 0 & 0 & 0 & -1 \end{pmatrix}. \tag{3.8.30}$$

将 (3.8.30) 和 (3.8.29) 代入 (3.8.28) 得

$$\begin{aligned}\alpha^1(\psi) =& I+\left(\psi-\frac{1}{3!}\psi^3+\cdots\right)\alpha^1 \\ &+\left(\frac{1}{2!}\psi^2-\frac{1}{4!}\psi^4+\cdots\right)(\alpha^1)^2 \\ =& I+\sin\psi\alpha^1+(1-\cos\psi)(\alpha^1)^2.\end{aligned} \tag{3.8.31}$$

写成矩阵形式即

$$\alpha^1(\psi)=\begin{pmatrix} 1 & 0 & 0 & 0 \\ 0 & 1 & 0 & 0 \\ 0 & 0 & \cos\psi & -\sin\psi \\ 0 & 0 & \sin\psi & \cos\psi \end{pmatrix}. \tag{3.8.32a}$$

用同样方法可以得到

$$\alpha^2(\psi)=\begin{pmatrix} 1 & 0 & 0 & 0 \\ 0 & \cos\psi & 0 & \sin\psi \\ 0 & 0 & 1 & 0 \\ 0 & -\sin\psi & 0 & \cos\psi \end{pmatrix}, \tag{3.8.32b}$$

$$\alpha^3(\psi)=\begin{pmatrix} 1 & 0 & 0 & 0 \\ 0 & \cos\psi & -\sin\psi & 0 \\ 0 & \sin\psi & \cos\psi & 0 \\ 0 & 0 & 0 & 1 \end{pmatrix}, \tag{3.8.32c}$$

$$\alpha^4(\psi)=\begin{pmatrix}\mathrm{ch}\psi & \mathrm{sh}\psi & 0 & 0\\ \mathrm{sh}\psi & \mathrm{ch}\psi & 0 & 0\\ 0 & 0 & 1 & 0\\ 0 & 0 & 0 & 1\end{pmatrix},\tag{3.8.32d}$$

$$\alpha^5(\psi)=\begin{pmatrix}\mathrm{ch}\psi & 0 & \mathrm{sh}\psi & 0\\ 0 & 1 & 0 & 0\\ \mathrm{sh}\psi & 0 & \mathrm{ch}\psi & 0\\ 0 & 0 & 0 & 1\end{pmatrix},\tag{3.8.32e}$$

$$\alpha^b(\psi)=\begin{pmatrix}\mathrm{ch}\psi & 0 & 0 & \mathrm{sh}\psi\\ 0 & 1 & 0 & 0\\ 0 & 0 & 1 & 0\\ \mathrm{sh}\psi & 0 & 0 & \mathrm{ch}\psi\end{pmatrix}.\tag{3.8.32f}$$

由 (3.8.28) 可知

$$\alpha^l=\left.\frac{\mathrm{d}\alpha^l(\psi)}{\mathrm{d}\psi}\right|_{\phi=0},\quad l=1,2,\cdots,6.\tag{3.8.33}$$

(3.8.32a)~(3.8.32c) 中的 ψ 表示转动前后两个 Lorentz 标架间的夹角, 而 (3.8.32d)~(3.8.32f) 中的 ψ 表示相互运动的两个 Lorentz 标架间的转动角.

我们可以证明, 如果两坐标系的相对速度为 v, 则 ψ 和 v 之间存在的关系式

$$\mathrm{sh}\psi=\frac{-v/c}{\sqrt{1-v^2/c^2}},\quad \mathrm{ch}\psi=1/\sqrt{1-v^2/c^2}.\tag{3.8.34}$$

设两个坐标系间的变换以 (3.8.32d) 表示, 且设 $x^0=ct, x_1=x, x^2=y, x^3=z$, 则

$$\begin{aligned}ct'&=ct\mathrm{ch}\psi+x\mathrm{sh}\psi,\\ x'&=ct\mathrm{sh}\psi+x\mathrm{ch}\psi,\\ y'&=y,\\ z'&=z.\end{aligned}\tag{3.8.35}$$

对于 x^μ 系原点有 $x=0$, 代入上式得

$$\frac{x'}{t'}=-v=\mathrm{cth}\psi,\tag{3.8.36}$$

从而得 (3.8.34).

将 (3.8.34) 代入 (3.8.35) 便得到沿 x 轴运动的 Lorentz 变换式

$$t'=\frac{t-vx/c^2}{\sqrt{1-v^2/c^2}},\quad x'=\frac{x-vt}{\sqrt{1-v^2/c^2}},\quad y'=y,\quad z'=z.\tag{3.8.37}$$

用同样方法可以得到沿 y 轴和 z 轴运动的 Lorentz 变换式.

至此, 我们得到了 Minkowski 空间中 Killing 方程的全部解 ——10 个 Killing 矢量, 它们表示 Poincare 群的 10 个参量. 这是四维空间中 Killing 方程所能有的最多的解. 因此, Minkowski 空间是具有最大对称性的时空.

为了使问题的表述更加明显, 我们解与空间 $E(2)$ 中欧几里得群对应的 Killing 方程.

在 $E(2)$ 中度规可写为

$$g_{ab} = \delta_{ab}, \quad a, b = 1, 2. \tag{3.8.38}$$

Killing 方程为

$$\frac{\partial \xi^\alpha}{\partial x^b} + \frac{\partial \xi_b}{\partial x^\alpha} = 0, \tag{3.8.39}$$

即

$$\frac{\partial \xi^1}{\partial x} + \frac{\partial \xi^2}{\partial y} = 0, \quad \frac{\partial \xi^1}{\partial y} + \frac{\partial \xi^2}{\partial x} = 0. \tag{3.8.40}$$

由此得到

$$\xi^1 = \xi^1(y), \quad \xi^2 = \xi^2(x), \tag{3.8.41}$$

$$\frac{\mathrm{d}\xi^2(x)}{\mathrm{d}x} = -\frac{\mathrm{d}\xi^1(y)}{\mathrm{d}y}. \tag{3.8.42}$$

上式两端必须都等于一常数, 以 ϕ 表示, 积分得

$$\begin{aligned} \xi^2 &= \phi x + A, \\ \xi^1 &= -\phi y + B. \end{aligned} \tag{3.8.43}$$

式中 A 和 B 均为常数. 这表明有三个参量来描述 $E(2)$ 中的无限小运动群. 参量 A 和 B 对应于沿 x 轴和 y 轴的平移变换, 参量 ϕ 对应于绕原点的转动.

上面的结果也可以写成共形映射 (3.7.7) 的形式. 这只要将 (3.8.43) 代入 (3.7.7) 即可. 首先令 $\phi = 0$, 代入 (3.7.7) 得

$$\widetilde{x} = x + \varepsilon A, \quad \widetilde{y} = y + \varepsilon B, \tag{3.8.44}$$

此即平移变换. 再令 $A = B = 0$, 代入 (3.7.7) 得

$$\widetilde{x} = x - \varepsilon\phi y, \quad \widetilde{y} = y + \varepsilon\phi x, \tag{3.8.45}$$

写成矩阵形式即

$$\begin{pmatrix} \widetilde{x} \\ \widetilde{y} \end{pmatrix} = \left[\begin{pmatrix} 1 & 0 \\ 0 & 1 \end{pmatrix} + \varepsilon\phi \begin{pmatrix} 0 & -1 \\ 1 & 0 \end{pmatrix}\right] \begin{pmatrix} x \\ y \end{pmatrix}$$

$$\approx \begin{pmatrix} \cos\varepsilon\phi & -\sin\varepsilon\phi \\ \sin\varepsilon\phi & \cos\varepsilon\phi \end{pmatrix} \begin{pmatrix} x \\ y \end{pmatrix}. \tag{3.8.46}$$

上式描述绕原点的无限小转动 (转动角为 $\varepsilon\phi$).

3.9 引力场的对称性

1. 几个基本概念

引力场就是时空度规张量场. 因此, 讨论引力场的对称性实际上就是讨论四维时空的对称性. 广义相对论中所研究的时空都是度规空间. 下面我们给出关于空间对称性的几个基本概念.

如果在度规空间中任一点 $\bar{x}$, 存在无限小等度量变换 (3.7.7), 把 $\bar{x}$ 变到它的邻域内任意其他点, 即该度规可使 Killing 矢量在任意点取一切可能值, 则此空间称为**均匀的**. 例如, 在 N 维空间中, 可以选一组 (N 个)Killing 矢量 $\xi_\sigma^{(\mu)}(x;\bar{x})$, 使得 $\xi_\sigma^{(\mu)}(\bar{x};\bar{x})=\delta_\sigma^\mu$. 这些矢量显然是独立的, 因为任何关系式 $C_\mu\xi_\nu^{(\mu)}(x;\bar{x})=0$ 在 $x=\bar{x}$ 有 $C_\mu=0$.

如果存在无限小等度量变换 (3.7.7), 使点 $\bar{x}$ 固定、$\xi^\mu(\bar{x})=0$, 且使 $\xi_{\mu;\nu}(\bar{x})$ 除满足 Killing 方程以外可以取一切可能值, 则称此度规空间为关于给定点 $\bar{x}$**各向同性的**. 例如, 在 N 维空间中, 可以选一组 $N(N-1)/2$ 个 Killing 矢量 $\xi_\sigma^{(\mu\nu)}(x;\bar{x})$, 且有

$$\xi_\sigma^{(\mu\nu)}(x;\bar{x})\equiv-\xi_\sigma^{(\nu\mu)}(x;\bar{x}), \tag{3.9.1}$$

$$\xi_\sigma^{(\mu\nu)}(\bar{x};\bar{x})\equiv 0, \tag{3.9.2}$$

$$\begin{aligned}\xi_{\sigma;\lambda}^{(\mu\nu)}(\bar{x};\bar{x}) &\equiv \frac{\partial}{\partial x^\lambda}\xi_\sigma^{(\mu\nu)}(x;\bar{x})\bigg|_{x=\bar{x}} \\ &\equiv \delta_\sigma^\mu\delta_\lambda^\nu-\delta_\lambda^\mu\delta_\sigma^\nu.\end{aligned} \tag{3.9.3}$$

这些 Killing 矢量都是独立的, 因为任何关系式 $c_{\mu\nu}\xi_\sigma^{(\mu\nu)}(x;\bar{x})=0$ 且 $c_{\mu\nu}=-c_{\nu\mu}$ 在 $\bar{x}$ 点必导致 $c_{\mu\nu}-c_{\nu\mu}=2c_{\mu\nu}=0$. ($c_{\mu\nu}\xi_\sigma^{(\mu\nu)}$ 对 μ 和 ν 不取和, 下同).

如果空间中存在 Killing 矢量 $\xi_\sigma^{(\mu\nu)}(x;\bar{x})$ 和 $\xi_\sigma^{(\mu\nu)}(x;\bar{x}+\mathrm{d}\bar{x})$, 它们分别在点 $\bar{x}$ 和 $\bar{x}+\mathrm{d}\bar{x}$ 满足上面的初始条件, 则称此空间是**每点各向同性的**. 这些 Killing 矢量的任何线性组合也是 Killing 矢量, 所以 $\dfrac{\partial\xi_\sigma^{(\mu\nu)}(x;\bar{x})}{\partial x^\lambda}$ 也是该度规的 Killing 矢量.

由 (3.9.2) 可得

$$\frac{\partial}{\partial\bar{x}^\lambda}\xi^{(\mu\nu)}(\bar{x},\bar{x})=\left[\frac{\partial}{\partial x^\lambda}\xi_\sigma^{(\mu\nu)}(x;\bar{x})\right]_{x=\bar{x}}$$

$$+\left[\frac{\partial}{\partial\bar{x}^{\lambda}}\xi_{\sigma}^{(\mu\nu)}(x;\bar{x})\right]_{x=\bar{x}}=0.$$

从而有

$$\left[\frac{\partial}{\partial\bar{x}^{\lambda}}\xi_{\sigma}^{(\mu\nu)}(x;\bar{x})\right]_{x=\bar{x}}=-\delta_{\sigma}^{\mu}\delta_{\lambda}^{\nu}+\delta_{\lambda}^{\mu}\delta_{\sigma}^{\nu}. \tag{3.9.4}$$

显然可找到一矢量 $\xi_{\sigma}(x)$

$$\xi_{\sigma}(x)=\frac{\alpha_{\nu}}{N-1}\frac{\partial}{\partial\bar{x}^{\lambda}}\xi_{\sigma}^{(\lambda\nu)}(x;\bar{x}), \tag{3.9.5}$$

该矢量在点 $x=\bar{x}$ 可以取任意值 α_{ν}. 因此, 任意一个**每点各向同性的空间必是均匀的.**

如果一空间的度规具有最大数目 $N(N+1)/2$ 个 Killing 矢量, 则此空间称为**最大对称的. 一个均匀且于某点各向同性的空间必是最大对称的.** 实际上, 一个空间既是均匀的又是在某点各向同性的, 就要求有 $N(N+1)/2$ 个 Killing 矢量 $\xi_{\sigma}^{(\mu)}(x;\bar{x})$ 和 $\xi_{\sigma}^{(\mu\nu)}(x;\bar{x})$. 这些 Killing 矢量显然是独立的. 因为假设它们间有一线性关系

$$\begin{aligned}&c_{\mu}\xi_{\sigma}^{(\mu)}(x;\bar{x})+c_{\mu\nu}\xi_{\sigma}^{(\mu\nu)}(x;\bar{x})=0,\\&c_{\mu\nu}=-c_{\nu\mu},\end{aligned} \tag{3.9.6}$$

则对 x^{λ} 求导后令 $x=\bar{x}$ 得 $c_{\sigma\lambda}=0$; 将 $x=\bar{x}$ 直接代入得 $c_{\sigma}=0$. 即 $N(N+1)/2$ 个 Killing 矢量不可能是线性相关的, 必是独立的. 下面的定理是明显成立的:

每点各向同性的空间必是最大对称的. 下面我们证明此定理的逆定理: 最大对称空间必是均匀且每点各向同性的. 设有 $N(N+1)/2$ 个独立的 Killing 矢量 $\xi_{\sigma}^{n}(x)$. 我们可以把 $\xi_{\rho}^{n}(x)$、$\xi_{\lambda;\nu}^{n}(x)$ 排成一个方阵; 用 n 标明 $N(N+1)/2$ 行, 用 N 个 ρ 和 $N(N-1)/2$ 个 λ 与 $\nu(\lambda>\nu)$ 标明 $N(N+1)/2$ 列. 这个方阵的行列式一定不等于零. 因为假若有

$$c_{n}\xi_{\rho}^{n}(\bar{x})=c_{n}\xi_{\lambda;\nu}^{n}(\bar{x})=0,$$

则考虑到 (3.8.7), 可导致 $c_{n}\xi_{\rho}^{n}(x)=0$, 这与假设 Killing 矢量 $\xi_{\sigma}^{n}(x)$ 独立相矛盾. 因此对于任何“行矢量”, 方程组

$$\mathrm{d}_{n}\xi_{\mu}^{\nu}(\bar{x})=a_{\mu}, \tag{3.9.7}$$

$$\mathrm{d}_{n}\xi_{\mu;\nu}^{n}(\bar{x})=b_{\mu\nu} \tag{3.9.8}$$

必定有解, 式中 a_{μ} 和 $b_{\mu\nu}=-b_{\nu\mu}$ 为“行矢量”的“分量”. 很容易找到一个 Killing 矢量 $\xi_{\mu}(x)$:

$$\xi_{\mu}(x)=\mathrm{d}_{n}\xi_{\mu}^{n}(x), \tag{3.9.9}$$

它在点 $\bar{x}$ 取值 $\xi_\mu(\bar{x}) = a_\mu$, 它的导数在 $\bar{x}$ 点取值 $\xi_{\mu;\nu}(\bar{x}) = b_{\mu\nu}$. 由于 a_μ 是任意的, 所以空间是均匀的. $b_{\mu\nu}$ 也是任意的 (只要满足 $b_{\mu\nu} = -b_{\nu\mu}$), 因此空间对点 $\bar{x}$ 是各向同性的.

作为最大对称空间的例子, 我们在上一节中讨论了四维平直空间, 求出了 $N(N+1)/2 = 10$ 个 Killing 矢量. 为了使问题更加明显, 我们还讨论了 $E(2)$ 空间. 现在我们证明, 一个曲率张量为零的 N 维空间 (N 维平直空间) 一定是最大对称空间.

适当选择坐标系 (如 Descartes 坐标), 可使 N 维平直空间度规张量各分量均为常数, 且仿射联络为零. 此时方程 (3.8.6) 简化为

$$\frac{\partial^2 \xi_\mu}{\partial x^\rho \partial x^\mu} = 0, \tag{3.9.10}$$

它的解具有形式

$$\xi_\mu(x) = \alpha_{\mu\nu} x^\nu + b_\mu. \tag{3.9.11}$$

式中 $\alpha_{\mu\nu}$ 和 b_μ 为积分常数. 将上式代入 Killing 方程, 得到

$$\alpha_{\mu\nu} = -\alpha_{\nu\mu}. \tag{3.9.12}$$

因此, 我们可以选取 $N(N+1)/2$ 个 Killing 矢量:

$$\xi_\mu^{(\nu)}(x) \equiv \delta_\mu^\nu, \quad \xi_\mu^{(\nu\lambda)}(x) \equiv \delta_\mu^\nu x^\lambda - \delta_\mu^\lambda x^\nu. \tag{3.9.13}$$

而一般的 Killing 矢量为

$$\xi_\mu(x) = b_\nu \xi_\mu^{(\nu)}(x) + a_{\nu\lambda} \xi_\mu^{(\nu\lambda)}(x). \tag{3.9.14}$$

上式中 $b_\nu \xi_\mu^{(\nu)}$ 不对 ν 取和. N 个 Killing 矢量 $\xi_\mu^{(\nu)}(x)$ 描述平移, $N(N-1)/2$ 个矢量 $\xi_\mu^{(\nu\lambda)}$ 描述无限小旋转, 对于 Minkowski 空间表示 Lorentz 变换. 因此, 任一 N 维平直空间存在 $N(N+1)/2$ 个独立的 Killing 矢量, 所以是最大对称空间.

一确定的空间中, 独立的 Killing 矢量的个数与坐标系的选择无关. 这就是说, 独立的 Killing 矢量的个数是空间的内禀属性. 现在我们说明这一点. 设 $\xi^\mu(x)$ 是空间度规 $g_{\mu\nu}(x)$ 的 Killing 矢量. 在坐标变换 $x^\mu \to x'^\mu$ 下, 度规 $g_{\mu\nu}(x)$ 变为

$$g'_{\mu\nu}(x') = \frac{\partial x^\alpha}{\partial x'^\mu} \frac{\partial x^\beta}{\partial x'^\nu} g_{\alpha\beta}(x). \tag{3.9.15}$$

不难看出, 矢量

$$\xi'^\mu(x') = \frac{\partial x'^\mu}{\partial x^\alpha} \xi^\alpha(x) \tag{3.9.16}$$

在坐标系 x'^μ 中满足 Killing 方程, 即矢量 $\xi'^\mu(x')$ 是度规 $g'_{\mu\nu}(x')$ 的 Killing 矢量. 各 Killing 矢量 $\xi'^\mu(x')$ 是独立的, 因为否则各 Killing 矢量 $\xi^\mu(x)$ 也不是独立的 (由 $\xi^{\mu'}(x')$ 之间的线性关系将导致 $\xi^\mu(x)$ 之间的线性关系).

由上面的讨论可以得出结论：给定空间的最大对称性是空间的内禀属性, 与坐标系选择无关. 例如, 曲率张量为零的空间必是最大对称空间 (注意其逆定理不成立).

容易发现, 空间的均匀性和各向同性也都与坐标系的选择无关.

2. 常曲率空间

由 (3.8.3) 有

$$\xi_{\rho;\mu;\sigma;\nu}-\xi_{\rho;\mu;\nu;\sigma}=R^{\lambda}_{\rho\sigma\nu}\xi_{\lambda;\mu}+R^{\lambda}_{\mu\sigma\nu}\xi_{\rho;\lambda}. \tag{3.9.17}$$

(3.8.6) 满足 (3.9.17) 的充分且必要条件是

$$\begin{aligned}&R^{\lambda}_{\nu\rho\mu}\xi_{\lambda;\sigma}-R^{\lambda}_{\sigma\rho\mu}\xi_{\lambda;\nu}+(R^{\lambda}_{\nu\rho\mu;\sigma}-R^{\lambda}_{\sigma\rho\mu;\nu})\xi_{\lambda}\\=&R^{\lambda}_{\rho\sigma\nu}\xi_{\lambda;\mu}+R^{\lambda}_{\mu\sigma\nu}\xi_{\rho;\lambda}.\end{aligned} \tag{3.9.18}$$

将 Killing 方程代入上式得

$$\begin{aligned}&(R^{\lambda}_{\rho\sigma\nu}\sigma^{\alpha}_{\mu}-R^{\lambda}_{\mu\sigma\nu}\delta^{\alpha}_{\rho}+R^{\lambda}_{\sigma\rho\mu}\delta^{\alpha}_{\nu}-R^{\lambda}_{\nu\rho\mu}\delta^{\alpha}_{\sigma})\xi_{\lambda;\alpha}\\=&(R^{\lambda}_{\nu\rho\mu;\sigma}-R^{\lambda}_{\sigma\rho\mu;\nu})\xi_{\lambda}.\end{aligned} \tag{3.9.19}$$

前面已经证明, 在最大对称空间中任一点 x^{μ}, 我们可以找到 Killing 矢量 ξ_{μ}, 使得 $\xi_{\mu}(x)=0$. 再考虑到 $\xi_{\lambda;\alpha}(x)$ 是任意反对称矩阵, 可知式 (3.9.19) 中 $\xi_{\lambda;\alpha}(x)$ 的系数必有等于零的反对称部分, 即

$$\begin{aligned}&R^{\lambda}_{\rho\sigma\nu}\delta^{\alpha}_{\mu}-R^{\lambda}_{\mu\sigma\nu}\delta^{\alpha}_{\rho}+R^{\lambda}_{\sigma\rho\mu}\delta^{\alpha}_{\nu}-R^{\lambda}_{\nu\rho\mu}\delta^{\alpha}_{\sigma}\\=&R^{\alpha}_{\rho\sigma\nu}\delta^{\lambda}_{\mu}-R^{\alpha}_{\mu\sigma\nu}\delta^{\lambda}_{\rho}+R^{\alpha}_{\sigma\rho\mu}\delta^{\lambda}_{\nu}-R^{\alpha}_{\nu\rho\mu}\delta^{\lambda}_{\sigma}.\end{aligned} \tag{3.9.20}$$

前面还证明了, 在最大对称空间中任一给定的点 x 存在 Killing 矢量 $\xi_{\mu},\xi_{\mu}(x)$ 可取任意值. 这样, 由 (3.9.20) 和 (3.9.19) 得

$$R^{\lambda}_{\nu\rho\mu;\sigma}=R^{\lambda}_{\sigma\rho\mu;\nu}. \tag{3.9.21}$$

实际上前面已经证明了, 一个每点各向同性 [因而满足 (3.9.20)] 的空间必是均匀的, 所以必满足 (3.9.21).

将 (3.9.20) 中的 α 与 μ 缩并, 得到

$$\begin{aligned}&NR^{\lambda}_{\rho\sigma\nu}-R^{\lambda}_{\rho\sigma\nu}+R^{\lambda}_{\sigma\rho\nu}-R^{\lambda}_{\nu\rho\sigma}\\=&R^{\lambda}_{\rho\sigma\nu}-R_{\sigma\rho}\delta^{\lambda}_{\nu}+R_{\nu\rho}\delta^{\lambda}_{\sigma}.\end{aligned} \tag{3.9.22}$$

利用曲率张量 $R^{\lambda}_{\rho\sigma\nu}$ 的性质得

$$(N-1)R_{\lambda\rho\sigma\nu} = R_{\nu\rho}g_{\lambda\sigma} - R_{\sigma\rho}g_{\lambda\nu}. \tag{3.9.23}$$

上式对 λ 和 ρ 反对称, 于是有

$$R_{\nu\rho}g_{\lambda\sigma} - R_{\sigma\rho}g_{\lambda\nu} = -R_{\nu\lambda}g_{\rho\sigma} + R_{\sigma\lambda}g_{\rho\sigma}.$$

对 λ 和 ν 缩并, 得到

$$\begin{aligned} R_{\sigma\rho} - NR_{\sigma\rho} &= -R^{\lambda}_{\lambda}g_{\sigma\rho} + R_{\rho\sigma}, \\ R_{\sigma\rho} &= \frac{1}{N}R^{\lambda}_{\lambda}g_{\sigma\rho}. \end{aligned} \tag{3.9.24}$$

将上式代入 (3.9.23), 得到曲率张量的表达式

$$R_{\lambda\rho\sigma\nu} = \frac{R^{\lambda}_{\lambda}}{N(N-1)}(g_{\nu\rho}g_{\lambda\sigma} - g_{\sigma\rho}g_{\lambda\nu}). \tag{3.9.25}$$

在每点各向同性的空间中, 式 (3.9.24) 和 (3.9.25) 处处成立. 不难证明, 在**三维或高于三维($N \neq 2$)的空间中, R^{λ}_{λ}必为常数.** 实际上由 (3.9.24) 得到

$$\left(R^{\sigma}_{\rho} - \frac{1}{2}\delta^{\sigma}_{\rho}R^{\lambda}_{\lambda}\right)_{;\sigma} = 0,$$

即

$$\begin{aligned} \left(\frac{1}{N} - \frac{1}{2}\right)R^{\lambda}_{\lambda;\sigma} &= 0, \\ \left(\frac{1}{N} - \frac{1}{2}\right)\frac{\partial}{\partial x^{\sigma}}R^{\lambda}_{\lambda} &= 0. \end{aligned} \tag{3.9.26}$$

由此得 $R^{\lambda}_{\lambda} = \text{const}$. 引入常曲率 K 代替 R^{λ}_{λ} 更加方便

$$R^{\lambda}_{\lambda} \equiv -N(N-1)K. \tag{3.9.27}$$

此时 (3.9.24) 和 (3.9.25) 改写为

$$R_{\sigma\rho} = -(N-1)Kg_{\sigma\rho}, \tag{3.9.28}$$

$$R_{\lambda\rho\sigma\nu} = K(g_{\sigma\rho}g_{\lambda\nu} - g_{\nu\rho}g_{\lambda\sigma}). \tag{3.9.29}$$

具有上述性质的空间称为**常曲率空间.**

由 (3.9.26) 可知, 当 $N=2$ 时无法判定 R^{λ}_{λ} 是否为常数. 我们可以由 (3.9.21) 出发, 证明 $N=2$ 的最大对称空间确实为常曲率空间, 即 (3.9.29) 中的 K 为常数. 这一工作读者可自己完成.

关于最大对称空间, 存在下述定理 (唯一性定理): 最大对称空间由曲率常数 K 和度规张量的正、负特征值个数唯一确定. 根据这一定理, 我们只要随便用任何方式构成一个具有任意常曲率 K 的空间, 了解了它, 便了解了最大对称空间的普遍性质. 我们这样构成一常曲率空间. 先考虑一个 $(N+1)$ 维平直空间, 其度规可写为

$$\mathrm{d}s^2 = C_{\mu\nu}\mathrm{d}x^\mu \mathrm{d}x^\nu + K^{-1}\mathrm{d}z^2. \tag{3.9.30}$$

式中 $C_{\mu\nu} = \text{const}, K = \text{const}; \mu, \nu = 1, 2, \cdots, N$. 即由 N 个量 x^μ 和一个量 z 确定一个 $(N+1)$ 维空间的点. 用条件

$$KC_{\mu\nu}x^\mu x^\nu + z^2 = 1 \tag{3.9.31}$$

把一个 N 维非欧几里得空间嵌入这个高一维的空间中. 上述条件相当于把变量 x^μ 和 z 限制在一伪球 (或球) 的表面上, 在这一 N 维空间中 (上述伪球面上), $\mathrm{d}z^2$ 可写为

$$\mathrm{d}z^2 = \frac{K^2(C_{\mu\nu}x^\mu \mathrm{d}x^\nu)^2}{z^2} = \frac{K^2(C_{\mu\nu}x^\mu \mathrm{d}x^\nu)^2}{1 - KC_{\mu\nu}x^\mu x^\nu}. \tag{3.9.32}$$

将上式代入 (3.9.30) 得

$$\mathrm{d}s^2 = C_{\mu\nu}\mathrm{d}x^\mu \mathrm{d}x^\nu + \frac{K(C_{\alpha\beta}x^\alpha \mathrm{d}x^\beta)^2}{(1 - KC_{\mu\nu}x^\mu x^\nu)}. \tag{3.9.33}$$

因此度规可写为

$$g_{\mu\nu}(x) = C_{\mu\nu} + \frac{KC_{\mu\alpha}C_{\nu\beta}}{1 - KC_{\rho\sigma}x^\rho x^\sigma}x^\alpha x^\beta. \tag{3.9.34}$$

上式给出了最一般的最大对称空间度规. 当 $K = 0$ 时, 上式退化为平直空间度规.

由上述构造过程可知 (3.9.34) 允许有 $N(N+1)/2$ 个参量的等度量变换群. 因为 $(N+1)$ 维线元 (3.9.30) 与嵌入条件 (3.9.31) 在 $(N+1)$ 维空间里的"转动"下是不变的. 这些变换是

$$x'^\mu = R^\mu_\nu x^\nu + R^\mu_z z, \tag{3.9.35}$$

$$z' = R^z_\mu z^\mu + R^z_z z. \tag{3.9.36}$$

式中 $R^\lambda_\sigma = \text{const}$, 且满足下列方程:

$$C_{\mu\nu}R^\mu_\rho R^\nu_\sigma + K^{-1}R^z_\rho R^z_\sigma = C_{\rho\sigma}, \tag{3.9.37}$$

$$C_{\mu\nu}R^\mu_\rho R^\nu_z + KR^z_\rho R^z_z = 0, \tag{3.9.38}$$

$$C_{\mu\nu}R^\mu_z R^\nu_z + K^{-1}(R^z_z)^2 = K^{-1}. \tag{3.9.39}$$

我们可以将满足上三式的变换分为两类

$$(\mathrm{I})R^{\mu}_{z}=R^{z}_{\mu}=0,\quad R^{z}_{z}=1. \tag{3.9.40}$$

此时有

$$C_{\mu\nu}R^{\mu}_{\rho}R^{\nu}_{\sigma}=C_{\rho\sigma}, \tag{3.9.41}$$

$$x'^{\mu}=R^{\mu}_{\nu}x^{\nu}. \tag{3.9.42}$$

可见矩阵 $R^{\mu}_{\nu}(N\times N$ 矩阵) 表示绕原点的刚性“旋转”.

$$\begin{aligned}&(\mathrm{II})R^{\mu}_{z}=a^{\mu},\quad R^{z}_{\mu}=-KC_{\mu\nu}a^{\nu},\\&R^{z}_{z}=(1-KC_{\alpha\beta}a^{\alpha}a^{\beta})^{1/2},\quad R^{\mu}_{\nu}=\delta^{\mu}_{\nu}-bKC_{\nu\sigma}a^{\sigma}a^{\mu}.\end{aligned} \tag{3.9.43}$$

式中 a^{μ} 是任意的, b 的表达式为

$$b\equiv\frac{1-(1-KC_{\alpha\beta}a^{\alpha}a^{\beta})^{1/2}}{KC_{\alpha\beta}a^{\alpha}a^{\beta}} \tag{3.9.44}$$

R^{z}_{z} 为实数, 即

$$KC_{\alpha\beta}a^{\alpha}a^{\beta}\leqslant 1. \tag{3.9.45}$$

这些变换是“平移”

$$x'^{\mu}=x^{\mu}+a^{\mu}\{(1-KC_{\alpha\beta}x^{\alpha}x^{\beta})^{1/2}-bKC_{\alpha\beta}x^{\alpha}x^{\beta}\}, \tag{3.9.46}$$

把原点 $x^{\alpha}=0$ 变为 $x'^{\mu}=a^{\mu}$.

注意到 a^{μ} 的任意性, 变换 (3.9.46) 的存在便表明了空间是均匀的. 变换 (3.9.42) 的存在表明该空间对原点是各向同性的. 因为度规是均匀的, 又是对原点各向同性的, 所以它是每点各向同性的, 也是最大对称的.

为了确定度规中常数 K 的含义, 我们寻求曲率张量 $R_{\lambda\nu\rho\sigma}$ 的表达式. 为此, 由 (3.9.34) 先求出 $\Gamma^{\lambda}_{v\sigma}$

$$\Gamma^{\lambda}_{v\sigma}=Kx^{\lambda}g_{v\sigma}. \tag{3.9.47}$$

由此得到

$$\begin{aligned}R_{\lambda\nu\rho\sigma}=&K(C_{\lambda\sigma}C_{\nu\rho}-C_{\lambda\rho}C_{\nu\sigma})\\&+K^{2}(1-KC_{\alpha\beta}x^{\alpha}x^{\beta})^{-1}(C_{\lambda\sigma}x_{\nu}x_{\rho}-C_{\lambda\rho}x_{\nu}x_{\sigma}\\&+C_{\nu\rho}x_{\lambda}x_{\sigma}-C_{\nu\sigma}x_{\rho}x_{\lambda}),\end{aligned} \tag{3.9.48}$$

即

$$R_{\lambda\nu\rho\sigma}=K(g_{\rho\nu}g_{\lambda\sigma}-g_{\sigma\nu}g_{\lambda\rho}). \tag{3.9.49}$$

将此式与 (3.9.29) 比较, 可知度规 (3.9.34) 中的常数 K 就是 (3.9.27) 中引入的曲率常数. K 是不依坐标系选择的常数. 因此, 在坐标变换下, 不同的度规必具有和 (3.9.34) 相同的 K 值. 变换后得到的度规应和 (3.9.34) 形式相同, 只是 $C_{\mu\nu}$ 不同. 对于线性变换 $x^\mu = \alpha^\mu_\nu x'^\nu, C_{\mu\nu}$ 变为

$$C'_{\mu\nu} = \alpha^\alpha_\mu \alpha^\beta_\nu C_{\alpha\beta}. \tag{3.9.50}$$

Sylvester 定理指出, 矩阵 (张量) 的正的、负的或为零的本征值的数目在上述线性变换下分别保持不变. 因此, 通过变换 (3.9.50) 可以把 $C_{\mu\nu}$ 变为我们所需要的任何一个实对称张量, 只要保持它的正、负特征值的个数不变. 由于空间是均匀的, 所以 $C_{\mu\nu}$ 的特征值个数与 $g_{\mu\nu}$ 在 $x=0$ 点的相同.

一个 N 维度规允许引入局部欧几里得坐标系, 其所有的特征值都是正的, 故当 $K \neq 0$ 时可以取 $C_{\mu\nu} = \dfrac{\delta_{\mu\nu}}{|K|}$. 此时 (3.9.33) 可改写为

$$\mathrm{d}s^2 = \begin{cases} \dfrac{1}{K}\left(\mathrm{d}x_\mu \mathrm{d}x^\mu + \dfrac{(x_\alpha \mathrm{d}x^\alpha)^2}{1 - x_\mu x^\mu}\right), & \text{当} K > 0 \quad (3.9.51) \\ -\dfrac{1}{K}\left(\mathrm{d}x_\mu \mathrm{d}x^\mu - \dfrac{(x_\alpha \mathrm{d}x^\alpha)^2}{1 + x_\mu x^\mu}\right), & \text{当} K < 0 \quad (3.9.52) \\ \mathrm{d}x_\mu \mathrm{d}x^\mu. & \text{当} K = 0 \quad (3.9.53) \end{cases}$$

式中 $\mathrm{d}x_\mu \mathrm{d}x^\mu = \delta_{\mu\nu}\mathrm{d}x^\mu \mathrm{d}x^\nu$.

对于 $K>0$ 的情况, 将 $C_{\mu\nu} = \dfrac{\delta_{\mu\nu}}{|K|}$ 代入 (3.9.30) 和 (3.9.31), 得到

$$\mathrm{d}s^2 = \frac{1}{K}(\mathrm{d}x_\mu \mathrm{d}x^\mu + \mathrm{d}z^2), \quad \mathrm{d}x_\mu \mathrm{d}x^\mu = \delta_{\mu\nu}\mathrm{d}x^\mu \mathrm{d}x^\nu \tag{3.9.54}$$

和

$$x_\mu x^\mu + z^2 = 1, \quad x_\mu x^\mu = \delta_{\mu\nu} x^\mu x^\nu) \tag{3.9.55}$$

因此, (3.9.51) 可解释为嵌入平直空间 (3.9.54) 中的曲面 (3.9.55). 为了更加明显, 令 $x^\mu = \dfrac{1}{\sqrt{K}} x^\mu, z' = \dfrac{1}{\sqrt{K}} z$, 则上二式成为 (变换后去掉一撇号)

$$\mathrm{d}s^2 = \delta_{\mu\nu}\mathrm{d}x^\mu \mathrm{d}x^\nu + \mathrm{d}z^2, \tag{3.9.54a}$$

$$\delta_{\mu\nu} x^\mu x^\nu = \frac{1}{K}. \tag{3.9.55a}$$

显然, (3.9.51) 描述 $N+1$ 维欧几里得空间 (3.9.54a) 中半径为 $\dfrac{1}{\sqrt{K}}$ 的球面. 对于 $(N+1)=3$ 的三维平直空间 (3.9.54a), 我们可以引入角坐标 θ, ϕ 和径坐标 r, 使

$$x^1 = \sin\theta \cos\phi, \quad x^2 = \sin\theta \sin\phi, \quad z = r. \tag{3.9.56}$$

此时曲面方程 (3.9.55) 化为

$$r^2 = \cos^2\theta; \tag{3.9.57}$$

代入三维平直度规 (3.9.54), 得到

$$\begin{aligned} ds^2 &= \frac{1}{K}(dx^{1^2} + dx^{2^2} + dz^2) \\ &= \frac{1}{K} - (\sin^2\theta d\phi^2 + d\theta^2), \end{aligned} \tag{3.9.58}$$

这正是熟知的二维球面线元, 球面半径为 $\frac{1}{\sqrt{K}}$.

现在我们讨论, 四维最大对称时空度规, 特征值取为一正三负. 令

$$C_{\mu\nu} = \eta_{\mu\nu}, \tag{3.9.59}$$

则线元 (3.9.33) 可写为

$$ds^2 = dt^2 - \delta_{ij}dx^i dx^j + \frac{K(tdt - \delta_{ij}x^i dx^j)^2}{1 - K(t^2 - \delta_{ij}x^i x^j)}. \tag{3.9.60}$$

令 $\boldsymbol{r} = (x^1, x^2, x^3)$, 则上式可写为

$$ds^2 = dt^2 - (d\boldsymbol{r})^2 + \frac{K(tdt - \boldsymbol{r}\cdot d\boldsymbol{r})^2}{1 - K(t^2 - r^2)}. \tag{3.9.61}$$

对于 $K > 0$, 引入新坐标 $t', \boldsymbol{r}'$

$$\begin{aligned} t &= \frac{1}{\sqrt{K}}\left\{\frac{Kr'^2}{2}\cosh(\sqrt{K}t') + \left(1 + \frac{Kr'^2}{2}\right)\cdot\sinh(\sqrt{K}t')\right\}, \\ \boldsymbol{r} &= \boldsymbol{r}'\exp(\sqrt{K}t'), \end{aligned} \tag{3.9.62}$$

度规 (3.9.61) 变换为

$$ds^2 = dt'^2 - \exp(2\sqrt{K}t')(d\boldsymbol{r}')^2. \tag{3.9.63}$$

再做一次坐标变换可以得到与时间无关的度规. 这一变换为

$$\begin{aligned} t'' &= t' - \frac{1}{2\sqrt{K}}\ln[1 - K\boldsymbol{r}'^2\exp(2\sqrt{K}t')], \\ \boldsymbol{r}'' &= \boldsymbol{r}'\exp(\sqrt{K}t'); \end{aligned} \tag{3.9.64}$$

度规变为 (去掉 $t'', \boldsymbol{r}''$ 中的两撇号)

$$ds^2 = (1 - Kr^2)dt^2 - dr^2 - \frac{K(\boldsymbol{r}\cdot d\boldsymbol{r})^2}{1 - Kr^2}. \tag{3.9.65}$$

度规 (3.9.63) 和 (3.9.65) 在处理稳恒态宇宙模型时是有用的, 它们曾为 de Sitter 研究过.

3. 最大对称子空间

在许多情况下, 整个时空不是最大对称的, 但它可以分解为一些最大对称的子空间族. 设 N 维空间中有一些 M 维的最大对称子空间. 我们可以用 $(N-M)$ 个坐标记号 v^α 来标记这些子空间, 用 M 个坐标 u^i 标记每个子空间中的点.

定理 在上述 N 维空间中, 总可以选择 M 个 u^i 坐标, 使这个 N 维空间的度规具有形式

$$\mathrm{d}s^2 = g_{ab}(v)\mathrm{d}v^a\mathrm{d}v^b + f(v)\widetilde{g}_{ij}(u)\mathrm{d}u^i\mathrm{d}u^j. \tag{3.9.66}$$

式中 $\widetilde{g}_{ij}(u)$ 是 M 维最大对称空间的度规, $g_{ab}(v)$ 和 $f(v)$ 都只是 v 坐标的函数.

我们假设整个空间可以分解为一些每点各向同性的子空间. 这一假设在很多有物理意义的情况下都会满足. 这时在任一点 (v,u^0) 有 $\xi i(a)=0$, 且有 $\xi_{i;j}$ 为任意反对称张量, $\xi^{(a)}$ 为整个 N 维空间的 Killing 矢量. 我们可以找到 $M(M-1)/2$ 个 Killing 矢量 $\xi^{(lm)}(u,v;u^0)$, 它们满足条件

$$\xi^{a(lm)}(u,v;u^0)=0, \tag{3.9.67}$$

$$\xi^{i(lm)}(u,v;u^0)=-\xi^{i(ml)}(u,v;u^0), \tag{3.9.68}$$

$$\begin{aligned}\xi^{(lm)}_{i;j}(u^0,v;u^0) &\equiv g_{ij}(u^0,v)\left[\frac{\partial\xi^{k(lm)}(u,v;u^0)}{\partial u^j}\right]_{u=u^0}\\ &=\delta^l_i\delta^m_j-\delta^m_i\delta^l_j.\end{aligned} \tag{3.9.69}$$

又由 (I) 中的讨论可知, 整个空间的 Killing 矢量

$$\xi^{\mu(l)}(u,v;u^0)\equiv\frac{\partial}{\partial u^{0m}}\xi^{\mu(lm)}(u,v;u^0) \tag{3.9.70}$$

满足

$$\xi^{a(l)}(u,v;u^0)=0 \tag{3.9.71}$$

和

$$\xi^{i(l)}(u,v;u^0)=-\frac{1}{N-1}\widetilde{g}^{il}(u^0,v). \tag{3.9.72}$$

Killing 矢量 $\xi^{\mu(lm)}$ 和 $\xi^{\mu(l)}$ 是独立的, 它们的总个数为 $M(M+1)/2$. 这就证明了上述 M 维空间是最大对称的.

在引力理论中, 最大子空间不是**时空**, 而是**空间**. 此时我们可以利用 (3.9.51)~(3.9.53) 来求出 $\widetilde{g}_{ij}\mathrm{d}u^i\mathrm{d}u^j$ 的形式. 这样, 考虑到 (3.9.66), 我们得到

$$\mathrm{d}s^2=g_{ab}\mathrm{d}v^a\mathrm{d}v^b+f(v)\left[\mathrm{d}\boldsymbol{u}^2+\frac{k(\boldsymbol{u}\cdot\mathrm{d}\boldsymbol{u})^2}{1-k\boldsymbol{u}^2}\right], \tag{3.9.73}$$

$$f(v)<0, [f(v)\text{ 代替 }|K|^{-1}f(v)]$$

$$k=\begin{cases}+1, & \text{当}M\text{空间的}K>0,\\ -1, & \text{当}M\text{空间的}K<0,\\ 0, & \text{当}M\text{空间的}K=0.\end{cases} \tag{3.9.74}$$

对于**球对称空间**, 设 $N=3, M=2$. 设 v 坐标为 r; u 坐标为 θ,ϕ. 定义

$$u^1=\sin\theta\cos\phi,\quad u^2=\sin\theta\sin\phi. \tag{3.9.75}$$

代入 (3.9.73), 取 $k=+1$, 得

$$\mathrm{d}s^2=g(r)\mathrm{d}r^2+f(r)(\mathrm{d}\theta^2+\sin^2\theta\mathrm{d}\phi^2). \tag{3.9.76}$$

式中 $g(r)<0, f(r)<0$.

对于**球对称时空**, 设 $N=4$, 度规特征值为一正三负; $M=2$. 于是 v 坐标有 $(N-M)=2$ 个, 记为 r 和 t; u 坐标有 $M=2$ 个, 仍记为 θ 和 ϕ, u^1 和 u^2 的定义同 (3.9.75). 将它们代入 (3.9.73), 取 $k=+1$, 得到

$$\begin{aligned}\mathrm{d}s^2=&g_{tt}(r,t)\mathrm{d}t^2+2g_{rt}(r,t)\mathrm{d}r\mathrm{d}t\\ &+g_{rr}(r,t)\mathrm{d}r^2+f(r,t)(\mathrm{d}\theta^2+\sin^2\theta\mathrm{d}\phi^2).\end{aligned} \tag{3.9.77}$$

式中 $f(r,t)<0$.

对于**均匀球对称时空**, 设 $N=4$, 其度规特征值为一正三负, $M=3$. 此时有一个 v 坐标和 3 个 u 坐标. 由 (3.9.73) 得

$$\mathrm{d}s^2=g(v)\mathrm{d}v^2+f(v)\left[\mathrm{d}\boldsymbol{u}^2+\frac{K(\boldsymbol{u}\cdot\mathrm{d}\boldsymbol{u})^2}{1-K\boldsymbol{u}^2}\right], \tag{3.9.78}$$

式中 $g(v)>0, f(v)<0$. 定义

$$\begin{aligned}&t\equiv\int\sqrt{g(v)}\mathrm{d}v,\\ &u^1=r\sin\theta\cos\phi,\\ &u^2=r\sin\theta\sin\phi,\\ &u^3=r\cos\theta,\end{aligned} \tag{3.9.79}$$

则度规可写为

$$\mathrm{d}s^2=\mathrm{d}t^2-R^2(t)\left(\frac{\mathrm{d}r^2}{1-kr^2}+r^2\mathrm{d}\theta^2+r^2\sin^2\theta\mathrm{d}\phi^2\right). \tag{3.9.80}$$

式中 $R^2(t)=-f(v)$.

度规 (3.9.80) 是著名的 Robertson-Walker 度规 (Robertson 1935, 1936; Walker 1936). 由于它描述的时空是均匀、各向同性的, 因此在宇宙学中有重要意义. 对于球对称恒星的引力场, 采用随动坐标系, 可以由爱因斯坦引力场方程的严格解给出度规 (3.9.80).

4. 稳恒引力场

下面讨论两种基本类型的、具有特殊对称性的引力场.

在引力场 $g_{\mu\nu}$ 中, 如果允许有一类时 Killing 矢量场 ξ^μ 存在, 即如果 Killing 方程

$$\xi_{\nu;\mu}+\xi_{\mu;\nu}=0,\quad \xi^\mu\xi_\mu>0 \tag{3.9.81}$$

的解存在, 则这一引力场称为**稳恒引力场**, 或者称时空 $g_{\mu\nu}$ 为**稳恒时空**. 现在说明这一定义的物理含义.

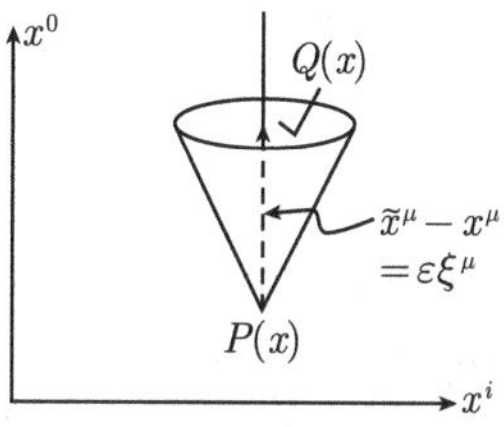

图 2-5

考虑矢量场 $\xi^\mu(x)$ 的一条无限短的世界线 PQ. 我们建立一个坐标系 x^μ, 使 x^0 轴的方程沿着 PQ(图 2-5). 沿着这条世界线 PQ 只有时间坐标发生变化, 而空间坐标 x^i 保持不变. 这是做得到的, 因为 ξ^μ 是类时 Killing 矢量. 我们还可以适当选择坐标轴上的长度单位, 使 $\xi^0=1$, 即

$$\xi^\mu=(1,0,0,0). \tag{3.9.82}$$

Killing 方程还可以写为

$$\xi^a_{;\nu}g_{\alpha\mu}+\xi^\alpha_{;\mu}g_{\alpha\nu}=0,$$

即

$$\xi^\alpha_{,\nu}g_{\alpha\mu}+\xi^\alpha_{,\mu}g_{\alpha\nu}+(\Gamma^\alpha_{\nu\sigma}\xi^\sigma g_{\alpha\mu}+\Gamma^\alpha_{\mu\alpha}\xi^\sigma_{\alpha\nu})=0.$$

由 $g_{\mu r;\sigma}=0$ 知上式左端后一括号为 $\xi^\sigma g_{\mu\nu,\sigma}$, 从而有

$$\xi^\alpha g_{\mu\nu;\alpha}+g_{\mu\alpha}\xi^\alpha_{,\nu}+g_{\alpha\nu}\xi^\alpha_{,\mu}=0. \tag{3.9.83}$$

将 (3.9.82) 代入 (3.9.83), 得到

$$g_{\mu\nu,0}=0. \tag{3.9.84}$$

这样, 在我们所选定的坐标系中, **度规张量的所有分量均不含时间坐标**.

我们指出, 满足 (3.9.84) 的坐标系不止一个. 作变换

$$x'^0=x^0+f(x^i), \tag{3.9.85}$$

$$x'^i=x^i.$$

式中 $f(x^i)$ 为一任意形式的函数. 此时度规张量的变换式为

$$\begin{aligned}&g'_{00}=g_{00},\quad g'_{0i}=g_{0i}-g_{00}\frac{\partial f}{\partial x^i},\\&g'_{ik}=g_{ik}-g_{0i}\frac{\partial f}{\partial x^k}-g_{0k}\frac{\partial f}{\partial x^i}+g_{00}\frac{\partial f}{\partial x^i}\frac{\partial f}{\partial x^k}.\end{aligned} \tag{3.9.86}$$

由此得到

$$\frac{\partial g'_{\mu\nu}}{\partial x'^0}=\frac{\partial g'_{\mu\nu}}{\partial x^\alpha}\frac{\partial x^\alpha}{\partial x'^0}=\frac{\partial g'_{\mu\nu}}{\partial x^\alpha}\delta_0^\alpha=\frac{\partial g'_{\mu\nu}}{\partial x^0}. \tag{3.9.87}$$

将 (3.9.86) 和 (3.9.84) 代入 (3.9.87), 得到

$$\frac{\partial g'_{\mu\nu}}{\partial x'^0}=0. \tag{3.9.88}$$

变换 (3.9.85) 表明, 在时空中可以任意选择时间的起点, 即 x^0 可以附加一个任意常数.

但是当改变 x^0 的符号时, 所得到的两个方向对于稳恒引力场是不等效的, 这是由于 $g_{0i}\neq 0$ 的缘故, 如 Kerr 度规的情况. 当 $x^0\to -x^0$ 时角速度的方向也要改变.

作为稳恒引力场的特殊情况, 当 Killing 矢量 ξ^μ 的世界线与超曲面族正交时, 这个稳态引力场称为**静态引力场**, 或称时空 $g_{\mu\nu}$ 为**静态时空**. 下面我们证明, 在静态引力场中一定存在一个坐标系, 使其中 $g_{0i}=0$.

按定义, Killing 矢量 ξ^μ 和超曲面正交, 即

$$\xi^\mu(x)=\phi(x)\frac{\partial\psi(x)}{\partial x^\mu}. \tag{3.9.89}$$

式中 $\phi(x)$ 和 $\psi(x)$ 均为标量函数. 由此可得

$$\xi_{\tau,\nu}=\phi_{,\nu}\psi_{,\tau}+\phi\psi_{,\tau\nu}, \tag{3.9.90}$$

$$\xi_\mu\xi_{\tau,\nu}=\phi\psi_{,\mu}(\phi_{,\nu}\psi_{,\tau}+\phi\psi_{,\tau\nu}). \tag{3.9.91}$$

由 (3.9.91) 可得

$$\xi_{[\mu}\xi_{\tau,\nu]}\equiv\xi_\mu\xi_{\tau,\nu}+\xi_\nu\xi_{\mu,\tau}+\xi_\tau\xi_{\nu,\mu}-\xi_\nu\xi_{\tau,\mu}-\xi_\mu\xi_{\nu,\tau}-\xi_\tau\xi_{\mu\nu}=0. \tag{3.9.92}$$

上式中的偏导数可代之以协变导数

$$\xi_{[\mu}\xi_{\tau;\nu]}=0, \tag{3.9.93}$$

因为其中含 $\Gamma^\tau_{\alpha\beta}$ 的项互相抵消了.

将 Killing 方程代入 (3.9.93), 得到

$$\xi_\mu\xi_{\tau;\nu}+\xi_\nu\xi_{\mu;\tau}+\xi_\tau\xi_{\nu;\mu}=0. \tag{3.9.94}$$

将上式乘以 ξ^τ 缩并, 令 $\xi_\alpha\xi^\alpha\equiv\xi^2$, 得到

$$\xi_\mu\xi^\tau\xi_{\tau;\nu}-\xi_\nu\xi^\tau\xi_{\tau;\mu}+\xi^2\xi_{\nu;\mu}=0 \tag{3.9.95}$$

和

$$\xi_\mu \xi_\tau \xi_{\tau;\nu} - \xi_\nu \xi_\tau \xi_{\tau;\mu} - \xi^2 \xi_{\mu;\nu} = 0. \tag{3.9.96}$$

将 (3.9.95) 和 (3.9.96) 相加, 得到

$$(\xi_\mu \xi^2_{;\nu} - \xi_\nu \xi^2_{;\mu}) + \xi^2(\xi_{\nu;\mu} - \xi_{\mu;\nu}) = 0. \tag{3.9.97}$$

在上式中, 由于含 $\Gamma^\tau_{\alpha\beta}$ 项互相抵消, 所以可将协变导数写为偏导数形式

$$(\xi_\mu \xi^2_{,\nu} - \xi_\nu \xi^2_{,\mu}) + \xi^2(\xi_{\nu,\mu} - \xi_{\mu,\nu}) = 0. \tag{3.9.98}$$

此式又可写成

$$\left(\frac{\xi_\nu}{\xi^2}\right)_{,\mu} - \left(\frac{\xi_\mu}{\xi^2}\right)_{,\nu} = 0. \tag{3.9.99}$$

此方程的解为

$$\frac{\xi_\mu}{\xi^2} = \frac{\partial\psi(x)}{\partial x^\mu}. \tag{3.9.100}$$

式中 $\psi(x)$ 为标量函数.

比较 (3.9.100) 和 (3.9.89), 得 $\phi(x) = \xi^2(x)$. 选择一坐标系, 使 $\xi^\alpha = \delta^\alpha_0$, 则 (3.9.100) 给出

$$\xi_\mu = \xi^2 \psi_{,\mu} = g_{\mu\nu}\xi^\nu = g_{\mu 0}. \tag{3.9.101}$$

又因为

$$\xi^2 = g_{\mu\nu}\delta^\mu_0 \delta^\nu_0 = g_{00}, \tag{3.9.102}$$

故有

$$g_{\mu 0} = g_{00}\psi_{,\mu}. \tag{3.9.103}$$

在上式中代入 $\mu = 0$, 得到

$$\begin{aligned} &\psi_{,0} = 1, \\ &\psi(x) = x^0 + f(x^i). \end{aligned} \tag{3.9.104}$$

选择一个坐标系 x'^μ, 使得

$$x'^o = x^0 + f(x^i), \quad x'^k = x^k, \tag{3.9.105}$$

则有

$$g'_{0k} = g_{0k} - g_{00} f_{,k}. \tag{3.9.106}$$

将 (3.9.104) 代入得

$$g'_{0k} = g_{0k} - g_{00}\psi_{,k}, \tag{3.9.107}$$

由 (3.9.103) 知

$$g'_{0k} = 0. \tag{3.9.108}$$

我们证明了, 在静态引力场中, 一定存在一个坐标系, 在其中, 引力场同时满足稳恒条件和时轴正交条件:

$$g_{\mu\nu,0} = 0, \quad g_{i0} = 0. \tag{3.9.109}$$

3.10　引力场方程的正交标架形式

对于时空中同一点, 可以引入一局部惯性系 X^μ 和一任意坐标系 x^μ. 其线元分别表示为

$$\mathrm{d}s^2 = \eta_{\mu\nu}\mathrm{d}X^\mu \mathrm{d}X^\nu \tag{3.10.1}$$

和

$$\mathrm{d}s^2 = g_{\mu\nu}\mathrm{d}x^\mu \mathrm{d}x^\nu. \tag{3.10.2}$$

平直时空度规 $\eta_{\mu\nu}$ 和任意坐标的度规 $g_{\mu\nu}$ 之间有关系式

$$g_{\mu\nu} = \frac{\partial X^\alpha}{\partial x^\mu}\frac{\partial X^\beta}{\partial x^\nu}\eta_{\alpha\beta}. \tag{3.10.3}$$

令

$$h^\alpha_\mu \equiv \frac{\partial X^\alpha}{\partial x^\mu}, \quad h^\beta_\nu \equiv \frac{\partial X^\beta}{\partial x^\nu}, \tag{3.10.4}$$

则有

$$g_{\mu\nu} = \eta_{\alpha\beta}h^\alpha_\mu h^\beta_\nu = h_{\beta\mu}h^\beta_\nu. \tag{3.10.5}$$

式中 $h_{\beta\mu} \equiv \eta_{\alpha\beta}h^\alpha_\mu \cdot h^\alpha_\mu$ 的指标由 $\eta_{\alpha\beta}$ 或 $\eta^{\alpha\beta}$ 进行下移或上移. 此时线元可写为

$$\mathrm{d}s^2 = h_{\beta\mu}h^\beta_\nu \mathrm{d}x^\mu \mathrm{d}x^\nu, \tag{3.10.6}$$

此即**标架表象**. 脚标 α, β, γ 称为 Lorentz 脚标; 它们的上移和下移由 $\eta_{\alpha\beta}$ 和 $\eta^{\alpha\beta}$ 进行. 脚标 μ, ν, τ 等为协变脚标, 它们的上移和下移仍由 $g_{\mu\nu}$ 和 $g^{\mu\nu}$ 进行.

由 (3.10.5) 可以得到行列式 $|h_{\alpha\mu}|$ 和 g 之间的关系

$$\begin{aligned} g = |g_{\mu\nu}| &= |\eta^{\beta\alpha}| \cdot |h_{\alpha\mu}| \cdot |h_{\beta\nu}| \\ &= -|h_{\alpha\mu}|^2, \end{aligned}$$

或者

$$|h_{\alpha\mu}| = \sqrt{-g}. \tag{3.10.7}$$

按定义, $h^{\mu}_{\alpha} \equiv g^{\mu\nu} h_{\alpha\nu}$, 由此可得

$$h^{\alpha}_{\mu} h^{\nu}_{\alpha} = \delta^{\nu}_{\mu}. \tag{3.10.8}$$

又由

$$g^{\mu\sigma} = \frac{A^{\mu\sigma}}{g} = \frac{A^{\mu\alpha} A^{\sigma}_{\alpha}}{h^2}, \quad h \equiv |h_{\alpha\mu}|. \tag{3.10.9}$$

式中 $A^{\mu\alpha}$ 和 A^{σ}_{α} 分别表示行列式 $|h_{\alpha\mu}|$ 中元素 $h_{\mu\alpha}$ 和 $h_{\alpha\sigma}$ 的代数余子式. 我们有

$$h^{\mu\alpha} = g^{\mu\sigma} h^{\alpha}_{\sigma} = \frac{A^{\mu\beta} A^{\sigma}_{\beta}}{h^2} h^{\alpha}_{\sigma}. \tag{3.10.10}$$

而

$$h^{\mu\alpha} = \frac{A^{\mu\alpha}}{h}, \tag{3.10.11}$$

所以有

$$\frac{A^{\sigma}_{\beta}}{h} h^{\alpha}_{\sigma} = \delta^{\alpha}_{\beta}, \tag{3.10.12}$$

即

$$h^{\alpha}_{\mu} h^{\mu}_{\beta} = \delta^{\alpha}_{\beta}. \tag{3.10.13}$$

式 (3.10.13) 和 (3.10.8) 表明,h^{α}_{μ} 无论对于协变脚标还是对于 Lorentz 脚标, 都是正交归一的, 故称**正交标架**.

考虑标架空间的一个仿射正交变换

$$\begin{aligned} & h'_{\alpha\mu} = \lambda^{\beta}_{\alpha} h_{\beta\mu}, \\ & \lambda^{\beta}_{\alpha} \lambda^{\nu}_{\beta} = \delta^{\nu}_{\alpha}. \end{aligned} \tag{3.10.14}$$

此时度规张量的变换式为

$$\begin{aligned} g'_{\mu\nu} &= h'_{\alpha\mu} h'^{\alpha}_{\nu} = \lambda^{\beta}_{\alpha} \lambda^{\alpha}_{\tau} h_{\beta\mu} h^{\tau}_{\nu} \\ &= \delta^{\beta}_{\tau} h_{\beta\mu} h^{\tau}_{\nu} = h_{\tau\mu} h^{\tau}_{\nu} = g_{\mu\nu}. \end{aligned} \tag{3.10.15a}$$

此式表明, **对于标架空间的仿射正交变换, $g_{\mu\nu}$ 是一个不变量**.

设标架不动, 坐标变换 $x^{\mu} \to x'^{\mu}$, 此时有

$$h'^{\alpha}_{\mu} = \frac{\partial X^{\alpha}}{\partial x'^{\mu}} = \frac{\partial X^{\alpha}}{\partial x^{\nu}} \frac{\partial x^{\nu}}{\partial x'^{\mu}} = \frac{\partial x^{\nu}}{\partial x'^{\mu}} h^{\alpha}_{\nu}. \tag{3.10.15b}$$

这就是说, **$h_{\alpha\mu}$ 在坐标空间中是一协变矢量**.

现在我们给出曲率张量的正交标架形式. 和在坐标空间的情况类似, 由 $h_{\alpha\mu}$ 的协变导数不可对易便可给出曲率张量的表达式. 我们定义 $R^{\lambda}_{\tau\mu\nu}$

$$h_{\alpha\tau;\mu\nu} - h_{\alpha\tau;\nu\mu} = R^{\lambda}_{\tau\mu\nu} h_{\alpha\lambda}, \tag{3.10.16}$$

即

$$R^{\lambda}_{\tau\mu\nu} = h^{\alpha\lambda}(h_{\alpha\tau;\mu\nu} - h_{\alpha\tau;\nu\mu}). \tag{3.10.17}$$

由 $g^{\mu\nu}_{,\lambda} = 0$ 可得

$$h^{\mu}_{\alpha;\lambda}h^{\alpha;\nu} + h^{\mu}_{\alpha}h^{\alpha\nu}_{;\lambda} = 0.$$

从而有

$$\begin{aligned}(h^{\nu}_{\alpha}h^{\alpha\mu}_{;\lambda})_{;\nu} &= h^{\nu}_{\alpha;\nu}h^{\alpha\mu}_{;\lambda} + h^{\nu}_{\alpha}h^{\alpha\mu}_{;\lambda\nu}\\ &= -(h^{\mu}_{\alpha;\nu}h^{\alpha\nu}_{;\lambda} + h^{\mu}_{\alpha}h^{\alpha\nu}_{;\lambda\nu}),\end{aligned} \tag{3.10.18}$$

或者写成

$$h^{\nu}_{\alpha}h^{\alpha\mu}_{;\lambda\nu} = -(h^{\nu}_{\alpha;\nu}h^{\alpha\mu}_{;\lambda} + h^{\mu}_{\alpha\nu;}h^{\alpha\nu}_{;\lambda} + h^{\mu}_{\alpha}h^{\nu\alpha}_{;\lambda\nu}). \tag{3.10.19}$$

由 (3.10.19) 和 (3.10.17), 得到

$$\begin{aligned}R^{\mu}_{\lambda} &= h^{\alpha\nu}(h^{\mu}_{\alpha;\nu\lambda} - h^{\mu}_{\alpha;\lambda\nu})\\ &= h^{\alpha\nu}_{;\nu}h^{\mu}_{\alpha;\lambda} + h^{\alpha\mu}_{;\nu}h^{\nu}_{\alpha;\lambda} + h^{\alpha\mu}h^{\nu}_{\alpha;\lambda\nu} + h^{\alpha\nu}h^{\mu}_{\alpha;\nu\lambda}.\end{aligned} \tag{3.10.20a}$$

再缩并得

$$R = h^{\alpha\nu}_{;\nu}h^{\mu}_{\alpha;\mu} + h^{\alpha\nu}_{;\mu}h^{\mu}_{\alpha;\nu} + 2h^{\alpha\nu}h^{\mu}_{\alpha;\nu\mu}. \tag{3.10.20b}$$

由上式可见, 无论在坐标空间还是在标架空间, R 都是标量.

下面我们给出引力场方程的正交标架形式. 引力场的拉格朗日 $L = L(g_{\mu\nu}, g_{\mu\nu,\lambda})$, 而

$$g_{\mu\nu} = h^{\alpha}_{\mu}h_{\alpha\nu}.$$

现在对标架进行变分:

$$\begin{aligned}\delta g_{\mu\nu} &= h^{\alpha}_{\mu}\delta h_{\alpha\nu} + (\delta h^{\alpha}_{\mu})h_{\alpha\nu}\\ &= h^{\alpha}_{\mu}\delta h_{\alpha\nu} + h^{\alpha}_{\nu}\delta h_{\alpha\mu}\\ &= h^{\alpha}_{\mu}\delta(g_{\rho\nu}h^{\rho}_{\alpha}) + h^{\alpha}_{\nu}\delta(g_{\rho\mu}h^{\rho}_{\alpha})\\ &= 2\delta g_{\mu\nu} + (h^{\alpha}_{\mu}g_{\rho\nu} + h^{\alpha}_{\nu}g_{\rho\mu})h^{\rho}_{\alpha},\end{aligned} \tag{3.10.21}$$

即

$$\delta g_{\mu\nu} = -(h^{\alpha}_{\mu}g_{\rho\nu} + h^{\alpha}_{\tau}g_{\rho\mu})\delta h^{\rho}_{\alpha}. \tag{3.10.22}$$

将上式代入 (3.4.13), 得到

$$\delta I_g = \int \sqrt{-g}(R^{\mu}_{\rho} - \frac{1}{2}\delta^{\mu}_{\rho}R)h^{\alpha}_{\mu}\delta h^{\rho}_{\alpha}\mathrm{d}^4x. \tag{3.10.23}$$

此时 (3.4.21) 和 (3.4.22) 为

$$\delta I_f = -k\int\sqrt{-g}T^{\mu}_{\rho}h^{\alpha}_{\mu}\delta h^{\rho}_{\alpha}\mathrm{d}^4x. \tag{3.10.24}$$

将 (3.10.23) 和 (3.10.24) 代入 $\delta(I_g + I_f) = 0$, 得到

$$(R^{\mu}_{\rho} - \frac{1}{2}\delta^{\mu}_{\rho}R)h^{\alpha}_{\mu} = kT^{\mu}_{\rho}h^{\alpha}_{\mu}, \tag{3.10.25}$$

即

$$R^{\alpha}_{\rho} - \frac{1}{2}Rh^{\alpha}_{\rho} = kT^{\alpha}_{\rho}. \tag{3.10.26}$$

此即正交标架形式的 Einstein 引力场方程. 两端乘以 $h_{\alpha\lambda}$ 便得到坐标形式的场方程.

3.11 引力场方程的零标架形式

Einstein 引力场方程除了通常的张量形式外, 还常以其他形式给出, 其中一种很有用的形式是 Newman 和 Penrose 给出的零标架形式, 常称为 Newman-Penrose 方程.

1. **零标架**

在四维时空中每一点, 引入一组矢量 l_μ, n_μ, m_m 和 $\bar{m}_\mu$ 构成一标架. 其中 l_μ 和 n_μ 为实的零矢量, m_μ 和 $\bar{m}_\mu$ 为一对复的零矢量. m_μ 由两个实的正交矢量 a_μ 和 b_μ 构成

$$m_\mu = \frac{1}{\sqrt{2}}(a_\mu - \mathrm{i}b_\mu). \tag{3.11.1}$$

标架 $(l_\mu, n_\mu, m_\mu, \bar{m}_\mu,)$ 满足准正交条件

$$\begin{aligned} &l_\mu m^\mu = n_\mu m^\mu = l_\mu \bar{m}^\mu = n_\mu \bar{m}^\mu = 0,\\ &l_\mu l^\mu = n_\mu n^\mu = m_\mu m^\mu = \bar{m}_\mu \bar{m}^\mu = 0,\\ &l_\mu n^\mu = -m_\mu \bar{m}^\mu = 1. \end{aligned} \tag{3.11.2}$$

引入零标架符号

$$Z_{m\mu} = (l_\mu, n_\mu, m_\mu, \bar{m}_\mu), \quad m = 1, 2, 3, 4. \tag{3.11.3}$$

零标架指标 m 的升降由平直时空度规 η^{mn} 进行, η^{mn} 的形式为

$$\eta^{mn} = \begin{pmatrix} 0 & 1 & 0 & 0\\ 1 & 0 & 0 & 0\\ 0 & 0 & 0 & -1\\ 0 & 0 & -1 & 0 \end{pmatrix} = \eta_{mn}. \tag{3.11.4}$$

度规张量 $g_{\mu\nu}$ 可表示为

$$\begin{aligned} g_{\mu\nu} &= Z_{m\mu}Z_{n\nu}\eta^{mn} \\ &= l_\mu n_\nu + n_\mu l_\nu - m_\mu \bar{m}_\nu - \bar{m}_\mu n_\nu, \end{aligned} \tag{3.11.5}$$

$$\eta_{mn} = Z_{m\mu}Z_{n\nu}g^{\mu\nu}. \tag{3.11.6}$$

2. 旋系数

由这一标架可以定义复的 Ricci 旋系数 γ^{mnp}

$$\gamma^{mnp} = Z^m_{\mu;\nu}Z^{n\mu}Z^{p\nu}. \tag{3.11.7}$$

γ^{mnp} 具有反对称性

$$\gamma^{mnp} = -\gamma^{nmp}. \tag{3.11.8}$$

12 个旋系数表示为

$$\kappa = \gamma_{131} = l_{\mu;\nu}m^\mu l^\nu, \tag{3.11.9a}$$

$$\rho = \gamma_{134} = l_{\mu;\nu}m^\mu \bar{m}^\nu, \tag{3.11.9b}$$

$$\sigma = \gamma_{133} = l_{\mu;\nu}m^\mu m^\nu, \tag{3.11.9c}$$

$$\tau = \gamma_{132} = l_{\mu;\nu}m^\mu n^\nu, \tag{3.11.9b}$$

$$\nu = -\gamma_{242} = -n_{\mu;\nu}\bar{m}^\mu n^\nu, \tag{3.11.9e}$$

$$\mu = -\gamma_{243} = -n_{\mu;\nu}\bar{m}^\mu m^\nu, \tag{3.11.9f}$$

$$\lambda = -\gamma_{244} = -n_{\mu;\nu}\bar{m}^\mu \bar{m}\nu, \tag{3.11.9g}$$

$$\pi = -\gamma_{241} = -n_{\mu;\nu}\bar{m}^\mu l^\nu, \tag{3.11.9h}$$

$$\alpha = \frac{1}{2}(\gamma_{124} - \gamma_{344}) = \frac{1}{2}(l_{\mu;\nu}n^\mu \bar{m}^\nu - m_{\mu;\nu}\bar{m}^\mu \bar{m}^\nu), \tag{3.11.9i}$$

$$\beta = \frac{1}{2}(\gamma_{123} - \gamma_{343}) = \frac{1}{2}(l_{\mu;\nu}n^\mu m^\nu - m_{\mu;\nu}\bar{m}^\mu m^\nu), \tag{3.11.9j}$$

$$\gamma = \frac{1}{2}(\gamma_{122} - \gamma_{342}) = \frac{1}{2}(l_{\mu;\nu}n^\mu n^\nu - m_{\mu;\nu}\bar{m}^\mu n^\nu), \tag{3.11.9k}$$

$$\varepsilon = \frac{1}{2}(\gamma_{121} - \gamma_{341}) = \frac{1}{2}(l_{\mu;\nu}n^\mu l^\nu - m_{\mu;\nu}\bar{m}^\mu l^\nu), \tag{3.11.9l}$$

3. 张量和方向导数

任一张量 $T_{\mu\nu\cdots}$ 的标架分量定义为

$$T_{mn\cdots} = T_{\mu\nu\cdots}Z^\mu_m Z^\nu_n \cdots. \tag{3.11.10}$$

在坐标空间中 Weyl 张量表示为

$$\begin{aligned}C_{\rho\sigma\mu\nu} =&R_{\rho\sigma\mu\nu} - \frac{1}{2}(g_{\rho\mu}R_{\sigma\nu} - g_{\rho\nu}R_{\sigma\mu} - g_{\sigma\mu}R_{\rho\nu} + g_{\sigma\nu}R_{\rho\mu})\\ &- \frac{1}{6}(g_{\rho\nu}g_{\sigma\mu} - g_{\rho\mu}g_{\sigma\nu})R.\end{aligned}$$

在零标架中具有形式

$$\begin{aligned}C_{mnpq} =&R_{mnpq} - \frac{1}{2}(\eta_{mp}R_{nq} - \eta_{mq}R_{np} - \eta_{np}R_{mq} + \eta_{nq}R_{mp})\\ &- \frac{1}{6}(\eta_{mq}\eta_{np} - \eta_{mp}\eta_{nq}).\end{aligned} \tag{3.11.11}$$

利用 Weyl 张量的无迹性和恒等式

$$\begin{aligned}&\eta^{mn}C_{mpqn} = C_{1pq2} + C_{2pq1} - C_{3pq4} - C_{4pq3} = 0,\\ &C_{1234} + C_{1423} + C_{1342} = 0,\end{aligned}$$

我们得到

$$\begin{aligned}&C_{1314} = C_{1413} = C_{2324} = C_{2423} = C_{1323} = C_{1424} = 0,\\ &C_{1313} = \bar{C}_{1414}, \quad C_{1213} = C_{1343} = \bar{C}_{1434} = \bar{C}_{1214},\\ &C_{1242} = C_{2434} = \bar{C}_{1232} = \bar{C}_{2343}, \quad C_{2424} = C_{2323},\\ &C_{1342} = \frac{1}{2}(C_{1212} - C_{1234}) = \frac{1}{2}(C_{3434} - C_{1234}).\end{aligned}$$

Weyl 张量的 5 个独立分量可写为

$$\Psi_0 = -C_{1313} = -C_{\mu\nu\tau\lambda}l^\mu m^\nu l^\tau m^\lambda, \tag{3.11.11a}$$

$$\Psi_1 = -C_{1213} = -C_{\mu\nu\tau\lambda}l^\mu n^\nu m^\nu m^\lambda, \tag{3.11.11b}$$

$$\Psi_2 = -\frac{1}{2}(C_{1212} - C_{1234}) = -\frac{1}{2}C_{\mu\nu\tau\lambda}l^\mu n^\nu(l^\tau n^\lambda - m^\tau \bar{m}^\lambda), \tag{3.11.11c}$$

$$\Psi_3 = -C_{1242} = -C_{\mu\nu\tau\lambda}\bar{m}^\mu n^\nu l^\tau n^\lambda, \tag{3.11.11d}$$

$$\Psi_4 = -C_{2424} = -C_{\mu\nu\tau\lambda}\bar{m}^\mu n^\nu \bar{m}^\tau n^\lambda, \tag{3.11.11e}$$

Ricci 张量的 6 个独立分量为

$$\Phi_{00} = -\frac{1}{2}R_{11} = \overline{\Phi}_{00}, \tag{3.11.12a}$$

$$\Phi_{11} = -\frac{1}{4}(R_{12} + R_{34}), \tag{3.11.12b}$$

$$\Phi_{01} = -\frac{1}{2}R_{13} = \overline{\Phi}_{10}, \tag{3.11.12c}$$

$$\varPhi_{12} = -\frac{1}{2}R_{23}, \tag{3.11.12d}$$

$$\varPhi_{10} = -\frac{1}{2}R_{14} = \overline{\varPhi}_{01}, \tag{3.11.12e}$$

$$\varPhi_{21} = -\frac{1}{2}R_{24}, \tag{3.11.12f}$$

$$\varPhi_{02} = -\frac{1}{2}R_{33} = \overline{\varPhi}_{20}, \tag{3.11.12g}$$

$$\varPhi_{22} = -\frac{1}{2}R_{22}, \tag{3.11.12h}$$

$$\varPhi_{20} = -\frac{1}{2}R_{44}, \tag{3.11.12i}$$

标曲率为

$$\varLambda = \frac{R}{24}. \tag{3.11.12j}$$

任意标量的方向导数定义为

$$\mathrm{D}\phi = \phi_{;\mu}l^{\mu} = \phi_{,\mu}l^{\mu}, \tag{3.11.13a}$$

$$\Delta\phi = \phi_{;\mu}n^{\mu} = \phi_{,\mu}n^{\mu}, \tag{3.11.13b}$$

$$\delta\phi = \phi_{;\mu}m^{\mu} = \phi_{,\mu}m^{\mu}, \tag{3.11.13c}$$

$$\bar{\delta}\phi = \phi_{;\mu}\bar{m}^{\mu} = \phi_{,\mu}\bar{m}^{\mu}, \tag{3.11.13d}$$

或者写为

$$\mathrm{D} = l^{\mu}\frac{\partial}{\partial x^{\mu}}, \quad \Delta = n^{\mu}\frac{\partial}{\partial x^{\mu}},$$
$$\delta = m^{\mu}\frac{\partial}{\partial x^{\mu}}, \quad \bar{\delta} = \bar{m}^{\mu}\frac{\partial}{\partial x^{\mu}}. \tag{3.11.13}$$

4. Newman-Penrose *方程*

应用前面定义的符号, 可以把 Einstein 引力场方程写成零标架形式, 这就是 Newman-Penrose 方程. 这是一组一阶偏微分方程, 含有 5 个 Weyl 张量的标架分量, 6 个独立的 Einstein 张量分量, 标曲率 $\varLambda$ 和 12 个复的旋系数.

Newman-Penrose 方程分为三组：对易关系, Ricci 恒等式和 Bianchi 恒等式.

1) 对易关系

按定义有

$$\phi^{;m} = \phi_{;\mu}Z^{m\mu}, \tag{3.11.14}$$

于是可以得到 $\phi^{;m;n}$ 和 $\phi^{;n;m}$ 的表达式

$$\phi^{;m;n} = (\phi_{;\mu}Z^{m\mu})_{;\nu}Z^{n\nu} = \phi_{;\mu\nu}Z^{m\mu}Z^{n\tau} + \phi^{;l}\gamma_{l}^{mn}, \tag{3.11.15}$$

$$\phi^{;n;m} = (\phi_{;\nu} Z^{n\nu})_{;\mu} Z^{m\mu} = \phi_{;\nu\mu} Z^{m\mu} Z^{n\nu} + \phi^{;l} \gamma_l^{\ nm}.$$

由上式得

$$\phi^{;m;n} - \phi^{;n;m} = \phi^{;l}(\gamma_l^{\ mn} - \gamma_l^{\ nm}). \tag{3.11.16}$$

在此式中取 $(m, n) = (1,2), (2,4), (1,4), (3,4)$, 得到

$$(\Delta \mathrm{D} - \mathrm{D}\Delta)\phi = [(\gamma + \bar{\gamma})\mathrm{D} + (\varepsilon + \bar{\varepsilon})\Delta - (\tau + \bar{\pi})\delta - (\bar{\tau} + \pi)\bar{\delta}]\phi, \tag{3.11.17a}$$

$$(\delta \mathrm{D} - \mathrm{D}\delta)\phi = [(\bar{\alpha} + \beta - \pi)\mathrm{D} + \kappa\Delta - \sigma\bar{\delta} - (\bar{\rho} + \varepsilon - \bar{\varepsilon})\delta]\phi, \tag{3.11.17b}$$

$$(\delta\Delta - \Delta\delta)\phi = [-\bar{\nu}\mathrm{D} + (\tau - \bar{\alpha} - \beta)\Delta + \bar{\lambda}\,\bar{\delta} + (\mu - \gamma + \bar{\gamma})\delta]\phi, \tag{3.11.17c}$$

$$(\bar{\delta}\delta - \delta\bar{\delta})\phi = [(\bar{\mu} - \mu)\mathrm{D} + (\bar{\rho} - \rho)\Delta - (\bar{\alpha} - \beta)\bar{\delta} - (\bar{\beta} - \alpha)\delta]\phi. \tag{3.11.17d}$$

2) Ricci 恒等式和旋系数方程

根据 Ricci 恒等式

$$Z_{m\mu;[\nu\rho]} = \frac{1}{2} Z_{m\sigma} R^{\sigma}_{\ \nu\mu\rho}, \tag{3.11.18}$$

可得 Riemann 张量的标架形式

$$\begin{aligned} R^{mnpq} =& \gamma^{mnp;q} - \gamma^{mnq;p} + \gamma_l^{\ mq}\gamma^{lnp} - \gamma_l^{\ mp}\gamma^{lnq} \\ & + \gamma^{mnl}(\gamma_l^{\ pq} - \gamma_l^{\ qp}). \end{aligned} \tag{3.11.19}$$

将 (3.11.11) 代入上式, 得到

$$\begin{aligned} & \gamma_{mn[p;q]} + \gamma_{lmq}\gamma^l_{\ np} - \gamma_{lmp}\gamma^l_{\ nq} + \gamma^l_{\ mn}(\gamma_{lpq} - \gamma_{lqp}) \\ =& C_{mnpq} - \frac{1}{2}(\eta_{mp}R_{nq} - \eta_{mq}R_{np} + \eta_{nq}R_{mp} - \eta_{np}R_{mq}) \\ & - \frac{1}{6}R(\eta_{mq}\eta_{np} - \eta_{mp}\eta_{nq}). \end{aligned} \tag{3.11.20}$$

在上式中取

(m, n, p, q) = (1, 3, 4, 1), (1, 3, 3, 1), (1, 3, 2, 1), [(1, 2, 4, 1)−(3, 4, 4, 1)], [(1, 2, 3, 1,)−(3, 4, 3, 1)], [(1, 2, 2, 1)−(3, 4, 2, 1)], (2, 4, 4, 1), (2, 4, 3, 1), (2, 4, 2, 1), (2, 4, 4, 2), (1, 3, 4, 3), [(1, 2, 4, 3)−(3, 4, 4, 3)], (2, 4, 4, 3),(2, 4, 2, 3,), [(1, 2, 2, 3)−(3, 4, 2, 3)], (1, 3, 2, 3), (1, 3, 4, 2), [(1, 2, 4, 2)−(3, 4, 4, 2)],

注意到旋系数、Weyl 张量和 Ricci 张量的标架表达式, 我们得到下面一组方程:

$$\mathrm{D}\rho - \bar{\delta}\kappa = (\rho^2 + \sigma\bar{\sigma}) + (\varepsilon + \bar{\varepsilon})\rho - \bar{\kappa}\tau - \kappa(3\alpha + \bar{\beta} - \pi) + \Phi_{00}, \tag{3.11.21a}$$

$$\mathrm{D}\sigma - \delta\kappa = (\rho + \bar{\rho})\sigma + (3\varepsilon - \bar{\varepsilon})\sigma - (\tau - \pi + \bar{\alpha} + 3\beta)\kappa + \Psi_0, \tag{3.11.21b}$$

$$\mathrm{D}\tau - \Delta\kappa = (\tau + \bar{\pi})\rho + (\bar{\tau} + \pi)\sigma + (\varepsilon - \bar{\varepsilon})\tau - (3\gamma + \bar{\gamma})\kappa + \Psi_1 + \Phi_{01}, \tag{3.11.21c}$$

$$\mathrm{D}\alpha-\bar{\delta}\varepsilon=(\rho+\bar{\varepsilon}-2\varepsilon)\alpha+\beta\bar{\sigma}-\bar{\beta}\varepsilon-\kappa\lambda-\bar{\kappa}\gamma+(\varepsilon+\rho)\pi+\Phi_{10}, \tag{3.11.21d}$$

$$\mathrm{D}\beta-\delta\varepsilon=(\alpha+\pi)\sigma+(\bar{\rho}-\bar{\varepsilon})\beta-(\mu+\gamma)\kappa-(\bar{\alpha}-\bar{\pi})\varepsilon+\Psi_1, \tag{3.11.21e}$$

$$\mathrm{D}\gamma-\Delta\varepsilon=(\tau+\bar{\pi})\alpha+(\bar{\tau}+\pi)\beta-(\varepsilon+\bar{\varepsilon})\gamma-(\gamma+\bar{\gamma})\varepsilon+\tau\pi-\nu\kappa+\Psi_2-\Lambda+\Phi_{11}, \tag{3.11.21f}$$

$$\mathrm{D}\lambda-\bar{\delta}\pi=(\rho\lambda+\bar{\sigma}\mu)+\pi^2+(\alpha-\bar{\beta})\pi-\nu\bar{\kappa}-(3\varepsilon-\bar{\varepsilon})\lambda+\Phi_{20}, \tag{3.11.21g}$$

$$\mathrm{D}\mu-\delta\pi=(\bar{\rho}\nu+\sigma\lambda)+\pi\bar{\pi}-(\varepsilon+\bar{\varepsilon})\mu-\pi(\bar{\alpha}-\beta)-\nu\kappa+\Psi_2+2\Lambda, \tag{3.11.21h}$$

$$\mathrm{D}\nu-\Delta\pi=(\pi+\bar{\tau})\mu+(\bar{\pi}+\tau)\lambda+(\gamma-\bar{\gamma})\pi-(3\varepsilon+\bar{\varepsilon})\nu+\Psi_3+\Phi_{21}, \tag{3.11.21i}$$

$$\mathrm{D}\lambda-\bar{\delta}\nu=-(\mu+\bar{\mu})\lambda-(3\gamma-\bar{\gamma})\lambda+(3\alpha+\bar{\beta}+\pi-\bar{\tau})\nu-\Psi_4, \tag{3.11.21j}$$

$$\delta\rho-\bar{\delta}\sigma=\rho(\bar{\alpha}+\beta)-\sigma(3\alpha-\bar{\beta})+(\rho-\bar{\rho})\tau+(\mu-\bar{\mu})\kappa-\Psi_1+\Phi_{10}, \tag{3.11.21k}$$

$$\delta\alpha-\bar{\delta}\beta=(\mu\rho-\lambda\sigma)+\alpha\bar{\alpha}+\beta\bar{\beta}-2\alpha\beta+\gamma(\rho-\bar{\rho})+\varepsilon(\mu-\bar{\mu})-\Psi_2+\Lambda+\Phi_{11}, \tag{3.11.21l}$$

$$\delta\lambda-\bar{\delta}\mu=(\rho-\bar{\rho})\nu+(\mu-\bar{\mu})\pi+\mu(\alpha+\bar{\beta})+\lambda(\bar{\alpha}-3\beta)-\Psi_3+\Phi_{21}, \tag{3.11.21m}$$

$$\delta\nu-\Delta\mu=(\mu^2+\lambda\bar{\lambda})+(\gamma+\bar{\gamma})\mu+\bar{\nu}\pi+(\tau-3\beta-\bar{\alpha})\nu+\Phi_{22}, \tag{3.11.21n}$$

$$\delta\gamma-\Delta\beta=(\tau-\bar{\alpha}-\beta)\gamma+\mu\tau-\sigma\nu-\varepsilon\bar{\nu}-\beta(\gamma-\bar{\gamma}-\mu)+\alpha\bar{\lambda}+\Phi_{12}, \tag{3.11.21o}$$

$$\delta\tau-\Delta\sigma=(\mu\sigma+\bar{\lambda}\rho)+(\tau+\beta-\bar{\alpha})\tau-(3\gamma-\bar{\gamma})\sigma-\kappa\bar{\nu}+\Phi_{02}, \tag{3.11.21p}$$

$$\Delta\rho-\bar{\delta}\tau=-(\rho\bar{\mu}+\sigma\lambda)+(\bar{\beta}-\alpha-\bar{\tau})\tau+(\gamma+\bar{\gamma})\rho+\nu\kappa-\Psi_2-2\Lambda, \tag{3.11.21q}$$

$$\Delta\alpha-\bar{\delta}\gamma=(\rho+\varepsilon)\nu-(\tau+\beta)\lambda+(\bar{\gamma}-\bar{\mu})\alpha+(\bar{\beta}-\bar{\tau})\gamma-\Psi_3. \tag{3.11.21r}$$

3) Bianchi 恒等式

Bianchi 恒等式 $R_{\mu\nu\{\tau\lambda;\sigma\}}=0$ 在零标架中具有形式

$$\begin{aligned}&R_{mn\{pq;r\}}-(\gamma^l_{mr}R_{pqln}+\gamma^1_{mp}R_{qrln}+\gamma^l_{mq}R_{rpln}-\gamma^l_{nr}R_{pqlm}\\&-\gamma^l_{np}R_{qrlm}-\gamma^l_{nq}R_{rplm}+2R_{mnlp}\gamma^l_{rq}+2R_{mnlr}\gamma^l_{qp}+2R_{mnlq}\gamma^l_{pr})=0.\end{aligned} \tag{3.11.22}$$

在上式中, 取

(m,n,p,q,r)=(1, 3, 1, 3, 4), (1, 3, 4, 2, 1), (1, 3, 1, 3, 2), [(2, 1, 1, 3, 2)−(2, 3, 1, 3, 4)], [(1, 2, 2, 4, 1)−(1, 4, 2, 4, 3)], (2, 4, 3, 1, 2), (2, 4, 2, 4, 1), (2, 4, 2, 4, 3), {[(4, 3, 1, 3, 4)+(1, 2, 3, 4, 1)]+2(1, 3, 4, 2, 1)}, {[(2, 1, 1, 3, 2)−(2, 3, 1, 3, 4)]−(1, 3, 4, 2, 3)}, {[(3, 4, 2, 4, 3)+(2, 1, 4, 3, 2)]+(2, 4, 3, 1, 2)},

注意 Riemann 张量的标架表达式, 我们得到下面一组方程:

$$\begin{aligned}\bar{\delta}\Psi_0-\mathrm{D}\Psi_1+\mathrm{D}\Phi_{01}-\delta\Phi_{00}=&(4\alpha-\pi)\Psi_0-2(2\rho+\varepsilon)\Psi_1+3\kappa\Psi_2+(\bar{\pi}-2\bar{\alpha}-2\beta)\Phi_{00}\\&+2(\varepsilon+\bar{\rho})\Phi_{01}+2\sigma\Phi_{10}-2\kappa\Phi_{11}-\bar{\kappa}\Phi_{02},\end{aligned} \tag{3.11.23a}$$

$$\begin{aligned}\Delta\Psi_0-\delta\Psi_1+\mathrm{D}\Phi_{02}-\delta\Phi_{01}=&(4\gamma-\mu)\Psi_0-2(2\tau+\beta)\Psi_1+3\sigma\Psi_2-\bar{\lambda}\Phi_{00}+2(\bar{\pi}-\beta)\Phi_{01}\\&+2\sigma\Phi_{11}+(2\varepsilon-2\bar{\varepsilon}+\bar{\rho})\Phi_{02}-2\kappa\Phi_{12},\end{aligned} \tag{3.11.23b}$$

$$3(\bar{\delta}\Phi_1 - \mathrm{D}\Phi_2) + 2(\mathrm{D}\Phi_{11} - \delta\Phi_{10}) + \bar{\delta}\Phi_{01} - \Delta\Phi_{00}$$
$$=3\lambda\Psi_0 - 9\rho\Psi_2 + 6(\alpha-\pi)\Psi_1 + 6\kappa\Psi_3 + (\bar{\mu}-2\mu-2\gamma-2\bar{\gamma})\Phi_{00} + (2\alpha+2\pi+2\bar{\tau})\Phi_{01}$$
$$+2(\tau-2\bar{\alpha}+\bar{\pi})\Phi_{10} + 2(2\bar{\rho}-\rho)\Phi_{11} + 2\sigma\Phi_{20} - \bar{\delta}\Phi_{02} - 2\kappa\bar{\Phi}_{12} - 2\kappa\Phi_{21}, \tag{3.11.23c}$$

$$3(\Delta\Psi_1 - \delta\Psi_2) + 2(\mathrm{D}\Phi_{12} - \delta\Phi_{11}) + (\bar{\delta}\Phi_{02} - \Delta\Phi_{01})$$
$$=3\nu\Psi_0 + 6(\gamma-\mu)\Psi_1 - 9\tau\Psi_2 + 6\delta\Psi_3 - \bar{\nu}\Phi_{00}$$
$$+2(\bar{\mu}-\mu-\gamma)\Phi_{01} - 2\bar{\lambda}\Phi_{10} + 2(\tau+2\bar{\pi})\Phi_{11}$$
$$+(2\alpha+2\pi+\bar{\tau}-2\bar{\beta})\Phi_{02} + (2\bar{\rho}-2\rho-4\bar{\varepsilon})\Phi_{12} + 2\sigma\Phi_{21} - 2\kappa\Phi_{22}, \tag{3.11.23d}$$

$$3(\bar{\delta}\Psi_2 - \mathrm{D}\Psi_3) + \mathrm{D}\Phi_{21} - \delta\Phi_{20} + 2(\bar{\delta}\Phi_{11} - \Delta\Phi_{10})$$
$$=6\lambda\Psi_1 - 9\pi\Psi_2 + 6(\varepsilon-\rho)\Psi_3 + 3\kappa\Psi_4 - 2\nu\Phi_{00} + 2\lambda\Phi_{01} + 2(\bar{\mu}-\mu-2\bar{\gamma})\Phi_{10}$$
$$+(2\pi+4\bar{\tau})\Phi_{11} + (2\beta+2\tau+\bar{\pi}-2\bar{\alpha})\Phi_{20} - 2\bar{\sigma}\Phi_{12} + 2(\bar{\rho}-\rho-\varepsilon)\Phi_{21} - \bar{\kappa}\Phi_{22}, \tag{3.11.23e}$$

$$3(\Delta\Psi_2 - \delta\Psi_3) + \mathrm{D}\Phi_{22} - \delta\Phi_{21} + 2(\bar{\delta}\Phi_{12} - \Delta\Phi_{11})$$
$$=6\nu\Psi_1 - 9\mu\Psi_2 + 6(\beta-\tau)\Psi_3 + 3\sigma\Psi_4 - 2\nu\Phi_{01} - 2\bar{\nu}\Phi_{10}$$
$$+2(2\bar{\mu}-\mu)\Phi_{11} + 2\lambda\Phi_{02} - \bar{\lambda}\Phi_{20} + 2(\pi+\bar{\tau}-2\beta)\Phi_{12}$$
$$+2(\beta+\tau+\bar{\pi})\Phi_{21} + (\bar{\rho}-2\varepsilon-2\bar{\varepsilon}-2\rho)\Phi_{22}, \tag{3.11.23f}$$

$$\bar{\delta}\Psi_3 - \mathrm{D}\Psi_4 + \bar{\delta}\Phi_{21} - \Delta\Phi_{20}$$
$$=3\lambda\Psi_2 - 2(\alpha+2\pi)\Psi_3 + (4\varepsilon-\rho)\Psi_4 - 2\nu\Phi_{10} + 2\lambda\Phi_{11}$$
$$+(2\gamma-2\bar{\gamma}+\bar{\mu})\Phi_{20} + 2(\bar{\tau}-\alpha)\Phi_{21} - \bar{\sigma}\Phi_{22}, \tag{3.11.23g}$$

$$\Delta\Psi_3 - \delta\Psi_4 + \bar{\delta}\Phi_{22} - \Delta\Phi_{21}$$
$$=3\nu\Psi_2 - 2(\gamma+2\mu)\Psi_3 + (4\beta-\tau)\Psi_4 - 2\nu\Psi_{11} - \bar{\nu}\Phi_{10} + 2\lambda\Phi_{12}$$
$$+2(\gamma+\bar{\mu})\Phi_{21} + (\bar{\tau}-2\beta-2\alpha)\Phi_{22}, \tag{3.11.23h}$$

$$\mathrm{D}\Phi_{11} - \delta\Phi_{10} - \bar{\delta}\Phi_{01} + \Delta\Phi_{00} + 3\mathrm{D}\Lambda$$
$$=(2\gamma-\mu+2\bar{\gamma}-\bar{\mu})\Phi_{00} + (\pi-2\alpha-2\bar{\tau})\Phi_{01} + (\bar{\pi}-2\bar{\alpha}-2\tau)\Phi_{10}$$
$$+2(\rho+\bar{\rho})\Phi_{11} + \bar{\sigma}\Phi_{02} + \sigma\Phi_{20} - \bar{\kappa}\Phi_{12} - \kappa\Phi_{21}, \tag{3.11.23i}$$

$$\mathrm{D}\Phi_{21} - \delta\Phi_{11} - \bar{\delta}\Phi_{02} + \Delta\Phi_{01} + 3\delta\Lambda$$
$$=(2\gamma-\mu-2\bar{\mu})\Phi_{01} + \bar{\nu}\Phi_{00} - \bar{\lambda}\Phi_{01} + (2\bar{\pi}-\tau)\Phi_{11} + (\pi+2\bar{\beta}-2\alpha-\bar{\tau})\Phi k_{02}$$
$$+(2\rho+\bar{\rho}-2\bar{\varepsilon})\Phi_{12} + \sigma\Phi_{21} - \kappa\Phi_{22}, \tag{3.11.23j}$$

$$\mathrm{D}\Phi_{22} - \delta\Phi_{21} - \bar{\delta}\Phi_{12} + \Delta\Phi_{11} + 3\Delta\Lambda$$
$$=\nu\Phi_{01} + \bar{\nu}\Phi_{10} - 2(\mu+\bar{\mu})\Phi_{11} - \lambda\Phi_{02} - \bar{\lambda}\Phi_{20} + (2\pi-\bar{\tau}+2\bar{\beta})\Phi_{12}$$
$$+(2\beta-\tau+2\bar{\pi})\Phi_{21} + (\rho+\bar{\rho}-2\varepsilon-2\bar{\varepsilon})\Phi_{22}. \tag{3.11.23k}$$

方程 (3.11.17),(3.11.21) 和 (3.11.23) 即为 Einstein 场方程的 Newman-Penrose 形式.

4) 速度场

速度 u^μ 的协变导数可构成一个与 u^μ 正交的表达式 $\mu_{\mu;\nu}+u_{\mu;\lambda}u^\lambda u_\nu$. 此式可分解为反对称部分、对称无迹部分和它的迹

$$u_{\mu;\nu}+u_{\mu;\lambda}u^\lambda u_\nu=\omega_{\mu\nu}+\sigma_{\mu\nu}+\theta h_{\mu\nu}/3,$$

即

$$u_{\mu;\nu}=-\dot{u}_\mu u_\nu+\omega_{\mu\nu}+\sigma_{\mu\nu}+\theta h_{\mu\nu}/3. \tag{3.11.24}$$

式中

$$\dot{u}_\mu=u_{\mu;\nu}u^\nu=\frac{Du_\mu}{Ds},$$

$$\omega_{\mu\nu}=u_{[\mu;\nu]}+\dot{u}_{[\mu}u_{\nu]}, \tag{3.11.25a}$$

$$\sigma_{\mu\nu}=u_{(\mu;\nu)}+\dot{u}_{(\mu}u_{\nu)}-\theta h_{\mu\nu}/3, \tag{3.11.25b}$$

$$\theta=u^\mu_{;\mu}, \tag{3.11.25c}$$

$$h_{\mu\nu}=g_{\mu\nu}+u_\mu u_\nu; \tag{3.11.25d}$$

$$\dot{u}_\mu u^\mu=0,\quad \omega_{\mu\nu}u^\nu=0,\quad \sigma_{\mu\nu}u^\nu=0,\quad h_{\mu\nu}u^\nu=0. \tag{3.11.25e}$$

速度场的性质包含在这些量中, $\dot{u}_\mu$ 称为加速度, $\omega_{\mu\nu}$ 称为**扭或旋速度**, $\sigma_{\mu\nu}$ 称为**切变速度**,θ 称为**膨胀速度**. 现在我们来说明这些量的几何意义.

设物质元的世界线簇 (流线簇) 为

$$x^\mu=x^\mu(y^i,\tau),$$

速度场为

$$u^\mu(x^\nu)=\frac{\partial x^\mu}{\partial\tau}.$$

沿着每条世界线有 $y^i=\text{const}$. 当 τ 不变时, 由世界线 y^i 到邻近的世界线 $(y^i+\delta y^i)$ 有增量

$$\delta x^\mu=\frac{\partial x^\mu}{\partial y^i}\delta y^i.$$

由于

$$\begin{aligned}\frac{\mathrm{D}}{\mathrm{D}\tau}\delta x^\mu&=\frac{\mathrm{d}}{\mathrm{d}\tau}\delta x^\mu+\Gamma^\mu_{\alpha\beta}\frac{\mathrm{d}x^\alpha}{\mathrm{d}\tau}\delta x^\beta=\frac{\partial^2x^\mu}{\partial\tau\partial y^i}\delta y^i+\Gamma^\mu_{\alpha\beta}u^\alpha\delta x^\beta\\&=\frac{\partial u^\mu}{\partial y^i}\delta y^i+\Gamma^\mu_{\alpha\beta}u^\alpha\delta x^\beta=\frac{\partial u^\mu}{\partial x^\nu}\delta x^\nu+\Gamma^\mu_{\alpha\beta}u^\alpha\delta x^\beta,\end{aligned}$$

所以沿世界线有

$$(\delta x^\mu)^\cdot=u^\mu_{;\nu}\delta x^\nu$$

对于随动系中的观测者, 邻近体元的位移应是 δx^μ 向他的三维空间的投影:

$$\delta_\perp x^\mu = (g^\mu_\nu + u^\mu u_\nu)\delta x^\nu = h^\mu_\nu \delta x^\nu.$$

根据以上二式, 注意到 $(\delta_\perp x^\mu)u_\mu = 0$, 得到相应的速度

$$\frac{\mathrm{D}}{\mathrm{D}\tau}(\delta_\perp x^\mu) - (\delta_\perp x^\nu)(u^\mu \dot{u}_\nu - \dot{u}^\mu u_\nu) = (\delta_\perp x^\nu)^{\cdot} h^\mu_\nu.$$

将 (3.11.25) 代入上式, 得到

$$\begin{aligned}(\delta_\perp x^\nu)^{\cdot} h^\mu_\nu &= (u^\mu_{;\nu} + \dot{u}^\mu u_\nu)\delta_\perp x^\nu \\ &= (\omega^\mu_\nu + \sigma^\mu_\nu + \theta\delta^\mu_\nu/3)\delta_\perp x^\nu.\end{aligned}$$

由上式可以发现, 膨胀速度 θ 为径向速度, 其大小和方向无关. 当 $\theta > 0$ 时物质元的体积膨胀, 当 $\theta < 0$ 时收缩. 根据 (3.1.1), 可将反对称张量 $\omega_{\mu\nu}$ 变换为旋速度矢量 ω^μ

$$\omega^\mu = \frac{1}{2}\varepsilon^{\mu\nu\lambda\tau}u_\nu\omega_{\lambda\tau}, \quad \omega_{\lambda\tau} = \varepsilon_{\lambda\tau\alpha\beta}\omega^\alpha u^\beta.$$

由 ω^μ 描述的速度场具有形式

$$(\delta_\perp x^\nu)^{\cdot} h^\mu_\nu = \varepsilon^\mu_{\nu\lambda\tau}\omega^\lambda u^\tau \delta_\perp x^\nu,$$

可见速度垂直于位移 $\delta_\perp x^\mu$, 也垂直于旋速度 ω^μ. 所以, $\omega_{\mu\nu}$ 表征绕轴 ω^μ 旋转. 关于切变速度, 由于迹 $\sigma^\mu_\nu = 0$, 所以 $\sigma_{\mu\nu}$ 表征物质元由球变为椭球的等体积形变.

由零标架矢量 l_μ 的协变导数可以构成与 (3.11.25) 对应的三个标量场. 定义 $l^\mu = \dfrac{\partial x^\mu}{\partial \nu}, \nu$ 是沿着固定短程线的仿射参量. 这三个标量可以写为

$$\theta = -\frac{1}{2}l^\mu_{;\mu}, \tag{3.11.26a}$$

$$\omega = \sqrt{\frac{1}{2}l_{[\mu;\nu]}l^{\mu;\nu}}, \tag{3.11.26b}$$

$$\sigma = \sqrt{\frac{1}{2}l_{(\mu;\nu)}l^{\mu;\nu} - \theta^2}. \tag{3.11.26c}$$

由 (3.11.9) 可以得到

$$\begin{aligned}l_{\mu;\nu} =&(\gamma+\bar{\gamma})l_\mu l_\nu + (\varepsilon+\bar{\varepsilon})l_\mu n_\nu - (\alpha+\bar{\beta})l_\mu m_\nu - (\bar{\alpha}+\beta)l_\mu \bar{m}_\nu - \bar{\tau}m_\mu l_\nu - \tau\bar{m}_\rho n_\nu \\ &- \bar{\kappa}m_\mu n_\nu - \kappa\bar{m}_\mu n_\nu + \bar{\sigma}m_\mu m_\nu + \sigma\bar{m}_\mu\bar{m}_\nu + \bar{\rho}m_\mu\bar{m}_\nu + \rho\bar{m}_\mu m_\nu.\end{aligned} \tag{3.11.27}$$

我们可以沿上述零曲线族中每一条短程线引入一仿射参量, 从而使 $\varepsilon+\bar{\varepsilon}=0$. 进而, 因 l_μ 为短程线的切线, 故有 $\kappa=0$. 采用 (3.11.27), 可将标量场 θ、ω 和 $|\sigma|$ 用旋系

数表示出来

$$\theta = \frac{1}{2}(\rho + \bar{\rho}), \tag{3.11.28}$$

$$\omega = \frac{1}{2}|\rho + \bar{\rho}|, \tag{3.11.29}$$

$$|\sigma| = \sqrt{\sigma\bar{\sigma}}. \tag{3.11.30}$$

5) Maxwell 方程

在零标架形式中, Maxwell 方程可写为

$$\eta^{pq}(F_{mp;q} - F_{lp}\gamma^l_{mq} - F_{ml}\gamma^l_{pq}) = J_m. \tag{3.11.31}$$

在上式中取 $m = 1, 2, 3, 4$, 得到

$$\mathrm{D}\varPhi_1 - \bar{\delta}\varPhi_0 = (\pi - 2\alpha)\varPhi_0 + 2\rho\varPhi_1 - \kappa\varPhi_2 + J_1, \tag{3.11.32a}$$

$$\mathrm{D}\varPhi_2 - \bar{\delta}\varPhi_1 = -\lambda\varPhi_0 + 2\pi\varPhi_1 + (\rho - 2\varepsilon)\varPhi_2 + J_4, \tag{3.11.32b}$$

$$\delta\varPhi_2 - \Delta\varPhi_1 = -\nu\varPhi_0 + 2\mu\varPhi_1 + (\tau - 2\beta)\varPhi_2 + J_2, \tag{3.11.32c}$$

$$\delta\varPhi_1 - \Delta\varPhi_0 = (\mu - 2\gamma)\varPhi_0 + 2\tau\varPhi_1 - \sigma\varPhi_2 + J_3. \tag{3.11.32d}$$

式中

$$\varPhi_0 = F_{\mu\nu} l^\mu m^\nu, \tag{3.11.33a}$$

$$\varPhi_1 = \frac{1}{2}F_{\mu\nu}(l^\mu n^\nu + \bar{m}^\mu m^\nu), \tag{3.11.33b}$$

$$\varPhi_2 = F_{\mu\nu}\bar{m}^\mu n^\nu; \tag{3.11.33c}$$

$$J_m = J_\mu Z^\mu_m,$$

J_μ 为四维电流密度矢量.

方程组 (3.11.32) 即 Maxwell 方程的零标架形式.

$F_{\mu\nu}$ 可用零标架表示为

$$\begin{aligned} F_{\mu\nu} = & -4\mathrm{Re}(\varPhi_1)l_{[\mu}n_{\nu]} + 4\mathrm{i}\mathrm{Im}(\varPhi_1)m_{[\mu}\bar{m}_{\nu]} + 2\varPhi_2 l_{[\mu}m_{\nu]} \\ & + 2\varPhi_2 l_{[\mu}\bar{m}_{\nu]} - 2\varPhi_0 n_{[\mu}m_{\nu]} - 2\varPhi_0 n_{[\mu}\bar{m}_{\nu]}. \end{aligned} \tag{3.11.34}$$

将上式代入电磁场能量–动量张量表达式

$$E_{\mu\nu} = \frac{1}{4\pi}\left(\frac{1}{4}g_{\mu\nu}F_{\alpha\beta}F^{\alpha\beta} - F_{\mu\sigma}F^{\sigma\nu}\right), \tag{3.11.35}$$

得到相应的标架表示形式

$$4\pi E_{\mu\nu} = 2\{|\varPhi_2|^2 l_\mu l_\nu + |\varPhi_0|^2 n_\mu n_\nu + \bar{\varPhi}_0\varPhi_2 m_\mu m_\nu$$

$$+\Phi_0\bar{\Phi}_2\bar{m}_\mu\bar{m}_\nu\}+4|\Phi_1|^2\{l_{(\mu}n_{\nu)}+m_{(\mu}\bar{m}_{\nu)}\}$$
$$-4\Phi_1\Phi_2 l_{(\mu}m_{\nu)}-4\Phi_1\bar{\Phi}_2 l_{(\mu}\bar{m}_{\nu)}$$
$$-4\bar{\Phi}_0\Phi_1 n_{(\mu}m_{\nu)}-4\Phi_0\bar{\Phi}_1 n_{(\mu}\bar{m}_{\nu)}. \tag{3.11.36}$$

如果能够解方程 (3.11.32) 求得 Φ_0,Φ_1 和 Φ_2, 则可以代入 (3.11.34) 和 (3.11.35), 得到 Maxwell 张量和电磁场能量–动量张量的协变分量 (坐标分量).

如果 Ricci 张量和 Maxwell 张量成正比, 即

$$\Phi_{mn}=\kappa\Phi_m\Phi_n,\quad m,n=0,1,2. \tag{3.11.37}$$

取 $\kappa=1$, Bianchi 恒等式成为

$$(\delta-\tau+4\beta)\Psi_4-(\Delta+2\gamma+4\mu)\Psi_3+3\nu\Psi_2$$
$$=\bar{\Phi}_1\Delta\Phi_2-\bar{\Phi}_2\bar{\delta}\Phi_2+2(\bar{\Phi}_1\Phi_1\nu-\bar{\Phi}_2\Phi_1\lambda-\bar{\Phi}_1\Phi_2\gamma+\bar{\Phi}_2\Phi_2\alpha), \tag{3.11.38a}$$
$$(\delta-2\tau+2\beta)\Psi_3+\sigma\Psi_4-(\Delta+3\mu)\Psi_2+2\nu\Psi_1$$
$$=\bar{\Phi}_1\delta\Phi_2-\bar{\Phi}_2 D\Phi_2+2(\bar{\Phi}_1\Phi_1\mu-\bar{\Phi}_2\Phi_1\pi-\bar{\Phi}_1\Phi_2\beta+\bar{\Phi}_2\Phi_2\varepsilon), \tag{3.11.38b}$$
$$(\delta-3\tau)\Psi_2+2\sigma\psi_3-(\Delta-2\gamma+2\mu)\Psi_1+\nu\Psi_0$$
$$=\bar{\Phi}_1\Delta\Phi_0-\bar{\Phi}_2\delta\Phi_0+2(\bar{\Phi}_1\Phi_0\gamma-\bar{\Phi}_2\Phi_0\alpha-\bar{\Phi}_1\Phi_1\tau+\bar{\Phi}_2\Phi_1\rho), \tag{3.11.38c}$$
$$(\delta-4\tau-2\beta)\Psi_1+3\sigma\Psi_2-(\Delta-4\gamma+\mu)\Psi_0$$
$$=\bar{\Phi}_1\delta\Phi_0-\bar{\Phi}_2 D\Phi_0+2(\bar{\Phi}_1\Phi_0\beta-\bar{\Phi}_2\Phi_0\varepsilon-\bar{\Phi}_1\Phi_1\sigma+\bar{\Phi}_2\Phi_1\kappa), \tag{3.11.38d}$$
$$(D+4\varepsilon-\rho)\Psi_4-(\bar{\delta}+4\pi+2\alpha)\Psi_3+3\lambda\Psi_2$$
$$=\bar{\Phi}_0\Delta\Phi_2-\bar{\Phi}_1\bar{\delta}\Phi_2+2(\bar{\Phi}_0\Phi_\nu-\bar{\Phi}_1\Phi_1\lambda-\bar{\Phi}_0\Phi_2\gamma+\bar{\Phi}_1\Phi_2\alpha), \tag{3.11.38e}$$

3.12 共形 Ricci 平直理想流体的场方程

将理想流体的能量–动量张量

$$T^{\mu\nu}=(\varepsilon+p)u^\mu u^\nu-g^{\mu\nu}p \tag{3.12.1}$$

代入守恒方程

$$T^{\mu\nu}_{;\nu}=0, \tag{3.12.2}$$

可以得到

$$u^\nu\varepsilon_{,\nu}+(\varepsilon+p)u^\nu_{;\nu}=0, \tag{3.12.3}$$

$$(\varepsilon+p)u^\nu u^\mu_{;\nu}-(g^{\mu\nu}-u^\mu u^\nu)_{,\nu}=0. \tag{3.12.4}$$

设 $\widehat{g}_{\mu\nu}$ 表示真空度规, $g_{\mu\nu}$ 表示理想流体引力场的度规; 此时有 (取 $k=1$)

$$\widehat{R}_{\mu\nu}=0(\text{Ricci 平直}). \tag{3.12.5}$$

$$R_{\mu\nu}-\frac{1}{2}g_{\mu\nu}R=(\varepsilon+p)u_\mu u_\nu-pg_{\mu\nu},$$

如果存在一个标量 ϕ, 使式

$$\widehat{g}_{\mu\nu}=\mathrm{e}^{2\phi}g_{\mu\nu} \tag{3.12.6}$$

成立, 则称流体 $(g_{\mu\nu},\varepsilon,p)$ 为共形 Ricci 平直理想流体. 共形变换 (3.12.6),Riemann 张量, Weyl 张量和 Ricci 张量满足下列方程:

$$\begin{aligned}\mathrm{e}^{2\phi}\widehat{R}_{\mu\nu\alpha\beta}=&R_{\mu\nu\alpha\beta}+g_{\mu\beta}(\phi_{;\nu\alpha}-\phi_{,\nu}\phi_{,\alpha}+g_{\nu\alpha}(\phi_{;\mu\beta}-\phi_{,\mu}\phi_{,\beta})-g_{\mu\alpha}(\phi_{;\nu\beta}-\phi_{,\nu}\phi_{,\beta})\\&-g_{\nu\beta}(\phi_{;\mu\alpha}-\phi_{,\mu}\phi_{,\alpha})+(g_{\mu\beta}g_{\nu\alpha}-g_{\mu\alpha}g_{\nu\beta})g^{\tau\sigma}\phi_{,\tau}\phi_{,\sigma},\end{aligned} \tag{3.12.7}$$

$$\begin{aligned}C^\lambda_{\mu\nu\tau}=&R^\lambda_{\mu\nu\tau}-\frac{1}{2}(\delta^\lambda_\tau R_{\mu\nu}-\delta^\lambda_\nu R_{\mu\tau}+g_{\mu\nu}R^\lambda_\tau-g_{\mu\tau}R^\lambda_\nu)\\&-\frac{1}{6}R(\delta^\lambda_\tau g_{\mu\nu}-\delta^\lambda_\nu g_{\mu\tau}),\end{aligned} \tag{3.12.8}$$

$$\widehat{R}_{\mu\nu}=R_{\mu\nu}+2(\phi_{;\mu\nu}-\phi_{,\mu}\phi_{,\nu})+g_{\mu\nu}g^{\alpha\beta}(\phi_{;\alpha\beta}-\phi_{,\alpha}\phi_{,\beta}). \tag{3.12.9}$$

用 $\widehat{g}^{\mu\mu'}\widehat{g}^{\nu\nu'}=\mathrm{e}^{4\phi}g^{\mu\mu'}g^{\nu\nu'}$ 乘 (3.12.7), 然后去掉脚标的撇号, 得到

$$\begin{aligned}\mathrm{e}^{2\phi}\widehat{R}^{\mu\nu}_{\alpha\beta}=&R^{\mu\nu}_{\alpha\beta}+\delta^\mu_\beta(\phi^{;\nu}_{;\alpha}-\phi^{,\nu}\phi_{,\alpha})+\delta^\nu_\alpha(\phi^{;\mu}_{;\beta}-\phi^{,\mu}\phi_{,\beta})-\delta^\mu_\alpha(\phi^{;\nu}_{;\beta}-\phi^{,\nu}\phi_{,\beta})\\&-\delta^\nu_\beta(\phi^{;\mu}_{;\alpha}-\phi^{,\mu}\phi_{,\alpha})+(\delta^\mu_\beta\delta^\nu_\alpha-\delta^\mu_\alpha\delta^\nu_\beta)\phi^{,\tau}\phi_{,\tau}\\=&R^{\mu\nu}_{\alpha\beta}+Y^\nu_\alpha\delta^\mu_\beta+Y^\mu_\beta\delta^\nu_\alpha-Y^\nu_\beta\delta^\mu_\alpha-Y^\mu_\alpha\delta^\nu_\beta.\end{aligned} \tag{3.12.10}$$

式中

$$Y^\mu_\alpha\equiv\phi^{;\mu}_{;\alpha}-\phi^{;\mu}\phi^{,\alpha}+\frac{1}{2}\delta^\mu_\alpha\phi^{,\tau}\phi_{,\tau}. \tag{3.12.11}$$

将此式代入 (3.12.9), 得到

$$\widehat{R}_{\mu\nu}=R_{\mu\nu}-2Y_{\mu\nu}-g_{\mu\nu}Y^\sigma_\alpha. \tag{3.12.12}$$

考虑到 (3.12.5), 上式成为

$$R_{\mu\nu}=2Y_{\mu\nu}+g_{\mu\nu}Y^\alpha_\alpha, \tag{3.12.13}$$

$$Y^\alpha_\alpha=\frac{1}{6}R. \tag{3.12.14}$$

将场方程 (3.12.6) 缩并, 并注意 $u^\mu u_\mu=1$, 得到

$$R=-\varepsilon+3p. \tag{3.12.15}$$

由 (3.12.6) 和 (3.12.13)~(3.12.15) 可得

$$2Y_{\mu\nu}=(\varepsilon+p)u_\mu u_\nu-\frac{1}{3}\varepsilon g_{\mu\nu}. \tag{3.12.16}$$

上式中 ϕ 存在, 要求下式成立:

$$2Y_{\mu[\nu;\tau]}=C^{\lambda}_{\mu\nu\tau}\phi_{,\lambda} \tag{3.12.17}$$

此式称为**可积极性条件**.

下面我们将上述诸方程以零标架形式给出.

适当选择零标架, 使其中四维速度表示为

$$u^1=u^2=\frac{1}{\sqrt{2}},\quad u^3=u^4=0\quad [\text{取}x^\mu=(x^1,x^2,x^3,x^4)]. \tag{3.12.18}$$

将 (3.12.11) 代入 (3.12.16), 得到

$$\phi_{;\mu\nu}=\phi_{,\mu}\phi_{,\nu}-\frac{1}{2}g_{\mu\nu}\phi_{,\alpha}\phi^{,\alpha}+\frac{1}{2}(\varepsilon+p)u_\mu u_\nu-\frac{1}{6}\varepsilon g_{\mu\nu}. \tag{3.12.19}$$

上式的零标架形式为

$$\phi_{;mn}=\phi_{,m}\phi_{,n}+\phi_{,p}\gamma^p_{mn}-\eta_{mn}(\mathrm{D}\phi\Delta\phi-\delta\phi\bar{\delta}\phi)+\frac{1}{2}(\varepsilon+p)u_m u_n-\frac{1}{6}\eta_{mn}\varepsilon. \tag{3.12.20}$$

此式用旋系数给出, 得到下面一组独立方程:

$$\mathrm{D}^2\phi-(\mathrm{D}\phi)^2-(\varepsilon+\bar{\varepsilon})\mathrm{D}\phi+\bar{\kappa}\delta\phi+\kappa\bar{\delta}\phi=\frac{1}{4}(\varepsilon+p), \tag{3.12.21a}$$

$$\Delta^2\phi-(\Delta\phi)^2+(\gamma+\bar{\gamma})\Delta\phi-\nu\delta\phi-\bar{\nu}\bar{\delta}\phi=\frac{1}{4}(\varepsilon+p), \tag{3.12.21b}$$

$$\delta^2\phi-\bar{\delta}\mathrm{D}\phi+\sigma\Delta\phi+(\bar{\alpha}-\beta)\delta\phi-(\delta\phi)^2=0, \tag{3.12.21c}$$

$$\mathrm{D}\Delta\phi+(\varepsilon+\bar{\varepsilon})\Delta\phi-\pi\delta\phi-\bar{\pi}\bar{\delta}\phi-\delta\phi\bar{\delta}\phi=\frac{1}{12}(\varepsilon+3p), \tag{3.12.21d}$$

$$\mathrm{D}\delta\phi-\bar{\pi}\mathrm{D}\phi+\kappa\Delta\phi+(\varepsilon-\bar{\varepsilon})\delta\phi-\mathrm{D}\phi\delta\phi=0, \tag{3.12.21e}$$

$$\Delta\delta\phi-\bar{\nu}\mathrm{D}\phi+\tau\Delta\phi-(\gamma-\bar{\gamma})\delta\phi-\Delta\phi\delta\phi=0, \tag{3.12.21f}$$

$$\delta\bar{\delta}\phi-\mu\mathrm{D}\phi+\bar{\rho}\Delta\phi+(\beta-\bar{\alpha})\bar{\delta}\phi-\mathrm{D}\phi\Delta\phi=\frac{1}{6}\varepsilon, \tag{3.12.21g}$$

$$(\Delta\mathrm{D}-\mathrm{D}\Delta)\phi=(\gamma+\bar{\gamma})\mathrm{D}\phi+(\varepsilon+\bar{\varepsilon})\Delta\phi-(\tau+\bar{\pi})\bar{\delta}\phi-(\bar{\tau}+\pi)\delta\phi, \tag{3.12.21h}$$

$$(\delta\mathrm{D}-\mathrm{D}\delta)\phi=(\bar{\alpha}+\beta-\pi)\mathrm{D}\phi+\kappa\Delta\phi-\sigma\bar{\delta}\phi-(\bar{\rho}+\varepsilon-\bar{\varepsilon})\delta\phi, \tag{3.12.21i}$$

$$(\delta\Delta-\Delta\delta)\phi=-\bar{\nu}\mathrm{D}\phi+(\tau-\bar{\alpha}-\beta)\Delta\phi+\bar{\lambda}\,\bar{\delta}\phi+(\mu-\gamma+\bar{\gamma})\delta\phi, \tag{3.12.21j}$$

$$\begin{aligned}(\bar{\delta}\delta-\delta\bar{\delta})\phi=&(\bar{\mu}-\mu)\mathrm{D}\phi+(\bar{\rho}-\rho)\Delta\phi-(\bar{\alpha}-\beta)\bar{\delta}\phi\\&+(\alpha-\bar{\beta})\delta\phi.\end{aligned} \tag{3.12.21k}$$

由 (3.12.6) 和 (3.12.16)、(3.11.12), 得到

$$R_{11} = R_{22} = \frac{1}{2}(\varepsilon + p), \tag{3.12.22}$$

$$R_{12} = p, \quad R_{34} = \frac{1}{2}(\varepsilon - p),$$

$$\phi_{00} = \phi_{22} = -\frac{1}{4}(\varepsilon + p), \tag{3.12.23}$$

$$\phi_{11} = \frac{-1}{8}(\varepsilon + p).$$

(3.12.3) 和 (3.12.4) 的零标架形式为

$$u_n \varepsilon_{,m} \eta^{mn} + (\varepsilon + p) u_{m,n} \eta^{mn} - (\varepsilon + p) u_p \gamma^p_{mn} \eta^{mn} = 0, \tag{3.12.24}$$

$$(\varepsilon+p) u_k u_{p,q} \delta^p_m \eta^{kq} - (\varepsilon+p) u_k u_q \gamma^q_{pn} \delta^p_m \eta^{kn} - p_{;p} \delta^p_m + u_p u_k p_{;q} \delta^p_m \eta^{kq} = 0. \tag{3.12.25}$$

将上二式用旋系数表示, 我们得到

$$\mathrm{D}\varepsilon + \Delta\varepsilon = (\varepsilon + p)(\gamma + \bar{\gamma} - \varepsilon - \bar{\varepsilon} + \rho + \bar{\rho} - \mu - \bar{\mu}), \tag{3.12.26a}$$

$$\mathrm{D}p - \Delta p = -(\varepsilon + p)(\gamma + \bar{\gamma} + \varepsilon + \bar{\varepsilon}). \tag{3.12.26b}$$

$$\delta p = \frac{1}{2}(\varepsilon + p)(\kappa + \tau - \bar{\pi} - \bar{\nu}). \tag{3.12.26c}$$

下面我们将方程 (3.12.16) 以零标架形式给出. 将 (3.12.16) 代入可积性条件 (3.12.17), 得到

$$\begin{aligned} 2C_{\mu\nu\alpha\beta} g^{\mu\tau} \phi, \tau =& (\varepsilon + p)_{;\beta} u_\nu u_\alpha + (\varepsilon + p)(u_{\nu;\beta} u_\alpha + u_\nu u_{\alpha;\beta} - \frac{1}{3} g_{\nu\alpha} \varepsilon_{;\beta} - (\varepsilon + p)_{;\alpha} u_\nu u_\beta \\ &+ \frac{1}{3} g_{\nu\beta} \varepsilon_{;\alpha} - (\varepsilon + p)(u_{\nu;\alpha} u_\beta + u_\nu u_{\beta;\alpha}). \end{aligned} \tag{3.12.27}$$

上式在零标架中的形式为

$$\begin{aligned} 2C_{qmnp} \phi_{,k} \eta^{kq} =& (\varepsilon + p)_{,p} u_m u_n - (\varepsilon + p)_{,n} u_m u_p - \frac{1}{3}(\varepsilon_{,p} \eta_{mn} - \varepsilon_{,n} \eta_{mp}) \\ &+ (\varepsilon + p)(u_n u_{m,p} + u_m u_{n,p}) - (\varepsilon + p)(u_t u_{m;n} + u_n u_{p;m}) \\ &- (\varepsilon + p)(u_m u_q \gamma^p_{np} + u_n u_q \gamma^q_{mp} - u_p u_q \gamma^q_{mn} - u_m u_q \gamma^q_{pn}). \end{aligned} \tag{3.12.28}$$

注意到 Weyl 张量的零标架形式, 可将上式写为

$$\bar{\Psi}_4 \mathrm{D}\phi - \bar{\Psi}_3 \delta\phi = \frac{1}{4}(\varepsilon + p)(\bar{\lambda} - \sigma), \tag{3.12.29a}$$

$$\Psi_0 \Delta\phi - \Psi_1 \delta\phi = \frac{1}{4}(\varepsilon + p)(\bar{\lambda} - \sigma), \tag{3.12.29b}$$

$$\bar{\Psi}_2 \mathrm{D}\phi - \Psi_1 \bar{\delta}\phi = \frac{1}{4}(\varepsilon + p)(\rho - \bar{\mu}) - \frac{1}{6}\mathrm{D}\varepsilon, \tag{3.12.29c}$$

$$\Psi_2\Delta\varphi-\bar{\Psi}_3\bar{\delta}\phi=\frac{1}{4}(\varepsilon+p)(\rho-\bar{\mu})-\frac{1}{6}\Delta\varepsilon, \tag{3.12.29d}$$

$$\bar{\Psi}_3\mathrm{D}\phi+\Psi_1\Delta\phi-(\Psi_2+\bar{\Psi}_2)\delta\phi=-\frac{1}{6}\delta\varepsilon, \tag{3.12.29e}$$

$$\bar{\Psi}_3\mathrm{D}\phi-\Psi_1\Delta\phi+(\Psi_2-\bar{\Psi}_2)\delta\phi=\frac{1}{4}(\varepsilon+p)(\bar{\pi}-\kappa-\bar{\nu}+\tau). \tag{3.12.29f}$$

如果对零标架作变换

$$l^\mu\leftrightarrow n^\mu,\quad m^\mu\leftrightarrow\bar{m}^\mu, \tag{3.12.30}$$

则相应地有

$$\mathrm{D}\leftrightarrow\Delta,\quad \delta\leftrightarrow\bar{\delta}; \tag{3.12.31a}$$

$$\begin{aligned}&\varepsilon\leftrightarrow-\gamma,\quad \mu\leftrightarrow-\rho,\\ &\tau\leftrightarrow-\pi,\quad \alpha\leftrightarrow-\beta,\\ &\kappa\leftrightarrow-\nu,\quad \sigma\leftrightarrow-\lambda;\end{aligned} \tag{3.12.31b}$$

$$\begin{aligned}&\Psi_0\leftrightarrow\Psi_4,\quad \Psi_1\leftrightarrow\Psi_3,\\ &\Psi_2\leftrightarrow\Psi_2;\end{aligned} \tag{3.12.31c}$$

$$\begin{aligned}&\Phi_{00}\leftrightarrow\Phi_{22},\quad \Phi_{01}\leftrightarrow\Phi_{21},\\ &\Phi_{02}\leftrightarrow\Phi_{20},\quad \Phi_{11}\leftrightarrow\Phi_{11};\end{aligned} \tag{3.12.31d}$$

$$\wedge\leftrightarrow\wedge; \tag{3.12.31e}$$

$$\Phi_0\leftrightarrow\Phi_2,\quad \Phi_1\leftrightarrow\Phi_1. \tag{3.12.31f}$$

不难证明, 在上述变换下 Newman-Penrose 方程 (即 Einstein 方程的 Newman-Penrose 形式) 是不变的.

3.13 能量–动量赝张量

在狭义相对论中, 物质系统或电磁场的能量–动量守恒定律表示为 $T^{\mu\nu}_{,\nu}=0$. 将 $T^{\nu}_{\mu;\nu}=0$ 对三维空间积分便得到能量–动量守恒定律. 上式的零分量积分为

$$\frac{\partial}{\partial x^0}\int T_0^0\mathrm{d}^3x=-\int\frac{\partial T_0^i}{\partial x^i}\mathrm{d}^3x=-\int T_0^i\mathrm{d}S_i. \tag{3.13.1}$$

右端由高斯定理化为沿系统边界面的面积分. 上式表明, 系统能量的增量等于进入边界面的能量–动量流. 守恒定律的这一表述形式在引力场不存在时是有效的. 在有引力场时, $T^{\mu\nu}$ 的普通散度推广为协变散度, 守恒定律应推广为具有协变形式的 $T^{\mu\nu}_{;\nu}=0$. 由于 $T_{\mu\nu}=T_{\nu\mu}$, 上式即

$$T^{\nu}_{\mu;\nu}=(-g)^{-1/2}(T^{\nu}_{\mu}\sqrt{-g})_{,\nu}-\frac{1}{2}g_{\alpha\beta,\mu}T^{\alpha\beta}=0. \tag{3.13.2}$$

由于上式中除了普通散度以外还有一项 $\left(-\frac{1}{2}g_{\alpha\beta;\mu}T^{\alpha\beta}\right)$, 所以这个推广后的守恒定律不能直接给出狭义相对论中的物理图像. 如果度规依赖于时间, 则对于 $\mu=0$, 上式第二项表示引力场和其他场之间的能量–动量交换. 为了将 (3.13.2) 写成普通散度的形式, 对于时空中一点 P, 我们采用短程线坐标系. 在短程线坐标系中, 度规张量 $g_{mu\nu}$ 的所有一阶导数都等于零. 所以 (3.13.2) 第二项等于零, 而且第一项中的 $\sqrt{-g}$ 可以提到微分号外边来. 于是此式化为

$$\frac{\partial T^{\mu\nu}}{\partial x^{\nu}}=0. \tag{3.13.3}$$

按照 Landau-Lifshitz 的表述形式, 上式中的量 $T^{\mu\nu}$ 可写为一个张量 $S^{\mu\nu\vee\tau}$ 的微商 ($S^{\mu\nu\vee\tau}$ 关于 $\nu\tau$ 是反对称的)

$$T^{\mu\nu}=\frac{\partial S^{\mu\nu\vee\alpha}}{\partial x^{\alpha}}. \tag{3.13.4}$$

由爱因斯坦方程可得

$$T^{\mu\nu}=\frac{1}{k}\left(R^{\mu\nu}-\frac{1}{2}g^{\mu\nu}R\right). \tag{3.13.5}$$

在点 P, 由于 $\Gamma^{\tau}_{\mu\nu}=0$, 所以有

$$R^{\mu\nu}=\frac{1}{2}g^{\mu\alpha}g^{\nu\beta}g^{\sigma\tau}(g_{\alpha\sigma,\beta\tau}+g_{\beta\tau,\alpha\sigma}-g_{\alpha\beta;\sigma\tau}-g_{\sigma\tau,\alpha\beta}). \tag{3.13.6}$$

代入 (3.13.5) 得到

$$T^{\mu\nu}=\frac{\partial}{\partial x^{\alpha}}\left\{\frac{1}{2k}\frac{1}{(-g)}\frac{\partial}{\partial x^{\tau}}\left[(-g)(g^{\mu\nu}g^{\tau\alpha}-g^{\mu\alpha}g^{\nu\tau}\right]\right\}. \tag{3.13.7}$$

将 (3.13.7) 与 (3.13.4) 比较, 可知 $S^{\mu\nu\vee\alpha}$ 可以选为上式右边的表达式 $\{\quad\}$. 在 P 点, 可将 $(-g)^{-1}$ 从微分号下提到外面来. 引入量

$$h^{\mu\nu\vee\alpha}=\frac{1}{2k}\frac{\partial}{\partial x^{\tau}}\left[(-g)(g^{\mu\nu}g^{\tau\alpha}-g^{\mu\alpha}g^{\nu\tau})\right], \tag{3.13.8}$$

(3.13.7) 可写为

$$(-g)T^{\mu\nu}=\frac{\partial}{\partial x^{\alpha}}h^{\mu\nu\vee\alpha}. \tag{3.13.9}$$

我们采用了一个特殊坐标系 (短程线坐标系) 得到了上式. 在任意坐标系中, 上式的左端和右端不再相等, 将两端之差以 $(-g)t^{\mu\nu}$ 表示, 上式变为

$$(-g)(T^{\mu\nu}+t^{\mu\nu})=\frac{\partial}{\partial x^{\alpha}}h^{\mu\nu\vee\alpha}. \tag{3.13.10}$$

因为上式中各项都是对称的, 故量 $t^{\mu\nu}$ 是对称的

$$t^{\mu\nu}=t^{\nu\mu}. \tag{3.13.11}$$

将 $T^{\mu\nu}$ 的具体形式 (用 $\Gamma^{\delta}_{\alpha\beta}$ 表示的展开式) 写出来, 再与 (3.13.8) 一起代入 (3.13.10), 便得到 $t^{\mu\nu}$ 的具体形式

$$\begin{aligned}t^{\mu\nu}=&\frac{1}{2k}\Big[(2\Gamma^{\alpha}_{\beta\tau}\Gamma^{\rho}_{\alpha\rho}-\Gamma^{\alpha}_{\beta\rho}\Gamma^{\rho}_{\tau\alpha}-\Gamma^{\alpha}_{\beta\alpha}\Gamma^{\rho}_{\tau\rho})(g^{\mu\beta}g^{\nu\tau}-g^{\mu\alpha}g^{\beta\tau})\\&+g^{\mu\beta}g^{\tau\alpha}(\Gamma^{\nu}_{\beta\rho}\Gamma^{\rho}_{\tau\alpha}+\Gamma^{\nu}_{\tau\alpha}\Gamma^{\rho}_{\beta\rho}-\Gamma^{\nu}_{\alpha\rho}\Gamma^{\rho}_{\beta\tau}-\Gamma^{\nu}_{\beta\tau}\Gamma^{\rho}_{\alpha\rho})\\&+g^{\nu\beta}g^{\tau\alpha}(\Gamma^{\mu}_{\beta\rho}\Gamma^{\rho}_{\tau\alpha}+\Gamma^{\mu}_{\tau\alpha}\Gamma^{\rho}_{\beta\rho}-\Gamma^{\mu}_{\alpha\rho}\Gamma^{\rho}_{\beta\tau}-\Gamma^{\mu}_{\beta\tau}\Gamma^{\rho}_{\alpha\rho})\\&+g^{\beta\tau}g^{\alpha\rho}(\Gamma^{\mu}_{\beta\alpha}\Gamma^{\nu}_{\tau\rho}-\Gamma^{\mu}_{\beta\tau}\Gamma^{\nu}_{\alpha\rho})\Big].\end{aligned} \tag{3.13.12}$$

由上式可知, $t^{\mu\nu}$ 是描述引力场性质的量; 又由 (3.13.10) 可知 $t^{\mu\nu}$ 不是张量. $t^{\mu\nu}$ 和物质场的能量–动量张量 $T^{\mu\nu}$ 一起, 满足守恒方程

$$\frac{\partial}{\partial x^{\mu}}[(-g)(T^{\mu\nu}+t^{\mu\nu})]=0, \tag{3.13.13}$$

所以 $t^{\mu\nu}$ 称为**引力场的能量–动量赝张量**.

由 (3.13.13) 可知, 量

$$P^{\mu}=\int(-g)(T^{\mu\nu}+t^{\mu\nu})\mathrm{d}S_{\nu} \tag{3.13.14}$$

是守恒量. 当 $t^{\mu\nu}=0$ 时上式退化为 $\int(-g)T^{\mu\nu}\mathrm{d}S_{\nu}$, 这是狭义相对论中的四维动量. 所以我们可以把 (3.13.14) 确定的 P^{μ} 看作是整个物理系统 (引力场和物质场) 的四维动量. 式中的积分可在任意三维超曲面上进行.

取上式中的积分曲面为 $x^0=\text{const}$, 则有

$$P^{\mu}=\int(-g)(T^{\mu\nu}+t^{\mu\nu})\mathrm{d}^3x. \tag{3.13.15}$$

因此量 $(-g)(T^{00}+t^{00})$ 可解释为物理系统的能量密度, 量 $(-g)(T^{0i}+t^{0i})$ 解释为系统的动量密度或能流密度; 量 $(-g)(T^{ij}+t^{ij})$ 解释为动量流密度. 在没有物质场存在时, $T^{\mu\nu}=0$, 所以**引力场的能量密度和动量密度**分别是 $(-g)t^{00}$ 和 $(-g)t^{0i}$.

类似地, 也可以得到角动量的守恒定律. 角动量表示为

$$J^{\mu\nu}=\int(x^{\mu}\mathrm{d}p^{\nu}-x^{\mu}\mathrm{d}p^{\mu})$$

$$= \int (-g)[x^{\mu}(T^{\nu\alpha} + t^{\nu\alpha}) - x^{\nu}(t^{\mu\alpha} + t^{\mu\alpha})]\mathrm{d}S_{\alpha}. \tag{3.13.16}$$

显然, 物理系统的总角动量守恒定律在引力场存在时仍然成立.

关于引力场的能量表述, 除本节采用的 Landau-Lifshitz 方案以外, 还有许多其他方案, 但都没有解决下述疑难问题:

(1) 由于 $t^{\mu\nu}$ 不是广义协变张量, 所以总可以在引力场中一点处引入一局部惯性系, 使 $t^{\mu\nu}$ 全部等于零. 这表明引力场能量-动量赝张量 $t^{\mu\nu}$ 是不可定域化的.

(2) 引力场的能量密度 t^{00} 不是处处为正的.

第 4 章　引力场的分类

场的分类问题与描述具体场的严格解有密切联系. 通过场的分类可以对引力场的性质有更深入的理解.

4.1　Petrov　分　类

所谓 Petrov 分类, 就是根据 Weyl 张量

$$
\begin{aligned}
C^{\rho\sigma}_{\mu\nu} =& R^{\rho\sigma}_{\mu\nu} - \frac{1}{2}(g^{\rho}_{\mu}R^{\sigma}_{\nu} - g^{\rho}_{\nu}R^{\sigma}_{\mu} + g^{\sigma}_{\nu}R^{\rho}_{\mu} - g^{\sigma}_{\mu}R^{\rho}_{\nu}) \\
& - \frac{1}{6}(g^{\rho}_{\nu}g^{\sigma}_{\mu} - g^{\sigma}_{\nu}g^{\rho}_{\mu})
\end{aligned} \tag{4.1.1}
$$

的代数性质对黎曼空–时 (引力场) 进行的分类.

要确定曲率张量的所有代数性质, 只讨论共形 Weyl 张量是不够的. 由引力场方程可知, 所要了解的曲率张量的性质由 Ricci 张量或能量–动量张量给出. 但是在真空场的情况下, Weyl 张量便与曲率张量完全一致. 因此, Petrov 分类实际上是根据曲率张量的代数性质对真空引力场的分类.

张量场 $F_{\mu\nu}$ 的本征方程表示为

$$
F_{\mu\nu}S^{\nu} = \lambda S_{\mu}. \tag{4.1.2}
$$

式中 S_{μ} 为本征矢, λ 为本征值. 如果张量场 $F_{mu\nu}$ 是反对称的, 则上式用 S^{μ} 缩并可以发现, 要么本征值 $\lambda = 0$, 要么本征矢 S_{μ} 为零矢量. 由 3.11 节中引入的零标架矢量 $(l^{\mu}, n^{\mu}, m^{\mu}, \bar{m}^{\mu})$ 可以构成所有的二阶反对称张量 (双矢). 其中, 零标架矢量的组合

$$
\begin{aligned}
M_{\mu\nu} &\equiv 2l_{[\mu}n_{\nu]} + 2\bar{m}_{[\mu}m_{\nu]}, \\
V_{\mu\nu} &\equiv 2l_{[\mu}\bar{m}_{\nu]}, \\
U_{\mu\nu} &\equiv 2n_{[\mu}m_{\nu]}
\end{aligned} \tag{4.1.3}
$$

称为**自对偶双矢**. 在对偶变换下, 上式中各双矢变为自身 (只差一个因子 i)

$$
\begin{aligned}
&\widetilde{M}_{\mu\alpha} \equiv \frac{1}{2}\varepsilon_{\mu\nu\alpha\beta}M^{\alpha\beta} = iM_{\mu\nu}, \\
&\widetilde{V}_{\mu\nu} = iV_{\mu\nu}, \quad \widetilde{U}_{\mu\nu} = iU_{\mu\nu}.
\end{aligned} \tag{4.1.4}
$$

式中符号 $\sim$ 表示对偶.

由零标架性质可以证明

$$\varepsilon_{\mu\nu\alpha\beta}l^\mu n^\nu m^\alpha \bar{m}^\beta = i. \tag{4.1.5}$$

根据定义 (4.1.3) 和零矢量的性质, 可以得到自对偶双矢“标量积”的性质

$$\begin{aligned} &M_{\mu\nu}V^{\mu\nu} = M_{\mu\nu}U^{\mu\nu} = U_{\mu\nu}V^{\mu\nu} = U_{\mu\nu}U^{\mu\nu} = 0, \\ &M_{\mu\nu}M^{\mu\nu} = -4, \quad V_{\mu\nu}U^{\mu\nu} = 2. \end{aligned} \tag{4.1.6}$$

反对称实场张量 $F_{\mu\nu}$ 不是自对偶的, 也不可能直接用自对偶双矢 (4.1.3) 展开. 但是我们可以用 $F_{\mu\nu}$ 构成一个复的场张量 $\varPhi_{\mu\nu}$

$$\varPhi_{\mu\nu} \equiv F_{\mu\nu} - \mathrm{i}\widetilde{F}_{\mu\nu} = F_{\mu\nu} - \frac{1}{2}\mathrm{i}\varepsilon_{\mu\nu\alpha\beta}F^{\sigma\beta}. \tag{4.1.7}$$

注意到 $F_{\mu\nu} = -F_{\nu\mu}$, 我们有

$$\widetilde{\varPhi}_{\mu\nu} = \widetilde{F}_{\mu\nu} + \mathrm{i}F_{\mu\nu} = \mathrm{i}\varPhi_{\mu\nu}. \tag{4.1.8}$$

这表明场张量 $\varPhi_{\mu\nu}$ 是自对偶的. 将 $\varPhi_{\mu\nu}$ 用 (4.1.3) 中的双矢展开

$$\varPhi_{\mu\nu} = \phi_0 U_{\mu\nu} + \phi_1 M_{\mu\nu} + \phi_2 V_{\mu\nu}. \tag{4.1.9}$$

展开式系数 ϕ_i 可由原来的实场张量 $F_{\mu\nu}$ 表示出来

$$\begin{aligned} &\phi_0 = \frac{1}{2}\varPhi_{\mu\nu}V^{\mu\nu} = F_{\mu\nu}V^{\mu\nu}, \\ &\phi_1 = -\frac{1}{4}\varPhi_{\mu\nu}M^{\mu\nu} = -\frac{1}{2}F_{\mu\nu}M^{\mu\nu}, \\ &\phi_2 = \frac{1}{2}\varPhi_{\mu\nu}U^{\mu\nu} = F_{\mu\nu}U^{\mu\nu}. \end{aligned} \tag{4.1.10}$$

对应于二阶反对称张量 $F_{\mu\nu}$ 的六个独立分量, 上式给出三个独立的复系数.

下面首先讨论电磁场的分类, 然后用形式上相同的方法讨论引力场的分类.

4.2 电磁场的分类

设 $F_{\mu\nu}$ 表示 Maxwell 张量, 则 (4.1.10) 具体表示为

$$\begin{aligned} &\phi_0 = B_y - E_x + \mathrm{i}(E_y + B_x), \\ &\phi_1 = E_z - \mathrm{i}B_z, \\ &\phi_2 = E_x + B_y + \mathrm{i}(E_y - B_x). \end{aligned} \tag{4.2.1}$$

1. 第一种分类方案

把坐标系变至对称张量的主轴系时, 对称张量的形式变得特别简单. 反对称张量也类似. 适当选择零标架矢量 l^μ 的方向, 可使展开式 (4.1.9) 简化.

设 l^μ 转至 l'^μ 的变换表示为

$$
\begin{aligned}
&l'^\mu = l^\mu - E^2 n^\mu + E m^\mu + \bar{E}\bar{m}^\mu, \\
&n'^\mu = n^\mu, \quad m'^\mu = m^\mu - \bar{E} n^\mu.
\end{aligned} \tag{4.2.2}
$$

式中 E 为复参量, 自对偶双矢的变换为

$$
\begin{aligned}
&M'_{\mu\nu} = M_{\mu\nu} - 2EU_{\mu\nu}, \\
&V'_{\mu\nu} = V_{\mu\nu} - EM_{\mu\nu} + E^2 U_{\mu\nu}, \\
&U'_{\mu\nu} = U_{\mu\nu}.
\end{aligned} \tag{4.2.3}
$$

由上式可以得到展开式系数 ϕ_i 的变换关系

$$
\begin{aligned}
&\phi_0 = \phi'_0 - 2E\phi'_1 + E^2\phi'_2, \\
&\phi_1 = \phi'_1 - E\phi'_2, \quad \phi_2 = \phi'_2.
\end{aligned} \tag{4.2.4}
$$

适当选择参量 E, 即适当选择 l'^μ 的方向, 可使 ϕ'_0 或 ϕ'_1 等于零, 从而简化展开式 (4.1.9). 将带撇的量和不带撇的量对换, 然后令

$$
\phi_0 - 2E\phi_1 + E^2\phi_2 = 0. \tag{4.2.5}
$$

把方程 (4.2.5) 看作关于 E 的二次代数方程, 根据这一方程根的个数可以把电磁场分为两类. 满足条件

$$
\phi_1^2 - \phi_2\phi_0 \neq 0 \tag{4.2.6}
$$

的电磁场称为**非退化场**. 这类场存在两个不同的 l'^μ 方向使 $\phi'_0 = 0$.

满足条件

$$
\phi_1^2 - \phi_2\phi_0 = 0 \tag{4.2.7}
$$

的电磁场称为**退化场或零场**. 这类场只有一个 l'^μ 的方向使 $\phi_0 = 0$.

由 (4.1.6) 和 (4.1.9) 可知,

$$
\phi_1^2 - \phi_2\phi_0 = -4\Phi_{\mu\nu}\Phi^{\mu\nu} = -2(F_{\mu\nu}F^{\mu\nu} - \mathrm{i}F_{\mu\nu}\widetilde{F}^{\mu\nu}). \tag{4.2.8}
$$

表达式 $\phi_1^2 - \phi_2\phi_0$ 只与电磁场张量有关. 由此可以清楚地看到, 上面的分类与零标架的选择无关, 与双矢展开式也无关. 式 (4.2.8) 使上述分类方案的表述更加简单:

电磁场是退化 (或零场) 的充分且必要条件是

$$
F_{\mu\nu}F^{\mu\nu} = F_{\mu\nu}\widetilde{F}^{\mu\nu} = 0. \tag{4.2.9}
$$

2. 第二种分类方案

我们可以用本征方程和本征矢的语言来表述电磁场的分类. 由 (4.1.9) 和 (4.1.3) 可知, $\phi_0 = 0$ 等效于

$$\Phi_{\mu\nu} l^\nu = (F_{\mu\nu} - \mathrm{i}\widetilde{F}_{\mu\nu}) l^\nu = \phi_1 l_\mu. \tag{4.2.10}$$

因此, 对于非退化场, 本征方程 (4.2.9) 或者

$$L_{[\mu} F_{\nu]\tau} l^\tau = l_{[\mu} \widetilde{F}_{\nu]\tau} l^\tau = 0 \tag{4.2.11}$$

有两个不同的零本征矢 l^μ.

退化场或零场 ($\phi_0 = \phi_1 = 0$) 则只有一个零本征矢. 退化场张量 (4.1.9) 具有简单的形式 $\Phi_{\mu\nu} = \phi_2 V_{\mu\nu}$, 即

$$F_{\mu\nu} = l_\mu p_\nu - l_\nu p_\mu, \quad p_\mu l^\mu = p_\mu n^\mu = 0. \tag{4.2.12}$$

3. 物理意义

零电磁场最简单的例子是 Minkowski 空间的平面波

$$\begin{aligned} A_\mu &= \mathrm{Re}[\, p_\mu \exp(\mathrm{i}\kappa_\sigma x^\sigma)], \\ F_{\mu\nu} &= \mathrm{Re}[\mathrm{i}(p_\mu k_\nu - p_\nu k_\mu)\exp(\mathrm{i}k_\sigma x^\sigma)]. \end{aligned} \tag{4.2.13}$$

式中

$$p_\mu k^\mu = k_\mu k^\mu = 0.$$

很容易证明上式满足零场的充分且必要条件 (4.2.9).

在远离孤立荷电系统的地方, 可将系统 (源) 发出的引力辐射看作平面波, 此时四维势用源参量表示为推迟势 ($c = 1$)

$$A_\mu(\boldsymbol{r}, t) = \frac{1}{4\pi} \int \frac{j_\mu(\boldsymbol{r}', t - |\boldsymbol{r}' - \boldsymbol{r}|)}{|\boldsymbol{r}' - \boldsymbol{r}|} \mathrm{d}^3 x'. \tag{4.2.14}$$

场张量按 r^{-1} 展开为

$$F_{\mu\nu} = F^{(1)}_{\mu\nu} r^{-1} + F^{(2)}_{\mu\nu} r^{-2} + \cdots, \tag{4.2.15}$$

由此可知 $F^{(1)}_{\mu\nu}$ 具有形式

$$F^{(1)}_{\mu\nu} = p_\mu k_\nu - p_\nu k_\mu. \tag{4.2.16}$$

式中

$$p_\mu = -\frac{1}{4\pi} \frac{\partial}{\partial t} \int j_\mu(\boldsymbol{r}', t - |\boldsymbol{r}' - \boldsymbol{r}|) \mathrm{d}^3 x',$$

$$k_\nu = -(t - |\boldsymbol{r}' - \boldsymbol{r}|)_{,\nu} = \begin{pmatrix} \dfrac{\boldsymbol{r} - \boldsymbol{r}'}{|\boldsymbol{r}' - \boldsymbol{r}|}, \\ -1 \end{pmatrix} \approx (\widehat{\boldsymbol{r}}, -1),$$

$$k_\mu k^\mu = 0, \quad A^\mu_{,\mu} \approx p^\mu k_\mu = 0. \tag{4.2.17}$$

零场的能量–动量张量具有简单的形式

$$T_{\mu\nu} = \frac{1}{4\pi} F^\sigma_\mu F_{\sigma\nu} = \frac{1}{4\pi} p_\sigma p^\sigma k_\mu k_\nu. \tag{4.2.18}$$

在局部洛伦兹系中, 能流密度 $S^i = T^{0i}$ 和能量密度 $w = T^{00}$ 之间的关系为 $|\boldsymbol{S}| = w$. 可见零电磁场是纯辐射场.

零电磁场的场张量 $\varPhi_{\mu\nu} = \phi_2 V_{\mu\nu}$, 场方程可化为

$$\begin{aligned} \varPhi^{\mu\nu}_{;\nu} &= [\phi_2 (l^\mu \bar{m}^\nu - l^\mu \bar{m}\mu)]_{;\nu} \\ &= (\phi_2 l^\mu)_{;\nu} \bar{m}^\nu + \phi_2 l^\mu \bar{m}^\nu_{;\nu} - (\phi_2 l^\nu)_{;\nu} \bar{m}^\mu - \phi_2 l^\nu \bar{m}^{\mu\nu}_{;} \\ &= 0. \end{aligned} \tag{4.2.19}$$

用 l_μ 乘以上式, 缩并, 并注意到 $l^\mu l_{\mu;\nu} = 0$, $l_\mu \bar{m}^\mu_{;\nu} = -l_{\mu;\nu} \bar{m}^\mu$, 我们得到

$$l_{\mu;\nu} l^\nu \bar{m}^\mu = 0, \tag{4.2.20}$$

即

$$l_{\mu;\nu} l^\nu = \lambda l_\mu. \tag{4.2.21}$$

由此可得

$$l_{[\mu} l_{\tau];\nu} l^\nu = 0. \tag{4.2.22}$$

总能找到一个 λ 值, 使下式成立:

$$(\lambda l_{\mu;\nu} - \lambda_{,\nu}) l^\nu = 0, \tag{4.2.23}$$

或写成

$$(\lambda l)_{\mu;\nu} (\lambda l)^\nu = 0. \tag{4.2.24}$$

将上式与短程线方程

$$u_{\mu;\nu} u^\nu = 0, \quad u^\mu \equiv \frac{\mathrm{d}x^\mu}{\mathrm{d}s}$$

比较, 可知 $u^\mu = \lambda l^\mu$. 这就是说, 退化电磁场的零本征矢量场 l^μ 是短程线矢量场.

将 (4.2.20) 两边乘以 $\bar{m}^\mu$ 缩并, 得到

$$l_{\mu;\nu} \bar{m}^\mu \bar{m}^\nu = 0. \tag{4.2.25}$$

由此可知**世界线汇的剪切度 $\boldsymbol{\sigma}$ 等于零**[见 (3.11.30) 和 (3.11.27)].

综上所述, 零场 (退化电磁场) 是平面波的推广; 它的零本征矢量场是无切的短程线矢量场.

4.3 引力场的分类

跟构成复电磁场张量 $\varPhi_{\mu\nu}$ 类似, 可以用 Weyl 张量构成复引力场张量 $\varPhi_{\mu\nu\alpha\beta}$

$$\varPhi_{\mu\nu\alpha\beta} \equiv C_{\mu\nu\alpha\beta} - \mathrm{i}\widetilde{C}_{\mu\nu\alpha\beta} \equiv C_{\mu\nu\alpha\beta} - \frac{1}{2}\mathrm{i}\varepsilon_{\alpha\beta\tau\sigma}C^{\tau\sigma}_{\mu\nu}. \tag{4.3.1}$$

由此可得

$$\widetilde{\varPhi}_{\mu\nu\alpha\beta} \equiv \frac{1}{2}\varepsilon_{\alpha\beta\tau\lambda}\varPhi^{\tau\lambda}_{\mu\nu} = \mathrm{i}\,\varPhi_{\mu\nu\alpha\beta}, \tag{4.3.2a}$$

即 $\varPhi_{\mu\nu\alpha\beta}$ 关于后两个指标是自对偶的. 由 Weyl 张量的定义 (4.1.1) 得到 $C^{\mu\nu}_{\mu\lambda} = 0$. 由此可以证明

$$\widetilde{C}_{\mu\nu\alpha\beta} \equiv \frac{1}{4}\varepsilon_{\mu\nu\tau\sigma}\varepsilon_{\alpha\beta\lambda\rho}C^{\tau\sigma\lambda\rho} = -C_{\mu\nu\alpha\beta}, \tag{4.3.2b}$$

此式表明张量 $\varPhi_{\mu\nu\alpha\beta}$ 对于前两个指标也是自对偶的. 于是与 (4.19) 类似, 可以将 $\varPhi_{\mu\nu\alpha\beta}$ 用自对偶双矢 (4.1.3) 展开

$$\begin{aligned}\varPhi_{\mu\nu\alpha\beta} =& \phi_1 V_{\mu\nu}V_{\alpha\beta} + \phi_2(V_{\mu\nu}M_{\alpha\beta} + V_{\alpha\beta}M_{\mu\nu}) \\ &+ \phi_3(V_{\mu\nu}U_{\alpha\beta} + V_{\alpha\beta}U_{\mu\nu} + M_{\mu\nu}M_{\alpha\beta}) \\ &+ \phi_4(U_{\mu\nu}M_{\alpha\beta} + U_{\alpha\beta}M_{\mu\nu}) + \phi_5 U_{\mu\nu}U_{\alpha\beta},\end{aligned} \tag{4.3.3}$$

此式含有 5 个复系数, 张量 $\varPhi$ 有 10 个独立分量.

1. 引力场的第一种分类方案

采用零标架和自对偶双矢, 使展开式 (4.3.3) 简化, 重复由 (4.1.9)→(4.2.4) 的过程, 然后令 $\phi'_5 = 0$, 即

$$\phi'_5 = \phi_5 - 4\phi_4 E + 6\phi_3 E^2 - 4\phi_2 E^3 + \phi_1 E^4 = 0. \tag{4.3.4}$$

这一四次代数方程的四个根对应于本征矢 l^μ 的四个方向, 根据这四个根的重复情况, 可将引力场 (Rieman 时空) 分为 Petrov Ⅰ型 $\sim O$ 型.

Ⅰ型: 4 个不同的根

Ⅱ型: 3 个不同的根, 其中 1 个为二重根

D 型: 2 个不同的根, 均为二重根

Ⅲ型: 2 个不同的根, 其中 1 个为三重根

N 型: 1 个四重根

O 型: Weyl 张量恒为零, 全部 $\phi'_A = 0$　　(4.3.5)

2. 引力场的第二种分类方案

采用 (4.3.1) 和 (4.1.4), 可直接用 Weyl 张量和零标架矢量的乘积来表示系数 ϕ_A:

$$\begin{aligned}
\phi_1 &= \frac{1}{4}C_{\mu\nu\alpha\beta}U^{\mu\nu}U^{\alpha\beta} = 2C_{\mu\nu\alpha\beta}n^\mu n^\nu m^\alpha m^\beta,\\
\phi_2 &= -\frac{1}{4}C_{\mu\nu\alpha\beta}U^{\mu\nu}M^{\alpha\beta} = -C_{\mu\nu\alpha\beta}n^\mu m^\nu(l^\alpha n^\beta + \bar{m}^\alpha m^\beta),\\
\phi_3 &= \frac{1}{2}C_{\mu\nu\alpha\beta}U^{\mu\nu}V^{\alpha\beta} = 2C_{\mu\nu\alpha\beta}n^\mu m^\nu l^\alpha \bar{m}^\beta,\\
\phi_4 &= -\frac{1}{4}C_{\mu\nu\alpha\beta}V^{\mu\nu}M^{\alpha\beta} = -C_{\mu\nu\alpha\beta}l^\mu \bar{m}^\nu(l^\alpha n^\beta + \bar{m}^\alpha m^\beta),\\
\phi_5 &= \frac{1}{2}C_{\mu\nu\alpha\beta}V^{\mu\nu}V^{\alpha\beta} = 2C_{\mu\nu\alpha\beta}l^\mu l^\nu \bar{m}^\alpha \bar{m}^\beta.
\end{aligned} \tag{4.3.6}$$

对于零本征矢 $l^\mu, \phi_5 = 0$; 由此可知实对称张量

$$S_{\mu\nu} \equiv C_{\mu\alpha\beta\nu}l^\alpha l^\beta \tag{4.3.7}$$

不含有 $m^\alpha m^\nu$ 和 $\bar{m}^\alpha \bar{m}^\nu$ 的项, 再应用 Weyl 张量的对称性, 可得

$$S_{\mu\nu}l^\nu = 0, \quad S^\mu_\mu = C^\mu_{\nu\alpha\mu}l^\nu l^\alpha = -C_{\nu\alpha}l^\nu l^\alpha = 0. \tag{4.3.8}$$

由此可将 $S_{\mu\nu}$ 用零标架矢量表示出来

$$S_{\mu\nu} \equiv \alpha l_\mu l_\nu + \mathrm{Re}[\beta(l_\mu \bar{m}_\nu + l_\nu \bar{m}_\mu)]. \tag{4.3.9}$$

所以, Weyl 张量的本征矢 l^μ 具有如下性质:

$$L_{[\mu}C_{\nu]\alpha\beta[\tau}l_{\sigma]}l^\alpha l^\beta = 0 \leftrightarrows \phi_5 = 0, \tag{4.3.10}$$

这时引力场为 I 型.

如果两个本征矢重合 [$E=0$ 是方程 (4.3.4) 的二重根], 则必有 $\phi_5 = \phi_4 = 0$. 此时由 (4.3.6) 可得

$$l_{[\mu}C_{\nu]\alpha\beta\tau}l^\alpha l^\beta = 0 \leftrightarrows \phi_5 = \phi_4 = 0, \tag{4.3.11}$$

这时引力场为 II 型. 继续讨论可得到 D 型 $\sim O$ 型系数 ϕ_A 为零的个数和 Wcyl 张量满足的条件. 按所得的结果, 分类如下:

	不同零本征矢个数	为零系数	$C_{\mu\nu\alpha\beta}$ 满足条件
I 型	4	ϕ_5	$L_{[\mu}C_{\nu]\alpha\beta[\tau}l_{\sigma]}l^\alpha l^\beta=0$
II 型	3	ϕ_5,ϕ_4	$l_{[\mu}C_{\nu]\alpha\beta\tau}l^\alpha l^\beta=0$
D 型	2	ϕ_5,ϕ_4	$l_{[\mu}C_{\nu]\alpha\beta\tau}l^\alpha=0$
III型	2	ϕ_5,ϕ_4,ϕ_3	$C_{\mu\nu\alpha\beta}l^\mu=0$
N 型	1	$\phi_5,\phi_4\phi_3\phi_2$	$C_{\mu\nu\alpha\beta}=0$
O 型	0	全部 ϕ_A	

(4.3.12)

Penrose 图 (图 2-6) 给出了退化的情况：每个箭头表示一个附加的退化.

经过零标架旋转 (l^μ 固定)

$$\begin{aligned}&l'^\mu=Al^\mu,\\&n'^\mu=A^{-1}n^\mu-AB\bar{B}l^\mu+Bm^\mu+\bar{B}\bar{m}^\mu,\\&m'^\mu=\mathrm{e}^{\mathrm{i}C}m^\mu-\mathrm{e}^{\mathrm{i}C}A\bar{B}l^\mu;\end{aligned}\tag{4.3.13}$$

式中 $A>0$, C 是实的, B 是复的, 适当选择 A,B,C, 还可以使 I 型的 $\phi_3=0$; 使 D 型的 $\phi_1=\phi_2=0$; 使II型的 $\phi_2=0$; 使III型的 $\phi_1=0$.

对于真空引力场, Weyl 张量和曲率张量相等, 所以上面的讨论对曲率张量也成立.

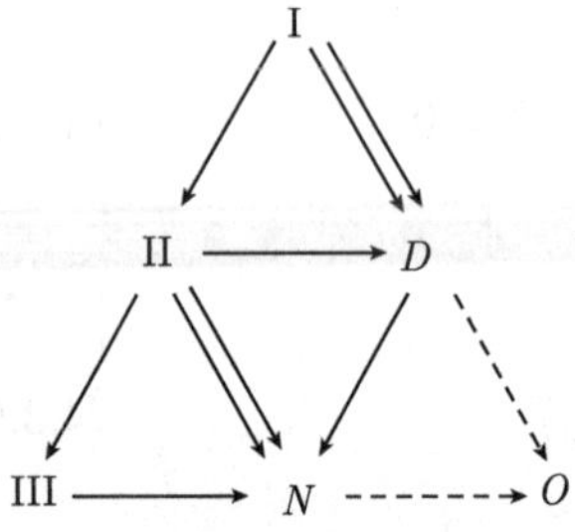

图 2-6

退化真空引力场最简单的例子是平面引力波, 与电磁场的情况相似. 由于 $R_{\mu\nu\alpha\beta}l^\beta=0, l^\mu l_\mu=0$, 所以是 Petrov N 型的.

由毕安基恒等式, 可以导出退化场零本征矢 l^μ 的两个简单性质. 用上面对 Weyl 张量用过的符号, 毕安基恒等式可写为

$$\widetilde{R}^{\alpha\beta}_{\mu\nu;\beta}=0,\quad \varPhi^{\mu\nu\alpha\beta}(R)_{;\beta}=0.\tag{4.3.14}$$

先讨论II型和 D 型 ($\phi_5=\phi_4=0,\phi_3\neq0$) 的情况. 由于

$$V_{\mu\nu;\alpha}M^{\mu\nu}=4l_{\mu;\alpha}\bar{m}^\mu,\tag{4.3.15}$$

代入 (4.3.3) 和 (4.3.14), 得到

$$\begin{aligned}0=&\varPhi^{\mu\nu\alpha\beta}_{;\beta}V_{\mu\nu}=(\varPhi^{\mu\nu\alpha\beta}V_{\mu\nu})_{;\beta}-\varPhi^{\mu\nu\alpha\beta}V_{\mu\nu;\beta}\\=&2(\phi_3V^{\alpha\beta})_{;\beta}-4\phi_2V^{\alpha\beta}l_{\mu;\beta}\bar{m}^\mu-\phi_3U^{\mu\nu}V^{\alpha\beta}V_{\mu\nu;\beta}-4\phi_3M^{\alpha\beta}l_{\mu;\beta}\bar{m}^\mu.\end{aligned}\tag{4.3.16}$$

用 l_α 乘以上式并缩并, 我们得到

$$V^{\alpha\beta}_{;\beta}l_\alpha+2l_{\alpha;\beta}\bar{m}^\alpha\bar{m}^\beta=3l_{\alpha;\beta}\bar{m}^\alpha l^\beta=0,\tag{4.3.17}$$

此即 (4.2.19) 式. 所以, **退化场的零本征矢量场l^μ 是短程线矢量场**. 用 $\bar{m}_\alpha$ 乘以 (4.3.16) 并缩并, 得到

$$V^{\alpha\beta}_{;\beta}\bar{m}_\alpha + 2l_{\alpha;\beta}\bar{m}^\alpha\bar{m}^\beta = 3l_{\alpha;\beta}\bar{m}^\alpha\bar{m}^\beta = 0, \tag{4.3.18}$$

此即 (4.2.25) 式. 此式表明**零本征矢量场l^μ** 是无切的 ($\sigma = 0$).

我们对于 $\phi_5 = \phi_4 = 0$ (Ⅱ型和 D 型) 退化真空引力场证明了定理: 退化真空引力场的零本征矢构成无切的短程线汇. 其他类型的退化场可用类似方法证明. 这一定理的逆定理 (Goldberg-Sachs 定理) 是: 如果有一个无切的短程线汇真空解 (引力场), 则这个解一定是退化的, 且线汇是本征线汇.

第三篇　一些特殊形式的引力场

广义相对论的发展在很大程度上取决于引力场方程的解和它们物理解释. 由于数学上的复杂性, 获得场方程的严格解是十分艰难的. 因此, 人们一方面运用各种数学技巧寻找新的严格解, 一方面寻找“生成技术”, 即寻找一些变换, 由一个已知解生成一个新解 (或解簇).

第 1 章 一些特殊形式引力场方程的解

1.1 任意变速参考系中的引力场

根据等效原理, 这一参考系中存在引力场, 其能–动张量 $T_{\mu\nu} = 0$.

选取直角坐标系, 设参考系沿 x 轴方向具有加速度 $g(t)$, 参考系本身是刚性的. 不失一般性, 可将所求的度规写成下面的形式:

$$\mathrm{d}s^2 = w(x,t)\mathrm{d}x^{0^2} - \mathrm{d}x^{1^2} - \mathrm{d}x^{2^2} - \mathrm{d}x^{3^2}, \tag{1.1.1}$$

$$x^0 = ct, \quad x^1 = x, \quad x^2 = y, \quad x^3 = z.$$

由此得到 $\varGamma^{\tau}_{\mu\nu}$ 的不为零分量

$$\begin{aligned}
&\varGamma^0_{00} = \frac{1}{2cw(x,t)}\frac{\partial w(x,t)}{\partial t,}\\
&\varGamma^0_{01} = \varGamma^0_{10} = \frac{1}{2w(x,t)}\frac{\partial w(x,t)}{\partial x},\\
&\varGamma^1_{00} = \frac{1}{2}\frac{\partial w(x,t)}{\partial x},
\end{aligned} \tag{1.1.2}$$

由于 $T_{\mu\nu} = 0$, 场方程简化为 $R_{\mu\nu} = 0$. 将上式代入得

$$\frac{\partial^2 w(x,t)}{\partial x^2} - \frac{1}{2w(x,t)}\left[\frac{\partial w(x,t)}{\partial x}\right]^2 = 0. \tag{1.1.3}$$

令 $w(x,t) = X(x)T(t)$ 代入上式得

$$\frac{\mathrm{d}^2 X(x)}{\mathrm{d}x^2}T(t) - \frac{T(t)}{2X(x)}\left[\frac{\mathrm{d}X(x)}{\mathrm{d}x}\right]^2 = 0.$$

由于 $w(x,t) \neq 0$, 故 $T(t) \neq 0$, 故有

$$\frac{\mathrm{d}^2 X(x)}{\mathrm{d}x^2} - \frac{1}{2X(x)}\left[\frac{\mathrm{d}X(x)}{\mathrm{d}x}\right]^2 = 0.$$

解之得

$$X(x) = (A_1 + B_1 x)^2.$$

式中 A_1 和 B_1 为积分常数. 代回 $w(x,t) = X(x)T(t)$ 得

$$w(x,t) = [A(t) + B(t)x]^2. \tag{1.1.4}$$

为了确定 $A(t)$ 和 $B(t)$, 我们取 $w(x,t)$ 的渐近式. 当参考系的加速度 $g(t)\to 0$ 时, 应有 $w(x,t)\to$ 常数, $B\to 0$. 因此在渐近情况下, 可将 $w(x,t)$ 展开, 略去 $B(t)$ 的高阶项

$$w(x,t)=A^2(t)+2A(t)B(t)x. \tag{1.1.5}$$

另一方面,

$$g_{00}=w(x,t)=1+\frac{2U}{c^2},$$

在加速度 $g(t)$ 很小时, 引力势 U 可按牛顿力学计算

$$U=g(t)x,$$

于是

$$w(x,t)=1+\frac{g(t)x}{c^2}. \tag{1.1.6}$$

比较 (1.1.5) 和 (1.1.6), 得到

$$A(t)=1,\quad B(t)=\frac{g(t)}{c^2}.$$

最后得到所求的场方程的解

$$\mathrm{d}s^2=[1+g(t)x/c^2]^2c^2\mathrm{d}t^2-\mathrm{d}x^2-\mathrm{d}y^2-\mathrm{d}z^2. \tag{1.1.7}$$

式中 $g(t)$ 是参考系的加速度, 可为时间 t 的任意函数.

当 $g(t)=g=$ 常数时, C. Moller 由一个纯数学的坐标变换的方法 (不解引力场方程) 得到了与 (1.1.7) 类似的度规, 但没有讨论 g 是时间函数的情形. Moller 所采用的坐标变换是

$$\begin{aligned}&X=\frac{c^2}{g}\left(\mathrm{ch}\frac{gt}{c}-1\right)+x\mathrm{ch}\frac{gt}{c},\\&Y=y,\quad Z=z,\\&T=\frac{c}{g}\mathrm{sh}\frac{gt}{c}+\frac{x}{c}\mathrm{sh}\frac{gt}{c}.\end{aligned} \tag{1.1.8}$$

式中 X,Y,Z,T 表示惯性系的坐标; x,y,z,t 表示匀加速系的坐标. 通过变换 (1.1.8), 由惯性系的度规

$$\mathrm{d}s^2=c^2\mathrm{d}T^2-\mathrm{d}X^2-\mathrm{d}Y^2-\mathrm{d}Z^2 \tag{1.1.9}$$

变换为

$$\mathrm{d}s^2=c^2(1+gx/c^2)^2\mathrm{d}t^2-\mathrm{d}x^2-\mathrm{d}y^2-\mathrm{d}z^2 \tag{1.1.10}$$

现在, 我们解引力场方程得到了度规 (1.1.7), 从而可以寻找一个变换, 使 (1.1.9) 变换为 (1.1.7), 这一变换可以叫做广义 Moller 变换. 设所寻求的变换为

$$X^\nu=X^\nu(x^\mu),\quad \mu,\nu=0,1$$

$$Y=y,\quad Z=z.$$

代入 (1.1.7) 和 (1.1.9) 得

$$\begin{aligned}&-\mathrm{d}x^2+c^2\left[1+\frac{g(t)x}{c^2}\right]^2\mathrm{d}t^2\\=&-\left[\frac{\partial X(x,t)}{\partial x}\mathrm{d}x+\frac{\partial X(x,t)}{\partial t}\mathrm{d}t\right]^2\\&+c^2\left[\frac{\partial T(x,t)}{\partial x}\mathrm{d}x+\frac{\partial T(x,t)}{\partial t}\mathrm{d}t\right]^2,\end{aligned}$$

从而得到方程组

$$\begin{aligned}&\frac{\partial X(x,t)}{\partial x}\cdot\frac{\partial X(x,t)}{\partial t}=c^2\frac{\partial T(x,t)}{\partial x}\cdot\frac{\partial T(x,t)}{\partial t},\\&-\left[\frac{\partial X(x,t)}{\partial x}\right]^2+c^2\left[\frac{\partial T(x,t)}{\partial x}\right]^2=-1,\\&-\left[\frac{\partial X(x,t)}{\partial x}\right]^2+c^2\left[\frac{\partial T(x,t)}{\partial t}\right]^2=c^2\left[1+\frac{g(t)x}{c^2}\right]^2.\end{aligned}\tag{1.1.11}$$

解此方程组得

$$\begin{aligned}X(x,t)&=c\int_{t_0'}^{t}\mathrm{sh}\left[\int_{t_0}^{t}\frac{g(t)}{c}\mathrm{d}t\right]\mathrm{d}t+x\mathrm{ch}\int_{t_0}^{t}\frac{g(t)}{c}\mathrm{d}t,\\T(x,t)&=\int_{t_0''}^{t}\mathrm{ch}\left[\int_{t_0}^{t}\frac{g(t)}{c}\mathrm{d}t\right]\mathrm{d}t+\frac{x}{c}\mathrm{sh}\int_{t_0}^{t}\frac{g(t)}{c}\mathrm{d}t,\\Y&=y,\quad Z=z.\end{aligned}\tag{1.1.12}$$

此即所寻求的变换. 当 $g(t)=g=$ 常数时, 只要适当移动一下坐标原点并调整一下坐标刻度, (1.1.12) 便退化为 Moller 变换 (1.1.8).

度规 (1.1.7) 具有相当广泛的意义. 它适用于坐标系作加速平移、振动以及更广泛形式的运动.

1.2 Schwarzschild 外部解

设引力质量位于坐标系原点, 且具有球对称性, 取球坐标, 线元可写为

$$\mathrm{d}s^2=\mathrm{e}^{\nu}c^2\mathrm{d}t^2-\mathrm{e}^{\lambda}\mathrm{d}r^2-r^2(\mathrm{d}\theta^2+\sin^2\theta\mathrm{d}\varphi^2).\tag{1.2.1}$$

对于质量外部, $T_{\mu\nu}=0$, 从而 Einstein 方程成为

$$R_{\mu\nu}-\frac{1}{2}g_{\mu\nu}R=0.$$

将上式乘以 $g^{\mu\nu}$ 缩并, 得 $R=0$. 真空 Einstein 方程为

$$R_{\mu\nu} = 0. \tag{1.2.2}$$

由 (1.2.1) 直接得到 $\Gamma^{\lambda}_{\mu\nu}$ 的不为零分量

$$\begin{aligned}
&\Gamma^0_{00} = \frac{1}{2c}\frac{\partial \nu}{\partial t}, \quad \Gamma^0_{01} = \Gamma^0_{10} = \frac{1}{2}\frac{\partial \nu}{\partial r},\\
&\Gamma^1_{00} = \frac{1}{2c}\frac{\partial \nu}{\partial r}\mathrm{e}^{\nu-\lambda}, \quad \Gamma^1_{01} = \Gamma^1_{10} = \frac{1}{2c}\frac{\partial \lambda}{\partial t},\\
&\Gamma^1_{11} = \frac{1}{2c}\frac{\partial \lambda}{\partial r}, \quad \Gamma^0_{11} = \frac{1}{2c}\frac{\partial \lambda}{\partial t}\mathrm{e}^{\lambda-\nu},\\
&\Gamma^2_{12} = \Gamma^2_{21} = \Gamma^3_{13} = \Gamma^3_{31} = \frac{1}{r},\\
&\Gamma^1_{22} = -r\mathrm{e}^{-\lambda}, \quad \Gamma^3_{23} = \Gamma^3_{32} = \cot\theta,\\
&\Gamma^1_{33} = -r\sin^2\theta\mathrm{e}^{-\lambda}, \quad \Gamma^2_{33} = -\sin\theta\cos\theta.
\end{aligned} \tag{1.2.3}$$

可以将上面诸式代入 (1.2.2), 但我们给出 $G^{\nu}_{\mu} = R^{\nu}_{\mu} - \frac{1}{2}g^{\nu}_{\mu}R$ 的表示式, 以便于在其他球对称场合应用. G^{ν}_{μ} 的不为零分量为

$$\begin{aligned}
G^0_0 &= -\mathrm{e}^{-\lambda}\left(\frac{1}{r^2} - \frac{1}{r}\frac{\partial \lambda}{\partial r}\right) + \frac{1}{r^2},\\
G^1_0 &= -\frac{\mathrm{e}^{-\lambda}}{rc}\frac{\partial \lambda}{\partial t},\\
G^2_2 = G^3_3 &= -\frac{1}{2}\mathrm{e}^{-\lambda}\left[\frac{\partial^2 \nu}{\partial r^2} + \frac{1}{2}\left(\frac{\partial \nu}{\partial r}\right)^2 + \frac{1}{r}\left(\frac{\partial \nu}{\partial r} - \frac{\partial \lambda}{\partial r}\right)\right.\\
&\quad\left. - \frac{1}{2}\left(\frac{\partial \nu}{\partial r}\right)\left(\frac{\partial \lambda}{\partial r}\right)\right] + \frac{1}{2}\mathrm{e}^{-\nu}\left[\frac{\partial^2 \lambda}{c^2\partial t^2} + \frac{1}{2}\left(\frac{\partial \lambda}{c\partial t}\right)^2\right.\\
&\quad\left. + \frac{1}{2c}\frac{\partial \lambda}{\partial t}\frac{\partial \nu}{\partial t}\right],\\
G^1_1 &= -\mathrm{e}^{-\lambda}\left(\frac{1}{r}\frac{\partial \nu}{\partial r} + \frac{1}{r^2}\right) + \frac{1}{r^2}.
\end{aligned} \tag{1.2.4}$$

分别令 (1.2.4) 诸式等于零, 得到下列独立的方程:

$$\frac{\partial \nu}{\partial r} + \frac{1}{r} - \frac{\mathrm{e}^{\lambda}}{r} = 0, \tag{1.2.5}$$

$$\frac{\partial \lambda}{\partial r} - \frac{1}{r} + \frac{\mathrm{e}^{\lambda}}{r} = 0, \tag{1.2.6}$$

$$\frac{\partial \lambda}{\partial t} = 0. \tag{1.2.7}$$

由上式有

$$\lambda = \lambda(r), \quad \frac{\partial}{\partial r}(\nu + \lambda) = 0. \tag{1.2.8}$$

根据 (1.2.8), 可直接得到 Birkhoff 定理 (1927). 实际上, 由上式得

$$\nu = -\lambda(r) + f(t),$$

故有 $e^{\nu} = e^{f(t)}e^{-\lambda(r)}$. 代入 (1.2.1) 并令

$$e^{f(t)}dt^2 = d\tilde{t}^2.$$

最后去掉 $d\tilde{t}$ 上的波号, 便得

$$\nu = \nu(r) = -\lambda = -\lambda(r). \tag{1.2.9}$$

这就是说, **真空球对称引力场一定是静态的**. 此即 Birkhoff 定理.

将 (1.2.9) 代回 (1.2.5) 或 (1.2.6), 积分得

$$e^{\nu} = e^{-\lambda} = 1 + \frac{K}{r}. \tag{1.2.10}$$

为了确定式中的积分常数 K, 我们采用渐近平直的边界条件: 当 $r \to \infty$ 时, 平直空间的牛顿定律成立. 此时引力势应为 $U = -G\dfrac{M}{r}$. 由此可得

$$g_{00} = 1 + \frac{2U}{c^2} = 1 - \frac{2GM}{c^2 r},$$

由此得

$$K = -\frac{2GM}{c^2} = -2m, \tag{1.2.11}$$

其中 $m \equiv \dfrac{GM}{c^2}$. 于是得到球对称质量外部解 (Schwarzschild 外部解)

$$ds^2 = (1 - 2m/r)c^2dt^2 - \frac{dr^2}{1 - 2m/r} - r^2(d\theta^2 + \sin^2\theta d\varphi^2). \tag{1.2.12}$$

此解由 K.Schwarzschild 于 1916 年给出.

Schwarzschild 解 (1.2.12) 是当宇宙因子 $\lambda = 0$ 时, 在球坐标系中真空场方程的严格解. 虽然原则上曲线坐标中的量是和测量无关的, 但球坐标中的 φ 和 θ 常和天文测量的量相同; r 和天文坐标的差别不超过八百万分之一. 度规中所含的常数 M 为中心物体的质量. 对于太阳, $m_{\odot} = GM_{\odot}/c^2 = 1.4766 \times 10^5$cm; 对于地球, $m_e = GM_e/c^2 = 0.4438$cm. 如果太阳和地球的引力场用 (1.2.12) 描述, 则在太阳表面有 $m/r = 2.122 \times 10^{-6}$, 在地球表面有 $m/r = 6.980 \times 10^{-10}$. 显然, 在通常情况条件下 $m \ll r$ 是满足的.

$\lambda \neq 0$ 的球对称真空场, de Sitter 于 1917 年给出了场方程的解

$$\begin{aligned} ds^2 = &\left(1 - \frac{2m}{r} - \frac{\lambda}{3}r^2\right)dx^{02} - \left(1 - \frac{2m}{r} - \frac{\lambda}{3}r^2\right)^{-1}dt^2 \\ &- r^2(d\theta^2 + \sin^2\theta d\varphi^2). \end{aligned} \tag{1.2.13}$$

1.3 Reissner-Nordström 解

1.2 节中, 我们认为中心质量不具有电荷. 如果中心质量源除具有质量之外还具有电荷 e, 由于电荷 e 激发的电磁场充满整个空间, 作为物质存在的一种形式, 它同样能够激发引力场, 即作为引力场源. 因此, 质量外部不再满足 $T_{\mu\nu}=0$, 而代之以

$$T^{\mu\nu}=\frac{1}{4\pi}\left(\frac{1}{4}g^{\mu\nu}F^{\alpha\beta}F_{\alpha\beta}-g^{\nu\rho}F^{\mu\lambda}F_{\lambda\rho}\right). \tag{1.3.1}$$

不难证明,$F_{21}=F_{31}=0$. 为此, 我们采用 Maxwell 方程

$$F^{\mu\nu}_{;\nu}=0,$$

即

$$\frac{\partial}{\partial x^\nu}(\sqrt{-g}F^{\mu\nu})=0. \tag{1.3.2}$$

由 $\dfrac{\partial}{\partial x^\nu}(\sqrt{-g}F^{2\nu})=0$ 得

$$\frac{\partial}{\partial x^\nu}(\sqrt{-g}g^{22}g^{11}F_{21})=\frac{\partial}{\partial r}\{F_{21}\mathrm{e}^{-\frac{1}{2}(\lambda-\nu)}\sin\theta\}=0,$$

即

$$F_{21}=C\mathrm{e}^{\frac{1}{2}(\lambda-\nu)}. \tag{1.3.3}$$

式中 C 是积分常数. 根据空间的渐近平直性质, 当 $r\to\infty$ 时, 未知的度规 (1.2.1) 应趋近于 Minkowski 度规, 即 $\lambda\to 0,\nu\to 0$; 另一方面, 当 $r\to\infty$ 时应有 $F_{21}\to 0$. 由此得到 $C=0$. 这样,F_{21} 处处为零; 同理可证 F_{31} 处处为零.

由于球对称性, 四维势 A_μ 只含 r, 所以 $F_{\mu\nu}=\dfrac{\partial A_\nu}{\partial x^\mu}-\dfrac{\partial A_\mu}{\partial x^\nu}$ 只有脚标含有 1 的分量不为零, 即 F_{21},F_{31} 和 F_{01} 不为零. 由于 F_{21} 和 F_{31} 已为零, 于是只要求出 F_{01}. 为此, 仍可利用式

$$\frac{\partial}{\partial x^\nu}(\sqrt{-g}F^{0\nu})=0.$$

此式可写为

$$\frac{\partial}{\partial r}\left\{-F_{01}r^2\mathrm{e}^{-\frac{1}{2}(\lambda+\nu)}\sin\theta\right\}=0,$$

积分得

$$F_{01}=-F_{10}=\frac{Q}{r^2}\mathrm{e}^{\frac{1}{2}(\nu+\lambda)}. \tag{1.3.4}$$

式中 Q 为积分常数. 当 $r\to\infty$ 时, E_{10} 应表示点电荷的场强 $E_r=Q/r^2$, 于是上式中的 Q 即为场源的电荷.

将 (1.3.4) 代入 (1.3.1) 得到电磁场的能 – 动张量的不为零分量

$$T_0^0 = T_1^1 = -T_2^2 = -T_3^3 = \frac{Q^2}{8\pi r^4}. \tag{1.3.5}$$

由 (1.2.4) 和 (1.2.5) 得到场方程

$$\mathrm{e}^{-\lambda}\left(\frac{\lambda'}{r} - \frac{1}{r^2}\right) + \frac{1}{r^2} = \frac{kQ^2}{8\pi r^4}, \tag{1.3.6}$$

$$\mathrm{e}^{-\lambda}\left(\frac{\nu''}{r} - \frac{\lambda'\nu'}{4} + \frac{\nu'^2}{4} - \frac{\nu' - \lambda'}{2r}\right) = \frac{kQ^2}{8\pi r^4}, \tag{1.3.7}$$

$$-\mathrm{e}^{-\lambda}\left(\frac{\nu'}{r} + \frac{1}{r^2}\right) + \frac{1}{r^2} = \frac{k^2}{8\pi k^4}, \tag{1.3.8}$$

由 (1.3.6) 和 (1.3.8) 得到 $\lambda = -\nu$, 代回原二式得

$$\mathrm{e}^{\nu}(1 + r\nu') - 1 = -\frac{kQ^2}{8\pi r^2}.$$

因为 $g_{00} = \mathrm{e}^{\nu}$, 所以上式即

$$g_{00} + r\frac{\mathrm{d}g_{00}}{\mathrm{d}r} = 1 - \frac{kQ^2}{8\pi r^2},$$

积分得

$$g_{00} = 1 + \frac{kQ^2}{8\pi r^2} + \frac{C}{r}.$$

式中 C 为积分常数. 为了确定常数 C, 我们使这个解退化为已知的 Schwarzschild 外部解, 这只要令 $Q = 0$. 比较可知 $C = -\dfrac{2GM}{c^2} \equiv -2m$. 于是最后得到所求的度规

$$\mathrm{d}s^2 = \left(1 - \frac{2m}{r} + \frac{e^2}{r^2}\right)c^2\mathrm{d}t^2 - \left(1 - \frac{2m}{r} + \frac{e^2}{r^2}\right)^{-1}\mathrm{d}r^2 - r^2(\mathrm{d}\theta^2 + \sin^2\theta\mathrm{d}\varphi^2). \tag{1.3.9}$$

式中 $e^2 \equiv \dfrac{kQ^2}{8\pi}$. 场源含磁荷 q 时, 可推广 $e^2 \to e^2 + q^2$[见 (1.14.11)]. 式 (1.3.9) 即著名的 Reissner-Nordström 度规. 由于含 m 和含 e 的两项之比

$$\frac{e^2}{r^2}\Big/\frac{2m}{r} \sim \frac{1}{r},$$

故知在 $r \to \infty$ 时与 m 项比较可将 e 项略去. 对于电子, 上述比值约为 $\dfrac{10^{-13}}{r}$. 这就是说, 只有在电子的经典半径附近, 两项才可比拟. 在较大的距离上, 含 e 的项的作用便是微小的.

这里应指出, 含 e 的项是电荷 Q 的电磁场 (作为物质源) 对引力场的贡献, 而不代表电磁相互作用.

1.4 Schwarzschild 内部解

设场源物质为理想流体, 静止于所选择的球坐标系中, 且均匀分布于半径为 r_1 的球内, 在球面处这均匀流体的压强为零. 在这些特殊条件下, 可以得到 Einstein 方程的一个严格解.

为了计算方便, 将场方程写成混合张量的形式

$$G_\mu^\nu - \frac{1}{2}g_\mu^\nu R = kT_\mu^\nu. \tag{1.4.1}$$

理想流体的能–动张量具有形式

$$T_\mu^\nu = g_{\mu\alpha}T^{\alpha\nu} = (\rho_0 + P_0)g_{\mu\alpha}u^\alpha u^\nu - g_\mu^\nu P_0. \tag{1.4.2}$$

仍取球对称度规为

$$\mathrm{d}s^2 = \mathrm{e}^\nu \mathrm{d}t^2 - \mathrm{e}^\lambda \mathrm{d}r^2 - r^2(\mathrm{d}\theta^2 + \sin^2\theta \mathrm{d}\varphi^2).$$

式中 $\nu = \nu(r), \lambda = \lambda(r)$. 由于场源物质是静止的, 故有

$$\begin{aligned} u^1 &= \frac{\mathrm{d}r}{\mathrm{d}s} = u^2 = \frac{\mathrm{d}\theta}{\mathrm{d}s} = u^3 = \frac{\mathrm{d}\varphi}{\mathrm{d}s} = 0, \\ u^0 &= \frac{\mathrm{d}x^0}{\mathrm{d}s} = \mathrm{e}^{-\frac{1}{2\nu}}, \end{aligned} \tag{1.4.3}$$

代入 (1.4.2) 得到 T_μ^ν 的不为零分量

$$\begin{aligned} T_1^1 &= T_2^2 = T_3^3 = -P_0, \\ T_0^0 &= \rho_0 c^2. \end{aligned} \tag{1.4.4}$$

$R_{\mu\nu}$ 不为零的分量为

$$\begin{aligned} R_{11} &= -\frac{1}{2}\nu'' + \frac{1}{4}\nu'\lambda' - \frac{1}{4}\nu'^2 + \frac{\lambda'}{r}, \\ R_{22} &= -\mathrm{e}^{-\lambda}\left\{1 + \frac{1}{2}r(\nu' - \lambda')\right\} + 1, \\ R_{33} &= -\mathrm{e}^{-\lambda}\left\{1 + \frac{1}{2}r(\nu' - \lambda')\right\}\sin^2\theta + \sin^2\theta, \\ R_{00} &= \mathrm{e}^{\nu-\lambda}\left(\frac{1}{2}\nu'' - \frac{1}{4}\nu'\lambda' + \frac{1}{4}\nu'^2 + \frac{\nu'}{r}\right). \end{aligned} \tag{1.4.5}$$

由此得到标曲率 R 的表达式

$$R = g^{\mu\nu}R_{\mu\nu} = e^{-\lambda}\left\{\nu'' - \frac{1}{2}\nu'\lambda' + \frac{1}{2}\nu'^2 - \frac{2}{r}(\lambda' - \nu') + \frac{2}{r^2}\right\} - \frac{2}{r^2}. \tag{1.4.6}$$

将 (1.4.4)~(1.4.6) 代入 (1.4.1) 得到

$$k\rho_0 c^2 = \mathrm{e}^{-\lambda}\left(\frac{\lambda'}{r} - \frac{1}{r^2}\right) + \frac{1}{r^2}, \tag{1.4.7}$$

$$kP_0 = \mathrm{e}^{-\lambda}\left(\frac{\nu'}{r} + \frac{1}{r^2}\right) - \frac{1}{r^2}, \tag{1.4.8}$$

$$kP_0 = \mathrm{e}^{-\lambda}\left(\frac{\nu''}{2} - \frac{\nu'\lambda'}{4} + \frac{1}{4}\nu'^2 + \frac{\nu' - \lambda'}{2r}\right). \tag{1.4.9}$$

其中 (1.4.9) 是由 $G_2^2 = kT_2^2$ 和 $G_3^3 = kT_3^3$ 组合而成的. 由 $\frac{2}{r} \times [(1.4.8) - (1.4.9)]$ 得到

$$\mathrm{e}^{-\lambda}\left(\frac{\nu''}{r} - \frac{\nu'}{r^2} - \frac{2}{r^3}\right) - \mathrm{e}^{-\lambda}\lambda'\left(\frac{\nu'}{r} + \frac{1}{r^2}\right) + \frac{2}{r^3} + \mathrm{e}^{-\lambda}\left(\frac{\lambda'}{r} + \frac{\nu'}{r}\right)\frac{\nu'}{2} = 0.$$

考虑到 (1.4.7)~(1.4.9), 上式可写为

$$\frac{\mathrm{d}P_0}{\mathrm{d}r} + (\rho_0 c^2 + P_0)\frac{\nu'}{2} = 0. \tag{1.4.10}$$

此式给出压强和引力势沿 r 方向导数之间的关系. 积分 (1.4.7) 得

$$\mathrm{e}^{-\lambda} = 1 - \frac{1}{3}k\rho_0 c^2 r^2 + \frac{A}{r}.$$

为了避免 $r = 0$ 处 (1.4.7) 出现无限大, 我们取积分常数 $A = 0$. 上式成为

$$\mathrm{e}^{-\lambda} = 1 - \frac{r^2}{R^2}. \tag{1.4.11}$$

式中

$$R^2 \equiv \frac{3}{k\rho_0 c^2}. \tag{1.4.12}$$

积分 (1.4.10) 得

$$\rho_0 c^2 + P_0 = C\mathrm{e}^{-\frac{1}{2}\nu}.$$

式中 C 为积分常数. 将 (1.4.7)~(1.4.9) 中的 ρ_0 和 P_0 代入上式, 得到

$$\mathrm{e}^{\frac{1}{2}\nu}\mathrm{e}^{-\lambda}\left(\frac{\lambda'}{r} + \frac{\nu'}{r}\right) = \mathrm{const}.$$

考虑到 (1.4.11), 有

$$\mathrm{e}^{\frac{1}{2}\nu}\left(\frac{2}{R^2} + \frac{\nu'}{r} - \frac{\nu' r}{R^2}\right) = \mathrm{const}.$$

积分上式得

$$\mathrm{e}^{\frac{1}{2}\nu} = A - B\left(1 - \frac{r^2}{R^2}\right)^{\frac{1}{2}}. \tag{1.4.13}$$

式中 A 和 B 为积分常数. 式 (1.4.13) 和 (1.4.11) 给出 Einstein 场方程的解

$$\mathrm{d}s^2=\left[A-B\left(1-\frac{r^2}{R^2}\right)^{\frac{1}{2}}\right]^2 c^2\mathrm{d}t^2-\left(1-\frac{r^2}{R^2}\right)^{-1}\mathrm{d}r^2-r^2(\mathrm{d}\theta^2+\sin^2\theta\mathrm{d}\varphi^2). \quad (1.4.14)$$

将 (1.4.11) 和 (1.4.13) 代入 (1.4.8) 得

$$kP_0=\frac{3B\left(1-\dfrac{r^2}{R^2}\right)^{\frac{1}{2}}-A}{R^2\left[A-B\left(1-\dfrac{r^2}{R^2}\right)^{\frac{1}{2}}\right]}. \quad (1.4.15)$$

常数 A 和 B 可由流体球边界处的连接条件确定. 使 $r<r_1$ 的上述内部解与 $r>r_1$ 的 Schwarzschild 外部解在 $r=r_1$ 处相等, 并使 $r=r_1$ 的压强 $P_0=0$, 从而便可同时确定常数 A、B 以及流体球的质量 M. 上述条件表示为

$$1-\frac{2GM}{c^2r_1}=1-\frac{r_1^2}{R^2}=\left[A-B\left(1-\frac{r_1^2}{R^2}\right)^{\frac{1}{2}}\right]^2,$$

$$3B\left(1-\frac{r_1^2}{R^2}\right)^{\frac{1}{2}}-A=0.$$

解这三个代数方程得

$$\begin{aligned}
A&=\frac{3}{2}\left(1-\frac{r_1^2}{R^2}\right)^{\frac{1}{2}},\\
B&=\frac{1}{2},\\
M&=\frac{c^2}{3GR^2}r_1^3=\frac{kc^4}{6G}r_1^3\rho_0=\frac{4\pi}{3}r_1^3\rho_0.
\end{aligned} \quad (1.4.16)$$

还应指出, 式 (1.4.14) 表明, 此内部解的适用范围是 $r_1<R$. 这一条件在天体物理的实际应用中是经常得到满足的. 例如, 对于太阳有

$$\rho_0=1.4\mathrm{g}\cdot\mathrm{cm}^{-3},$$
$$r_1=6.95\times10^{10}\mathrm{cm}.$$

于是由 (1.4.12) 得 $R=3.5\times10^{13}\mathrm{cm}\gg r_1$.

式 (1.4.14) 称为 Schwarzschild 内部解.

1.5 Kasner 解的推广

假设场源具有柱对称性, 则其外部解可以严格给出, 不带电的情况由 Kasner 给出.

本节讨论荷电的情况. Einstein-Maxwell 方程表示为

$$F^{\mu\nu}_{;\nu}=0, \quad (1.5.1)$$

$$F_{\mu\nu;\alpha}+F_{\nu\alpha;\mu}+F_{\alpha\mu;\nu}=0, \tag{1.5.2}$$

$$G_{\mu\nu}=\frac{1}{4\pi}\left(-F_{\mu\sigma}F_{\nu}^{\sigma}+\frac{1}{4}F_{\sigma\tau}F^{\sigma\tau}g_{\mu\nu}\right). \tag{1.5.3a}$$

由于 $F^{\alpha\beta}=-F^{\beta\alpha}$, 后一式可简化为

$$R_{\mu\nu}=\frac{1}{4\pi}\left(-F_{\mu\sigma}F_{\nu}^{\sigma}+\frac{1}{4}F_{\sigma\tau}F^{\sigma\tau}g_{\mu\nu}\right). \tag{1.5.3b}$$

根据场的对称性, 选取柱坐标, 度规可写为

$$\mathrm{d}s^2=u^2(r)\mathrm{d}x^{0^2}-\mathrm{d}r^2-v^2(r)\mathrm{d}\varphi^2-w^2(r)\mathrm{d}z^2. \tag{1.5.4}$$

将上式代入 (1.5.1) 和 (1.5.2), 积分得

$$uvwF^{01}=C_1=\mathrm{const},\quad F_{01}=C_1\mu\nu^{-1}w^{-1}. \tag{1.5.5}$$

$F^{\alpha\beta}$ 和 $F_{\alpha\beta}$ 其余分量均为零, C_1 为积分常数.

由 (1.5.4) 得到 $\Gamma_{\mu\nu}^{\tau}$ 的不为零分量为

$$\begin{aligned}&\Gamma_{01}^{0}=\Gamma_{10}^{0}=\frac{u'}{u},\quad \Gamma_{00}^{1}=uu',\quad \Gamma_{21}^{2}=\Gamma_{12}^{2}=\frac{v'}{v},\\&\Gamma_{22}^{1}=-vv',\quad \Gamma_{31}^{3}=\Gamma_{13}^{3}=\frac{w'}{w},\quad \Gamma_{33}^{1}=-ww'.\end{aligned} \tag{1.5.6}$$

$R_{\mu\nu}$ 的不为零分量为

$$\begin{aligned}R_{00}=&\frac{\mathrm{d}}{\mathrm{d}r}(uu')+uu'\left(\frac{u'}{u}+\frac{v'}{v}+\frac{w'}{w}\right)-2u'^2,\\R_{11}=&-\left[\frac{\mathrm{d}}{\mathrm{d}r}\left(\frac{u'}{u}\right)+\frac{\mathrm{d}}{\mathrm{d}r}\left(\frac{v'}{v}\right)+\frac{\mathrm{d}}{\mathrm{d}r}\left(\frac{w'}{w}\right)\right]\\&-\left[\left(\frac{u'}{u}\right)^2+\left(\frac{v'}{v}\right)^2+\left(\frac{w'}{w}\right)^2\right],\\R_{22}=&-\frac{\mathrm{d}}{\mathrm{d}r}(vv')-vv'\left(\frac{u'}{u}+\frac{v'}{v}+\frac{w'}{w}\right)+2v'^2,\\R_{33}=&-\frac{\mathrm{d}}{\mathrm{d}r}(ww')-ww'\left(\frac{u'}{u}+\frac{v'}{v}+\frac{w'}{w}\right)+2w'^2.\end{aligned} \tag{1.5.7}$$

将 (1.5.7) 和 (1.5.5) 代入 (1.5.3), 并令

$$\mathrm{d}r=uvw\mathrm{d}\lambda, \tag{1.5.8}$$

得到

$$\left(\frac{u_{,\lambda}}{u}\right)_{,\lambda}=C_1^2u^2, \tag{1.5.9}$$

$$\left(\frac{v_{,\lambda}}{v}\right)_{,\lambda} = -C_1^2 u^2, \tag{1.5.10}$$

$$\left(\frac{w_{,\lambda}}{w}\right)_{,\lambda} = -C_1^2 u^2, \tag{1.5.11}$$

$$\frac{u_{,\lambda}v_{,\lambda}}{uv} + \frac{v_{,\lambda}w_{,\lambda}}{vw} + \frac{w_{,\lambda}u_{,\lambda}}{wu} = -C_1^2 u^2. \tag{1.5.12}$$

积分 (1.5.9) 得

$$u_{,\lambda} = u(C_2 + C_1^2 u^2)^{\frac{1}{2}}. \tag{1.5.13}$$

式中 $C_2 = \text{const}$ 为积分常数.

由 (1.5.5) 可知, $C_1 = 0$ 即电磁场不存在. 我们首先考虑 $C_1 \neq 0, C_2 = 0$ 的情形. 此时 (1.5.13) 给出

$$u = C_1^{-1}(C_3 - \lambda)^{-1}, \tag{1.5.14}$$

$C_3 = \text{const}$. 由 (1.5.10)~(1.5.12) 以及 (1.5.4), (1.5.5) 可得

$$v = C_1(C_3 - \lambda)\mathrm{e}^{C_4\lambda}, \tag{1.5.15}$$

$$w = C_1(C_3 - \lambda), \tag{1.5.16}$$

$C_4 = \text{const}$. 于是得到度规

$$\begin{aligned}\mathrm{d}s^2 =& C_1^{-2}(C_3 - \lambda)^{-2}\mathrm{d}t^2 - \mathrm{d}r^2 - C_1^2(C_3 - \lambda)^2\mathrm{e}^{2C_4\lambda}\mathrm{d}\varphi^2 \\ & - C_1^2(C_3 - \lambda)^2\mathrm{d}z^2,\end{aligned} \tag{1.5.17a}$$

$$F^{01} = -(C_3 - \lambda)^{-1}\mathrm{e}^{-C_4\lambda}, \tag{1.5.18a}$$

$$F_{01} = C_1^{-2}(C_3 - \lambda)^{-3}\mathrm{e}^{-C_4\lambda}. \tag{1.5.19a}$$

为了写成通常柱坐标的形式, 再作一次坐标变换. 令

$$C_4^{-1}\mathrm{e}^{C_4\lambda} = \rho, \quad C_4^2\varphi = \psi, \tag{1.5.20}$$

此时有

$$\mathrm{d}r = C_1(C_3 - \lambda)\mathrm{e}^{C_4\lambda}\mathrm{d}\lambda = C_1(C_3 - \lambda)\mathrm{d}\rho. \tag{1.5.21}$$

将 (1.5.20) 和 (1.5.21) 代入 (1.5.17)~(1.5.19), 得到

$$\begin{aligned}\mathrm{d}s^2 =& C_1^{-2}(C_3 - C_4^{-1}\ln C_4\rho)^{-2}\mathrm{d}t^2 - C_1^2(C_3 \\ & - C_4^{-1}\ln C_4\rho)^2\{\mathrm{d}\rho^2 + \rho^2\mathrm{d}\psi^2 + \mathrm{d}z^2\},\end{aligned} \tag{1.5.17b}$$

$$F^{01} = -C_4^{-1}(C_3 - C_4^{-1}\ln C_4\rho)^{-1}\rho^{-1}, \tag{1.5.18b}$$

$$F_{01} = C_1^{-2}C_4^{-1}(C_3 - C_4^{-1}\ln C_4\rho)^{-3}\rho^{-1}. \tag{1.5.19b}$$

如果质量源不带电, 在 (1.5.13) 中令 $C_1=0, C_2=a^2$, 我们有特解

$$u=\mathrm{e}^{a\lambda},\quad v=\mathrm{e}^{b\lambda},\quad w=\mathrm{e}^{c\lambda}, \tag{1.5.22}$$

$$a+b+c=a^2+b^2+c^2=1. \tag{1.5.23}$$

此时由 (1.5.8) 知

$$\mathrm{d}r^2=\mathrm{e}^{2(a+b+c)\lambda}\mathrm{d}\lambda^2=\mathrm{d}\rho^2,$$

于是 (1.5.4) 可写为

$$\mathrm{d}s^2=\rho^{2^a}\mathrm{d}t^2-\mathrm{d}\rho^2-\rho^{2b}\mathrm{d}\varphi^2-\rho^{2c}\mathrm{d}z^2, \tag{1.5.24}$$

这就是 Kasner 真空度规. 如果令 $C_1=0, C_2=0$, 则得到 Minkowski 度规.

1.6 电荷和磁矩的外部解

人们认为许多天体都具有电荷. 对于中子星, 人们认为, 其强大的射电辐射来自中子星表面以外强大的磁偶极磁场形成的磁层内的相干曲率辐射 (RS 模型), 因而认为中子星具有强大的磁矩, 其数值约为

$$P\sim 10^{30}\text{Gauss单位}. \tag{1.6.1}$$

因此, 研究电荷 (磁荷) 和磁矩的引力场对于揭示中子星的引力性质是有意义 (Peng, 1985).

我们讨论静态时空中的静态磁场. 静态时空可表示为

$$g_{\mu\nu}=g_{\mu\nu}(x^i). \tag{1.6.2}$$

如果四维时空点沿类时方向移动 ξ^μ 时, 矢量 A^μ 不变, 则电磁场 $F_{\mu\nu}=A_{\nu;\mu}-A_{\mu;\nu}$ 也是静态的. 此条件即 A^μ 的 Lie 导数为零

$$\xi^\mu A^\nu_{;\mu}-A^\mu\xi^\nu_{;\mu}=0. \tag{1.6.3}$$

式中 ξ^μ 为类时 Killing 矢量, 它满足 Killing 方程

$$\xi_{\mu;\nu}+\xi_{\nu;\mu}=0. \tag{1.6.4}$$

电磁场只包含纯磁场的条件可表示为

$$F_{\mu\nu}=2(\xi^\mu\xi_\mu)-\frac{1}{2}\xi_\mu B_\nu=2g_{00}^{-\frac{1}{2}}(\xi_\mu B_\nu-\xi_\nu B_\mu), \tag{1.6.5}$$

$$\xi^0 = 1, \xi^i = 0.$$

式中 B_μ 为磁矢量. 可以取 B 为纯空间矢量 ($\xi^\mu B_\mu = 0, \xi^\mu \xi_\mu \neq 0$)

$$B_\mu = (\xi^\mu \xi_\mu)^{-\frac{1}{2}} F_{\mu\nu} \xi^\nu. \tag{1.6.6}$$

由于

$$\begin{aligned} F_{\mu\nu}\xi^\nu =& (A_{\nu;\mu} - A_{\mu;\nu})\xi^\nu = (A_\nu \xi^\nu)_{,\mu} \\ & - (A_\nu \xi^\nu_{;\mu} + A_{\mu;\nu}\xi^\nu) = A_{0,\mu} - (A_\nu \xi^\nu_{;\mu} + A_{\mu;\nu}\xi^\nu). \end{aligned} \tag{1.6.7}$$

式中 $A_0 = \xi^\mu A_\mu$. 考虑到 (1.6.4), 可将 (1.6.7) 的后一项化为 (1.6.3), 于是 (1.6.6) 可写为

$$B_\mu = g_{00}^{-\frac{1}{2}} A_{0,\mu}. \tag{1.6.8}$$

又由 (1.6.5) 得

$$\begin{aligned} F^{\mu\nu}_{;\nu} =& \xi^\mu (g_{00}^{-\frac{1}{2}} B^\nu)_{;\nu} + (g_{00}^{-\frac{1}{2}} B^\nu \xi^\mu_{;\nu} - \xi_\nu g_{00}^{-\frac{1}{2}} B^\mu_{;\nu}) \\ & - g_{00}^{-\frac{1}{2}} B^\mu \xi^\nu_{;\nu}. \end{aligned}$$

上式最后一项由 Killing 方程知其为零. 括号内的式子即 $(-g_{00}^{-\frac{1}{2}} B^\nu)$ 的 Lie 导数, 因场是静态的, 此 Lie 导数为零. 因此上式即

$$F^{\mu\nu}_{;\nu} = \xi^\mu (g_{00}^{-\frac{1}{2}} B^\nu)_{;\nu} \tag{1.6.9}$$

或

$$F^{\mu\nu}_{;\nu} = \xi^\mu g_{00}^{-\frac{1}{2}} B^i_{1i}, \tag{1.6.10}$$

由 (1.6.10) 知真空 Maxwell 方程即

$$B^i_{1i} = (g_{00}^{-\frac{1}{2}} g^{ij} A_{0,j})_{1i} = 0. \tag{1.6.11}$$

我们求在 Reissner-Nordström 度规

$$\begin{aligned} \mathrm{d}s^2 =& \left(1 - \frac{2m}{r} + \frac{e^2}{r^2}\right) \mathrm{d}x^{0^2} - \left(1 - \frac{2m}{r} + \frac{e^2}{r^2}\right)^{-1} \mathrm{d}r^2 \\ & + r^2 (\mathrm{d}\theta^2 + \sin^2\theta \mathrm{d}\varphi^2) \end{aligned} \tag{1.6.12}$$

的背景下的静态磁场.

将 (1.6.12) 代入 (1.611), 得到 $A_0(r, \theta)$ 满足的方程

$$\left(1 - \frac{2m}{r} + \frac{e^2}{r^2}\right) (r^2 A_{0,r})_{,r} + \frac{1}{\sin\theta} (\sin\theta A_{0,\theta})^{,\theta} + \frac{1}{\sin^2\theta} A_{0,\varphi\varphi} = 0. \tag{1.6.13}$$

易见此方程的解为

$$A_0(r,\theta) = R(r)p_l^n(\cos\theta)\mathrm{e}^{\mathrm{i}n\varphi}. \tag{1.6.14}$$

式中 $R(r)$ 满足方程

$$\left(1-\frac{2m}{r}+\frac{e^2}{r^2}\right)(2rR_r+r^2R_{,rr})-l(l+1)R=0. \tag{1.6.15a}$$

经尝试, 知

$$n=0,\quad l=1,\quad R_1(r)=r\left(r-2m+\frac{e^2}{r}\right) \tag{1.6.15b}$$

是方程 (1.6.15) 的一个特解. 令

$$R(r)=R_1(r)\cdot x(r), \tag{1.6.16}$$

代入 (1.6.15) 得

$$\left(r-2m+\frac{e^2}{r}\right)x_{,rr}=-2\left[1-\frac{e^2}{r^2}+\frac{2}{r}\left(r-2m+\frac{e^2}{r}\right)\right]x_{,r} \tag{1.6.17}$$

积分 (1.6.17) 得

$$\ln|x_{,r}|=-2\ln|r^2-2mr+e^2|+C. \tag{1.6.18}$$

积分 (1.6.18), 考虑到边界条件, 得到

$$\begin{aligned}x=C_1\bigg[&\frac{r-m}{2(e^2-m^2)(r^2-2mr+e^2)}\\&+\frac{1}{4(e^2-m^2)\sqrt{m^2-e^2}}\ln\frac{r-m-\sqrt{m^2-e^2}}{r-m+\sqrt{m^2-e^2}}\bigg]\end{aligned} \tag{1.6.19}$$

令

$$a\equiv\frac{(1-e^2m^{-2})^{\frac{1}{2}}}{1-mr^{-1}-[1-(1-e^2m^{-2})^{\frac{1}{2}}]}, \tag{1.6.20}$$

(1.6.19) 成为

$$\begin{aligned}x=-C_1\bigg[&\frac{r-m}{2m^2r(1-e^2m^{-2})(1-2mr^{-1}+e^2m^{-2})}\\&+\frac{1}{4m^3(1-e^2m^{-2})^{3/2}}\ln\left(1-\frac{2m\alpha}{r}\right)\bigg].\end{aligned} \tag{1.6.21}$$

将 (1.6.21) 代入 (1.6.16), (1.6.15a) 和 (1.6.14) 得

$$A_0(r,\theta)=-C_1\bigg[\frac{r-m}{2m^2(1-e^2m^{-2})}r$$

$$+\frac{r^2-2mr+e^2}{4m^3(1-e^2m^{-2})^{3/2}}\ln\left(1-\frac{2m\alpha}{r}\right)\bigg]\times\cos\theta. \tag{1.6.22}$$

将 (1.6.22) 按 $\dfrac{2m\alpha}{r}$ 展开, 略去高阶项得

$$A_0(r,\theta)=-\frac{2C_1m^2}{3r^2}\left(1+\frac{2\alpha m}{r}\right)\cos\theta. \tag{1.6.23}$$

(1.6.23) 是一个磁偶极子在 Reissner-Nordström 弯曲时空中的静磁场的势. 实际上, 令 $e=0$, 得 $\alpha=1$, (1.6.23) 即成为 Schwarzschild 空间中的情况, 当 $r\gg m$ 时, (1.6.23) 便成为人们熟知的平直空间中的一个磁偶极子的势

$$A_0(r,\theta)\to\frac{P}{r^2}\cos\theta. \tag{1.6.24}$$

设场源质量位于坐标原点, 磁矩沿 $\theta=0$ 方向, 场显然应是辐射对称的, 四维势 A_μ 只有一个不为零的分量 A_φ. 按照 (1.6.23), 我们可以将 A_φ 表示为

$$A_{\varphi(P)}=\frac{P}{r^2}\left(1+\frac{2\alpha m}{r}\right)\cos\theta. \tag{1.6.25}$$

以上我们把 Reissner-Nordström 度规作为时空背景, 解真空 Maxwell 方程, 得到了静态磁矩的磁场. 现在, 我们用逐次逼近的方法, 在一级近似下求 Einstein-Maxwell 方程的解. 将 (1.6.25) 代入能–动张量

$$T_{\mu\nu(p)}=F_{\mu\sigma(p)}F^{\sigma}_{\nu(p)}-\frac{1}{4}g_{\mu\nu}F_{\alpha\beta(p)}F^{\alpha\beta}_{(p)}. \tag{1.6.26}$$

(1.6.26) 和以 e,m 为源的能–动张量

$$T_{\mu\nu(\mathrm{e})}=\frac{e^2}{2r^4}\begin{bmatrix}a&0&0&0\\0&-b&0&0\\0&0&-r^2&0\\0&0&0&-r^2\sin^2\theta\end{bmatrix} \tag{1.6.27}$$

一起, 放在 Einstein-Maxwell 方程组的右端. (1.6.27) 中的 a 和 b 分别为

$$a=1-\frac{2m}{r}+\frac{e^2}{r^2},\quad b=\left(1-\frac{2m}{r}+\frac{e^2}{r^2}\right)^{-1}. \tag{1.6.28}$$

所要求的度规含有一阶小量的修正项

$$\mathrm{d}s^2=\left(1-\frac{2m}{r}+\frac{e^2}{r^2}+u\right)\mathrm{d}x^{0^2}-\left(1-\frac{2m}{r}+\frac{e^2}{r^2}-v\right)^{-1}\mathrm{d}r^2$$

$$- r^2(1+w)(\mathrm{d}\theta^2+\sin^2\theta\mathrm{d}\varphi^2). \tag{1.6.29}$$

将 (1.6.26)~(1.6.29) 构成的 Einstein 方程组按 u, v, w 展开, 保留一次项, 得到

$$-\frac{2m}{r^3}+\frac{3e^2}{r^4}+\frac{1}{2}u_{,rr}+\frac{1}{r}\left(\frac{2m}{r^2}-\frac{2e^2}{r^3}+u_{,r}\right)+\frac{1}{2r^2}(u_{,\theta\theta}+\cot\theta\cdot u_{,\theta})$$

$$=\frac{e}{r^4}-\frac{2me^2}{r^5}+\frac{e^4}{r^6}+\frac{a^2p^2}{2r^6}(3\cos^2\theta+1), \tag{1.6.30}$$

$$-\frac{2m}{r^3}+\frac{3e^2}{r^4}+\frac{1}{2}u_{,rr}+w_{,rr}+\frac{1}{r}\left(\frac{2m}{r^2}-\frac{2e^2}{r^3}-v_{,r}+2w_{,r}\right)$$

$$+\frac{1}{r^2}\left(u_{,\theta\theta}+\frac{1}{2}\cot\theta\cdot u_{,\theta}\right)$$

$$=\frac{e}{r^4}\left(1-\frac{2m}{r}+\frac{e^2}{r^2}\right)^{-1}-\frac{a^2p^2}{2r^6}(3\cos^2\theta-1), \tag{1.6.31}$$

$$\frac{1}{2},w_{.rr}+\frac{1}{2r}\left(\frac{4m}{r^2}-\frac{4e^2}{r^3}+u_{,r}-v_{,r}+4w_{,r}\right)$$

$$+\frac{1}{r^2}\left[\frac{1}{2}w_{,\theta\theta}+w-\frac{2m}{r}+\frac{e^2}{r^2}-v+\frac{1}{2}\cot\theta(u_{,\theta}+v_{,\theta}+w_{,\theta})\right]$$

$$=-\frac{e^2}{r^4}-\frac{\alpha^2p^2}{2r^6}(5\cos^2\theta+1), \tag{1.6.32}$$

$$\frac{1}{2}w_{,rr}+\frac{1}{2r}\left(\frac{4m}{r^2}-\frac{4e^2}{r^3}+r_{,r}-v_{,r}+4w_{,r}\right)$$

$$+\frac{1}{r^2}\left(\frac{1}{2}u_{,\theta\theta}+\frac{1}{2}v_{,\theta\theta}+\frac{1}{2}w_{.\theta\theta}+w-\frac{2m}{r}+\frac{e^2}{r^2}-v-\frac{1}{2}\cot\theta\cdot w_{,\theta}\right)$$

$$=-\frac{e^2}{r^4}+\frac{\alpha^2p^2}{2r^6}(5\cos^2\theta-1), \tag{1.6.33}$$

$$\frac{3e^2}{r^4}\sin\theta-\frac{3m}{r^3}\sin\theta-\frac{\sin\theta}{2r^2}(2+u+3v-4w)-\frac{\sin\theta}{2r}\times(u_{,r}-v_{,r})$$

$$+\frac{\cos\theta}{r^2}(u_{,\theta}+v_{,\theta}-2w_{,\theta})=0. \tag{1.6.34}$$

略去 $\dfrac{me^2}{r^5}$ 和 $\dfrac{e^4}{r^6}$ 等高阶项, (1.6.30)~(1.6.33) 化为

$$u_{,rr}+\frac{2}{r}u_{,r}+\frac{1}{r^2}u_{,\theta\theta}+\frac{\cot\theta}{r^2}u_{,\theta}-\frac{\alpha^2p^2}{r^6}\times(3\cos^2\theta+1)=0, \tag{1.6.35}$$

$$u_{,rr}+2w_{,rr}-\frac{2}{r}(v_{,r}-2w_{,r})+\frac{1}{r^2}(4w_{,r}+u_{,r}-v_{,r})$$

$$+\frac{1}{2r^2}[(w_{,\theta\theta}+\cot\theta(u_{,\theta}+v_{,\theta}+w_{,\theta})-v-w]$$
$$+\frac{\alpha^2p^2}{2r^6}(5\cos^2\theta+1)=0, \tag{1.6.36}$$
$$w_{,rr}+\frac{1}{2r}(u_{,r}-v_{,r}+4w_{,r})+\frac{1}{2r^2}(u_{,\theta\theta}+v_{,\theta\theta}$$
$$+w_{,\theta\theta}-v+w-\cot\theta\cdot w_{,\theta}-\frac{\alpha^2p^2}{2r^6}(5\cos^2\theta-1)=0, \tag{1.6.37}$$
$$w_{,rr}+\frac{1}{2r}(u_{,r}-v_{,r}+4w_{,r})+\frac{1}{2r^2}[w_{,\theta\theta}$$
$$+\cot\theta(u_{,\theta}+v_{,\theta}+w_{,\theta})-v-w]+\frac{\alpha^2p^2}{2r^6}(5\cos^2\theta+1)=0. \tag{1.6.38}$$

解 (1.6.35)~(1.6.37) 的过程虽然麻烦但并不困难. 如 (1.6.35) 分离变量, 得到两个常微分方程, 其解很容易得到

$$u=\frac{\alpha^2p^2\cos^2\theta}{r^4}. \tag{1.6.39}$$

将 (1.6.39) 代入其余方程, 将 v 和 w 展成傅里叶级数, 比较各项系数, 得到

$$v=\frac{\alpha^2p^2}{2r^4}(2\cos^2\theta-1), \tag{1.6.40}$$

$$w=\frac{\alpha^2p^2\cos^2\theta}{2r^4}. \tag{1.6.41}$$

将 (1.6.39)~(1.6.41) 代入 (1.6.29), 得到所要求的度规 (一级近似)

$$g_{00}=1-\frac{2m}{r}+\frac{e^2}{r^2}+\frac{\alpha^2p^2\cos^2\theta}{r^4},$$
$$g_{11}=-\left\{1-\frac{2m}{r}+\frac{e^2}{r^2}-\frac{\alpha^2p^2}{2r^4}(2\cos^2\theta-1)\right\}^{-1},$$
$$g_{22}=-r^2\left(1-\frac{\alpha^2p^2\cos^2\theta}{2r^4}\right),$$
$$g_{33}=-r^2\left(1-\frac{\alpha^2p^2\cos^2\theta}{2r^4}\right)\sin^2\theta. \tag{1.6.42}$$

度规 (1.6.42) 描述具有电荷 e 和磁矩 p 的中心质量 (如中子星) 的引力场. 它对于研究中子星的引力场和磁场中的各种引力效应将是有用的. 含磁荷时可将 e 换为 e^2+q^2.

1.7 Weyl-Levi-Civita 解

当引力场具有旋转对称性时, 真空 Einstein 方程的严格解由 Weyl 和 Levi-Civita 给出.

在引力场 $g_{\mu\nu}$ 中, 如果存在一个表征旋转对称性的 Killing 矢量, 则这一引力场称为旋转对称引力场, 如果这一旋转是绕 Ox^3 轴的, 则 Killing 矢量具有形式

$$\xi^{\mu}=(0,\alpha x^2,-\alpha x^1,0). \tag{1.7.1}$$

式中 α 是表征旋转的参量.

考虑到旋转对称性, 线元的最普遍形式应为

$$\mathrm{d}s^2=a\mathrm{d}x^{0^2}+b\mathrm{d}x^{1^2}+2c\mathrm{d}x^1\mathrm{d}x^2+d\mathrm{d}x^{2^2}+e\mathrm{d}\varphi^2. \tag{1.7.2}$$

式中 $x^0=ct$, 是类时坐标; x^1 和 x^2 是空间坐标; $x^3=\varphi$ 是角坐标; a,b,c 和 d 是 x^1 和 x^2 的函数.

我们知道, 在二维空间中, Weyl 共形张量等于零. 现在, 用这一性质可将线元 (1.7.2) 简化. 考虑由线元

$$b(x^1,x^2)\mathrm{d}x^{1^2}+2c(x^1,x^2)\mathrm{d}x^1\mathrm{d}x^2+d(x^1,x^2)\mathrm{d}x^{2^2} \tag{1.7.3}$$

表征的二维曲面, 这一、二维曲面是共形平直的, 即存在一个新的坐标系

$$x^{'1},x^{'2},\qquad x^{'1}=x^{'1}(x^1,x^2),\quad x^{'2}=x^{'2}(x^1,x^2), \tag{1.7.4}$$

在新坐标系中线元 (1.7.3) 具有形式

$$\mathrm{e}^{\mu}[\mathrm{d}x^{1^2}+\mathrm{d}x^{2^2}]. \tag{1.7.5}$$

式中 μ 是新坐标的函数, 在上式中, 为了简化, 我们省去了新坐标的撇号.

由于坐标变换 (1.7.4) 不影响 (1.7.2) 中的第一项和最后一项, 于是旋转对称的静态线元可简化为

$$\mathrm{d}s^2=a(\mathrm{d}x^0)^2+\mathrm{e}^{\mu}[(\mathrm{d}x^1)^2+(\mathrm{d}x^2)^2]+e\mathrm{d}\varphi^2. \tag{1.7.6}$$

为了方便, 将函数 a,μ 和 e 写成

$$a=\mathrm{e}^{2\psi},\quad \mathrm{e}^{\mu}=-\mathrm{e}^{2(\gamma-\psi)},\quad \mathrm{e}=-\rho^2\mathrm{e}^{-2\psi}. \tag{1.7.7}$$

式中 ψ,γ 和 ρ 是坐标 x^1 和 x^2 的函数, 因此我们有

$$g_{\mu\nu}=\begin{bmatrix}\mathrm{e}^{2\psi} & & & 0\\ & -\mathrm{e}^{2(\gamma-\psi)} & & \\ & & -\mathrm{e}^{2(\gamma-\psi)} & \\ 0 & & & -\rho^2\mathrm{e}^{-2\psi}\end{bmatrix}, \tag{1.7.8}$$

$$g_{\mu\nu}=\begin{bmatrix} e^{-2\psi} & & & 0 \\ & -e^{2(\psi-\gamma)} & & \\ & & -e^{2(\psi-\gamma)} & \\ 0 & & & -\rho^{-2}e^{2\psi} \end{bmatrix}, \tag{1.7.9}$$

由此得

$$\sqrt{-g}=\rho e^{2(\gamma-\psi)}. \tag{1.7.10}$$

在上面各式中, 所有函数都不依赖于时间坐标 x^0 和纬向角坐标 φ.

由 (1.7.8) 和 (1.7.9), 可以得到 Christoffel 符号

$$\Gamma^0_{01}=\psi_{,1},\quad \Gamma^1_{11}=-\Gamma^1_{22}=\Gamma^2_{12}=\gamma_{,1}-\psi_{,1},$$

$$\Gamma^0_{02}=\psi_{,2},\quad \Gamma^1_{12}=-\Gamma^2_{11}=\Gamma^2_{22}=\gamma_{,2}-\psi_{,2},$$

$$\Gamma^1_{00}=e^{2(2\psi-r)}\psi_{,1},\quad \Gamma^2_{00}=e^{2(2\psi-\gamma)}\psi_{,2},$$

$$\Gamma^3_{13}=\rho^{-1}\rho_{,1}-\psi_{,1},\quad \Gamma^1_{33}=e^{-2\gamma}(\rho^2\psi_{,1}-\rho\rho_{,1}),$$

$$\Gamma^3_{23}=\rho^{-1}\rho_{,2}-\psi_{,2},\quad \Gamma^2_{33}=e^{-2\gamma}(\rho^2\psi_{,2}-\rho\rho_{,2}),$$

其余

$$\Gamma^\tau_{\mu\nu}=0. \tag{1.7.11}$$

由 (1.7.11) 可得到 $R_{\mu\nu}$, 从而建立 Einstein 场方程 $R_{\mu\nu}=k\left(T_{\mu\nu}-\dfrac{1}{2}g_{\mu\nu}T\right)$.

$$\begin{aligned} R_{00}\equiv & e^{-2(2\psi-\gamma)}(\psi_{,AA}+\rho^{-1}\psi_{,A}\rho_{,A}) \\ = & k\left(T_{00}-\frac{1}{2}e^{2\psi}T\right), \end{aligned} \tag{1.7.12}$$

$$\begin{aligned} R_{11}\equiv & \psi_{,AA}-\gamma_{,AA}-2\psi_{,1}\psi_{,1}-\rho^{-1}\rho_{,11}+\rho^{-1}\psi_{,A}\rho_{,A}+\rho^{-1}(\gamma_{,1}\rho_{,1}-\gamma_{,2}\rho_{,2}) \\ = & k\left(T_{22}+\frac{1}{2}e^{2(\gamma-\psi)}T\right), \end{aligned} \tag{1.7.13}$$

$$R_{12}\equiv\rho^{-1}(\gamma_{,1}\rho_{,2}+\gamma_{,2}\rho_{,1})-2\psi_{,1}\psi_{,2}-\rho^{-1}\rho_{,12}=kT_{12}, \tag{1.7.14}$$

$$\begin{aligned} R_{22}\equiv & \psi_{,AA}-\gamma_{,AA}-2\psi_{,2}\psi_{,2}-\rho^{-1}\rho_{,22}+\rho^{-1}\psi_{,A}\rho_{,A}-\rho^{-1}(\gamma_{,1}\rho_{,1}-\gamma_{,2}\rho_{,2}) \\ = & k\left(T_{22}+\frac{1}{2}e^{2(\gamma-\psi)}T\right), \end{aligned} \tag{1.7.15}$$

$$\begin{aligned} R_{33}\equiv & e^{-2\gamma}\rho^2[\psi_{,AA}+\rho^{-1}(\psi_{,A\rho,A}-\rho_{,AA})] \\ = & k\left(T_{33}+\frac{1}{2}\rho^2e^{-2\psi}T\right), \end{aligned} \tag{1.7.16}$$

其余

$$R_{\mu\nu}=0. \tag{1.7.17}$$

上面诸式中 A=1,2;T 为标量能 – 动张量:

$$T = \mathrm{e}^{-2\psi}T_{00} - \mathrm{e}^{2(\psi-\gamma)}(T_{11}+T_{22}) - \rho^{-2}\mathrm{e}^{2\psi}T_{33}. \tag{1.7.18}$$

对于真空场,$T_{\mu\nu}=0$, 场方程简化为

$$\psi_{,AA} + \rho^{-1}\psi_{,A}\rho_{,A} = 0, \tag{1.7.19}$$

$$\psi_{,AA} - \gamma_{,AA} - 2\psi_{,1}\psi_{,1} - \rho^{-1}\rho_{,11} + \rho^{-1}\psi_{,A}\rho_{,A} + \rho^{-1}(\gamma_{,1}\rho_{,1} - \gamma_{,2}\rho_{,2}) = 0, \tag{1.7.20}$$

$$\rho^{-1}(\gamma_{,1}\rho_{,2} + \gamma_{,2}\rho_{,1}) - 2\psi_{,1}\psi_{,2} - \rho^{-1}\rho_{,12} = 0, \tag{1.7.21}$$

$$\psi_{,AA} - \gamma_{,AA} - 2\psi_{,2}\psi_{,2} - \rho^{-1}\rho_{,22} + \rho^{-1}\psi_{,A}\rho_{,A} - \rho^{-1}(\gamma_{,1}\rho_{,1} - \gamma_{,2}\rho_{,2}) = 0, \tag{1.7.22}$$

$$\psi_{,AA} + \rho^{-1}(\psi_{,A}\rho_{,A} - \rho_{,A}) = 0. \tag{1.7.23}$$

由方程 (1.7.19) 和 (1.7.23) 得

$$\nabla^2\rho(x^2, x^2) = \rho_{,AA} = 0. \tag{1.7.24}$$

这是二维 Laplace 方程, 即 ρ 为两个坐标 x^1 和 x^2 的调和函数.

为了简化引力场方程 (1.7.19)~(1.7.23), 我们引入柱坐标系

$$x^1 = \rho, \quad x^2 = z. \tag{1.7.25}$$

式中 ρ 是 Laplace 方程 (1.7.24) 的任一解. 在一般情况下, ρ 不是标准平直空间的柱坐标.

采用上述坐标系, $x^0 = ct, x^1 = \rho, x^2 = z, x^3 = \varphi$, 第一个方程 (1.7.19) 和最后一个方程 (1.7.23) 相同. 真空引力场方程组归结为

$$\frac{\partial^2\psi}{\partial\rho^2} + \frac{1}{\rho}\frac{\partial\psi}{\partial\rho} + \frac{\partial^2\psi}{\partial z^2} = 0, \tag{1.7.26}$$

$$\left(\frac{\partial^2\psi}{\partial\rho^2} + \frac{1}{\partial\rho}\frac{\partial\psi}{\partial\rho} + \frac{\partial^2\psi}{\partial z^2}\right) - \left(\frac{\partial^2\gamma}{\partial\rho^2} - \frac{1}{\rho}\frac{\partial\gamma}{\partial\rho} + \frac{\partial^2\gamma}{\partial z^2}\right) - 2\left(\frac{\partial\psi}{\partial\rho}\right)^2 = 0, \tag{1.7.27}$$

$$\frac{1}{\rho}\frac{\partial\gamma}{\partial z} - 2\frac{\partial\psi}{\partial\rho}\frac{\partial\psi}{\partial z} = 0, \tag{1.7.28}$$

$$\left(\frac{\partial^2\psi}{\partial\rho^2} + \frac{1}{\rho}\frac{\partial\psi}{\partial\rho} + \frac{\partial^2\psi}{\partial z^2}\right) - \left(\frac{\partial^2\gamma}{\partial\rho^2} + \frac{1}{\rho}\frac{\partial\gamma}{\partial\rho} + \frac{\partial^2\gamma}{\partial z^2}\right) - 2\left(\frac{\partial\psi}{\partial z}\right)^2 = 0. \tag{1.7.29}$$

由此我们可以得到四个等效的方程

$$\left(\frac{\partial^2\psi}{\partial\rho^2} + \frac{1}{\rho}\frac{\partial\psi}{\partial\rho} + \frac{\partial^2\psi}{\partial z^2}\right) = 0, \tag{1.7.30}$$

$$\frac{\partial\gamma}{\partial\rho}=\rho\left[\left(\frac{\partial\psi}{\partial\rho}\right)^2-\left(\frac{\partial\psi}{\partial z}\right)^2\right], \tag{1.7.31}$$

$$\frac{\partial\gamma}{\partial z}=2\rho\frac{\partial\psi}{\partial\rho}\frac{\partial\psi}{\partial z}, \tag{1.7.32}$$

$$\frac{\partial^2\gamma}{\partial\rho^2}+\frac{\partial^2\gamma}{\partial z^2}=-\left[\left(\frac{\partial\psi}{\partial\rho}\right)^2+\left(\frac{\partial\psi}{\partial z}\right)^2\right]. \tag{1.7.33}$$

此即具有旋转对称性的静态真空引力场方程.

方程 (1.7.30) 是通常平直空间 Laplace 方程的柱坐标形式, 函数 ψ 具有旋转对称性. 容易得到方程 (1.7.30) 的一个特解, 然后将此解代入其余两个方程 (1.7.31) 和 (1.7.32), 便可解出 γ. 将 (1.7.31) 和 (1.7.32) 分别对 ρ 和 z 求导, 然后相加便得到第四个方程, 所以第四个方程不是独立的.

我们把 Weyl-Levi-Civita 度规在柱坐标中的形式 (1.7.8) 写为

$$\mathrm{d}s^2=\mathrm{e}^{2\psi}c^2\mathrm{d}t^2-\mathrm{e}^{2(\gamma-\psi)}(\mathrm{d}\rho^2+\mathrm{d}z^2)-\rho^2\mathrm{e}^{-2\psi}\mathrm{d}\varphi^2. \tag{1.7.34}$$

对于一些具体的情况, 用上述方法便可得到上式的具体形式.

1.8　质量四极矩的外部解

作为静态旋转对称场的例子. 我们给出质量四极矩的场方程的严格解. 为此, 选择椭球坐标 (x,y) 较方便

$$x=\frac{1}{2m}(r_1+r_2),\quad y=\frac{1}{2m}(r_1-r_2). \tag{1.8.1}$$

式中 r_1 和 r_2 满足

$$\begin{aligned}r_1^2&=\rho^2+(z+m)^2,\\ r_2^2&=\rho^2+(z-m)^2.\end{aligned} \tag{1.8.2}$$

此处 ρ 和 z 是通常的柱坐标; m 是一个参量. 新坐标的取值范围是

$$x\geqslant 1,$$

$$-1\leqslant y\leqslant +1.$$

在新坐标系中, 方程组 (1.7.30)~(1.7.32) 可写为

$$\frac{\partial}{\partial x}\left[(x^2-1)\frac{\partial\psi}{\partial x}\right]+\frac{\partial}{\partial y}\left[(1-y^2)\frac{\partial\psi}{\partial y}\right]=0, \tag{1.8.3}$$

$$\frac{\partial\gamma}{\partial x}=\frac{1-y^2}{x^2-y^2}\left[x(x^2-1)\left(\frac{\partial\psi}{\partial x}\right)^2-x(1-y)^2\left(\frac{\partial\psi}{\partial y}\right)^2\right.$$

$$-2y(x^2-1)\frac{\partial\psi}{\partial x}\frac{\partial\psi}{\partial y}\bigg], \tag{1.8.4}$$

$$\frac{\partial\gamma}{\partial y}=\frac{\lambda^2-1}{x^2-y^2}\left[y(x^2-1)\left(\frac{\partial\psi}{\partial x}\right)^2-y(1-y)^2\left(\frac{\partial\psi}{\partial y}\right)^2\right.$$
$$\left.+2x(1-y^2)\left(\frac{\partial\psi}{\partial x}\frac{\partial\psi}{\partial y}\right)\right]. \tag{1.8.5}$$

方程组 (1.8.3)~(1.8.5) 可用分离变量法解之. 令

$$\psi(x,y)=\varLambda(x)M(y). \tag{1.8.6}$$

将上式代入 (1.8.3), 我们得到下面两个方程:

$$\frac{\mathrm{d}}{\mathrm{d}\lambda}\left[(x^2-1)\frac{\mathrm{d}\varLambda}{\mathrm{d}x}\right]-C\varLambda=0, \tag{1.8.7}$$

$$\frac{\mathrm{d}}{\mathrm{d}y}\left[(1-y^2)\frac{\mathrm{d}M}{\mathrm{d}y}\right]+CM=0. \tag{1.8.8}$$

式中 C 为不依赖于 x 和 y 的常量.

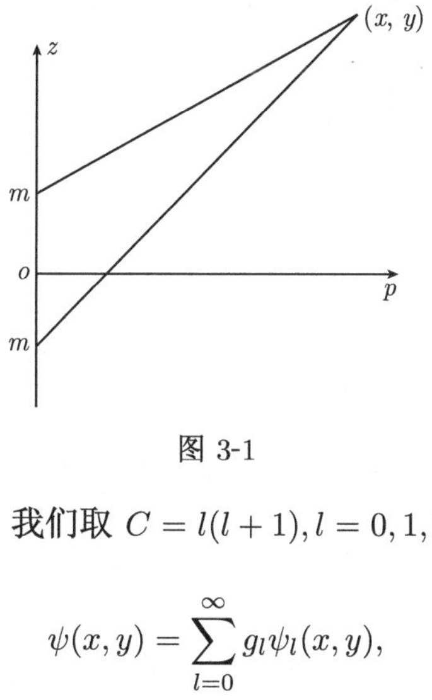

图 3-1

为了得到一个正常解, 我们取 $C=l(l+1), l=0,1,2,\cdots$, 此时 (1.8.3) 的解可写为

$$\psi(x,y)=\sum_{l=0}^{\infty}g_l\psi_l(x,y), \tag{1.8.9}$$

式中

$$\psi_l(x,y)=P_l(y)Q_l(x), \tag{1.8.10}$$

其中 $P_l(y)$ 是 Legendre 多项式, $Q_l(x)$ 是第二类 Legendre 函数. 例如, 选择 $l=0$ 时有

$$\psi_0(x,y)=\frac{1}{2}\ln\frac{x-1}{x+1}. \tag{1.8.11}$$

这里由于 $l=0$ 故 $a=0$, 于是 (1.8.7) 和 (1.8.8) 中的 Λ, M 表示为

$$\Lambda(x)=\frac{1}{2}\ln\frac{x-1}{x+1}, \quad M(y)=1. \tag{1.8.12}$$

将 (1.8.11) 代入 (1.8.4) 和 (1.8.5), 得到 $\gamma_0(x,y)$ 的表示式

$$\gamma_0=\frac{1}{2}\ln\frac{x^2-1}{x^2-y^2}. \tag{1.8.13}$$

ψ_0 和 γ_0 给出 Schwarzschild 度规 [只要由椭球坐标 (x,y) 回到球坐标 $(r,\theta): x=\dfrac{r}{m}-1, y=\cos\theta$.]

适当选择普遍解 (1.8.9) 中的系数, 便可得到 (1.8.3) 的其他解. 例如, 使

$$\psi=\psi_0+g_l\psi_l. \tag{1.8.14}$$

式中 $l\neq 0, g_l$ 为一任意常数. 此处不对 l 取和. 这个解可认为是 Schwarzschid 解的推广. 场源除具有质量之外, 还具有 l 阶质量多极矩.

$l=1$ 对应于质量偶极矩的场，在物理上这个解无意义, 因为没有负质量存在. $l=2$ 的解描述四极矩的引力场. 令 $\sigma=g_2$, 我们可将这个解写为

$$\begin{aligned}\psi=&\frac{1}{2}\left\{\left[1+\frac{1}{4}\sigma(3x^2-1)(3y^2-1)\right]\ln\frac{x-1}{x+1}\right.\\&\left.+\frac{3}{2}\sigma x(3y^2-1)\right\}.\end{aligned} \tag{1.8.15}$$

这时函数 γ 的表示式为

$$\begin{aligned}\gamma=&\frac{9}{64}\sigma^2\left[(9x^4-10x^2+1)\ln^2\frac{x-1}{x+1}+(36x^2-28x)\right.\\&\left.\times\ln\frac{x-1}{x+1}+36x^2-16\right]y^4+\left\{\frac{9}{32}\sigma^2(-5x^4+6x^2-1)\right.\\&\times\ln\frac{x-1}{x+1}+\left[\frac{3}{2}\sigma x+\frac{9}{32}\sigma^2\left(-20x^3+\frac{52}{3}x\right)\right]\\&\left.\times\ln\frac{x-1}{x+1}+3\sigma+\frac{9}{32}\sigma^2\left(-20x^2+\frac{32}{3}\right)\right\}y^2+\left(\frac{1}{2}\sigma^2\right.\\&\left.+\sigma+\frac{1}{2}\right)\ln\frac{x^2-1}{x^2-y^2}+\frac{9}{64}\sigma^2(x^4-2x^2+1)\ln^2\frac{x-1}{x+1}\\&+\left[\frac{1}{16}\sigma^2(9x^2-15x)-\frac{3}{2}\sigma x\right]\times\ln\frac{x-1}{x+1}+\frac{9}{16}\sigma^2\\&\times\left(x^2-\frac{3}{4}\right)+3\sigma.\end{aligned} \tag{1.8.16}$$

γ 中的积分常数是根据无限远处边界条件确定的 (当 $x \to \infty$ 时 $\gamma \to 0$).

为了说明上面的解在远离引力场源时的行为, 我们先将 Weyl-Levi-Civita 线元按椭球坐标 x 和 y 写出 [注意到 (1.8.1) 和 (1.8.2)]

$$\begin{aligned}\mathrm{d}s^2 =& \mathrm{e}^{2\psi}c^2\mathrm{d}t^2 - m^2\mathrm{e}^{2(\gamma-\psi)}(x^2-y^2)\left(\frac{\mathrm{d}x^2}{x^2-1}+\frac{\mathrm{d}y^2}{1-y^2}\right)\\ &- m^2\mathrm{e}^{-2\psi}(x^2-1)(1-y^2)\mathrm{d}\varphi^2.\end{aligned} \tag{1.8.17}$$

借助于关系式

$$x = \frac{r}{m} - 1, \quad y = \cos\theta, \tag{1.8.18}$$

可将 (1.8.17) 写为球坐标形式

$$\begin{aligned}\mathrm{d}s^2 =& \mathrm{e}^{2\psi}c^2\mathrm{d}t^2 - \mathrm{e}^{2(\gamma-\psi)}\left[\left(1+\frac{m^2\sin^2\theta}{r^2-2mr}\right)\right]\mathrm{d}r^2\\ &+(r^2-2mr+m^2\sin^2\theta)\mathrm{d}\theta^2\Bigg]-\mathrm{e}^{-2\psi}(r^2-2mr)\times\sin^2\theta\mathrm{d}\varphi^2.\end{aligned} \tag{1.8.19}$$

令 $x^0 = ct, x^1 = r, x^2 = \theta, x^3 = \varphi$, 并按 $\dfrac{1}{r}$ 展开, 得到

$$\begin{aligned}g_{00} =& 1 + 2\Bigg\{-\frac{m}{r}+\frac{Q}{r^3}P_2(\cos\theta)-\frac{9Qm}{r^4}P_2(\cos\theta)\\ &+\frac{4}{19}\frac{Qm^2}{r^5}P_2(\cos\theta)+\frac{1}{r^6}\Bigg[-\frac{25}{7}Qm^3P_2(\cos\theta)\\ &+\frac{1}{2}Q^2(P_2(\cos\theta))^2\Bigg]+\cdots\Bigg\}.\end{aligned} \tag{1.8.20}$$

式中 $Q = 2m^3\sigma/15$ 是质量四极矩. 度规张量的其他量可按类似方法展开

$$\begin{aligned}g_{11} =& -1-\frac{2m}{r}\left(\frac{m}{r}\right)^2\left[4+\frac{9}{5}\sigma^2-2(\sigma+\sigma^2)\sin^2\theta\right]\\ &-\left(\frac{m}{r}\right)^3\left[8-\frac{16}{3}\sigma+\frac{36}{5}\sigma^2-\left(\frac{38}{5}\sigma+4\sigma^2\right)\times\sin^2\theta\right]+\cdots\end{aligned} \tag{1.8.21}$$

对于质量为 m、四极矩为 Q 的质量源, 在球坐标系中保留至 $\left(\dfrac{m}{r}\right)^4$ 项, (1.8.17)~(1.8.19) 表示为

$$\begin{aligned}\mathrm{d}s^2 =& \left(1-\frac{2m}{r}\right)\left\{1+\frac{4m^3\sigma}{15r^3}\left(1+\frac{3m}{r}\right)P_2(\cos\theta)\right\}\mathrm{d}x^{0^2}\\ &-\left(1-\frac{2m}{r}\right)^{-1}\Bigg[1-\frac{4m^3\sigma}{15r^3}P_2(\cos\theta)-\frac{m^4\sigma}{5r^4}\\ &\times(5\cos^4\theta-1)\Bigg]\mathrm{d}r^2-r^2\Bigg[1-\frac{4m^3\sigma}{15r^3}P_2(\cos\theta)\end{aligned}$$

$$-\frac{m^4\sigma}{5r^4}(5\cos^2\theta-1)\Bigg]\mathrm{d}\theta^2-\frac{1}{r^2}\left[1+\frac{4m^3\sigma}{15r^3}\left(1+\frac{3m}{r}\right)\right.$$
$$\left.\times P(\cos\theta)\right]^{-1}\sin^2\theta\mathrm{d}\varphi^2. \tag{1.8.22}$$

根据近年来的测量结果, 对于太阳, $\sigma\sim 10^7$；对于地球, $\sigma\sim 1.5\times 10^6$.

1.9 Vaidya 解

Vaidya 度规描述具有球对称性的辐射引力场. 我们可以解相应的 Einstein 场方程, 导出这一度规.

对于球对称辐射的非旋转球体 (场源), 能–动张量可写为

$$T_{\mu\nu}=qk_\mu k_\nu, \tag{1.9.1}$$

式中 k_μ 是向外辐射的零矢量, q 是局部观察者测得的辐射能量密度 (观察者具有四维速度 v^μ), 即

$$q=T_{\mu\nu}v^\mu v^\nu. \tag{1.9.2}$$

采用 Schwarzschild 坐标, 具有上述性质的度规的最普遍形式是 (取 $c=G=1$)

$$\mathrm{d}s^2=\left[\frac{\dot m}{f(m)}\right]^2\left(1-\frac{2m}{r}\right)\mathrm{d}t^2-\left(1-\frac{2m}{r}\right)^{-1}\times\mathrm{d}r^2-r^2\mathrm{d}\Omega^2. \tag{1.9.3}$$

式中 $m=m(r,t)$,

$$f(m)=m'\left(1-\frac{2m}{r}\right), \tag{1.9.4}$$

$$\dot m\equiv\frac{\partial m}{\partial t},\quad m'\equiv\frac{\partial m}{\partial r}.$$

直接计算可得到 $R_{\mu\nu}$ 的表示式

$$R_{\mu\nu}=\frac{2m'}{r^2}\left(1-\frac{2m}{r}\right)^{-1}\left(\frac{\dot m}{m'}\delta^0_\mu+\delta^1_\mu\right)\left(\frac{\dot m}{m'}\delta^0_\nu+\delta^1_\nu\right). \tag{1.9.5}$$

下面我们将度规 (1.9.3) 在推迟坐标系中给出. 在推迟坐标系 (u,r,θ,φ) 中, Vaidya 线元 (1.9.3) 具有形式

$$\mathrm{d}s^2=\left[1-\frac{2m(u)}{r}\right]\mathrm{d}u^2+2\mathrm{d}u\mathrm{d}r-r^2\mathrm{d}\Omega^2. \tag{1.9.6}$$

式中 u 是 Schwarzschild 几何中的推迟时间坐标，它与 Schwarzschild 时间坐标之间的关系是

$$u = t - r - 2m\ln(r - 2m). \tag{1.9.7}$$

这一变换要求 $\dfrac{\mathrm{d}m}{\mathrm{d}u} = 0$.

在上述坐标系中, $g^{\mu\nu}$ 的不为零分量可由 (1.9.6) 求得

$$\begin{aligned} &g^{01} = 1,\\ &g^{11} = -\left(1 - \frac{2m}{r}\right),\\ &g^{22} = -\frac{1}{r^2},\\ &g^{33} = -\frac{1}{r^2 \sin^2\theta}. \end{aligned} \tag{1.9.8}$$

从而有

$$\begin{aligned} &\Gamma^0_{00} = -\frac{m}{r^2},\\ &\Gamma^0_{22} = r,\\ &\Gamma^0_{33} = r\sin^2\theta,\\ &\Gamma^1_{00} = -\frac{\dot{m}}{r} + \frac{m}{r^3}(r - 2m),\\ &\Gamma^1_{01} = \Gamma^1_{10} = \frac{m}{r^2},\\ &\Gamma^1_{22} = 2m - r,\\ &\Gamma^1_{33} = (2m - r)\sin^2\theta,\\ &\Gamma^2_{21} = \Gamma^2_{12} = \frac{1}{r},\\ &\Gamma^2_{33} = -\sin\theta\cos\theta,\\ &\Gamma^3_{31} = \Gamma^3_{13} = \frac{1}{r},\\ &\Gamma^3_{32} = \Gamma^3_{23} = \cot\theta,\\ &\Gamma^\tau_{\mu\nu}\text{其余分量为零}. \end{aligned} \tag{1.9.9}$$

$R_{\mu\nu}$ 的表示式为

$$R_{\mu\nu} = -\frac{2}{r^2}\dot{m}\delta^0_\mu\delta^0_\nu. \tag{1.9.10}$$

标曲率 $R = 0$, 于是能量–动量张量为

$$T_{\mu\nu} = -\frac{2}{k}\frac{1}{r^2}\dot{m}\delta^0_\mu\delta^0_\nu. \tag{1.9.11}$$

(1.9.11) 表示辐射场的能–动张量, 具有几何光学形式. 比较 (1.9.11) 和 (1.9.1), 我们得到

$$q = -\frac{2}{k}\frac{\dot{m}(u)}{r^2}. \tag{1.9.12}$$

上诸式中 $\dot{m} \equiv \dfrac{\mathrm{d}m(u)}{\mathrm{d}u}$, 即辐射的能量密度.

为了将 Vaidya 度规以零标架形式给出, 首先将度规 (1.9.6) 写为

$$\mathrm{d}s^2 = l_\mu n_\nu \mathrm{d}x^\mu \mathrm{d}x^\nu + n_\mu l_\nu \mathrm{d}x^\mu \mathrm{d}x^\nu - m_\mu \overline{m}_\nu \mathrm{d}x^\mu \mathrm{d}x^\nu - \overline{m}_\mu m_\nu \mathrm{d}x^\mu \mathrm{d}x^\nu, \tag{1.9.13}$$

(1.9.6) 还可改写为 (对称化形式)

$$\begin{aligned}\mathrm{d}s^2 =& \mathrm{d}u\left\{\frac{1}{2}\left[1-\frac{2m(u)}{r}\right]\mathrm{d}u+\mathrm{d}r\right\} \\ &+\left\{\frac{1}{2}\left[1-\frac{2m(u)}{r}\right]\mathrm{d}u+\mathrm{d}r\right\}\mathrm{d}u-\left[\frac{r}{\sqrt{2}}(\mathrm{d}\theta - i\sin\theta\mathrm{d}\varphi)\right] \\ &\times\left[\frac{r}{\sqrt{2}}(\mathrm{d}\theta - i\sin\theta\mathrm{d}\varphi)\right]-\left[\frac{r}{\sqrt{2}}(\mathrm{d}\theta - i\sin\theta\mathrm{d}\varphi)\right] \\ &\times\left[\frac{r}{\sqrt{2}}(\mathrm{d}\theta + i\sin\theta\mathrm{d}\varphi)\right].\end{aligned} \tag{1.9.14}$$

比较 (1.9.13) 和 (1.9.14), 得到零标架矢量的协变分量

$$\begin{aligned} l_\mu &= \delta_\mu^0, \\ n_\mu &= \frac{1}{2}\left(1-\frac{2m(r)}{r}\right)\delta_\mu^0 + \delta_\mu^1, \\ m_\mu &= -\frac{r}{\sqrt{2}}(\delta_\mu^2 + i\sin\theta\delta_\mu^3). \end{aligned} \tag{1.9.15}$$

m_μ 表示式加一个负号是为了和 Kinnersiey 线 (见 2.1 节) 一致.

为了给出标架矢量的逆变分量或方向导数, 我们写出

$$\begin{aligned}\frac{\partial^2}{\partial s^2} =&(l^\mu\partial_\mu)(u^\nu\partial_\nu)+(n^\mu\partial_\mu)(l^\nu\partial_\nu) \\ &-(m^\mu\partial_\mu)\times(\overline{m}^\nu\partial_\nu)-(\overline{m}^\mu\partial_\mu)(m^\nu\partial_\nu),\end{aligned} \tag{1.9.16}$$

或者等效地有

$$\frac{\partial^2}{\partial s^2} = \mathrm{D}\Delta + \Delta\mathrm{D} - \delta\overline{\delta} - \overline{\delta}\delta. \tag{1.9.17}$$

上式又可写为

$$\frac{\partial^2}{\partial s^2} = \frac{\partial}{\partial u}\frac{\partial}{\partial r} - \left[1-\frac{2m(u)}{r}\right]\left(\frac{\partial}{\partial r}\right)^2 - \left(\frac{1}{r}\frac{\partial}{\partial\theta}\right)^2 - \left(\frac{1}{r\sin\theta}\frac{\partial}{\partial\varphi}\right)^2. \tag{1.9.18}$$

将 (1.9.18) 重新整理和对称化, 然后与 (1.9.16) 或 (1.9.17) 比较, 得到

$$\mathrm{D} = \frac{\partial}{\partial r},$$

$$\Delta = \frac{\partial}{\partial u} - \frac{1}{2}\left[1 - \frac{2m(u)}{r}\right]\frac{\partial}{\partial r},$$
$$\delta = \frac{1}{\sqrt{2}r}\left(\frac{\partial}{\partial\theta} + \mathrm{i}\frac{1}{\sin\theta}\frac{\partial}{\partial\varphi}\right). \tag{1.9.19}$$

根据零矢量和它们的方向导数可以计算旋系数. 由 (1.9.9) 和 (1.9.15) 得

$$\begin{aligned}
\mathrm{D}l^\mu =&0, \quad \Delta l^\mu = 0, \quad \delta l^\mu = 0,\\
\mathrm{D}n^\mu =&\frac{1}{r}\left[1 - \frac{2m(u)}{r}\right]n^\mu - \frac{1}{r}\left[1 - \frac{2m(u)}{r}\right] \times \delta_0^\mu\\
&+ \frac{\mathrm{d}m(u)}{\mathrm{d}u}\frac{1}{r}\delta_1^\mu + \frac{1}{2}r\left[1 - \frac{m(u)}{r}\right] \times \left[1 - \frac{2m(u)}{r}\right]\delta_1^\mu,\\
\delta n^\mu =&0,\\
\mathrm{D}m^\mu =& -\frac{1}{r}m^\mu,\\
\Delta m^\mu =& -\frac{1}{2r}\left[1 - \frac{2m(u)}{r}\right]m^\mu,\\
\delta m^\mu =& -\frac{\mathrm{i}\cos\theta}{2r^2\sin^2\theta}\delta_3^\mu,\\
\bar{\delta} m^\mu =&\delta m^\mu.
\end{aligned} \tag{1.9.20}$$

将上述结果代入 (1.9.9), 得到非零旋系数

$$\begin{aligned}
\rho &= -\frac{1}{r},\\
\alpha &= -\frac{\cot\theta}{2\sqrt{2}r},\\
\beta &= -\alpha,\\
\mu &= -\frac{1}{2r} + \frac{m(u)}{r^2},\\
\gamma &= \frac{m(u)}{2r^2}.
\end{aligned} \tag{1.9.21}$$

还可以得到 Rici 张量零迹部分的非零分量

$$\varPhi_{22} = -\frac{\dot{m}(u)}{r^2}. \tag{1.9.22}$$

Weyl 张量的非零分量只有一个

$$\varPsi^2 = -\frac{m(u)}{r^3}. \tag{1.9.23}$$

由 (1.9.2.2) 可以计算 Rici 张量的分量. 因为 $R = 0$, 从而有 $R_{\mu\nu} = R_{mn}Z_\mu^m Z_\nu^n = 2\varPhi_{22}l_\mu l_\nu$, 它是能 – 动张量的 k 倍

$$kT_{\mu\nu} = -\frac{2\dot{m}(u)}{r^2}l_\mu l_\nu \tag{1.9.24}$$

辐射场的能 – 动张量具有几何光学形式.

我们可以看到, Vaidya 辐射场不满足无源 Maxwell 方程, 这是预料之内的事情, 因为辐射场有单极结构.

实际上在标架形式中, 无源 Einstein-Maxwell 方程由下述代数关系给出:

$$\Phi_{mn} = \phi_m \overline{\phi}_n. \tag{1.9.25}$$

由于 Φ_{mn} 只有一个非零分量, 我们令

$$\phi_2 = \sqrt{-\dot{m}}\frac{\mathrm{e}^{\mathrm{i}k}}{r}, \quad \phi_0 = \phi = 0. \tag{1.9.26}$$

将 (1.9.26) 代入 $j^\mu = 0$ 的 Maxwell 方程直接得到矛盾的结果: 一方面 k 只是 u 和 ϕ 的函数, 另一方面 $\dfrac{\partial k}{\partial \phi} = \cos\theta$. 这就是说 Vaidya 度规不满足无源 Maxwell 方程.

我们还可以计算辐射能量通量. 对于静止于无限远的观察者, 结果是 $s = -\dot{m}$, 即等于辐射物体质量减少率.

1.10 电 (磁) 荷、磁矩和质量四极矩的外部解

为了揭示一些天体的引力性质, 寻求同时具有电荷 (磁荷)、磁矩和质量四极矩的质量源的引力场是有意义的.

我们在 1.5 节中得到一个具有电荷和磁矩的中心质量引力场, 没有考虑质量四极矩的存在, 也没有考虑电荷 (磁荷) 和磁矩的相互作用对引力场的贡献. 在考虑到这些作用之后, 本节采用微扰论的方法, 获得场方程的解.

在所讨论的情况下, 所寻求的度规中应该含有质量四极矩 J 和磁矩 p 的相互作用项. 与质量 M 的贡献相比, 四极矩 J 和磁矩 p 已经是小量. 因此可忽略 J 和 p 的相互作用的贡献.

静态辐射对称线元在柱坐标系 (ρ, z, ϕ) 中的普遍形式可写为

$$\mathrm{d}s^2 = \mathrm{e}^{2\psi}c^2\mathrm{d}t^2 - \mathrm{e}^{2(\gamma-\psi)}(\mathrm{d}\rho^2 + \mathrm{d}z^2) - \rho^2\mathrm{e}^{-2\psi}\mathrm{d}\phi^2, \tag{1.10.1}$$

其中 ψ 和 γ 只是 ρ, z 的函数.

质量外部的 Einstein-Maxwell 方程具有形式

$$R_{\alpha\beta} = 2k\left(-F_{\alpha\mu}F^\mu_\beta + \frac{1}{4}g_{\alpha\beta}F_{\sigma\tau}F^{\sigma\tau}\right), \tag{1.10.2}$$

$$F^{\mu\nu}_{;\nu} = 0. \tag{1.10.3}$$

式中 $F_{\sigma\tau} = A_{\tau;\sigma} - A_{\sigma;\tau}$, A_μ 是电磁场四维势, $k \equiv \dfrac{G}{c^4}$.

电磁场只含纯磁场的条件为

$$F_{\mu\nu} = 2g^{-\frac{1}{2}}(\xi_\mu B_\nu - \xi_\nu B_\mu), \tag{1.10.4}$$

式中 ξ_μ 为类时 Killing 矢量. 由上式可得

$$F_{i\nu}^{\mu\nu} = -\frac{1}{2}\xi^\mu(g_{00}^{-1}g^{\nu\alpha}A_{,\alpha})_{;\alpha} \tag{1.10.5}$$

式中 $A = \xi^\mu A_\mu$,

将 (1.10.1) 和 (1.10.5) 代入 (1.10.3), 得到 A 满足的方程

$$\nabla^2 A - 2\nabla\psi \cdot \nabla A = 0. \tag{1.10.6}$$

式中 ∇ 和 ∇^2 是平直空间柱坐标系中的梯度算符和拉普拉斯算符.

由于场具有辐射对称性, 所以 A_μ 只有一个非零分量 $A_\varphi \equiv A$. 于是可将 Einstein 方程 (1.10.2) 写成如下形式:

$$\nabla^2\psi = k\mathrm{e}^{-2\psi}|\nabla A|^2, \tag{1.10.7a}$$

$$\nabla^2(\psi - \gamma) + \frac{2}{p}\gamma_{,\rho} - 2\psi_{,\rho}^2 = k\mathrm{e}^{-2\psi}(A_{,z}^2 - A_{,\rho}^2), \tag{1.10.7b}$$

$$\nabla^2(\psi - \gamma) - 2\psi_{,z}^2 = k\mathrm{e}^{-2\psi}(A_{,\rho}^2 - A_{,z}^2), \tag{1.10.7c}$$

$$\gamma_{,z} - 2\rho\psi_{,\rho}\psi_{,z} = -2k\rho\mathrm{e}^{-2\psi}A_{,\rho}A_{,z} \tag{1.10.7d}$$

(1.10.7b),(1.10.7c) 和 (1.10.7d) 消去二阶微分项得

$$\gamma_{,\rho} = \rho\psi_{,\rho}^2 - \rho\psi_{,z}^2 - k\rho\mathrm{e}^{-2\psi}(A_{,\rho}^2 - A_{,z}^2), \tag{1.10.8a}$$

$$\gamma_{,z} = 2\rho\psi_{,\rho}\psi_{,z} - 2k\rho\mathrm{e}^{-2\psi}A_{,\rho} \cdot A_{,z}, \tag{1.10.8b}$$

作变换

$$\rho^2 = (r^2 - 2mr + kQ^2)(1 - \mu^2), \tag{1.10.9a}$$

$$z = (r - m)\mu, \quad -1 \leqslant \mu \leqslant \cos\theta \leqslant 1. \tag{1.10.9b}$$

式中 $k = \dfrac{G}{c^4}$, Q 为星体电荷 (磁荷). 在此变换下, 方程 (1.10.6)、(1.10.7a)、(1.10.8a) 和 (1.10.8b) 分别成为

$$\begin{aligned}&[(r^2 - 2mr + kQ^2)A_{,r}]_{,r} + [(1 - \mu^2)A_{,\mu}]_{,\mu}\\ =&2(r^2 - 2mr + kQ^2)A_{,r}\psi_{,r} + 2(1 - \mu^2)A_{,\mu}\psi_{,\mu}.\end{aligned} \tag{1.10.10a}$$

$$[(r^2 - 2mr + kQ^2)\psi_{,\nu}]_r + [(1 - \mu^2)\psi_{,\mu}]_\mu$$

$$=k\mathrm{e}^{-2\psi}[(r^2-2mr+kQ^2)A_{,r}^2+(1-\mu^2)A_{,\mu}^2]. \tag{1.10.10b}$$

$$\begin{aligned}\gamma_{,r}=&\frac{1-\mu^2}{(r-m)^2+(kQ^2-m^2)\mu^2}\Big\{(r-m)(r^2-2mr+kQ^2)\\&\times[\psi_{,r}^2-k\mathrm{e}^{-2\psi}A_{,r}^2]-(r-m)(1-\mu^2)\\&\times[\psi_{,\mu}^2-k\mathrm{e}^{-2\psi}A_{,\mu}^2]-2\mu(r^2-2mr+kQ^2)[\psi_{,r}\psi_{,\mu}\\&-k\mathrm{e}^{-2\psi}A_{,r}A_{,\mu}]\Big\}.\end{aligned} \tag{1.10.10c}$$

$$\begin{aligned}\gamma_{,\mu}=&\frac{r^2-2mr+kQ^2}{(r-m)^2+(kQ^2-m^2)\mu^2}\Big\{\mu(r^2-2mr+kQ^2)[\psi_{,r}^2-k\mathrm{e}^{-2\psi}A_{,r}^2]\\&-\mu(1-\mu^2)[\psi_{,\mu}^2-k\mathrm{e}^{-2\psi}A_{,\mu}^2]\\&+2(r-m)(1-\mu^2)[\psi_{,r}\psi_{,\mu}-k\mathrm{e}^{-2\psi}A_{,r}A_{,\mu}]\Big\}.\end{aligned} \tag{1.10.10d}$$

变换之后的线元表示为

$$\begin{aligned}\mathrm{d}s^2=&\mathrm{e}^{2\psi}c^2\mathrm{d}t^2-\mathrm{e}^{2(\nu-\psi)}[(r-m)^2+(kQ^2-m^2)\mu^2]\\&\times\left(\frac{\mathrm{d}r^2}{r^2-2mr+kQ^2}+\frac{\mathrm{d}\mu^2}{1-\mu^2}\right)\cdot(r^2-2mr+kQ^2)\\&\times(1-\mu^2)\mathrm{e}^{-2\psi}\mathrm{d}\phi^2.\end{aligned} \tag{1.10.11}$$

下面我们解方程 (1.10.10). 注意到方程中含有引力常数 k, 因此应有 $\psi-\psi(r,\mu,k), A=A(r,\mu,k).k=\dfrac{G}{c^4}$ 很小, 我们将 ψ 和 A 展开成 k 的幂级数

$$\psi(r,\mu,k)=\psi^{(0)}(r,\mu)+k\psi^{(1)}(r,\mu)+k^2\psi^{(2)}(r,\mu)+\cdots \tag{1.10.12a}$$

$$A(r,\mu,k)=A^{(0)}(r,\mu)+kA^{(1)}(r,\mu)+k^2A^{(2)}(r,\mu)+\cdots \tag{1.10.12b}$$

将 (1.10.12) 代入 (1.10.10) 并比较各项的量级, 得到

$$[(r^2-2mr)\psi_{,r}^{(0)}]_{,r}+[(1-\mu^2)\psi_{,\mu}^{(0)}]_{,\mu}=0. \tag{1.10.13a}$$

$$\begin{aligned}&[(r^2-2mr)A_{,r}^{(0)}]_{,r}+[(1-\mu^2)A_{,\mu}^{(0)}]_{,\mu}\\=&2(r^2-2mr)A_{,r}^{(0)}\psi_{,r}^{(0)}+2(1-\mu^2)A_{,\mu}^{(0)}\psi_{,\mu}^{(0)}.\end{aligned} \tag{1.10.13b}$$

$$\begin{aligned}&[(r^2-2mr)\psi_{,r}^{(1)}]_{,r}+[(1-\mu^2)\psi_{,\mu}^{(1)}]_{,\mu}\\=&-Q^2\psi_{,rr}+\mathrm{e}^{-2\psi(0)}[(r^2-2mr)A_{,r}^{(0)^2}+(1-\mu^2)A_{,\mu}^{(0)^2}].\end{aligned} \tag{1.10.13c}$$

$$\begin{aligned}&[(r^2-2mr)A_{,r}^{(1)}],r+[(1-\mu^2)A_{,\mu}^{(1)}]_{,\mu}\\=&-Q^2A_{,rr}^{(0)}+2Q^2A_{,r}^{(0)}\psi_{,r}^{(0)}+2(r^2-2mr)[A_{,r}^{(0)}\psi_{,r}^{(1)}+A_{,r}^{(1)}\psi_{,r}^{(0)}]\\&+(1-\mu^2)[A_{,\mu}^{(0)}\psi_{,\mu}^{(1)}+A_{,\mu}^{(1)}\psi_{,\mu}^{(0)}].\end{aligned} \tag{1.10.13d}$$

$$\cdots\cdots$$

$$\begin{aligned}&[(r^2-2mr)A^{(i)}_{,r}]_{,r}+[(1-\mu^2)A^{(i)}_{,\mu}]_{,\mu}\\=&-Q^2A^{(i-1)}_{,rr}+2(r^2-2mr)A^{(i)}_{,r}\psi^{(0)}_{,r}\\&+2(1-\mu^2)A^{(i)}_{,\mu}\psi^0_{,\mu}+2\sum_{j-0}^{i-1}\left\{(r^2-2mr)A^{(j)}_{,r}\psi^{(i-j)}_{;r}\right.\\&\left.+Q^2A^{(j)}_{,r}\psi^{(i-j-1)}_{,r}+(1-\mu^2)A^{(j)}_{,\mu}\psi^{(i-j)}\mu\right\},\quad i=1,2,\cdots\end{aligned}\tag{1.10.13e}$$

方程 (1.10.13a) 可用分离变量法求解. 对于中心质量和质量四极矩产生的引力场, 可求得

$$\begin{aligned}\psi^{(0)}=&\frac{1}{2}\ln\left(1-\frac{2m}{r}\right)+\frac{1}{4}J(3\mu^2-1)\left[\frac{45}{2m^4}(r-m)\right.\\&\left.+\frac{15}{4m^5}(3r^2-6mr+2m^2)\ln\left(1-\frac{2m}{r}\right)\right].\end{aligned}\tag{1.10.14}$$

式中 J 为质量四极矩.

下面解方程 (1.10.13b). 由 (1.10.14) 可知 $\psi^{(0)}=\psi^{(0)}(r,\mu,J)$. 于是应有 $A^{(0)}=A^{(0)}(r,\mu,J)$. 由于 J 很小, 我们将 $A^{(0)}$ 展开为 J 的幂级数

$$A^{(0)}(r,\mu,J)=A^{(0)}_{(0)}(r,\mu)+JA^{(0)}_{(1)}+o(J^2).\tag{1.10.15}$$

略去 (1.10.15) 中 J^2 以上高阶项, 代入 (1.10.13b), 并比较 J 的同次项系数, 得到 $A^{(0)}_{(0)}$ 满足的方程

$$\left[(r^2-2mr)A^{(0)}_{(0),r}\right]_{,r}+\left[(1-\mu^2)A^{(0)}_{(0),\mu}\right]_{,\mu}-2mA^{(0)}_{(0),r}=0.\tag{1.10.16}$$

(1.10.16) 是在 Schwarzschild 背景度规下的 Maxwell 方程, 用分离变量法易得其解

$$A^{(0)}_{(0)}=\sum_{l=0}^{\infty}R_l(r)p_l(\mu).\tag{1.10.17}$$

式中 $P_l(\mu)$ 是 l 阶勒让德多项式, $R_l(r)$ 满足方程

$$[(r^2-2mr)R_{,r}]_{,r}-2mR_{,r}-l(l+1)R=0.\tag{1.10.18}$$

显然

$$R_0=\frac{a}{r},\tag{1.10.19}$$

$$R_1=b\left[2\left(\frac{m}{r}-1\right)+\left(2+\frac{r}{m}\right)\ln\left(1-\frac{2m}{r}\right)\right].\tag{1.10.20}$$

式中 a 和 b 为积分常数.

将 (1.10.19) 和 (1.10.20) 代入 (1.10.17), 取 $r \to \infty$ 时的极限, 并和经典情况下电荷 (磁荷) 和磁矩的势比较, 可确定积分常数 a 和 b

$$a = Q, \quad b = -\frac{3p}{4m^2}. \tag{1.10.21}$$

式中 Q 和 p 分别为中心质量具有的电荷 (磁荷) 和磁矩. 于是我们得到 Schwarzschild 背景度规下的电荷 (磁荷) 和磁矩的势

$$A^{(0)}_{(0)} = \frac{Q}{r} - \frac{3p\mu}{4m^2}\left[2\left(\frac{m}{r}-1\right)+\left(2-\frac{r}{m}\right)\ln\left(1-\frac{2m}{r}\right)\right]. \tag{1.10.22}$$

将 (1.10.14)、(1.10.15) 和 (1.10.22) 代入 (1.10.13b), 得到 $A^{(0)}_{(1)}$ 满足的方程

$$\begin{aligned}&[(r^2-2mr)A^{(0)}_{(1),r}]_{,r} + [(1-\mu^2)A^{(0)}_{(1)},\mu]_{,\mu} - 2mA^{(0)}_{(1),r}\\ =&g_0(r)+g_1(r)\mu+g_2(r)\mu^2+g_3(r)\mu^3.\end{aligned} \tag{1.10.23}$$

式中

$$\begin{aligned}g_0(r)\equiv&\frac{Q}{r^2}\left[\frac{45}{4m^5}(r-m)(r^2-2mr)\ln\left(1-\frac{2m}{r}\right)\right.\\ &\left.+\frac{15}{2m^4}\times(3r^2-6mr+m^2)\right].\end{aligned} \tag{1.10.24}$$

$$\begin{aligned}g_1(r)\equiv&-\frac{45p}{8m^8}\left[\frac{3}{2}(r-2m)(-2r^2+5mr-2m^2)\times\left[\ln\left(1-\frac{2m}{r}\right)\right]^2\right.\\ &+\left(-12r^2+42mr-44m^2+\frac{12m^3}{r}\right)\times m\ln\left(1-\frac{2m}{r}\right)\\ &\left.+30m^2\left(-6r+15m-\frac{14m^2}{r}+\frac{m^3}{r^2}\right)\right].\end{aligned} \tag{1.10.25}$$

$$\begin{aligned}g_2(r)\equiv&-\frac{3Q}{r^2}\left[\frac{45}{4m^5}(r-m)(r^2-2mr)\ln\left(1-\frac{2m}{r}\right)\right.\\ &\left.+\frac{15}{2m^4}\times(3r^2-6mr+m^2)\right].\end{aligned} \tag{1.10.26}$$

$$\begin{aligned}g_3(r)\equiv&\frac{135p}{4m^7}\left[\left(3r^2-3mr-7m^2+\frac{4m^3}{r}\right)\ln\left(1-\frac{2m}{r}\right)\right.\\ &+\frac{1}{2}(r-2m)(3r-2m)\left[\ln\left(1-\frac{2m}{r}\right)\right]^2\\ &\left.+m^2\left(3-\frac{8m}{r}+\frac{m^2}{r^2}\right)\right]\end{aligned} \tag{1.10.27}$$

显然, 方程 (1.10.23) 的解可写为

$$A^{(0)}_{(0)} = f_0(r)+f_1(r)\mu+f_2(r)\mu^2+f_3(r)\mu^3. \tag{1.10.28}$$

将此式代入 (1.10.23), 得到 $f_i(r)$ 满足的方程

$$[(r^2-2mr)f_{3,r}]_{,r}-2mf_{3,r}-12f_3=g_3(r), \tag{1.10.29a}$$

$$[(r^2-2mr)f_{2,r}]_{,r}-2mf_{2,r}-6f_2=g_2(r), \tag{1.10.29b}$$

$$[(r^2-2mr)f_{1,r}]_{,r}-2mf_{1,r}-2f_1=g_1(r)-6f_3(r), \tag{1.10.29c}$$

$$[(r^2-2mr)f_{0,r}]_{,r}-2mf_{0,r}=g_0(r)-2f_2(r). \tag{1.10.29d}$$

积分 (1.10.29), 略去 $\left(\frac{m}{r}\right)^6$ 以上高阶项, 得到

$$\begin{aligned}A^{(0)}_{(1)}=&\frac{Q}{r^4}\left(\frac{1}{2}+\frac{9m}{7r}\right)-\frac{Q}{r^4}\left(\frac{3}{2}+\frac{27m}{7r}\right)\cos^2\theta\\&+\frac{p\cos\theta}{r^5}\left(\frac{1}{2}-\frac{3}{2}\cos^2\theta\right).\end{aligned} \tag{1.10.30}$$

$A^{(0)}_{(1)}$ 是质量四极矩对 Schwarzschild 背景下磁荷和磁矩的势的修正.

下面解方程 (1.10.13c). 将 $\psi^{(0)}$ 和 $A^{(0)}$ 的表达式代入, 并忽略 J 和 p 的相互作用项, 我们得到

$$\begin{aligned}&[(r^2-2m)\psi^{(1)}_{,r}]_{,r}+[(1-\mu^2)\psi^{(1)}_{,\mu}]_{,\mu}\\=&v_0(r)-Q^2\psi^{(0)}_{,rr}+v_1(r)\mu+\mu^2v_2(r).\end{aligned} \tag{1.10.31}$$

式中

$$v_0(r)\equiv\frac{9p^2}{16m^4}\left[2\left(\frac{m}{r}-1\right)+\left(2-\frac{r}{m}\right)\ln\left(1-\frac{2m}{r}\right)\right]^2+\frac{Q}{r^2}+\frac{9JQ^2}{2r^5}. \tag{1.10.32}$$

$$v_1(r)\equiv-\frac{3pQ}{2m^2}\left[\frac{2}{r}+\frac{2m}{r^2}+\frac{1}{m}\ln\left(1-\frac{2m}{r}\right)\right], \tag{1.10.33}$$

$$\begin{aligned}v_2(r)\equiv&\frac{9p^2}{16m^4}\left[2+\frac{2m}{r}+\frac{r}{m}\ln\left(1-\frac{2m}{r}\right)\right]^2\\&-\frac{9p^2}{16m^4}\cdot\frac{1}{1-\dfrac{2m}{r}}\times\left[2\left(\frac{m}{r}-1\right)+\left(2-\frac{r}{m}\right)\ln\left(1-\frac{2m}{r}\right)\right]^2-\frac{27JQ^2}{2r^5}.\end{aligned} \tag{1.10.34}$$

将 (1.10.31) 的解写为下面的形式:

$$\psi^{(1)}=h_0(r)+h_1(r)\mu+h_2(r)\mu^2, \tag{1.10.35}$$

代入 (1.10.31), 得到 $h_i(r)$ 满足的方程, 解之得

$$h_0(r)=\frac{Q^2}{2r(r-2m)}-\int\frac{2h_2\mathrm{d}r}{r(r-2m)}\mathrm{d}r+w_1(r)+w_2(r). \tag{1.10.36a}$$

式中

$$w_1(r) \equiv \frac{9p^2}{16m^4}\left\{\frac{1}{6m^2}(r-m)(r-2m)\left[\ln\left(1-\frac{2m}{r}\right)\right]^2\right.$$

$$+\frac{2r}{3m}\ln\left(1-\frac{2m}{r}\right)-2\int\frac{\left[\ln\left(1-\frac{2m}{r}\right)\right]^2}{r}\mathrm{d}r$$

$$\left.+\frac{4}{3}\ln\left(1-\frac{2m}{r}\right)\int\frac{\ln\left(1-\frac{2m}{r}\right)}{r}\mathrm{d}r\right\}, \tag{1.10.37a}$$

$$w_2(r) \equiv \frac{3JQ^2}{32m^5}\left\{15\left[\ln\left(1-\frac{2m}{r}\right)\right]^2+\frac{397}{8}\ln\left(1-\frac{2m}{r}\right)\right.$$

$$\left.-\frac{3m^4}{r^4}-\frac{m^3}{r^3}-\frac{3m^2}{4r^2}-\frac{43m}{4r}-\frac{10m}{r-2m}+60\int\frac{\ln\left(1-\frac{2m}{r}\right)}{r}\mathrm{d}r\right\}. \tag{1.10.38a}$$

$$h_1(r)=-\frac{3pQ}{2m^2}\left\{\frac{4}{m}-\frac{1}{r}+\left(\frac{2r}{m^2}-\frac{5}{2m}\right)\ln\left(1-\frac{2m}{r}\right)\right\}; \tag{1.10.36b}$$

$$h_2(\gamma)=\left(r^2-2mr+\frac{2}{3}m^2\right)H_2(r). \tag{1.10.36c}$$

式中

$$H_2(r)=\int\frac{[G_1(r)+G_2(r)]\mathrm{d}r}{r(r-2m)\left(r^2-2mr+\frac{2}{3}m^2\right)^2},$$

$$G_1(r)=\frac{9p^2}{16m^4}\left\{\left(\frac{r^4}{2m}-\frac{4}{3}r^3+\frac{2m}{3}r^2\right)\left[\ln\left(1-\frac{2m}{r}\right)\right]^2\right.$$

$$\left.+2mr^2-\frac{8m^4}{3r}+\left(2r^3-\frac{22}{3}mr^2+\frac{16}{3}m^2r+\frac{4}{3}m^3\right)\ln\left(1-\frac{2m}{r}\right)\right\}. \tag{1.10.37b}$$

$$G_2(r)=\frac{45JQ^2}{4m^5}\left[-\frac{1}{2}r(r-m)(r-2m)\ln\left(1-\frac{2m}{r}\right)\right.$$

$$+2m^2r-mr^2-\frac{m^3\left(r^2-2mr+\frac{2}{3}m^2\right)}{r(r-2m)}$$

$$\left.+\frac{3m^5}{5r^2}-\frac{4m^6}{5r^3}+\frac{m^7}{5r^4}\right]. \tag{1.10.38b}$$

至此, 我们已经求得度规 $\psi^{(0)}$ 的一级修正项 $k\psi$. 由前面诸式可见, $\psi^{(1)}$ 具有形式

$$\psi^{(1)}=\psi_Q^{(1)}+\psi_p^{(1)}+\psi_{JQ}^{(1)}+\psi_{pQ}^{(1)}. \tag{1.10.39}$$

类似地, 我们有

$$\psi^{(n)} = \psi_Q^{(n)} + \psi_p^{(n)} + \psi_{JQ}^{(n)} + \psi_{pQ}^{(n)}. \tag{1.10.40}$$

由此可知

$$\psi = \psi_m + \psi_Q + \psi_p + \psi_J + \psi_{pQ} + \psi_{JQ}. \tag{1.10.41}$$

(1.10.41) 中的 $(\psi_m + \psi_J)$ 为

$$\psi_m + \psi_J = \psi(0). \tag{1.10.42}$$

其严格表达式已由 (1.10.14) 给出. (1.10.41) 中的 ψ_Q 为

$$\psi_Q = \sum_{n=1}^{\infty} k^n \psi_Q^{(n)}. \tag{1.10.43}$$

是磁荷 Q 对 ψ 的贡献. (1.10.41) 中的 ψ_p 为

$$\psi_p = \sum_{n=1}^{\infty} k^n \psi_p^{(n)}. \tag{1.10.44}$$

是磁矩 p 对 ψ 的贡献. ψ_{pQ} 和 ψ_{JQ} 分别表示 p、Q 相互作用及 J、Q 相互作用对引力场的贡献.

下面我们给出 ψ_Q 的严格表达式. 用 $A_Q^{(n)}$ 表示磁荷的势的 n 级修正中不含 J 和 P 的部分, 则由 (1.10.13e) 可得

$$A_Q^{(n)} = 0, \quad n \geqslant 1. \tag{1.10.45}$$

又由 (1.10.10b) 得到 $\psi_Q^{(n)}$ 满足的方程

$$[(r^2 - 2m)\psi_{Q,r}^{(n)}], \quad r = -Q^2 \psi_{Q,rr}^{(n-1)}. \tag{1.10.46}$$

对 (1.10.46) 积分, 得到

$$\psi_Q^{(n)} = -Q^2 \int \frac{\psi_{Q,r}^{(n-1)}}{r^2 - 2mr} \mathrm{d}r = \frac{(-1)^{n-1} Q^{2n}}{2n(r^2 - 2mr)}. \tag{1.10.47}$$

将 (1.10.47) 代入 (1.10.43) 得

$$\psi_Q = \sum_{n=1}^{\infty} k^n \psi_Q^{(n)} = \frac{1}{2} \ln \left(1 + \frac{kQ^2}{r^2 - 2mr} \right). \tag{1.10.48}$$

至此, g_{00} 已经以明显形式给出

$$g_{00} = \mathrm{e}^{2\psi} = \left(1 - \frac{2m}{r} + \frac{kQ^2}{r^2} \right) \mathrm{e}^{2(\psi_J + \psi_p + \psi_{pQ} + \psi_{JQ})}. \tag{1.10.49}$$

下面计算 g_{11} 中的未知函数 γ. 将 (1.10.30)、(1.10.22) 和 (1.10.12b), 以及 ψ 的表达式代入 (1.10.10c) 积分, 可得 γ 的表达式. 首先将 (1.10.10c) 对 r 积分, 得到

$$\begin{aligned}\gamma=&\int\frac{(1-\mu^2)\mathrm{d}r}{(r-m)^2+(kQ^2-m^2)\mu^2}\Big\{(r-m)(r^2-2mr+kQ^2)\\&[\psi_{,r}^2-k\mathrm{e}^{-2\psi}A_{,r}^2]-(r-m)(1-\mu^2)\\&\times[\psi_{,\mu}^2-k\mathrm{e}^{-2\psi}A_{,\mu}^2]-2\mu(r^2-2mr+kQ^2)\\&\times[\psi_{,r}\psi_{,\mu}-k\mathrm{e}^{-2\psi}A_{,r}A_{,\mu}]\Big\}.\end{aligned}\tag{1.10.50}$$

将 ψ 和 A 的表达式代入积分, 便得到 γ. 在忽略 J、p 相互作用对引力场的贡献之后, 由 (1.10.50) 可知 γ 具有下面的形式:

$$\gamma=\overline{\gamma}+\gamma_J+\gamma_{pQ}+\gamma_p+\gamma_{JQ}.\tag{1.10.51}$$

下面我们对 (1.10.50) 右端各项分别进行讨论和计算. 右端第一项

$$\overline{\gamma}=\gamma_m+\gamma_Q\tag{1.10.52}$$

是当仅有中心质量 m 和磁荷 Q 时的 γ 值. 由 (1.10.50) 得到

$$\overline{\gamma}=\frac{1}{2}\ln(r^2-2mr+kQ^2)-\frac{1}{2}\ln[(r-m)^2+(kQ^2-m^2)\mu^2].\tag{1.10.53}$$

其中用到了下面的表达式:

$$\psi_m+\psi_Q=\frac{1}{2}\ln\left(1-\frac{2m}{r}\right)+\frac{1}{2}\ln\left(1+\frac{kQ^2}{r^2-2mr}\right).\tag{1.10.54}$$

$$A_Q=\frac{Q}{r}.\tag{1.10.55}$$

(1.10.51) 右端第二项 γ_J 表示质量四极矩单独对 γ 的贡献. 将 ψ_J 代入 (1.10.50), 积分得

$$\begin{aligned}\gamma_J=&F_0(r)+F_1(r)\mu^2+F_2(r)\mu^4\\&+\frac{45J}{4m^3}\ln\frac{r^2-2mr}{r^2-2mr+m^2(1-\mu^2)}.\end{aligned}\tag{1.10.56}$$

式中

$$\begin{aligned}F_0(r)=&\left(\frac{45}{16}\right)^2\frac{J^2}{m^6}\left[\frac{1}{m^4}(r-m)^4-\frac{2}{m^2}(r-m)^2+1\right]\\&\times\left[\ln\left(1-\frac{2m}{r}\right)\right]^2+\left\{\frac{15^2J^2}{64m^6}\left[\frac{9}{m^2}(r-m)^2\right.\right.\end{aligned}$$

$$
\left.- \frac{15}{m}(r-m)\right] - \frac{45J}{4m^4}(r-m)\Bigg\} \times \ln\left(1-\frac{2m}{r}\right)
$$
$$
+ \left(\frac{45}{16}\right)^2 \frac{4J^2}{m^6}\left[\frac{1}{m^2}(r-m)^2 - \frac{3}{4}\right] + \frac{45J}{2m^5}. \tag{1.10.57}
$$

$$
\begin{aligned}
F_1(r) = &\left(\frac{45}{16}\right)^2 \frac{2J^2}{m^6}\left[-\frac{5}{m^4}(r-m)^4 + \frac{6}{m^2}(r-m)^2 - 1\right] \\
&\times \left[\ln\left(1-\frac{2m}{r}\right)\right]^2 + \left\{\left(\frac{45}{16}\right)^2 \frac{2J^2}{m^6}\left[-\frac{20}{m^3}(r-m)^2\right.\right. \\
&\left.\left.+ \frac{52}{3m}(r-m)\right] + \frac{45J}{4m^4}(r-m)\right\}\ln\left(1-\frac{2m}{r}\right) \\
&+ \left(\frac{45}{16}\right)^2 \frac{2J^2}{m^6}\left[-\frac{20}{m^2}(r-m)^2 + \frac{32}{3}\right] + \frac{45J}{2m^3}.
\end{aligned} \tag{1.10.58}
$$

$$
\begin{aligned}
F_2(r) = &\left(\frac{45}{16}\right)^2 \frac{J^2}{m^6}\left\{\left[\frac{9}{m^4}(r-m)^2 - \frac{10}{m^2}(r-m)^2 + 1\right]\right. \\
&\times \left[\ln\left(1-\frac{2m}{r}\right) + \frac{36}{m^2}(r-m)^2 - \frac{28}{m}(r-m)\right] \\
&\left.\times \ln\left(1-\frac{2m}{r}\right) + \frac{36}{m^2}(r-m)^2 - 16\right\}.
\end{aligned} \tag{1.10.59}
$$

此结果与质量四极矩的引力场度规完全一致.

将 (1.10.50) 展开为 $\frac{m}{r}$ 的级数以后再积分, 便可得到 (1.10.51) 右端的后三项

$$
\begin{aligned}
\gamma_{pQ} = &\frac{kPQ(1-\mu^2)}{r^3}\left[\frac{1}{3} + \frac{4}{3}\mu + \frac{61}{12}\mu\cdot\frac{m}{r} + \left(\frac{158}{15}\mu\right.\right. \\
&\left.\left.+ \frac{1}{5}\mu^2 + \frac{4}{5}\mu^3 + \frac{31}{25}\right)\frac{m^2}{r^2}\right] + o\left(\frac{m^6}{r^6}\right).
\end{aligned} \tag{1.10.60}
$$

$$
\gamma_p = \frac{kP^2(1-\mu^2)}{r^4}\left[\frac{9}{2}\mu^2 - \frac{1}{4} + \left(\frac{4}{5} + 2\mu - \frac{2}{5}\mu^2\right)\frac{m}{r}\right] + o\left(\frac{m^6}{r^6}\right). \tag{1.10.61}
$$

$$
\gamma_{JQ} = \frac{kJQ^2(1-\mu^2)}{r^5}\left(\frac{2}{5} - \frac{3}{5}\mu + \frac{12}{5}\mu^2\right) + o\left(\frac{m^6}{r^6}\right). \tag{1.10.62}
$$

最后, 将 μ 改写为 $\cos\theta$, 得到所寻求的度规

$$
g_{00} = \left(1 - \frac{2m}{r} + \frac{kQ^2}{r^2}\right)\exp(2\psi_J + 2\psi_p + 2\psi_{JQ} + 2\psi_{pQ}). \tag{1.10.63}
$$

$$
g_{11} = -\left(1 - \frac{2m}{r} + \frac{kQ^2}{r^2}\right)^{-1}\exp(-2\psi_J + 2\gamma_J - 2\gamma_p - 2\psi_p + 2\gamma_{JQ} - 2\psi_{JQ} + 2\gamma_{pQ} - 2\psi_{pQ}). \tag{1.10.64}
$$

$$g_{22} = -r^2 \exp(2\gamma_J - 2\psi_J + 2\gamma_p - 2\psi_p + 2\gamma_{JQ} - 2\psi_{JQ} + 2\gamma_{pQ} - 2\psi_{pQ}). \quad (1.10.65)$$

$$g_{33} = -r^2 \sin^2\theta \exp(-2\psi_J - 2\psi_p - 2\psi_{JQ} - 2\psi_{pQ}). \quad (1.10.66)$$

式中: $\gamma_J, \gamma_{pQ}, \gamma_p$ 和 γ_{JQ} 的明显表达式已由 (1.10.56)~(1.10.62) 给出; ψ_J 由 (1.10.14) 给出

$$\psi_J = \frac{1}{4}J(3\cos^2\theta - 1)\left\{\frac{45}{2m^4}(r-m) + \frac{15}{4m^5}(3r^2 - 6mr + 2m^2) \times \ln\left(1 - \frac{2m}{r}\right)\right\}; \quad (1.10.67)$$

ψ_{pQ} 由 (1.10.36b) 和 (1.10.36c) 给出

$$\psi_{pQ} = \frac{-3pQ\cos\theta}{2m^2}\left\{\frac{4}{m} - \frac{1}{r} + \left(\frac{2r}{m^2} - \frac{5}{m}\right)\ln\left(1 - \frac{2m}{r}\right)\right\}; \quad (1.10.68)$$

ψ_p 和 ψ_{JQ} 由 (1.10.36a) 和 (1.10.36c) 给出, 其级数形式为

$$\psi_p = \frac{kp^2}{r^4}\left[\frac{1}{2}\cos^2\theta + \frac{m}{r}\left(\frac{1}{35} + \frac{12}{7}\cos^2\theta\right)\right] + o\left(\frac{1}{r^6}\right), \quad (1.10.69)$$

$$\psi_{JQ} = \frac{3kJQ^2}{r^5}\left(\frac{3}{14}\cos^2\theta - \frac{1}{14}\right) + o\left(\frac{1}{r^6}\right). \quad (1.10.70)$$

当 $J=0, p=0$ 时, 度规 (1.10.63)~(1.10.66) 退化为 Reissner-Nardstrm 度规. 当 $Q=0, p=0$ 时, 度规 (1.10.63)~(1.10.66) 退化为质量四极矩的引力场度规.

1.11 Tolman 解

1. *无压流体 (Tolman 度规的场源)*

描述这类物质的能-动张量可写为

$$T^{\mu\nu} = \rho u^\mu u^\nu + P^{\mu\nu}. \quad (1.11.1)$$

式中 ρ 是质量密度, u^α 是单个粒子的四维速度, $u^\alpha = \mathrm{d}x^\alpha/\mathrm{d}s, P^{\mu\tau}$ 是应张力量 (取 $c=1$). 对于理想流体, 其压强各向同性, 则应力张量 $P^{\mu\nu}$ 可表示为

$$P^{\mu\nu} = p(u^\mu u^\nu - g^{\mu\nu}). \quad (1.11.2)$$

式中 p 是压强. 如果压强等于零, 则 $T^{\mu\nu}$ 简化为更简单的形式

$$T^{\mu\nu} = \rho u^\mu u^\nu. \quad (1.11.3)$$

将上式代入守恒律 $T^{\mu\nu}_{;\nu} = 0$, 容易得到

$$u^{\nu}u^{\mu}_{;\nu}=0. \tag{1.11.4}$$

$$(\rho u^{\mu})_{;\mu}=0. \tag{1.11.5}$$

方程 (1.11.4) 表明, 流体中每一质点沿短程线运动, 方程 (1.11.5) 表示静质量守恒.

2. 随动坐标系

如果流体内所有粒子的轨迹可以用类时的、不相交的曲线族来描述, 对于局部观察者, 可以选取这些轨迹为新的类时坐标. 这样的坐标系称为随动坐标系. 变换到随动坐标系时, 类时坐标 t 和径向坐标 r 分别变为 t' 和 r', 角坐标 θ 和 φ 可以保持不变. 因此, 场的球对称性质保持不变. 消除交叉项之后, 随动坐标系中普遍的球对称度规可表示为

$$\mathrm{d}s^2=u\mathrm{d}t^2-v\mathrm{d}r^2-w\mathrm{d}\Omega^2. \tag{1.11.6}$$

式中 $\mathrm{d}\Omega^2=\mathrm{d}\theta^2+\sin^2\theta\mathrm{d}\varphi^2, u=u(r,t), v=v(r,t), w=w(r,t)$.

为了简便, 上式中 t' 和 r' 的撇号已去掉.

粒子的轨迹由短程线方程 (1.11.14) 描述, 在随动坐标系中, 沿这些短程线坐标 r,θ,φ 均不变. 因此四维速度是

$$u^{\mu}=(u^0,0,0,0). \tag{1.11.7}$$

式中 $u^0=\mathrm{d}t/\mathrm{d}s$. 于是短程线方程可写为

$$\frac{\mathrm{d}u^{\mu}}{\mathrm{d}s}+\Gamma^{\mu}_{00}{u^0}^2=0. \tag{1.11.8}$$

由此得 $\Gamma^i_{00}=0(i=1,2,3), \partial_i g_{00}=0$. 即 $g_{00}=g_{00}(t)$, 只是类时坐标的函数.

令

$$\mathrm{d}t'=u^{1/2}\mathrm{d}t, \tag{1.11.9}$$

其他坐标不变, 则 (1.11.6) 可写为

$$[g_{\mu\nu}]=\begin{pmatrix}1 & & & 0\\ & -\mathrm{e}^{\mu} & & \\ & & -R^2 & \\ 0 & & & -R^2\sin^2\theta\end{pmatrix}, \tag{1.11.10}$$

$g^{\mu\nu}$ 具有形式

$$[g_{\mu\nu}]=\begin{pmatrix}1 & & & 0\\ & -\mathrm{e}^{-\mu} & & \\ & & -R^{-2} & \\ 0 & & & -R^{-2}\sin^{-2}\theta\end{pmatrix}, \tag{1.11.11}$$

为了简便, 在上式中最后又去掉 t' 的撇号, 并代入 $\mathrm{e}^{\mu} = v, R^2 = w.\mu$ 和 R 只含 t 和 r.

按照这里选择的坐标系, 短程线方程 (1.11.8) 的零分量成为恒等式. 沿短程线 $\mathrm{d}r = \mathrm{d}\theta = \mathrm{d}\varphi = 0$, 我们有 $\mathrm{d}x^0 = \mathrm{d}s$, 从而有

$$u_\mu = u^\mu = (1, 0, 0, 0). \tag{1.11.12}$$

由 (1.11.10) 和 (1.11.11) 可得 $\Gamma^\lambda_{\mu\nu}$ 的不为零分量

$$\begin{aligned}
&\Gamma^1_{01} = \frac{1}{2}\dot{\mu}, \quad \Gamma^2_{02} = \Gamma^3_{03} = R^{-1}\dot{R},\\
&\Gamma^0_{11} = \frac{1}{2}\mathrm{e}^{\mu}\dot{\mu}, \quad \Gamma^1_{11} = \frac{1}{2}\mu',\\
&\Gamma^2_{12} = \Gamma^3_{13} = R^{-1}R'\\
&\Gamma^0_{22} = R\dot{R}, \quad \Gamma^1_{22} = -\mathrm{e}^{-\mu}RR',\\
&\Gamma^3_{23} = \cot\theta, \quad \Gamma^0_{33} = R\dot{R}\sin^2\theta,\\
&\Gamma^1_{33} = -\mathrm{e}^{-\mu}RR'\sin^2\theta, \quad \Gamma^2_{33} = -\sin\theta\cos\theta,
\end{aligned} \tag{1.11.13}$$

式中 $\dot{\mu} \equiv \dfrac{\partial \mu}{\partial t}, \mu' \equiv \dfrac{\partial \mu}{\partial r}$.

由 (1.11.13) 可得 $R_{\mu\nu}$ 的不为零分量

$$\begin{aligned}
&R_{00} = -\frac{1}{2}\ddot{\mu} - \frac{2}{R}\ddot{R} - \frac{1}{4}\dot{\mu}^2,\\
&R_{01} = \frac{1}{R}R'\dot{\mu} - \frac{2}{R}\dot{R}',\\
&R_{11} = \mathrm{e}^{\mu}\left(\frac{1}{2}\ddot{\mu} + \frac{1}{4}\dot{\mu}^2 + \frac{1}{R}\dot{\mu}\dot{R}\right) + \frac{1}{R}(\mu'R' - 2R''),\\
&R_{22} = R\ddot{R} + \frac{1}{2}R\dot{R}\dot{\mu} + \dot{R}^2 + 1 - \mathrm{e}^{-\mu}\left(RR'' - \frac{1}{2}RR'\mu' + R'^2\right),\\
&R_{33} = \sin^2\theta R_{22}.
\end{aligned} \tag{1.11.14}$$

标曲率为

$$R = 2\mathrm{e}^{-\mu}\left[\frac{2}{R}R'' + \left(\frac{R'}{R}\right)^2 - \frac{1}{R}R'\mu'\right] - \frac{2}{R}\dot{R}\dot{\mu} \times 2\left(\frac{\dot{R}}{R}\right)^2 - \frac{2}{R^2} - \frac{4}{R}\ddot{R} - \ddot{\mu} - \frac{1}{r}\dot{\mu}^2. \tag{1.11.15}$$

由 (1.11.12) 可知, $T_{\mu\nu}$ 只有一个分量不为零, 即 $T_{00} = \rho$, 而且 $T = \rho$. 将这些结果和 (1.11.14), (1.11.15) 代入场方程

$$\begin{aligned}
&R_{\mu\nu} = 8\pi\left(T_{\mu\nu} - \frac{1}{2}g_{\mu\nu}T\right),\\
&T_{\mu\nu} = \rho u_\mu u_\nu,
\end{aligned} \tag{1.11.16}$$

得到 μ 和 R 满足的方程

$$-\ddot{\mu}-\frac{4}{R}\ddot{R}-\frac{1}{2}\dot{\mu}^2=4\pi\rho, \tag{1.11.17}$$

$$2\dot{R}'-R'\dot{\mu}=0, \tag{1.11.18}$$

$$\ddot{\mu}+\frac{1}{2}\dot{\mu}^2+\frac{2}{R}\dot{R}\dot{\mu}+\mathrm{e}^{-\mu}\left(\frac{2}{R}R'\mu'-\frac{4}{R}R''\right)=4\pi\rho, \tag{1.11.19}$$

$$\frac{2}{R}\ddot{R}+2\left(\frac{\dot{R}}{R}\right)^2+\frac{1}{R}\dot{R}\dot{\mu}+\frac{2}{R^2}+\mathrm{e}^{-\mu}\left[\frac{1}{R}R'\mu'-2\left(\frac{R'}{R}\right)^2-\frac{2}{R}R''\right]=4\pi\rho. \tag{1.11.20}$$

由 (1.11.17)~(1.11.20) 消去含 $\ddot{\mu}$ 的项, 得到三个方程

$$\mathrm{e}^{\mu}(2R\ddot{R}+\dot{R}^2+1)-R'^2=0, \tag{1.11.21}$$

$$2\dot{R}'-R'\dot{\mu}=0, \tag{1.11.22}$$

$$\mathrm{e}^{-\mu}\left[\frac{1}{R}R'\mu'-\left(\frac{R'}{R}\right)^2-\frac{2}{R}R''\right]+\frac{1}{R}\dot{R}\dot{\mu}+\left(\frac{\dot{R}}{R}\right)^2+\frac{1}{R^2}=4\pi\rho. \tag{1.11.23}$$

度规 (1.11.10) 表明, $r=\text{const}$ 的球面的面积是 $4\pi R^2$, 而且 R 应满足条件 $R'\equiv\dfrac{\partial R}{\partial r}>0$. 方程 (1.11.22) 满足这一条件的解为

$$\mathrm{e}^{\mu}=R'^2/[1+f(r)],\quad f(r)>-1. \tag{1.11.24}$$

将 (1.11.24) 代入 (1.11.10), 得到度规的表达式

$$\mathrm{d}s^2=\mathrm{d}t^2-\frac{R'^2}{1+f(r)}\mathrm{d}r^2-R^2(\mathrm{d}\theta^2+\sin^2\theta\mathrm{d}\varphi^2), \tag{1.11.25}$$

此即 Tolman 度规.

将 (1.11.24) 代入 (1.11.21) 和 (1.11.23), 得到

$$\begin{aligned}&2R\ddot{R}+\dot{R}^2-f=0,\\&\frac{1}{RR'}(2\dot{R}\dot{R}'-f')+\frac{1}{R^2}(\dot{R}^2-f)=4\pi\rho.\end{aligned} \tag{1.11.26}$$

积分 (1.11.25), 得到

$$\dot{R}^2+f(r)=\frac{F(r)}{R}. \tag{1.11.27}$$

式中 $F(r)$ 为 r 的任意函数. 将 (1.11.27) 代入 (1.11.26) 得

$$\frac{F'}{R^2R'}=4\pi\rho. \tag{1.11.28}$$

我们讨论 $f(r)=0$ 的特殊情况. 此时 (1.11.27) 简化为

$$\dot{R}^2=\frac{F(r)}{R}. \tag{1.11.29}$$

积分此方程得

$$R(t,r)=\left[R^{3/2}(r)\pm\frac{3}{2}F^{1/2}(r)t\right]^{2/3}. \tag{1.11.30}$$

式中

$$R(r)=R(0,r). \tag{1.11.31}$$

(1.11.30) 对 r 微分并利用 (1.11.28), 还可得到

$$R(t,r)=(4\pi\rho)^{-2/3}\left[\frac{R^{1/2}(r)R'(r)}{F'(r)}\pm\frac{t}{2F^{1/2}(r)}\right]^{-2/3}. \tag{1.11.32}$$

另外, 由 (1.11.28) 还可得到

$$\frac{\partial}{\partial t}(R^2R'\rho)=0. \tag{1.11.33}$$

1.12 Wilson 解

静止带电流体球的内部解, 已有人给出. 1965 年, Efinger 给出一个严格解, 此解在原点 $r=0$ 处有一奇点. 1967 年, Kyle 和 Martin 给出一个解. 1969 年, Wilson 又给出一个解. Kyle 和 Martin 的解都消除了原点 $r=0$ 的奇异性. 当然, 这些解在 $r\neq 0$ 处仍可以有奇点, 于是他们对流体球加以一定的限制, 以避开这些奇点. 下面我们求静止带电流体球内部场方程的解, 附加一些条件, 得到一个球内没有奇点的解. 所得到的度规是: 球对称的, 而且遍及整个球, 压强、质量、密度等都是有限的. 因此, 所得到的解满足球内的物理条件.

将球对称度规 ($c=G=1$)

$$\mathrm{d}s^2=\mathrm{e}^{\nu}\mathrm{d}t^2-\mathrm{e}^{\lambda}\mathrm{d}r^2-r^2(\mathrm{d}\theta^2+\sin^2\theta\mathrm{d}\varphi^2) \tag{1.12.1}$$

代入场方程

$$R^{\nu}_{\mu}-\frac{1}{2}\delta^{\nu}_{\mu}R=8\pi(M^{\nu}_{\mu}+E^{\nu}_{\mu}), \tag{1.12.2}$$

$$F^{\mu\nu}_{;\nu}=4\pi\sigma u^{\mu}, \tag{1.12.3}$$

$$F_{\mu\nu;\alpha}+F_{\nu\alpha;\mu}+F_{\alpha\mu;\nu}=0. \tag{1.12.4}$$

式中

$$\begin{aligned}M^{\nu}_{\mu}&=(\rho+p)u^{\nu}u_{\mu}-g^{\nu}_{\mu}p,\\ E^{\nu}_{\mu}&=\frac{1}{4}\pi\left(-F^{\nu\alpha}F_{\mu\alpha}+\frac{1}{4}\delta^{\nu}_{\mu}F^{\alpha\beta}F_{\alpha\beta}\right).\end{aligned} \tag{1.12.5}$$

其中 ρ 和 σ 分别为质量密度和电荷密度.

静止情况下, $u^i=0, u^0=g_{00}^{-1/2}$. 假设场完全是静电场, 即 $F_{ik}=0, F_{0k}=\phi_{,R}\equiv\phi_k$, 这里 ϕ 是静电势.

场方程化为

$$\mathrm{e}^{-\lambda}\left(\frac{v'}{r}+\frac{1}{r^2}\right)-\frac{1}{r^2}=8\pi p-E, \tag{1.12.6}$$

$$\mathrm{e}^{-\lambda}\left(\frac{v''}{2}-\frac{\lambda'v'}{4}+\frac{v'2}{4}+\frac{v''-\lambda'}{2r}\right)=8\pi p+E, \tag{1.12.7}$$

$$\mathrm{e}^{-\lambda}\left(\frac{\lambda'}{r}-\frac{1}{r^2}\right)+\frac{1}{r^2}=8\pi\rho+E. \tag{1.12.8}$$

式中

$$E=-F^{01}F_{01}, \tag{1.12.9}$$

$$4\pi\sigma=\left(\frac{\mathrm{d}F^{01}}{\mathrm{d}r}+\frac{2}{r}F^{01}+\frac{\lambda'+v'}{2}F^{01}\right)\mathrm{e}^{\frac{\nu}{2}}. \tag{1.12.10}$$

方程 (1.12.6)~(1.12.8) 可改写为

$$8\pi p=\frac{\mathrm{e}^{-\lambda}}{2}\left(\frac{3}{2}\frac{v'}{r}+\frac{v''}{2}-\frac{\lambda'v'}{4}+\frac{v'^2}{4}-\frac{\lambda'}{2r}+\frac{1}{r^2}\right)-\frac{1}{2r^2}, \tag{1.12.11}$$

$$E=\frac{\mathrm{e}^{-\lambda}}{2}\left(\frac{v''}{2}-\frac{\lambda'v'}{4}+\frac{v'^2}{4}-\frac{v'}{2r}-\frac{\lambda'}{2r}-\frac{1}{r^2}\right)+\frac{1}{2r^2}, \tag{1.12.12}$$

$$8\pi\rho=e^{-\lambda}\left(\frac{5}{4}\frac{\lambda'}{r}-\frac{v''}{4}+\frac{\lambda'v'}{8}-\frac{v'^2}{8}+\frac{v'}{4r}-\frac{1}{2r^2}\right)+\frac{1}{2r^2}. \tag{1.12.13}$$

这里, 我们有四个方程: (1.12.6)~(1.12.8) 和 (1.12.10), 有六个未知量: ρ, E, p, λ, v 和 σ. 因此, 有两个变量可以自由选择. 我们取 λ 和 v 为这两个自由选择的变量. 为了使 $r\to 0$ 时不出现奇异性, 由方程 (1.12.11)~(1.12.13) 可知, 只要令

$$\lambda=Ar^2, \tag{1.12.14}$$

$$v=Br^2+C. \tag{1.12.15}$$

式中 A, B 和 C 是任意常数.

将 (1.12.14) 及 (1.12.15) 代入 (1.12.6)~(1.12.8) 和 (1.12.10), 我们得到

$$16\pi p=\mathrm{e}^{-Ar^2}\left[4B-2A+B(B-A)r^2+\frac{1}{r^2}\right]-\frac{1}{r^2}, \tag{1.12.16}$$

$$2E=\mathrm{e}^{-Ar^2}\left[B(B-A)r^2-\frac{1}{2}A^2r^2-\frac{1}{r^2}\right]+\frac{1}{r^2}, \tag{1.12.17}$$

$$16\pi\rho = \mathrm{e}^{-Ar^2}\left[6A - B(B-A)r^2 - \frac{1}{r^2}\right] + \frac{1}{r^2}. \tag{1.12.18}$$

$$4\pi\sigma = \left[\frac{\mathrm{d}F^{01}}{\mathrm{d}r} + \frac{2}{r}F^{01} + (A+B)rF^{01}\right]\mathrm{e}^{(Br^2+c)/2}. \tag{1.12.19}$$

式中

$$F^{01} = \left[\mathrm{e}^{-2Ar^2-Br^2-c}\left(\frac{1}{2}B^2r^2 - \frac{AB}{2}r^2 - \frac{A}{2} - \frac{1}{2r^2}\right) + \frac{\mathrm{e}^{-Ar^2-Br^2-c}}{2r^2}\right]^{1/2}. \tag{1.12.20}$$

在 $r=0$ 处, 由方程 (1.12.16)~(1.12.20) 我们有

$$16\pi p_0 = 4B - 2A, \tag{1.12.21}$$

$$E_0 = 0, \tag{1.12.22}$$

$$16\pi\rho_0 = 6A, \tag{1.12.23}$$

$$4\pi\sigma_0 = \frac{3}{2}[B^2 + (A-B)^2]^{1/2}. \tag{1.12.24}$$

为了使 p_0 和 ρ_0 都是正的, 必须有

$$2B \geqslant A, \tag{1.12.25}$$

$$A \geqslant 0. \tag{1.12.26}$$

进而, 对于 $\rho_0 \geqslant 3p_0$,

$$A \geqslant B. \tag{1.12.27}$$

条件 (1.12.25) 和 (1.12.27) 合写为

$$2B \geqslant A \geqslant B. \tag{1.12.28}$$

下面我们给出边界 $(r=r_1)$ 处所满足的条件

(1) $p_1 = 0$. 由方程 (1.12.16) 得到

$$\mathrm{e}^{-Ar_1^2}\left(4B - ABr_1^2 + B^2r_1^2 - 2A + \frac{1}{r_1^2}\right) - \frac{1}{r^2{}_1} = 0. \tag{1.12.29}$$

由于这一方程具有唯一解 r_1, 而且 $r=0$ 处压强 $p_0>0$, 所以在整个球内 $(r<r_1)$ 都有 $p>0$.

(2) $r=r_1$ 处有 $E_1 = \dfrac{Q^2}{r_1^4}$. 式中 Q 是球的总电荷. 由方程 (1.12.17) 和 (1.12.29) 可得

$$\mathrm{e}^{-Ar_1^2}\left(2Br_1 + \frac{1}{r_1}\right) = \frac{1}{r_1} - \frac{Q^2}{r_1^3}. \tag{1.12.30}$$

$Q^2>0$, 由 (1.12.17) 和 (1.12.29) 给出下面的条件:

$$r_1^2<\frac{2B-A}{B(A-B)}. \tag{1.12.31}$$

条件 (1.12.28) 表明上式的右端是正的.

我们还可以看到, 整个球的 E 是正的. 由方程 (1.12.17) 可得

$$2E=\mathrm{e}^{-Ar^2}\left\{\frac{1}{2}[B^2+(A-B)^2]r^2+\frac{A^3r^4}{3!}+\frac{A^4r^6}{4!}+\cdots\right\}. \tag{1.12.32}$$

显然上式右端是正的.

(3)$\rho_1\geqslant 0$. 由方程 (1.12.18) 和 (1.12.29) 得到

$$A+B\geqslant 0. \tag{1.12.33}$$

条件 (1.12.33) 表明, 在 $r=r_1$ 处 ρ_1 不可能等于零. 因为若 $\rho_1=0$, 则由 (1.12.25) 和 (1.12.26) 确定的正数 A 和 B 都等于零. 这导致整个球内 $\rho=E=p=\sigma=0$, 即球本身不存在.

我们很容易看到, 整个球内 ρ 都是正的. 由方程 (1.12.18) 可得

$$16\pi\rho=\mathrm{e}^{-Ar^2}\left[6A+B(A-B)r^2+\frac{A^2r^2}{2!}+\frac{A^3r^4}{3!}+\cdots\right]. \tag{1.12.34}$$

显然上式的右端是正的.

(4)$\lambda_1+\nu_1=0$. 应用方程 (1.12.14) 和 (1.12.15), 得到

$$Ar_1^2+Br_1^2+C=0. \tag{1.12.35}$$

方程 (1.12.35) 表明 C 是负的, 因为 A,B 和 r_1^2 都是正的.

(5)$\mathrm{e}^{-\lambda_1}=1-\dfrac{2m}{r_1}+\dfrac{4\pi Q^2}{r_1^2}$, 式中 M 是球的质量. 应用方程 (1.12.14) 得到

$$\mathrm{e}^{-Ar_1^2}=1-\frac{2M}{r_1}+\frac{4\pi Q^2}{r_1^2}. \tag{1.12.36}$$

本节得到的解在中心和边界处都是正常的, 满足物理条件.

1.13 Einstein-Rosen 解

这一度规描述柱面引力波, 它在宇宙学中有重要应用. 前面 Wey-Levi-Civita 度规描述静止的轴对称的引力场. 将其中 (1.7.34) 的坐标 z 和 t 对换, 得到线元 $(c=1)$

$$\mathrm{d}s^2=\mathrm{e}^{2\gamma-2\psi}(\mathrm{d}t^2-\mathrm{d}\rho^2)-\mathrm{e}^{-2\psi}\rho^2\mathrm{d}\varphi^2-\mathrm{e}^{2\psi}\mathrm{d}z^2. \tag{1.13.1}$$

由 (1.13.1) 可将 Einstein 场方程写为

$$\frac{\partial^2\psi}{\partial\rho^2}+\frac{1}{\rho}\frac{\partial\psi}{\partial\rho}-\frac{\partial^2\psi}{\partial t^2}=0, \tag{1.13.2a}$$

$$\frac{\partial\gamma}{\partial\rho}=\rho\left[\left(\frac{\partial\psi}{\partial\rho}\right)^2+\left(\frac{\partial\psi}{\partial t}\right)^2\right], \tag{1.13.2b}$$

$$\frac{\partial\gamma}{\partial t}=2\rho\frac{\partial\psi}{\partial\rho}\frac{\partial\psi}{\partial t}. \tag{1.13.2c}$$

首先, 我们讨论波动方程 (1.13.2a) 的周期解. 其一般形式为

$$\psi=AJ_0(\omega\rho)\cos(\omega t+\alpha)+BN_0(\omega\rho)\cos(\omega t+\beta). \tag{1.13.3}$$

式中 $J_0(\omega\rho)$ 和 $N_0(\omega\rho)$ 分别是第一类和第二类 Bessel 函数, A,B,ω,α,ρ 为常数. 作为一个特殊情况, 我们讨论特解

$$\psi=AJ_0(\omega\rho)\cos\omega t. \tag{1.13.4}$$

这是一驻波解. 将此解代入 (1.13.2b) 和 (1.13.2c), 得到

$$\frac{\partial\gamma}{\partial\rho}=A^2\omega^2\rho\left\{[J_0'(\omega\rho)]^2\cos^2\omega t+[J_0(\omega\rho)]^2\sin^2\omega\tau\right\}, \tag{1.13.5}$$

$$\frac{\partial\gamma}{\partial t}=-A^2\omega^2\rho J_0(\omega\rho)J_0'(\omega\rho)\sin^2\omega t. \tag{1.13.6}$$

积分, 得到

$$\begin{aligned}\gamma=&\frac{1}{2}A^2\omega\rho J_0(\omega\rho)J_0'(\omega\rho)\cos^2\omega t\\&+\frac{1}{2}A^2\omega^2\rho^2\times\left\{[J_0'(\omega\rho)]^2-J_0(\omega\rho)J_0''(\omega\rho)\right\}.\end{aligned} \tag{1.13.7}$$

显然, ψ 和 γ 都是 t 的周期函数.

如果我们取

$$\psi=BN_0(\omega\rho)\cos\omega t$$

代替 (1.13.4), 则得到的解在原点有奇异性. 此解可解释为无限长质量线发出的柱对称的引力驻波.

如果取

$$\psi=AJ_0(\omega\rho)\cos\omega t+AN_0(\omega\rho)\sin\omega t, \tag{1.13.8}$$

考虑到 ρ 很大时 Bessel 函数渐近展开式

$$J_0(\omega\rho)\approx\left(\frac{2}{\pi\omega\rho}\right)^{1/2}\cos\left(\omega\rho-\frac{\pi}{4}\right), \tag{1.13.9}$$

$$N_0(\omega\rho) \approx \left(\frac{2}{\pi\omega\rho}\right)^{1/2} \sin\left(\omega\rho - \frac{\pi}{4}\right), \tag{1.13.10}$$

我们有

$$\psi \approx A\frac{2}{\pi\omega\rho}^{1/2} \cos\left(\omega\rho - \omega t - \frac{\pi}{4}\right). \tag{1.13.11}$$

这是一个向外传播的柱面波.

将展开式 (1.13.10) 代入 (1.13.2b) 和 (1.13.2c), 积分后得到

$$\begin{aligned}\gamma =&\frac{1}{2}A^2\omega\rho\Big\{J_0(\omega\rho)J_0'(\omega\rho) + N_0(\omega\rho)N_0'(\omega\rho)\\ &+\omega\rho[J_0^2(\omega\rho) + J_0^{'2}(\omega\rho) + N_0^2(\omega\rho) + N_0^{'2}(\omega\rho)]\\ &+[J_0(\omega\rho)J_0'(\omega\rho) - N_0(\omega\rho)N_0'(\omega\rho)]\cos 2\omega t\\ &-[J_0(\omega\rho)N_0'(\omega\rho) + N_0(\omega\rho)J_0'(\omega\rho)]\sin 2\omega t\Big\} - \frac{2}{\pi}A^2\omega t.\end{aligned} \tag{1.13.12}$$

此解中含有一个时间的非周期项. 由于引力能量的连续转移, 使度规张量发生非周期性变化.

下面研究脉冲解.

我们讨论从 z 轴发出的脉冲波. 将波函数 ψ 取为

$$\psi = \frac{1}{2\pi}\int_{-\infty}^{\tau}\frac{f(t')\mathrm{d}t'}{[(t-t')^2-\rho^2]}. \tag{1.13.13}$$

式中 $\tau = t-\rho$ 是延迟时间; $f(t)$ 是波源强度. 假设当 $t < -t_0$ 时 $f(t) = 0$, t_0 为一有限时间, 容易验证 (1.3.13) 满足方程 (1.13.2a).

以下讨论几个例子.

1. 取波源函数为

$$f(t) = f_0\delta(t). \tag{1.13.14}$$

式中 $f_0 = \text{const}$. 将 (1.13.14) 代入 (1.13.13) 得

$$\psi = 0, \quad \tau < 0. \tag{1.13.15.a}$$

$$\psi = \frac{1}{2\pi}\frac{f_0}{(t^2-\rho^2)^{1/2}}, \quad \tau > 0. \tag{1.13.15b}$$

由方程 (1.13.2b) 和 (1.13.2c) 可知

$$\gamma = 0, \quad \tau < 0. \tag{1.13.16a}$$

$$\gamma = \frac{1}{8\pi^2}\frac{f_0^2\rho^2}{(t^2-\rho^2)} \quad ,\tau > 0. \tag{1.13.16b}$$

这是波源为尖脉冲的情况. 与 $\tau = t - \rho = 0$ 对应的波前为奇异面. 接着有一个“尾巴”持续很长时间.

2. 取波源函数为

$$f(t) = 0, \quad t < 0.$$
$$f(t) = f_0, \quad 0 < t < T.$$
$$f(t) = 0, \quad t > T. \tag{1.13.17}$$

式中 $f_0 = \text{const}$. 将 (1.13.17) 代入 (1.13.13) 积分得

$$\psi = 0, \quad \tau < 0.$$
$$\psi = \frac{f_0}{2\pi}\ln\frac{t + (t^2 - \rho^2)^{1/2}}{\rho}, \quad 0 < \tau < T.$$
$$\psi = \frac{f_0}{2\pi}\ln\frac{t + (t^2 - \rho^2)^{1/2}}{t - T + [(t - T)^2 - \rho^2]^{1/2}}, \quad \tau < T. \tag{1.13.18}$$

积分 (1.13.2b) 和 (1.13.2c) 得

$$\gamma = 0, \quad \tau < 0.$$
$$\gamma = \left(\frac{f_0}{2\pi}\right)^2 \ln\frac{\rho^2}{t^2 - \rho^2}, \quad 0 < \tau < T$$
$$\gamma = \frac{1}{2}\left(\frac{f_0}{\pi}\right)^2 \ln\frac{t^2 - Tt - \rho^2 + x^2}{x^2}, \quad \tau > T. \tag{1.13.19}$$

式中

$$x^2 = \{(t^2 - \rho^2)[(t - T)^2 - \rho^2]\}^{1/2}. \tag{1.13.20}$$

可以看到, 在这种情况下 ψ 和 γ 仍有奇点, 这是由于源函数 f 的不连续性引起的.

3. 取波源函数为连续函数

$$f(t) = 0, \quad t < 0, \tag{1.13.21a}$$

$$f(t) = f_0 t, \quad t > 0. \tag{1.13.21b}$$

式中 $f_0 = \text{const}$. 在这种情况, 重复前面的步骤, 容易得到

$$\psi = 0, \quad \tau < 0.$$
$$\psi = \frac{f_0}{2\pi}\left[t\ln\frac{t + (t^2 - \rho^2)^{1/2}}{\rho} - (t^2 - \rho^2)^{1/2}\right], \quad \tau > 0. \tag{1.13.22}$$

$$\gamma = 0, \quad \tau < 0.$$

$$\gamma=\left(\frac{f_0}{2\pi}\right)^2\left[\frac{1}{2}(t^2-\rho^2)+\frac{1}{2}\rho^2\ln^2\frac{t+(t^2-\rho^2)^{1/2}}{\rho}\right.$$
$$\left.-t(t^2-\rho^2)^{1/2}\ln\frac{t+(t^2-\rho^2)^{1/2}}{\rho}\right],\quad \tau>0. \tag{1.13.23}$$

函数 ψ 和 γ 在 $\tau=t-\rho=0$ 处的奇点已被消除.

取源函数为

$$f(t)=0,\quad t<0;$$
$$f(t)=0,\quad t>T. \tag{1.13.24}$$

4. 这对应于 t 很大时解的行为

设 $\tau=t-\rho\geqslant T$, 则积分 (1.13.13) 的渐近式可写为

$$\psi\approx\frac{1}{2\pi}\frac{f_0}{(t^2-\rho^2)^{1/2}}. \tag{1.13.25}$$

式中

$$f_0=\int_0^T f(t')\mathrm{d}t'. \tag{1.13.26}$$

从而得到

$$\gamma\approx\frac{1}{2}\left[\frac{f_0\rho}{2\pi(t^2-\rho^2)}\right]^2. \tag{1.13.27}$$

可见波的“尾”已消除.

1.14 Kerr-Newman 解

Kerr 度规描述一匀角速转动球体的外部引力场； Kerr-Newman 度规描述一个匀角速转动荷电球体的外部引力场. 我们先讨论 Kerr-Newman 度规, 而把 Kerr 度规作为其特殊情况. 在 1.15 节、3.5 节、3.15 节中还要给出 Kerr 解的推导.

我们由 Reissner-Nordström 度规 (R-N 度规) 经过复坐标变换获得 Kerr-Newman 度规 (Newman,1962).

作变换

$$r'=r,\quad \theta'=\theta,\quad \varphi'=\varphi,$$
$$\mathrm{d}u=\mathrm{d}t-\frac{r^2\mathrm{d}r}{r^2-2mr+e^2}, \tag{1.14.1}$$

可把 Reissner-Nordström 度规 (1.3.9) 写为 (取 $c=1$)

$$\mathrm{d}s^2=\left(1-\frac{2m}{r}+\frac{e^2}{r^2}\right)\mathrm{d}u^2+2\mathrm{d}u\mathrm{d}r-r^2(\mathrm{d}\theta^2+\sin^2\theta\mathrm{d}\varphi^2), \tag{1.14.2a}$$

即

$$[g_{\mu\nu}]=\begin{pmatrix}1-\dfrac{2m}{r}+\dfrac{e^2}{r^2} & 1 & 0 & 0\\ 1 & 0 & 0 & 0\\ 0 & 0 & -r^2 & 0\\ 0 & 0 & 0 & -r^2\sin^2\theta\end{pmatrix}, \tag{1.14.2b}$$

由此得到

$$g=-r^4\sin^2\theta,$$

$$[g^{\mu\nu}]=\begin{pmatrix}0 & 1 & 0 & 0\\ 1 & -\left(1-\dfrac{2m}{r}+\dfrac{e^2}{r^2}\right) & 0 & 0\\ 0 & 0 & -\dfrac{1}{r^2} & 0\\ 0 & 0 & 0 & -r^{-2}\sin^{-2}\theta\end{pmatrix}, \tag{1.14.3}$$

引入零标架 l^μ, n^μ, m^μ 和 $\overline{m}^\mu$

$$\begin{aligned}l^\mu &= \delta_1^\mu,\\ n^\mu &= \delta_0^\mu-\left(\frac{1}{2}-\frac{m}{r}+\frac{e^2}{2r^2}\right)\delta_1^\mu,\\ m^\mu &= \frac{1}{\sqrt{2}}\frac{1}{r}\left(\delta_2^\mu+\frac{\mathrm{i}}{\sin\theta}\delta_3^\mu\right).\end{aligned} \tag{1.14.4}$$

此时度规可写为

$$g^{\mu\nu}=l^\mu n^\nu+n^\mu l^\nu-m^\mu\overline{m}^\nu-\overline{m}^\mu m^\nu. \tag{1.14.5}$$

(1.14.4) 就是采用零标架表象的 Reissner-Nordström 度规. 把 (1.14.4) 中的 r 延拓到复数空间, 并把零标架改写为

$$\begin{aligned}l^\mu &= \delta_1^\mu,\\ n^\mu &= \delta_0^\mu-\frac{1}{2}\left[1-m\left(\frac{1}{r}+\frac{1}{\bar{r}}\right)+\frac{e^2}{r\bar{r}}\right]\delta_1^\mu,\end{aligned} \tag{1.14.6}$$

$$m^\mu=\left(\frac{1}{\sqrt{2}}\frac{1}{r}\right)\left[\delta_2^\mu+\frac{\mathrm{i}}{\sin\theta}\delta_3^\mu\right].$$

作变换

$$\begin{aligned}r' &= r+\mathrm{i}a\cos\theta,\\ u' &= u-\mathrm{i}a\cos\theta.\end{aligned} \tag{1.14.7}$$

或

$$\mathrm{d}r'=\mathrm{d}r-\mathrm{i}a\sin\theta\mathrm{d}\theta,$$

$$\mathrm{d}u' = \mathrm{d}u + \mathrm{i}a\sin\theta\mathrm{d}\theta. \tag{1.14.8}$$

由于标架矢量是坐标空间的四维矢量, 我们得到变换后的标架矢量

$$\begin{aligned}
l'^{\mu} &= \delta_1^{\mu}, \\
m'^{\mu} &= [\sqrt{2}(r' + \mathrm{i}a\cos\theta)]^{-1} \times \left[\mathrm{i}a\sin\theta(\delta_0^{\mu} - \delta_1^{\mu}) + \delta_2^{\mu} + \frac{\mathrm{i}}{\sin\theta}\delta_3^{\mu}\right], \\
n'^{\mu} &= \delta_0^{\mu} - \left[\frac{1}{2} - \left(mr' - \frac{e^2}{r}\right)(r'^2 + a^2\cos^2\theta)^{-1}\right]\delta_1^{\mu}, \\
g'^{\mu\nu} &= l'^{\mu}n'^{\nu} + n'^{\mu}l^{\nu} - m'^{\mu}\bar{m}'^{\nu} - \bar{m}'^{\mu}m'^{\nu}.
\end{aligned}$$

我们有

$$[g^{\mu\nu}] = \begin{pmatrix} \rho^{-2}(-a^2\sin^2\theta) & \rho^{-2}(r^2+a^2) & 0 & -\rho^{-2}a \\ \rho^{-2}(r^2+a^2) & \rho^{-2}[2mr-(r^2+a^2)-e^2] & 0 & \rho^{-2}a \\ 0 & 0 & -\rho^{-2} & 0 \\ -\rho^2 a & \rho^{-2}a & 0 & \rho^{-2}(-\sin^{-2}\theta) \end{pmatrix},$$

$$[g_{\mu\nu}] = \begin{pmatrix} 1+\rho^{-2}(e^2-2mr) & 1 & 0 & \rho^{-2}(a\sin^2\theta)(2mr-e^2) \\ 1 & 0 & 0 & -a\sin^2\theta \\ 0 & 0 & -\rho^{-2} & 0 \\ \rho^{-2}(a\sin^2\theta)(2mr-e^2) & -a\sin^2\theta & 0 & -\sin^2\theta\left[r^2+a^2+\dfrac{a^2\sin^2\theta(2mr-e^2)}{r^2+a^2\cos^2\theta}\right] \end{pmatrix}, \tag{1.14.9}$$

式中 $\rho^2 \equiv r^2 + a^2\cos^2\theta$.

由 (1.14.9), (1.14.7) 和 (1.14.1), 最后得到

$$\mathrm{d}s^2 = \frac{\varDelta}{\rho^2}[\mathrm{d}t - a\sin^2\theta\mathrm{d}\varphi]^2 - \frac{\sin^2\theta}{\rho^2}[(r^2+a^2)\mathrm{d}\varphi - a\mathrm{d}t]^2 - \frac{\rho^2}{\varDelta}\mathrm{d}r^2 - \rho^2\mathrm{d}\theta^2. \tag{1.14.10}$$

式中 $\varDelta \equiv r^2 - 2mr + a^2 + e^2$.

式 (1.14.10) 就是 Kerr–Newman 度规.

Kasuya(1982) 将 Kerr-Newman 度规推广到场源含磁荷的情况. 在 Boyer-Lindquist 坐标中, Kerr-Newman-Kasuya 度规表示为

$$\begin{aligned}
\mathrm{d}s^2 = &\left\{1 - \frac{2mr - (e^2+q^2)}{\varSigma}\right\}\mathrm{d}t^2 - \frac{\varSigma}{\varDelta}\mathrm{d}r^2 - (\varSigma)\mathrm{d}\theta^2 \\
&- \left\{\frac{[2mr-(e^2+q^2)]a^2\sin^2\theta}{\varSigma} + (r^2+a^2)\right\} \\
&\times \sin^2\theta\mathrm{d}\varphi^2 + \frac{2a\sin^2\theta}{\varSigma}\{(2mr-(e^2+q^2)\}\mathrm{d}\varphi\mathrm{d}t.
\end{aligned} \tag{1.14.11}$$

式中

$$\Sigma = r^2 + a^2\cos^2\theta, \quad \Delta = r^2 + a^2 + e^2 + q^2 - 2mr, \quad a = \frac{J}{m}.$$

m, e 和 q 分别表示源的质量、电荷和磁荷.

当 $e = 0$ 时, (1.14.10) 退化为

$$\begin{aligned} \mathrm{d}s^2 =& \left(1 - \frac{2mr}{r^2 + a^2\cos^2\theta}\right)\mathrm{d}t^2 - \frac{r^2 + a^2\cos^2\theta}{r^2 - 2mr + a^2}\mathrm{d}r^2 \\ & - (r^2 + a^2\cos^2\theta)\mathrm{d}\theta^2 - \left(r^2 + a^2 + \frac{2mra^2\sin^2\theta}{r^2 + a^2\cos^2\theta}\right) \\ & \times \sin^2\theta\mathrm{d}\varphi^2 + \frac{4mar\sin^2\theta}{r^2 + a^2\cos^2\theta}\mathrm{d}t\mathrm{d}\varphi. \end{aligned} \tag{1.4.12}$$

这就是著名的 Kerr 度规.

在 (1.14.10) 中令 $a = 0$, 便得到 Reissner-Nordström 度规. 此度规在时间反演 $(t \to -t)$ 变换下形式不变, 是一个静态球对称度规. 当 $a \neq 0$ 时, 度规 (1.14.10) 不具有时间反演不变性, 是一个稳态轴对称度规.

为了说明参量 a 的物理意义, 我们把 Kerr 度规按 $\frac{a}{r}$ 展开, 保留一阶项, 得到

$$\begin{aligned} \mathrm{d}s^2 =& \left(1 - \frac{2m}{r}\right)\mathrm{d}t^2 - \left(1 - \frac{2m}{r}\right)^{-1}\mathrm{d}r^2 \\ & - r^2(\mathrm{d}\theta^2 + \sin^2\theta\mathrm{d}\varphi^2) + 4\frac{ma}{r}\sin^2\theta\mathrm{d}\varphi\mathrm{d}t. \end{aligned}$$

引入坐标变换 $r = r'\left(1 + \frac{m}{2r'}\right)^2$, 可把上式化为

$$\begin{aligned} \mathrm{d}s^2 =& \frac{\left(1 - \frac{m}{2r'}\right)^2}{\left(1 + \frac{m}{2r'}\right)^2}\mathrm{d}t^2 - \left(1 + \frac{m}{2r'}\right)^4[\mathrm{d}r^2 + r^2(\mathrm{d}\theta^2 + \sin^2\theta\mathrm{d}\varphi^2)] \\ & + \frac{4ma}{r'\left(1 + \frac{m}{2r'}\right)}^2\sin^2\theta\mathrm{d}\varphi\mathrm{d}t. \end{aligned}$$

按 $\frac{m}{r'}$ 展开, 保留一阶项得

$$\begin{aligned} \mathrm{d}s^2 =& \left(1 - \frac{m}{r}\right)\mathrm{d}t^2 - \left(1 + \frac{2m}{r}\right)(\mathrm{d}r^2 + r^2\mathrm{d}\theta^2 + r^2\sin^2\theta\mathrm{d}\varphi^2) \\ & + \frac{4ma}{r}\sin^2\theta\mathrm{d}\varphi\mathrm{d}t. \end{aligned} \tag{1.14.13}$$

将 (1.14.13) 和 Lense 所得到的转动球体外部度规 (弱场近似)

$$\begin{aligned}\mathrm{d}s^2 = &\left(1-\frac{2m}{r}\right)\mathrm{d}t^2-\left(1+\frac{2m}{r}\right)(\mathrm{d}r^2+r^2\mathrm{d}\theta^2+r^2\sin^2\theta\mathrm{d}\varphi^2)\\&+4\frac{GJ}{c^3r}\sin^2\theta\mathrm{d}\varphi\mathrm{d}t\end{aligned}$$

相比较, 可得

$$ma=\frac{GJ}{c^3}.$$

由于 $m=\dfrac{GM}{c^2}$, 故

$$a=\frac{J}{Mc},$$

$ac=J/M$, 即单位质量的角动量，常称为比角动量.

由此可知, Kerr 度规和 Kerr-Newman 度规描述转动球体的外部引力场.

1.15 Kerr 度规的直接推导

上节中我们用复延拓的方法由 R-N 度规获得了 Kerr Newman 度规和 Kerr 度规, 由于不是解引力场方程得到的, 所以不能算是严格推导, 只能靠代入场方程验算, 来证实它满足场方程. 本节采用直接解引力场方程的方法导出 Kerr 度规 (Klotz,1982). 我们还将在 3.5 节和 3.15 节中用 Ernst 方法和孤立子方法给出 Kerr 度规的标准解析推导.

按照 Klotz 的符号, 稳态辐射对称度规可以写为

$$\mathrm{d}s^2=\gamma\mathrm{d}\tau^2-\Sigma(\mathrm{d}\zeta^2+\mathrm{d}\theta^2+\frac{q}{a}\mathrm{d}\varphi^2)+2q\mathrm{d}\tau\mathrm{d}\varphi. \tag{1.15.1}$$

式中

$$\gamma=\gamma(\zeta,\theta),\quad \Sigma=\Sigma(\zeta,\theta),\quad q=q(\theta),\quad a=\text{const.} \tag{1.15.2}$$

作变换

$$\mathrm{d}\tau=\mathrm{d}t-q\mathrm{d}\varphi, \tag{1.15.3}$$

并设

$$\Sigma=a(p-q),\quad p=p(\zeta), \tag{1.15.4}$$

度规 (1.15.1) 改写为

$$\begin{aligned}\mathrm{d}s^2=&(\gamma\mathrm{d}t^2-a(p-q)\mathrm{d}\zeta^2-a(p-q)\mathrm{d}\theta^2\\&-[(1-\gamma)q^2+pq]\mathrm{d}\varphi^2+2q(1-\gamma)\mathrm{d}t\mathrm{d}\varphi.\end{aligned} \tag{1.15.5}$$

取坐标 $x^0=t, x^1=\zeta, x^2=\theta, x^3=\varphi$, 由 (1.15.5) 可得

$$
\begin{aligned}
&\Gamma^0_{01}=\frac{p\gamma_{,1}}{2\Delta},\quad \Gamma^0_{20}=\frac{p\gamma_{,2}+(1-\gamma)^2q_{,2}}{2\Delta}\\
&\Gamma^0_{13}=-\frac{q[p\gamma_{,1}+(1-\gamma)p_{,1}]}{2\Delta},\\
&\Gamma^0_{23}=-\frac{q[p\gamma_{,2}+(1-\gamma)^2q_{,2}]}{2\Delta},\\
&\Gamma^1_{00}=\frac{\gamma_{,1}}{2\Sigma},\quad \Gamma^1_{03}=-\frac{q\gamma_{,1}}{2\Sigma},\\
&\Gamma^1_{11}=-\Gamma^1_{22}=\frac{p_{,1}}{2(p-q)},\quad \Gamma^1_{33}=\frac{q(q\gamma_{,1}-p_{,1})}{2\Sigma},\\
&\Gamma^1_{12}=-\frac{q_{,2}}{2(p-q)},\quad \Gamma^2_{00}=\frac{\gamma_{,2}}{\Sigma},\\
&\Gamma^2_{03}\frac{(1-\gamma)q_{,2}-q\gamma_{,2}}{2\Sigma},\quad \Gamma^2_{11}=-\Gamma^2_{22}=\frac{q_{,2}}{2(p-q)},\\
&\Gamma^2_{12}=\frac{p_{,1}}{2(p-q)},\quad \Gamma^2_{33}=\frac{q\gamma_{,2}-[p+2(1-\gamma)q]q_{,2}}{2\Sigma},\\
&\Gamma^3_{01}=\frac{\gamma_{,1}}{2\Delta},\quad \Gamma^3_{02}=\frac{q^2\gamma_{,2}-\gamma(1-\gamma)q_{,2}}{2q\Delta},\\
&\Gamma^3_{13}=\frac{\gamma p_{,1}-q\gamma_{,1}}{2\Delta},\\
&\Gamma^3_{23}=\frac{[p\gamma+(1-\gamma)^2q]q_{,2}-q^2\gamma_{,2}}{2q\Delta},
\end{aligned}
$$

其余

$$\Gamma^\tau_{\mu\nu}=0. \tag{1.15.6}$$

式中

$$\Delta\equiv\gamma p+(1-\gamma)q. \tag{1.15.7}$$

由 (1.15.6) 得到 $R_{\mu\nu}$ 的表达式, 只有 $R_{00}, R_{03}, R_{11}, R_{12}, R_{22}$ 和 R_{33} 不为零. 其中

$$
\begin{aligned}
R_{00}=&-\frac{\gamma_{,11}+\gamma_{,22}}{2\Sigma}+\frac{1}{4\Delta\Sigma}[(\gamma^2_{,1}+\gamma^2_{,2})(p-q)\\
&+2\gamma_{,2}q_{,2}(1-\gamma)-\gamma p_{,1}\gamma_{,1}]+\frac{\gamma q_{,2}}{4q\Delta\Sigma}\\
&\times[-p\gamma_{,2}-2q_{,2}(1-\gamma)^2],
\end{aligned}
\tag{1.15.8}
$$

$$
\begin{aligned}
R_{03}=&\frac{q(\gamma_{,11}+\gamma_{,22})}{2\Sigma}-\frac{q}{4\Delta\Sigma}[p_{,1}\gamma_{,1}(2-\gamma)\\
&+3\gamma_{,2}q_{,2}(1-\gamma)+(p-q)(\gamma^2_{,1}+\gamma^2_{,2})]
\end{aligned}
$$

$$+\frac{1}{4\Delta\Sigma}\left\{2\Delta[2\gamma_{,2}q_{,2}-(1-\gamma)q_{,22}]\right.$$
$$\left.+[2\gamma q_{,2}^2(1-\gamma)^2-\gamma_{,2}pq_{,2}]\right\}+\frac{1}{4q\Delta\Sigma}\gamma pq_{,2}^2(1-\gamma), \tag{1.15.9}$$

$$R_{12}=\frac{\Delta_{,12}}{2\Delta}-\frac{\Delta_{,2}}{4\Delta^2(p-q)}[(p-q)\Delta_{,1}+2\Delta p_{,1}]. \tag{1.15.10}$$

显然, 方程 $R_{12}=0$ 的一个解是

$$\Delta_{,2}=0, \tag{1.15.11}$$

代入 (1.15.7) 得

$$\gamma_{,2}=-\frac{(1-\gamma)q_{,2}}{p-q}. \tag{1.15.12}$$

注意到 (1.15.2), 积分此式得

$$\gamma=1-\frac{2f}{p-q},\quad f=f(\zeta). \tag{1.15.13}$$

引入 σ 代替 ζ

$$\mathrm{d}\sigma\equiv\Delta^{1/2}\mathrm{d}\zeta, \tag{1.15.14}$$

场方程

$$qR_{00}+R_{03}=0. \tag{1.15.15}$$

可写为

$$p\left(2\frac{\dot f\dot p}{f}q^2-2qq_{,22}+q_{,2}^2\right)-2q^2\dot p^2-q\left(2\frac{\dot f\dot p}{f}q^2+3q_{,2}^2-2qq_{,2}\right)=0. \tag{1.15.16}$$

式中 $\dot f\equiv\frac{\mathrm{d}f}{\mathrm{d}\sigma}$. 注意到 $p=p(\sigma), f=f(\sigma)$, 而 $q=q(\theta)$.

由上式可得

$$\frac{\dot f\dot p}{f}=k=\text{const}, \tag{1.15.17}$$

$$\dot p^2=2kp+n,\quad n=\text{const}, \tag{1.15.18}$$

$$q_{,2}^2=-2kq^2-nq. \tag{1.15.19}$$

积分 (1.15.7)~(1.15.9), 适当选取积分常数值, 得到

$$q=-\frac{n}{2k}\sin^2\left[\frac{1}{2}(2k)^{1/2}\theta\right], \tag{1.15.20}$$

$$p=\frac{1}{2k}(k^2\sigma^2-n), \tag{1.15.21}$$

$$f = A\sigma, \quad A = \text{const}. \tag{1.15.22}$$

选取常数, 使

$$k = 2, \quad n = -4a, \quad A = ma^{-1/2}. \tag{1.15.23}$$

引入变量 r, 使

$$r \equiv \sqrt{a\sigma}, \tag{1.15.24}$$

此时有 $\mathrm{d}r = (a\varDelta)^{1/2}\mathrm{d}\zeta$. 将 (1.15.23)~(1.15.24) 代入 (1.15.20)~ (1.15.22), 得到

$$\begin{aligned} &q = a\sin^2\theta, \quad p = a^{-1}(r^2 + a^2), \\ &f = a^{-1}(mr). \end{aligned} \tag{1.15.25}$$

代入 (1.15.13) 和 (1.15.17) 得

$$\gamma = 1 - \frac{2mr}{r^2 + a^2\cos^2\theta}, \quad \varDelta = a^{-1}(r^2 + a^2 - 2mr). \tag{1.15.26}$$

代入 (1.15.15), 得到场方程 $R_{\mu\nu} = 0$ 的一个严格解

$$\begin{aligned} \mathrm{d}s^2 = &\left(1 - \frac{2mr}{r^2 + a^2\cos^2\theta}\right)\mathrm{d}t^2 - \frac{r^2 + a^2\cos^2\theta}{r^2 + a^2 - 2mr}\mathrm{d}r^2 \\ &- (r^2 + a^2\cos^2\theta)\mathrm{d}\theta^2 - \left[(r^2 + a^2)\right. \\ &\left. + \frac{2mra^2\sin^2\theta}{r^2 + a^2\cos^2\theta}\right]\sin^2\theta\mathrm{d}\varphi^2 + \frac{4mra\sin^2\theta}{r^2 + a^2\cos^2\theta}\mathrm{d}t\mathrm{d}\varphi. \end{aligned} \tag{1.15.27}$$

此即 Kerr 度规 (1.14.12).

桂元星等 (1984) 用 Klotz 的方法求出了 Kerr-Newman 度规.

第 2 章　复合场方程及解

2.1　标量–电磁–引力复合场

近年来, 人们对于用高维空间作低维分解的方法研究统一场论越来越感兴趣, 并且构造了几种复合场; 但场方程多是不具有明显形式的, 因此很难给出它的严格解 (哪怕是最简单的球对称解). 这就使人们无法探索复合场产生 (预言) 的引力效应了.

另外, 在广义相对论建立时, 人们就已经清楚地认识到, 物体唯一有意义的运动是相对于宇宙中其他物质的运动. 这一观点可以追溯到马赫原理. 为了充分考虑这一原理, Brans 和 Dicke 在建立场方程时, 在拉格朗日密度中引入了一个标量场 φ:

$$\mathscr{L}_{BD}=\left[\varphi R+\frac{16\pi}{c^4}L-\omega(\Delta\varphi)^2\frac{1}{\varphi}\right]\sqrt{-g}.$$

这一理论和广义相对论同样经受住了精度日益提高的引力实验的检验.

本节的目的是建立一种关于标量场、电磁场和引力场的复合场理论.

我们采用五维 Rieman 流形的 4+1 分解的方法确定拉格朗日密度, 从而建立复合场的场方程. 然后, 进一步讨论复合场的引力性质.

1. 复合场的拉格朗日密度

我们将五维空间作 4+1 分解. 假定空间存在类时 Killing 矢量, 则五维空间的变分原理归结为四维空 – 时的 (物理空 – 时的) 变分原理, 从而建立复合场理论.

在五维空间 M^5 中, 定义一矢量场 a^μ, 它满足 $a^\mu a_\mu=-1$. 这一矢量场便可确定五维空间 M^5 的 4+1 分解. 按照空间 M^4 分解的熟知的方案, 我们可以得到

$$\mathrm{d}\overset{(5)}{s}{}^2=\overset{(5)}{g}{}_{\mu\nu}\mathrm{d}x^\mu\mathrm{d}x^\nu=-(a_\mu\mathrm{d}x^\mu)^2+\mathrm{d}\overset{(4)}{s}{}^2. \tag{2.1.1}$$

式中

$$\mathrm{d}\overset{(4)}{s}{}^2=\overset{(4)}{g}{}_{\mu\nu}\mathrm{d}x^\mu\mathrm{d}x^\nu;\quad \mu,\nu=0,1,2,3,4. \tag{2.1.2}$$

$\overset{(4)}{g}{}_{\mu\nu}=(\overset{(5)}{g}{}_{\mu\nu}+a_\mu a_\nu)$ 是垂直于矢量 a^μ 的四维局部截面 (空间)S^4 的度规张量, 且满足

$$\left.\begin{aligned}&a^\mu\overset{(4)}{g}{}_\mu^{\ \nu}=0,\quad \overset{(4)}{g}{}^{\alpha}_{\ \beta}\overset{(4)}{g}{}^{\beta}_{\ \gamma}=\overset{(4)}{g}{}^{\alpha}_{\ \gamma};\\&\det[\overset{(4)}{g}{}^{\mu}_{\ \nu}]=0,\quad \overset{(4)}{g}{}^{\alpha}_{\ \alpha}=-4.\end{aligned}\right\} \tag{2.1.3}$$

用恒等式

$$a^{\mu}_{;\nu;\alpha} - a^{\mu}_{;\alpha;\nu} = -a^{\tau} R^{\mu}_{\tau\nu\alpha}, \tag{2.1.4}$$

可将标曲率 $\overset{(5)}{R}$ 写为

$$\begin{aligned}\overset{(5)}{R} &= -2\overset{(5)}{R}{}^{\alpha}{}_{\beta\alpha\tau}\overset{(5)}{g}{}^{\beta\tau}\\ &= -2\overset{(5)}{R}{}_{\alpha\beta}a^{\alpha}a^{\beta} + 2(\overset{(5)}{R}{}_{\alpha\beta} - \frac{1}{2}\overset{(5)}{g}{}_{\alpha\beta}\overset{(5)}{R})a^{\alpha}a^{\beta}\\ &= -2\overset{(5)}{R}{}_{\alpha\beta}a^{\alpha}a^{\beta} + 2\overset{(5)}{R}{}_{\alpha\beta\delta\gamma}\overset{(4)}{g}{}^{\alpha\delta}\overset{(4)}{g}{}^{\beta\gamma},\end{aligned} \tag{2.1.5}$$

其中用到了关系式

$$\overset{(5)}{R}{}_{\alpha\beta}a^{\alpha}a^{\beta} = (a^{\alpha}_{;\beta;\alpha} - a^{\alpha}_{;\alpha;\beta})a^{\beta}. \tag{2.1.6}$$

五维空间中的变分原理可写为

$$\delta\overset{(5)}{I}(\overset{(5)}{g}{}_{\mu\nu}) = \delta\left\{-\frac{1}{4\pi_{v^5}}\int\overset{(5)}{R}|\overset{(5)}{g}|^{1/2}\mathrm{d}^5x\right\} = 0, \tag{2.1.7}$$

式中 $\overset{(5)}{g} \equiv \det[\overset{(5)}{g}{}_{\mu\nu}]$. 由以上诸式可得

$$\overset{(5)}{I} = \int\overset{(5)}{L}|\overset{(5)}{g}|^{1/2}\mathrm{d}^5x, \tag{2.1.8}$$

$$\mathscr{L} \equiv \overset{(5)}{L}|\overset{(5)}{g}|^{1/2} = \frac{1}{4\pi}\{-2(a^{\mu}_{;\nu}a^{\nu}_{;\mu} - a^{\alpha}_{;\alpha}a^{\beta}_{;\beta}) - \overset{(5)}{R}{}_{\alpha\beta\delta\gamma}\overset{(5)}{g}{}^{\alpha\delta}\overset{(5)}{g}{}^{\beta\gamma}\}|\overset{(5)}{g}|^{1/2}. \tag{2.1.9}$$

在得到上式时我们略去了对 $\overset{(5)}{I}$ 没有贡献的项 $-2(a^{\mu}_{;\nu} - a^{\nu}_{i\nu}a^{\mu})_{;\mu}$(因为此项的积分化为沿系统边界面的面积分, 等于零).

设所研究的空间区域 V^5 中存在 Killing 矢量 ξ^{μ}, $\xi^{\mu}\xi_{\mu} < 0$. 选择坐标系, 可使 $\xi^{\mu} = \delta^{\mu}_4$, 由于 $a^{\mu}a_{\mu} = -1$, 可令 $a^{\mu} = \alpha^{-2}\xi^{\mu}$, 式中 $\alpha = \alpha(x^{\nu})$. 这时度规 (2.1.1) 可写为

$$\mathrm{d}\overset{(5)}{s}{}^2 = -\alpha^2(\mathrm{d}x^4 + A_i\mathrm{d}x^i)^2 + \mathrm{d}\overset{(4)}{s}{}^2, \quad i,k = 0,1,2,3. \tag{2.1.10}$$

$$\left.\begin{aligned}&\mathrm{d}\overset{(4)}{s}{}^2 = \overset{(4)}{g}{}_{ik}\mathrm{d}x^i\mathrm{d}x^k,\\ &\overset{(4)}{g}{}_{ik} = (\overset{(5)}{g}{}_{ik} + \alpha^2A_iA_k),\\ &A_i = \alpha^{-2}\xi_i.\end{aligned}\right\} \tag{2.1.11}$$

式中 α, A_i 和 g_{ik} 只含 x^i, 与稳态空间 M^4 的 3+1 分解相似, 变换

$$\left.\begin{aligned}&\tilde{x}^4 = x^4 + f(x^i),\\ &\tilde{x}^i = \tilde{x}^i(x^k).\end{aligned}\right\} \tag{2.1.12}$$

保持 ξ^μ 和 g_{ik} 形式不变, 且导致规范变换

$$\tilde{A}_i = A_k \frac{\partial x^k}{\partial \tilde{x}^i} + f_{,i}. \tag{2.1.13}$$

故可将空间 S^4 看作完备的空间 M^4, 具有度规 $g_{ik}^{(4)}$ 和场 α, A_i, 这时 $V^5 = V^4\{x^4 : x_1^4 < x^4 < x_2^4\}, V^4 \subset M^4$. 在 S^4 中对称联络 ∇ 可表示为

$$\begin{aligned}\nabla_x Y &= \overset{(5)}{\nabla}_x Y - \omega(\nabla_x Y)\partial_\sigma = \overset{(5)}{\nabla}_x Y - Y \cdot \overset{(5)}{\nabla}_x \partial_\sigma \partial_\sigma \\ &= \overset{(5)}{\nabla}_x Y - \frac{1}{2}(Y \cdot \overset{(5)}{\nabla}_x + X \cdot \overset{(5)}{\nabla}_y)\partial_\sigma - \frac{1}{2}\mathrm{d}\omega(Y \Lambda X)\partial_\sigma \\ &= \overset{(5)}{\nabla}_x Y - \frac{1}{2}(Y \cdot \overset{(5)}{\nabla}_x + X \cdot \overset{(5)}{\nabla}_y)\partial_\sigma - \frac{1}{2}(Y \cdot \overset{(5)}{\nabla}_x - X \cdot \overset{(5)}{\nabla}_y)\partial_\sigma \partial_\sigma. \end{aligned} \tag{2.1.14}$$

式中 ∂_σ 为 M^5 中的矢量场, 且满足 $\partial_\sigma \cdot \partial_\sigma = -1$.

协变导数 $\nabla_{\partial_\sigma} X$ 和 $\overset{(5)}{\nabla}_x \partial_\sigma$ 的表示式可写为

$$\nabla_{\partial_\sigma} X = \overset{(5)}{\nabla}_{\partial\sigma} X - \omega(\overset{(5)}{\nabla}_{\partial\sigma} \overset{(5)}{X})_{\partial\sigma} = \overset{(5)}{\nabla}_{\partial\sigma} X - \overset{(5)}{X} \cdot \overset{(5)}{\nabla}_{\partial\sigma} \partial_\sigma \partial_\sigma, \tag{2.1.15}$$

$$\overset{(5)}{\nabla}_x \partial_\sigma f = \nabla_x \partial_\sigma = \omega(\overset{(5)}{X}) \overset{(5)}{\nabla}_{\partial\sigma} \partial_\sigma f + \omega(\overset{(5)}{\nabla}_x f). \tag{2.1.16}$$

曲率张量表示为

$$\overset{(5)}{R}(\overset{(5)}{X}, \overset{(5)}{Y}) \overset{(5)}{Z} = (\overset{(5)}{\nabla}_x \overset{(5)}{\nabla}_y - \overset{(5)}{\nabla}_y \overset{(5)}{\nabla}_x - \overset{(5)}{\nabla}_{[x,y]} \overset{(5)}{Z}. \tag{2.1.17}$$

以上诸式中凡 S^4 中的量均未标维数. 由 (2.1.14)~(2.1.17) 以及对称联络和矢量的性质, 我们得到

$$\begin{aligned}\overset{(5)}{R}(X,Y)Z = \overset{(4)}{R}(X,Y)Z &+ \{\omega(\overset{(5)}{\nabla}_y Z)\nabla_x - \omega(\overset{(5)}{\nabla}_x Z)\nabla_y \\ &- \omega([X,Y])\nabla_z + (\nabla_x \omega)(\nabla_y Z) \\ &- (\nabla_y \omega)(\nabla_x Z) - \omega([X,Y])Z. \overset{(5)}{\nabla}_{\partial\sigma} \partial_\sigma\}\partial_\sigma, \end{aligned} \tag{2.1.18}$$

$$\begin{aligned}\overset{(5)}{R}(X,Y)Z \cdot U = \overset{(4)}{R}(X,Y)Z \cdot U &+ \omega(\overset{(5)}{\nabla}_y Z)\omega(\nabla_x U) \\ &- \omega(\overset{(5)}{\nabla}_x Z)\omega(\overset{(5)}{\nabla}_y U) + \omega([X,Y])\omega(\overset{(5)}{\nabla}_z U), \end{aligned} \tag{2.1.19}$$

$$\begin{aligned}\overset{(5)}{R}(X,Y)Z \cdot \partial_\sigma =&(\nabla_y \omega)(\nabla_x Z) \\ &- (\nabla_x \omega)(\nabla_y Z) + \omega([X,Y])Z \cdot \nabla_{\partial_\sigma} \partial_\sigma, \end{aligned} \tag{2.1.20}$$

$$\begin{aligned}\overset{(5)}{R}(X,\partial_\sigma)Y \cdot \partial_\sigma f = &- Y \cdot \nabla_x \overset{(5)}{\nabla}_{\partial_\sigma} \partial_\sigma f \\ &- \overset{(5)}{X} \cdot \overset{(5)}{\nabla}_{\partial_\sigma} \partial_\sigma \overset{(5)}{Y} \cdot \overset{(5)}{\nabla}_{\partial_\sigma} \partial_\sigma f \end{aligned}$$

$$+L_{\partial_\sigma}\omega(\overset{(5)}{\nabla}_x Y)f-\omega(\overset{(5)}{\nabla}_x f)\cdot\omega(\overset{(5)}{\nabla}_y f). \tag{2.1.21}$$

令

$$\partial_\sigma=\alpha^{-1}\xi,\quad \omega=-\alpha\lambda. \tag{2.1.22}$$

式中 ξ 为 Killing 矢量; 在 M^5 中取完全系基及其对偶基 $(\xi,\partial_i),(\mathrm{d}x^4,\mathrm{d}x^i)$, 我们得到 $[(\mathrm{d}x^\mu(\partial_\nu)=\delta^\mu_\nu)]$

$$\partial_\mu\cdot\partial_\nu=\overset{(5)}{g}_{\mu\nu},\quad \overset{(4)}{\partial}_i\cdot\partial_j=\overset{(4)}{g}(\partial_i,\partial_j)=\overset{(4)}{g}_{ij},\quad \partial_\sigma=\sigma^\mu\partial_\mu, \tag{2.1.23}$$

$$\omega([\partial_i,\partial_j])=-\partial F_{ij}, \tag{2.1.24}$$

$$F_{ij}=A_{j,i}-A_{i,j}, \tag{2.1.25}$$

$$\overset{(4)}{\nabla}_{\partial_i}\partial_j=\frac{1}{2}\overset{(4)}{g}{}^{km}(\overset{(4)}{g}_{mi,j}+\overset{(4)}{g}_{mj,i}-\overset{(4)}{g}_{ij,m})\partial_k, \tag{2.1.26}$$

$$\overset{(5)}{R}(\partial_i,\partial_j)\partial_k=\overset{(5)}{R}{}^m{}_{ijk}\partial_m, \tag{2.1.27}$$

$$\overset{(5)}{R}(\partial_i,\partial_j)\partial_k\cdot\partial_m=\overset{(5)}{R}_{mkij}, \tag{2.1.28}$$

$$\overset{(5)}{R}(\partial_i,\partial_j)\partial_k\cdot\overset{(4)}{\partial}_m=\overset{(4)}{R}_{mkij}. \tag{2.1.29}$$

由以上诸式可以得到

$$\overset{(5)}{g}_{ij}=\overset{(4)}{g}_{ij}-\sigma_i\sigma_j, \tag{2.1.30}$$

$$\omega=-\sigma_\mu\mathrm{d}x^\mu, \tag{2.1.31}$$

$$\lambda=-(\mathrm{d}x^4+A_i\mathrm{d}x^i), \tag{2.1.32}$$

$$\sigma_\mu=\alpha A_\mu, \tag{2.1.33}$$

$$\overset{(5)}{R}_{mkij}=\overset{(4)}{R}_{mkij}-\frac{1}{4}\alpha^2(F_{ik}F_{jm}-F_{jk}F_{im}-2F_{ji}F_{km}), \tag{2.1.34}$$

$$\overset{(5)}{R}_{\mu\nu\tau\lambda}\overset{(4)}{g}{}^{\mu\tau}\overset{(4)}{g}{}^{\nu\lambda}=\overset{(5)}{g}_{mkij}\overset{(4)}{g}{}^{mi}\overset{(4)}{g}{}^{kj}=\overset{(4)}{R}+\frac{3}{4}\alpha^2F_{ik}F^{ik}. \tag{2.1.35}$$

将以上结果代入 (2.1.9), 我们得到拉格朗日密度的表示式

$$\overset{(5)}{\mathscr{L}}\equiv\overset{(5)}{L}\,|\overset{(5)}{g}|^{1/2}=-\frac{1}{4}\pi\left(\alpha\overset{(4)}{R}+\frac{1}{4}\alpha^3F_{ik}F^{ik}\right)|\overset{(4)}{g}|^{1/2}. \tag{2.1.36}$$

此时五维变分原理 (2.1.7) 过渡到四维情况

$$(x_2^4-x_1^4)^{-1}\delta\overset{(5)}{I}(\overset{(5)}{g}_{\mu\nu})=\delta\overset{(4)}{I}(\alpha,A_i,\overset{(4)}{g}_{ij})$$

$$= \delta \int_{\nu^4} \overset{(4)}{L} \mid \overset{(4)}{g} \mid^{1/2} \mathrm{d}^4 x = 0. \tag{2.1.37}$$

作变换 $\alpha \to \varphi, \quad \overset{(4)}{g}_{ij} \to g_{ik}$:

$$\alpha = \frac{1}{2} \exp\left[\pm\sqrt{2}(\varphi - \varphi_0)/\sqrt{3}\right], \tag{2.1.38}$$

$$\overset{(4)}{g}_{ik} = g_{ik} \exp[\mp\sqrt{2}(\varphi - \varphi_0)/\sqrt{3}], \tag{2.1.39}$$

$$\varphi_0 = \mp\sqrt{3}\ln 2/\sqrt{2}. \tag{2.1.40}$$

拉格朗日密度 (2.1.37) 变为

$$\begin{aligned} \overset{(4)}{\mathscr{L}} &\equiv \overset{(4)}{L} \sqrt{-\overset{(4)}{g}} = L\sqrt{-g} \\ &= -\frac{1}{4\pi}\left[\frac{1}{4k}R - \frac{1}{2}(\nabla\varphi)^2 + \frac{1}{4}F_{ij}F^{ij}\mathrm{e}^{\pm\sqrt{6}\varphi}\right]\sqrt{-g}. \end{aligned} \tag{2.1.41}$$

上式与度规

$$\overset{(5)}{\mathrm{d}} s^2 = \frac{1}{2}\exp\left(\mp\sqrt{\frac{2}{3}}\varphi\right)\mathrm{d}s^2 - \exp\left(\pm\sqrt{\frac{8}{3}}\varphi\right)(\mathrm{d}x^4 + A_i \mathrm{d}x^i)^2 \tag{2.1.42}$$

相对应.

2. 复合场方程

根据 (2.1.41) 中各量量纲的考虑, 我们作代换 $A_i = \beta\tilde{A}_i$, $\tilde{\varphi} = \eta\beta\tilde{\varphi}$, $\beta = l/q$, 式中 l, q, β, η 均为常数, l 的量纲是长度, q 的量纲是电荷, η 无量纲; $\tilde{A}_i$ 和 $\tilde{\varphi}$ 是场变量. 为简便, 变换后去掉 $\sim$ 号, (2.1.41) 可写为

$$\mathscr{L} = -\frac{1}{4\pi}\left\{\frac{1}{4k}R - \frac{1}{2}\eta^2\beta^2(\nabla\varphi)^2 + \frac{\beta^2}{4}F_{ij}F^{ij}\mathrm{e}^{\pm\sqrt{6}\beta\eta\varphi}\sqrt{-g}\right\}, \tag{2.1.43}$$

式中指数应负数, 所以当 $\beta\varphi > 0$ 时应取负号.

由拉格朗日密度 (2.1.43) 代入变分原理式, 得到标量场 φ、电磁场 F_{ij} 和引力场 g_{ij} 的复合场方程

$$R_{ij} - \frac{1}{2}g_{ij}R = 2k\Phi_{ij}(\varphi) + 2kE_{ij}(A_k)\exp(-\beta\eta\varphi\sqrt{6}), \tag{2.1.44}$$

$$\Phi_{ij} = \eta^2\left\{\varphi_{,i}\varphi_{,j} - \frac{1}{2}g_{ij}(\nabla\varphi)^2\right\}, \tag{2.1.45}$$

$$E_{ij} = -F_{ik}F_j^k + \frac{1}{4}g_{ij}F_{km}F^{km}, \tag{2.1.46}$$

$$\nabla^2\varphi \equiv g^{ij}\varphi_{,i}\varphi_{,j} = (\sqrt{6}\beta/4\eta)F_{ij}F^{ij}\exp(-\sqrt{6}\beta\eta\varphi), \tag{2.1.47}$$

$$F_{ij}^{;j} = \beta\eta\sqrt{6}F^{ij}\varphi_{,j}, \tag{2.1.48}$$

式中 $i,j,k,\cdots = 0,1,2,3$.

下面我们给出场方程的一个静态球对称解. 当标量场不存在时, 此解退化为 Reissner-Nordström 度规.

静态球对称度规具有形式

$$\mathrm{d}s^2 = a(r)\mathrm{d}t^2 - b(r)\mathrm{d}r^2 - c(r)(\mathrm{d}\theta^2 + \sin^2\theta\mathrm{d}\varphi^2), \tag{2.1.49}$$

标量场

$$\varphi = \varphi(r). \tag{2.1.50}$$

借助于适当的变换, 可使势 A_i 变为

$$A_i = (A_0, 0, 0, 0). \tag{2.1.51}$$

将 (2.1.49)~(2.1.51) 代入, 拉格朗日密度 (2.1.41) 变为

$$\begin{aligned}\mathscr{L} =& \frac{1}{2}\sqrt{a(r)b(r)}\cdot c(r)\sin\theta\Big[\frac{1}{2k}R + \eta^2\varphi_{,r}^2\\&- A_{0,r}^2 \times a^{-1}(r)b^{-1}(r)\exp(-\eta\beta\varphi\sqrt{6})\Big],\end{aligned} \tag{2.1.52}$$

$$\begin{aligned}R =& -2c^{-1}(r) + b^{-1}(r)\left[2\left(\frac{c_{,rr}}{c} - \frac{c_{,r}^2}{c^2}\right) + \left(\frac{a_{,rr}}{a} - \frac{a_{,r}^2}{a^2}\right)\right.\\&\left.+\frac{3}{2}\left(\frac{c_{,r}}{c}\right)^2 - \frac{b_{,r}c_{,r}}{bc} + \frac{a_{,r}c_{,r}}{ac} + \frac{1}{2}\left(\frac{a_{,r}}{a}\right)^2 - \frac{1}{2}\frac{a_{,r}b_{,r}}{ab}\right].\end{aligned} \tag{2.1.53}$$

式中 $a_{,r} \equiv \dfrac{\mathrm{d}}{\mathrm{d}r}a(r)$, $a_{,rr} = \dfrac{\mathrm{d}^2}{\mathrm{d}r^2}a(r)$. 由此, 在作用量的表示式中对 t,θ,φ 积分, 再取全导数, 得到拉格朗日

$$\begin{aligned}L =& \frac{1}{2}c(r)\sqrt{\frac{a(r)}{b(r)}}\left\{\frac{1}{2k}\left[\frac{1}{2}\left(\frac{c_{,r}}{c}\right)^2 + \frac{a_{,r}c_{,r}}{ac}\right] - \eta^2\varphi_{,r}^2\right.\\&\left.+ A_{o,r}^2\exp(-\sqrt{6}\eta\beta\varphi)\cdot\frac{1}{a}\right\} + \frac{1}{2k}\sqrt{b(r)c(r)}.\end{aligned} \tag{2.1.54}$$

直接计算可以证明, 对于静态球对称情况, 由上式得到的场方程和由 (2.1.44)~(2.1.48) 所得到的是一致的.

下面我们由 (2.2.12) 构成哈密顿–雅可比方程, 然后积分, 获得场方程的解. 令

$$b(r)c(r) = d(r), \quad a(r)b(r) = e(r),$$

(2.2.12) 化为

$$\begin{aligned}L =&\frac{1}{2}\left\{\frac{1}{4k}\left[\left(\frac{d_{,r}}{d}\right)^2-\left(\frac{a_{,r}}{a}\right)^2\right]-\eta\varphi_{,r}^2\right.\\&\left.+A_{0,r}^2\exp(-\sqrt{6}\eta\beta\varphi)\cdot a^{-1}(r)\right\}\\&\times d(r)/\sqrt{e(r)}+\frac{1}{2k}\sqrt{e(r)}.\end{aligned} \tag{2.1.55}$$

取广义坐标

$$\left.\begin{aligned}q_i=(\tilde{d},\tilde{a},\varphi,A_0),\\ \tilde{d}\equiv \text{ln}d,\quad \tilde{a}\equiv\text{ln}a,\quad \tilde{e}=\text{ln}e(r).\end{aligned}\right\} \tag{2.1.56}$$

则有

$$\left.\begin{aligned}P_{qi}=\frac{\partial L}{\partial q_{i\ ,r}},\\ \frac{\partial L}{\partial q_i}-\left(\frac{\partial L}{\partial q_i}\right)_{,r}=\frac{\delta L}{\delta q_i}.\end{aligned}\right\} \tag{2.1.57}$$

$$\begin{aligned}H(q,q_{,r})&=P_{\tilde{d}}\tilde{d}_{,r}+P_{\tilde{a}}\tilde{a}_{,r}+P_{\varphi}\varphi_{,r}+P_{A_0}A_{0,r}-L\\&=-2\frac{\delta L}{\delta e}=-2\frac{\partial L}{\partial\tilde{e}}=0.\end{aligned} \tag{2.1.58}$$

适当调整 r 坐标的刻度, 可使 $e=1$, 最后用广义动量表示广义速度, 我们得到

$$\begin{aligned}H(P,q)=&\frac{1}{2}\left[4k(P_{\tilde{d}}^2-P_{\tilde{a}}^2)-\frac{1}{\eta^2}P_{\varphi}^2\right.\\&\left.+P_{A_0}^2a(r)\times\exp(\sqrt{6}\eta\beta\varphi)\right]\times d^{-1}(r)-\frac{1}{2k}=0.\end{aligned} \tag{2.1.59}$$

由此得到哈密顿–雅可比方程

$$4k\left[\left(\frac{\partial I}{\partial\tilde{d}}\right)^2-\left(\frac{\partial I}{\partial\tilde{a}}\right)^2\right]-\frac{1}{\eta^2}\left(\frac{\partial I}{\partial\varphi}\right)^2+\left(\frac{\partial I}{\partial_{A_0}}\right)^2a(r)\exp(\eta\beta\varphi)-\frac{1}{k}d(r)=0. \tag{2.1.60}$$

边界条件是当 $r\to\infty$ 时 $a\to1,\varphi\to0,A_0\to0,d\to\infty$.

将方程 (2.1.60) 分离变量并积分, 我们求得

$$\begin{aligned}I=&qA_0+\frac{k}{2\delta}[4\eta k\varphi-\beta\sqrt{6}\text{ln}a(\gamma)]\\&+\frac{1}{2k}\int\sqrt{k^2m^2-kq^2+kK^2+d(r)}\\&\times d^{-1}(r)dd(r)+\frac{1}{\delta}\int\sqrt{k^2m^2-kq^2(r-\mathrm{e}^{\gamma})}\mathrm{d}\gamma,\end{aligned} \tag{2.1.61}$$

$$\gamma \equiv \ln a + \eta\beta\varphi\sqrt{6}, \quad \delta^2 \equiv 4k^2 + 6k\beta^2, \tag{2.1.62}$$

η, q 和 K 都是分离变量常数.

对方程

$$\frac{\partial L}{\partial d_{,r}} = \frac{\partial I}{\partial d}$$

积分, 我们得到

$$d = r^2 - (k^2m^2 - kq^2 + kK^2). \tag{2.1.63}$$

我们只局限于 $(k^2m^2 - kq^2 > 0)$ 的情况, 按照 [2.1.48] 中给出的一般方法, 由 (2.1.61), (2.1.62), (2.1.64) 和边界条件, 经过虽然麻烦但并不困难的运算, 我们得到

$$\left.\begin{aligned} a(r) = \omega^{\beta kK\sqrt{6}/\delta\eta}\left[\frac{1}{2}(B+1)\omega^{-\delta D/4k} - \frac{1}{2}(B-1)\omega^{\delta D/4k}\right]^{-\frac{8k^2}{\delta^2}}&, \\ b(r) = a^{-1}(r), \quad c(r) = d(r)/b(r)&. \end{aligned}\right\} \tag{2.1.64}$$

$$\varphi(r) = -\frac{k}{\delta\eta}\ln\left|\omega^{k/p}\left\{\frac{1}{2}(B+1)\omega^{-\delta D/4k} - \frac{1}{2}(B-1)\omega^{\delta D/4k}\right\}^{\frac{2\sqrt{6}\beta}{\delta}}\right|, \tag{2.1.65}$$

$$A_0(r) = \frac{2kq}{\delta\eta D}(1 - \omega^{\frac{\delta D}{2k}})[B + 1 - (B-1)\omega^{\frac{\delta D}{2k}}]^{-1}, \tag{2.1.66}$$

式中

$$\begin{aligned} &\rho^2 \equiv k^2m^2 - kq^2 + kG^2, \\ &\omega \equiv \frac{r - \sqrt{k^2m^2 - kq^2 + kK^2}}{r + \sqrt{k^2m^2 - kq^2 + kK^2}}, \quad B \equiv \frac{\pm km}{\sqrt{k^2m^2 - kq^2}}, \\ &D \equiv \frac{\sqrt{k^2m^2 - kq^2}}{\sqrt{k^2m^2 - kq^2 + kK^2}}. \end{aligned}$$

于是所寻求的度规为

$$\mathrm{d}s^2 = a(r)\mathrm{d}t^2 - a^{-1}(r)\{\mathrm{d}r^2 + [r^2 - (k^2m^2 - kq^2 + kK^2)]\mathrm{d}\Omega^2\}, \tag{2.1.67}$$

$$\mathrm{d}\Omega^2 \equiv \mathrm{d}\theta^2 + \sin^2\theta\mathrm{d}\varphi^2.$$

令

$$\bar{r}^2 \equiv 4\varDelta^2\omega(1-\omega)^2\omega^{\frac{1-\beta kK\sqrt{6}}{\delta\eta}}\left[\frac{1}{2}(B+1)\omega^{-\frac{\delta D}{4k}} - \frac{1}{2}(B-1)\omega^{\frac{\delta D}{4k}}\right]^{\frac{8k^2}{\delta^2}}, \tag{2.1.68}$$

$$\bar{a}^{-1} \equiv \left(\frac{\mathrm{d}\bar{r}}{\mathrm{d}r}\right)^2 \cdot a = k^2(1-\omega)^2(4\delta^2\eta^2\omega)^{-1}\big[-\beta K\sqrt{6}$$

$$-2km+\delta\eta k^{-1}(1+\omega)(1-\omega)^{-1}$$
$$+\frac{2kq}{\beta D}\cdot\frac{1-\omega^{\delta D/2k}}{B+1-(B-1)\omega^{\delta D/2k}}\Big]^2, \tag{2.1.69}$$

式中

$$\Delta^2\equiv k^2m^2-kq^2+kK^2. \tag{2.1.70}$$

可将度规 (2.1.69) 改写为

$$\mathrm{d}s^2=a(\bar{r})\mathrm{d}t^2-\bar{a}(\bar{r})\mathrm{d}\bar{r}^2-\bar{r}^2\mathrm{d}\Omega^2. \tag{2.1.71}$$

3. 讨论

(1) 由场方程 (2.1.47) 和 (2.1.48) 可见, 参量 β 描述标量场 φ 和电磁场 F_{ij} 的耦合程度. 当 $\beta=0$ 时, 不存在上述耦合. 当 $\beta=K=0$ 时, 不但不存在上述耦合, 而且由 (2.1.66) 可知不存在标量场 φ; 此时场方程退化为静态球对称 Einstein-Maxwell 方程. 容易证明, 此时解 (2.1.65)~(2.1.72) 恰好退化为熟知的 Reissner-Nordström 度规.

(2) 由场方程 (2.1.48) 可以发现, 量

$$J^i\equiv\sqrt{6}\beta\eta F^{ij}\varphi_{,j}, \tag{2.1.72}$$

满足守恒律

$$J^i_{;i}=0, \tag{2.1.73}$$

由式 (2.3.1) 可以看出, 这一守恒量取决于电磁场和标量场的相互作用. 由 (2.3.2) 可见, 这一守恒量可以看作电磁场和标量场的复合场的“源流密度”矢量.

(3) 当 $r\to\infty$ 时, 度规 (2.2.23)~(2.2.30) 可写成下面的渐近形式:

$$a=1-\frac{2kM}{\bar{r}}+\frac{kq^2}{\bar{r}^2}+\cdots, \tag{2.1.74}$$

$$\bar{a}=1-\frac{2kM}{\bar{r}}+\cdots. \tag{2.1.75}$$

式中 $M\equiv\delta(2km+\beta K\sqrt{6})$ 与 Schwarzschild 度规和 Reissner-Nordström 度规比较, 可知量 M 即为引力源的引力质量, 但它和耦合参量 βK 有关. 当 $\beta K=0,\delta=1$ 时, $M=2km$. 可见 m 对应于 Schwarzschild 质量 (常量 δ 和 k 可认为是和单位有关的常数).

由 (2.1.74) 和 (2.1.75) 可以看出, 在静态球对称的情况下, 标量场对度规的贡献是高阶小量.

2.2　五维标量–电磁–引力复合场理论中的介子质量谱

在现代物理学中, 人们已经沿着统一场论的方向做了许多研究工作; 曾经采用了规范场的思想, 分解空间几何的思想, 超对称的思想, 等等. 在这些思想和相应的方案中, Kalutza 提出的五维复合场理论具有重要的地位. 我们首先简单地说明五维复合场理论的基本要点.

首先, 五维流形按照 5 个坐标的封闭性条件, 选择形式为 $V^4 \times S^1$ 的拓扑. 人们已经证明, 要求标量场的电荷等于电子电荷 ($\pm e$), 会导致第 5 个坐标的周期 T_1 非常小 ($\sim 10^{-30}$cm). 由于 T_1 远小于场方程成立的线度, 人们把拉格朗日按照第 5 个坐标的周期取平均. 这时, 在拉格朗日中出现了量级为 10^{-6}g 的质量项, 可以看作对电磁场质量的贡献. 为了使质量“标准化”, 人们又引入了第 6 维度量, 并选择 6 维时空的拓扑为 $V^4 \times S^1 \times S^1$. 这个 6 维流形的度规对 x^6 的依赖性对电荷没有贡献, 只对标量场的质量有贡献, 但具有相反的符号 (因为 x^6 是类时的, 而 x^5 是类空的). 由于 x^6 的周期 T_2 与 T_1 不同, 它不由任何条件决定 (T_1 由标量场的电荷等于 $\pm e$ 决定), 所以原则上可以得到任何质量值.

可以把荷电的标量场解释为描述荷电物质的标量场. 实际上, 过渡到经典极限, 即令

$$\varphi = \rho^{1/2}\exp(\mathrm{i}I/h). \tag{2.2.1}$$

式中 φ 与 $x = (-G_{55})^{3/4}$ 相联系, I 是经典作用量, ρ 是粒子在区域 d^3V 出现的几率, 令 $\bar{h} \to 0$, 则 Klein-Gordon-Fock 方程退化为哈密顿–雅可比方程, 爱因斯坦方程右端退化为通常的电磁场能动张量, 麦克斯韦方程的右端是通常的流.

在本节中, 我们把荷电的和中性的标量场理解为介子的波函数. 为了使中性标量场有质量, 令其电荷等于零, 就必须引入第 7 个度量. 我们的基本目的是证明, 通过对附加时空坐标的选择, 可以得到至今人们所知道的所有介子和它们的共振态的质量谱.

考虑拓扑为 $V^7 = V^4 \times S^1 \times S^1 \times S^1$ 的 7 维黎曼流形, 选择其度规张量具有形式

$$^7C_{AB} = \chi^{4/5}\begin{bmatrix} g_{\mu\nu} - \dfrac{4k}{\tau^4}A_\mu A_\nu & \dfrac{1}{c^2}2\sqrt{kA_\mu} & 0 & 0 \\ \dfrac{1}{c^2}2\sqrt{kA_\nu} & -1 & 0 & 0 \\ 0 & 0 & +1 & 0 \\ 0 & 0 & 0 & +1 \end{bmatrix}. \tag{2.2.2}$$

式中 $g_{\mu\nu}$ 是四维黎曼空间的度规张量,A_μ 是电磁势, k 是牛顿引力常数, χ 是共形因子, 附标 A, B =0,1,2,3,5,6,7.

拉格朗日密度取为

$$^7L=\sqrt{-G}^7R. \tag{2.2.3}$$

做共形变换和 (4+1+1+1) 分解, 得到

$$\begin{aligned}^7L=(-G)^{1/27}R=&(-g)^{1/2}\{\chi^2[^4R+\frac{k}{c^4}F_{\alpha\beta}F^{\alpha\beta}]\\&-\frac{24}{5}g^{\mu\nu}\chi\nabla_\mu^+\nabla_\nu^+\chi+\frac{24}{5}(\chi\chi_{,5,5}-\chi\chi_{,6,6}+\chi\chi_{,7,7})\}.\end{aligned} \tag{2.2.4}$$

式中 ^4R 是由 $g_{\mu\nu}$ 构成的标曲率.

$$\nabla_\mu^+=\nabla_\mu+\frac{2\sqrt{k}}{c^2}A_\mu\frac{\partial}{\partial x^5}, \tag{2.2.5}$$

∇_μ 为通常的关于 $g_{\mu\nu}$ 的协变导数.

我们要求质量项具有基本粒子质量的量级, 所以周期 T_1 和 T_2 都非常小 ($\sim 10^{-30}$cm). 所以, 自然地可以认为, 通常研究的拉格朗日是对 x^5,x^6 和 x^6 取过平均的

$$^4L(x^\mu)=\int_0^{T_1}\int_0^{T_2}\int_0^{T_1}{}^7L(x^\mu,x^5,x^6,x^7)\mathrm{d}x^5\mathrm{d}x^6\mathrm{d}x^7. \tag{2.2.6}$$

式中 $^4L(x^\mu)$ 是通常的四维拉格朗日密度.

我们选择共形因子 χ 具有形式

$$\chi=1+\mathrm{i}b_1\varPhi(x^A)+\mathrm{i}b_2\psi_0(x^A)+b_3\psi(x^A)-b_3\psi^*(x^A) \tag{2.2.7}$$

考虑到变量 x^μ 和 x^5,x^6,x^7 分离, 将 χ 改写成

$$\begin{aligned}\chi=&1+\mathrm{i}b_1\varPhi(x^\mu)f_1(x^5,x^6,x^7)+\mathrm{i}b_2\psi_0(x^\mu)\times f_2(x^5,x^6,x^7)\\&+b_3\psi(x^\mu)f_3(x^5,x^6,x^7)-b_3\psi^*(x^\mu)f_3^*(x^5,x^6,x^7).\end{aligned}$$

式中星号表示复共轭.

所引入的函数 $\varPhi(x^\mu)$ 描述中性的同位旋 $I=0$ 的介子. 函数 $\psi_0(x^\mu),\psi(x^\mu)$ 和 $\psi^*(x^\mu)$ 描述三重介子 (当 $b_2=b_3$), 或者二重介子 (当 $b_2=\sqrt{2}b_3$).$\psi_0(x^\mu)$ 是三重或二重介子的中性分量, 而 b_1,b_2 和 b_3 是常数标准化因子, 因为波函数 ψ_0, ψ 和 ψ^* 的量纲为 $l^{-3/2}$.

选择函数 f_1,f_2 和 f_3, 使对 $^4L(x^\mu)$ 取平均以后不出现交叉项 $\varPhi\psi,\varPhi\partial_\mu\psi,\psi_0\partial_\mu\psi,\psi_0\psi\cdots$ 即不出现标量场自身相互作用的项, 只有它与引力场、电磁场相互作用的项. 我们设

$$f_1=\frac{2}{T_1\sqrt{T_2}}\cos\frac{2\pi}{T_1}(n+4)x^7\cdot\cos\frac{2\pi}{T_2}(n+4)x^6,$$

$$f_2 = \frac{2}{T_1\sqrt{T_2}} \cos\frac{2\pi}{T_1}(n+1)x^7 \cdot \cos\frac{2\pi}{T_2}(n+1)x^6, \tag{2.2.8}$$

$$f_3 = \frac{2}{T_1\sqrt{T_2}} \exp\left(-\mathrm{i}\frac{2\pi}{T_1}x^5\right) \times \cos\frac{2\pi}{T_1}nx^5 \exp\left(-\mathrm{i}\frac{2\pi}{T_2}x^6\right)\cos\frac{2\pi}{T_2}nx^6.$$

式中 $\dfrac{2}{T_1\sqrt{T_2}}$ 为标准化因子, n 取值 $0,2,3,4,\cdots,n\neq 1$, 因为 $n=1$ 将有交叉项.

按 x^5,x^6,x^7 取平均, 并加上要求：荷电的标量场的电荷等于 $\pm e$, 我们得到 $T_1 = 4\pi\sqrt{k}\hbar/ec$. 取平均后得到

$$\begin{aligned}
{}^4L(x^\mu) =& \sqrt{-g}\Bigg\{(1 - b_1^2\varPhi_n^2 - b_2^2\psi_{0_n}^2 \\
& - 2b_3^2\psi_n\psi_n^*)\left({}^4R + \frac{k}{c^4}F_{\alpha\beta}F^{\alpha\beta}\right) \\
& - \frac{24}{5}b_1^2\left(g^{\mu\nu}\partial_\mu\varPhi_n\partial_\nu\varPhi_n - \left[\frac{4\pi^2}{T_1^2} - \frac{4\pi^2}{T_2^2}\right](n+4)^2\varPhi_n^2\right) \\
& - \frac{24}{5}\Bigg[2b_3^2\left(g^{\mu\nu}\partial_\mu^+\psi_n^*\partial_\nu^-\psi_n - \left(\frac{4\pi^2}{T_1^2} - \frac{4\pi^2}{T_2^2}\right)(1+n^2)\psi_n^*\psi_n\right) \\
& + b_2^2\left(g^{\mu\nu}\partial_\mu\psi_{0_n}\partial_\nu\psi_{0_n} - \left(\frac{4\pi^2}{T_1^2} - \frac{4\pi^2}{T_2^2}\right)(1+n)^2\psi_{0_n}^2\right)\Bigg]\Bigg\},
\end{aligned} \tag{2.2.9}$$

$$\partial_\mu^\pm \equiv \partial_\mu \pm \mathrm{i}(e/\hbar c)\varLambda_\mu, \quad \partial_\mu \equiv \partial/\partial x^\mu.$$

量纲因子 b_3 可由拉格朗日密度 (2.2.9) 得到的麦克斯韦方程确定

$$b_3^2 = \frac{5}{48}\chi\frac{\hbar^2}{m_{\psi_n}}. \tag{2.2.10}$$

我们从物理观点考虑, 做一些自然的假设. 第一个假设是不区分三重和二重介子. 因为若取 $b_1 = b_2 = b_3$, 便得到描述单态和三重态的拉格朗日, 而若取 $b_1 = b_2 = \sqrt{2}b_3$, 则得到描述单态和二重态的拉格朗日. 第二个假设, 当 $n=0$ 我们得到 $m_{\psi_0} = m_\psi = m_\psi$, 所以在和 $n\neq 0$ 对应的状态中, 我们不考虑电荷的分离, 即状态 ψ_n^0 和 ψ_n 在三重 (二重) 态中我们认为是等几率的, 并用函数

$$\tilde{\psi}_n \equiv \frac{1}{\sqrt{2}}\psi_n^0 + \frac{1}{\sqrt{2}}\psi_n$$

来描述. 因此, 三重 (二重) 介子质量的“平均”等于

$$m\tilde{\psi}_n = m\tilde{\psi}_0\left[\frac{1+n^2}{2} + \frac{(1+n)^2}{2}\right]^{1/2}. \tag{2.2.11}$$

我们选择 m_{π^0} 和 m_{π^-} 的均方根值为式 (2.2.11) 中的初始质量 $m_{\tilde{\psi}_0}$(MeV)

$$m_{\tilde{\psi}_0}c^2=\left(\frac{m_{\pi_0}^2+m_{\pi^-}^2}{2}\right)^{1/2}c^2\cong 137286\text{MeV}. \tag{2.2.12}$$

又因为

$$m_{\tilde{\psi}_0}^2\frac{c^2}{\hbar^2}=\left(\frac{e^2c^2}{4k\hbar^2}-\frac{4\pi^2}{T_2^2}\right),$$

所以由质量 $m_{\tilde{\psi}_0}$ 可以确定周期 T_2 的大小

$$\frac{4\pi^2}{T_2^2}=\frac{e^2c^2}{4k\hbar^2}-\frac{c^2}{\hbar^2}m_{\tilde{\psi}_0}^2. \tag{2.2.13}$$

这里我们指出, 如果不按电荷取平均 [式 (2.2.11)], 与实验结果的符合程度就差一些.

中性的单态的质量 (MeV) 由下式给出 [见 (2.2.9)]:

$$m_{\varPhi_n}=\left(\frac{e^2c^2}{4k\hbar^2}-\frac{4\pi^2}{T_2^2}\right)^{1/2}(n+4)=137286(n+4)\text{MeV}. \tag{2.2.14}$$

第三个假设是, 如果某一粒子不对应于任何一个 m_n, 则描述它的波函数 f 就不是本征函数, 但是是两个相邻本征函数的叠加 (如果 $m_n<m_f<m_{n+1}$)

$$f=\cos\theta f_n+\sin\theta f_{n+1}$$

或者

$$f=\sin\theta f_n+\cos\theta f_{n+1},$$

因此

$$m_f^2=(\cos^2\theta m_n^2+\sin^2\theta m_{n+1}^2)^{1/2} \tag{2.2.15}$$

或者

$$m_f^2=(\sin^2\theta m_n^2+\cos^2\theta m_{n+1}^2)^{1/2},$$

式中 θ 是介子谱中常用的相移角, 由下式给出:

$$\cos\theta=\sqrt{2/3},\quad \sin\theta=\sqrt{1/3}.$$

理论预言和实验结果的比较见表 3-1 和表 3-2.

表 3-1

	$I=1$ 和 1/2 的介子质量								
	实验值 /MeV	理论预言值	n	相对误差/%		实验值 /MeV	理论预言值	n	相对误差 /%
1. π	137286	137286	0	0	16. p'	~1600	1583	11	<1
2. ?		350	2		17. A_3	1660(10)	1675	–	<1
3. K	495.7	495	3	<0.5	18. g	1700(20)	1720	12	<1.5
4. ?		622	4		19. K_2^*	1785(6)	1769	–	<1
5. ρ	776(3)	764.4	5	<2	20. L	1600~2000?	1817	–	
6. K^*	895(4)	900	6	<2	21. D	1865,7	1864	13	0
7. A_1'	1040(13)	1036	7	<0.5	22. F	~1970	1952	–	<1
8. M	1150-1170?	1172	8	<2	23. D^*	2007	1994	14	<1
9. B	1231(10)	1220	–	<1	24. κ_h	~2060	2041	–	<1
10. A_1''	1280(40)	1265	–	<1.5	25. F^*	~2140	2131	15	<0.5
11. Q_1	~1280	1280	–	0	26. X_1	2307(6)	2268	16	<2
12. A_2	1310(5)	1309.6	9	0	27. ?		2405	17	
13. Q_2	~1400	1402	–	0					
14. K_1^*	434(5)	1446	10	<1	⋮		⋮	⋮	
15. χ	~1500	1493	–	<1					

表中符号“–”表示用式 (2.2.15) 计算的.

表中理论预言后计算式

$$m_B =(\sin^2\theta\cdot m_9^2+\cos^2\theta\cdot m_8^2)^{1/2}=1220$$

$$m_{A_1''} =(\sin^2\theta\cdot m_8^2+\cos^2\theta\cdot m_9^2)^{1/2}=1265$$

$$m_{Q_1} =(\sin^2\theta\cdot m_9^2+\cos^2\theta\cdot m_{A_1}^2{}'')^{1/2}=1280$$

$$m_{Q_2} =(\sin^2\theta\cdot m_9^2+\cos^2\theta\cdot m_{10}^2)^{1/2}=1402$$

$$m_\chi =(\sin^2\theta\cdot m_{11}^2+\cos^2\theta\cdot m_{10}^2)^{1/2}=1493$$

$$m_{A_3} =(\sin^2\theta\cdot m_{11}^2+\cos^2\theta\cdot m_{12}^2)^{1/2}=1675$$

$$m_{K_2^*} =(\sin^2\theta\cdot m_{13}^2+\cos^2\theta\cdot m_{12}^2)^{1/2}=1769$$

$$m_L =(\sin^2\theta\cdot m_{12}^2+\cos^2\theta\cdot m_{13}^2)^{1/2}=1817$$

$$m_F =(\sin^2\theta\cdot m_{13}^2+\cos^2\theta\cdot m_{14}^2)^{1/2}=1952$$

$$m_{\kappa_h} =(\sin^2\theta\cdot m_{15}^2+\cos^2\theta\cdot m_{14}^2)^{1/2}=2041$$

表 3-2

	$I=0$ 的介子质量								
	实验值 /MeV	理论预言值	n	相对误差/%		实验值 /MeV	理论预言值	n	相对误差 /%
1. η	549	549	0	0	4. S^*	~981(10)	1008	–	< 3
2. ω	783	823	2	< 5	5. φ	1020	1054	–	< 4
3. η	958	961	3	< 0.5	6. η_N	1080	1098	4	< 2

续表

	$I=0$ 的介子质量								
	实验值 /MeV	理论预言值	n	相对误差/%		实验值 /MeV	理论预言值	n	相对误差 /%
7. f	1270	1236	5	<3	23. I/ψ	3097(1)	3020	18	<3
8. D	1284(9)	1283	–	<0.5	24. $\overline{NN}$	1400~3600?	3158	19	
9. ε	1300	1329	–	<3					
10. E	1418(10)	1373	6	<4	25. X''	3400?	3295	20	
11. f	1516(12)	1510	7	<0.5	26. χ	3414(4)	3432	21	<1
12. ω'	1666(5)	1647	8	<1	27. χ'	3507(4)	3524	–	<1
13. X	~1690?	1784	9	<6	28. χ''	3551(4)	3569	22	<1
14. S	1935	1922	10	<1	29. η'	3592	3615	–	<1
15. h	2040(20)	2059	11	<1	30. ψ	685	3706	23	<1
16. TO	~2150	2197	12	<3	31. ψ'	3770	3844	24	<2
17. UO	~2350	2334	13	<1	32. ψ''	4030(5)	3981	25	<1
18. X_1	2200?	2471	14		33. ψ'''	4159(20)	4118	26	<1
19. e^+e^-	1100~3100?	2608	15		34.?		4256	27	
20. X'	1900~3600	2745	16		35. ψ'''	4415	4393	28	<1
21. X''	2830?	2883	17		36?		4530	29	
22. η	2984	2975	–	<1					

表中理论预言值计算式

$$m_{S^*} = (\sin^2\theta\cdot m_4^2+\cos^2\theta\cdot m_3^2)^{1/2}=1008,$$

$$m_{\varphi} = (\sin^2\theta\cdot m_3^2+\cos^2\theta\cdot m_4^2)^{1/2}=1054,$$

$$m_D = (\sin^2\theta\cdot m_6^2+\cos^2\theta\cdot m_5^2)^{1/2}=1283,$$

$$m_{\varepsilon} = (\sin^2\theta\cdot m_5^2+\cos^2\theta\cdot m_6^2)^{1/2}=1329,$$

$$m_{\eta} = (\sin^2\theta\cdot m_{17}^2+\cos^2\theta\cdot m_{18}^2)^{1/2}=2975,$$

$$m_{\chi'} = (\sin^2\theta\cdot m_{21}^2+\cos^2\theta\cdot m_{22}^2)^{1/2}=3524,$$

$$m_{\eta'} = (\sin^2\theta\cdot m_{23}^2+\cos^2\theta\cdot m_{22}^2)^{1/2}=3615.$$

2.3 dilaton-Maxwell-Einstein 复合场

20 世纪 90 年代中期, 现代宇宙学和引力理论受到了来自标量–张量理论和卡鲁查–克莱因型高维理论观点的挑战, 后者在 dilaton 场 (即中性标量场) 中给出了一系列好的结果. 一些作者对标量–张量理论很是喜欢, 甚至认为它是最有希望的引力基础理论. 不少作者讨论了存在 dilaton 场时物质场的行为. 结果表明, 极端荷电 dilaton 黑洞从某种意义上讲如同基本粒子; 有标量场的超对称性可能有助于奇点问题的研究 ······ 这些结果使人们有兴趣去寻找有标量场时具有规则视界的解.

本节我们讨论引力与无质量标量场和电磁场的耦合. 根据弦理论的低能极限, 系统的作用量具有形式

$$I=-\frac{1}{16\pi}\int\sqrt{-g}(R+2g^{mn}\nabla_m\varphi\nabla_n\varphi+\mathrm{e}^{-2\varphi}g^{mn}g^{kl}F_{mk}F_{nl})\mathrm{d}^4x. \tag{2.3.1}$$

对上式取变分 (分别对于 $g_{\mu\nu},\varphi,A_m$), 得到场方程

$$R_{mn}+2\nabla_m\varphi\nabla_n\varphi+\mathrm{e}^{-2\varphi}\left(2g^{kl}F_{mk}F_{nl}-\frac{1}{2}g_{mn}g^{cd}g^{ef}F_{ce}F_{df}\right)=0, \tag{2.3.2}$$

$$g^{mn}\nabla_m\nabla_n\varphi+\frac{1}{2}\mathrm{e}^{-2\varphi}F_{mn}F^{mn}=0, \tag{2.3.3}$$

$$\nabla_m(\mathrm{e}^{-2\varphi}g^{mn}g^{kl}F_{nl})=0. \tag{2.3.4}$$

我们取协变 de Donder 规范条件

$$D_m\sqrt{-g}g^{mn}=0, \tag{2.3.5}$$

式中 D_m 是关于闵可夫斯基度规

$$\gamma_{mn}=\mathrm{diag}(+1,-1,-r^2,-r^2\sin^2\theta)$$

的协变导数. 我们进一步假设, 解是静态球对称的

$$F_{10}(t,r,\theta,\varphi)=E(r),$$
$$\varphi(t,r,\theta,\varphi)=\varphi(r).$$

此时度规具有形式

$$g_{mn}=\mathrm{diag}[u(r),-v(r),-w(r),-w(r)\sin^2\theta]. \tag{2.3.6}$$

如果标量场不存在, $\varphi=0$, 由作用量 (2.3.1) 得到的解描述一个质量为 μ_0. 电荷为 Q 的黑洞. 用闵可夫斯基时空中的谐和坐标, 此度规可写为

$$\begin{aligned}\mathrm{d}s^2=&\left(\frac{r-\mu_0}{r+\mu_0}+\frac{Q^2}{(r+\mu_0)^2}\right)\mathrm{d}t^2-\left(\frac{r-\mu_0}{r+\mu_0}+\frac{Q^2}{(r+\mu_0)^2}\right)^{-1}\mathrm{d}r^2\\&-(r+\mu_0)^2(\mathrm{d}\theta^2+\sin^2\theta\mathrm{d}\varphi^2).\end{aligned} \tag{2.3.7}$$

此即谐和 R-N 度规, 具有视界 $\mu>0,\mu=\sqrt{\mu_0^2-Q^2}$.

满足 (2.3.5) 的静态球对称渐近平直解为

$$u(r)=\frac{1}{v(r)}=\frac{r^2-\mu^2}{w(r)}, \tag{2.3.8a}$$

$$\varphi(r)=\frac{1-4k^2}{8k}\ln\frac{r+\mu}{r-\mu}+\frac{Q^2}{16\mu^2k^2}\left[1-\left(\frac{r-\mu}{r+\mu}\right)^{2k}\right], \tag{2.3.8b}$$

$$\begin{aligned}w(r)&=(r^2-\mu^2)\left(\frac{r+\mu}{r-\mu}\right)^{2k}\mathrm{e}^{2\varphi(r)}\\&=(r^2-\mu^2)\left(\frac{r+\mu}{r-\mu}\right)^{(1+4k^2)/4k}\exp\left\{\frac{Q^2}{8\mu^2k^2}\left[1-\left(\frac{r-\mu}{r+\mu}\right)^{2k}\right]\right\}.\end{aligned} \tag{2.3.8c}$$

式中 $\mu>0, Q$ 和 k 是任意常参数。由作用量 (2.3.1) 和 (2.3.8b), 可以看出 dilaton 场具有负的动能项.

由于 (2.3.8b) 第一项含对数式, 所以此解一般是奇异的. 但有趣的是, 可以使对数项的系数为零, 即取 $k=\pm\frac{1}{2}$, 消除这一项, 从而避免奇异性. 我们取 $k=\frac{1}{2}$, 得到

$$\varphi(r)=\frac{Q^2}{4\mu^2}\left(1-\frac{r-\mu}{r+\mu}\right), \tag{2.3.9a}$$

$$w(r)=(r+\mu)^2\exp\left[\frac{Q^2}{2\mu^2}\left(1-\frac{r-\mu}{r+\mu}\right)\right], \tag{2.3.9b}$$

$$u(r)=\frac{1}{v(r)}=\left(\frac{r-\mu}{r+\mu}\right)\exp\left[\frac{Q^2}{2\mu^2}\left(\frac{r-\mu}{r+\mu}\right)\right], \tag{2.3.9c}$$

这里我们已取 $\varphi_\infty=0$.

当 $Q\to 0$ 时, 此解退化为静态球对称的谐和 Fock 解

$$\mathrm{d}s^2=\left(\frac{r-\mu}{r+\mu}\right)\mathrm{d}t^2-\left(\frac{r+\mu}{r-\mu}\right)\mathrm{d}r^2-(r+\mu)^2(\mathrm{d}\theta^2+\sin^2\theta\mathrm{d}\varphi^2). \tag{2.3.10}$$

于是, (2.3.9) 是在存在 dilaton 场和电磁场时, Fock 解的推广. 通过上面的退化过程可以看出, 参量 μ 是场源的质量, Q 是其电荷. 此解有两个视界

$$r_\pm=\mu_\pm=\frac{1}{2}\left(\mu_0\pm\sqrt{\mu_0^2-2Q^2}\right), \tag{2.3.11}$$

这两个视界都是规则的. 显然, 度规 $g_{\mu\nu}$ 的行列式在视界面上也是规则的

$$\begin{aligned}g&=w^2(r)\sin^2\theta\\&=-(r+\mu)^4\exp\left[\frac{Q^2}{\mu^2}\left(1-\frac{r-\mu}{r+\mu}\right)\right]\sin^2\theta.\end{aligned} \tag{2.3.12}$$

在 Schwarzschild 坐标中, 我们也可以获得和 (2.3.9) 类似的解. 把条件 (2.3.5) 换成

$$u_s(r)=\frac{1}{v_s(r)}=p(r)\mathrm{e}^{-2\varphi_s(r)},$$

$$w_s(r) = r^2 \mathrm{e}^{2\varphi_s(r)}. \tag{2.3.13a}$$

则下面形式的解满足场方程 (2.3.2)、(2.3.3)

$$p(r) = 1 - \frac{2\mu}{r}, \quad \varphi_r(r) = \frac{Q^2}{2\mu r}, \quad E_s(r) = \frac{Q}{r^2}. \tag{2.3.13b}$$

在这种情况下, 度规和两个场在 $r = 0$ 处有奇异性. 但是奇点被视界 $V_\pm$[见 (2.3.11)] 包围. 在视界面上, 度规和两个场都是规则的.

下面讨论度规 (2.3.9) 和 (2.3.13) 给出的标曲率. 很明显, 和作用量 (2.3.1) 相对应, 能 – 动张量中的电磁部分是无迹的, 对标曲率 R 的贡献仅仅来自 dilaton 场. 求 (2.3.2) 的迹, 可以得到与 (2.3.9) 对应的标曲率

$$\begin{aligned} R(r) &= -2g^{mn}\nabla_m\nabla_n\varphi = 2\frac{\varphi'2}{w}(r^2-\mu^2) \\ &= \frac{Q^4}{2\mu^2}\frac{r^2-\mu^2}{(r+\mu)^6}\exp\left[\frac{Q^2}{2\mu^2}\left(\frac{r-\mu}{r+\mu}-1\right)\right]. \end{aligned} \tag{2.3.14a}$$

类似地, 由度规 (2.3.13), 可以得到标曲率 R_s

$$R_s(r) = \frac{Q^4}{2\mu^2 r^4}\left(1-\frac{2\mu}{r}\right)\exp\left(-\frac{Q^2}{2\mu r}\right).$$

对于极端黑洞,$\mu_0^2 = 2Q^2$, 由 (2.3.11) 得到

$$\mu = \mu_\pm = \frac{\mu_0}{2}.$$

此时 (2.3.14a) 给出

$$R_0(r) = 8\mu_0^2\frac{4r^2-\mu_0^2}{(2r+\mu_0)^6}\exp\left(-\frac{2\mu_0}{2r+\mu_0}\right). \tag{2.3.14b}$$

上式在 $r = \mu_0(1+\sqrt{5})/4$ 处达到极大值, 且在无限远趋于零

$$R_0(r) \to 0, \quad 当 r \to \infty.$$

对于任意的质量 μ_0, 在视界附近有

$$R_0(r) = \frac{2r-\mu_0}{4\mu_0^3}\mathrm{e}^{-1} + o(r^2).$$

当 $\mu_0 \to 0$ 或 $Q \to 0$ 时, 由 (2.3.14) 可得

$$R_0(r) = \frac{\mu_0^2}{2r^4} + o\left(\frac{\mu_0^3}{r^5}\right)$$

至此, 我们得到了 Einstein-Maxwell 场耦合于具有负能项的 dilaton 场的复合场方程的一个静态球对称解. 度规 (2.3.9) 有两个与极端黑洞一致的规则视界. 此解有一个显著的特点, 质量 μ_0 受电荷的限制: $\mu_0 \geqslant \sqrt{2}Q$. 这与 R-N 解不同 (R-N 解 $\mu_0 = |Q|$). 当 $Q = 0$ 时, 所获得的与 Fock 解或 Schwarzschild 解一致.

所获得的解仍满足无毛定理. 分析无限远处 dilaton 场的行为, 可以得到 dilaton 荷的值

$$D = \frac{Q^2}{2\mu}.$$

这表明复合场的性质仅由两个独立参数 (μ_0 和 Q) 决定, 即黑洞的性质仍然仅由质量、电荷和角动量三个参量决定.

2.4 共形引力物质规范场

早在 20 世纪初, Weyl 为了统一引力和电磁相互作用, 就提出了一种几何化场论. 这种理论导致时空度量和路径有关, 不可接受. 但是 Weyl 的思想却成为现代规范场理论的基础. 20 世纪 90 年代, 人们又重新对 Weyl(共形) 对称性感兴趣, 沿这一方向发表了一系列文章. Cheng Hung 提出, 在规范质量产生机制中引入共形对称性是很有意义的. 赵书城 (1991) 将纯规范概念引入共形群, 构造了可积 Weyl 空间中包含引力场、物质场和 Weyl 规范场的规范理论. 人们重新关注共形对称性, 主要由于量子引力的重整化问题遇到了原则性困难, 粒子物理实验一直没找到 Higgs 粒子. 而且目前场论中存在的三种质量 (引力质量、惯性质量和真空自发破缺质量) 之间的联系也还不很清楚, 期望引入共形对称性能够有助于上述问题的解决.

度规 $g_{\mu v}(x)$ 和场 $\varPhi(x)$ 满足的局域变换 (CT)

$$g'_{\mu v}(x) = Q^2(x) g_{\mu v}(x), \quad \varPhi'(x) = \varOmega^w(x)\varPhi(x) \tag{2.4.1}$$

称为共形变换, 式中 $\varOmega(x)$ 为非零实标量函数, w 称为 Weyl 权重. 本节线元取形式

$$\mathrm{d}s^2 = -g_{\mu v}\mathrm{d}x^\mu \mathrm{d}x^\nu, \quad \eta_{\mu v} = (-+++).$$

由 (2.4.1) 可以定义协变导数

$$d_\mu = \partial_\mu - w b_\mu(x), \quad (d_\mu \varPhi)' = \varOmega^w d_\mu \varPhi. \tag{2.4.2}$$

$b_\mu(x)$ 即 Weyl 规范场, 满足共形规范变换

$$b'_\mu = b_\mu + \partial_\mu Q\varOmega \cdot \varOmega^{-1}. \tag{2.4.3}$$

相应的规范场张量 $H_{\mu\nu}=\partial_\mu b_\nu-\partial_\nu b_\mu$. 显然对于共形变换群存在相应的纯规范 (平联络).

$$\overset{\circ}{b}_\mu=-\partial_\mu\phi\cdot\phi^{-1},\quad \overset{\circ}{b}{}'_\mu=\overset{\circ}{b}{}'_\mu+\partial_\mu\Omega\cdot\Omega^{-1} \tag{2.4.4}$$

满足 $H_{\mu\nu}=0$, 其中 $\phi(x)$ 称 Weyl 标量场, $w=-1$.

Weyl 几何是指具有对称度规张量且满足

$$\overline{\nabla}_\lambda g_{\mu\nu}=d_\lambda g_{\mu v}-\overline{\varGamma}{}^a_{\lambda\mu}g_{a\nu}-\overline{\varGamma}{}^a_{\lambda\nu}g_{\mu\alpha}=0 \tag{2.4.5}$$

的空间, 这里 ∇_λ 为 CT 和广义坐标变换 (CGT) 相应的双重协变微商.$\overline{\varGamma}{}^a_{\mu v}$ 为共形不变联络, 它与黎曼空间 Christoffel 符号 $\overline{\varGamma}{}^a_{\mu v}$ 有关系

$$\overline{\varGamma}{}^a_{\mu v}=\varGamma^a_{\mu\nu}-(\delta^a_\mu b_\nu+\delta^a_\nu b_\mu-g_{\mu\nu}b^\alpha). \tag{2.4.6}$$

由此可定义 Weyl 曲率张量 $\overline{R}{}^\rho_{\lambda\mu v},\overline{R}_{\mu v}$ 和标曲率 $\overline{R}$

$$\begin{aligned}&\overline{R}{}^\rho_{\lambda\mu v}=\partial_\mu\overline{\varGamma}{}^\rho_{v\lambda}-\partial_v\overline{\varGamma}{}^\rho_{\mu\lambda}+\overline{\varGamma}{}^\rho_{\mu\alpha}\overline{\varGamma}{}^\alpha_{v\lambda}-\overline{\varGamma}{}^\rho_{v\alpha}\overline{\varGamma}{}^\alpha_{\mu v},\\&\overline{R}_{\mu v}=\overline{R}{}^\rho_{\mu\rho v},\quad \overline{R}=g^{\mu v}\overline{R}_{\mu v}=R+6(\nabla_\mu b^\mu-b_\mu b^\mu).\end{aligned} \tag{2.4.7}$$

通常,Weyl 几何属于半度量空间. 仅当 $H_{\mu\nu}=0$ 满足才是可积的. 这时联络变为

$$\overset{*}{\varGamma}{}^\lambda{}_{\mu v}=\varGamma^\lambda_{\mu\nu}+\phi^{-1}(\delta^\lambda_\mu\partial_\nu\phi+\delta^\lambda_v\partial_\mu\phi-g_{\mu\nu}b^\lambda). \tag{2.4.8}$$

令 $\overset{*}{g}_{\mu v}=\phi^2 g_{\mu v},\overset{*}{g}{}^{\mu v}=\phi^{-2}g^{\mu v}$, 易证

$$\overset{*}{\nabla}_\lambda\overset{*}{g}_{\mu v}=\partial_\lambda\overset{*}{g}_{\mu v}-\overset{*}{\varGamma}{}^\alpha_{\lambda\mu}\overset{*}{g}_{\alpha v}-\overset{*}{\varGamma}{}^\alpha_{\lambda\mu}\overset{*}{g}_{\alpha v}=0. \tag{2.4.9}$$

这时时空是可度量的,$\mathrm{d}\overset{*}{s}{}^2=-\overset{*}{g}_{\mu v}\mathrm{d}x^\mu\mathrm{d}x^v$. 可定义相应的曲率张量 $\overset{*}{R}{}^\rho_{\lambda\mu v},\overset{*}{R}_{\mu v}$ 和 $\overset{*}{R}$. 其中

$$\overset{*}{R}=\phi^{-2}(R-6\phi^{-1}\Box\phi). \tag{2.4.10}$$

值得讨论的是关于可积 Weyl 时空与 Weyl 规范场 b_μ 的相容性问题. 确实, 按照 Weyl 几何的观点, 它们是不相容的. 然而, 如果以 $\overset{*}{g}_{\mu v}$ 为度量, 即将 $g_{\mu v},\phi$ 看成描述时空的几何量. 同时按照规范理论, 将 b_μ 看成存在于该时空的规范场, 则可构造可度量 Weyl 时空中包含 Weyl 规范场的共形场论. 其特点是在保留时空可度量性质的同时引入新的动力学自由度.

具有普遍对称性的作用量为

$$I=\int\mathscr{L}\mathrm{d}^4x=\int(\mathscr{L}_G+\mathscr{L}_M)\mathrm{d}^4x,$$

$$\mathscr{L}_G=\sqrt{-\overset{*}{g}}\left(\frac{\alpha}{4}R-\frac{\lambda}{4}\right),\quad \mathscr{L}_M=\mathscr{L}_b+\mathscr{L}_{M'}$$

$$\mathscr{L}_b=\sqrt{-\overset{*}{g}}\left(1-\frac{1}{4f^2}\overset{*}{H}_{\mu v}\overset{*}{H}{}^{\mu v}-\frac{1}{2}k_b^2\overset{*}{b}_\mu\overset{*}{b}{}^\mu\right). \tag{2.4.11}$$

式中仅给出 b_μ 场的拉格朗日, 其他物质场将分别讨论. 指标的升降是用 $\overset{*}{g}{}^{\mu v},\overset{*}{g}{}^{\mu v}$ 进行的, 且

$$\overset{*}{R}=\phi^{-2}(R-6\phi^{-1}\Box\phi), \tag{2.4.12}$$

$$\overset{*}{b}_\mu=b_\mu-\overset{\circ}{b}_\mu,\quad \overset{*}{H}_{\mu v}=H_{\mu v}.$$

令 $\alpha=1/4\pi$, 对 $\overset{*}{g}_{\mu v}$ 变分, 得到共形不变的 Einstein 方程

$$\overset{*}{R}_{\mu v}-\frac{1}{2}\overset{*}{g}_{\mu v}\overset{*}{R}=8\pi\left(\overset{*}{T}_{\mu v}-\frac{\lambda}{4}\overset{*}{g}_{\mu v}\right),$$

$$\overset{*}{T}_{\mu v}=-\frac{2}{\sqrt{-\overset{*}{g}}}\frac{\delta\mathscr{L}_M}{\delta\overset{*}{g}{}^{\mu v}}. \tag{2.4.13}$$

这实质上是以 $\overset{*}{g}$ 为度量的共形引力理论.

根据 (2.4.12), 可将 (2.4.11) 写为

$$\mathscr{L}=\sqrt{-g}\left\{\frac{\alpha}{4}(R\phi^2+6\partial_\mu\phi\partial^u\phi)-\frac{1}{4f^2}H_{\mu v}H^{\mu v}\right.$$
$$\left.-\frac{1}{2}k_b^2(\partial_\mu\phi\partial^u\phi+2\phi\partial_\mu\phi\cdot b^\mu+\phi^2b_\mu b^\mu)-\frac{\lambda}{4}\phi^4\right\}+\mathscr{L}_{M'}. \tag{2.4.14}$$

可见引力场是由 $g_{\mu v}(x),\phi(x)$ 场描述的, b_μ 为质荷为 k_b 的物质场, α,f,k_b,λ 均为无量纲参数, 且仅有三个是独立的. 特别地取 $k_b^2=1+3\alpha$ 并利用 $\bar{R}$ 的分解式 (2.4.7), 可将 (2.4.14) 式写成

$$\mathscr{L}=\sqrt{-g}\left[\frac{\alpha}{4}\bar{R}\phi^2-\frac{1}{2}g^{\mu v}d_\mu\phi d_v\phi-\frac{1}{4f^2}H_{\mu v}H^{\mu v}-\frac{\lambda}{4}\phi^4\right]+\mathscr{L}_{M'} \tag{2.4.15}$$

这正是 Smolin 给出的 Weyl 时空引力理论. 可见, 不考虑曲率平方项时, 上述理论属于可度量时空共形规范理论的范畴.

由于共形不变性, 场量中存在一个非动力学自由度, 不难验证, 在经典意义下, 以 $\overset{*}{g}_{\mu v}$ 为基本变量的共形不变 Einstein 方程 (2.4.13) 包含以 $g_{\mu v}(x),\phi(x)$ 为基本变量的场方程的全部信息. 在理论中 $g_{\mu v},\phi$ 为几何量, 描述引力.

对于共形引力场中的粒子, 为了满足共形不变性, 其质量应以无量纲参数质荷 k 代替

$$I=-\int k\mathrm{d}\overset{*}{s}=-\int k\phi(x)\mathrm{d}s. \tag{2.4.16}$$

经典粒子运动方程则为

$$\frac{\mathrm{d}^2x^\lambda}{\mathrm{d}\overset{*}{s}{}^2}+\overset{*}{\Gamma}{}^\lambda_{\mu v}\overset{*}{u}{}^\mu\overset{*}{u}{}^v=0, \tag{2.4.17}$$

式中 $\overset{*}{u}{}^\mu=\dfrac{\mathrm{d}x^\mu}{\mathrm{d}\overset{*}{s}}$ 为共形不变四维速度. 定义

$$k^\lambda_{\mu v}=-\delta^\lambda_\mu\partial_v\phi\cdot\phi^{-1}+g_{\mu v}\partial^\lambda\phi\cdot\phi^{-1}. \tag{2.4.18}$$

运动方程可写成

$$\frac{\mathrm{d}^2x^\lambda}{\mathrm{d}s^2}+(\overset{*}{\Gamma}{}^\lambda_{\mu v}+k^\lambda_{\mu v})\frac{\mathrm{d}x^\mu}{\mathrm{d}s}\frac{\mathrm{d}x^v}{\mathrm{d}s}=0. \tag{2.4.19}$$

定义四动量 $p_\mu=\dfrac{\partial I}{\partial x^\mu}=k\phi(x)u_\mu$, 可以得到粒子在共形引力场中的雅可比方程

$$g^{\mu v}\frac{\partial I}{\partial x^\mu}\frac{\partial I}{\partial x^\nu}+\phi^2k^2=0 \tag{2.4.20}$$

与黎曼时空方程比较, 粒子惯性 (运动) 质量成为场, 不再为基本参数, 代之以粒子的质荷.

$$m=k\phi(x). \tag{2.4.21}$$

从这种意义讲,$\phi(x)$ 起惯性场的作用.

为了描述自旋 1/2 粒子在共形引力场中的运动, 须建立 Weyl 几何的 Vielbein 形式,Weyl 时空中引入局域 $O(3,1)$ 切空间, $e_{\mu\alpha}$ 定义为

$$g_{\mu v}(x)=e_{\mu\alpha}(x)e_{v\alpha}(x). \tag{2.4.22}$$

相应于局域 Lorentz 变换的李西旋度系数

$$\begin{aligned}&\overline{\omega}_{\mu ab}=\omega_{\mu ab}+\omega'_{\mu ab},\quad \omega_{\mu ab}=\nabla_\mu e_{v\alpha}\cdot e^v_a,\\&\omega'_{\mu ab}=(e_{\mu a}e^v_b-e_{\mu b}e^v_a)\partial_v\phi\cdot\phi^{-1}.\end{aligned} \tag{2.4.23}$$

旋量场 $\psi(x)$ 为局域 Lorentz 群旋量表示的变换对象. 由于其正则量纲

$$[\psi]=M^{\frac{1}{2}}L^{-\frac{1}{2}}T^{-\frac{1}{2}},$$

则其 Weyl 权重 $w=-3/2$. 即在 CT 下

$$\psi'=\Omega^{-\frac{3}{2}}\psi,\quad \psi'=\Omega^{-\frac{3}{2}}\overline{\psi}. \tag{2.4.24}$$

这时, 满足广义不变性的旋量场拉氏密度函数为

$$\mathscr{L}=\sqrt{-g}\left[\frac{1}{2}(\psi\Gamma^\mu\overline{\mathscr{D}}_\mu\psi-\overline{\mathscr{D}}_\mu\psi\Gamma^\mu\psi)-k\phi\overline{\psi}\psi\right], \tag{2.4.25}$$

式中,$\Gamma^\mu = e_a^\mu r_a$, 而

$$\overline{\mathscr{D}}_\mu \psi = \left(d_\mu - \frac{1}{2}\overline{\omega}_{\mu ab} I_{ab}\right)\psi. \tag{2.4.26}$$

采用式 (2.4.23), 可以证明

$$\mathscr{L} = \sqrt{-g}\left[\frac{1}{2}(\psi\Gamma^\mu \mathscr{D}_\mu \psi - \mathscr{D}_\mu \overline{\psi}\Gamma^\mu \psi) - k\phi\overline{\psi}\psi\right]. \tag{2.4.27}$$

将此式与黎曼空间的拉格朗日比较, 可知除了质量项以外二者相同. 这表明, 对于 Dirac 粒子, $\phi(x)$ 仍然具有惯性因数场的意义, 这还表明在 Weyl 规范场同位旋粒子的相互作用中, 不可能引入共形对称性. 这是 b_μ 和相因数规范场的本质区别.

对于幺正李群 G, 引入规范势 $A_\mu(x), A_\mu = e_{\mu a} A_a$: 由 $[A_a] = M^{1/2}T^{-1/2}$ 可知, $A_a(x)$ 场的 Weyl 权重应为 -1. 在局域变换下有

$$A'_a = \Omega^{-1}A_\alpha, \quad e'_{\mu\alpha} = \Omega e_{\mu\alpha}, \quad A'_\mu = A_\mu. \tag{2.4.28}$$

即规范场 A_μ 的 Weyl 权重为零, 广义协变规范场张量和拉格朗日与黎曼时空相同, 即

$$\begin{aligned} &\overline{F}_{\mu v} = F_{\mu v}, \\ &\mathscr{L} = \sqrt{-g}\frac{1}{2}T_r(F_{\mu v}F^{\mu v}). \end{aligned} \tag{2.4.29}$$

即运动方程中不含与 b_μ 场的相互作用.

在方程 (2.4.13) 中, 令 $\lambda = 0$, 我们讨论场源静止、弱场近似的情况，以揭示参量 k 的物理意义. 只考虑经典粒子, 共形不变能–动张量为

$$\overset{*}{T}{}^{\mu v} = \rho_0 \overset{*}{u}{}^\mu \overset{*}{u}{}^v. \tag{2.4.30}$$

式中 ρ_0 为共形不变质荷密度. 对方程 (2.4.13) 求迹得

$$R_v^\mu = 8\pi\left(\overset{*}{T}{}_v^\mu - \frac{1}{2}\delta_v^\mu \overset{*}{T}\right), \quad \overset{*}{T} = \overset{*}{g}{}^{\mu v}\overset{*}{T}_{\mu v}. \tag{2.4.31}$$

对静止源, $\overset{*}{u}{}^i = 0(i = 1, 2, 3)$, $\overset{*}{T}{}^{\mu\nu}$ 中不为零的分量仅为

$$\overset{*}{T}{}^{00} = \rho_0 \overset{*}{u}{}^0 \overset{*}{u}{}^0 = \rho_0 \phi^{-2}\left(\frac{\mathrm{d}t}{\mathrm{d}s}\right)^2. \tag{2.4.32}$$

利用低速条件, 即得弱场静止源引力场方程

$$\overset{*}{R}{}_0^0 = -4\pi\rho_0. \tag{2.4.33}$$

弱场条件下, 可设

$$g_{\mu v} = \eta_{\mu v} + h_{\mu v}, \quad h_{00} = -2\psi, \quad \phi = \phi_0(1+\eta). \tag{2.4.34}$$

式中 $h_{\mu v},\psi,\eta$ 均为小量. 由 $\phi(x)$ 场几何性质, 当 $r\to\infty$ 时,$\phi(x)\to\phi_0\neq 0$(常量). 取惯性系条件, 且令 $\zeta=\psi+\eta$, 则有

$$\overset{*}{g}_{00}\approx -\phi_0^2(1+2\xi),\quad \overset{*}{g}_{ij}\approx\phi_0^2(1+2\eta)\eta_{ij}. \tag{2.4.35}$$

代入方程 (2.4.33), 可得

$$\nabla^2\xi=4\pi\phi_0^2\rho_0. \tag{2.4.36}$$

由此可得两个质荷分为 k,k' 粒子, 应有如下引力

$$F=-\frac{kk'}{r^2}. \tag{2.4.37}$$

此式表明了 k 的物理意义 —— 引力荷.

求 (2.4.31) 的迹, 可以得到

$$R-6\phi^{-1}\Box\phi=-8\pi\phi^{-2}T. \tag{2.4.38}$$

式中 $T=T_\mu^\mu$ 为可积 Weyl 时空外所有物质场能量动量张量的迹. 由此可见, 惯性因数场确实可以看成是由整个宇宙物质场所决定的量. 考虑一个简单的宇宙模型, 可以对 ϕ 的值做一大致估计. 设宇宙为密度均匀的气体球, 密度为 $\rho\approx 10^{-29}g{\cdot}\mathrm{cm}^{-3}$, 半径为宇宙表观半径 $a\approx 10^{28}\mathrm{cm}$, 则标曲率为 $R\approx -6/a^2$, 由 (2.4.38) 式对宇宙取平均值

$$\langle\phi\rangle^2\approx-\frac{8\pi\langle T\rangle}{\langle R\rangle}=\frac{4\pi}{3}\rho a^2\approx 10^{27}g\cdot\mathrm{cm}^{-1}, \tag{2.4.39}$$

这个值接近于引力常数的倒数 $1/G$.

下面讨论共形对称性自发破缺.

拉格朗日 (2.4.15) 可以写成形式

$$\begin{aligned}\mathscr{L}=&\sqrt{-g}\bigg\{\frac{\alpha}{4}R\phi^2-\frac{1}{2}\partial_\mu\phi\partial^u-(1+3\alpha)b^\mu\phi\partial_\mu\phi\\&-\frac{1}{2}(1+3\alpha)\phi^2b_\mu b^\mu-\frac{1}{4f^2}H_{\mu\nu}H^{\mu\nu}-\frac{\lambda}{4}\phi^4\bigg\}+\mathscr{L}_{M'}\end{aligned} \tag{2.4.40}$$

相应的 $\phi,g_{\mu\nu},b_\mu$ 场运动方程为

$$\begin{aligned}&\Box\phi+\frac{\alpha}{2}R\phi-(1+3\alpha)\phi b_\mu b^\mu+(1+3\alpha)\phi\nabla_\mu b^\mu-\lambda\phi^3=-Q,\\&\nabla_\mu H_\nu^\mu-f^2(1+3\alpha)(\phi\partial_\nu\phi+\phi^2b_\nu)=0,\\&\frac{\alpha}{4}\phi^2\left(R_{\mu\nu}-\frac{1}{2}g_{\mu\nu}R\right)+\frac{\alpha}{4}(\Box\phi^2\cdot g_{\mu\nu}-\nabla_\mu\nabla_\nu\phi^2)=\cdots,\\&Q=-\frac{1}{\sqrt{-g}}\frac{\delta\mathscr{L}_{M'}}{\delta\phi}.\end{aligned}$$

由于描述共形引力时空的是几何量 $g_{\mu\nu}(x)$ 和 $\phi(x)$, 它们的真空期望值不应为零. 理论中的物质场则有为零的真空期望值, 即

$$\langle g_{\mu\nu}\rangle_0 \neq 0, \quad \langle\phi\rangle_0 \neq 0, \quad \langle A_\mu\rangle_0 = \langle\psi\rangle_0 = \langle b_\mu\rangle_0 = 0.$$

代入方程 (2.4.42), 可得

$$\langle\phi\rangle_0 \partial_\nu \langle\phi\rangle_0 = 0.$$

由此得到 $\langle\phi\rangle_0 =$ 常量 ϕ_0. 这将导致在低能极限下共形对称性的真空自发破缺. 代入式 (2.4.40) 中, 破缺后 Lagrangian 成为

$$\begin{aligned}\mathscr{L} =& \sqrt{-g}\left\{\frac{\alpha\phi_0^2}{4}R - \frac{1}{4f^2}H_{\mu\nu}H^{\mu\nu} - \frac{1}{2}k_b^2\phi_0^2 b_\mu b^\mu + \frac{\lambda}{4}\phi_0^4\right\} + \mathscr{L}_{M'},\\ \mathscr{L}_{M'} =& \mathscr{L}_{M'}(\Phi^A, g_{\mu\nu}, \phi_0).\end{aligned}$$

即所有具有质荷 k 的物质粒子获得统一的惯性因数, 其惯性质量成为 $m = k\phi_0$, Einstein 引力理论自然产生, 引力常数为

$$G = \frac{1}{4\pi\alpha}\frac{1}{\phi_0^2}.$$

当取 $\alpha = 1/4\pi$ 时, $G = 1/\phi_0^2$, 即 $\phi_0 \approx 10^{19}\text{GeV}$, 给出共形对称性真空自发破缺的尺度.

牛顿引力成为 $F = -G\dfrac{mm'}{r^2}$. 即惯性质量等于引力质量. Weyl 规范场也获得质量 $m_B = fk_B\phi_0$.

2.5 非稳态 Einstein-Maxwell 场

在本节中, 我们将 Kerr-Newman 度规推广到非稳态情况.

Vaidya-Bonner 度规具有形式

$$\begin{aligned} g_{00} &= 1 - \frac{2m}{r} + \frac{Q^2}{r^2},\\ g_{01} &= 1,\\ g_{22} &= -r^2,\\ g_{33} &= -r^2\sin^2\theta. \end{aligned} \tag{2.5.1}$$

式中 $m = m(u), Q = Q(u)$, u 为延迟时间坐标. 此度规场源的质量和电荷为时间任意函数时, 引力场的分布.

把 (2.5.1) 写成零标架形式

$$g_{\mu\nu} = l_\mu n_\nu + n_\mu l_\nu - m_\mu \overline{m}_\nu - m_\mu \overline{m}_\nu, \tag{2.5.2}$$

$$\begin{aligned} l_\mu &= \delta_\mu^0, \\ n_\mu &= \frac{1}{2}\left(1-\frac{2m}{r}+\frac{Q^2}{r^2}\right)\delta_\mu^0+\delta_\mu^1, \\ m_\mu &= -\frac{r}{\sqrt{2}}(\delta_\mu^2+\mathrm{i}\sin\theta\delta_\mu^3). \end{aligned} \tag{2.5.3}$$

式中 $\mu,\nu=0,\cdots,3$, 分别代表 u,r,θ,φ. 求出 (2.5.2) 式的逆变形式并仿照 Newman 提出的方法进行复化, 我们得到

$$\begin{aligned} l^\mu &= \delta_1^\mu, \\ n^\mu &= \delta_0^\mu-\frac{1}{2}\left[1-m\left(\frac{1}{r}+\frac{1}{\bar{r}}\right)+\frac{Q^2}{r\bar{r}}\right]\delta_1^\mu, \\ m^\mu &= -\frac{1}{\sqrt{2}r}(\delta_2^\mu+\mathrm{i}\sin\theta\delta_3^\mu). \end{aligned} \tag{2.5.4}$$

其中 r 可取复值, $\bar{r}$ 是 r 的复共轭.

作坐标变换

$$\begin{aligned} u' &= u-\mathrm{i}a\cos\theta, \\ r' &= r+\mathrm{i}a\cos\theta(a=\mathrm{const}), \\ \theta' &= \theta, \\ \psi' &= \psi. \end{aligned} \tag{2.5.5}$$

相应的变换矩阵为

$$[a'^\mu_\nu]=\begin{pmatrix} 1 & 0 & \mathrm{i}a\sin\theta & 0 \\ 0 & 1 & -\mathrm{i}a\sin\theta & 0 \\ 0 & 0 & 1 & 0 \\ 0 & 0 & 0 & 1 \end{pmatrix}. \tag{2.5.6}$$

再把变换后的 r' 和 u' 取为实值, 就得到如下的零标架:

$$\begin{aligned} l'_\mu &= \delta_1^\mu, \\ n'_\mu &= \delta_0^\mu-\frac{1}{2}(1-2mr\rho\overline{\rho}+Q^2\rho\overline{\rho})\delta_1^\mu, \\ m'^\mu &= -\frac{\overline{\rho}}{\sqrt{2}}\left(\mathrm{i}a\sin\theta\delta_0^\mu-\mathrm{i}a\sin\theta\delta_1^\mu+\delta_2^\mu+\frac{i}{\sin\theta}\delta_3^\mu\right). \end{aligned} \tag{2.5.7}$$

式中

$$\rho=-\frac{1}{r-\mathrm{i}a\cos\theta}. \tag{2.5.8}$$

去掉撇号并利用方程 (2.5.2), 最后得到

$$g^{00}=-a^2\sin^2\theta\rho\overline{\rho},$$

$$
\begin{aligned}
g^{01} &= (a^2 + r^2)\rho\bar{\rho}, \\
g^{03} &= -a\rho\bar{\rho}, \\
g^{11} &= (2mr - Q^2 - r^2 - a^2)\rho\bar{\rho}, \\
g^{13} &= -a\rho\bar{\rho}, \\
g^{22} &= -\rho\bar{\rho}, \\
g^{33} &= -\frac{\rho\bar{\rho}}{\sin^2\theta}.
\end{aligned} \tag{2.5.9}
$$

其协变形式是

$$
\begin{aligned}
g_{00} &= 1 - (2mr - Q^2)\rho\bar{\rho}, \\
g_{01} &= 1, \\
g_{03} &= a(2mr - Q^2)\rho\bar{\rho}\sin^2\theta, \\
g_{13} &= -a\sin^2\theta, \\
g_{22} &= -\frac{1}{\rho\bar{\rho}}, \\
g_{33} &= \sin^4\theta\left[(Q^2 - 2mr)a^2\rho\bar{\rho} - \frac{a^2 + r^2}{\sin^2\theta}\right].
\end{aligned} \tag{2.5.9$'$}
$$

这就是我们求得的新的时空度规. 它是 Kerr-Newman 度规的非稳态推广. 它与 Kerr-Newman 度规的不同之处是: (2.5.8) 和 (2.5.9) 中代表质量和电荷的 $m(u)$ 和 $Q(u)$ 是延迟坐标时 u 的任意函数, 而 Kerr-Newman 度规的 m 和 Q 都是常数.

为了研究引力场 (2.5.9) 并把结果与稳态 Kerr-Newman 度规和非稳态 Kerr 度规进行比较, 我们采用另一种零标架: 度规 (2.5.9) 的零标架的逆变分量为

$$
\begin{aligned}
l^\mu &= \delta_1^\mu, \\
n^\mu &= \rho\bar{\rho}\left[(r^2 + a^2)\delta_0^\mu + \frac{2mr - Q^2 - (r^2 + a^2)}{2}\delta_1^\mu + a\delta_3^\mu\right], \\
m^\mu &= -\frac{\bar{\rho}}{\sqrt{2}}\left(\mathrm{i}a\sin\theta\delta_0^\mu + \delta_2^\mu + \frac{1}{\sin\theta}\delta_3^\mu\right).
\end{aligned} \tag{2.5.10}
$$

其协变分量为

$$
\begin{aligned}
l_\mu =& \delta_\mu^0 - a\sin^2\theta\delta_\mu^3, \\
n_\mu =& \rho\bar{\rho}\left[\frac{r^2 + a^2 + Q^2 - 2mr}{2}\delta_\mu^0 + \frac{\delta_\mu^1}{\rho\bar{\rho}}\right. \\
&\left. + \frac{2mr - Q^2 - (r^2 + a^2)}{2}a\sin^2\theta\delta_\mu^3\right],
\end{aligned}
$$

$$m_\mu = -\frac{\overline{\rho}}{\sqrt{2}}\left[\mathrm{i}a\sin\theta\delta_\mu^0 - \frac{\delta_\mu^2}{\rho\overline{\rho}} - \mathrm{i}(r^2+a^2)\sin\theta\delta_\mu^3\right]. \tag{2.5.11}$$

根据旋系数的定义, 再利用附录中给出的 Christoffel 符号, 我们得到

$$\begin{aligned}
&\kappa=\varepsilon=\sigma=\lambda=0,\\
&\rho=-\frac{1}{r-\mathrm{i}d\cos\theta},\\
&\pi=\frac{\mathrm{i}a\sin\theta\rho^2}{\sqrt{2}},\\
&\beta=-\frac{\cot\theta\overline{\rho}}{2\sqrt{2}},\\
&\alpha=\pi-\overline{\beta},\\
&\mu=-\frac{2mr-Q^2-(r^2+a^2)}{2}\rho^2\overline{\rho},\\
&\nu=-\frac{\mathrm{i}a\sin\theta}{\sqrt{2}}\left(r\frac{\mathrm{d}m}{\mathrm{d}u}-Q\frac{\mathrm{d}Q}{\mathrm{d}u}\right)\rho^2\overline{\rho},\\
&\gamma=\mu+\frac{(r-m)\rho\overline{\rho}}{\sqrt{2}},\\
&\tau=-\frac{\mathrm{i}a\sin\theta\rho\overline{\rho}}{\sqrt{2}}.
\end{aligned} \tag{2.5.12}$$

我们注意到该度规的旋系数 ν 不为零, 而在 Kerr-Newman 度规中它为零. 其余的旋系数与 Kerr-Newmn 度规形式相同, 不同的只是质量和电荷是可变的. 我们将看到, 旋系数 ν 不为零将在其他的 Newman-Penrose 量中引起稳态 Kerr-Newman 度规没有的项.

Ricci 张量的标架分量 $\Phi_{00}, \Phi_{01}, \Phi_{02}, \Phi_{11}, \Phi_{12}, \Phi_{22}$ 可用如下的 Newman-Penrose 方程计算:

$$\begin{aligned}
\mathrm{D}\rho-\overline{\delta}\kappa =&(\rho^2+\sigma\overline{\sigma})+(\varepsilon+\overline{\varepsilon})\rho-\overline{\kappa}\tau-\kappa(3\alpha+\overline{\beta}-\pi)+\Phi_{00},\\
\mathrm{D}\alpha-\overline{\delta}\varepsilon =&(\rho+\overline{\varepsilon}-2\varepsilon)\alpha+\beta\overline{\sigma}-\overline{\beta}\varepsilon-\kappa\lambda-\overline{\kappa}\gamma+(\varepsilon+\rho)\pi+\Phi_{10},\\
\mathrm{D}\lambda-\overline{\delta}\pi =&(\rho\lambda+\overline{\sigma}\mu)+\pi^2+(\alpha-\overline{\beta})\pi-\nu\overline{\kappa}-(3\varepsilon-\overline{\varepsilon})\lambda+\Phi_{20},\\
\mathrm{D}\gamma-\Delta\varepsilon+\delta\alpha-\overline{\delta}\beta =&(\tau+\overline{\pi})\alpha+(\overline{\tau}+\pi)\beta-(\varepsilon+\overline{\varepsilon})\gamma\\
&-(\gamma+\overline{\gamma})\varepsilon+\tau\pi-\nu\kappa+(\mu\rho-\lambda\sigma)+\alpha\overline{\alpha}+\beta\overline{\beta}-2\alpha\beta\\
&+(\rho-\bar{\rho})\gamma+(\mu-\bar{\mu})\varepsilon+2\Phi_{11},\\
\delta\gamma-\Delta\beta =&(\tau-\overline{\alpha}-\beta)\gamma+\mu\tau-\sigma\nu-\varepsilon\bar{\nu}-(\gamma-\bar{\gamma}-\mu)\beta+\alpha\overline{\lambda}+\Phi_{12},\\
\delta\nu-\Delta\mu =&(\mu^2+\lambda\overline{\lambda})+(\gamma+\overline{\gamma})\mu-\bar{\nu}\pi+(\tau-3\beta-\overline{\alpha})\nu+\Phi_{22},
\end{aligned} \tag{2.5.13}$$

Ricci 示量 $R=-24\Lambda$ 可用下式求出:

$$\begin{aligned}&\mathrm{D}\mu-\delta\pi+\delta\alpha-\delta\beta\\=&(\overline{\rho}+\rho)\mu+(\rho-\overline{\rho})\gamma-(\overline{\alpha}-\beta)\pi\\&-(\varepsilon\overline{\mu}+\overline{\varepsilon}\mu)-\nu\kappa+\alpha\overline{\alpha}+\beta\overline{\beta}+\pi\overline{\pi}-2\alpha\beta+\Phi_{11}+3\Lambda.\end{aligned}\tag{2.5.14}$$

式中 D、Δ 和 δ 是导数. 根据其定义和 (2.5.10) 式给出的零标架, 我们得到

$$\begin{aligned}&\mathrm{D}=\frac{\partial}{\partial r},\\&\Delta=\rho\overline{\rho}\left[(r^2+a^2)\frac{\partial}{\partial u}-\frac{1}{2}(r^2+a^2-2mr+Q^2)\frac{\partial}{\partial r}+a\frac{\partial}{\partial\varphi}\right],\\&\delta=-\frac{\overline{\rho}}{\sqrt{2}}\left[\mathrm{i}a\sin\theta\frac{\partial}{\partial u}+\frac{\partial}{\partial\theta}+\mathrm{i}\operatorname{cosec}\theta\frac{\partial}{\partial\varphi}\right].\end{aligned}\tag{2.5.15}$$

把上式和方程 (2.5.12) 给出的旋系数代入 (2.5.13) 和 (2.5.14) 式得到

$$\begin{aligned}&\Phi_{00}=\Phi_{01}=\Phi_{02}=0,\\&\Phi_{11}=\frac{Q^2}{2}(\rho\overline{\rho})^2,\\&\Phi_{12}=-\frac{\mathrm{i}a\sin\theta}{\sqrt{2}}\left(\frac{\rho^2\overline{\rho}}{2}\frac{\mathrm{d}m}{\mathrm{d}u}+Q(\rho\overline{\rho})^2\frac{\mathrm{d}Q}{\mathrm{d}u}\right),\\&\Phi_{22}=\frac{a^2\sin^2\theta(\rho\overline{\rho})^2}{2}\left[r\frac{\mathrm{d}^2m}{\mathrm{d}u^2}-Q\frac{\mathrm{d}^2Q}{\mathrm{d}u^2}-\left(\frac{\mathrm{d}Q}{\mathrm{d}u}\right)\right]^2-r(\rho\overline{\rho})^2\left(r\frac{\mathrm{d}m}{\mathrm{d}u}-Q\frac{\mathrm{d}Q}{\mathrm{d}u}\right),\\&\qquad\qquad R=-24\Lambda=0.\end{aligned}\tag{2.5.16}$$

为了计算 Weyl 张量的零标架分量 $\psi_0,\psi_1,\psi_2,\psi_3,\psi_4$, 我们采用下列 Newman-Penrose 方程

$$\begin{aligned}&\mathrm{D}\sigma-\delta\kappa=(\rho+\overline{\rho})\sigma+(3\varepsilon-\overline{\varepsilon})\sigma-\kappa(\tau-\overline{\pi}+\overline{\alpha}+3\beta)+\psi_0,\\&\mathrm{D}\beta-\delta\varepsilon=(\alpha+\pi)\sigma+(\overline{\rho}-\overline{\varepsilon})\beta-(\mu+\gamma)\kappa-(\overline{\alpha}-\overline{\pi})\varepsilon+\psi_1,\\&\Delta\rho-\delta\tau=-(\rho\overline{\mu}+\sigma\lambda)+(\overline{\beta}-\alpha-\overline{\tau})\tau+(\gamma+\overline{\gamma})\rho+\nu\kappa-\psi_2-2\Lambda,\\&\Delta\alpha-\overline{\delta}\gamma=(\rho+\varepsilon)\nu-(\tau+\beta)\lambda+(\overline{\gamma}-\overline{\mu})\alpha+(\overline{\beta}-\overline{\tau})\gamma-\psi_3,\\&\Delta\lambda-\overline{\delta}\nu=-(\mu+\overline{\mu})\lambda-(3\gamma-\overline{\gamma})\lambda+(3\alpha+\overline{\beta}+\pi-\overline{\tau})\nu-\psi_4.\end{aligned}\tag{2.5.17}$$

把导数 (2.5.15) 和 (2.5.16) 式给出的旋系数代入方程 (2.5.17) 得

$$\begin{aligned}&\psi_0=\psi_1=0,\\&\psi_2=\left(\frac{m}{\overline{\rho}}+Q^2\right)\rho^3\overline{\rho},\\&\psi_3=-\mathrm{i}\frac{\rho^2\overline{\rho}}{2\sqrt{2}}\left[\frac{\mathrm{d}m}{\mathrm{d}u}+4\rho\left(r\frac{\mathrm{d}m}{\mathrm{d}u}-Q\frac{\mathrm{d}Q}{\mathrm{d}u}\right)\right]a\sin\theta,\end{aligned}$$

$$\psi_4 =\left\{\left[r\frac{\mathrm{d}^2m}{\mathrm{d}u^2}-Q\frac{\mathrm{d}^2Q}{\mathrm{d}u^2}-\left(\frac{\mathrm{d}Q}{\mathrm{d}u}\right)^2\right]\frac{\rho^3\overline{\rho}}{2}\right.$$
$$\left.+\left(r\frac{\mathrm{d}m}{\mathrm{d}u}-Q\frac{\mathrm{d}Q}{\mathrm{d}u}\right)\rho^4\overline{\rho}\right\}a^2\sin^2\theta. \tag{2.5.18}$$

注意　(2.5.16) 和 (2.5.18) 中的 $\varPhi_{12},\varPhi_{22},\psi_3,\psi_4$ 不为零, 而这些量在 Kerr-Newman 度规中都为零.

代入第二篇第 3 章中的 N-P 方程 (3.11.21a)~(3.11.21r) 和 (3.11.23a)~(3.11.23k), 我们证明了度规 (2.5.10) 确是 Einstein-Maxwell 方程的严格解.

三个光学标量 (剪切度、旋度和散度) 为

$$\sigma=\left[\frac{1}{2}l_{(\mu;\nu)}l^{\mu;\nu}-\Theta^2\right]^{1/2}=0,$$
$$\omega=\left[\frac{1}{2}l_{(\mu;\nu)}l^{\mu;\nu}\right]^{1/2}=-a\rho\overline{\rho}\cos\theta,$$
$$\Theta=-\frac{1}{2}l^{\mu}_{;\mu}=-\rho\overline{\rho}. \tag{2.5.19}$$

很明显它们和 Kerr-Newman 度规相同. 下面我们将证明度规 (2.5.9) 是 Petrov II 型, 其重复的主零矢量为 l^μ. 因此, 我们的解具有与 Kerr-Newman 相同的剪切度、旋度和零线汇.

我们现在计算在坐标系 u,r,θ,φ 中的 Ricci 张量. 由于 Ricci 标量为零 [参见方程 (2.5.16)], 所以 $R_{\mu\nu}=R_{mn}Z^m_\mu Z^n_\nu=T_{\mu\nu}$. 于是, 能–动张量由下式给出:

$$T_{\mu\nu} =4Q^2(\rho\overline{\rho})^2[l_{(\mu}n_{\nu)}+m_{(\mu}\overline{m}_{\nu)}]-\left\{a^2\sin^2\theta(\rho\overline{\rho})^2\left[r\frac{\mathrm{d}^2m}{\mathrm{d}u^2}-Q\frac{\mathrm{d}^2Q}{\mathrm{d}u^2}-\left(\frac{\mathrm{d}Q}{\mathrm{d}u}\right)^2\right]\right.$$
$$\left.+2r\rho\overline{\rho}^2\left(r\frac{\mathrm{d}m}{\mathrm{d}u}-Q\frac{\mathrm{d}Q}{\mathrm{d}u}\right)\right\}l_\mu l_\nu-\frac{4a\sin\theta}{\sqrt{2}}\frac{\mathrm{d}m}{\mathrm{d}u}\rho\overline{\rho}-\mathrm{Im}[l_{(\mu}\overline{m}_{\nu)}\rho]$$
$$-\frac{8Q(\rho\overline{\rho})^2a\sin\theta}{\sqrt{2}}\frac{\mathrm{d}Q}{\mathrm{d}u}\mathrm{Im}[l_{(\mu}\overline{m}_{\nu)}\rho]. \tag{2.5.20}$$

利用方程 (2.5.11) 和 (2.5.20), 我们可直接写出在坐标系 u、r、θ、φ 中的 Ricci 张量和能–动张量的各分量. 结果表明满足主能条件, 这表明度规 (2.5.9) 是具有物理意义的.

下面讨论度规的代数分类. 我们采用 Petrov 分类的旋量形式对 Weyl 张量进行分类. 在时空的每一点, $l^\mu,n^\mu,m^\mu,\overline{m}^\mu$ 都对应一个旋量基为 l_A,n_A 的切空间 (满足 $l_An^A=1$). 由旋量基可得到在 5 维复空间 E_5 中的另一组基

$$\xi_{0ABCD} =n_An_Bn_Cn_D,$$

$$\begin{aligned}
\xi_{1ABCD} &= -4l_{(A^n B^n C^n D)},\\
\xi_{2ABCD} &= 6l_{(\dot{A}^l B^n C^n D)},\\
\xi_{3ABCD} &= -4l_{\dot{A}} l_B l_C{}^n{}_D,\\
\xi_{4ABCD} &= l_A l_B l_C l_D.
\end{aligned} \tag{2.5.21}$$

利用这组基, Weyl 旋量 ψ_{ABCD}(它是等价 Weyl 张量 $C_{\mu\nu\rho\sigma}$ 的旋量) 可表示为

$$\psi_{ABCD} = \sum_{m=0}^{4} \psi_m \xi_{mABCD}. \tag{2.5.22}$$

式中 α_m 是 Weyl 旋量的标架分量. 由于本度规的 $\psi_0 = \psi_1 = 0$[参见方程 (2.5.18)], 用 $l^C l^D$ 缩并 (2.5.22) 式得到

$$\psi_{ABCD} l^C l^D = \psi_2 l_A l_B. \tag{2.5.23}$$

式中 α_A 和 l_A 成正比. 由此可知, 若 $\gamma_c \neq \delta_c$, 度规是 Petrov II 型; 若 $\gamma_c = \delta_c$, 则度规为 D 型, 这里, 容易证明 $3\psi_2\psi_4 \neq \psi_3^2$, 从而有 $\gamma_c \neq \delta_c$, 因此我们的度规属于 Petrov II 型.

注意 在 (2.5.8) 中:

第一类 Christoffel 符号的非零分量为

$$\begin{aligned}
\Gamma_{\alpha\beta\gamma} &= \frac{1}{2}[g_{\alpha\beta,\gamma} + g_{\alpha\gamma,\beta} - g_{\beta\gamma,\alpha}] = \Gamma_{\alpha\gamma\beta},\\
\Gamma_{000} &= -\left(\frac{\mathrm{d}m}{\mathrm{d}u} r - Q\frac{\mathrm{d}Q}{\mathrm{d}u}\right)\rho\overline{\rho},\\
\Gamma_{001} &= (2mr - Q^2) r\rho^2\overline{\rho}^2 - m\rho\overline{\rho},\\
\Gamma_{002} &= -(2mr - Q^2) a^2 \sin\theta\cos\theta\rho^2\overline{\rho}^2,\\
\Gamma_{013} &= -(2mr - Q^2) ra\sin^2\theta\rho^2\overline{\rho}^2 + ma\sin^2\theta\rho\overline{\rho},\\
\Gamma_{023} &= (2mr - Q^2)(r^2 + a^2) a\sin\theta\cos\theta\rho^2\overline{\rho}^2,\\
\Gamma_{033} &= \left(\frac{\mathrm{d}m}{\mathrm{d}u} r - Q\frac{\mathrm{d}Q}{\mathrm{d}u}\right) a^2\sin^4\theta\rho\overline{\rho},\\
\Gamma_{100} &= -(2mr - Q^2) r\rho^2\overline{\rho}^2 + m\rho\overline{\rho},\\
\Gamma_{103} &= (2mr - Q^2) ra\sin^2\theta\rho^2\overline{\rho}^2 - ma\sin^2\theta\rho\overline{\rho},\\
\Gamma_{122} &= r,\\
\Gamma_{123} &= -a\sin\theta\cos\theta,\\
\Gamma_{133} &= -(2mr - Q^2) ra^2\sin^4\theta\rho^2\overline{\rho}^2 + ma^2\sin^4\theta\rho\overline{\rho} + r\sin^2\theta,\\
\Gamma_{200} &= (2mr - Q^2) a^2\sin\theta\cos\theta\rho^2\overline{\rho}^2,
\end{aligned}$$

$$
\begin{aligned}
\Gamma_{203} &= -(2mr - Q^2)(r^2 + a^2)a\sin\theta\cos\theta\rho^2\overline{\rho}^2, \\
\Gamma_{212} &= -r, \\
\Gamma_{213} &= a\sin\theta\cos\theta, \\
\Gamma_{222} &= a^2\sin\theta\cos\theta, \\
\Gamma_{233} &= (r^2 + a^2)\sin\theta\cos\theta + (2mr - Q^2)(2a^2\sin^3\theta\cos\theta\rho\overline{\rho} \\
&\qquad + a^4\sin^5\theta\cos\theta\rho^2\overline{\rho}^2), \\
\Gamma_{300} &= 2\left(\frac{\mathrm{d}m}{\mathrm{d}u}r - Q\frac{\mathrm{d}Q}{\mathrm{d}u}\right)a\sin^2\theta\rho\overline{\rho}, \\
\Gamma_{301} &= -(2mr - Q^2)ra\sin^2\theta\rho^2\overline{\rho}^2 + ma\sin^2\theta\rho\overline{\rho}, \\
\Gamma_{302} &= (2mr - Q^2)(r^2 + a^2)a\sin\theta\cos\theta\rho^2\overline{\rho}^2, \\
\Gamma_{303} &= -\left(\frac{\mathrm{d}m}{\mathrm{d}u}r - Q\frac{\mathrm{d}Q}{\mathrm{d}u}\right)a^2\sin^4\theta\rho\overline{\rho}, \\
\Gamma_{312} &= -a\sin\theta\cos\theta, \\
\Gamma_{313} &= (2mr - Q^2)ra^2\sin^4\theta\rho^2\overline{\rho}^2 + ma^2\sin^4\theta\rho\overline{\rho} - r\sin^2\theta, \\
\Gamma_{323} &= -(r^2 + a^2)\sin\theta\cos\theta - (2mr - Q^2) \\
&\qquad \times (2a^2\sin^3\theta\cos\theta\rho\overline{\rho} - a^4\sin^5\theta\cos\theta\rho^2\overline{\rho}^2).
\end{aligned}
\tag{2.5.24}
$$

第二类 Christoffer 符号的非零分量为

$$
\begin{aligned}
\Gamma^{\mu}_{\alpha\beta} &= g^{\mu\gamma}\Gamma_{\gamma\alpha\beta}, \\
\Gamma^{0}_{00} &= -\left(\frac{\mathrm{d}m}{\mathrm{d}u}r - Q\frac{\mathrm{d}Q}{\mathrm{d}u}\right)a^2\sin^2\theta\rho^2\overline{\rho}^2 - (mr^2 - Q^2r)\rho^2\overline{\rho}^2 \\
&\quad + ma^2\rho^2\overline{\rho}^2 - (2mr - Q^2)ra^2\sin^2\theta\rho^3\overline{\rho}^3, \\
\Gamma^{0}_{02} &= -(2mr - Q^2)a^2\sin\theta\cos\theta\rho^2\overline{\rho}^2, \\
\Gamma^{0}_{03} &= (2mr^2 - Q^2r)a^3\sin^4\theta\rho^3\overline{\rho}^3 + (2mr^2 - Q^2)ar\sin^2\theta\rho^2\overline{\rho}^2 \\
&\quad - ma^3\sin^4\theta\rho^2\overline{\rho}^2 + \left(\frac{\mathrm{d}m}{\mathrm{d}u}r - Q\frac{\mathrm{d}Q}{\mathrm{d}u}\right)a^3\sin^4\theta\rho^2\overline{\rho}^2 - ma\sin^2\theta\rho\overline{\rho}, \\
\Gamma^{0}_{12} &= a^2\sin\theta\cos\theta\rho\overline{\rho}, \\
\Gamma^{0}_{13} &= ra\sin^2\theta\rho\overline{\rho}, \\
\Gamma^{0}_{22} &= r(a^2 + r^2)\rho\overline{\rho}, \\
\Gamma^{0}_{23} &= (2mr - Q^2)a^3\sin^3\theta\cos\theta\rho^2\overline{\rho}^2, \\
\Gamma^{0}_{33} &= -(mr^4 - Q^2r^3 - Q^2ra^2)a^2\sin^4\theta\rho^3\rho^{-3} \\
&\quad - mr^2a^4\sin^6\theta\rho^3\overline{\rho}^3 + ma^6\sin^4\theta\cos\theta - \left(\frac{\mathrm{d}m}{\mathrm{d}u}r - Q\frac{\mathrm{d}Q}{\mathrm{d}u}\right)a^4\sin^6\theta\rho^2\overline{\rho}^2 \\
&\quad + ra^2\sin^4\theta\rho\overline{\rho} + r\sin^2\theta,
\end{aligned}
$$

$$
\begin{aligned}
\Gamma_{00}^{1} = &(2mr^2 - Q^2 r)a^2\sin^2\theta\rho^3\overline{\rho}^3 - (2mr - Q^2)^2 r\rho^3\rho^{-3}\\
&+\left(\frac{\mathrm{d}m}{\mathrm{d}u}r - Q\frac{\mathrm{d}Q}{\mathrm{d}u}\right)a^2\sin^2\theta\rho^2\overline{\rho}^2 + (2mr - Q^2)m\rho^2\overline{\rho}^2\\
&+(2mr^2 - Q^2 r)\rho^2\overline{\rho}^2 - ma^2\sin^2\theta\rho^2\overline{\rho}^2\\
&-\left(\frac{\mathrm{d}m}{\mathrm{d}u}r - Q\frac{\mathrm{d}Q}{\mathrm{d}u}\right)\rho\overline{\rho} - m\rho\overline{\rho},\\
\Gamma_{01}^{1} = &(2mr - Q^2)r\rho^2\overline{\rho}^2 - m\rho\overline{\rho},\\
\Gamma_{03}^{1} = &(2mr - Q^2)^2 ra\sin^2\theta\rho^3\overline{\rho}^3 - (2mr - Q^2)ra^3\sin^4\theta\rho^3\overline{\rho}^3\\
&-(2mr - Q^2)ma\sin^2\theta\rho^2\overline{\rho}^2 - (2mr - Q^2)ra\sin^2\theta\rho^2\overline{\rho}^2\\
&+ma^3\sin^4\theta\rho^2\overline{\rho}^2 - \left(\frac{\mathrm{d}m}{\mathrm{d}u}r - Q\frac{\mathrm{d}Q}{\mathrm{d}u}\right)a^3\sin^4\theta\rho^2\overline{\rho}^2\\
&+ma\sin^2\theta\rho\overline{\rho},\\
\Gamma_{12}^{1} = &-a^2\sin\theta\cos\theta\rho\overline{\rho},\\
\Gamma_{13}^{1} = &-(2mr - Q^2)ra\sin^2\theta\rho^2\overline{\rho}^2 + ma\sin^2\theta\rho\overline{\rho} - ra\sin^2\theta\rho\overline{\rho},\\
\Gamma_{22}^{1} = &(2mr - Q^2)r\rho\overline{\rho} - ra^2\sin^2\theta\rho\overline{\rho} - r,\\
\Gamma_{33}^{1} = &-(2mr - Q^2)^2 ra^2\sin^4\theta\rho^3\overline{\rho}^3\\
&+(2mr - Q^2)ra^4\sin^6\theta\rho^3\overline{\rho}^3 + \left(\frac{\mathrm{d}m}{\mathrm{d}u}r - Q\frac{\mathrm{d}Q}{\mathrm{d}u}\right)\\
&\times a^4\sin^6\theta\rho^2\overline{\rho}^2 + (2mr - Q^2)ra^2\sin^4\theta\rho^2\overline{\rho}^2\\
&+(2mr - Q^2)ma^2\sin^4\theta\rho^2\overline{\rho}^2 - ma^4\sin^6\theta\rho^2\overline{\rho}^2\\
&+\left(\frac{\mathrm{d}m}{\mathrm{d}u}r - Q\frac{\mathrm{d}Q}{\mathrm{d}u}\right)a^2\sin^4\theta\rho\overline{\rho} - ma^2\sin^4\theta\rho\overline{\rho}\\
&+(2mr - Q^2)r\sin^2\theta\rho\overline{\rho} - ra^2\sin^4\theta\rho\overline{\rho} - r\sin^2\theta,\\
\Gamma_{00}^{2} = &-(2mr - Q^2)a^2\sin\theta\cos\theta\rho^3\overline{\rho}^3,\\
\Gamma_{03}^{2} = &(2mr - Q^2)r^2 a\sin\theta\cos\theta\rho^3\overline{\rho}^3 + (2mr - Q^2)a^3\sin\theta\cos\theta\rho^3\overline{\rho}^3,\\
\Gamma_{12}^{2} = &r\rho\overline{\rho},\\
\Gamma_{13}^{2} = &-a\sin\theta\cos\theta\rho\overline{\rho},\\
\Gamma_{22}^{2} = &-a^2\sin\theta\cos\theta\rho\overline{\rho},\\
\Gamma_{33}^{2} = &-(2mr - Q^2)a^4\sin^5\theta\cos\theta\rho^3\overline{\rho}^3 - 2(2mr - Q^2)\\
&\times a^2\sin^3\theta\cos\theta\rho^2\overline{\rho}^2 - (r^2 + a^2)\sin\theta\cos\theta\rho\overline{\rho},\\
\Gamma_{00}^{3} = &-\left(\frac{\mathrm{d}m}{\mathrm{d}u}r - Q\frac{\mathrm{d}Q}{\mathrm{d}u}\right)a\rho^2\overline{\rho}^2 + ma\rho^2\overline{\rho}^2 - (2mr - Q^2)ra\rho^3\overline{\rho}^3,\\
\Gamma_{02}^{3} = &-(2mr - Q^2)a\cos\theta\,\mathrm{cosec}\theta\rho^2\overline{\rho}^2,\\
\Gamma_{03}^{3} = &(2mr - Q^2)ra^2\sin^2\theta\rho^3\overline{\rho}^3 - ma^2\sin^2\theta\rho^2\overline{\rho}^2\\
&+\left(\frac{\mathrm{d}m}{\mathrm{d}u}r - Q\frac{\mathrm{d}Q}{\mathrm{d}u}\right)a^2\sin^2\theta\rho^2\overline{\rho}^2
\end{aligned}
$$

$$
\begin{aligned}
\Gamma_{12}^3 &= a\cos\theta\operatorname{cosec}\theta\rho\bar{\rho},\\
\Gamma_{13}^3 &= r\rho\bar{\rho},\\
\Gamma_{22}^3 &= ra\rho\bar{\rho},\\
\Gamma_{23}^3 &= (2mr-Q^2)a^2\sin\theta\cos\theta\rho^2\bar{\rho}^2+\cos\theta\operatorname{cosec}\theta,\\
\Gamma_{33}^3 &= -(2mr-Q^2)ra^3\sin^4\theta\rho^3\bar{\rho}^3-\left(\frac{\mathrm{d}m}{\mathrm{d}u}r-Q\frac{\mathrm{d}Q}{\mathrm{d}u}\right)a^3\sin^4\theta\rho^2\bar{\rho}^2\\
&\quad+ma^3\sin^4\theta\rho^2\bar{\rho}^2+ra\sin^2\theta\rho\bar{\rho}.
\end{aligned}
\tag{2.5.25}
$$

2.6　Einstein-Maxwell 场的一个静磁解

我们曾给出一个一级近似解 (Wang, 1985), 描述含磁矩的质量源的外部场. 本节将给出一个严格解.

Einstein-Maxwell 场的第一个严格解是 Bonnor 于 1954 年获得的. 接着, Tauber 采用 Kerson 解构成一个含磁荷的中心质量的外部解. 1966 年, Bonnor 采用 Kerr 度规, 用自己的关于稳态真空解和电磁真空解的对应关系, 得到了一个含两个参量的解 (含质量和磁偶极矩). 这个解在无限远是平直的, 磁场趋近于磁偶极子的磁场. 但是 Bonnor 的解有一个问题, 即当磁的参量为零时不能过渡到 Schwarzschild 解.

20 世纪 70 年代末, Herlt 求出了一个解簇, 其中包括 Bonnor 解, 也可退化为 R-N 解. 但是很遗憾, Herlt 的解不能描述磁偶极矩的静磁场.

下面将给出的解满足上述各个物理条件, 描述质量–磁矩的外部场.

E-M 方程具有形式

$$
\begin{aligned}
&R_{ik}=8\pi T_{ik},\quad \frac{\partial}{\partial x^k}(\sqrt{-g}F_{lm}g^{il}g^{km})=0,\\
&F_{ik;l}+F_{kl;i}+F_{li;k}=0,\\
&T_{ik}=\frac{1}{4\pi}\left(F_{il}F_k^l-\frac{1}{4}F_{lm}F^{lm}g_{ik}\right),\\
&F_{ik}=A_{k;i}-A_{i;k}=\frac{\partial A_k}{\partial x^i}-\frac{\partial A_i}{\partial x^k}.
\end{aligned}
\tag{2.6.1}
$$

静态辐射对称引力场度规的一般形式为

$$
\mathrm{d}s^2=f^{-1}[\mathrm{e}^{2\gamma}(\mathrm{d}\rho^2+\mathrm{d}z^2)+\rho^2\mathrm{d}\varphi^2]-f\mathrm{d}t^2. \tag{2.6.2}
$$

函数 f 和 r 只依赖于 ρ 和 z.

在所讨论的情况下, 四维势可写为 $A_\mu=A_3(\rho,z)$, 其余分量为零. 这样, 可将

(2.6.1) 改写为

$$f\Delta f=(\nabla f)^2+\frac{2f^3}{\rho^2}(\nabla A_3)^2,\quad \nabla\left(\frac{f}{\rho^2}\nabla A_3\right)=0, \tag{2.6.3}$$

$$\begin{aligned}4\frac{\partial\gamma}{\partial\rho}&=\frac{\rho}{f^2}\left[\left(\frac{\partial f}{\partial\rho}\right)^2-\left(\frac{\partial f}{\partial z}\right)^2\right]+\frac{4f}{\rho}\left[\left(\frac{\partial A_3}{\partial\rho}\right)^2-\left(\frac{\partial A_3}{\partial z}\right)^2\right],\\ 2\frac{\partial\gamma}{\partial z}&=\frac{\rho}{f^2}\frac{\partial f}{\partial\rho}\frac{\partial f}{\partial z}+4\frac{f}{\rho}\frac{\partial A_3}{\partial\rho}\frac{\partial A_3}{\partial z},\end{aligned} \tag{2.6.4}$$

$$\Delta\equiv\frac{\partial^2}{\partial\rho^2}+\frac{1}{\rho}\frac{\partial}{\partial\rho}+\frac{\partial^2}{\partial z^2},\quad \Delta\equiv\boldsymbol{P}_0\frac{\partial}{\partial\rho}+\boldsymbol{z}_0\frac{\partial}{\partial z}.$$

式中 $\boldsymbol{P}_0$ 和 $\boldsymbol{z}_0$ 是单位矢量.

从 (2.6.3) 的第二个方程可以看出, 由式

$$\frac{\partial A_3'}{\partial\rho}=-\frac{f}{\rho}\frac{\partial A_3}{\partial z},\quad \frac{\partial A_3'}{\partial z}=\frac{f}{\rho}\frac{\partial A_3}{\partial\rho} \tag{2.6.5}$$

给出的 A_3' 也满足场方程. 将 A_3' 代入, (2.6.3) 和 (2.6.4) 改写为

$$f\Delta f=(\nabla f)^2+2f(\nabla A_3')^2,\quad f\Delta A_3''=\nabla A_3'\cdot\nabla f, \tag{2.6.6}$$

$$\begin{aligned}\frac{4}{\rho}\frac{\partial\gamma}{\partial\rho}&=\frac{1}{f^2}\left[\left(\frac{\partial f}{\partial\rho}\right)^2-\left(\frac{\partial f}{\partial z}\right)^2\right]+\frac{4}{f}\left[\left(\frac{\partial A_3'}{\partial z}\right)^2-\left(\frac{\partial A_3'}{\partial\rho}\right)^2\right],\\ \frac{2}{\rho}\frac{\partial\gamma}{\partial z}&=\frac{1}{f^2}\frac{\partial f}{\partial\rho}\frac{\partial f}{\partial z}-\frac{4}{f}\frac{\partial A_3'}{\partial\rho}\frac{\partial A_3'}{\partial z}.\end{aligned} \tag{2.6.7}$$

再引入两个函数 ε_1 和 ε_2

$$\varepsilon_1=u+A_3',\quad \varepsilon_2=u-A_3',\quad u\sqrt{f}, \tag{2.6.8}$$

可将静磁场方程写成对称形式

$$(\varepsilon_1+\varepsilon_2)\Delta\varepsilon_1=2(\nabla\varepsilon_1)^2,\quad (\varepsilon_1+\varepsilon_2)\Delta\varepsilon_2=2(\nabla\varepsilon_2)^2, \tag{2.6.9}$$

$$\begin{aligned}\frac{(\varepsilon_1+\varepsilon_2)^2}{4\rho}\frac{\partial\gamma}{\partial\rho}&=\frac{\partial\varepsilon_1}{\partial\rho}\frac{\partial\varepsilon_2}{\partial\rho}-\frac{\partial\varepsilon_1}{\partial z}\frac{\partial\varepsilon_2}{\partial z},\\ \frac{(\varepsilon_1+\varepsilon_2)^2}{4\rho}\frac{\partial\gamma}{\partial z}&=\frac{\partial\varepsilon_1}{\partial\rho}\frac{\partial\varepsilon_2}{\partial z}+\frac{\partial\varepsilon_1}{\partial z}\frac{\partial\varepsilon_2}{\partial\rho},\end{aligned} \tag{2.6.10}$$

我们发现, 如果 $(\tilde{\varepsilon}_1,\tilde{\varepsilon}_2)$ 是方程 (2.6.9~2.6.10) 的解, 则

$$\varepsilon_1=\frac{-a+b\tilde{\varepsilon}_1}{c-\mathrm{d}\,\widetilde{\varepsilon}_1},\quad \varepsilon_2=\frac{a+b\,\widetilde{\varepsilon}_2}{c+\mathrm{d}\,\widetilde{\varepsilon}_2}, \tag{2.6.11}$$

也是方程 (2.6.9~2.6.10) 的解. 式中 a, b, c 和 d 都是任意的实常数.

令上式中 $c=0, a=-2dc, b=-d$, 得到

$$\varepsilon_1=-\frac{2c_0}{\widetilde{\varepsilon}_1}+1,\quad \varepsilon_2=-\frac{2c_0}{\widetilde{\varepsilon}_2}-1, \tag{2.6.12}$$

这样, 我们得到一个生成解定理: 知道了场方程的一个解 $(\tilde{f},\tilde{A}_3')$, 便可构造一个新解

$$f=4c_0^2\tilde{f}(\tilde{A}_3'^2-\tilde{f})^{-2},\quad A_3'=1-2c_0\tilde{A}_3'(\tilde{A}_3'^2-\tilde{f})^{-1}. \tag{2.6.13}$$

由 (2.6.10) 和 (2.6.12) 可知 $r=\widetilde{r}$.

下面我们将获得一新的解簇.

把方程 (2.6.6) 改写为

$$\begin{aligned} &f\left[\frac{1}{\rho}\frac{\partial}{\partial\rho}\left(\rho\frac{\partial f}{\partial\rho}\right)+\frac{\partial^2 f}{2z^2}\right]=\left(\frac{\partial f}{\partial\rho}\right)^2+\left(\frac{\partial f}{\partial z}\right)^2+2f\left[\left(\frac{\partial A_3'}{\partial\rho}\right)^2+\left(\frac{\partial A_3'}{\partial z}\right)^2\right],\\ &f\left[\frac{1}{\rho}\frac{\partial}{\partial\rho}\left(\rho\frac{\partial A_3'}{\partial\rho}\right)+\frac{\partial^2 A_3'}{\partial z^2}\right]=\frac{\partial f}{\partial\rho}\frac{\partial A_3'}{\partial\rho}+\frac{\partial f}{\partial z}\frac{\partial A_3'}{\partial z}. \end{aligned} \tag{2.6.14}$$

引入两个函数 ψ 和 χ, 满足方程

$$\frac{\partial^2\psi}{\partial\rho^2}+\frac{1}{\rho}\frac{\partial\psi}{\partial\rho}+\frac{\partial^2\psi}{\partial z^2}=0,\quad \frac{\partial^2\chi}{\partial\rho^2}-\frac{1}{\rho}\frac{\partial\chi}{\partial\rho}+\frac{\partial^2\chi}{\partial z^2}=0, \tag{2.6.15}$$

$$\frac{\partial\psi}{\partial\rho}=\frac{1}{\rho}\frac{\partial\chi}{\partial z},\quad \frac{\partial\psi}{\partial z}=-\frac{1}{\rho}\frac{\partial\chi}{\partial\rho}. \tag{2.6.16}$$

不难证明, 如果 $F(\psi)$ 是常微分方程

$$F\frac{\mathrm{d}^2F}{\mathrm{d}\psi^2}=\left(\frac{\mathrm{d}F}{\mathrm{d}\psi}\right)^2+2F \tag{2.6.17}$$

的解, 则

$$\tilde{A}_3'=\chi,\quad \tilde{f}=\rho^2F(\psi) \tag{2.6.18}$$

就是方程 (2.6.14) 的解.

解 (2.6.17), 得到

$$F(\psi)=\frac{1}{b_0}\left(\frac{\mathrm{e}^{\psi}+b_0\mathrm{e}^{-\psi}}{2}\right)^2,\quad b_0=\mathrm{const}. \tag{2.6.19}$$

令 $b_0=1$, 即 $F=\mathrm{ch}^2\psi$, 与 (2.6.13) 对应的 (2.6.14) 的解可以写成

$$f=\frac{4c_0^2\rho^2\mathrm{ch}^2\psi}{(\chi^2-\rho^2\mathrm{ch}^2\psi)^2},\quad A_3'=1-\frac{2c_0\chi}{\chi^2-\rho^2\mathrm{ch}^2\psi}. \tag{2.6.20}$$

这时方程 (2.6.7) 可以改写为

$$
\begin{aligned}
&\frac{1}{\rho}\frac{\partial}{\partial\rho}\left(2\gamma-2\ln\mathrm{ch}^2\psi-\ln\frac{\rho^2}{\kappa_0^2}\right)=-2\left[\left(\frac{1}{\rho}\frac{\partial\chi}{\partial\rho}\right)^2-\left(\frac{1}{\rho}\frac{\partial\chi}{\partial z}\right)^2\right],\\
&\frac{1}{\rho}\frac{\partial}{\partial z}\left(2\gamma-2\ln\mathrm{ch}^2\psi-\ln\frac{\rho^2}{\kappa_0^2}\right)=-\frac{4}{\rho^2}\frac{\partial\chi}{\partial\rho}\frac{\partial\chi}{\partial z},
\end{aligned}\tag{2.6.21}
$$

方程 (2.6.5) 可改写为

$$
\begin{aligned}
&\frac{\partial}{\partial\rho}(2c_0A_3+\chi^2\mathrm{th}\psi)=\rho\frac{\partial\chi}{\partial z},\\
&\frac{\partial}{\partial z}(2c_0A_3+\chi^2\mathrm{th}\psi)=-\rho\frac{\partial\chi}{\partial\rho}+2\chi.
\end{aligned}\tag{2.6.22}
$$

方程 (2.6.20~2.6.22) 确定了 E-M 场方程的新的解簇.

令

$$
\rho=\kappa_0\sqrt{(x^2-1)(1-y^2)},\quad z=\kappa_0xy,\tag{2.6.23}
$$

从 Weyl 坐标变至椭球坐标, 再变至 Schwarzschild 坐标, (2.6.20) 便退化为 Schwarzschild 解和 R-N 解. 由这一退化和解的渐近行为, 便可确定解中各参量的物理意义, 下面我们就来做这一工作.

将 (2.6.20~2.6.22) 变至椭球坐标, 我们有

$$
\begin{aligned}
&\kappa_0\frac{\partial}{\partial\rho}\equiv\sqrt{(x^2-1)(1-y^2)}(x^2-y^2)^{-1}\left(x\frac{\partial}{\partial x}-y\frac{\partial}{\partial y}\right),\\
&\kappa_0\frac{\partial}{\partial z}\equiv(x^2-y^2)^{-1}\left[(x^2-1)y\frac{\partial}{\partial x}+(1-y^2)x\frac{\partial}{\partial y}\right].
\end{aligned}\tag{2.6.24}
$$

在坐标 (x,y) 中, 度规 (2.6.2) 具有形式

$$
\mathrm{d}s^2=\kappa_0^2f^{-1}\left[\mathrm{e}^{2\gamma}(x^2-y^2)\left(\frac{\mathrm{d}x^2}{x^2-1}+\frac{\mathrm{d}y^2}{1-y^2}\right)+(x^2-1)(1-y^2)\mathrm{d}\varphi^2\right]-f\mathrm{d}t^2,\tag{2.6.25}
$$

而解 (2.6.20) 和方程 (2.6.15~2.6.16) 具有形式

$$
\begin{aligned}
&f=\frac{4c_0^2\kappa_0^2(x^2-1)(1-y^2)\mathrm{ch}^2\psi}{[\chi^2-\kappa_0^2(x^2-1)(1-y^2)\mathrm{ch}^2\psi]^2},\\
&A_3'=1-\frac{2c_0\chi}{\chi^2-\kappa_0^2(x^2-1)(1-y^2)\mathrm{ch}^2\psi}
\end{aligned}\tag{2.6.26}
$$

$$
\frac{\partial}{\partial\chi}\left[(x^2-1)\frac{\partial\psi}{\partial x}\right]+\frac{\partial}{\partial y}\left[(1-y^2)\frac{\partial\psi}{\partial y}\right]=0,\tag{2.6.27}
$$

$$(x^2-1)\frac{\partial^2\chi}{\partial x^2}+(1-y^2)\frac{\partial^2\chi}{\partial y^2}=0,$$

$$k_0\frac{\partial\psi}{\partial x}=-\frac{1}{x^2-1}\frac{\partial\chi}{\partial y},\quad k_0\frac{\partial\psi}{\partial y}=\frac{1}{1-y^2}\frac{\partial\chi}{\partial x}. \tag{2.6.28}$$

为了得到 Schwarzschild 解, 只要令

$$\chi=\kappa_0(x+1),\quad \psi=\frac{1}{2}\ln\frac{1+y}{1-y}.$$

取 $c_0=k_0$, 由 (2.6.26) 得

$$f=\frac{x-1}{x+1},\quad A_3'=0.$$

变至 Schwarzschild 坐标

$$x=(r-m_0)/k_0,\quad y=\cos\theta,$$

再令 $k_0=m_0$, 得到

$$f=1-\frac{2m_0}{r},\quad A_3'=0,\quad \mathrm{e}^{2r}=\frac{r^2-2m_0r}{r^2-2m_0r+m_0^2\sin^2\theta},$$

此即 Schwarzschild 解.

所获得的解簇 (2.6.26) 可以把 Schwarzschild 解推广至场源含磁参量的情况. (2.6.27) 中的函数 χ. 我们选取为

$$\chi=\kappa_0(x+p_0+q_0y),\quad q_0=\text{const}, p_0=\text{const}, \tag{2.6.29}$$

代入 (2.6.28), 得到 ψ 的表示式

$$\psi=\frac{1}{2}\ln\left[\frac{1+y}{1-y}\left(\frac{x+1}{x-1}\right)^{q_0}\right]. \tag{2.6.30}$$

这时有

$$\mathrm{ch}^2\psi=\frac{M^2}{1-y^2},\quad M=\frac{1+y}{2}\left(\frac{x+1}{x-1}\right)^{q_0/2}+\frac{1-y}{2}\left(\frac{x-1}{x+1}\right)^{q_0/2}; \tag{2.6.31}$$

(2.6.8) 中的函数 ε_1 和 ε_2 具有形式

$$\varepsilon_1=-\frac{2c_0}{u+\chi}+1,\quad \varepsilon_2=-\frac{2c_0}{u-\chi}-1, \tag{2.6.32}$$

当 $c_0=m_0$ 时有

$$\varepsilon_1=-\frac{2m_0}{k_0}\frac{1}{M\sqrt{x^2-1}+(x+p_0+q_0y)}+1,$$

$$\varepsilon_2 = -\frac{2m_0}{k_0}\frac{1}{M\sqrt{x^2-1}-(x+p_0+q_0y)} - 1. \tag{2.6.33}$$

于是势

$$f = \left(\frac{2m_0u}{\chi^2-u^2}\right)^2, \quad A_3' = 1-\frac{2m_0\chi}{\chi^2-u^2}$$

的表示式为

$$\begin{aligned} f &= \frac{4m_0^2(x^2-1)M^2}{k_0^2[(x+p_0+q_0y)^2-(x^2-1)M^2]^2}, \\ A_3' &= 1-\frac{2m_0(x+p_0+q_0y)}{k_0[(x+p_0+q_0y)^2-(x^2-1)M^2]}. \end{aligned} \tag{2.6.34}$$

方程 (2.6.21) 在坐标 (x,y) 中具有如下形式:

$$\begin{aligned} k_0^2(x^2-y^2)\frac{\partial\Gamma}{\partial x} &= x\left(\frac{\partial\chi}{\partial x}\right)^2 - \frac{x(1-y^2)}{x^2-1}\left(\frac{\partial\chi}{\partial x}\right)^2 - 2y\frac{\partial\chi}{\partial x}\frac{\partial\chi}{\partial y}, \\ k_0^2(x^2-y^2)\frac{\partial\Gamma}{\partial y} &= \frac{y(x^2-1)}{1-y^2}\left(\frac{\partial\chi}{\partial x}\right)^2 - y\left(\frac{\partial\chi}{\partial y}\right)^2 + 2x\frac{\partial\chi}{\partial x}\frac{\partial\chi}{\partial y}, \end{aligned} \tag{2.6.35}$$

$$\Gamma = 2\ln\mathrm{ch}\psi + \frac{1}{2}\ln[(x^2-1)(1-y^2)] - \gamma.$$

积分上式, 得到

$$(x+y)^{(1+q_0)^2}(x-y)^{(1-q_0)^2}\mathrm{e}^{2\gamma} = M^4(x^2-1)^{1+q_0^2}. \tag{2.6.36}$$

把方程 (2.6.22) 变至椭球坐标系, 得到

$$\begin{aligned} 2m_0\frac{\partial A_3}{\partial x} &= -\frac{1}{k_0}\frac{\partial}{\partial x}(\chi^2\mathrm{th}\psi) + 2y\chi + (1-y^2)\frac{\partial\chi}{\partial y}, \\ 2m_0\frac{\partial A_3}{\partial y} &= -\frac{1}{k_0}\frac{\partial}{\partial y}(\chi^2\mathrm{th}\psi) + 2x\chi - (x^2-1)\frac{\partial\chi}{\partial x}. \end{aligned} \tag{2.6.37}$$

在我们讨论的情况下,

$$\chi = k_0(x+p_0+q_0y), \quad \mathrm{th}\psi = 2\left[1+\frac{1-y}{1+y}\left(\frac{x-1}{x+1}\right)^{q_0}\right]^{-1} - 1.$$

积分 (2.6.37), 得到

$$\begin{aligned} \frac{2m_0}{k_0^2}A_3 = &-(x+p_0+q_0y)^2\mathrm{th}\psi + y(x^2+1) \\ &+ q_0x(y^2+1) + 2p_0xy + D_0. \end{aligned} \tag{2.6.38}$$

式中 D_0 是积分常数.

令

$$D_0 = 2q_0p_0, \quad p_0^2 + q_0^2 = 1, \quad k_0 = m_0(1-q_0^2)^{-1/2},$$
$$\sigma_0 = q_0 m_0 (1-q_0^2)^{-1/2},$$

变回 Schwarzschild 坐标

$$x = \frac{r - m_0}{k_0}, \quad y = \cos\theta,$$

便最后得到度规 (2.6.2) 和势 A_3 的具体形式

$$\mathrm{d}s^2 = f^{-1}M^4N(\mathrm{d}r^2 + K\mathrm{d}\theta^2) + f^{-1}K\sin^2\theta\mathrm{d}\varphi^2 - f\mathrm{d}t^2, \tag{2.6.39}$$

$$f = 4m_0^2KM^2[(r+\sigma_0\cos\theta)^2 - (r^2 + 2m_0r - \sigma_0^2)M^2]^{-2} \tag{2.6.40}$$

$$m_0A_3 = (\cos\theta - \mathrm{th}\psi)(r+\sigma_0\cos\theta)^2 + \sigma_0(r + \sigma_0\cos\theta + m_0)\sin^2\theta. \tag{2.6.41}$$

式中

$$K = r^2 - 2m_0r - q_0^2m_0^2(1-q_0^2)^{-1},$$
$$M = \sin^2\frac{\theta}{2}\left[\frac{\sqrt{1-q_0^2}(r-m_0) - m_0}{\sqrt{1-q_0^2}(r-m_0)+m_0}\right]^{q_0/2}$$
$$+\cos^2\frac{\theta}{2}\left[\frac{\sqrt{1-q_0^2}(r-m_0) + m_0}{\sqrt{1-q_0^2}(r-m_0)-m_0}\right]^{q0/2}.$$
$$N = \left[\frac{(1-q_0^2)K}{(1-q_0^2)K + m_0^2\sin^2\theta}\right]^{q_0^2}$$
$$\left[\frac{\sqrt{1-q_0^2}(r-m_0) - m_0\cos\theta}{\sqrt{1-q_0^2}(r-m_0)+m_0\cos\theta}\right]^{2q0}.$$

我们发现, 当 $q_0 = 0$ 时, 度规 (2.6.39) 退化为 Schwarzschild 度规. 由渐近行为

$$f^{-1}M^4N \to \left(1 + \frac{2m_0}{r}\right), \quad f^{-1}KM^4N \to r^2$$

可知, 当 $r \to \infty$ 时, 我们获得的度规趋近于 Schwarzschild 度规

$$\mathrm{d}s^2 \approx \left(1 + \frac{2m_0}{r}\right)\mathrm{d}r^2 + r^2\mathrm{d}\theta^2 + r^2\sin^2\theta\mathrm{d}\varphi^2 - \left(1 - \frac{2m_0}{r}\right)\mathrm{d}t^2.$$

由此可知, 度规 (2.6.39) 是渐近平直的, 参量 m_0 应即为引力源的引力质量. 由函数 A_3 的渐近行为

$$A_3 \to -\frac{2}{3}m_0\sigma_0\frac{1}{2}\sin^2\theta$$

可知, 量

$$\sigma_0 = q_0 m_0 \sqrt{1 - q_0^2}$$

应该是单位源质量的磁矩.

我们获得的解描述具有磁荷和磁矩的中心质量的 Einstein-maxwell 场.

第 3 章　生成解定理

3.1　引　　言

广义相对论的发展在很大程度上取决于爱因斯坦场方程的严格解和它们的物理解释. 专家们一方面在寻求场方程的新的严格解, 另一方面尽量寻找一些变换, 从一个已知解生成一个新解.

由 Ernst 和 Kinnersley 等给出的定理, 成功地从场方程的一个辐射对称真空解生成一个新解, 因而使人们对辐射对称真空场方程的解特别感兴趣. 当然, 人们对这类场感兴趣的另一个重要原因是它们在天体物理方面具有重要意义. 本章将讨论 Ernst 等的生成技术, 给出场方程的另外一些解.

前面我们曾讨论过具有辐射对称性的静态度规 (Weyl 和 Levi-Civita 解), 将这些度规进行自然推广, 可以得到具有辐射对称性的稳态度规. Lewis 和 Van Stockum 给出了一个这样的稳态度规, 但是不满足渐近平直条件. Kerr 度规满足渐近条件. 在第 1 章中用复延拓方法得到了这一度规 (1.14 节), 又由直接解引力场方程的方法得到了这一度规 (1.15 节). 本章将用 Ernst 方法和孤立子方法给出它的解析推导.

在本章中, 除了讨论 Ernst 的生成技术以外, 还讨论 Kinnersley、Chandrasekhar 和 Eh lers 的生成技术以及参量变换技术, 最后还将较详细地讨论孤立子方法, 并用这些技术和方法获得一些新的严格解, 其中包括著名的 Kerr 解和 Tomimatsu-Sato 解.

3.2　轴对称度规

如果拉格朗日密度不含时间坐标 t 和方位坐标 φ, 则这一稳定系统具有辐射对称性. 在经典场论中这包含角动量守恒定律: $J=\partial\mathscr{L}/\partial\varphi$ 对于坐标变换

$$t'=-t,\quad \varphi'=-\varphi \tag{3.2.1}$$

是不变量. 因此, 所寻求的线元应不含有项 $\mathrm{d}x^1\mathrm{d}\varphi,\mathrm{d}x^2\mathrm{d}\varphi,\mathrm{d}t\mathrm{d}x^1$ 和 $\mathrm{d}t\mathrm{d}x^2$. 这样的线元可以写为

$$\begin{aligned}\mathrm{d}s^2=&g_{00}\mathrm{d}t^2+g_{11}\mathrm{d}x^{1^2}+g_{22}\mathrm{d}x^{2^2}+g_{33}\mathrm{d}x^{3^2}\\&+g_{03}\mathrm{d}t\mathrm{d}\varphi+2g_{12}\mathrm{d}x^1\mathrm{d}x^2.\end{aligned} \tag{3.2.2}$$

式中度规张量的各分量均不依赖于 t 和 φ, 且 x^1 和 x^2 是两个渐近类空坐标. 由于 Weyl 张量在二维空间中恒等于零 (见 F.9), 所以面

$$\mathrm{d}s_{11}^2 = g_{11}\mathrm{d}x^{1^2} + 2g_{12}\mathrm{d}x^1\mathrm{d}x^2 + g_{22}\mathrm{d}x^{2^2} \tag{3.2.3}$$

是共形平直的. 和静态的情况一样, 存在变换

$$\begin{aligned} x'^1 &= x'^1(x^1, x^2), \\ x'^2 &= x'^2(x^1, x^2), \end{aligned} \tag{3.2.4}$$

使线元 (3.2.3) 变为对角形式

$$\mathrm{d}s_{11}^2 = -\mathrm{e}^{\mu}(\mathrm{d}x'^{1^2} + \mathrm{d}x'^{2^2}). \tag{3.2.5}$$

式中 $\mu = \mu(x'^1, x'^2)$. 这一变换不影响 t 和 φ 分量. 去掉撇号, (3.2.2) 成为

$$\mathrm{d}s^2 = g_{00}\mathrm{d}t^2 + 2g_{03}\mathrm{d}t\mathrm{d}\varphi - \mathrm{e}^{\mu}(\mathrm{d}x^{1^2} + \mathrm{d}x^{2^2}) + g_{33}\mathrm{d}\varphi^2. \tag{3.2.6}$$

(3.2.6) 是最一般的辐射对称稳态度规. 当 $g_{03} = 0$ 时上式退化为静态度规.

我们将 (3.2.6) 写成形式

$$\mathrm{d}s^2 = V\mathrm{d}t^2 - 2W\mathrm{d}t\mathrm{d}\varphi - \mathrm{e}^{\mu}\mathrm{d}x^{1^2} - \mathrm{e}^{\mu}\mathrm{d}x^{2^2} - X\mathrm{d}\varphi^2. \tag{3.2.7}$$

式中 V, W 和 X 只是 x^1 和 x^2 的函数.

由 (3.2.7) 可得

$$\begin{aligned} \sqrt{-g} &= \rho\mathrm{e}^{\mu}, \\ \rho &\equiv VX + W^2. \end{aligned} \tag{3.2.8}$$

注意到

$$\frac{\partial^2}{\partial s^2} = \rho^{-2}X\frac{\partial^2}{\partial t^2} - 2\rho^{-2}W\frac{\partial}{\partial t}\frac{\partial}{\partial\varphi} - e^{-\mu}\frac{\partial^2}{\partial x^{1^2}} - e^{-\mu}\frac{\partial^2}{\partial x^{2^2}} - \rho^{-2}V\frac{\partial^2}{\partial\varphi^2}, \tag{3.2.9}$$

可以得到 $g^{\mu\nu}$ 的表达式, 从而可写出 $\Gamma^{\mu}_{\nu\sigma}$ 和 $R_{\mu\nu}$ 的表达式. 代入场方程 $R_{\mu\nu} = 0$, 得到所寻求的关于 V, W 和 X 的真空引力场方程

$$2\rho_{,11} + (\rho_{,1}\mu_{,1} - \rho_{,2}\mu_{,2}) + \frac{1}{2\rho}[(V_{,1}X_{,1} + W_{,1}^2) - (V_{,2}X_{,2} + W_{,2}^2)] = 0, \tag{3.2.10}$$

$$-2\rho_{,22} + (\rho_{,1}\mu_{,1} - \rho_{,2}\mu_{,2}) + \frac{1}{2\rho}[(V_{,1}X_{,1} + W_{,1}^2) - (V_{,2}X_{,2} + W_{,2}^2)] = 0, \tag{3.2.11}$$

$$(\rho^{-1}V_{,i})_{,i}+\frac{V}{2\rho}[\rho^{-2}(V_{,i}X_{,i}+W_{,i}W_{,i})+2\nabla^2\mu]=0, \tag{3.2.12}$$

$$(\rho^{-1}X_{,i})_{,i}+\frac{X}{2\rho}[\rho^{-2}(V_{,i}X_{,i}+W_{,i}W_{,i})+2\nabla^2\mu]=0, \tag{3.2.13}$$

$$(\rho^{-1}W_{,i})_{,i}+\frac{W}{2\rho}[\rho^{-2}(V_{,i}X_{,i}+W_{,i}W_{,i})+2\nabla^2\mu]=0, \tag{3.2.14}$$

式中脚标 $i=1,2$; 两个脚标重复表示取和； ∇^2 是二维拉普拉斯算符

$$\nabla^2\equiv\frac{\partial^2}{\partial x^{1^2}}+\frac{\partial^2}{\partial x^{2^2}}.$$

由 (3.2.10) 减去 (3.2.11), 得到

$$\nabla^2\rho=0, \tag{3.2.15}$$

即 ρ 为调和函数. 为了简化场方程, 引入典型的柱坐标 (ρ,z), 令

$$x^1=\rho,\quad x^2=z. \tag{3.2.16}$$

式中 ρ 是方程 (3.2.15) 的一个任意解. 上式使方程 (3.2.10) 和 (3.2.11) 成为全同方程. 将 (3.2.16) 代入 (3.2.10), 得到

$$\mu_{,1}=-\frac{1}{2\rho}[(V_{,1}X_{,1}+W_{,1}^2)-(V_{,2}X_{,2}+W_{,2}^2)]. \tag{3.2.17}$$

用 V 乘 (3.2.13), 用 W 乘 (3.2.14), 然后相加, 得到

$$\frac{\partial}{\partial\rho}\left(\frac{1}{\rho}\rho_{,1}^2\right)+\frac{\partial}{\partial z}\left(\frac{1}{\rho}\rho_{,2}^2\right)-\frac{1}{\rho}(V_{,i}X_{,i}+W_{;i}W_{,i})+2\rho\nabla^2\mu=0.$$

上式左端前两项显然为零, 故有

$$\nabla^2\mu=\frac{1}{2\rho^2}(V_{,i}X_{,i}+W_{,i}W_{,i}) \tag{3.2.18}$$

将上式代入 (3.2.12)~(3.2.14) 消去 μ, 得到

$$V_{;ii}-\rho^{-1}V_{,1}=-\rho^{-2}V(V_{,i}X_{;i}+W_{,i}W_{,i}), \tag{3.2.19}$$

$$X_{,ii}-\rho^{-1}X_{;1}=-\rho^{-2}X(V_{,i}X_{;i}+W_{,i}W_{,i}), \tag{3.2.20}$$

$$W_{,ii}-\rho^{-1}W_{,1}=-\rho^{-2}W(V_{,i}X_{;i}+W_{,i}W_{,i}). \tag{3.2.21}$$

将 (3.2.17) 代入 (3.2.18), 考虑到 (3.2.19)~(3.2.21), 得到

$$\mu_{,22}=-\frac{1}{2\rho}(X_{,1}V_{,22}+X_{;12}V_{,2}+X_{,22}V_{,1}+X_{,2}V_{,12}+2W_{,1}W_{,22}+2W_{,12}W_{,2}), \tag{3.2.22}$$

积分得

$$\mu_{,2} = -\frac{1}{\rho}(V_{,1}X_{,2} + V_{,2}X_{,1} + 2W_{;1}W_{,2}). \tag{3.2.23}$$

由 (3.2.23) 和 (3.2.17) 可确定 μ, 积分常数由渐近平直条件确定.

考虑到 (3.2.8), 可用两个函数 f 和 ω 代替 V, X 和 W

$$\begin{aligned} V &= f, \\ V &= \omega f, \\ X &= f^{-1}\rho^2 - \omega^2 f, \end{aligned} \tag{3.2.24}$$

代入 (3.2.7) 得到线元的表达式

$$\mathrm{d}s^2 = f(\mathrm{d}t - \omega \mathrm{d}\varphi)^2 - f^{-1}[\mathrm{e}^{2\gamma}(\mathrm{d}\rho^2 + \mathrm{d}z^2) + \rho^2\mathrm{d}\varphi^2], \tag{3.2.25}$$

$$f^{-1}\mathrm{e}^{2\gamma} = \mathrm{e}^{\mu}. \tag{3.2.26}$$

线元 (3.2.25) 称为巴巴别特鲁 (Papapetrou) 度规.

将 (3.2.24) 代入 (3.2.10)~(3.2.14), 得到场方程

$$\begin{aligned} \gamma_{,1} =& \frac{1}{4\rho}[f^{-2}\rho^2(f_{,1}^2 - f_{;2}^2) - 2\omega(\omega_{,1}f_{,1} - \omega_{,2}f_{,2}) \\ &- (\omega_{,1}f + \omega f_{,1})^2 + (\omega_{,2}f + \omega f_{,2})^2], \end{aligned} \tag{3.2.27}$$

$$\gamma_{,2} = \frac{1}{2\rho}[\rho^2 f^{-2} f_{,2}f_{,1} + \omega(\omega_{,2}f_{,1} - \omega_{,1}f_{,2}) - (\omega_{,1}f + \omega f_{,1})(\omega_{,2}f + \omega f_{,2})], \tag{3.2.28}$$

$$f\left(f_{,11} + f_{,22} + \frac{f_{,1}}{\rho}\right) = (f_{,1}^2 + f_{,2}^2) + f^4\rho^{-2}(\omega_{,1}^2 + \omega_{,2}^2), \tag{3.2.29}$$

$$f^2\left(\omega_{,11} + \omega_{,22} - \frac{\omega_{,1}}{\rho}\right) + 2f(f_{,1}\omega_{,1} + f_{,2}\omega_{,2}) = 0. \tag{3.2.30}$$

由最后两个方程得到启发, 我们可以引入和平直空间中算符 ∇ 形式相同的算符

$$\begin{aligned} \nabla &= \hat{\boldsymbol{\rho}}\frac{\partial}{\partial\rho} + \hat{\boldsymbol{z}}\frac{\partial}{\partial z}, \\ \nabla^2 &= \frac{\partial^2}{\partial\rho^2} + \frac{\partial^2}{\partial z^2} + \frac{1}{\rho}\frac{\partial}{\partial\rho}, \\ \nabla\cdot\boldsymbol{A} &= \frac{1}{\rho}\frac{\partial}{\partial\rho}(\rho A_\rho) + \frac{\partial A}{\partial z}. \end{aligned}$$

从而将 (3.2.29) 和 (3.2.30) 表示为

$$f\nabla^2 f = \nabla f\cdot\nabla f + \rho^{-2}f^4\nabla\omega\cdot\nabla\omega, \tag{3.2.31}$$

$$\nabla\cdot(\rho^{-2}f^2\nabla\omega) = 0. \tag{3.2.32}$$

解这两个方程, 确定函数 f 和 ω, 代入前两个方程 (3.2.27) 和 (3.2.28) 中的任意一个, 便可求出 γ, 从而获得场方程的解 (3.2.25).

3.3 Ernst 方程

场方程 (3.2.32) 表明存在一个矢势 A, 它满足

$$\rho^{-2}f^2\nabla\omega = \boldsymbol{\omega}\times\boldsymbol{A}. \tag{3.3.1}$$

由于 $\nabla\omega$ 垂直于半径方向 $\hat{\boldsymbol{n}}$, 于是有

$$(\nabla\times\boldsymbol{A})\cdot\hat{\boldsymbol{n}} = 0. \tag{3.3.2}$$

$$\frac{\partial A_z}{\partial\rho} = \frac{\partial A_\rho}{\partial z}, \tag{3.3.3}$$

此式表明存在一函数 $F(\rho, x, \varphi)$

$$A_0 = \frac{\partial F}{\partial\rho},$$
$$A_z = \frac{\partial F}{\partial z}.$$

令 $\varPsi = \dfrac{\partial F}{\partial\phi} - \rho A_\phi$, 我们得到

$$\nabla\times\boldsymbol{A} = \frac{1}{\rho}\left(\hat{\boldsymbol{\rho}}\frac{\partial\varPsi}{\partial z} - \hat{\boldsymbol{z}}\frac{\partial\varPsi}{\partial\rho}\right). \tag{3.3.4}$$

将上式代入 (3.3.1) 得

$$\nabla\omega = \rho f^{-2}\hat{\boldsymbol{n}}\times\nabla\varPsi. \tag{3.3.5}$$

$\varPsi$ 称为扭 (twist) 势. 为了得到 $\varPsi$ 满足的方程, 作矢量积 $\hat{\boldsymbol{n}}\times$(3.3.5), 得到

$$\rho^{-1}f^{-2}\hat{\boldsymbol{n}}\times\nabla\omega = -\nabla\varPsi. \tag{3.3.6}$$

注意到 $\nabla\cdot(\rho^{-1}\hat{\boldsymbol{n}}\times\nabla\omega) = 0$, 可得

$$\nabla\cdot(f^{-2}\nabla\varPsi) = 0, \tag{3.3.7}$$

此即势 $\varPsi$ 满足的方程.

引入复势

$$\mathscr{E} = f + \mathrm{i}\varPsi, \tag{3.3.8a}$$

可将场方程 (3.2.31) 和 (3.2.32) 合写为一个复方程

$$(R_e\mathscr{E})\nabla^2\mathscr{E} = \nabla\mathscr{E}\cdot\nabla\mathscr{E}. \tag{3.3.9}$$

现在我们证明此方程与 (3.2.31)~(3.2.32) 等价. 将方程 (3.3.5) 代入 (3.2.31), 得到

$$f\nabla^2 f = \nabla f\cdot\nabla f - \nabla\varPsi\cdot\nabla\varPsi.$$

由 $\mathscr{E}$ 的定义式可知, 上式即

$$f\nabla^2 f + 2\mathrm{i}\nabla\Psi\cdot\nabla f = \nabla\mathscr{E}\cdot\nabla\mathscr{E}.$$

将 (3.3.7) 展开后代入上式, 便得到 (3.3.9).

引入新的复势 ζ

$$\mathscr{E} = \frac{\zeta-1}{\zeta+1}, \tag{3.3.8b}$$

方程 (3.3.9) 可改写为 ζ 的方程

$$(\zeta\zeta^*-1)\nabla^2\zeta = 2\zeta^*\nabla\xi\cdot\nabla\zeta. \tag{3.3.10}$$

式中 ζ^* 为 ζ 的复共轭. 此方程称为**恩斯特方程**.

由 (3.3.8)、(3.3.6)、(3.2.31) 和 (3.2.32), 可以确定度规函数 f,ω 和 γ 与复势 ζ 的关系

$$f = \mathrm{Re}\frac{\zeta-1}{\zeta+1}, \tag{3.3.11}$$

$$\nabla\omega = \frac{2\rho}{(\zeta^*\zeta-1)^2}\mathrm{Im}[(\zeta^*-1)^2\hat{\boldsymbol{n}}\times\nabla\zeta], \tag{3.3.12}$$

$$\frac{\partial\gamma}{\partial\rho} = \frac{\rho}{(\zeta^{\bar{a}}\zeta-1)^2}\left(\frac{\partial\zeta}{\partial\rho}\frac{\partial\zeta^*}{\partial\rho} - \frac{\partial\zeta}{\partial z}\frac{\partial\zeta^*}{\partial z}\right), \tag{3.3.13}$$

$$\frac{\partial\gamma}{\partial z} = \frac{2\rho}{(\zeta^{\bar{a}}\zeta-1)^2}\mathrm{Re}\left(\frac{\partial\zeta}{\partial\rho}\frac{\partial\zeta^*}{\partial z}\right). \tag{3.3.14}$$

为了解方程的方便, 我们将方程 (3.3.11)~(3.3.14) 变换到椭球坐标系中. 作变换

$$\rho = k(x^2-1)^{1/2}(1-y^2)^{1/2}, \tag{3.3.15}$$

$$z = kxy,$$

或者

$$x = \frac{1}{2k}\{[(z+k)^2+\rho^2]^{1/2} + [(z-k)^2+\rho^2]^{1/2}\},$$
$$y = \frac{1}{2k}\{[(z+k)^2+\rho^2]^{1/2} - [(z-k)^2+\rho^2]^{1/2}\}. \tag{3.3.16}$$

式中 k 为任意常数. 在椭球坐标系中, 算符 ∇ 和 ∇^2 表示为

$$\nabla = \frac{k}{(x^2-y^2)^{1/2}}\left[\hat{\boldsymbol{x}}(x^2-1)^{1/2}\frac{\partial}{\partial x} + \hat{\boldsymbol{y}}(1-y^2)^{1/2}\frac{\partial}{\partial y}\right],$$
$$\nabla^2 = \frac{k^2}{x^2-y^2}\left[\frac{\partial}{\partial x}(x^2-1)\frac{\partial}{\partial x} + \frac{\partial}{\partial y}(1-y^2)\frac{\partial}{\partial y}\right]. \tag{3.3.17}$$

方程 (3.3.13) 和 (3.3.14) 表示为

$$
\begin{aligned}
\frac{\partial\gamma}{\partial x} =& \frac{1-y^2}{(\zeta\zeta^*-1)^2(x^2-y^2)}\left[x(x^2-1)\frac{\partial\zeta}{\partial x}\frac{\partial\zeta^*}{\partial x}-x(1-y^2)\right.\\
&\left.\times\frac{\partial\zeta}{\partial y}\frac{\partial\zeta^*}{\partial y}-y(x^2-1)\left(\frac{\partial\zeta}{\partial x}\frac{\partial\zeta^*}{\partial y}+\frac{\partial\zeta}{\partial y}\frac{\partial\zeta^*}{\partial x}\right)\right],\\
\frac{\partial\gamma}{\partial y} =& \frac{x^2-1}{(\zeta\zeta^*-1)^2(x^2-y^2)}\left[y(x^2-1)\frac{\partial\zeta}{\partial x}\frac{\partial\zeta^*}{\partial x}-y(1-y^2)\right.\\
&\left.\times\frac{\partial\zeta}{\partial y}\frac{\partial\zeta^*}{\partial y}-x(1-y^2)\left(\frac{\partial\zeta}{\partial x}\frac{\partial\zeta^*}{\partial y}+\frac{\partial\zeta}{\partial y}\frac{\partial\zeta^*}{\partial x}\right)\right],
\end{aligned}
\tag{3.3.18}
$$

当 $\dfrac{\partial\zeta}{\partial x}$ 是纯实数,$\dfrac{\partial\zeta}{\partial y}$ 是纯虚数时, 令 $\zeta=\dfrac{u+\mathrm{i}v}{m+\mathrm{i}n}, A=u^2+v^2-m^2-n^2$, 得到

$$
\begin{aligned}
\frac{\partial\gamma}{\partial x} =& \frac{x(1-y^2)}{A^2(x^2-y^2)}\left[(x^2-1)\left(\frac{\partial u}{\partial x}m-\frac{\partial v}{\partial x}n-y\frac{\partial m}{\partial x}+v\frac{\partial n}{\partial x}\right)^2\right.\\
&\left.-(1-y^2)\left(\frac{\partial u}{\partial y}n-\frac{\partial v}{\partial y}m-u\frac{\partial n}{\partial y}-v\frac{\partial m}{\partial y}\right)^2\right],
\end{aligned}
\tag{3.3.19}
$$

$$
\begin{aligned}
\frac{\partial\gamma}{\partial y} =& \frac{y(x^2-1)}{A^2(x^2-y^2)}\left[(x^2-1)\left(\frac{\partial u}{\partial x}m-\frac{\partial v}{\partial x}n-u\frac{\partial m}{\partial x}+v\frac{\partial n}{\partial x}\right)^2\right.\\
&\left.-(1-y^2)\left(\frac{\partial u}{\partial y}n+\frac{\partial v}{\partial y}m-u\frac{\partial n}{\partial y}-v\frac{\partial m}{\partial y}\right)^2\right].
\end{aligned}
\tag{3.3.20}
$$

上二式直接积分, 得到

$$
\mathrm{e}^{2\gamma}=C\frac{A}{(x^2-y^2)^a}. \tag{3.3.21}
$$

式中 C 为积分常数. C 和 α 由边界条件 ($x\to\infty$ 时 $\mathrm{e}^{2\gamma}\to1$) 确定.

上面诸方程在以后的讨论中经常要用到.

下面讨论恩斯特方程的常相解. 引入代换

$$
\zeta=-\mathrm{e}^{\mathrm{i}a}\coth\psi,\quad \psi\in\mathbf{R}, \tag{3.3.22}
$$

代入恩斯特方程, 可以得到

$$
\nabla^2\psi=0. \tag{3.3.23}
$$

我们设法求得 ψ, 便得到了势 ζ 和 $\mathscr{E}$, 进而得到度规函数 f,ω 和 γ.

取椭球坐标, 用分离变量法解 (3.3.23). 令 $\psi(x,y)=X(x)Y(y)$, 方程 (3.3.23) 分解为两个勒让德 (Legendre) 方程, 一般解表示为

$$
\psi=\sum_{l=0}^{\infty}[\alpha_lP_l(x)+b_lQ_l(x)][c_lP_l(y)+d_lQ_l(y)]. \tag{3.3.24}
$$

式中

$$P(x)=\frac{1}{2^l l!}\frac{\mathrm{d}^l}{\mathrm{d}x^l}(x^2-1)^l,$$
$$Q_l(y)=\frac{1}{2^l l!}\frac{\mathrm{d}^l}{\mathrm{d}y^l}\left[(y^2-1)^l\ln\frac{y+1}{y-1}\right]-\frac{1}{2}P_l(y)\ln\frac{y+1}{y-1};\tag{3.3.25}$$

当 $x\to\infty$ 时有

$$P_t(x)\approx x^l,\quad Q_l(y)\approx 0.\tag{3.3.26}$$

沿对称轴应有 $\psi(x,+y)=\psi(x,-y)$, 所以 (3.3.24) 中的常数 $d_l=0$. 在无限远处, 对于任意的 y, 应有 $\zeta|_{x\to\infty}=\infty$, 因而 $\psi\to 0$, 所以 $\alpha_l=0$. 于是 (3.3.24) 成为

$$\psi=\sum_{l=1}^{\infty}b_l Q_l(x)P(y).\tag{3.3.27}$$

代入 (3.3.22) 得到常相解. 现在由渐近平直条件得到 $\alpha=0$, 即 ζ 为实数. 设 $\psi=-\coth\psi$, 则有 $\zeta=\psi\cos\alpha+\mathrm{i}\psi\sin\alpha$. 代入 (3.3.11) 得

$$f=1-\frac{2(\psi\cos\alpha+1)}{\psi^2+2\psi\cos\alpha+1}.$$

由渐近平直条件和场源质量不为零的要求, 线元中项 $f\mathrm{d}t^2$ 应与 Schwarzschild 线元中对应项 $\left(-\dfrac{2m}{r}\right)$ 有同样渐近行为, 所以, 当 $x\to\infty$ 时应有 $\varPsi\approx r$(此处 r 为球坐标). 又由 (3.3.12) 得到

$$\nabla\omega=\frac{2r}{(\varPsi^2-1)^2}(-\varPsi^2+\varPsi\cos\alpha+1)\sin\alpha(\hat{\boldsymbol{n}}\times\nabla\varPsi).$$

代入 $\varPsi\approx r$, 得 $\nabla\omega\approx-2r^{-1}\sin\alpha$, 从而有 $\omega\approx-2\sin\alpha\ln r$. 由 (3.2.25) 可知, 渐近平直条件要求 $\omega\approx 0$, 所以有 $\alpha\approx 0$.

我们讨论一个极简单的解, 即 (3.3.27) 中 $l=0$ 项对应的解:

$$\psi=\frac{1}{2}\delta\ln\frac{x+1}{x-1}.\tag{3.3.28}$$

式中 $\delta\equiv b_0$. 由此得

$$\zeta=\frac{(x+1)^\delta+(x-1)^\delta}{(x+1)^\delta-(x-1)^\delta}.\tag{3.3.29}$$

代回 (3.3.11), 得到

$$f=\frac{(x-1)^\delta}{(x+1)^\delta}.\tag{3.3.30}$$

由 (3.3.18) 得

$$\mathrm{e}^{2\gamma}=\frac{(x^2-1)^\delta}{(x^2-y^2)^\delta}.\tag{3.3.31}$$

ζ 为实数, 由 (3.3.12) 知

$$\omega = 0. \tag{3.3.32}$$

采用椭球坐标常常是比较方便的. 巴巴别特鲁度规 (3.2.25) 在椭球坐标中具有形式

$$\begin{aligned} \mathrm{d}s^2 =& f(\mathrm{d}t - \omega \mathrm{d}\varphi)^2 - k^2 f^{-1}\left[\mathrm{e}^{2\gamma}(x^2 - y^2)\left(\frac{\mathrm{d}x^2}{x^2-1}\right.\right. \\ &\left.\left. + \frac{\mathrm{d}y^2}{1-y^2}\right) + (x^2-1)(1-y^2)\mathrm{d}\varphi^2\right]. \end{aligned} \tag{3.3.33}$$

由于 Schwarzschild 度规是辐射对称的, 所以必存在 $\{f, \omega, \gamma\}$ 的一组解, 使之由 (3.3.33) 可以变到 Schwarzschild 度规

$$\mathrm{d}s^2 = \left(1 - \frac{2m}{r}\right)\mathrm{d}t^2 - \left(1 - \frac{2m}{r}\right)^{-1}\mathrm{d}r^2 - r^2(\mathrm{d}\theta^2 + \sin^2\theta \mathrm{d}\varphi^2). \tag{3.3.34}$$

我们来寻找这一变换

$$x = x(r), \quad y = y(\theta). \tag{3.3.35}$$

由于方位坐标和时间坐标不变, 必有 $g'_{00} = g_{00}, g'_{33} = g_{33}, g'_{03} = g_{03}$, 因此

$$f = 1 - \frac{2m}{r}, \tag{3.3.36}$$

$$k^2 f^{-1}(x^2-1)(1-y^2) = r^2 \sin^2\theta, \tag{3.3.37}$$

$$\omega = 0.$$

由此得

$$(x^2-1)(1-y^2) = \frac{1}{k^2}\left(1 - \frac{2m}{r}\right) r^2 \sin^2\theta.$$

根据 $x = x(r)$ 和 $y = y(\theta)$, 得到 $y = \cos\theta$. 从而有 $k^2(x^2-1) = r^2 - 2mr$, 故知 $x = \frac{r}{m} - 1 (k = m)$. 变换的具体形式是

$$\begin{aligned} x &= \frac{r}{m} - 1, \\ y &= \cos\theta. \end{aligned} \tag{3.3.38}$$

由 (3.3.36) 和 (3.3.38) 知

$$f = \frac{x-1}{x+1}. \tag{3.3.39}$$

(3.3.38) 就是由椭球坐标到球坐标的变换.

3.4　Curzon 解

在柱坐标系中解方程 (3.3.23), 可得到一个特别简单的解:

$$\psi = m(\rho^2 + z^2)^{-1/2}. \tag{3.4.1}$$

式中 m 为一常数. 可以证明, 这个解可以写成 (3.3.24) 的形式. 将上式代入 (3.3.22) 和 (3.3.11) 可求得

$$f=\exp[-2m(\rho^2+z^2)^{-1/2}]. \tag{3.4.2}$$

代入 (3.2.27) 和 (3.2.28), 积分得

$$\gamma=-\frac{m^2}{2}\frac{\rho^2}{(\rho^2+z^2)^2}. \tag{3.4.3}$$

由于 $(\rho^2+z^2)^{1/2}=r$, 我们可以由 $r\to\infty$ 时 f 的渐近形式与 Schwarzschild 解比较确定常数 m 的意义. 当 $r\to\infty$ 时将这里 f 的表达式展开并与 Schwarzschild 度规中的 $g_{00}=1-\dfrac{2m}{r}$ 比较, 可知 m 即为源质量. 于是得到一度规

$$\begin{aligned}\mathrm{d}s^2=&\exp\left[-\frac{2m}{(\rho^2+z^2)^{1/2}}\right]\mathrm{d}t^2-\exp\left[\frac{2m}{(\rho^2+z^2)^{1/2}}\right]\\&\times\left\{\exp\left[-\frac{m^2\rho^2}{(\rho^2+z^2)^2}\right](\mathrm{d}\rho^2+\mathrm{d}z^2)+\rho^2\mathrm{d}\varphi^2\right\}.\end{aligned} \tag{3.4.4}$$

这一度规称为 Curzon 度规.

变换到球坐标系, 由 (3.3.39) 有

$$\begin{aligned}\rho&=(r^2-2mr)^{1/2}\sin\theta,\\z&=(r-m)\cos\theta.\end{aligned} \tag{3.4.5}$$

于是得到球坐标系中的 Curzon 度规:

$$\begin{aligned}\mathrm{d}s^2=&\exp\left[-\frac{2m}{(r^2-2mr+m^2\cos^2\theta)^{1/2}}\right]\mathrm{d}t^2\\&-\exp\left[\frac{2m}{(r^2-2mr+m^2\cos^2\theta)^{1/2}}\right]\\&\left\{\exp\left[-\frac{m^2(r^2-2mr)\sin^2\theta}{2(r^2-2mr+m^2\cos^2\theta)^2}\right]\times(r^2-2mr)\right.\\&\left.+(m^2\sin^2\theta)\left(\frac{\mathrm{d}r^2}{r^2-2mr}+\mathrm{d}\theta^2\right)+(r^2-2mr)\sin^2\theta\mathrm{d}\varphi^2\right\}.\end{aligned} \tag{3.4.6}$$

3.5 由 Ernst 方程直接得到的几个解

恩斯特方程的一个重要优点是用标准解析方法导出 Kerr 度规. 恩斯特发现, 线性组合

$$\zeta=px-\mathrm{i}qy, \tag{3.5.1}$$

$$p^2+q^2=1. \tag{3.5.2}$$

是恩斯特方程 (3.3.10) 的一个严格解, 变到 Bayer-Lindquist 坐标后恰是通常的 Kerr 度规.

由方程 (3.3.11),(3.3.12),(3.3.21) 和 (3.5.1) 得到

$$f=\frac{p^2x^2+q^2y^2-1}{(px+1)^2+q^2y^2}, \tag{3.5.3}$$

$$\omega=\frac{2q(1-y^2)(px+1)}{p^2x^2+q^2y^2-1}, \tag{3.5.4}$$

$$\mathrm{e}^{2\gamma}=\frac{p^2x^2+q^2y^2-1}{p^2(x^2-y^2)}. \tag{3.5.5}$$

从而得到度规

$$\begin{aligned}\mathrm{d}s^2=&k^2\left\{\frac{p^2x^2+q^2y^2-1}{(px+1)^2+q^2y^2}\left[\mathrm{d}t-\frac{2q(1-y^2)(px+1)}{p^2x^2+q^2y^2-1}\mathrm{d}\varphi\right]^2\right.\\&-\frac{(px+1)^2+q^2y^2}{p^2}\left(\frac{\mathrm{d}x^2}{x^2-1}+\frac{\mathrm{d}y^2}{1-y^2}\right)\\&\left.-\frac{(px+1)^2+q^2y^2}{p^2x^2+q^2y^2-1}(x^2-1)(1-y^2)\mathrm{d}\varphi^2\right\}.\end{aligned} \tag{3.5.6}$$

由椭球坐标向 Boyer-Lindquist 坐标的变换表示为

$$px+1=\frac{r}{m},\quad qy=\frac{a}{m}\cos\theta,\quad \varphi'=\varphi,\quad t'=t. \tag{3.5.7}$$

式中

$$p=\frac{k}{m},\quad q=\frac{a}{m},\quad k=(m^2-a^2)^{1/2}.$$

(3.5.7) 将线元 (3.5.6) 变为

$$\begin{aligned}\mathrm{d}s^2=&\mathrm{d}t^2-(r^2+a^2\cos^2\theta)\left(\mathrm{d}\theta^2+\frac{\mathrm{d}r^2}{r^2+a^2-2mr}\right)\\&-(r^2+a^2)\sin^2\theta\mathrm{d}\varphi^2-\frac{2mr}{r^2+a^2\cos^2\theta}(\mathrm{d}t-a\sin^2\theta\mathrm{d}\varphi)^2.\end{aligned} \tag{3.5.8}$$

这正是通常形式下的 Kerr 度规 (1.14.12).

Tomimatsu 和 Sato 寻找恩斯特方程的形如

$$\zeta=\frac{\alpha(x,y;p,q,\delta)}{\beta(x,y;p,q,\delta)} \tag{3.5.9}$$

的解, 其中 δ 是整数, α 和 β 分别是关于 x 和 y 的 δ^2 次和 (δ^2-1) 次复多项式, p 和 q 是两个实参量且满足 $p^2+q^2=1$.

对应于 $\delta = 1, 2, 3, 4$ 的显式解都已找到. $\delta = 1$ 时 $\zeta = px + \mathrm{i}qy$, 前面已指出它导致 Kerr 度规. $\delta = 2$ 时, 有

$$\zeta = \frac{p^2x^4 + q^2y^4 - 1 - 2\mathrm{i}pqxy(x^2 - y^2)}{2px(x^2 - 1) + 2\mathrm{i}qy(1 - y^2)}. \tag{3.5.10}$$

代入方程 (3.3.11),(3.3.12),(3.3.19) 和 (3.3.20), 得到

$$f = \frac{A}{B}, \tag{3.5.11}$$

$$\omega = \frac{2mq}{A}(1 - y^2)C, \tag{3.5.12}$$

$$\mathrm{e}^{2\gamma} = \frac{A}{p^{2b}(x^2 - y^2)^{b^2}}. \tag{3.5.13}$$

式中

$$\begin{aligned} A \equiv & p^4(x^2 - 1)^4 + q^4(1 - y^2)^4 - 2p^2q^2(x^2 - 1)(1 - y^2) \\ & \times [2(x^2 - 1)^2 + 2(1 - y^2)^2 + 3(x^2 - 1)(1 - y^2)], \end{aligned} \tag{3.5.14}$$

$$\begin{aligned} B \equiv & [p^2(x^4 - 1) - q^2(1 - y^4) + 2px(x^2 - 1)]^2 \\ & + 4q^2y^2[px(x^2 - 1) + (px + 1)(1 - y^2)]^2, \end{aligned} \tag{3.5.15}$$

$$\begin{aligned} C \equiv & -p^3x(x^2 - 1)[2(x^4 - 1) + (x^2 + 3)(1 - y^2)] \\ & - p^2(x^2 - 1)[4x^2(x^2 - 1) + 3(x^2 + 1)(1 - y^2)] \\ & + q^2(px + 1)(1 - y^2)^3. \end{aligned} \tag{3.5.16}$$

由 (3.5.11)~(3.5.13) 构成的解称为 Tomimatsu-Sato 度规. $\delta = 3, 4$ 的解已由 Kinnersley 和 Chitre 等 (1978) 获得.

3.6 Ernst 生成解定理和几个生成解

恩斯特建立了一种由已知解生成新解的方法. 恩斯特方程的每一个解 ζ_0 乘以一个相因子 $\mathrm{e}^{\mathrm{i}\alpha}$ 将构成一个新解

$$\zeta = \mathrm{e}^{\mathrm{i}\alpha}\zeta_0. \tag{3.6.1}$$

现在考虑由 Schwarzschild 解生成的解. 由 (3.3.40), (3.3.30) 和 (3.3.29) 可知, Schwarzschild 解对应于 $\zeta_0 = x$. 代入 (3.6.1), 有

$$\zeta = \mathrm{e}^{\mathrm{i}\alpha}x. \tag{3.6.2}$$

令 $\zeta=\cos\alpha, \lambda=\sin\alpha$, 连同上式代入 (3.3.8a) 和 (3.3.8), 得到

$$f=1-\frac{2(\zeta x+1)}{x^2+2\zeta x+1}, \tag{3.6.3}$$

$$\varPsi=\frac{2\lambda x}{x^2+2\zeta x+1}. \tag{3.6.4}$$

将上二式代入 (3.3.5), 得到

$$\frac{\partial\omega}{\partial x}=0, \quad \frac{\partial\omega}{\partial y}=-2k\lambda. \tag{3.6.5}$$

积分此式, 得到

$$\omega=-2k\lambda y. \tag{3.6.6}$$

式中 k 为场方程中出现的任意常数. 将 (3.6.3) 和 (3.6.4) 代入 (3.3.19) 和 (3.3.20), 积分得到

$$\mathrm{e}^{2\gamma}=\frac{x^2-1}{x^2-y^2}. \tag{3.6.7}$$

变换到 boyer-Lindquist 坐标, 令

$$x=\frac{r-m}{k}, \quad y=\cos\theta, \tag{3.6.8}$$

取

$$k^2=m^2+l^2,$$

得到度规

$$\begin{aligned}\mathrm{d}s^2=&\left[1-\frac{2(mr+l^2)}{r^2+l^2}\right](\mathrm{d}t-2l\sin\theta\mathrm{d}\varphi)^2\\&-\left[1-\frac{2(mr+l^2)}{r^2+l^2}\right]^{-1}\mathrm{d}r^2-(r^2+l^2)(\mathrm{d}\theta^2+\sin^2\theta\mathrm{d}\varphi^2).\end{aligned} \tag{3.6.9}$$

此解即 NUT-Taub(Bewman-Unti-Tamburina and Taub) 度规. 当 $l=0$ 时, 此解退化为 Schwarzschild 度规. 由于 $r\to\infty$ 时 $g_{t\phi}$ 不等于零, 故 $l\neq 0$ 的解不是渐近平直的.

Demianski 和 Newman 用 Kerr 解生成了一个新解. 对应的相变换为

$$\zeta=\mathrm{e}^{\mathrm{i}\alpha}(px+qy), \tag{3.6.10}$$

令 $\zeta=\cos\alpha, \lambda=\sin\alpha$, 得到

$$f=1-2\frac{p\zeta x-q\lambda y+1}{p^2x^2+2p\zeta x+q^2y^2-2q\lambda y}, \tag{3.6.11}$$

$$\varPsi = 2\frac{q\zeta y + p\lambda x}{p^2x^2 + 2p\zeta x + q^2y^2 - 2q\lambda y}. \tag{3.6.12}$$

代入 (3.3.5), 得到关于 ω 的方程

$$\frac{\partial\omega}{\partial x} = -\frac{2kq}{p}\frac{1-y^2}{A}\left\{\zeta p[(px+1)^2 - q^2y^2] + 2p^2x(1-\zeta-q\lambda y)\right\}, \tag{3.6.13}$$

$$\frac{\partial\omega}{\partial y} = -\frac{2kq}{p}\frac{x^2-1}{A}\left[2p^2y(\zeta px - q\lambda y + 1) + \frac{p^2}{q}\lambda A\right], \tag{3.6.14}$$

$$A \equiv p^2x^2 + q^2y^2 - 1. \tag{3.6.15}$$

积分, 得到 ω 的表达式

$$\omega = -2\frac{kq}{p} - \frac{1-y^2}{A}(q\lambda y - p\zeta x - 1) - 2\frac{k}{p}\lambda y. \tag{3.6.16}$$

从而得到

$$\mathrm{e}^{2\gamma} = \frac{p^2x^2 + q^2y^2 - 1}{p^2(x^2-y^2)}. \tag{3.6.17}$$

下面变换到 Boyer-Lindquist 坐标. 作变换 (3.6.8), 并取

$$\begin{gathered} p = \frac{k}{(m^2+l^2)^{1/2}}, \quad q = \frac{\alpha}{(m^2+l^2)^{1/2}}, \\ \zeta = \frac{m}{(m^2+l^2)^{1/2}}, \quad \lambda = \frac{l}{(m^2+l^2)^{1/2}}, \\ k = m^2 + l^2 - \alpha^2, \end{gathered} \tag{3.6.18}$$

得到度规

$$\begin{aligned} \mathrm{d}s^2 = &\left(1 - 2\frac{mr + l^2 - \alpha l\cos\theta}{r^2 + \alpha^2\cos^2\theta + l^2 - 2\alpha l\cos\theta}\right) \\ &\times \left[\mathrm{d}t - \left(2\alpha\sin\theta\frac{mr + l^2 - \alpha l\cos\theta}{r^2 - 2mr + \alpha^2 - l^2} - 2l\cos\theta\right)\mathrm{d}\varphi\right]^2 \\ &- (r^2 + \alpha^2\cos^2\theta + l^2 - 2\alpha l\cos\theta)\left(\frac{\mathrm{d}r^2}{r^2 - 2mr + \alpha^2 + l^2} + \mathrm{d}\theta^2\right) \\ &- \frac{(r^2 + \alpha^2\cos^2\theta + l^2 - 2\alpha l\cos\theta)(r^2 - 2mr + \alpha^2 - l^2)}{r^2 - 2mr + \alpha^2 - l^2} \\ &\times \sin^2\theta\mathrm{d}\varphi^2. \end{aligned} \tag{3.6.19}$$

这一度规称为 Demianski-Newman 度规. 当其中参量 $l=0$ 时, 此度规退化为 Kerr 度规 (3.5.8);$\alpha=0$ 时退化为 NUT-Taub 度规 (3.6.9).

3.7 Geroch-Kinnersley 生成解定理

前节中讨论的相变换可由一个已知解产生一个新解. 对应的引力场方程的两个解同属于辐射对称解. 这表明引力场存在一种内部对称性. Geroch(1971) 发现, 相变换是场方程更大的协变群的一个特例. Kinnersley 等 (1978) 将 Geroch 的工作推广到含电磁场的情况. 他研究了存在一个类时 Killing 矢量时爱因斯坦-麦克斯韦场方程的对称性, 证明了这些方程具有一个和 SU(2,1) 同构的对称群, 其中某些变换只引起规范变换, 其余的变换则可用来产生场方程的新的解族; 从而提出了一种新的生成技术 (G-K 生成技术).

引入复麦克斯韦张量

$$\overline{F}_{\mu\nu} \equiv F_{\mu\nu} + \mathrm{i}\tilde{F}_{\mu\nu}. \tag{3.7.1}$$

式中 $F_{\mu\nu}$ 是麦克斯韦张量. 在无源区域, 麦克斯韦方程为

$$\overline{F}_{[\mu\nu;\sigma]} = 0. \tag{3.7.2}$$

引入复矢势 $\overline{A}$, 定义为

$$\overline{F}_{\mu\nu} \equiv \overline{A}_{\nu,\mu} - \overline{A}_{\mu;\nu}. \tag{3.7.3}$$

式 (3.7.2) 即为 $\overline{A}_\mu$ 存在的可积性条件.

如果 $\overline{F}_{\mu\nu}$ 所在的空-时是稳定的, 即存在一类时 Killing 矢量, 则必存在一个坐标系, 使所有可观测的物理量均不依赖于时间坐标. 这时辐射对称线元可表示为

$$\mathrm{d}s^2 = f(\mathrm{d}t + w_i \mathrm{d}x^i)^2 - f^{-1} h_{ik} \mathrm{d}x^i \mathrm{d}x^k. \tag{3.7.4}$$

式中 f, w_i, h_{ik} 均不含 t; 通过适当的规范变换, 也可使 $\overline{A}_\mu$ 不含时间. 线元 (3.7.4) 与巴巴别特鲁度规 (3.2.25) 是一致的.

所有场方程均可写成度规张量为 h_{ik} 的三维空间 H 中的方程. 令 ∇ 表示三维空间 H 中的协变导数算符, 我们定义一个扭矢量

$$\tau \equiv f^2 \nabla \times \boldsymbol{w} + \mathrm{i}(\varPhi^* \nabla \varPhi - \varPhi \nabla \varPhi^*). \tag{3.7.5}$$

式中 $\varPhi$ 为复电磁势. 可以证明, 只要知道 $\overline{A}_\mu$ 的第零分量 $\overline{A}_0$ 就足够了, 故可令

$$\varPhi = \overline{A}_0. \tag{3.7.6}$$

利用爱因斯坦方程的第 $(0i)$ 分量

$$G_{0i} = 8\pi T_{0i}, \tag{3.7.7}$$

可以证明

$$\nabla \times \boldsymbol{\tau} = 0 \tag{3.7.8}$$

和电动力学中的情况类似, 此式表明存在一个标量“扭势” Ψ, 它由下式定义:

$$\tau = \nabla \Psi. \tag{3.7.9}$$

定义一个复引力标势——恩斯特势

$$\mathscr{E} \equiv f - \Phi\Phi^* + \mathrm{i}\Psi, \tag{3.7.10}$$

其中右端第一项属于引力场, 第二项属于电磁场, 第三项是“扭势”.

一旦给定了 h_{ik}, 则恩斯特势 $\mathscr{E}$ 便可完全确定度规张量, 即确定引力场. 麦克斯韦方程和其余的爱因斯坦方程均可用 $\mathscr{E}$ 和 Φ 的方程代替. 这些方程是

$$f\nabla^2\mathscr{E} = (\nabla\mathscr{E} + 2\Phi^*\nabla\Phi)\cdot\nabla\mathscr{E}, \tag{3.7.11}$$

$$f\nabla^2\Phi = (\nabla\mathscr{E} + 2\Phi^*\nabla\Phi)\cdot\nabla\Phi. \tag{3.7.12}$$

还可以确定三维空间 H 的曲率张量

$$f^2R_{ik}^{(3)} = \frac{1}{2}\mathscr{E}_{,(i\mathscr{E}^*_{,k})} + \Phi\mathscr{E}_{,(i\Phi^*_{,k})} + \Phi^*\mathscr{E}^*_{,(i\Phi_{,k})} - (\mathscr{E} + \mathscr{E}^*)\Phi_{,(i\Phi^*_{,k})}. \tag{3.7.13}$$

三维度规 h_{ik} 具有很大的任意性, 只要能保证上式是曲率张量即可.

为了显示出场方程 (3.7.11)~(3.7.13) 的对称性, 可用三个复标量场 u, v 和 w 代替 $\mathscr{E}$ 和 Φ

$$\mathscr{E} = \frac{u-w}{u+w}, \quad \Phi = \frac{v}{w+u}. \tag{3.7.14}$$

由于三个函数 (u, v, w) 描述两个量 $(\mathscr{E}, \Phi)$, 我们选取 w 满足任意条件, 使 u 和 v 的方程尽量简单些. 为此, 将 (3.7.14) 代入 (3.7.11) 和 (3.7.12), 得到

$$\begin{aligned}(uu^* + vv^* - ww^*)\nabla^2u &= 2(u^*\nabla u + v^*\nabla_v - w^*\nabla_w)\cdot\nabla_u,\\(uu^* + vv^* - ww^*)\nabla^2v &= 2(u^*\nabla u + v^*\nabla_v - w^*\nabla_w)\cdot\nabla_v,\\(uu^* + vv^* - ww^*)\nabla^2w &= 2(u^*\nabla_u + v^*\nabla_v - w^*\nabla_w)\cdot\nabla_w.\end{aligned} \tag{3.7.15}$$

我们引入一抽象的复三维空间 M, 具有不定度规

$$\eta_{pq} = \mathrm{diag}(1, 1, -1); \tag{3.7.16}$$

将场 u, v, w 视为此空间中一矢量的分量

$$Y^p = (u, v, w). \tag{3.7.17}$$

这就是说, 空间 M 中的每一点 (电磁场和引力场) 决定空间 M 中的一个矢量, 式 (3.7.14) 中只含有 u, v 和 w 的比值, 因此它们的归一化并无意义, 实际上只要关心空间 M 中的射线而不是矢量. 用 (3.7.17) 可将 (3.7.15) 写成矢量形式

$$Y_p Y^p \nabla^2 Y^q = 2Y_p^* \nabla Y^p \cdot \nabla Y^q. \tag{3.7.18}$$

空间 H 的曲率张量 (3.7.13) 表示为

$$R_{ik} = (Y_p^* Y^p)^{-2} V_{q(iV_k^q)^*}. \tag{3.7.19}$$

式中

$$V_i^p \equiv Y_q^* Y_{s,i} \mathscr{E}^{pqs}. \tag{3.7.20}$$

考虑在空间 M 内作一常数幺正变换, 即线性变换

$$Y'^p = A_q^p Y^q, \tag{3.7.21}$$

$$Y_p'^* Y'^p = Y_p^* Y^p, \tag{3.7.22}$$

且 A_q^p 不是空间 H 中位置的函数. 由 (3.7.19) 和 (3.7.20) 可知, R_{ij} 在空间 M 中是一标量, 因而具有确定值. 我们也可以假定 h_{ik} 的值确定. 在这样的情况下, 方程 (3.7.18) 中的算符 ∇ 是作为空间 M 中的矢量变换的; 若 Y^p 满足此方程, 则 Y'^p 也是作为矢量变换的. 这样, 如果 (Y^p, h_{ik}) 确定一个稳态 Einstein-Maxwell 场方程的解, 则 (Y'^p, h_{ik}) 也是一个稳态解.

空间 M 中全部幺正变换 A_q^p 组成的变换群记为 $U(2,1)$. 由于我们感兴趣的是空间 M 中的射线而不是矢量, 所以给 Y^p 的分量加上一个普通的相因子是无关紧要的. 因此, 我们可以只考虑 $SU(2, 1)$ 子群. 为了分析的方便, 我们用 8 个实参量 (如"欧拉角") 来细致地表示出最普遍的 $SU(2,1)$ 矩阵. 这在 $SU(2)$ 甚至在 $SU(3)$ 中都是相当明显的, 因为根据欧拉定理, 任何有限转动均为绕某一固定轴的转动. 但是不定度规的出现要求我们考虑一些不同情况. 如在 Minkowski 空间就有一些例外的"零转动", 必须对它们单独处理. 最简单的办法是考查变换矩阵 (A_q^p) 的本征值问题. 对于幺正矩阵, 通常的结果是, 本征矢构成完备正交系, 且所有本征值都是幺模的. 但是当出现零本征矢的时候, 这条规则就有例外了. 对应于零本征矢的本征值是没有任何限制的, 而且两个零本征矢不必正交. 对于 $SU(2,1)$ 矩阵, 只能有下列可能性:

(1) 两个类空本征矢, 一个类时本征矢;

(2) 一个类空本征矢, 两个不同的零本征矢;

(3) 一个类空本征矢, 一个 (二重) 零本征矢;

(4) 一个 (三重) 零本征矢.

考虑以下 5 类简单的 $SU(2, 1)$ 变换:

(Ⅰ)
$$\begin{aligned}&(u+w)\to(u+w),\\&v\to v'+\alpha(u+w),\\&(u-w)\to(u-w)-2a^*v-aa^*(u+w);\end{aligned}\tag{3.7.23}$$

(Ⅱ)
$$\begin{aligned}&(u+w)\to(u+w),\\&v\to v,\\&(u-w)\to(u-w)+\mathrm{i}\alpha(u+w);\end{aligned}\tag{3.7.24}$$

(Ⅲ)
$$\begin{aligned}&(u+w)\to b(u+w),\\&v\to(b^*/b)v,\\&(u-v)\to(1/b^*)(u-w);\end{aligned}\tag{3.7.25}$$

(Ⅳ)
$$\begin{aligned}&(u+w)\to(u+w)+\mathrm{i}\beta(u-w),\\&v\to v,\\&(u-w)\to(u-w);\end{aligned}\tag{3.7.26}$$

(Ⅴ)
$$\begin{aligned}&(u+w)\to(u+w)-2c^*v-cc^*(u-w),\\&v\to v+c(u-w),\\&(u-w)\to(u-w).\end{aligned}\tag{3.7.27}$$

式中 a, b 和 c 是任意复参量, α 和 β 是任意的实参量. (3.7.23)~(3.7.27) 表示相应类型的任意 $SU(2, 1)$ 矩阵. 为了表示矩阵 (A), 我们首先将它的某一本征矢转到一标准位置, 作进一步转动时这一本征矢固定不动. 然后将它转回初始位置.

对于情况 (1), 使矩阵 (A) 的某一类空本征矢与 v 重合, 写作

$$A=(\mathrm{I}\cdot\mathrm{V})\cdot(\mathrm{III}\cdot\mathrm{II}\cdot\mathrm{IV})\cdot(\mathrm{I}\cdot\mathrm{V})^{-1}.\tag{3.7.28}$$

对于情况 (2)、(3)、(4), 至少有一个零本征矢, 使之与 $(u-w)$ 重合. 矩阵 (A) 的形式为

$$A=(\mathrm{I}\cdot\mathrm{II})\cdot(\mathrm{III}\cdot\mathrm{IV}\cdot\mathrm{V})\cdot(\mathrm{I}\cdot\mathrm{II})^{-1}.\tag{3.7.29}$$

只要由一个解出发, 其对称类的所有解均可由 (3.7.28) 或 (3.7.29) 得到.

现在讨论这些 $SU(2, 1)$ 变换对物理过程的影响. 由 (3.7.10) 和 (3.7.14) 可得

$$f=\frac{uu^*+vv^*-ww^*}{(u+w)(u^*+w^*)}.\tag{3.7.30}$$

属于 (Ⅰ), (Ⅱ) 类的 $SU(2,1)$ 矩阵具有特别简单的效应, 因为它们保持 $(u+w)$ 不变, 因而也保持 f 不变. 对于情况 (Ⅰ) 有

$$\varPhi \to \varPhi + a, \quad \mathscr{E} \to \mathscr{E} - 2a^* \varPhi - a^* a, \tag{3.7.31}$$

对于情况 (Ⅱ) 有

$$\varPhi \to \varPhi, \quad \mathscr{E} \to \mathscr{E} + \mathrm{i}\alpha, \tag{3.7.32}$$

$$f \to f, \quad \tau \to \tau;$$

这两类变换既不改变电磁场, 也不改变空间几何性质. 它们分别对应于电磁规范变换和引力规范变换.

在 (Ⅲ) 类变换下有

$$\mathscr{E} \to (bb^*)^{-1}\mathscr{E}, \quad \varPhi \to (b^* b^{-2})\varPhi. \tag{3.7.33}$$

当 $bb^* = 1$ 时, 变换为一个“二重旋转”, 它将电场变换为磁场, 将磁场变换为电场, 但不影响空间几何性质. 如果选取 $bb \neq 1$, 则由 (3.7.33) 可得

$$\mathrm{d}s^2 \to (bb^*)^{-1}\mathrm{d}s^2. \tag{3.7.34}$$

这显然是一个均匀共形变换. 对于真空或只存在零质量场的情况, 这种变换往往导致场方程的新解.

(Ⅳ) 类变换将静态真空场变换为稳态场. 这类变换是 Ehlers(1959) 发现的.

(Ⅴ) 类变换不属于真空的情况, 对应于 Harrison(1968) 发现的变换.

上述 G-K 生成技术的步骤可总结如下: 给定一个稳态爱因斯坦–麦克斯韦场方程的解之后, 由度规确定 f, w, h_{ik}, 然后由已知的电磁场确定 $\varPhi$, 再代入 (3.7.5),(3.7.9) 和 (3.7.10) 确定 $\varPsi$ 和 $\mathscr{E}$. 生成的 5 参量解族可由 (3.7.28) 和 (3.7.29) 直接得出〔或相继应用 (3.7.23)~(3.7.27)〕. 本节所述的变换 (3.7.23)~(3.7.29) 也可用 $\mathscr{E}$ 和 $\varPhi$ 的变换式重复表示出来.

Ernst,Geroch 和 Kinnersley 的工作使严格解的研究大大向前迈进了一步.

作为 G-K 生成解定理的应用, 我们给出一类辐射对称稳态真空场的新解.

按照巴巴别特鲁度规 (3.2.25) 和场方程 (3.2.27)~(3.2.32), 作代换

$$\varepsilon_1 = \rho f^{-1} + \omega, \quad \varepsilon_2 = \rho f^{-1} - \omega, \tag{3.7.35}$$

可将场方程 (3.2.31) 和 (3.2.32) 改写为

$$(\varepsilon_1 + \varepsilon_2)\nabla^2 \varepsilon_1 = 2(\nabla \varepsilon_1)^2, \tag{3.7.36}$$

$$(\varepsilon_1+\varepsilon_2)\nabla^2\varepsilon_2=2(\nabla\varepsilon_2)^2, \tag{3.7.37}$$

直接代入可以证明, 式

$$\rho^{-1}\frac{\partial\varepsilon_1}{\partial\rho}(\varepsilon_1+\varepsilon_2)=(\nabla\varepsilon_1)^2, \tag{3.7.38}$$

$$\nabla^2\left(\rho^{-1}\frac{\partial\varepsilon_1}{\partial\rho}\right)=0 \tag{3.7.39}$$

满足场方程 (3.7.36)~(3.7.37).

设 $(\varepsilon_1^0,\varepsilon_2^0)$ 是方程 (3.7.36)~(3.7.37) 的一组解, 根据 G-K 定理

$$\varepsilon_1=\frac{-a+b\varepsilon_1^0}{b-a\varepsilon_1^0},\quad \varepsilon_2=\frac{a+b\varepsilon_2^0}{b+a\varepsilon_2^0} \tag{3.7.40}$$

也是场方程 (3.7.36)~(3.7.37) 的一组解. 这样, 我们可以由下列各式获得一类新解:

$$f=2A\rho\left(\frac{-B+C\varepsilon_1^0}{C-B\varepsilon_1^0}+\frac{B+C\varepsilon_2^0}{C+B\varepsilon_2^0}\right)^{-1}, \tag{3.7.41}$$

$$\omega=A\left(\frac{-B+C\varepsilon_1^0}{C-B\varepsilon_1^0}+\frac{B+C\varepsilon_2^0}{C+B\varepsilon_2^0}\right), \tag{3.7.42}$$

$$\nabla^2\left(\rho^{-1}\frac{\partial\varepsilon_1^0}{\partial\rho}\right)=0, \tag{3.7.43}$$

$$\varepsilon_2^0=(\nabla\varepsilon_1^0)^2\left(\rho^{-1}\frac{\partial\varepsilon_1^0}{\partial\rho}\right)^{-1}-\varepsilon_1^0, \tag{3.7.44}$$

式中 A,B,C 为任意常数; 度规系数 γ 可由 f 和 ω 求得 [见 (3.2.27~3.2.28)]. 选择 (3.7.43) 的解, 使生成解满足 $\rho\to\infty, z\to\infty$ 时的渐近条件. 所获得的这一类解是与各种已知解不同的一类新解. 应用 3.10 节中的技术, 还可以由这类解生成 Einstein-Maxwell 场方程的一类新解.

3.8 强磁场中的旋转双荷黑洞解

本节由 Kerr-Newman-Kasuya 度规 (1.14.11) 生成爱因斯坦–麦克斯韦场方程的新解. 在新解中含有描述任意强度的外磁场参量 B_0.

在 Boyer-Lindquist 坐标中, Kerr-Newman-Kasuya 度规可表示为

$$\begin{aligned}\mathrm{d}s^2=&\left\{1-\frac{2Mr-(e^2+q^2)}{\Sigma}\right\}\mathrm{d}t^2-\frac{\Sigma}{\Delta}\mathrm{d}r^2-\Sigma\mathrm{d}\theta^2\\&-\left\{\frac{[2mr-(e^2+q^2)]a^2\sin^2\theta}{\Sigma}+(r^2+a^2)\right\}\sin^2\theta\mathrm{d}\varphi^2\end{aligned}$$

$$+\frac{2a\sin^2\theta}{\Sigma}\left[2mr-(e^2+q^2)\right]\mathrm{d}\varphi\mathrm{d}t. \tag{3.8.1}$$

式中

$$\Sigma=r^2+a^2\cos^2\theta,\quad \Delta=r^2+a^2+e^2+q^2-2mr,\quad a=\frac{J}{m},$$

m,e 和 q 分别表示源的质量、电荷和磁荷.

巴巴别特鲁度规 (3.2.25) 可写为

$$\mathrm{d}s^2=(\mathrm{d}\varphi-\omega\mathrm{d}t)^2-\frac{1}{f}(2P^{-2}\mathrm{d}\zeta\mathrm{d}\zeta^*+\rho^2\mathrm{d}t^2), \tag{3.8.2}$$

式中 ζ 是子空间中的复坐标,P,ρ 和 ω 是实函数. 考虑到 (3.7.4) 和 (3.8.2), 由 (3.7.5) 和 (3.7.9) 得到

$$\mathrm{i}\nabla\Psi=\Phi\nabla\Phi^*-\Phi^*\nabla\Phi-\frac{f^2}{\rho}\nabla\omega. \tag{3.8.3}$$

式中 Ψ 为扭势, ∇ 为三维空间的协变导数算符

$$\nabla\equiv\Delta^{1/2}\frac{\partial}{\partial\gamma}+\mathrm{i}\frac{\partial}{\partial\theta}. \tag{3.8.4}$$

由 (3.7.10) 可将爱因斯坦 - 麦克斯韦方程 (3.7.11) 和 (3.7.12) 改写为

$$(\mathrm{Re}\mathscr{E}+|\Phi|^2)\nabla^2\mathscr{E}=(\nabla\mathscr{E}+2\Phi^*\nabla\Phi)\nabla\mathscr{E}, \tag{3.8.5}$$

$$(\mathrm{Re}\mathscr{E}+|\Phi|^2)\nabla^2\Phi=(\nabla\mathscr{E}+2\Phi^*\nabla\Phi)\nabla\Phi. \tag{3.8.6}$$

由已知的电磁场和已知的度规 (3.8.1) 可以得到复电磁势 Φ 和复引力势 (恩斯特势)ξ 的表达式:

$$\Phi=\left(\frac{ae\sin^2\theta}{r+\mathrm{i}a\cos\theta}-q\cos\theta\right)-\mathrm{i}\left(\frac{aq\sin^2\theta}{r+\mathrm{i}a\cos\theta}+e\cos\theta\right), \tag{3.8.7}$$

$$\begin{aligned}\mathscr{E}=&-(r^2+a^2)\sin^2\theta-(e^2+q^2)\cos^2\theta+2mai\cos\theta(3-\cos^2\theta)\\&-\frac{2a}{r+\mathrm{i}a\cos\theta}\sin^2\theta[ma\sin^2\theta+\mathrm{i}(e^2+q^2)\cos\theta].\end{aligned} \tag{3.8.8}$$

对 $\mathscr{E}$ 和 Φ 作变换

$$\mathscr{E}'=\Lambda^{-1}\mathscr{E},\quad \Phi'=\Lambda^{-1}\left(\Phi-\frac{1}{2}B_0\mathscr{E}\right). \tag{3.8.9}$$

式中 $B_0=\mathrm{const},\Lambda$ 的表达式取为

$$\Lambda=1+B_0\Phi-\frac{1}{4}B_0^2\mathscr{E}$$

$$
\begin{aligned}
&=1+\frac{B_0 ea\sin^2\theta}{r+\mathrm{i}a\cos\theta}-B_0 q\cos\theta+\frac{B_0^2}{4}\Big[(r^2+a^2)\sin^2\theta\\
&\quad+(e^2+q^2)\cos^2\theta+\frac{2a^2m\sin^4\theta}{r+\mathrm{i}a\cos\theta}\Big]\\
&\quad-\frac{\mathrm{i}B_0}{4}\left[2am\cos\theta(3-\cos^2\theta)-\frac{2a(e^2+q^2)\cos\theta\sin^2\theta}{r+\mathrm{i}a\cos\theta}\right]\\
&\quad-\mathrm{i}B_0\left(\frac{aq\sin^2\theta}{r+\mathrm{i}a\cos\theta}+e\cos\theta\right).
\end{aligned}
\tag{3.8.10}
$$

类似地, 将 (3.8.10),(3.8.6) 和 (3.8.8) 代入 (3.8.9), 得到 $\mathscr{E}'$ 和 $\varPhi'$ 的表达式. 在变换 (3.8.9) 下, $P'=P,\rho'=\rho$. 由 (3.7.10) 和 (3.8.8) 可知 f 和 ω 的变换为

$$
f'=\mathrm{Re}\mathscr{E}'+\varPhi'\varPhi'^{*}=\varLambda\varLambda^* f,
\tag{3.8.11}
$$

$$
\nabla\omega'=\varLambda\varLambda^*\nabla\omega+\frac{\rho}{f}(\varLambda^*\varDelta\varLambda-\varLambda\varDelta\varLambda^*).
\tag{3.8.12}
$$

显然, f' 的表达式可由前面诸式求出. 我们的任务是解方程 (3.8.12), 求出 ω', 这样便求出了新解. 在求 ω' 之前, 先求出电磁场的表达式.

在局部洛伦兹系中, 电磁场表示为

$$
H'_r+\mathrm{i}E'_r=\frac{\varPhi'_{,\theta}}{C^{1/2}\sin\theta},\quad H'_\theta+\mathrm{i}E'_\theta=-\frac{\varDelta^{1/2}\varPhi'_{,r}}{C^{1/2}\sin\theta},
\tag{3.8.13}
$$

式中

$$
A\equiv(r^2+a^2)^2-\varDelta a^2\sin^2\theta.
$$

由 (3.8.9) 和 (3.8.10) 有

$$
\begin{aligned}
\varPhi'_{,r}&=\frac{1}{\varLambda^2}\left[\left(1+\frac{1}{4}B_0^2\mathscr{E}\right)\varPhi_{,r}-\frac{1}{2}B_0\left(1+\frac{1}{2}B_0\varPhi\right)\mathscr{E}_{,r}\right],\\
\varPhi'_{,\theta}&=\frac{1}{\varLambda^2}\left[\left(1+\frac{1}{4}B_0^2\mathscr{E}\right)\varPhi_{,\theta}-\frac{1}{2}B_0\left(1+\frac{1}{2}B_0\varPhi\right)\mathscr{E}_{,\theta}\right].
\end{aligned}
\tag{3.8.14}
$$

将 (3.8.8), (3.8.9) 和 (3.8.10) 代入 (3.8.13) 和 (3.8.14), 得到

$$
\begin{aligned}
H'_r+\mathrm{i}E'_r=&\frac{1}{\varLambda 2C^{1/2}}\left\{\left[q+\frac{2ae\cos\theta}{r+\mathrm{i}a\cos\theta}+\mathrm{i}e-\frac{2\mathrm{i}aq\cos\theta}{r+\mathrm{i}a\cos\theta}\right.\right.\\
&\left.+\frac{(q+\mathrm{i}e)a^2\sin^2\theta}{(r+\mathrm{i}a\cos\theta)^2}\right]\left[1-\frac{B_0^2}{4}((r^2+a^2)\sin^2\theta\right.\\
&+(e^2+q^2)\cos^2\theta-2ma\mathrm{i}\cos\theta(3-\cos^2\theta)\\
&\left.+\frac{2ma^2\sin^4\theta+2\mathrm{i}a(e^2+q^2)\sin^2\theta\cos\theta}{r+\mathrm{i}a\cos\theta})\right]
\end{aligned}
$$

$$
\begin{aligned}
&+B_0\left[1-\left(\frac{B_0}{2}q+\frac{\mathrm{i}}{2}B_0e\right)\cos\theta+\frac{(e-\mathrm{i}q)B_0\alpha\sin^2\theta}{2(r+\mathrm{i}\alpha\cos\theta)}\right]\\
&\times[(r^2+a^2-e^2-q^2)\cos\theta+3ma\mathrm{i}\sin^2\theta\\
&+\frac{\alpha}{r+\mathrm{i}a\cos\theta}\left(2\cos\theta+\frac{\mathrm{i}a\sin^2\theta}{r+\mathrm{i}a\cos\theta}\right)(ma\sin^2\theta+\mathrm{i}(e^2+q^2)\cdot\cos\theta)\\
&+\frac{a\sin\theta}{r+\mathrm{i}a\cos\theta}(ma\sin^2\theta-\mathrm{i}(e^2+q^2)\sin\theta)]\Bigg\},
\end{aligned}
\tag{3.8.15}
$$

$$
\begin{aligned}
H'_\theta+\mathrm{i}E'_\theta=&\frac{\Delta^{1/2}}{\Lambda^2C^{1/2}}\left\{\frac{(e-\mathrm{i}q)a\sin\theta}{(r+\mathrm{i}a\cos\theta)^2}\right.\\
&\times\left[1-\frac{B_0^2}{4}(r^2+\alpha^2)\sin^2\theta+(e^2+q^2)\cos^2\theta-2ma\mathrm{i}\cos\theta(3-\cos^2\theta)\right.\\
&\left.+\frac{2a\sin^2\theta}{r+\mathrm{i}a\cos\theta}(ma\sin^2\theta+\mathrm{i}(e^2+q^2)\cos\theta)\right]\\
&-B_0\left[1-\frac{B_0}{2}(q+\mathrm{i}e)\cos\theta+\frac{B_0a(e-\mathrm{i}q)\sin^2\theta}{2(r+\mathrm{i}a\cos\theta)}\right]\left[r\sin\theta\right.\\
&\left.\left.-\frac{a\sin\theta}{(r+\mathrm{i}a\cos\theta)^2}(ma\sin^2\theta+\mathrm{i}(e^2+q^2)\cos\theta)\right]\right\}.
\end{aligned}
\tag{3.8.16}
$$

(3.8.15) 和 (3.8.16) 是新解中电磁场的严格表达式, 当 $B_0=0$, $q=0$ 时, 此式恰与 Kerr-Newman 场的对应表达式相同.

下面求引力场的表达式. 比较 (3.8.1) 和 (3.8.2) 有

$$
\begin{aligned}
&f=-\frac{C\sin^2\theta}{\Sigma},\quad P=\frac{1}{C^{1/2}\sin\theta},\\
&\rho=\Delta^{1/2},\quad \omega=(2mr-e^2-q^2)\frac{\alpha}{C},\\
&\mathrm{d}\zeta=\frac{1}{\sqrt{2}}\left(\frac{\mathrm{d}r}{\Delta^{1/2}}+\mathrm{id}\theta\right).
\end{aligned}
\tag{3.8.17}
$$

将此式中的 f,ω 和 (3.8.4) 代入 (3.8.12), 得到

$$
\begin{aligned}
\omega'_{,r}=&-\frac{\Delta_{1/2}q}{r}B_0^3\sin\theta\cos\theta-\frac{6\alpha m}{r^4}+\frac{2eB_0}{r^2}\\
&+\frac{1}{2}(eB_0^2+amB_0^4)(1+\cos^2\theta)-\frac{1}{8}amB_0^4\sin^4\theta,
\end{aligned}
\tag{3.8.18}
$$

$$
\begin{aligned}
\omega'_{,\theta}=&-\frac{2\Delta_{1/2}qB_0}{r^2}-\frac{1}{2}\Delta^{1/2}qB_0^3(1+\cos^2\theta)\\
&-\frac{\Delta}{r}eB_0^3\sin\theta\cos\theta-\frac{\Delta}{2r}amB_0^4\sin\theta\cos\theta(3-\cos^2\theta).
\end{aligned}
\tag{3.8.19}
$$

可以发现, 当 $q \ll e = -2B_0J$ 时, (3.8.18) 和 (3.8.19) 恰好满足

$$\omega'_{,r\theta} = \omega'_{,\theta r}, \tag{3.8.20}$$

即 $\omega'_{,r}\mathrm{d}r + \omega'_{,\theta}\mathrm{d}\theta$ 为全微分. 此时积分, 得到

$$\begin{aligned}\omega'(r,\theta) =& -\frac{2eB_0}{r} + \frac{eB_0^3 r}{2} + \frac{amB_0^4 r}{2} + \frac{2am}{r^3} \\ & - \frac{1}{8r}\Delta amB_0^4 \sin^4\theta + \frac{1}{8}\Delta eB_0^3 \sin^2\theta \\ & + \frac{1}{4r}\Delta amB_0^4 \sin^2\theta + \text{const.}\end{aligned} \tag{3.8.21}$$

由 (3.8.7)~(3.8.11) 可以得到 f' 的表达式. 于是得到新的度规

$$\mathrm{d}s^2 = \Lambda\Lambda^*\left(\frac{\Sigma}{\Delta}\mathrm{d}r^2 + \Sigma\mathrm{d}\theta^2 - \frac{\Sigma}{C}\Delta\mathrm{d}t^2\right) + \frac{C\sin^2\theta}{\Sigma\Lambda\Lambda^*}(\mathrm{d}\varphi - \omega'\mathrm{d}t)^2. \tag{3.8.22}$$

式中 ω' 已由 (3.8.21) 确定.

可以证明, 当 $B_0 = 0$ 时, (3.8.21) 退化为 Kerr-Newman 度规; 当 $a = 0$ 时, 退化为 Ernst 解 (不转动的情况), 故知 B_0 的物理意义是外磁场强度.

3.9 Chandrasekhar 生成解定理

Chandrasekhar(1978) 用两个实函数代替 Ernst 的复函数, 对辐射对称稳态真空场方程进行了重新描述. 这种描述有很多优越性. 他以一个普遍的形式选取线元, 直接导出了 Kerr 度规. 这一工作提供了一种由已知解产生新解的生成技术.

把辐射对称线元写成

$$\mathrm{d}s^2 = \mathrm{e}^{2\nu}\mathrm{d}t^2 - \mathrm{e}^{2\psi}(\mathrm{d}\varphi - \omega\mathrm{d}t)^2 - \mathrm{e}^{2u_2}\mathrm{d}x^{2^2} - \mathrm{e}^{2u_3}\mathrm{d}x^{3^2}. \tag{3.9.1}$$

式中坐标 (φ, x^2, x^3) 为球坐标 (φ, r, θ). 假设场是稳态的, ν, ψ, ω, u_2, 和 u_3 只是 x^2 和 x^3 的函数. 经过适当的变换, 可将 (3.9.1) 变为

$$\begin{aligned}\mathrm{d}s^2 =& (\Delta\delta)^{1/2}\left[\chi\mathrm{d}t^2 + \chi^{-1}(\mathrm{d}\varphi - \omega\mathrm{d}t)^2\right] \\ & + \Delta^{-\frac{1}{2}}\mathrm{e}^{u_2+u_3}(\mathrm{d}r^2 + \Delta\mathrm{d}\theta^2).\end{aligned} \tag{3.9.2}$$

此时场方程可简化为

$$\frac{1}{2}(X+Y)\left[(\Delta X_{,r})_r + (\delta X_{,u})_{,u}\right] = \Delta X_{,r}^2 + \delta X_{,u}^2, \tag{3.9.3}$$

$$\frac{1}{2}(X+Y)\left[(\Delta y_{,r})_{,r} + (\delta y_{,u})_{,u}\right] = \Delta y_{,r}^2 + \delta y_{,u}^2. \tag{3.9.4}$$

式中

$$X \equiv \chi + \omega, \quad y \equiv \chi - \omega, \quad u \equiv \cos\theta,$$
$$\varDelta^{1/2} \equiv \mathrm{e}^{u_3 - u_2}, \quad \delta \equiv 1 - u^2, \quad \chi \equiv \exp(-\psi + \nu). \tag{3.9.5}$$

这一表述的优点是不必先假定正则坐标具有柱对称性.

为了便于生成新解, 我们作变换

$$X = \frac{1+F}{1-F}, \quad Y = \frac{1+G}{1-G}, \tag{3.9.6}$$

$$\eta = \frac{r-m}{(m^2-a^2)^{1/2}}, \quad \varDelta = (m^2-a^2)(\eta^2-1). \tag{3.9.7}$$

容易看出, 式中 η 和 u 与椭球坐标系中的空间坐标 x 和 y 是一致的. 可以把方程 (3.9.3) 和 (3.9.4) 写成下面的形式:

$$\begin{aligned}&(1-FG)\{[(x^2-1)F_{,x}]_{,x} + [(1-y^2)F_{,y}]_{,y}\}\\ =& -2G[(x^2-1)F_{,x}^2 + (1-y^2)F_{,y}^2],\end{aligned} \tag{3.9.8}$$

$$\begin{aligned}&(1-FG)\{[(x^2-1)G_{,x}]_{,x} + [(1-y^2)G_{,y}]_{,y}\}\\ =& -2F[(x^2-1)G_{,x}^2 + (1-y^2)G_{,y}^2].\end{aligned} \tag{3.9.9}$$

这样, 一旦获得了关于 F 和 G 的方程 (3.9.8) 和 (3.9.9) 的解, 便得到了度规 (3.9.2). 可以由 Chandrasekhar 表述得到一类新解. Bonnor(1979) 已经证明, 方程 (3.9.8) 和 (3.9.9) 的解也属于稳态辐射对称的电真空场. Chandrasekhar 通过简单的观察, 从恩斯特方程得出了 (3.9.8)~(3.9.9) 的解.

如果恩斯特方程的解可写成

$$\xi = f(x,y,\lambda) + \mathrm{i}\lambda\phi(x,y,\lambda), \tag{3.9.10}$$

$$\lambda = \text{const}.$$

的形式, 便可以把 (3.9.8)~(3.9.9) 分成两个独立的方程. 实际上, Tomimatsu-Sato 解, Kinnersley 和 Chitre 解都可以化为 (3.9.10) 的形式.

将 (3.3.17) 代入恩斯特方程 (3.3.10), 得到椭球坐标中的恩斯特方程

$$\begin{aligned}&(1-\xi\xi^*)\{[(x^2-1)\xi_{,x}]_{,x} + [(1-y^2)\xi_{,y}]_{,y}\}\\ =& -2\xi^*[(x^2-1)\xi_{,x}^2 + (1-y^2)\xi_{,y}^2].\end{aligned} \tag{3.9.11}$$

按 (3.9.10), 将 $\xi = f + \mathrm{i}\lambda\phi$ 代入 (3.9.11), 分开实部和虚部, 得到

$$(1-f^2-\lambda^2\phi^2)\{[(x^2-1)f_{,x}]_{,x} + [(1-y^2)f_{,y}]_{,y}\}$$

$$
\begin{aligned}
&= -2f[(x^2-1)(f_{,x}^2-\lambda^2\phi_{,x}^2)+(1-y^2)(f_{,y}^2-\lambda^2\phi_{,y}^2)] \\
&\quad -4\lambda^4\phi[(x^2-1)f_{,x}\phi_{,x}+(1-y^2)f_{,y}\phi_{,y}], \qquad (3.9.12a) \\
&\quad (1-f^2-\lambda^2\phi^2)\{[(x^2-1)\phi_{,x}]_{,x}+[(1-y^2)\phi_{,y}]_{,y}\} \\
&= -4f[(x^2-1)f_{,x}\phi_{,x}+(1-y^2)f_{,y}\phi_{,y}] \\
&\quad +2\phi[(x^2-1)(f_{,x}^2-\lambda^2\phi_{,x}^2)+(1-y^2)(f_{,y}^2-\lambda^2\phi_{,y}^2)]. \qquad (3.9.12b)
\end{aligned}
$$

类似地, 把 F 和 G 写成 $F=f'+k\phi'$ 和 $G=f'-k\phi'(k=\mathrm{const})$, 方程 (3.9.8)~(3.9.9) 便成为两个独立的方程

$$
\begin{aligned}
&\quad (1-f'^2+k^2\phi'^2)\{[(x^2-1)f'_{,x}]_{,x}+[(1-y^2)f'_{,y}]_{,y}\} \\
&= -2f'[(x^2-1)(f'_{,x}+k^2{\phi'_{,x}}^2)+(1-y^2)(f'^2+k^2)] \\
&\quad +4k^2\phi'[(x^2-1)f'_{,x}\phi'_{,x}+(1-y^2)f'_{,y}\phi'_{,y}], \qquad (3.9.13a) \\
&\quad (1-f'^2+k^2\phi'^2)\{[(x^2-1)k\phi'_{,x}]_{,x}+[(1-y^2)k\phi'_{,y}]_{,y}\} \\
&= -4kf'[(x^2-1)f'_{,x}{\phi'_{,x}}^2+(1-y^2)f'_{,y}\phi'_{,y}] \\
&\quad +2k\phi'[(x^2-1)(f'^2_{,x}+k^2\phi'^2_{,x}+(1-y^2)f'^2_{,a}+k^2\phi'_{,a})]. \qquad (3.9.13b)
\end{aligned}
$$

比较表明, 两对方程 (3.9.12) 和 (3.9.13) 是相互关联的. 解任何一对, 均可获得场方程的解. 比较上面两对方程可以发现, 将 f 和 ϕ 中的所有 (iq) 换成 k, 我们便得到 f' 和 ϕ'; 由它们就能构成 F 和 G

$$F=f'+q\phi', \qquad (3.9.14)$$

$$G=f'-q\phi'. \qquad (3.9.15)$$

下面我们讨论 Bonnor 给出的一种生成技术. 首先, 把辐射对称线元表示成 Bonnor(1979) 的形式

$$\mathrm{d}s^2=\mathrm{e}^{\lambda}(\mathrm{d}u^2+\mathrm{d}\theta^2)+a^{-2}\varDelta^2\mathrm{d}\varphi^2+a^2\mathrm{d}t^2. \qquad (3.9.16)$$

式中 $x'\equiv u, x^2\equiv\theta, x^3\equiv\varphi$; $\lambda,\varDelta,\alpha$, 只是 u 和 θ 的函数. 我们要解的引力场方程是

$$R_{\mu\nu}=2F_{\mu}^{\alpha}F_{\nu\alpha}-\frac{1}{2}g_{\mu\nu}F^{\alpha\beta}F_{\alpha\beta}. \qquad (3.9.17)$$

Maxwell 方程为

$$R_{\mu\nu;\tau}+F_{\tau\nu;\mu}+F_{\tau\mu;\nu}=0, \qquad (3.9.18)$$

$$F^{\mu\nu}_{;\nu}=0. \qquad (3.9.19)$$

在静电问题中所有的场变量都不依赖时间 ($t \equiv x^0$). 令 4-矢量 A_μ 为

$$A_\mu = \delta_\mu^0 \phi(x^i), \quad i = 1, 2, 3. \tag{3.9.20}$$

则 (3.9.18) 自然满足; 式中 ϕ 为静电势. 可以证明, 场方程的全部解由下面两个方程确定:

$$R_{00} = 2F_0^\alpha F_{0\alpha} - \frac{1}{2} g_{00} F^{\alpha\beta} F_{\alpha\beta}, \tag{3.9.21}$$

$$F^{0\nu}_{;\nu} = 0. \tag{3.9.22}$$

令

$$X = \alpha + \phi, \quad Y = \alpha - \phi, \tag{3.9.23}$$

可将 (3.9.21)~(3.9.22) 写为

$$(X + Y)\nabla^2 X = 2\nabla X \nabla X, \tag{3.9.24}$$

$$(X + Y)\nabla^2 Y = 2\nabla Y \nabla Y. \tag{3.9.25}$$

这两个方程与 Chandrasekhar 给出的两个方程 (3.9.8)~(3.9.9) 完全等效. 实际上, 引入椭球坐标

$$\eta = \cos hu, \quad u = \cos\theta, \tag{3.9.26}$$

作代换 (3.9.6), 把 X 和 Y 换成 F 和 G, 上面两个方程便成为 (3.9.8)~(3.9.9).

我们从 Kinnersley 和 Chitre(1978) 给出的稳态辐射对称解出发. 此解按恩斯特符号表示为

$$\xi = \frac{(x^4 - 1) - 2\mathrm{i}\beta xy(x^2 + y^2 - 2) - \beta^2(x^2 - y^2)^2}{2x(x^2 - 1) + 2\mathrm{i}\beta y(x^2 - y^2)}. \tag{3.9.27}$$

式中 $\beta = \text{const}$. 按前面说明的 Chandrasekhar 生成技术, 得到

$$F = \frac{(x^4 - 1) - 2\beta xy(x^2 + y^2 - 2) + \beta^2(x^2 - y^2)^2}{2x(x^2 - 1) + 2\beta y(x^2 - y^2)}, \tag{3.9.28}$$

$$G = \frac{(x^4 - 1) + 2\beta xy(x^2 + y^2 - 2) + \beta^2(x^2 - y^2)^2}{2x(x^2 - 1) - 2\beta y(x^2 - y^2)}. \tag{3.9.29}$$

采用变换 (Chand,1978)

$$X \to X(1 + C'X), \tag{3.9.30}$$

$$Y \to Y/(1 - C'Y),$$

可以得到单极解, 由 C-B 技术得

$$\alpha=\frac{1}{2}\frac{(a_2-a_1)(1-FG)}{a_1a_2+a_1^2G+a_2^2F+a_1a_2FG},\tag{3.9.31}$$

$$\phi=\frac{1}{2}\frac{2a_1G+2a_2F+(a_1+a_2)(1+FG)}{a_1^2G+a_2^2F+a_1a_2(1+FG)}\tag{3.9.32}$$

式中 a_1 和 a_2 为任意常数;

$$a_1=c'+1,\quad a_2=c'-1.$$

c' 是 (3.9.30) 中的任意常数. 将 (3.9.28)~(3.9.29) 代入 α 和 ϕ 的表达式, 其中含的任意常数可由变换 $t=(\mathrm{const})^{-1}t'$ 和 $\phi=(\mathrm{const})\phi'$ 消掉. 式 (3.9.17)~(3.9.19) 中 ϕ 总是以导数形式出现的, 所以可以在 ϕ 的表达式中引入另一常数. 这样, 便可保证在空间无限远处 α^2 为么模的和 ϕ 为零. α 和 ϕ 的渐近展开式为

$$\alpha=1-\frac{1}{x}\frac{2(a_1^2+a_2^2)}{a_1a_2(1+\beta^2)}+o\left(\frac{1}{x^2}\right)+\cdots,\tag{3.9.33}$$

$$\phi=-\frac{1}{x}\frac{4(a_1+a_2)}{(1+\beta^2)a_1a_2}+o\left(\frac{1}{x^2}\right)+\cdots,\tag{3.9.34}$$

用变换

$$x=\frac{1}{l}\left(r-\frac{m}{2}\right),\quad y=\mathrm{const}.\tag{3.9.35}$$

可将 (3.9.33)~(3.9.34) 表示为球坐标的形式, 其中 l 和 m 是常量. 上面获得的新解是渐近平直的 3 参量解, 3 个参量是 (c',l,β). 此解描述一个带有电 (磁) 荷、偶极矩的孤立质量源的外部场. 场源的荷质比为

$$\frac{e}{m}=\frac{2c'}{(c'^2+1)}.\tag{3.9.36}$$

当 $c'=0$ 时, 此解退化为 2 参量的偶极子解.

根据本节说明的生成技术, 我们再由 Tomimatsu-Sato 解生成一个新解. 重复用本节的方法, 由 T-S 解可得

$$F=\frac{(p^2x^2-q^2y^4-1)-2pqxy(x^2-y^2)}{2px(x^2-1)+2qy(y^2-1)},\tag{3.9.37}$$

$$G=\frac{(p^2x^2-q^2y^4-1)+2pqxy(x^2-y^2)}{2px(x^2-1)-2qy(y^2-1)}.\tag{3.9.38}$$

经过同样冗长的但是直接的计算, 得到

$$\alpha=\frac{a_2-a_1}{2}\frac{c^2-\mathrm{d}^2-a^2+b^2}{a_1a_2(c^2-\mathrm{d}^2+a^2-b^2)}$$

$$
\begin{aligned}
&+(a_1^2+a_2^2)(ac+b\mathrm{d})+(a_1^2-a_2^2)(bc+a\mathrm{d})\\
&\times(a_1+a_2)(c^2-\mathrm{d}^2+a^2-b^2)+2(a_1+a_2)(ac+bd)
\end{aligned}
\tag{3.9.39}
$$

$$
\phi=\frac{1}{2}\frac{2(a_1-a_2)(bc+ad)}{a_1a_2(c^2-d^2+a^2-b^2)}+(a_1^2-a_2^2)(ac+a\mathrm{d})+(a_1^2+a_2^2)(bc+bd) \tag{3.9.40}
$$

式中

$$
\begin{aligned}
&a=p^2x^4-q^2y^4-1,\quad b=2pqxy(x^2-y^2),\\
&c=2px(x^2-1),\quad d=2qy(y^2-1),
\end{aligned}
\tag{3.9.41}
$$

$$
a_1=c'+1,\quad a_2=c'-1,
$$

c' 即 (3.9.36) 中的常数.

α 和 ϕ 的渐近展开式为

$$
\alpha=1-\frac{1}{px}\frac{2(a_1^2+a_2^2)}{a_1a_2}-\frac{1}{p^2x^2}\frac{4qy(a_1^2-a_2^2)}{a_1a_2}+\cdots, \tag{3.9.42}
$$

$$
\phi=-\frac{1}{px}\frac{(a_1+a_2)(a_1^2-a_2^2)}{a_1a_2}+o\left(\frac{1}{p^2x^2}\right)+\cdots. \tag{3.9.43}
$$

为了使 α 和 ϕ 在空间无限远处是渐近平直的，在得到 (3.9.39)~(3.9.40) 的过程中对 ϕ 进行了适当的的变换并附加了任意常数. 作变换 (3.9.35), 变至球坐标即可明显看出, 所得到的解是渐近平直的, 而且描述偶极子的场. 荷质比与 (3.9.36) 相同. 这就是说, 分别由 Kinnersley-Chitre 解和 T-S 解生成的两个电真空解具有相同的荷质比.

3.10　参量变换方法

Bonnor 由 Kerr 稳态真空解经过与上节类似的参量变换生成了一个爱因斯坦–麦克斯韦场方程的电真空解. 这一方法称为参量变换技术. Wang(1984) 用这一技术由 Tomimatsu-Sato 解生成了一个电磁真空解. 后来这一技术又被用来获得更复杂的解. 本节给出它的另一表述.

对已知的某一稳态度规

$$
\mathrm{d}s^2=\mathrm{e}^{\mu}(\mathrm{d}t-\omega\mathrm{d}\varphi)^2-\mathrm{e}^{-u}[\mathrm{e}^{2v}(\mathrm{d}\rho^2+\mathrm{d}z^2)+\rho^2\mathrm{d}z^2] \tag{3.10.1}
$$

中的某个常量进行适当变换, 便可获得新的稳态电磁真空度规

$$
\mathrm{d}s^2=\mathrm{e}^{2\delta}\mathrm{d}t^2-\mathrm{e}^{-2\delta}[\mathrm{e}^{2v}(\mathrm{d}\rho^2+\mathrm{d}z^2)+\rho^2\mathrm{d}\varphi^2]. \tag{3.10.2}
$$

在椭球坐标系中, 与 (3.10.1) 对应的引力场方程组可以写为下面两个方程:

$$(x^2-1)u_{,11}+(1-y^2)u_{,22}+2xu_{,1}-2yu_{,2}=-\mathrm{e}^{-2u}[(x^2-1)\psi_{,1}^2+(1-y^2)\psi_{,2}^2], \quad (3.10.3a)$$

$$(x^2-1)\psi_{,11}+(1-y^2)\psi_{,22}+2x\psi_{,1}-2y\psi_{,2}=2[(x^2-1)u_{,1}\psi_{,1}+(1-y^2)u_{,2}\psi_{,2}]. \quad (3.10.3b)$$

式中 u 是 (3.10.1) 中的度规系数, ψ 为扭势.

与 (3.10.2) 对应的电磁真空场方程组在椭球坐标系中可以写成下面一对方程:

$$\begin{aligned}&(x^2-1)\delta_{,11}+(1-y^2)\delta_{,22}+2x\delta_{,1}-2y\delta_{,2}\\=&\mathrm{e}^{-2\delta}[(x^2-1)\psi_{,1}^2+(1-y^2)\phi_{,2}^2],\end{aligned} \quad (3.10.4a)$$

$$\begin{aligned}&(x^2-1)\phi_{,11}+(1-y^2)\phi_{,22}+2x\phi_{,1}-2y\phi_{,2}\\=&2[(x^2-1)\delta_{,1}\phi_{,1}+(1-y^2)\delta_{,2}\phi_{,2}].\end{aligned} \quad (3.10.4b)$$

式中 δ 是 (3.10.2) 中的度规系数, ϕ 为静电势.

比较 (3.10.3) 和 (3.10.4) 可以发现, 除符号不同外, 形式完全相同. 所以, 只要作相应的参量变换即可由已知解 (3.10.1) 得到新解 (3.10.2). 用这一技术, 由 Kinnersley 和 Chitre(1978) 的稳态解出发, 可生成一新解

$$\mathrm{e}^{\delta}=1-\frac{4D}{E}, \quad \phi=4\beta y\frac{F}{E}. \quad (3.10.5)$$

式中

$$\begin{aligned}D\equiv&x(x^2-1)\big[(x+1)^2(x^2-1)+\beta^2(x^2-y^2)\big]\\&+2\beta^2y^2(x^2-y^2)(x+1)(x^2-2x+y^2),\\E\equiv&\big[(x+1)^2(x^2-1)+\beta^2(x^2-y^2)\big]^2\\&-4\beta^2y^2(x+1)^2(x^2-2x+y^2)^2,\\F\equiv&(x^2-y^2)\big[(x+1)^2(x^2-1)+\beta^2(x^2-y^2)^2\big]\\&+2x(x^2-1)(x+1)(x^2-2x+y^2).\end{aligned} \quad (3.10.6)$$

这是一个新解, 它描述渐近平直静态偶极子的场.

用 (3.9.35) 变至球坐标, 作渐近展开, 得到 [见度规 (3.9.16)]

$$\mathrm{e}^{2\alpha}=1-\frac{1}{r}\frac{8l}{1-\beta^2}+\frac{1}{r^2}\frac{4l\Big[8l-m(1+\beta^2)\Big]}{(1+\beta^2)^3}+o\left(\frac{1}{r^3}\right)+\cdots, \quad (3.10.7)$$

$$\phi=\frac{4\beta(3+\beta^2)l^2}{(1+\beta^2)^2}\frac{\cos\theta}{r^2}+o\left(\frac{1}{r^3}\right)+\cdots.$$

因此, 这一新解描述一个质量为 $4l(1+\beta^2)$、偶极矩为 $\dfrac{4\beta(3+\beta^2)l^2}{(1+\beta^2)^2}$ 的源的外部场. 当 $\beta=0$ 时, 静电势 $\phi=0$, 退化为 $\delta=2$ 的爱因斯坦场方程的 Weyl 静态解. 此解在极轴 $(x=1, y=\pm1)$ 方向有奇异性.

在这里我们指出一个有趣的情况. 直接从 Kerr 解出发, 按 (3.9.11) 和 (3.9.15) 的规则取

$$F=-px-qy, \tag{3.10.8}$$

$$G=-px+qy.$$

在静电势 ϕ 的展开式中不含单极 (电荷或磁荷) 项. 但是将变换 (3.9.30) 用于 (3.10.8) 却得到了单极解, 其展开式为

$$\alpha=1-\frac{2(1+c'^2)}{1-c'^2}\frac{1}{px}-\frac{2}{p^2x^2}+\frac{4c'}{1-c'^2}\frac{qy}{p^2x^2}+\frac{q^2y^2}{p^2x^2}+\cdots, \tag{3.10.9}$$

$$\phi=1-\frac{4c'}{1-4c'}\frac{1}{px}-\frac{1}{p^2x^2}\left[2qy\frac{1+3c'^2}{c'(c'^2-1)}+\frac{2(1+c'^2)}{c'^2-1}\right]+\cdots.$$

求得荷质比为

$$\frac{e}{m}=\frac{2c'}{1+c'^2}. \tag{3.10.10}$$

这一新解可能与 Bonnor 解有某种联系.

3.11 Ehlers-Bonnor 生成解定理

Ehlers 曾经证明, 由爱因斯坦引力场方程的任意一个静态外部解, 都可以生成一个新的稳态外部解. 设已知的度规为 $g_{\mu\nu}$, 则生成的外部解为

$$g'_{\mu\nu}=\cos\mathrm{h}2U(\mathrm{e}^{2U}g_{\mu\nu}+\xi_\mu\xi_\nu)-(\cos\mathrm{h}2U)^{-1}u_\mu u_\nu, \tag{3.11.1}$$

$$\varepsilon_{\mu\nu\tau\lambda}U^{i\tau}\xi^\lambda=u_{[\mu j\nu]},\quad u_\sigma\xi^\sigma=-1,\quad \mathrm{e}^{2U}=-\xi_\sigma\xi^\sigma.$$

式中 ξ^μ 是类时 Killing 矢量. 在静场中一定存在一个矢量场 $\boldsymbol{u}$, 它满足条件

$$u_{\mu;\nu}=-\dot{u}_\mu u_\nu,\quad \ddot{u}_{[\mu}u_{\nu]}=0,\quad u^\sigma u_\sigma=-1. \tag{3.11.2}$$

以上“一点”表示 ∇_u. 由此式和 $U_{,\mu}\xi^\mu=0$ 可知关于 u_μ 的方程是可积的.

在此基础上, Bonnor(1979) 证明了, 由一个爱因斯坦场方程的静态真空解, 可以生成一个静态电磁真空解.

设度规

$$\mathrm{d}\bar{s}^2=\bar{g}_{\mu\nu}\mathrm{d}x^\mu\mathrm{d}x^\nu=e^U\mathrm{d}x^{0^2}-\mathrm{e}^{-U}h_{ij}\mathrm{d}x^i\mathrm{d}x^j \tag{3.11.3}$$

满足真空静态引力场方程 $\bar{R}_{\mu\nu}=0$, 则借助于辅助度规

$$\mathrm{d}s^2=g_{\mu\nu}\mathrm{d}x^\mu\mathrm{d}x^\nu=\mathrm{d}x^{02}-h_{ij}\mathrm{d}x^i\mathrm{d}x^j. \tag{3.11.3a}$$

可以证明, 下面的生成解描述真空爱因斯坦–麦克斯韦场

$$\mathrm{d}\tilde{s}^2=\tilde{g}_{\mu\nu}\mathrm{d}x^\mu\mathrm{d}x^\nu\equiv\mathrm{e}^\zeta\mathrm{d}{x^0}^2-\mathrm{e}^{-\zeta}h_{ij}\mathrm{d}x^i\mathrm{d}x^j, \tag{3.11.4}$$

$$\mathrm{e}^\zeta=[16\pi(A^2+B^2)]^{-1}\left[\mathrm{sh}\left(\frac{1}{2}U+C\right)\right]^{-2} \tag{3.11.5}$$

$$F_{ij}=A\epsilon_{ijk}U^{jk}, \tag{3.11.6}$$

$$F_{oi}=B\mathrm{e}^\zeta U_{;i}=-F_{io}. \tag{3.11.7}$$

式中 A, B 和 C 为任意常数, 且

$$\epsilon_{ijk}\equiv(-g)^{1/2}\varepsilon_{ijk}. \tag{3.11.8}$$

U 满足下式:

$$R_{ik}+\frac{1}{2}U_{;i}U_{;k}=0,\quad U^{ji}_{;k}\equiv(g^{i\lambda}U_{;\lambda})_{jk}=0, \tag{3.11.9}$$

式中分号表示关于度规 (3.11.3a) 的协变微分.

下面证明生成解 (3.11.4)~(3.11.9) 确实满足场方程

$$\tilde{R}_{\mu\nu}=8\pi\left(F^\sigma_\mu F_{\sigma\nu}-\frac{1}{4}\tilde{g}_{\mu\nu}F^{\alpha\beta}F_{\alpha\beta}\right), \tag{3.11.10}$$

$$F_{\mu\nu|\tau}+F_{\nu\tau|\mu}+F_{\tau\mu|\nu}=0, \tag{3.11.11}$$

$$F^{\mu\nu}_{|\nu}=0. \tag{3.11.12}$$

式中指标的上升和下降由 $\tilde{g}^{\mu\nu}$ 和 $\tilde{g}_{\mu\nu}$ 完成, $F_{\mu\nu|\tau}$ 表示 $F_{\mu\nu}$ 关于 $g_{\alpha\beta}$ 取协变微分.

注意到

$$\tilde{g}^{\alpha\beta}\tilde{g}_{\beta\lambda}=\delta^\alpha_\lambda,\quad g^{\alpha\beta}g_{\beta\lambda}=\delta^\alpha_\lambda, \tag{3.11.13}$$

由度规 (3.11.3) 和 (3.11.4) 得到

$$\begin{aligned}&\tilde{g}^{ik}=\mathrm{e}^\zeta g^{ik},\\&\tilde{g}^{oi}=g^{oi}=0,\\&\tilde{g}^{oo}=\mathrm{e}^{-\zeta};\end{aligned} \tag{3.11.14}$$

$$\tilde{\Gamma}^i_{jk}=\tilde{\Gamma}^i_{jk}-\frac{1}{2}\delta^i_j\xi_{;k}=\frac{1}{2}\delta^i_k\xi_{;j}+\frac{1}{2}g_{jk}\xi^{;i},$$

$$\tilde{\Gamma}^o_{oi} = \frac{1}{2}\xi_{;i}, \tag{3.11.15}$$

$$\tilde{\Gamma}^i_{oo} = -\frac{1}{2}\mathrm{e}^{2\zeta}\xi^{;i},$$

$$\tilde{\Gamma}^{o2}_i = \tilde{\Gamma}^i_{io} = \tilde{\Gamma}^o_{oo} = 0.$$

由此, 可将场方程 (3.11.10) 化为

$$\begin{aligned}\tilde{R}_{ik} \equiv & R_{ik} + \frac{1}{2}\xi_{;i}\xi_{;k} - \frac{1}{2}g_{ik}\xi^{;\lambda}_{;\lambda} \\ = & 8\pi(\mathrm{e}^{\xi}g^{ab}F_{ib}F_{ka} + \alpha^{-\xi}F_{oi}F_{ok} \\ & - \frac{1}{4}g_{ik}\mathrm{e}^{\xi}g^{am}g^{bn}F_{mn}F_{ab} - \frac{1}{2}\mathrm{e}^{-\zeta}g_{ik}g^{ab}F_{oa}F_{ab}),\end{aligned} \tag{3.11.16}$$

$$\tilde{R}_{oi} \equiv 8\pi\mathrm{e}^{\zeta}g^{ab}F_{ia}F_{ab} = 0, \tag{3.11.17}$$

$$\tilde{R}_{oo} \equiv \frac{1}{2}\mathrm{e}^{2\zeta}\xi^{;a}_{;a} = 4\pi\mathrm{e}^{\zeta}\left(g^{ab}F_{oa}F_{ab} - \frac{1}{2}\mathrm{e}^{2\zeta}g^{ab}g^{mn}F_{am}F_{bn}\right). \tag{3.11.18}$$

将 (3.11.4)~(3.11.9) 直接代入, 容易证明 (3.11.16)~(3.11.18) 成立, 即生成解满足场方程 (3.11.10).

由 (3.11.4)~(3.11.5), 可将场方程 (3.11.11) 的左端化为

$$F_{ij|k} + F_{jk|i} + F_{ki|j} = F_{ij;k} + F_{kj;i} + F_{ki;j} \tag{3.11.19}$$

和

$$F_{oi|j} + F_{ij|o} + F_{jo|i} = F_{oi;j} + F_{jo;i}. \tag{3.11.20}$$

由 (3.11.6) 和 (3.11.7) 可知, 上二式右边均为零 (注意到 $\eta_{ijkl;l} = 0$). 于是证明了生成解满足场方程 (3.11.11). 同理可证, 生成解也满足场方程 (3.11.12). 方程 (3.11.9) 是 $\bar{R}_{\mu\nu} = 0$ 的条件.

下面应用这一生成技术由 Weyl 解获得一新解. 可以把 Weyl 解写成 $\bar{g}_{\mu\nu}$

$$\mathrm{d}\bar{s}^2 = \mathrm{e}^U\mathrm{d}t^2 - \mathrm{e}^{-U}[\mathrm{e}^w(\mathrm{d}z^2 + \mathrm{d}\rho^2) + \rho^2\mathrm{d}\varphi^2], \tag{3.11.21}$$

其中 U 和 w 满足

$$\frac{\partial^2 U}{\partial\rho^2} + \frac{\partial^2 U}{\partial z^2} + \frac{1}{\rho}\frac{\partial U}{\partial\rho} = 0, \tag{3.11.22}$$

$$\frac{\partial w}{\partial z} = \rho\frac{\partial U}{\partial\rho}\frac{\partial U}{\partial z}, \tag{3.11.23}$$

$$\frac{\partial w}{\partial\rho} = \frac{1}{2}\rho\left[\left(\frac{\partial U}{\partial\rho}\right)^2 - \left(\frac{\partial U}{\partial z}\right)^2\right]. \tag{3.11.24}$$

U 和 w 只含 ρ 和 z.

按上述生成技术, 生成的电磁解为

$$
\begin{aligned}
&\mathrm{d}\tilde{s}^2=\mathrm{e}^{\zeta}\mathrm{d}t^2-\mathrm{e}^{-\zeta}[\mathrm{e}^{w}(\mathrm{d}z^2+\mathrm{d}\rho^2)+\rho^2\mathrm{d}\varphi^2],\\
&\mathrm{e}^{\xi}=[16\pi(A^2+B^2)]^{-1}\left[\sinh\left(\frac{1}{2}U+C\right)\right]^{-2},
\end{aligned}
\tag{3.11.25}
$$

$$
\begin{aligned}
&F_{13}=A\rho\frac{\partial U}{\partial\rho},\\
&F_{23}=-A\rho\frac{\partial U}{\partial z},\\
&F_{01}=B\mathrm{e}^{\xi}\frac{\partial U}{\partial z},\quad F_{02}=B\mathrm{e}^{\xi}\frac{\partial U}{\partial\rho}.
\end{aligned}
$$

式中 U 和 w 满足 (3.11.22)~(3.11.24); 坐标取为

$$
x^1=z,\quad x^2=\rho,\quad x^3=\varphi,\quad x^0=t. \tag{3.11.26}
$$

解 (3.11.25) 还可描述柱面电磁波.

令

$$
A=\mathrm{i}\alpha,\quad B=\mathrm{i}\beta,\quad U=V+2\log\mathrm{i}.
$$

式中 α 和 β 是实常数, U 和 V 是 ρ 和 z 的函数. 作复变换

$$
Z=\mathrm{i}t,\quad T=\mathrm{i}z.
$$

则新解为

$$
\begin{aligned}
&\mathrm{d}s^2=\mathrm{e}^{w-\xi}\mathrm{d}T^2-\mathrm{e}^{\xi}\mathrm{d}Z^2-\mathrm{e}^{w-\xi}\mathrm{d}\rho^2-\rho^2\mathrm{d}\varphi^2,\\
&\mathrm{e}^{\zeta}=[16\pi(\alpha^2+\beta^2)]^{-1}\left[\mathrm{ch}\left(\frac{1}{2}U+C\right)\right]^{-2},
\end{aligned}
\tag{3.11.27}
$$

$$
\begin{aligned}
&F_{12}=\beta\mathrm{e}^{\xi}\frac{\partial V}{\partial\rho},\quad F_{23}=\alpha\rho\frac{\partial V}{\partial T},\\
&F_{01}=-\beta\mathrm{e}^{\zeta}\frac{\partial V}{\partial T},\quad F_{03}=\alpha\rho\frac{\partial V}{\partial\rho}.
\end{aligned}
$$

式中 V 和 w 满足

$$
\frac{\partial^2 V}{\partial\rho^2}+\frac{1}{\rho}\frac{\partial V}{\partial\rho}-\frac{\partial^2 V}{\partial T^2}=0, \tag{3.11.28}
$$

$$
\frac{\partial w}{\partial T}=\rho\frac{\partial V}{\partial\rho}\frac{\partial V}{\partial T}, \tag{3.11.29}
$$

$$
\frac{\partial w}{\partial\rho}=\frac{1}{2}\rho\left[\left(\frac{\partial V}{\partial\rho}\right)^2+\left(\frac{\partial V}{\partial z}\right)^2\right].
$$

这里, $V(\rho,T)$ 就是柱面波方程 (3.11.28) 的一个实解.

与前面的证明过程类似, 还可以证明一个生成解的定理.

定理　若已知一个真空解 $g_{\mu\nu}$(满足 $R_{\mu\nu}=0$), 则生成解为

$$\begin{aligned}&\mathrm{e}^{\zeta}=\{C-[4\pi(A^2+B^2)]^{1/2}U\}^{-2},\\&F_{ij}=A\eta_{ijk}U_{;k},\end{aligned}\tag{3.11.30}$$

$$F_{0k}=B\mathrm{e}^{\zeta}U_{;k}=-F_{k0}$$

. 式中 A,B 和 C 为任意常数; U 满足

$$U_{;i}^{;i}=0.$$

用完全类似的推导可以证明 (3.11.30) 满足 E-M 场方程 (3.11.10)~(3.11.12).

现在我们对本节所述的生成技术进行一些必要讨论. 本节开头叙述的 Ehlers 证明的定理还可以换一种形式表述:

如果度规 $\tilde{g}_{\mu\nu}$[见 (3.11.3)] 满足真空引力场方程 $\bar{R}_{\mu\nu}=0$, 则生成解可表示为

$$\mathrm{d}\sigma^2=\mathrm{e}^{\mu}(\mathrm{d}x^0-u_i\mathrm{d}x^i)^2-\mathrm{e}^{-\mu}h_{ij}\mathrm{d}x^i\mathrm{d}x^j,\tag{3.11.31}$$

$$\mathrm{e}^{\mu}=A^{-1}[\mathrm{ch}(U+C)]^{-1},\tag{3.11.32}$$

$$\frac{\partial u_i}{\partial x^k}-\frac{\partial u_k}{\partial x^i}=A_{\in ikl}U^{;l},$$

式中 U 是 (3.11.3) 中出现的函数, 它满足

$$R_{ik}+\frac{1}{2}U_{;i}U_{;k}=0,\quad U_{;i}^{;i}=0.\tag{3.11.33}$$

可证明此解描述稳态真空场.

将解 (3.11.31)~(3.11.33) 和 $B=0$ 时的解 (3.11.4)~(3.11.9) 比较, 我们发现二者形式相似, 前者描述稳态 (包括旋转场源的) 外部场, 后者描述静态外部纯磁真空场. 二者形式相似暗示了磁源引力场和旋转质量的引力场之间存在某种对应关系。

当方程 (3.11.9) 的特解已知, U 的具体形式确定时, 由前面的生成技术得到的一类解往往具有物理意义. 如果度规 (3.11.3) 具有辐射对称性, 则可求得 (3.11.9) 的通解; 生成解描述辐射对称的引力–电磁场, 是具有电场和磁场的复合解.

应指出，虽然 Weyl 解 (3.11.21) 是静态辐射对称外部场的通解, 但是生成解 (3.11.25) 却不是通解. 从物理的观点看, 这个生成解只含有一个调和函数 U, 它是用来引出电场、磁场和引力场三种场源的. 假设用 U 选择上述一种场源, 如电场, 则其他两种场源或者不存在或者与电场的相似. 例如我们选择 U 和任意常数使电

场的场源为点电荷, 则另外两种场源要么没有, 要么是点质量和磁荷, 不会出现具有磁偶极矩的点质量源.

由定理 (3.11.30) 得到的电磁场尽管在对称性方面没有受到限制, 但其物理内容是很特殊的. 在 (3.11.30) 中令 $A=0$, 场源就是一群粒子, 每个粒子的荷质比都相同, 于是作用于每个粒子上的引力和电场力相平衡.

3.12 孤立子方法

在度规张量 $g_{\mu\nu}$ 仅依赖于两个变量的情况下, 引力场方程的解法和散射问题相反. 稳态辐射对称引力场就属于这种情况. 解引力场方程的孤立子 (soliton) 方法是 20 世纪 70 年代末由苏联学者创造并发展起来的, 是一种十分简洁、优美的方法, 有广泛的应用价值。对于稳态辐射对称引力场，由一个初始解代入一组和引力场方程等效但简化了的微分方程, 求出孤立子 (极点) 解, 从而得到引力场方程的新解. 例如, 把平直空–时度规作为初始解, 用孤立子方法生成的 2-孤立子解即为 Kerr-NUT 解, 生成的一个最简单的 n–孤立子解描述场源为$\dfrac{n}{2}$ 个 Schwarzschild 质量源和各阶质量多极矩的引力场. 这些 Schwarzschild 源很像由于平直空–时背景的“扰动”而形成的孤立子 (极点). 本章后几节将较详细地讨论这种生成新解的方法.

稳态辐射对称度规可写为

$$\mathrm{d}s^2=g_{ab}\mathrm{d}x^a\mathrm{d}x^b+f(\mathrm{d}\rho^2+\mathrm{d}z^2), \tag{3.12.1}$$

式中 g_{ab} 和 f 都只含两个变量 ρ 和 z, 坐标 $(x^0,x^1,x^2,x^3)=(t,\varphi,\rho,z)$, 取号差为 $+2$, 拉丁字母 $a,b,c,d=1,2$, 分别对应于 t 和 $\varphi;i,j,k,l=1,2,3$, 对应于空间坐标，希腊字母取 $0,1,2,3$. 下面把矩阵 (g_{ab}) 写成 $g,(U_{ab})$ 写成 $U,\cdots\cdots$

不失一般性, 可以给矩阵 g 加上附加条件 (与号差 $+2$ 对应)

$$\det g=-\rho^2. \tag{3.12.2}$$

可以证明, 具有度规 (3.12.1) 和 (3.12.2) 的真空引力场方程可以分解为两组方程.

第一组用来确定 g

$$(\rho g_{,\rho}g^{-1})_{,\rho}+(\rho g_{,z}g^{-1})_{,z}=0. \tag{3.12.3}$$

第二组由 (3.12.3) 给出的解 g 来确定 f

$$(\ln f)_{,\rho}=-\rho^{-1}+(4\rho)^{-1}Sp(U^2-V^2), \tag{3.12.4}$$

$$(\ln f)_{,z}=(2\rho)^{-1}Sp(UV). \tag{3.12.5}$$

式中

$$U\equiv\rho g_{,\rho}g^{-1},\quad V\equiv\rho g_{,z}g^{-1}. \tag{3.12.6}$$

3.13　矩阵 g 的 n-孤立子解

定义可对易的微分算符 D_1 和 D_2

$$D_1 \equiv \partial_z - \frac{2\lambda^2}{\lambda^2+\rho^2}\partial_\lambda, \quad D_2 \equiv \partial_\rho + \frac{2\lambda\rho}{\lambda^2+\rho^2}\partial_\lambda. \tag{3.13.1}$$

式中 λ 是不依赖于 ρ 和 z 的复参量. 这时可以将矩阵方程 (3.12.3) 的 L-A 偶以变量 ρ, z 表示出来 (Belinsky 和 Zakharov,1978)

$$D_1\psi = \frac{\rho V - \lambda U}{\lambda^2+\rho^2}\psi, \quad D_2\psi = \frac{\rho U + \lambda V}{\lambda^2+\rho^2}\psi. \tag{3.13.2}$$

所要求的矩阵 $g(\rho, z)$ 即为 $\lambda = 0$ 时的 $\psi(\lambda, \rho, z)$

$$g(\rho, z) = \psi(0, \rho, z). \tag{3.13.3}$$

这样, 解引力场方程便归结为解方程 (3.12.3). 这一过程的程序是：由场方程的一个已知解 g_0, 代入 (3.12.6) 求出 U_0, V_0, 再代入方程 (3.13.2) 积分, 求出一个初解 $\mu_0(\lambda, \rho, z)$；然后令

$$\psi = \chi\psi_0, \tag{3.13.4}$$

代入 (3.13.2), 得到关于 χ 的方程

$$\begin{aligned} D_1\chi &= \frac{\rho V - \lambda U}{\lambda^2+\rho^2}\chi - \chi\frac{\rho V_0 - \lambda U_0}{\lambda^2+\rho^2}, \\ D_2\chi &= \frac{\rho U + \lambda V}{\lambda^2+\rho^2}\chi - \chi\frac{\rho U_0 + \lambda V_0}{\lambda^2+\rho^2}. \end{aligned} \tag{3.13.5}$$

解此方程求出 χ, 代回 (3.13.4) 和 (3.13.3), 便获得了引力场方程的新解 g.

为了保证 $g_{\mu\nu}$ 是实的而且是对称的, 应该给方程 (3.13.5) 加上适当的附加条件, 令

$$\overline{\chi}(\overline{\lambda}) = \chi(\lambda), \quad \bar{\psi}(\bar{\lambda}) = \psi(\lambda), \tag{3.13.6}$$

便可保证 $g_{\mu\nu}$ 是实的, 式中 $\bar{\lambda}$ 表示 λ 的复共轭. 令

$$g = \chi(-\rho^2/\lambda)g_0\overline{\chi}(\lambda), \tag{3.13.7}$$

便可保证 $g_{\mu\nu}$ 是对称的, 式中 $\overline{\chi}$ 表示 χ 的转置. 此外, (3.13.7) 和 (3.13.3) 相容, 必有

$$\chi(\infty) = I. \tag{3.13.8}$$

式中 I 是单位矩阵.

矩阵 $\chi(\lambda,\rho,z)$ 的 n-孤立子解给出这样的图像: 在参量 λ 的复平面内, 矩阵 χ 有 n 个孤立奇点 (极点). 这时 $\chi(\lambda,\rho,z)$ 具有形式

$$\chi = I + \sum_{k=1}^{n} \frac{R_k}{\lambda - \mu_k}. \tag{3.13.9}$$

式中矩阵 $R_k = R_k(\rho,z)$, 函数 $\mu_k = \mu_k(\rho,z)$.

将表达式 (3.13.9) 代入方程 (3.13.5) 和 (3.13.7) 便得到关于函数 $\mu_k(\rho,z)$ 和矩阵 $R_k(\rho,z)$ 的方程. 在 $\lambda=\mu_k$ 处, 式 (3.13.5) 的左端不应存在二阶极点, 按这一要求, 得到 μ_k 必须满足的方程

$$\mu_{k,z} + 2\mu_k^2(\mu_k^2+\rho^2)^{-1} = 0, \tag{3.13.10}$$

$$\mu_{k,\rho} - 2\rho\mu_k(\mu_k^2+\rho^2)^{-1} = 0.$$

以上两方程的解是二次代数方程

$$\mu_k^2 - 2(\omega_k - z)\mu_k - \rho^2 = 0 \tag{3.13.11}$$

的两个根, 式中 ω_k 是任意复常数.

这样, 每一个脚标 k(即对于每一个极点) 有一个任意常数 ω_k, 确定 $\mu_k(\rho,z)$ 的两个可能解

$$\mu_k = \omega_k - z \pm [(\omega_k - z)^2 + \rho^2]^{1/2}. \tag{3.13.12}$$

式 (3.13.9) 中的矩阵 R_k 是降秩了的, 其分量可写为

$$(R_k)_{ab} = n_a^{(k)} m_b^{(k)} \tag{3.13.13}$$

的形式. 二维矢量 $m_a^{(k)}$ 可以根据在点 $\lambda=\mu_k$ 处满足 (3.13.5) 直接求出, 然后由条件 (3.13.7) 便可确定 $n_a^{(k)}$. 结果, 矢量 $m_a^{(k)}$ 用已知矩阵 $\psi_0(\lambda,\rho,z)$ 表示, 其中 $\lambda=\mu_k$. 具体形式为

$$m_\alpha^{(k)} = m_{c0}^{(k)}[\psi_0^{-1}(\mu_k,\rho,z)]_{ca}. \tag{3.13.14}$$

式中 $m_{c0}^{(k)}$ 为任意常数, ψ_0^{-1} 表示 ψ_0 的逆矩阵, 重复指标无论在上方还是在下方均表示取和 (下同).

求出了 $m_\alpha^{(k)}$ 以后, $n_\alpha^{(k)}$ 由 n 阶线性代数方程组确定

$$\sum_{l=1}^{n} \Gamma_{kl} n_\alpha^{(l)} = \mu_k^{-1} m_c^{(k)} (g_0)_{ca}, \quad k=1,2,\cdots,n. \tag{3.13.15}$$

式中 Γ_{kl} 为对称矩阵

$$\Gamma_{kl} \equiv m_c^{(k)}(g_0)_{cb} m_b^{(l)} (\rho^2 + \mu_k\mu_l)^{-1}. \tag{3.13.16}$$

引入 Γ_{kl} 的逆矩阵 D_{kp}

$$\sum_{p=1}^{n} D_{kp}\Gamma_{pl} = \delta_{kl}, \tag{3.13.17}$$

则 (3.13.15) 改写为

$$n_a^{(k)} \equiv \sum_{l=1}^{n} D_{lk}\mu_l^{-1}N_\alpha^{(l)}, \tag{3.13.18}$$

式中

$$N_\alpha^{(k)} \equiv m_c^{(k)}(g_0)_{\alpha l}. \tag{3.13.19}$$

至此, 新解 g_{ab} 已完全确定. 由 (3.12.7),(3.12.8) 和 (3.12.13) 有

$$g = \psi(0) = \chi(0)\psi_0(0) = \chi(0)g_0 = \left(I - \sum_{k=1}^{n} R_k\mu_k^{-1}\right)g_0. \tag{3.13.20}$$

现在讨论 g_{ab} 的对称性和如何保证 g 是实矩阵的问题. 将 (3.13.13),(3.13.18) 和 (3.13.19) 代入矩阵 g 的表达式, 得到

$$g_{ab} = (g_0)_{ab} - \sum_{k,l=1}^{n} D_{kl}\mu_k^{-1}\mu_l^{-1}N_a^{(k)}N_b^{(l)}. \tag{3.13.21}$$

由上式明显看出 $g_{ab} = g_{ba}$. 只要所有函数 $\mu_k(\rho, z)$ 和解中所含有的任意常数都取实数, 即可保证 g_{ab} 是实数. 实际上, 初始解 $\psi_0(\lambda, \rho, z)$ 总满足 (3.13.6), 因此在点 $\lambda = \mu_k, \psi_0(\lambda)$ 是实数. 又由 (3.13.14) 可知, 任意常数 $m_{c0}^{(k)}$ 应该取实数. 假设函数 $\mu_k(k = 1, 2, \cdots)$ 中有一些是复数, 由 (3.13.6) 可知, 所有的复数必须以共轭对的形式出现: 每一个复极点 $\lambda = \mu$, 都应该对应一个与它共轭的极点 $\lambda = \overline{\mu}$. 假设有一对这样的极点 $\lambda = \mu_p$ 和 $\lambda = \mu_q$, $\mu_p = \overline{\mu}_q$. 由 (3.13.14) 有

$$m_\alpha^{(p)} = m_{c0}^{(p)}[\psi_0^{-1}(\mu_p, \rho, z)]_{ca},$$
$$m_a^{(q)} = m_{c0}^{(q)}[\psi_0^{-1}(\mu_q, \rho, z)]_{ca}.$$

只要把任意常数 $m_{c0}^{(p)}$ 和 $m_{c0}^{(q)}$ 取作共轭复数, 就可以保证矩阵 g 是实的. 由于 $\psi_0(\overline{\lambda}) = \bar{\psi}_0(\lambda)$, 所以此时矢量 $m_\alpha^{(p)}$ 和 $m_\alpha^{(q)}$ 也是共轭的. 因此我们可以构成一个规则: 为了保证矩阵 g 是实的, 必须这样选择 (3.12.14) 中的任意常数 $m_{c0}^{(k)}$, 使与实数极点 $\lambda = \mu_k$ 对应的矢量 $m_\alpha^{(k)}$ 是实数, 而与每一对共轭极点 $\lambda = \mu_p$ 和 $\lambda = \mu_q = \bar{\mu}_p$ 对应的矢量 $m_\alpha^{(p)}$ 和 $m_\alpha^{(q)}$ 是复数共轭的.

矩阵 g 除了满足对称性和实数的要求以外, 还应满足条件 (3.12.2). 计算矩阵 g 的行列式用 (3.13.21) 不方便, 我们采用另外的方式.

分析表明, 前面用 n-孤立子解描述的背景解 (初始解) 的扰动过程和下面要描述的一个一个地引入单孤立子的过程是等效的. 这过程的第一步是由背景矩阵 g_0 向包含一个孤立子的矩阵跃迁, 这对应于在矩阵 χ(即 χ_1) 中只有一个极点 $\lambda=\mu_1$. 由前面得到的一般结果, 很容易得到单孤立子解. 矩阵 $x_1(\lambda)$ 和它的逆 $x_1^{-1}(\lambda)$ 可写为

$$\begin{aligned}\chi_1 &= I+(\mu_1^2+\rho^2)\mu_1^{-1}(\lambda-\mu_1)^{-1}P_1,\\ \chi_1^{-1} &= I-(\mu_1^2+\rho^2)(\rho^2+\lambda\mu_1)^{-1}P_1,\end{aligned} \tag{3.13.22}$$

式中矩阵 P_1 的表示式为

$$(P_1)_{ab}=m_c^{(1)}(g_0)_{ca}m_b^{(1)}/m_d^{(1)}(g_0)_{df}m_f^{(1)}. \tag{3.13.23}$$

由此还可得到 P_1 的一些性质

$$P_1^2=P_1,\quad \mathrm{Sp}P_1=1,\quad \det P_1=0. \tag{3.13.24}$$

函数 μ_1 和 $m_\alpha^{(1)}$ 由 (3.13.12) 和 (3.13.14) 确定, 我们得到

$$g_1=\chi_1(0)g_0=[I-(\mu_1^2+\rho^2)\mu_1^{-2}P_1]g_0. \tag{3.13.25}$$

由任意二阶矩阵 F 满足的一般关系式

$$\det(I+F)=1+\mathrm{Sp}F+\det F$$

和性质 (3.13.24), 得到

$$\det[I-(\mu_1^2+\rho^2)\mu_1^{-2}P_1]=-\rho^2\mu_1^{-2}, \tag{3.13.26}$$

因此

$$\det g_1=-\rho^2\mu_1^{-2}\det g_0. \tag{3.13.27}$$

第二步是把解 g_1 看作新的“初始解”, 即背景度规, 再对它附加上一个与 $\lambda=\mu_2$ 对应的孤立子, 重复前面的程序. 为此, 先组成一个新的背景矩阵函数 $\psi=\chi_1\psi_0$, 取它的逆 ψ^{-1}(在点 $\lambda=\mu_2$), 然后求得对应的矢量 $m_\alpha^{(2)}$

$$m_\alpha^{(2)}=m_{c0}^{(2)}[\psi_1^{-1}(\mu_2,\rho,z)]_{ca},$$

并与 (3.13.23) 类似地构成 P_2

$$(P_2)_{ab}=m_c^{(2)}(g_1)_{ca}m_b^{(2)}/m_d^{(2)}(g_1)_{df}m_f^{(2)}.$$

P_2 具有和 P_1 同样的性质 (3.13.24).

为了构成矩阵 $\chi_2(\lambda)$, 只要将 (3.13.26) 中的脚标 $1\to 2$. 我们得到 2- 孤立子解 g_2

$$g_2=[I-(\mu_2^2+\rho^2)\mu_2^{-2}P_2][I-(\mu_1^2+\rho^2)\mu_1^{-2}P_1]g, \tag{3.13.28}$$

其中所有的 P_k 均满足条件

$$P_k^2=P_k,\quad \mathrm{Sp}P_k=1,\quad \det P_k=0. \tag{3.13.29}$$

显然, 随着孤立子个数 k 的增多, 矩阵 P_k 的表达式越来越复杂. 因此, 这种求解的方法不如前面直接求 n-孤立子解的方法简便. 但是把解表示成 (3.13.28) 的形式对于计算行列式 $\det g$ 却很有利, 因为要计算 $\det g$ 只需用到 P_k 的性质 (3.13.29), 不需要知道 P_k 的具体形式, (3.13.28) 中每一个因子对 $\det g$ 的贡献都很容易算出, 结果得到

$$\det g=(-1)^n\rho^{2n}\left(\prod_{k=1}^{n}\mu_k^{-2}\right)\det g_0. \tag{3.13.30}$$

考虑到 (3.12.2), 由上式可以断定 n 必为偶数, 因为当 n 是奇数时将破坏度规的号差. 所以, 在物理空–时背景上, 静态辐射对称的孤立子只能成对地出现, 形成束缚的 2-孤立子态.

现在的任务是使 g 满足 (3.12.2), 这样的解我们称为物理解, 以 $g^{(\phi)}$ 表示. 由 (3.12.3) 可得

$$\rho^{-1}[\rho(\ln\det g)_{,\rho}]_{;\rho}+(\ln\det g)_{,zz}=0.$$

根据上式容易证明, 满足方程 (3.12.3) 和条件 (3.12.2) 的 $g^{(\phi)}$ 可写为

$$g^{(\phi)}=-\rho(-\det g)^{\frac{1}{2}}g. \tag{3.13.31}$$

将 (3.13.30) 和 $\det g_0=-\rho^2$ 代入 (3.13.21), 得到度规张量 $g^{(\phi)}$ 的表达式

$$g^{(\phi)}=-\rho^n\left(\sum_{k=1}^{n}\mu_k\right)g,\quad \det g^{(\phi)}=-\rho^2. \tag{3.13.32}$$

式中的 g 由 (3.13.21) 给出.

3.14　度规系数 f 的计算

计算度规系数 $\tilde{f}$ 可分两步进行: 第一步, 将 (3.13.21) 得到的非物理解 g 代入 (3.12.4) 和 (3.12.5), 然后求出 f. 第二步, 在 (3.12.4) 和 (3.12.5) 中将 g 换为 $g^{(\phi)}$, 从而得到 $f^{(\phi)}$.

与单孤立子解 (3.13.22)~(3.13.27) 对应的度规系数 f 以 f_1 表示, 按上面的程序计算, 得到

$$f_1 = C_1 f_0 \rho \mu_1^2 (\mu_1^2 + \rho^2)^{-1} \Gamma_{11}. \tag{3.14.1}$$

式中, C_1 是任意常数, f_0 是初始解 (背景度规系数), 与 g_0 对应, Γ_{11} 的表示式为

$$\Gamma_{11} = (\mu_1^2 + \rho^2)^{-1} m_c^{(1)} (g_0)_{cb} m_b^{(1)}, \tag{3.14.2}$$

矢量 $m_\alpha^{(1)}$ 由 (3.13.14) 得到 $(k=1)$.

接着, 把 g_1 和 f_1 当作初始解, 重复上面的过程, 得到与 2-孤立子解 (极点 $\lambda = \mu_1$ 和 $\lambda = \mu_2$) 相对应的度规系数 f_2. 这一过程实际上只要作些代数运算, 积分只在由 $(g_0, f_1) \to (g_1, f_1)$ 的过程中用. 经过不复杂的代数运算, 得到

$$f_2 = C_2 f_0 \rho^2 \mu_1^2 \mu_2^2 (\mu_1^2 + \rho^2)^{-1} (\mu_2^2 + \rho^2)^{-1} (\Gamma_{11}\Gamma_{22} - \Gamma_{12}^2). \tag{3.14.3}$$

式中, C_2 是任意常数, f_0 即 (3.14.1) 中的背景解 Γ_{11} 和 Γ_{22}, Γ_{12} 即矩阵 (3.13.16) 的分量.

(3.14.1) 和 (3.14.3) 告诉我们, 在 n-孤立子的情况下, 度规系数 f 应具有形式

$$f_n = C_n f_0 \rho^n \left(\prod_{k=1}^n \mu_k^2 \right) \left[\prod_{k=1}^n (\mu_k^2 + \rho^2) \right]^{-1} \det \Gamma_{kl}. \tag{3.14.4}$$

式中 $k, l = 1, 2, \cdots, n$. 此式的证明我们在下节最后给出.

现在确定系数 $f_n^{(\phi)}$. 在式 (3.12.4) 和 (3.12.5) 中, 将 g 代之以 (3.13.32) 中的 $g^{(\phi)}$, 便得到 $f^{(\phi)}$. 首先由 (3.12.6) 和 (3.13.31) 得到 $U^{(\phi)}$ 和 $V^{(\phi)}$ 的表达式:

$$U^{(\phi)} = \rho g_{,\rho}^{(\phi)} g^{(\phi)-1} = U + \left[1 - \frac{1}{2}\rho (\ln\det g)_{,\rho} \right] I,$$
$$V^{(\phi)} = \rho g_{,z}^{(\phi)} g^{(\phi)-1} = V - \frac{1}{2}\rho (\ln\det g)_{,z} I.$$

将上式代入 (3.12.4) 和 (3.12.5) 中 (替换 U 和 V), 得到

$$f_n^{(\phi)} = f_n \rho^{1/2} Q^{-1}. \tag{3.14.5}$$

式中 f_n 是按 g 计算的度规系数 (3.14.4), 函数 Q 满足方程

$$(\ln Q)_{,z} = \frac{1}{4}\rho (\ln\det g)_{,\rho} (\ln\det g)_{,z},$$
$$(\ln Q)_{,\rho} = \frac{1}{8}\rho [(\ln\det g)_{,\rho}^2 - (\ln\det g)_{,z}^2].$$

在上式中代入 det$g$ 的表达式 (3.13.30), 积分得

$$Q^{-1} = A\rho^{-(n^2+2n+1)/2}\left(\prod_{k=1}^{n}\mu_k\right)^{n-1} \times \left[\prod_{k=1}^{n}(\mu_k^2+\rho^2)\prod_{k,l=1}^{n}(\mu_k-\mu_l)^2\right]. \quad (3.14.6)$$

式中 A 为常数. 将 (3.14.6) 和 (3.14.4) 代入 (3.14.5), 得到物理的度规系数 $f_n^{(\phi)}$ 的明显表达式:

$$f_n^{(\phi)} = C_n^{(\phi)} f_0 \rho^{-n^2/2}\left(\prod_{k=1}^{n}\mu_k\right)^{n+1} \times \left[\prod_{k>l=1}^{n}(\mu_k-\mu_l)^2\right]^{-1} \det\Gamma_{kl}. \quad (3.14.7)$$

我们给出乘积 $\prod\limits_{k>l=1}^{n}(\mu_k-\mu_l)^2$ 的前几个表达式:

$$\prod_{k>l=1}^{n}(\mu_k-\mu_l)^2 = \begin{cases} 1, & \text{当} n=1; \\ (\mu_2^2-\mu_1^2)^2, & \text{当} n=2; \\ (\mu_3-\mu_1)^2(\mu_3-\mu_2)^2(\mu_2-\mu_1)^2, & \text{当} n=3; \\ \vdots \end{cases} \quad (3.14.8)$$

n-孤立子解的最后形式为

$$ds^2 = f_n^{(\phi)}(d\rho^2+dz^2) + g_{ab}^{(\phi)}dx^a dx^b. \quad (3.14.9)$$

式中 $f_n^{(\phi)}$ 由式 (3.14.7) 给出, $g_{ab}^{(\phi)}$ 由式 (3.13.32) 和 (3.13.21) 给出.

作为普遍方法 (孤立子方法) 的应用, 下面我们由平直度规生成 2-孤立子解和 n-孤立子解, 它们将给出 Kerr-NUT 解和多个 Schwarzschild 源以及多极矩的解.

3.15　平直时空背景上的 2-孤立子解

本节中仍取号差为 (+2). 平直空–时度规可写为

$$ds^2 = -dt^2 + \rho^2 d\varphi^2 + d\rho^2 + dz^2, \quad (3.15.1)$$

即 $f_0 = 1, g_0 = \mathrm{diag}(-1, \rho^2)$; 显然有 det$g_0 = -\rho^2$. 容易得到 $V_0 = 0, U_0 = \mathrm{diag}(0, 2)$. 代入 (3.13.2) 得到

$$\psi_0 = \begin{pmatrix} -1 & 0 \\ 0 & \rho^2 - 2z\lambda - \lambda^2, \end{pmatrix}, \quad (3.15.2)$$

显然满足条件 $\psi_0(0)=g_0$. 由此式和 (3.13.14)、(3.13.11), 容易得到

$$m_0^{(k)}=C_0^{(k)},\quad m_1^{(k)}=C_1^{(k)}\mu_k^{-1}. \tag{3.15.3}$$

式中 $C_0^{(k)}$ 和 $C_1^{(k)}$ 是任意常数. 再把所得各式代入 (3.13.16), 得到 Γ_{kl}

$$\Gamma_{kl}=[-C_0^{(k)}C_0^{(l)}+C_1^{(k)}C_1^{(l)}\mu_k^{-1}\mu_l^{-1}\rho^2](\rho^2+\mu_k\mu_l)^{-1}. \tag{3.15.4}$$

由 (3.13.19) 得到 $N_a^{(k)}$ 的表达式

$$N_0^{(k)}=-C_0^{(k)},\quad N_1^{(k)}=C_1^{(k)}\mu_k^{-1}\rho^2. \tag{3.15.5}$$

μ_k 由 (3.13.12) 给出. 至此, 我们已获得构成 $f^{(\phi)}$ 和 $g_{ab}^{(\phi)}$ 所需要的全部量.

引入两个新的任意常数 z_1 和 σ 代替 (3.13.11) 和 (3.13.12) 中的 w_1 和 w_2

$$w_1\equiv z_1+\sigma,\quad w_2\equiv z_1-\sigma, \tag{3.15.6}$$

引入坐标 r 和 θ 代替 ρ 和 z

$$\rho\equiv[(r-m)^2-\sigma^2]^{1/2}\sin\theta,\quad z-z_1=(r-m)\cos\theta. \tag{3.15.7}$$

式中 m 为任意常数. 由 (3.13.12) 可将 μ_k 用 r,θ 表示出来 (根号前取负号)

$$\mu_1=2(r-m+\sigma)\sin^2\frac{\theta}{2},\quad \mu_2=2(r-m-\sigma)\sin^2\frac{\theta}{2}. \tag{3.15.8}$$

由上式和 (2.15.5) 求出 $N_a^{(1)}$ 和 $N_a^{(2)}$, 由 (3.15.4) 求出 Γ_{kl} 和它们的逆矩阵 $D_{kl}(k,l=1,2)$, 然后由 (3.13.32) 和 (3.13.21) 求出 $g_{ab}^{(\phi)}$, 由 (3.14.7) 得到 $f_2^{(\phi)}$, 从而得到 $g_{\mu\nu}$. 再用一个简单的线性坐标变换, 便得到 Boyer-Lindguist 坐标中的 Kerr-NUT 度规.

为了变到 B-L 坐标系 (使 r 表示径向坐标), 我们令 (3.15.3) 中的任意常数满足条件

$$C_1^{(1)}C_0^{(2)}-C_0^{(1)}C_1^{(2)}=\sigma,\quad C_1^{(1)}C_0^{(2)}+C_0^{(1)}C_1^{(2)}=-m. \tag{3.15.9}$$

引入两个任意常数 a 和 b

$$C_1^{(1)}C_1^{(2)}-C_0^{(1)}C_0^{(2)}=-b,\quad C_1^{(1)}C_1^{(2)}+C_0^{(1)}C_0^{(2)}=a. \tag{3.15.10}$$

由上二式可得

$$\sigma^2=m^2-a^2-b^2. \tag{3.15.11}$$

最后得到度规 (3.14.9)

$$\mathrm{d}s^2=\omega\varDelta^{-1}\mathrm{d}r^2+\omega\mathrm{d}\theta^2-\omega^{-1}\{(\varDelta-a^2\sin^2\theta)\mathrm{d}\tau^2$$

$$
\begin{aligned}
&- [4\Delta b\cos\theta - 4a\sin^2\theta(mr+b^2)]\mathrm{d}\tau\mathrm{d}\varphi \\
&+ [\Delta(a\sin^2\theta + 2b\cos\theta)^2 - \sin^2\theta(r^2+b^2+a^2)^2]\mathrm{d}\varphi^2\}. \quad (3.15.12)
\end{aligned}
$$

式中

$$
\tau = t + 2a\varphi, \quad (3.15.13)
$$

$$
\omega \equiv r^2 + (b - a\cos\theta)^2, \quad \Delta \equiv r^2 - 2mr + a^2 - b^2. \quad (3.15.14)
$$

此即**Kerr-NUT 度规, 代入 $b=0$ 便得到 Kerr 度规**. 这里, 只有 Kerr 解有物理意义 $(b=0), b\neq 0$ 时, (3.15.12) 不满足渐近平直条件.

在获得 (3.15.8) 时, 我们在 (3.13.12) 中对于 μ_1 和 μ_2 都取根号前为负号的情况, 如果对于 μ_1 和 μ_2, 根号前取不同符号, 不难证明, 也导致同一个度规.

现在我们用数学归纳法证明 (3.14.4).

设 (3.14.4) 当 $n=m$ 时成立, 只需证明当 $n=m+1$ 时成立. 假设从初始解〔背景度规〕g_n, f_n, ψ_n 引入 m 个孤立子, 生成了新解 $g_{n+m}, f_{n+m}, \psi_{n+m}, m$ 个孤立子对应于极点 $\lambda=\mu_{n+1}, \lambda=\mu_{n+2}, \cdots, \lambda=\mu_{n+m}$, 则有

$$
f_{n+m} = C_{n+m} f_n \rho^m \left(\prod_{k=1}^m \mu_{n+m}^2\right)\left[\prod_{k=1}^m (\mu_{n+m}^2 + \rho^2)\right]^{-1} D_{n+m}. \quad (3.15.15)
$$

式中 $D_{n+m} = \det\Gamma_{n+k,n+l}(k,l=1,2,\cdots,m)$, 而

$$
\Gamma_{n+k,n+l} = m_a^{(n+k)}(g_n)_{ab} m_b^{(n+1)}(\rho^2 + \mu_{n+k}\mu_{n+l})^{-1}. \quad (3.15.16)
$$

按 (3.13.14) 有

$$
m_u^{(n+k)} = m_{e_0}^{(m+k)}[\psi_n^{-1}(\mu_{n+k},\rho,z)]_{ca}. \quad (3.15.17)
$$

由 (3.13.4) 和 (3.13.3) 有

$$
\begin{aligned}
&\psi_n = [I + (\mu_n^2+\rho^2)\mu_n^{-1}(\lambda-\mu_n)^{-1}Pn]\psi_{n-1}, \\
&\psi_n^{-1} = \psi_{n-1}^{-1}[I - (\mu_n^2+\rho^2)(\rho^2+\lambda\mu_n)^{-1}P_n], \quad (3.15.18) \\
&g_n = \psi_n(0) = [I - (\mu_n^2+\rho^2)\mu_n^{-2}P_n]g_{n-1}. \quad (3.15.19)
\end{aligned}
$$

矩阵 P_n 由 (3.13.22) 得到

$$
P_n = l^{(n)}(g_{n-1})l_{ab}^{(n)}/c_f^{(n)}(g_{n-1})_{fd}l_d^{(n)}. \quad (3.15.20)
$$

式中 l_a 定义为

$$
l_a^{(n)} \equiv m_{c0}^{(n)}[\psi_{n-1}^{-1}(\mu_n,\rho,z)]_{ca}, \quad (3.15.21)
$$

$$
l_a^{(n+k)} \equiv m_{c0}^{(n+k)}[\psi_{n-1}^{-1}(\mu_{n+k},\rho,z)]_{ca}. \quad (3.15.22)
$$

由 (3.15.17), (3.15.18) 和 (3.15.20) 可得

$$m_a^{(n+k)} = l_a^{(n+k)} - E_{n,n}^{-1} E_{n,n+k} l_a^{(n)}. \tag{3.15.23}$$

式中

$$E_{n+\alpha,n+\beta} \equiv l_c^{(n+\alpha)} (g_{n-1})_{cb} l_b^{(n+\beta)} (\rho^2 + \mu_n + \alpha\mu_n + \beta)^{-1}, \quad \alpha, \beta = 0, 1, \cdots, m. \tag{3.15.24}$$

将 (3.15.23) 和 (3.15.19) 代入 (3.15.16) 中, 得到

$$\varGamma_{n+k,n+l} = E_{n+k,n+l} - E_{u,n}^{-1} E_{n,n+k} E_{n,n+l}. \tag{3.15.25}$$

由上式可得

$$\det E_{n+\alpha,n+\beta} = E_{n,n} \det \varGamma_{n+k,n+l}. \tag{3.15.26}$$

根据 (3.14.1) 和 (3.14.2) 有

$$f_n = C_n f_{n-1} E_{n,n} \rho \mu_n^2 (\mu_n^2 + \rho^2)^{-1}. \tag{3.15.27}$$

将此式代入 (3.15.15) 并利用 (3.15.26) 和 $D_{n+m} = \det \varGamma_{n+k,n+l}$, 我们得到

$$f_{n+m} = \text{const} \cdot f_{n-1} \rho^{m+1} \left(\prod_{\alpha=0}^{m} \mu_{n+\alpha}^2 \right) \times \left[\prod_{\beta=0}^{m} (\mu_{n+\beta}^2 + \rho^2) \right]^{-1} \det E_{n+\alpha,n+\beta}. \tag{3.15.28}$$

将 (3.15.24)、(3.15.21) 和 (3.14.22) 代入 (3.14.28) 便得到与 g_{n+m}, f_{n+m} 和 ψ_{n+m} 对应的 $(m+1)$-孤立子解 (3.14.4). 至此, 我们证明了式 (3.14.4) 的正确性.

3.16 平直时空背景上的 n-孤立子解

本节我们研究一种类型的 n-孤立子解及其一般性质. 取平直空–时度规.

$$\mathrm{d}s^2 = -\mathrm{d}t^2 + \rho^2 \mathrm{d}\varphi^2 + \mathrm{d}\rho^2 + \mathrm{d}z^2 \tag{3.16.1}$$

为背景度规 (初始解), 引入偶数个孤立子 (极点 $\lambda = \mu_1, \mu_2, \cdots, \mu_n$), 生成新解. 函数 μ_k 成对出现, 以希腊字母 σ 标记, $\sigma = 1, 3, 5, \cdots, n-1$. 这样, 共有 $n/2$ 对极点 (μ_σ, μ^{a+1}).

为了使物理意义更明显, 首先研究矩阵 g 为对角的这一特殊情况 (静态 n-孤立子解). 为此, 设 (3.15.3) 中的所有任意常数 $C_0^{(k)} = 0$, 此时所有的 $m_0^{(k)} = 0$. 由 (3.13.15) 可得所有的 $n_0^{(k)} = 0$, 由 (3.13.13) 得到

$$R_k = \begin{pmatrix} 0 & 0 \\ 0 & n_1^{(k)} m_1^{(k)} \end{pmatrix}.$$

这表明 (3.13.28) 中的所有矩阵 P_k 具有形式

$$P_k = \begin{pmatrix} 0 & 0 \\ 0 & 1 \end{pmatrix},$$

与 (3.13.29) 相符. 在这种情况下, 由 (3.13.28) 和 (3.13.32) 得到

$$g_{00}^{(\phi)} = \rho^{-n} \prod_{k=1}^{n} \mu_k, \quad g_{01}^{(\phi)} = 0, \quad g_{11}^{(\phi)} = -\rho^2/g_{00}^{(\phi)}. \tag{3.16.2}$$

要由 (3.14.7) 求 $f_n^{(\phi)}$, 须先计算矩阵 Γ_{kl} 的行列式. 由于 (3.16.2) 很简单, 可以直接由 (3.12.4) 和 (3.12.5) 积分, 求得 $f_n^{(\phi)}$

$$f_n^{(\phi)} = \text{const} \cdot \rho^{(n^2+2n)/2} \left[\prod_{k>l=1}^{n} (\mu_k - \mu_l)^2\right] \times \left(\prod_{k=1}^{n} \mu_k\right)^{1-n} \left[\prod_{k=1}^{n} (\mu_k^2 + \rho^2)\right]^{-1}. \tag{3.16.3}$$

现在由 (3.13.11) 和 (3.13.12) 确定函数 μ_k. 对于每一对极点 μ_σ 和 $\mu_{\sigma+1}$, 我们取式中根号前相反的符号.

$$\begin{aligned} \mu_\sigma &= w_\sigma - z + [(w_\sigma - z)^2 + \rho^2]^{1/2}, \\ \mu_{\sigma+1} &= w_{\sigma+1} - z - [(w_{\sigma+1} - z)^2 + \rho^2]^{1/2}. \end{aligned} \tag{3.16.4}$$

引入新的任意常数 z_σ 和 m_σ 代替 ω_σ 和 $\omega_{\sigma+1}$

$$\omega_\sigma = z_\sigma - m_\sigma, \quad \omega_{\sigma+1} = z_\sigma + m_\sigma. \tag{3.16.5}$$

对于每一对极点, 引入一对函数 $r_\sigma(\rho, z)$ 和 $\theta_\sigma(\rho, z)$, 作为它们的“径坐标”和“角坐标”. 这 $\binom{n}{2}$ 对函数由下式定义:

$$\begin{aligned} \rho &= [r_\sigma(r_\sigma - 2mr_\sigma)]^{1/2} \sin\theta\sigma, \\ z - z_\sigma &= (r_\sigma - m_\sigma)\cos\theta\sigma. \end{aligned} \tag{3.16.6}$$

这时由 (3.16.4) 得

$$\begin{aligned} \mu_\sigma &= 2(r_\sigma - 2m_\sigma)\sin^2\frac{\theta_\sigma}{2}, \\ \mu_{\sigma+1} &= -2(r_\sigma - 2m_\sigma)\cos^2\frac{\theta_\sigma}{2}. \end{aligned} \tag{3.16.7}$$

将上式代入 (3.16.2), 得到

$$g_{00}^{(\phi)} = -\left(1 - \frac{2m_1}{r_1}\right)\left(1 - \frac{2m_3}{r_3}\right)\cdots\left(1 - \frac{2m_{n-1}}{r_{n-1}}\right). \tag{3.16.8}$$

当 n=2(2-孤立子解)， 式中只有一个因子, 即 Schwarzschild 度规的 g_{00}. 这时由 (3.16.3) 求得 $f_2^{(\phi)}$, **得到的 $g_{\mu\nu}$ 恰为 Schwarzschild 度规**. 这一结果表明, 如果在 §3.15 的 2-孤立子解的一般形式中, 取任意常数满足条件 $C_0^{(1)} = C_0^{(2)} = 0$($\mu_k$ 式中根号前取相反的符号), 便可由 Kerr-NUT 解退化为 Schwarzschild 解.

为了分析 $g_{00}^{(\phi)}$ 的物理意义, 必须选择径向坐标. 原则上 $r_\sigma(\rho, z)$ 中的任何一个都可以作为径向坐标. 但最自然的选择应该使引力势在远离系统的展开式中不含偶极矩. 由 (3.16.8) 可知, 引力势 U 由下式给出:

$$2U = 1 - \left(1 - \frac{2m_1}{r_1}\right)\left(1 - \frac{2m_3}{r_3}\right)\cdots\left(1 - \frac{2m_{n-1}}{r_{n-1}}\right). \tag{3.16.9}$$

设“真空的”径向坐标和极角坐标由下式确定:

$$\rho = [r(r-2m)]^{1/2}\sin\theta, \quad z - z_0 = (r-m)\cos\theta. \tag{3.16.10}$$

上式与 (3.16.6) 形式相同, 但是引入了新的常数 m 和 z_0. 由 (3.16.10) 和 (3.16.6) 可以求出 r_σ 和 θ_σ, 并且可以按 r^{-1} 展开 (当 $r \to \infty$, 在一级近似下得到 $r_\sigma = r, \theta_\sigma = \theta$). 将这些展开式代入 (3.16.9), 由不存在偶极矩这一要求便可以确定 m 和 z_0. 用这一方法得到

$$m = \sum_{\sigma=1}^{n-1} m_\sigma, \quad z_0 = \left(\sum_{\sigma=1}^{n-1} m_\sigma z_\sigma\right)\Big/\sum_{\sigma=1}^{n-1} m_\sigma, \tag{3.16.11}$$

$$2U = 2mr^{-1} + Q(3\cos^2\theta - 1)r^{-3} + \cdots.$$

式中 Q 为系统的四极矩. 当 $n = 4$ 时 (4-孤立子解), 有

$$Q = m_1 m_3[(z_1 - z_3)^2 - m^2](m_1 + m_3)^{-1}.$$

这些结果表明, 静态 n-孤立子解是在渐近平直空-时中的局部扰动. 对于远处观察者, 这样的场可以看作是由具有辐射对称性的 $n/2$ 个 Schwarzschild 质量源 (位于局部) 所产生的外部场. 这些源质量中第 σ 个具有质量 m_σ, 位于 z_σ 处. 这些场源质量的质心公式和经典力学中的相同. 系统的四极矩也由常量 m_σ 和 z_σ 表示.

如果场源绕对称轴旋转, 则矩阵 $g^{(\phi)}$ 不是对角的, $g_{01}^{(\phi)} \neq 0$. 在 $n = 2$ 的特殊情况下, 场源由静止过渡到绕对称轴转动, 对应于由 Schwarzschild 度规过渡到克尔度规.

3.17 两个 Kerr 解的叠加

前一节研究了以平直空–时度规为背景度规, 引入 $\left(\frac{n}{2}\right)$ 对孤立子所获得的一类 n-孤立子解的一般性质. 本节将对 4-孤立子解的结构作进一步的分析. 为了讨论的方便, 我们将某些符号和相应的表述作一些简化.

在 3.14 节中, 我们给出了由已知解 $g_0^{(\phi)}$ 生成新解 $g_u^{(\phi)}$ 的一般方法. 新解依赖于 n 个任意常数 w_k 和 n 个矢量 $C_k=(A_k,B_k)$[即矢量 $m_a^{(k)}$]. 极点 μ_k 为方程

$$\mu_k^2+2(w_k-z)\mu_k-\rho^2=0 \tag{3.17.1}$$

的一个根. 度规系数 f 的表达式为

$$f=C\rho^{-n^2/2}\left(\prod_{k=1}^{n}\mu_k\right)^{n+1}\left[\prod_{k>l=1}^{n}(\mu_k-\mu_l)^2\right]^{-1}\det\Gamma_{kl}. \tag{3.17.2}$$

取背景度规为 (3.15.1) 时, Γ_{kl} 的表达式为 (3.15.4)

$$\Gamma_{kl}=\frac{-A_kA_l+\rho^2B_kB_l\mu_k^{-1}\mu_l^{-1}}{\rho^2+\mu_k\mu_l}\quad (\text{对}k,l\text{不取和}). \tag{3.17.3}$$

此时不难证明, g_{ab} 可表示为

$$g_{ab}=\rho^{-n}\left(\prod_{k=1}^{n}\mu_k\right)\det\Gamma_{\alpha\beta}^{ab}/\det\Gamma_{ij}. \tag{3.17.4}$$

式中 $\Gamma_{\alpha\beta}^{ab}$ 是由矩阵 Γ_{kl} “扩展”得到的 $(n+1)\times(n+1)$ 矩阵, 定义如下:

$$\begin{aligned}&\Gamma_{kl}^{ab}=\Gamma_{kl},\quad k,l=1,2,\cdots,n,\\&\Gamma_{kn+1}^{01}=\Gamma_{kn+1}^{00}=\Gamma_{n+1k}^{00}=\mu_k^{-1}A_k,\quad k=1,2,\cdots,n,\\&\Gamma_{n+1k}^{01}=\Gamma_{kn+1}^{11}=\Gamma_{n+1k}^{11}=\rho^2\mu_k^{-1}B_k,\quad k=1,2,\cdots,n.\end{aligned} \tag{3.17.5}$$

孤立子的个数 n 为偶数时, 生成解才具有物理意义 (具有正确的号差). 在 2-孤立子的情况下, §3.15 给出了 Kerr-NUT 解族. 这一解族包含的参量有质量 m、比角矩 a、物体的位置 z_0 和 NUT 参量 b(“磁体质量”). 这些参量和实常数 $w_1,w_2,(A_1,B_1),(A_2,B_2)$ 之间的关系可以表示为

$$\begin{aligned}&m=(w_1-w_2)/2\cos(\alpha_1-\alpha_2),\\&a=m\sin(\alpha_1-\alpha_2)=\frac{1}{2}(w_1-w_2)\tan(\alpha_1-\alpha_2),\\&b=m\sin(\alpha_1+\alpha_2),\\&\alpha_i\equiv\arctan(A_i/B_i).\end{aligned} \tag{3.17.6}$$

仅当 $b=0$ 时新解才是渐近平直的. 我们设 $w_1>w_2$, $0\leqslant A_i<B_i, 0\leqslant\alpha_i<\dfrac{\pi}{4}$. 仅当 $\alpha_2=-\alpha_1=\arctan(A/B)$ 时才有 $b=0$. 这时有

$$m=(w_1-w_2)(B^2+A^2)/2(B^2-A^2),$$

$$a = AB(w_1 - w_2)/(B^2 - A^2). \tag{3.17.7}$$

由上述诸式可见, 孤立子参量取实数值时, 新解描述慢速转动情况: $a < m$. 下面只研究这种情况.

我们要研究的 4-孤立子解对应于两个物理状态, 分别由两组参量确定:

(1) $w_4 = -w_1, w_3 = -w_2, w_1 > |w_2|, C_1 = C_3 = (A, B), C_2 = C_4 = (-A, B)$;

(2) $w_4 = -w_1, w_3 = -w_2, w_1 > |w_2|, C_1 = C_4 = (A, B), C_2 = C_3 = (-A, B)$. 对于所研究的情况 $(n = 4), \mu_k$ 的表达式 (3.13.12) 中根号前的正负号应这样选取: 当 $k =$ 奇数时取负号, k 为偶数时取正号; 其他的选择都不能生成有物理意义的解.

情况 (1) 的解是两个克尔解的非线性叠加, 两个场源物体具有相同的质量和相同的转矩 (3.17.7). 情况 (2) 的两个场源物体的质量相同而转矩异号. 下面我们分析这些解在不同区域的行为.

(i) 在无限远处, 由 (3.17.4) 和 (3.175), 当 $r = \sqrt{\rho^2 + z^2} \to \infty$ 时, $g_{00} = -1 + o(r^{-1}), g_{01} = \alpha + \beta z/r + o(r^{-1}), g_{11} = \rho^2[1 + o(r^{-1})]$. 参量 β 与 Kerr-NUT 解族中的 NUT 参量 b 相似, 渐近平直条件要求 $\beta = 0$. 由 (3.17.4) 和 (3.17.5) 可以得到 α 和 β 的表达式. 情况(1): $\alpha = 4AB(w_1 - w_2)/(B^2 - A^2), \beta = 0$; 情况 (2): $\alpha = 0, \beta = \left[\dfrac{(A^2 + B^2)^2}{4w_1 w_2} + \dfrac{(B^2 - A^2)}{(w_1 - w_2)^2}\right]^{-1} AB(A^2 + B^2)\left(\dfrac{1}{w_1} + \dfrac{1}{w_2}\right)$. 在情况 (2) 中, $\beta = 0$ 导致 $A = 0$ 或 $B = 0$, 此时由 (3.17.7) 知 $a = 0$, 即不旋转, 即情况 (2) 与渐近平直条件矛盾. 下面我们只研究情况 (1).

作变换 $t' = t - \nu p, \varphi' = \varphi$. 式中 $\nu \equiv 4AB(w_1 - w_2)/(B^2 - A^2)$. 为了得到渐近平直解, 应有 $f \to 1$, 由此确定 (3.17.2) 中的常数 C

$$C = 2^{12} w_1^2 w_2^2 (w_1 - w_2)^4/(B^2 - A^2)^4.$$

保留 $\dfrac{M}{r}$ 阶项, 得到度规 g_{ab} 的表达式

$$g_{00} = -1 + \frac{2M}{r} + o(r^{-2}), \quad M = (w_1 - w_2)(B^2 + A^2)/(B^2 - A^2) = 2m, \tag{3.17.8}$$

$$g_{01} = -\frac{4Ma}{r}\frac{\rho^2}{r^2} + o(r^{-2}), \quad a = \frac{AB(w_1 - w_2)}{B^2 - A^2}.$$

由上式可知, 系统的质量 M 等于两个物体质量之和, 系统的转矩等于二物体转矩之和 $(Ma = 2ma)$.

(ii) 在对称轴的外部区域 $(0 < \rho < \infty)$. 由 (3.17.2~3.17.4) 可以发现, 度规的奇异性只能出现在 $\rho = 0$ 和 $\det\Gamma_{ij} = 0$. 系统是辐射对称的, 可以认为对称轴外的奇异性位于平面 $z = 0$ 上. 这时 $\det\Gamma_{ij}$ 简化为

$$\begin{aligned}\det\Gamma_{ij}(\rho, 0) = & 16\rho^8 \mu_1^2 \mu_2^2 (\mu_1 + \mu_2)^4 (\rho^4 - \mu_1^2 \mu_2^2)^{-4} \\ & \times (\rho^4 - \mu_1^4)^{-2} (\rho^4 - \mu_2^4)^{-2} [AB\mu_1^{-1}\mu_2^{-1}(\rho^4 - \mu_1^2\mu_2^2)\end{aligned}$$

$$
\begin{aligned}
&-\rho(A^2+\rho^2B^2\mu_1^{-1}\mu_2^{-1})(\mu_1-\mu_2)]^2[AB\mu_1^{-1}\mu_2^{-1}\\
&\times(\rho^4-\mu_1^2\mu_2^2)+\rho(A^2+\rho_2B^2\mu_1^{-1}\mu_2^{-1})(\mu_1-\mu_2)]^2. \quad (3.17.9)
\end{aligned}
$$

上式可知 $\det\Gamma_{ij}\geqslant 0.\det\Gamma_{ij}=0$ 只可能使上式右端后两个因子等于零. 又因为

$$
\mu_1\mu_2<0,\quad \mu_1-\mu_2<0,
$$

$$
|\mu_1\mu_2|=\rho^2\left|\frac{w_2+\sqrt{w_2^2+\rho^2}}{w_1+\sqrt{w_1^2+\rho^2}}\right|<\rho^2,
$$

所以

$$
F(k,\rho)\equiv k(\rho^4-\mu_1^2\mu_2^2)-\rho(k^2\mu_1\mu^2+\rho^2)(\mu_2-\mu_1)=0, k\equiv A/B.
$$

$F(k,\rho)$ 是 k 的二次三项式, 二次项系数 $-\rho(\mu_1-\mu_2)\mu_1\mu_2<0.k=0$ 时有

$$
F(0,\rho)=-\rho^2(\mu_2-\mu_1)<0.
$$

$k=1$ 时有

$$
F(1,\rho)=\rho^4-\mu_1^2\mu_2^2-\rho(\mu_1\mu_2+\rho^2)(\mu_2-\mu_1)=(\rho^2+\mu_1\mu_2)(\rho+\mu_1)(\rho-\mu_2).
$$

由于

$$
\rho^2+\mu_1\mu_2>0,\quad \rho+\mu_1=\omega_1+\rho-\sqrt{w_1^2+\rho^2}>0,
$$

所以 $F(1,\rho)$ 的符号取决于 $\rho-\mu_2=\rho-w_2-\sqrt{w_2^2+\rho^2}$ 的符号, 即取决于 w_2 的符号. 因此

$$
F(1,\rho)<0,\quad 当 w_2>0,
$$

$$
F(1,\rho)>0,\quad 当 w_2<0,
$$

$w_2=0$ 时得到克尔解 $(M=2m, Ma=2ma)$.

考虑到 F 是 k 的二次函数, 由上面的分析可知, 当 $w_2>0$ 时, 在对称轴外的平面 $z=0$ 上 $\det\Gamma_{ij}\neq 0$, 度规没有奇点, 当 $w_2<0$ 时, 有奇点 (环)$\rho(a)$.

$$
\rho(a)\to\infty,\quad 当 a\to m,
$$

$$
\rho(a)\to 0,\quad 当 a\to 0.
$$

在奇点 $\rho(a)$, 曲率标量为无限大. 因此, $w_2<0$ 时的物理图像和 Tomimatsu-Sato 解的一样. 在我们所研究的解中令 $w_2\to w_1$, 便得到 T-S 解.

在平面 $z=0$ 以外, 在一般情况下 $\det\Gamma_{ij}$ 的恒正性没有证明. 但是如果 $w_2>0$, 则可以证明当 $k=A/B$ 的值足够小 (即转矩足够小) 时, 轴外不存在奇点.

(iii) 在轴附近的区域. 首先考虑 $w_2>0$ 的情况. 在轴上有五个不同区域, 如图 3-2 所示.

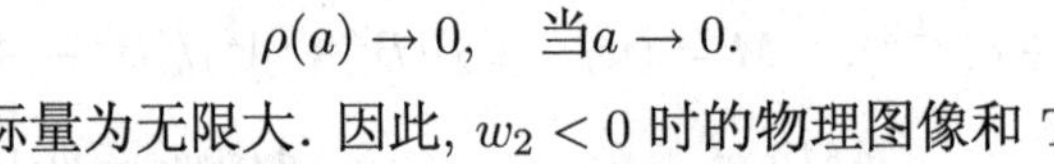

图 3-2

(a) 区域 I. 当 $z=\rho=0$ 时, 度规为

$$
\begin{aligned}
g_{00} &= -\frac{(A^2w_1-B^2w_2)^2}{(A^2w_2-B^2w_1)^2},\\
g_{01} &= 2AB\frac{(w_1-w_2)^2(A^2w_1-B^2w_2)(B^2+A^2)}{(A^2w_2-B^2w_1)^2(B^2-A^2)},\\
g_{11} &= -4A^2B^2\frac{(w_1-w_2)^4}{(A^2w^2-B^2w_1)^2}\left(\frac{B^2+A^2}{B^2-A^2}\right)^2.
\end{aligned}
$$

当 $A\neq 0$ 时,$g_{\varphi\varphi}=g_{11}<0$. 即在轴附近有一些闭合的类时曲线. 在这种情况下通过空间任何一点都有一类时的闭合环, 而且不可能用普通空间区域的单连通覆盖将闭合环打开. 因此, 因果条件被破坏. 即在区域 I 中度规是奇异的. 而且不允许从 $\rho>0$ 的区域延拓到区域 I 的邻域.

(b) 区域 II. 度规系数 f 和 g_{ab} 有正常的行为, 并且 f, g_{00} 和 g_{11} 都是正的 (当 $z=w_k$, $\rho=0$ 时有 $g_{ab}=0$). 变换到建立在一个物体上的球坐标系 (r,θ)

$$
\rho=[(r-m)^2-\sigma^2]^{1/2}\sin\theta,\quad z=z_0+(r-m)\sin\theta.
$$

式中

$$
\sigma=\frac{1}{2}(w_1-w_2),\quad z_0=\frac{1}{2}(w_1+w_2),
$$

度规变为

$$
\begin{aligned}
\mathrm{d}s^2 =&\tilde{g}_{ab}(r,\theta)\mathrm{d}x^a\mathrm{d}x^b\\
&+\tilde{f}[(r-m)^2-\sigma^2\cos^2\theta]\left[\frac{\mathrm{d}r^2}{(r-m)^2-\sigma^2}+\mathrm{d}\theta^2\right],\\
\tilde{g}_{ab}(r,\theta) =&g_{ab}[\rho(r,\theta),z(r,\theta)],\\
\tilde{f}(r,\theta) =&f[\rho(r,\theta),z(r,\theta)].
\end{aligned}
$$

由 f 和 g_{ab} 的表达式可知, 在 $\rho=0$ 的领域内按 ρ 展开时, 展开式中只含 ρ 的偶次项, 所以在面 $(r-m)-\sigma=0$(与区域 II 对应的一段) 的邻域内, $\tilde{g}_{ab}$ 和 $\tilde{f}$ 是 r 和 θ 的解析函数. 这个面是零面.

区域 III 和区域 II 的情况相同.

区域 IV 和 V 中, $g_{00}\sim\rho_0, g_{01}\sim\rho^2, g_{11}\sim\rho^2, f\sim\rho^0$, 所以在这两个区域中度规是正常的. 这时由 (3.12.4)~(3.12.5) 可知 $\rho^2 f g_{11}^{-1}=\mathrm{const}=1$, 从而得到空–时是局部平直和正常的.

当 $w_2<0$(且转矩 $a\neq 0$) 时, 解的行为与 $w_2>0$ 时没有本质区别. 其中, 当 $z=0$, 有 $g_{11}=-(4B^2/A^2)(w_1-w_2)^2$, 即存在许多闭合的类时曲线. 我们指出, 当转矩 $a=0$ 时, 在区域 I 中, $w_2>0$ 和 $w_2<0$ 两种情况是根本不同的.

Sato 对 T-S 解性质的分析是不完全的 (Krame, 1980), 因为没有给出在区域 I 的轴上存在裸奇点的结论. 所谓裸奇点, 就是不被视界面包围的内禀奇点. 我们发现, 对于所讨论的旋转场源的所有解, 在对称轴上, 曲率标量都是正常的 (见第五篇).

在所研究的 4-孤立子解中, 包括一些渐近平直的、在轴外无奇点的解. 但是所有这些解 (除了在极限情况下得到的克尔度规) 在一段有限长的轴上都有裸奇点. 很自然地假设, 在所有 n-孤立子解中, 只有 2-孤立子解 (即 Kerr 度规) 没有裸奇点.

第四篇　广义相对论流体动力学

关于流体引力性质和状态的研究在物理学和天体物理学中都有重要意义. 近年来, 对于恒星的内部结构和演化, 引力坍缩过程和宇宙等离子体的研究都有长足进展. 其中涉及流体动力学和态方程的问题在某种程度上 (某些问题中) 采用了广义相对论的方法, 对一些物理过程给出更准确的描述, 揭示牛顿力学无法揭示的性质和效应. 对于中性流体、荷电流体和磁流体的动力学过程用广义相对论方法进行系统地描述显然是很必要的.

第 1 章　理想流体动力学

本章研究中性理想流体的情况, 给出广义相对论热力学方程、动力学方程和态方程.

1.1　热力学方程

理想流体的能量–动量张量为

$$T_{\mu v} = (\rho + \rho\pi + p)u_\mu u_v - pg_{\mu v}, \tag{1.1.1}$$

此处 ρ 表示固有质量密度 (在随动坐标系中), p 为各向同性压强, u_μ 是速度 4 维矢量. 将上式中指标 μ 上升并乘以 u^v, 缩并后得到

$$T^\mu_v u^v = \rho u^\mu. \tag{1.1.2}$$

由此可知, u^μ 是 T^μ_v 的类时本征矢, ρ 是相应的本征值. 式 (1.1.1) 中的

$$\rho + \rho\pi = \varepsilon \tag{1.1.3}$$

为能量密度, 其中 π 为**比内能**. π 可看作两个热力学变量 (如 ρ 和 p) 的函数

$$\pi = \pi(\rho, p), \tag{1.1.4}$$

这一函数的形式取决于流体的内部结构.

引入**比焓**

$$i \equiv \pi + \frac{p}{\rho}, \tag{1.1.5}$$

则 (1.1.1) 可改写为

$$T_{\mu v} = \rho(1+i)u_\mu u_v - pg_{\mu v}. \tag{1.1.6}$$

在随动系中, 可像经典流体动力学那样定义温度 T 和**比熵**S

$$T\mathrm{d}S = \mathrm{d}\pi + pd(\rho^{-1}). \tag{1.1.7}$$

将 (1.1.5) 微分, 得到

$$\mathrm{d}i = \mathrm{d}\pi + pd(\rho^{-1}) + \rho^{-1}\mathrm{d}p,$$

代入上式得

$$T\mathrm{d}S = \mathrm{d}i - \rho^{-1}\mathrm{d}p. \tag{1.1.8}$$

1.2 流线方程

将能量–动量张量 (1.1.6) 代入守恒方程, 得到

$$T^{v}_{\mu;v} = [\rho(1+i)u^{v}]_{;v}u_{\mu} + \rho(1+i)u^{v}u_{\mu;v} - p_{,\mu} = 0 \tag{1.2.1}$$

用 u^{μ} 乘以上式, 缩并, 得到连续性方程

$$u^{\mu}T^{v}_{\mu;v} = [\rho(1+i)u^{v}]_{;v} - u^{\mu}p_{,\mu} = 0 \tag{1.2.2}$$

由 (1.2.1) 和 (1.2.2) 可得

$$\rho(1+i)u^{v}u^{\mu}_{;v} = (g^{\mu v} - u^{v}u^{\mu})p_{,v}, \tag{1.2.3}$$

这就是流体流线的微分方程. 流线是四维矢量场 u^{μ} 的矢量线.

如果流体的运动是等熵的, $S = \text{const}$, 则由 (1.1.8) 有 $\mathrm{d}p = \rho\mathrm{d}i$, 流体方程 (1.2.3) 化为

$$(1+i)u^{v}u^{\mu}_{;v} = (g^{v\mu} - u^{v}u^{\mu})i_{,v} \tag{1.2.4}$$

引入正标量 f 代替比焓 i

$$f \equiv 1+i, \tag{1.2.5}$$

流线方程可写为

$$u^{v}u^{\mu}_{;v} = (g^{v\mu} - u^{v}u^{\mu})\frac{f_{,v}}{f}. \tag{1.2.6}$$

现在我们证明, 在等熵情况下, 流线 (1.2.6) 是共形空–时 $\mathrm{d}\tilde{s}^2 = f\mathrm{d}s^2$ 中的短程线. 引入量

$$\begin{aligned} v_{\mu} &= fu_{\mu}, \quad \widetilde{g}_{\mu v} = f^2 g_{\mu v}, \\ v_{\mu} &= fu_{\mu}, \quad \widetilde{v}_{\mu} = f^{-1}u_{\mu}, \end{aligned} \tag{1.2.7}$$

$\widetilde{v}^{\mu}$ 是在度规 $\widetilde{g}_{\mu v}$ 中与 v_{μ} 对应的逆变矢量. 由此可得

$$\begin{aligned} v_{\mu;\widetilde{v}} &\equiv v_{\mu,v} - \widetilde{\Gamma}^{\alpha}_{\mu v}v_{\alpha} \\ &= v_{\mu;v} - \frac{1}{f}f_{,v}v_{\mu} - \frac{1}{f}f_{,\mu}v_{v} + \frac{1}{f}f_{,\alpha}v^{\alpha}g_{\mu v}, \end{aligned}$$

即

$$v_{\mu;\widetilde{v}} = fu_{\mu;v} - u_{v}f_{;\mu} + u^{\alpha}f_{,\alpha}g_{\mu v}.$$

用 $\tilde{v}^{v} = f^{-1}u^{v}$ 乘以上式并缩并得到

$$\tilde{v}^{v}v_{\mu;\tilde{v}} = u^{v}u_{\mu;v} - f^{-1}f_{,\mu} + f^{-1}f_{,v}u_{v}u_{,\mu}$$

即

$$\tilde{v}v_{\mu;\tilde{v}} = u^v u_{\mu;v} - (g_\mu^v - u^v u_\mu) f^{-1} f_{;v}. \tag{1.2.8}$$

将 (1.2.6) 代入上式, 得到 $\tilde{v}^v v_{\mu;\tilde{v}} = 0$. 由 (1.2.7) 可知

$$\begin{aligned} \tilde{v}_\mu &\equiv \tilde{g}_{\mu v}\tilde{v}^v = f^2 g_{\mu v}(f^{-1}u^v) = f u_\mu = v_\mu, \\ \tilde{v}_\mu \tilde{v}^\mu &= f u_\mu f^{-1} u^\mu = 1. \end{aligned} \tag{1.2.9}$$

所以有 $\tilde{v}^v \tilde{v}_{\mu;\tilde{v}} = 0$, 即流线为空–时 $\tilde{g}_{\mu v}$ 中的短程线.

现在我们回到一般情况下的流线方程 (1.2.3). 除引入标量 $f = 1 + i$ 以外, 再引入一个矢量 v^μ

$$v^\mu \equiv f u^\mu, \quad v_\mu \equiv f u_\mu. \tag{1.2.10}$$

标量 f 和比焓 i 等价, 称为**流体指数**, 矢量 v^μ 称为**流矢量**.

方程 (1.2.3) 可写为

$$\rho f u^v u_{\mu;v} - (g_\mu^v - u^v u_\mu) p_{,v} = 0. \tag{1.2.11}$$

由 (1.1.8) 有

$$\frac{\mathrm{d}p}{\rho} = \mathrm{d}f - T\mathrm{d}S, \tag{1.2.12}$$

代入 (1.2.11) 得

$$u^v u_{\mu;v} - (g_\mu^v - u^v u_\mu)(f^{-1} f_{,v} - f^{-1} T S_{,v}) = 0. \tag{1.2.13}$$

和前面类似地, 引入度规 $\mathrm{d}\tilde{s}^2 = f^2 \mathrm{d}s^2$, 由 (1.2.8) 可将流线方程改写为

$$v^v v_{\mu;\tilde{v}} + (g_\mu^v - u^v u_\mu) f T S_{,v} = 0. \tag{1.2.14}$$

1.3 守恒方程

由 (1.2.12) 和 $f = 1 + i$, 可将连续性方程 (1.2.2) 写为

$$f(pu^v)_{,v} + \rho T u^v S_{,v} = 0. \tag{1.3.1}$$

由于 f, ρ, T 都是正的, 所以由

$$u^v S_{,v} \geqslant 0 \tag{1.3.2}$$

得到

$$(pu^v)_{;v} \leqslant 0 \tag{1.3.3}$$

如果沿着流线比熵 S= const, 即

$$u^v S_{,v} = 0, \tag{1.3.4}$$

我们就说流体的运动是**局部绝热**的, 这等价于

$$(\rho u^v)_{;v} = 0, \tag{1.3.5}$$

即固有密度 ρ 是守恒的. 下面我们认为 (1.3.4) 和 (1.3.5) 成立, 否则流体的运动是不稳定的.

流体的旋度张量定义为

$$\Omega_{\mu v} \equiv v_{v,\mu} - v_{\mu,v}. \tag{1.3.6}$$

我们有

$$\tilde{v}^v \Omega_{v\mu} = \tilde{v}^v (v_{\mu;\tilde{v}} - v_{v;\tilde{\mu}}) = \tilde{v}^v v_{\mu;\tilde{v}}. \tag{1.3.7}$$

由上式和 (1.3.4), 可将流线方程 (1.2.14) 写为

$$\tilde{v}^v \Omega_{\mu v} = -Tf^{-1} S_{,\mu},$$

或者

$$v^v \Omega_{\mu v} = -Tf S_{,\mu}, \tag{1.3.8}$$

这就是用旋度张量表示的流线方程. 对上式取协变微分, 再进行简单组合, 可以得到广义相对论中的 Helmholtz 方程

$$v^\rho \Omega_{\mu v;\rho} + v^\rho_{;v} \Omega_{\rho\mu} + v^\rho_{;u} \Omega_{v\rho} = (Tf)_{,\mu} S_{,v} - (Tf)_{,v} S_{,\mu}. \tag{1.3.9}$$

1.4 不可压缩相对论热力学流体

1. 特征方程

在引力场的情况下, 设引力波的波前为超曲面 $\varphi = 0$. 引力波的传播速度为 c. 由零短程线方程

$$g_{\mu v} \frac{\mathrm{d}x^\mu \mathrm{d}x^v}{\mathrm{d}\lambda \mathrm{d}\lambda} = 0$$

可知, 引力波波前传播方程为

$$g^{\mu v} \varphi_{,\mu} \varphi_{,v} = 0. \tag{1.4.1}$$

方程 (1.4.1) 是引力场方程的特征方程.

流体动力学波可由守恒方程 (1.3.5)

$$(\rho u^v)_{;v} = \rho u^v_{;v} + u^v \rho_{,v} = 0 \tag{1.4.2}$$

和流线方程 (1.2.13)

$$fu^v u^\mu_{;v} - (g^{\mu v} - u^\mu u^v)(f_{,v} - TS_{,v}) = 0 \tag{1.4.3}$$

确定. 由数学中的偏微分方程理论可知, 方程 (1.4.2) 和方程 (1.4.3) 的特征方程为

$$\begin{vmatrix} \varphi_{,v} & u^v \rho\rho'_f \varphi_{,v} \\ fu^\mu \varphi_{,\mu} & -(g^{\mu v} - u^\mu u^v)\varphi_{,\mu} \end{vmatrix} = 0$$

即

$$\left[g^{\mu v} - (1 - \frac{f\rho'_f}{\rho})u^\mu u^v\right]\varphi_{,v}\varphi_{,\mu} = 0. \tag{1.4.4}$$

式中

$$\rho'_f \equiv \frac{\partial \rho}{\partial f}.$$

这些结果在第 2、第 3 章中将是有用的.

2. 不可压缩的热力学流体

如果流体动力学波的速度等于 c, 则称流体是不可压缩的. 比较 (1.4.4) 和 (1.4.1) 可知, 当 $\rho(f, S)$ 满足条件

$$r \equiv \frac{f\rho'_f}{\rho} = 1 \tag{1.4.5}$$

时热力学流体动力学波的速度等于 c. 积分此式可以发现, (1.4.5) 成立的充分且必要条件是

$$\rho = F(S)f. \tag{1.4.6}$$

在这一条件下, 我们讨论流体的压强. 由 (1.3.4) 和 (1.2.12) 得到

$$\frac{\partial p}{\partial f} = \rho = F(S)f.$$

由此可知存在一个函数 $G(S)$, 使

$$p = \frac{1}{2}F(S)f^2 - G(S). \tag{1.4.7}$$

由 (1.1.5)、(1.1.3) 和 (1.2.5) 有

$$\varepsilon + p = \rho f, \tag{1.4.8}$$

从而得

$$\varepsilon - p = \rho f - 2p = 2G(S). \tag{1.4.9}$$

反过来, 假设 $\varepsilon - p$ 只依赖于 S, 即 $\rho f - 2p$ 只依赖于 S, 对 f 求微商, 得到

$$f\rho'_f + \rho - 2p'_f = 0$$

由于 $p'_f = \rho$, 所以有

$$f\rho'_f - \rho = 0,$$

即流体是不可压缩的. 于是我们证明了一个定理:

相对论热力学流体不可压缩的充分且必要条件是 $\varepsilon - p$ 只依赖于 S.

现在讨论热力学量沿流线的变化情况. 由 (1.4.6) 可得

$$u^v\left(\frac{\rho}{f}\right)_{,v} = 0, \tag{1.4.10}$$

即 ρ/f 沿流线是一常数. 将 (1.4.10) 代入连续性方程 $(\rho u^v)_{,v} = 0$, 得到

$$(fu^v)_{;v} = 0. \tag{1.4.11}$$

反之, 如果此式成立, 则有 $f_{;v}u^v + fu^v_{,v} = 0$, 考虑到 $(\rho u^v)_{;v} = 0$, 得到

$$(f\rho'_f - \rho)u^v f_{,v} = 0. \tag{1.4.12}$$

由此可知, 热力学流体或者是不可压缩的, 或者所有热力学量沿流线都是常数.

如果相对论热力学流体的旋度张量 $\Omega_{\mu v}$ 的所有分量都等于零, 则称这种流体的运动是无旋的. 将 $\Omega_{\mu v} = 0$ 代入 (1.3.8), 可知 $S = \text{const}$, 即无旋运动一定是等熵的. 可以证明, 此命题的逆命题也是正确的: 等熵流动一定是无旋的.

第 2 章　荷电流体动力学

本章前两节研究零电导率的荷电理想流体, 2.3 节以后研究磁流体. 有电磁场存在时引力场方程和能量–动量张量可表示为

$$R_{\mu v} - Rg_{\mu v} = kT_{\mu v},$$
$$T_{\mu v} = \rho f u_\mu u_v - pg_{\mu v} + E_{\mu v},$$

其中

$$E_{\mu v} = \frac{1}{4}g_{\mu v}(F_{\alpha\beta}f^{\alpha\beta}) - F_{\mu\sigma}f_v^\sigma,$$
$$g^{\mu v}E_{\mu v} = 0.$$

2.1　荷电流体运动方程和热力学方程

由 Maxwell 方程

$$f^{\mu v}_{;v} = 4\pi J^\mu \tag{2.1.1}$$

经过简单的运算可以得到 (见第一篇 4.4 节)

$$E^v_{\mu;v} = 4\pi J^v F_{v\mu}. \tag{2.1.2}$$

上式右端是力密度. 能量–动量张量 $T_{\mu v}$ 表达式中的热力学量 f 仍由比焓确定

$$f = 1 + i, \tag{2.1.3}$$

固有温度 T 和比熵仍由下式确定:

$$T\mathrm{d}S = \mathrm{d}i - \rho^{-1}\mathrm{d}p. \tag{2.1.4}$$

在一般情况下, 电流 J^μ 由运流电流和传导电流组成

$$J^\mu = \rho_e u^\mu + \sigma u_v f^{vv}. \tag{2.1.5}$$

式中 ρ_e 为固有电荷密度 (即随动系中的电荷密度), σ 是流体的电导率. 我们研究 $\sigma = 0$ 的情况, 此时有

$$J^\mu = \rho_e u^\mu. \tag{2.1.6}$$

电荷守恒方程表示为

$$(\rho_e u^\mu)_{;\mu} = 0. \tag{2.1.7}$$

2.2 连续性方程和流线方程

由能量–动量张量的表达式和 (2.1.2), 可将守恒方程写为

$$0 = T^{v}_{\mu;v} = (\rho f u^{v})_{;v} u_{\mu} + \rho f u^{v} u_{\mu;v} - p_{,\mu} + J^{v} F_{v\mu}. \tag{2.2.1}$$

将 (2.1.6) 代入上式, 再用 u^{μ} 缩并, 得到**连续性方程**

$$T^{v}_{\mu;v} u^{\mu} = (\rho f u^{v})_{;v} - u^{v} p_{,v} = 0. \tag{2.2.2}$$

利用 (2.1.3~4), 上式可写为

$$f(\rho u^{v})_{;v} + \rho T u^{v} S_{,v} = 0. \tag{2.2.3}$$

如果运动是**局部绝热**的

$$u^{v} S_{,v} = 0, \tag{2.2.4}$$

则有

$$(\rho u^{v})_{;v} = 0, \tag{2.2.5}$$

即**物质密度守恒**. 由 (2.1.7) 和 (2.2.5) 可以得到

$$u^{v} \left[\ln \left(\frac{\rho_e}{\rho} \right) \right]_{,v} = 0. \tag{2.2.6}$$

因此 ρ_e/ρ 沿流线为常数. 下面我们假设流体是均匀带电的, 即在所研究的空 - 时区域内到处都有 $k \equiv \rho_e/\rho = \text{const.}$

将连续性方程 (2.2.2) 和 (2.1.6) 代入 (2.2.1), 得到

$$\rho f u^{v} u^{\mu}_{;v} = (g^{\mu v} - u^{\mu} u^{v}) p_{,v} - \rho_e u^{v} f^{\mu}_{v}.$$

而 $p_{;v} = \rho f_{,v} - \rho T S_{,v}$, 所以上式可写为

$$f u^{v} u^{\mu}_{;v} = (g^{\mu v} - u^{\mu} u^{v})(f_{,v} - T S_{,v}) - k u^{v} f^{\mu}_{v}, \tag{2.2.7}$$

这就是**流线方程**. 这一方程表明, 如果流体的运动是等熵的, 则流线是积分 $\left(\int f \mathrm{d}s + k \mathrm{d}\psi \right)$ 的极值曲线. 式中 ψ 是电磁势.

在一般情况下, 我们仍可引入度规 $\mathrm{d}\tilde{s}_2 = f^2 \mathrm{d}s^2$ 和流矢量 v_{μ}:

$$v_{\mu} = f u_{\mu}, \quad v^{u} = f u^{\mu}. \tag{2.2.8}$$

仍然令

$$\tilde{v}^{\mu} = f^{-1} u^{\mu}.$$

由 (1.2.8), 可将流线方程 (2.2.7) 写为

$$\tilde{v}^v v_{\mu;\tilde{v}} + (g_\mu^v - u^v u_\mu)\frac{TS_{,v}}{f} + \frac{k}{f}u^v F_{v\mu} = 0,$$

或者

$$v^v v_{\mu;\tilde{v}} + (g_\mu^v - u^v u_\mu)TfS_{;v} + kv^v F_{v\mu} = 0. \tag{2.2.9}$$

现在我们引入有电磁场存在时的旋度矢量, 从而给出 Helmholtz 方程. 由等熵条件 $u^v S_{;v} = 0$ 将流线方程 (2.2.9) 写为

$$v^v v_{\mu;\tilde{v}} + TfS_{;\mu} + kv^v F_{v\mu} = 0. \tag{2.2.10}$$

又因为

$$\tilde{v}^v \Omega_{v\mu} = \tilde{v}^v (v_{\mu;\tilde{v}} - v_{v;\tilde{\mu}}) = \tilde{v}^v v_{\mu;\tilde{v}},$$
$$v^v \Omega_{v\mu} = v^v v_{\mu;\tilde{v}},$$

所以 (2.2.10) 可改写为

$$v^v(\Omega_{v\mu} + kF_{v\mu}) = -TfS_{;\mu}. \tag{2.2.11}$$

引入量 Σ 表示带电流体的总旋度张量

$$\Sigma_{\mu v} \equiv \Omega_{\mu v} + kF_{\mu v}, \tag{2.2.12}$$

流线方程改写为

$$v^v \Sigma_{v\mu} = -TfS_{,\mu}. \tag{2.2.13}$$

由此式可以得到 Helmholtz 方程

$$v^\rho \Sigma_{v\mu;\rho} + v^\rho_{;v}\Sigma_{\rho\mu} + v^\rho_{;\mu}\Sigma_{v\rho} = (fT)_{,\mu}S_{,v} - (fT)_{,v}S_{,\mu}. \tag{2.2.14}$$

2.3 电磁场方程和能量–动量张量

1. 电磁场方程

在物质内部电磁场由两个反对称二阶张量 $f_{\mu v}$ 和 $F_{\mu v}$ 定义. 张量 $f_{\mu v}$ 称为磁场–电感应张量 (对应于狭义相对论中 $\boldsymbol{H}$, $\boldsymbol{D}$), 张量 $F_{\mu v}$ 称为电场–磁感应张量 (对应于狭义相对论中的 $\boldsymbol{E}$, $\boldsymbol{B}$).

设 $\tilde{f}_{\mu v}$ 和 $\tilde{F}_{\mu v}$ 分别表示 $f_{\mu v}$ 和 $F_{\mu v}$ 的对偶张量. 我们令

$$E_\mu \equiv u^\alpha F_{\alpha\mu}, \quad D_\mu \equiv u^\alpha f_{\alpha\mu},$$

$$B_{\mu} \equiv u^{\alpha}\widetilde{F}_{\alpha\mu}, \quad H_{\mu} \equiv u^{\alpha}\tilde{f}_{\alpha\mu}. \tag{2.3.1}$$

由 $f_{\mu v}$ 和 $F_{\mu v}$ 的反对称性可知 u^{μ} 与上面四个矢量正交:

$$u^{\alpha}E_{\alpha} = u^{\alpha}D_{\alpha} = u^{\alpha}B_{\alpha} = u^{\alpha}H_{\alpha} = 0. \tag{2.3.2}$$

矢量 E_{μ} 和 D_{μ} 分别称为对应于 u_{μ} 方向的电场强度和电感应强度, H_{μ} 和 B_{μ} 分别称为对应于 u^{μ} 方向的磁场强度和磁感应强度.

根据 (2.3.1),(2.3.2) 和对偶张量的定义, 可以用四个矢量 E_{μ}, B_{μ}, D_{μ}, H_{μ} 将张量 $f_{\mu v}$ 和 $F_{\mu v}$ 表示出来

$$\begin{aligned} F_{\mu v} &= u_{\mu}E_{v} - u_{v}E_{\mu} - \epsilon_{\mu v\alpha\beta}u^{\alpha}B^{\beta}, \\ f_{\mu v} &= u_{\mu}D_{v} - u_{v}D_{\mu} - \epsilon_{\mu v\alpha\beta}u^{\alpha}H^{\beta}. \end{aligned} \tag{2.3.3}$$

式中

$$\epsilon_{\mu v\alpha\beta} = \sqrt{-g}\varepsilon_{\mu v\alpha\beta}.$$

类似地可以得到

$$\begin{aligned} \widetilde{F}_{\mu v} &= u_{\mu}B_{v} - u_{v}B_{\mu} + \epsilon_{\mu v\alpha\beta}u^{\alpha}E^{\beta}, \\ \widetilde{f}_{\mu v} &= u_{\mu}H_{v} - u_{v}H_{\mu} + \epsilon_{\mu v\alpha\beta}u^{\alpha}D^{\beta}. \end{aligned} \tag{2.3.4}$$

在 Maxwell 理论中, 感应和场之间的关系是线性的, 这些关系式和物质结构特性有关, 称为本构方程. 我们研究各向同性物质, 其本构方程具有形式

$$D_{\mu} = \varepsilon E_{\mu}, \quad B_{\mu} = \mu H_{\mu}. \tag{2.3.5}$$

式中 ε 是物质的介电常数, μ 是磁导率. 将此式代入 (2.3.3), 可以用 $F_{\mu v}$ 把 $f_{\mu v}$ 表示出来

$$f_{\mu v} = \frac{1}{\mu}F_{\mu v} + \frac{\varepsilon\mu - 1}{\mu}(u_{\mu}u^{\alpha}F_{\alpha v} - u_{v}u^{\alpha}F_{\alpha\mu}). \tag{2.3.6}$$

由 Maxwell 方程可得连续性方程

$$J^{\mu}_{;\mu} = 0, \quad J^{\mu} = \rho_{e}u^{\mu} + \sigma u_{\alpha}f^{\alpha\mu} = \rho_{e}u^{\mu} + \sigma E^{\mu}, \tag{2.3.7}$$

式中电流仍然由两项组成 (运流电流和传导电流), ρ_{e} 和 σ 分别为固有电荷密度和电导率.

2. 能量–动量张量

有介质存在时, 电磁场的能量–动量张量定义为

$$E_{\mu\alpha} = \frac{1}{4} g_{\mu v} F_{\alpha\beta} f^{\alpha\beta} - F_{\mu\alpha} f_v^{\alpha}. \tag{2.3.8}$$

我们设法用 (2.3.1) 引入的四个矢量表示 $E_{\mu v}$. 由 (2.3.3) 可得

$$F_{\mu\alpha} f_v^{\alpha} = (u_\mu E_\alpha - u_\alpha E_\mu - \epsilon_{\mu v\alpha\beta} u^\beta B^\sigma) \times (u_v D^\alpha - u^\alpha D_v - \epsilon_v^{\alpha\lambda\tau} u_\lambda H_\tau). \tag{2.3.9}$$

令

$$V_\alpha \equiv \epsilon_{\alpha\rho\lambda\tau} E^\rho H^\lambda u^\tau, \quad W_\alpha \equiv \epsilon_{\alpha\rho\lambda\tau} D^\rho B^\lambda u^\tau, \tag{2.3.10}$$

得到

$$F_{\mu\alpha} f_v^{\alpha} = u_\mu u_v E_\alpha D^\alpha + E_\mu D_v + (u_\mu u_v + u_v W_\mu) + U_{\mu v}.$$

式中

$$U_\mu^v = \epsilon_{\mu\rho\alpha\beta} \epsilon^{v\rho\tau\lambda} u^\alpha B^\beta u_\tau H_\lambda = -\varepsilon_{\mu\rho\tau}^{v\alpha\sigma} u^\rho B^\tau u_\alpha H_\sigma.$$

U_μ^v 的表达式中, $\mu = v$ 的项可写为 $-g_\mu^v B^\alpha H_\alpha$, $\mu = \alpha$ 的项为 $u_\mu u^v B^\alpha H_\alpha$, $\mu = \sigma$ 的项为 $H_\mu B^v$, 因此 U_μ^v 可写为

$$U_\mu^v = u_\mu u^v H_\alpha B^\alpha + H_\mu B^v - g_\mu^v H_\alpha B^\alpha.$$

于是得到

$$\begin{aligned} F_{\mu v} f_v^{\alpha} =& u_\mu u_v (E_\alpha D^\alpha + H_\alpha B^\alpha) + (E_\mu D_v + H_\mu B) \\ &+ (u_\mu V_v + u_v W_\mu) - g_{\mu v} H_\alpha B^\alpha, \\ \frac{1}{2} F_{\mu v} f^{\mu v} =& E_\alpha D^\alpha + H_\alpha B^\alpha - 2 H_\alpha B^\alpha = E_\alpha D^\alpha - H_\alpha B^\alpha. \end{aligned} \tag{2.3.11}$$

能量–动量张量的表达式简化为

$$\begin{aligned} E_{\mu v} =& \left(\frac{1}{2} g_{\mu v} - u_\mu u_v\right) (E_\alpha D^\alpha + H_\alpha B^\alpha) \\ &- (E_\mu D_v + H_\mu B_v) - (u_\mu V_v + \varepsilon\mu u_v V_\mu). \end{aligned} \tag{2.3.12}$$

3. 力密度

我们由 Maxwell 方程出发推导力密度 $E_{\mu;v}^v$ 的表达式. 由电磁场方程得到

$$f^{\alpha\beta} (F_{\mu\beta;\alpha} + F_{\beta\alpha;\mu} + F_{\alpha\mu;\beta}) = 0,$$

即

$$2 f^{\alpha\beta} F_{\mu\beta;\alpha} = f^{\alpha\beta} F_{\alpha\beta;\mu}.$$

由此可将力密度写为

$$E^{v}_{\mu;v} = J^{\alpha} F_{\alpha\mu} + \frac{1}{4}(F_{\alpha\beta} f^{\alpha\beta}_{;\mu} - f^{\alpha\beta} F_{\alpha\beta;\mu}). \tag{2.3.13}$$

将 (2.3.6) 代入, 上式中右端最后一项可改写为

$$\begin{aligned}
&\frac{1}{4}\left(\frac{1}{\mu}\right)_{,\mu} F_{\alpha\beta}F^{\alpha\beta} + \frac{1}{2}\left[\varepsilon_{,\mu} - \left(\frac{1}{\mu}\right)_{,\mu}\right] E_{\alpha}E^{\alpha} \\
&+ \frac{\varepsilon\mu - 1}{2\mu} F_{\alpha\beta}(u^{\alpha}u^{\sigma}f^{\beta}_{\sigma})_{,\mu} - \frac{\varepsilon\mu-1}{2\mu} F_{\alpha\beta;\mu}u^{\alpha}u^{\sigma}f^{\beta}_{\sigma} \\
=&\frac{1}{2}\left(\frac{1}{\mu}\right)_{,\mu}(-B_{\alpha}B^{\alpha}) + \frac{1}{2}\varepsilon_{,\mu}E_{\alpha}E^{\alpha} + \frac{\varepsilon\mu-1}{\mu} \times F_{\alpha\beta}f^{\beta}_{\tau}u^{\alpha}_{;\mu}u^{\tau} \\
=&\frac{1}{2}\varepsilon_{,\mu}E_{\alpha}E^{\alpha} + \frac{1}{2}\mu_{,\mu}H_{\alpha}H^{\alpha} + \frac{\varepsilon\mu-1}{\mu}F_{\alpha\beta}E^{\beta}u^{\alpha}_{;\mu}.
\end{aligned} \tag{2.3.14}$$

由 (2.3.3) 得到

$$\begin{aligned}
F_{\alpha\beta}E^{\beta} &= u_{\alpha}(E_{\beta}E^{\beta}) - \epsilon_{\alpha\beta\lambda\tau}E^{\beta}u^{\lambda}B^{\tau} \\
&= (E_{\beta}E^{\beta})u_{\alpha} + \mu V_{\alpha}.
\end{aligned} \tag{2.3.15}$$

将 (2.3.14 15) 代入 (2.3.13), 得到

$$\begin{aligned}
E^{v}_{\mu;v} =& J^{\alpha}F_{\alpha\mu} + \frac{1}{2}(\varepsilon_{,\mu}E_{\alpha}E^{\alpha} + \mu_{,\mu}H_{\alpha}H^{\alpha}) \\
&+ (W_{\alpha} - V_{\alpha})u^{\alpha}_{;\mu}.
\end{aligned} \tag{2.3.16}$$

式中右端第二项当 ε 和 μ 为常数时等于零. 最后一项在经典力学中出现过 (旋转物体), 当 $V_{\alpha} = 0$ 或 $u^{\alpha}_{;\mu} = 0$ 时这一项等于零. 右端第一项可表示为

$$\begin{aligned}
J^{\alpha}F_{\alpha\mu} &= (\rho_e u^{\alpha} + \sigma u^{\alpha})(u_{\alpha}E_{\mu} - u_{\mu}E_{\alpha} - \epsilon_{\alpha\mu\lambda\tau}u^{\lambda}B^{\tau}) \\
&= \rho_e E_{\mu} - \sigma E_{\alpha}E^{\alpha}u_{\mu} - \sigma\epsilon_{\mu\alpha\lambda\tau}E^{\alpha}B^{\lambda}u^{\tau} \\
&= \rho_e E_{\mu} - \sigma E_{\alpha}E^{\alpha}u_{\mu} - \sigma\mu V_{\mu}.
\end{aligned} \tag{2.3.17}$$

此式右端各项的物理意义是很明显的.

第 3 章　磁流体动力学

理想磁流体动力学的任务是研究具有无限大电导率 $(\sigma=\infty)$ 的理想流体的性质. 由于电流 J 有限, 从而 σE_μ 有限, 所以当 $\sigma=\infty$ 时必有 $E_\mu=0$. 电磁场简化为对于流体速度 u^μ 的纯磁场 H_μ.

3.1　电磁场方程

在 (2.3.6) 和 (2.3.3) 中代入 $E_\mu=0$, 得到

$$f_{\alpha\beta}=\frac{1}{\mu}F_{\alpha\beta}, \tag{3.1.1}$$

$$\tilde{F}_{\alpha\beta}=\mu(u_\alpha H_\beta-u_\beta H_\alpha). \tag{3.1.2}$$

下面我们假设 $\mu=\text{const}$. 由 (2.3.8) 和 (3.1.1), 可将能量–动量张量写成

$$E_{\alpha\beta}=\mu\left(\frac{1}{4}g_{\alpha\beta}f_{\lambda\tau}f^{\lambda\tau}-f_{\alpha\lambda}f^{\lambda}_{\beta}\right), \tag{3.1.3}$$

显然, 这一表达式是对称的.

由 (2.3.12) 可知, 当 $E_\mu=0$, $V_\mu=0$ 时 $E_{\alpha\beta}$ 表示为

$$\begin{aligned}E_{\alpha\beta}&=\mu\left[\left(\frac{1}{2}g_{\alpha\beta}-u_\alpha u_\beta\right)H_\sigma H^\sigma-H_\alpha H_\beta\right]\\&=\mu\left[\left(u_\alpha u_\beta-\frac{1}{2}g_{\alpha\beta}\right)H^2-H_\alpha H_\beta\right].\end{aligned} \tag{3.1.4}$$

式中 $H^2\equiv-H_\sigma H^\sigma$.

Maxwell 方程 $\tilde{f}^{\mu v}_{;v}=0$ 简化为

$$(u^\mu H^v-u^v H^\mu)_{;v}=0, \tag{3.1.5}$$

即

$$H^\mu u^v_{;v}+u^v H^\mu_{;v}-H^v u^\mu_{;v}-u^\mu H^v_{;v}=0. \tag{3.1.6}$$

用 u_μ 乘上式并缩并, 注意到 $u_\alpha u^\alpha=1$, $u_\alpha H^\alpha=0$, 得到

$$u^\mu u^v H_{\mu;v}-H^v_{;v}=0. \tag{3.1.7}$$

类似地, 用 H_μ 乘 (3.1.6) 并缩并, 得到

$$\frac{1}{2}u^v H^2_{;v} + H^2 u^v_{;v} - H^\mu H^v u_{\mu;v} = 0, \tag{3.1.8}$$

或者

$$\frac{1}{2}u^v H^2_{;v} + H^2 u^v_{;v} - H^\mu u^v H_{v;\mu} = 0. \tag{3.1.9}$$

3.2 磁流体动力学的主要方程

我们研究 $\mu = \text{const}$, $\sigma = \infty$ 的相对论热力学理论流体. 在这种情况下, 物质和场的能量–动量张量可表示为

$$T_{\mu v} = \rho f u_\mu u_v - p g_{\mu v} + E_{\mu v}. \tag{3.2.1}$$

和前面的定义一样, ρ 为流体的固有物质密度, p 是压强, f 是流体指数

$$f = 1 + i,$$

其中 i 是比焓.

将 (3.1.4) 代入 (3.2.1), 能量–动量张量可写为

$$T_{\mu v} = (\rho f + uH^2)u_\mu u_v - \left(p + \frac{1}{2}\mu H^2\right) g_{\mu v} - \mu H_\mu H_v. \tag{3.2.2}$$

由此我们得到

$$T_{\mu v}u^v = (\rho f + \frac{1}{2}\mu H^2 - p)u_\mu. \tag{3.2.3}$$

流体的固有能量密度是

$$\rho f - p + \frac{1}{2}\mu H^2 = \varepsilon + \frac{1}{2}\mu H^2, \tag{3.2.4}$$

其中 ε 是动力学部分. $\frac{1}{2}\mu H^2$ 是磁能部分. 式 (3.2.2) 右端 $g_{\mu v}$ 的系数 $p + \frac{1}{2}\mu H^2$ 中后一项可以解释为磁场产生一个等于 $\frac{1}{2}\mu H^2$ 的附加压强.

如果仍设 T 是流体的固有温度, S 是比熵, 则有

$$T\mathrm{d}S = \mathrm{d}i - \frac{1}{\rho}\mathrm{d}p,$$

$$\mathrm{d}p = \rho \mathrm{d}f - \rho T \mathrm{d}S. \tag{3.2.5}$$

仍将 ρ 看作是两个热力学变量 f 和 S 的已知函数 $\rho = \rho(f, S)$, 它取决于流体的内部结构.

广义相对论磁流体动力学的主要方程是 Einstein 方程和 Maxwell 方程

$$R_{\mu v}-\frac{1}{2}Rg_{\mu v}=kT_{\mu v},\tag{3.2.6}$$

$$(u^{\mu}H^{v}-u^{v}H^{\mu})_{;v}=0.\tag{3.2.7}$$

式中 $T_{\mu v}$ 由 (3.2.2) 给出. 我们还加一个假设: ρ 在流体运动过程中是守恒的.

3.3 流体运动学方程

守恒方程 $T^{\mu v}_{;v}=0$ 是 Einstein 方程的结果. 将 (3.2.2) 代入守恒方程, 得到

$$\begin{aligned}T^{v}_{\mu;v}=&[(\rho f+\mu H^2)u^v]_{;v}u_{\mu}\\&+(\rho f+\mu H^2)\mu^v u_{\mu;v}-\left(p+\frac{1}{2}\mu H^2\right)_{,\mu}\\&-\mu H^v_{;v}H_{\mu}-\mu H^v H_{\mu;v}=0.\end{aligned}\tag{3.3.1}$$

用 μ^{μ} 缩并, 得到

$$\begin{aligned}u^{\mu}T^{v}_{\mu;v}=&[(pf+uH^2)\mu^v]_{;v}-u^v\left(p+\frac{1}{2}uH^2\right)_{,v}\\&-\mu H^v u^{\mu}H_{\mu;v}=0,\end{aligned}\tag{3.3.2}$$

即

$$(\rho f u^v)_{;v}-u^v p_{,v}+\mu\left[H^2u^v_{;v}+\frac{1}{2}u^vH^2_{,v}-H^2u^{\mu}H_{;\mu}\right]=0.\tag{3.3.3}$$

将 (3.1.9) 代入上式, 得到**连续性方程**

$$(\rho f u^v)_{;v}-u^v p_{,v}=0,\tag{3.3.4}$$

或者写成

$$f(pu^v)_{;v}+\rho T u^v S_{,v}=0.\tag{3.3.5}$$

我们假定流体的运动是局部绝热的

$$u^v S_{,v}=0,\tag{3.3.6}$$

这等价于物质密度守恒

$$(\rho u^v)_{;v}=0.\tag{3.3.7}$$

由 Maxwell 方程和连续性方程可以得到一个经典流体动力学方程的推广形式. 由连续性方程 $(\rho u^{\alpha})_{;\alpha}=0$ 可得

$$u^{\alpha}_{;\alpha}=-\frac{1}{\rho}u^{\alpha}\rho_{,\alpha}.$$

将此式代入 Maxwell 方程 (3.1.6), 得到

$$u^v\left(\frac{H^\mu}{\rho}\right)_{;v}=\frac{H^v}{\rho}u^\mu_{;v}+u^\mu\frac{H^v_{;v}}{\rho}, \tag{3.3.8}$$

用 $2H_\mu/\rho$ 乘以上式并缩并, 得

$$u^v\frac{H_\mu}{\rho}\left(\frac{H^\mu}{\rho}\right)_{;v}=\frac{H^vH^\mu}{\rho^2}u_{\mu;v},$$

即

$$u^v\left(\frac{H^2}{p^2}\right)_{;v}=-\frac{H^\mu H^v}{\rho^2}(u_{\mu;v}+u_{v;\mu}). \tag{3.3.9}$$

此即熟知的磁流体动力学方程的广义相对论形式.

现在我们将 (3.3.2) 代入 (3.3.1), 得到流线方程. 将 (3.3.2) 右端第一项代入 (3.3.1) 右端, 得到

$$\begin{aligned}&(\rho f+\mu H^2)u^vu^\mu_{;v}-(g^{\mu v}-u^vu^\mu)\left(p+\frac{1}{2}\mu H^2\right)_{,v}\\&+\mu H^\alpha u^\sigma H_{\sigma;\alpha}u^\mu-\mu H^\alpha_{;\alpha}H^\mu-\mu H^\alpha H^\mu_{;\alpha}=0.\end{aligned} \tag{3.3.10}$$

将 (3.1.9) 代入, 得

$$\begin{aligned}&(\rho f+\mu H^2)u^vu^\mu_{;v}-(g^{\mu v}-u^\mu u^v)\left(p+\frac{1}{2}\mu H^2\right)_{,v}\\&+\frac{1}{2}\mu u^vH^2_{;v}u^\mu+\mu H^2u^\alpha_{;\alpha}u^\mu-\mu H^v_{;v}H^\mu-\lambda H^vH^\mu_{;v}=0.\end{aligned} \tag{3.3.11}$$

根据 (3.2.5), 可将 (3.3.11) 改写为

$$\begin{aligned}&(\rho f+\mu H^2)u^vu^\mu_{,v}-(g^{\mu v}-u^\mu u^v)\times\left(\rho f_{;v}+\frac{1}{2}\mu H^2_{;v}-\rho TS_{,v}\right)\\&+\frac{1}{2}\mu u^vH^2_{;v}u^\mu+\mu H^2u^v_{;v}u^\mu-\mu H^v_{;v}H^\mu-\mu H^vH^\mu_{;v}=0.\end{aligned} \tag{3.3.12}$$

这就是**流线方程**.

下面我们由这些运动方程给出一个简单而有用的公式. 用 H_μ 缩并 (3.3.10), 得到

$$(\rho f+\mu H^2)u^vu^\mu_{;v}H_\mu-H^v\left(p+\frac{1}{2}\mu H^2\right)_{,v}+\mu H^2H^v_{;v}-\mu H^vH_\mu H^\mu_{;v}=0. \tag{3.3.13}$$

由于 $u^\alpha H_\alpha=0$, 我们得到

$$\rho fu^vu^\mu_{;v}H_\mu-H^vp_{,v}+\mu[-H^2u^vu^\mu H_{\mu;v}+H^2H^v_{;v}]=0. \tag{3.3.14}$$

将 (3.1.7) 代入得

$$\rho f u^v u^\mu_{;v} H_\mu - H^v p_{,v} = 0, \tag{3.3.15}$$

或者由 $H_\mu u^\mu_{;v} = -u^\mu H_{\mu;v}$, 改写为

$$\rho f u^\mu u^v H_{\mu;v} + H^v p_{,v} = 0. \tag{3.3.16}$$

考虑到 (3.1.7) 和 (3.2.5), 上式成为

$$H^v_{;v} = -\frac{H^v}{f}(f_{,v} - TS_{,v}). \tag{3.3.17}$$

3.4 流体动力学波和阿尔文波

设 $\varphi = 0$ 是一个规则超曲面的局部方程. 流体动力学波是 $\mathrm{d}\varphi$ 的四次方程

$$P^{\alpha\beta\delta\lambda}\varphi_{,\alpha}\varphi_{,\delta}\varphi_{,\lambda} = 0 \tag{3.4.1}$$

的解, 式中

$$\begin{aligned}P^{\alpha\beta\delta\lambda} =&(\rho'_f f - \rho)u^\alpha u^\beta u^\delta u^\lambda + \left(\rho + \mu H^2 \frac{\rho'_f}{\rho}\right) g^{(\alpha\beta} u^\delta u^{\lambda)} \\ &- \frac{\mu}{f} g^{(\alpha\beta} H^\delta H^{\lambda)},\end{aligned}$$

其中符号 $(\alpha\beta\delta\lambda)$ 是对称化符号.

所谓阿尔文波, 是 $\mathrm{d}\varphi$ 的二次方程

$$Q^{\alpha\beta}\varphi_{,\alpha}\varphi_{,\beta} = 0 \tag{3.4.2}$$

的解. 式中

$$Q^{\alpha\beta} = (\rho f + \mu H^2)u^\alpha u^\beta - \mu H^\alpha H^\beta. \tag{3.4.3}$$

我们首先讨论一般的波的传播. 考虑局部方程为 φ=const 的一族波, 设特征方程 (超曲面) 为 Σ. 将矢量 $\varphi_{,v}$ 分解成与 u_μ 平行的和垂直的两个矢量:

$$\varphi_{,\mu} = a u_\mu + w_\mu. \tag{3.4.4}$$

式中

$$a = u^\alpha \varphi_{,\alpha}, \quad w_\mu = \varphi_{,\mu} - a u_\mu$$

令

$$w^2 = -w_\alpha w^\alpha = -(\varphi_{,\alpha} - a u_\alpha)(\varphi^{,\alpha} - a u^\alpha),$$

则有

$$\begin{aligned} w^2 &= -g^{\alpha\beta}\varphi_{,\alpha}\varphi_{,\beta} + a^2 \\ &= -(g^{\alpha\beta} - u^\alpha u^\beta)\varphi_{,\alpha}\varphi_{,\beta} \\ &= -\gamma^{\alpha\beta}\varphi_{,\alpha}\varphi_{,\beta} \geqslant 0, \end{aligned} \tag{3.4.5}$$

式中

$$\gamma^{\alpha\beta} \equiv g^{\alpha\beta} - u^\alpha u^\beta. \tag{3.4.6}$$

由 (3.4.4) 可知, 矢量 w_μ 给出波的传播方向 (相对于 u_μ). 波矢量方向上的单位矢 $\hat{k}_\mu$ 可定义为

$$w_\mu = w\hat{k}_\mu. \tag{3.4.7}$$

波的速度 v 由方程

$$(u^\mu - v\hat{k}^\mu)\varphi_{,\mu} = 0 \tag{3.4.8}$$

中 $\hat{k}^\mu$ 的系数确定. 由 (3.4.4) 得

$$(au_\mu + w\hat{k}_\mu)(u^\mu - v\hat{k}^\mu) = 0,$$

即

$$a - wv = 0, \quad v = \frac{a}{w}. \tag{3.4.9}$$

由此得到

$$v^2 = -\frac{(u^\lambda\varphi_{,\lambda})^2}{\gamma^{\alpha\beta}\varphi_{,\alpha}\varphi_{,\beta}}, \tag{3.4.10}$$

或者写成

$$1 - v^2 = \frac{g^{\lambda\sigma}\varphi_{,\lambda}\varphi_{,\sigma}}{\gamma^{\alpha\beta}\varphi_{,\alpha}\varphi_{,\beta}}. \tag{3.4.11}$$

$v \leqslant 1$(即小于或等于光速) 的充分且必要条件是波与光锥相切或是类时的.

磁场强度 H^μ 在波矢量方向上的分量为

$$H_k = H^\alpha\hat{k}_\alpha = H^\alpha w_\alpha/w = H^\alpha\varphi_{,a}/w, \tag{3.4.12}$$

$$H_k^2 = -\frac{(H^\alpha\varphi_{,\alpha})^2}{\gamma^{\lambda\sigma}\varphi_{,\lambda}\varphi_{,\sigma}}. \tag{3.4.13}$$

1. 流体动力学波

按 (3.4.1), 流体动力学波由下式确定:

$$\begin{aligned} &(f\rho'_v - \rho)(u^\alpha\varphi_{,\alpha})^4 + \left(\rho + \mu H^2\frac{\rho'_f}{\rho}\right)(g^{\alpha\beta}\varphi_{,\alpha}\varphi_{,\beta}) \\ &\times(u^\alpha\varphi_{,\alpha})^2 - \frac{\mu}{f}(g^{\alpha\beta}\varphi_{,\alpha}\varphi_{,\beta})(H^\rho\varphi_{,\rho})^2 = 0. \end{aligned} \tag{3.4.14}$$

将 $\gamma^{\mu v}$ 的表达式 (3.4.6) 和 H_k^2 的表达式 (3.4.13) 代入, 得到

$$\left(f^2\rho_f' + \mu H^2\frac{f\rho_f'}{\rho}\right)(u^\alpha\varphi_{,\alpha})^4 + \left(\rho f + \mu H^2\frac{f\rho_f'}{\rho} + \mu H_k^2\right)$$
$$\times (u^\rho\varphi_{,\rho})^2(\gamma^{\alpha\beta}\varphi_{,\alpha}\varphi_{,\beta}) + \mu H_k^2(\gamma^{\alpha\beta}\varphi_{,\alpha}\varphi_{,\beta})^2 = 0. \tag{3.4.15}$$

如果 v 是一个由 (3.4.10) 给出的速度波, 则 v 就是上述方程除以 $(\gamma^{\alpha\beta}\varphi_{,\alpha}\varphi_{,\beta})^2$ 所得方程

$$\left(f^2\rho_f' + \mu H^2\frac{f\rho_f'}{\rho}\right)v^4 - \left(\rho f + \mu H^2\frac{f\rho_f'}{\rho} + \mu H^2\right)v^2 + \mu H_k^2 = 0 \tag{3.4.16}$$

的一个根.

可以证明

$$H_k^2 \leqslant |H|^2 \equiv H^2. \tag{3.4.17}$$

上式中的等号对应于 H_μ 与 $\hat{k}_\mu$ 同方向. 令

$$r = \frac{1}{\rho}f\rho_f' = \frac{1}{v_0^2}, \tag{3.4.18}$$

式中 v_0 是 $H=0$ 时流体动力学波的速度. 下面我们设 $r \geqslant 1$, 即 $v \leqslant 1$(小于或等于光速), 且令

$$F(x) = (\rho f + \mu H^2)rx^2 - (\rho f + \mu H^2 r + \mu H_k^2)x + \mu H_k^2, \tag{3.4.19}$$

则式 (3.4.16) 可以写为

$$F(v^2) = 0. \tag{3.4.20}$$

我们有

$$F(0) = \mu H_k^2 \geqslant 0, \quad F(1) = \rho f(r-1) \geqslant 0. \tag{3.4.21}$$

如果代入 $x = v_0^2$, 则有

$$F(v_0^2) = F(r^{-1}) = (\rho f + \mu H^2)r^{-1} - (\rho f + \mu H^2 r + \mu H_k^2)r^{-1} + \mu H_k^2$$
$$= \mu(H^2 - H_k^2)(r^{-1} - 1) \leqslant 0. \tag{3.4.22}$$

由 (3.4.21) 和 (3.4.22) 可见, $F(x)=0$ 在 $0 \leqslant x \leqslant 1$ 有两个根. 这就是说, 流体动力学波有两个速度 v_1 和 v_2, 它们满足

$$v_1 \leqslant v_0 \leqslant v_2 \leqslant 1, \tag{3.4.23}$$

v_1 称为慢流体动力学波速, v_2 称为快流体动力学波速.

2. 阿尔文波

我们考察下式给出的阿尔文波:

$$(\rho f+\mu H^2)(u^\alpha\varphi_{,\alpha})^2-\mu(H^\alpha\varphi_{,\alpha})^2=0. \tag{3.4.24}$$

将 H_k^2 的表达式 (3.4.13) 代入上式, 得

$$(\rho f+\mu H^2)(u^\alpha\varphi_{,\alpha})^2+\mu H_k^2(\gamma^{\alpha\beta}\varphi_{,\alpha}\varphi_{,\beta})=0.$$

如果 v_A 是相应的速度波, 则 v_A 应是方程

$$(\rho f+\mu H^2)v_A^2-\mu H_k^2=0 \tag{3.4.25}$$

的一个根. 如果 (3.4.17), 可知

$$\mu H_k^2\leqslant\rho f+\mu H^2,$$

即 $v_A\leqslant 1$. 将 $x=v_A^2$ 代入 (3.4.19) 得

$$\begin{aligned}F(v_A^2)&=F\left(\frac{\mu H_k^2}{\rho f+\mu H^2}\right)\\&=\frac{\mu H_k^2}{\rho f+\mu H^2}[\mu H_k^2 r-(\rho f+\mu H^2 r+\mu H_k^2)+\rho f+\mu H^2]\\&=\frac{\mu H_k^2}{\rho f+\mu H^2}\mu(H_k^2-H^2)(r-1)\leqslant 0,\end{aligned} \tag{3.4.26}$$

因此有

$$v_1\leqslant v_A\leqslant v_2. \tag{3.4.27}$$

式中 v_1 和 v_2 是 (3.4.23) 中的两个动力学波速.

现在讨论两个简单的情况. 假设 φ=const 是阿尔文波, 而 H_μ 沿着波的传播方向, 即 $H_k^2=H^2$. 此时由 (3.4.19) 得到 $F(v_A^2)=0$. 这个波也是流体动力学波, 因为 $F(v_0^2)=0$. 在这种特殊情况下, v_1 和 v_2 分别与 v_0 和 v_A 相等.

假设 φ=const 是流体动力学波, 且 H_μ 与波的传播方向垂直 $(H_k=0)$. 此时有

$$F(x)=(\rho f+\mu H^2)rx^2-(\rho f+\mu H^2 r)x.$$

由此得到 $v_1=0$, v_2 由下式给出:

$$\begin{aligned}v_2^2&=\frac{\rho f+\mu H^2 r}{(\rho f+\mu H^2)r}=\frac{1}{r}+\frac{\mu H^2}{\rho f+\mu H^2}\frac{r-1}{r}\\&=v_0^2+\frac{\mu H^2}{\rho f+\mu H^2}(1-v_0^2).\end{aligned} \tag{3.4.28}$$

这就是说, 在这种特殊情况下只有一个速度.

3.5 不可压缩流体

按 1.4 节的定义, 不可压缩流体即满足条件 $v_0=1$ 或者

$$r\equiv\frac{f}{\rho}\rho'_f=1 \tag{3.5.1}$$

的流体.

如果 φ=const 是阿尔文波, 根据 (3.4.26) 仍然有 $F(v_A^2)=0$. 因此阿尔文波也是动力学波. 由于 $F(1)=0$, 故有

$$v_1=v_A,\quad v_2=v_0=1. \tag{3.5.2}$$

在 1.4 节中我们已经看到, 对于不可压缩流体, 连续性方程 $(\rho u^\alpha)_{;\alpha}=0$ 导致 $(fu^\alpha)_{;\alpha}=0$. 当磁场存在时, 可引入流体总指数 K 代替 f, 有

$$K=\frac{1}{\rho}(\rho f+\mu H^2)=f+\mu\frac{H^2}{\rho}. \tag{3.5.3}$$

相应的流矢量为

$$v^\mu=ku^\mu. \tag{3.5.4}$$

对于不可压缩流体, 我们有

$$\begin{aligned}v^v_{;v}&=\left[u^v\left(f+\mu\frac{H^2}{\rho}\right)\right]_{;v}=\mu\left(\frac{H^2}{\rho}u^v\right)_{;v}\\&=\mu\frac{H^2}{\rho^2}(\rho u^v)_{;v}+\mu\rho u^v\left(\frac{H^2}{\rho^2}\right)_{;v}.\end{aligned}$$

将 (3.3.9) 代入上式, 得到

$$v^v_{;v}=-\mu\frac{H^vH^\mu}{\rho}(u_{\mu;v}+u_{v;\mu}) \tag{3.5.5}$$

3.6 冲击方程

我们假设 $g_{\mu v}$ 及其一阶导数是连续的. 一个冲击波就是一个四维空–时中的类时超曲面 Σ, 通过这一面时 u^μ, H^μ 或某个热力学变量不连续.

如果 Σ 的局部方程为 $\varphi=0$, 则 $\varphi_{,\mu}$ 定义了一个与 Σ 垂直的矢量, 设该矢量方向的单位矢为 $\hat{n}_\mu(\hat{n}^\alpha\hat{n}_\alpha=-1)$. 我们将磁场分解为相对于 Σ 的一个切向分量和一个法向分量. 设

$$H^\mu=t^\mu-\eta\hat{n}^\mu,\quad t^\alpha\hat{n}_\alpha=0. \tag{3.6.1}$$

式中, t^μ 是切向磁场, $\eta\hat{n}^\mu$ 是法向磁场, 其中

$$\eta = H^{\alpha}\hat{n}_{\alpha}. \tag{3.6.2}$$

由 (3.6.1) 可知

$$|t|^2 \equiv t^2 = -t^{\alpha}t^{\alpha} = H^2 - \eta^2 \geqslant 0. \tag{3.6.3}$$

设 M 和 M' 是冲击前后的值, 我们以 $[M]$ 表示 M 在 Σ 面上一点处的不连续性; $[M] \equiv M' - M$.

对磁流体动力学的主要方程

$$T^{\mu v}_{;v} = 0, \quad (\rho u^v)_{;v} = 0, \quad (u^{\mu}H^v - u^v H^{\mu})_{;v} = 0 \tag{3.6.4}$$

作一经典的讨论, 可以导出冲击方程

$$[T^{\mu v}]\hat{n}_v = 0, \tag{3.6.5}$$

$$[\rho u^v]\hat{n}_v = 0, \tag{3.6.6}$$

$$[u^{\mu}H^v - u^v H^{\mu}]\hat{n}_v = 0. \tag{3.6.7}$$

由 (3.6.6) 可知, 标量

$$a = \rho u^v \hat{n}_v \tag{3.6.8}$$

是不变的. 由 (3.6.7) 可知矢量

$$V^{\mu} = \eta u^{\mu} - \frac{a}{\rho}H^{\mu} \tag{3.6.9}$$

是不变的, 式中 η 由 (3.6.2) 定义. 可以看出

$$V^{\mu}\hat{n}_{\mu} = \eta u^{\mu}\hat{n}_{\mu} - \frac{a}{\rho}\eta = 0.$$

由此可知, 不变矢量 V^{μ} 与冲击波 Σ 相切.

流体动力学波是 (3.4.1) 的解, 其中

$$\begin{aligned} P^{\alpha\beta\delta\lambda} =& \rho f(r-1)u^{\alpha}u^{\beta}u^{\delta}u^{\lambda} \\ &+ (\rho f + \mu H^2 r)g^{(\alpha\beta}u^{\delta}u^{\lambda)} - \mu g^{(\alpha\beta}H^{\delta}H^{\lambda)}. \end{aligned} \tag{3.6.10}$$

由能量-动量张量 (3.2.2) 和 (3.6.10) 可以得到一个通过 Σ 时不变的矢量 W^{μ}:

$$W^{\mu} = a\left(\frac{f}{\rho} + \mu\frac{H^2}{\rho^2}\right)pu^{\mu} - q\hat{n}^{\mu} - \mu\eta H^{\mu}, \quad \rho, \rho' > 0, \tag{3.6.11}$$

式中

$$q = p + \frac{1}{2}\mu H^2. \tag{3.6.12}$$

由 $a = \rho u^v \hat{n}_v = \rho' u'^v \hat{n}_v$ 的不变性可知, $u^v\hat{n}_v = 0$ 的充分且必要条件是 $u'^v\hat{n}_v = 0$(即切向冲击). 对于非切向冲击, $u^v\hat{n}_v$ 和 $n'^v\hat{n}_v$ 有同一符号 (此处为负).

3.7 切向冲击和非切向冲击

1. **切向冲击**

我们有

$$u^v \hat{n}_v = u'^v \hat{n}_v = 0. \tag{3.7.1}$$

由 (3.6.9) 和 (3.6.11) 得到

$$\eta u^\mu = \eta' u'^\mu, \tag{3.7.2}$$

$$(q' - q)\hat{n}^\mu + \mu(\eta' H'^\mu - \eta H^\mu) = 0. \tag{3.7.3}$$

当 $\eta \neq 0$ 时, 可以发现, u^μ 和 n'^μ 都是么模的而且共线. 因此 $u^\mu = \pm u'^\mu$. 但是负号不合理 (u'^μ 和 u^μ 应指向未来), 故有 $[u^\mu] = 0$ 和 $[\eta] = 0$, 于是得到

$$[u^\mu] = 0, \quad [H^\mu] = 0, \quad [p] = 0. \tag{3.7.4}$$

ρ 的不连续性是不确定的.

当 $\eta = 0$ 时, 由 (3.7.2) 导致 $\eta' = 0$. 一般的冲击方程只给出

$$u^v \hat{n}_v = u'^v \hat{n}_v = 0, \quad H^v \hat{n}_v = H'^v \hat{n}_v,$$

$$\left[p + \frac{1}{2}\mu H^2\right] = 0, \tag{3.7.5}$$

其他不连续性是不确定的.

2. **非切向冲击 ($a \neq 0$) 的不变量**

引入不变的标量

$$G = \frac{1}{a^2} V^\mu V_\mu = \frac{\eta^2}{a^2} - \frac{H^2}{\rho^2}. \tag{3.7.6}$$

我们寻找不变矢量 W^μ 的一个表达式. 由 (3.6.9) 有

$$H^\mu = \frac{\eta}{a}\rho u^\mu - \frac{\rho}{a} V^\mu,$$

代入 (3.6.11), 得到

$$W^\mu = a\left(\frac{f}{\rho} + \mu\frac{H^2}{\rho^2}\right)\rho u^\mu - qH^\mu - \mu\frac{\eta^2}{a}\rho u^\mu + \mu\frac{\rho\eta}{a}V^\mu,$$

或者写成

$$W^\mu = a\left(\frac{f}{\rho} - \mu G\right)\rho u^\mu - q\hat{n}^\mu + \mu\frac{\rho\eta}{a}V^\mu. \tag{3.7.7}$$

引入变量

$$a = \frac{f}{\rho} - \mu G, \tag{3.7.8}$$

可将 W^μ 写为

$$W^\mu = a\alpha\rho u^\mu - q\hat{n}^\mu + \mu\frac{\rho\eta}{a}V^\mu. \tag{3.7.9}$$

把 ρu^μ 按 Σ 的切向和法向分解, 得到

$$\rho u^\mu = W^\mu - a\hat{n}^\mu, \quad w^\mu\hat{n}_\mu = 0, \tag{3.7.10}$$

即

$$W^\mu = \rho u^\mu + \hat{n}^\mu. \tag{3.7.11}$$

又由 (3.7.9) 和 (3.7.10) 可得

$$W^\mu = X^\mu - (q + a^2\alpha)\hat{n}^\mu, \tag{3.7.12}$$

$$X^\mu \equiv a\alpha W^\mu + \mu\frac{\rho\eta}{a}V^\mu. \tag{3.7.13}$$

矢量 X^μ 与 Σ 相切. 由于矢量 W^μ 在冲击前后是不变的, 所以矢量 X^μ 和标量 $(q + a^2\alpha)$ 都是不变量.

由 (3.7.9) 和 (3.7.8), 可将标量 $X^\mu V_\mu$ 写成

$$X^\mu V_\mu = W^\mu V_\mu = a\rho\eta(\alpha + \mu G) = af\eta, \tag{3.7.14}$$

因此有下面两个不变量

$$b = f\eta, \quad l = \alpha + \frac{q}{a^2}. \tag{3.7.15}$$

现在考虑不变量

$$K = \frac{1}{a^2}X^\mu X_\mu. \tag{3.7.16}$$

由 (3.9.11) 得

$$W^\mu W_\mu = \rho^2 + a^2, \quad W^\mu V_\mu = \rho u^\mu V_\mu = \rho\eta. \tag{3.7.17}$$

将 (3.9.13) 和 (3.9.17) 代入 (3.9.16), 得到

$$K = (\rho^2 + a^2)\alpha^2 + 2\mu\frac{\rho^2\eta^2}{a^2}\alpha + \mu\frac{\rho^2\eta^2}{a^2}G, \tag{3.7.18}$$

将 (3.7.8) 代入, 得到

$$\begin{aligned} K =& (\rho^2 + a^2)\frac{f^2}{\rho^2} + 2\mu\frac{f}{\rho}\left\{\frac{\rho^2\eta^2}{a^2} - (\rho^2 + a^2)G\right\} \\ & - \mu^2 G\left\{\frac{\rho^2\eta^2}{a^2} - (\rho^2 + a^2)G\right\}. \end{aligned} \tag{3.7.19}$$

考虑到 (3.7.6), 可将最后一项挂号中的表达式改写为

$$k^2 \equiv \frac{\rho^2\eta^2}{a^2} - (\rho^2 + a^2)G = H^2 - a^2G$$

$$= t^2 + \frac{a^2}{\rho^2}H^2. \tag{3.7.20}$$

只要磁场不等于零, k^2 是恒正的. 将此式代入 (3.9.19), 得到

$$K = (\rho^2 + a^2)\frac{f^2}{\rho^2} + 2\mu\frac{f}{\rho}k^2 - \mu^2 G k^2. \tag{3.7.21}$$

现在我们改写 GK 的表达式, 从而给出另一个不变量. 由 (3.7.18) 可得

$$GK = G(\rho^2 + a^2)\alpha^2 + \frac{\rho^2\eta^2}{a^2}\mu G(2\alpha + \mu G),$$

代入 (3.7.8), 得到

$$\begin{aligned} GK &= G(\rho^2 + a^2)\alpha^2 + \frac{\rho^2\eta^2}{a^2}\left(\frac{f^2}{\rho^2} - \alpha^2\right) \\ &= \left\{G(\rho^2 + a^2) - \frac{\rho^2\eta^2}{a^2}\right\}\alpha^2 + \frac{f^2\eta^2}{a^2}, \end{aligned} \tag{3.7.22}$$

其中 $f^2\eta^2/a^2 = b^2/a^2$ 是不变量, 所以下面的量 L 也是不变量

$$L = \frac{b^2}{a^2} - GK = \left\{\frac{\rho^2\eta^2}{a^2} - (\rho^2 + a^2)G\right\}\alpha^2, \tag{3.7.23}$$

或者将 (3.7.20) 代入, 得到

$$L = k^2\alpha^2. \tag{3.7.24}$$

3.8 非切向冲击的分析

(1) 由前面的讨论可知, 两个热力学变量 f、q 和三个标量 $u^v\hat{n}_v$、$H^v\hat{n}_v$、H^2 满足五个关系式

$$a = \rho u^v \hat{n}_v = \rho' u'^v \hat{n}_v, \tag{3.8.1}$$

$$b = f\eta = f'\eta', \tag{3.8.2}$$

$$G = \frac{\eta^2}{a^2} - \frac{H^2}{\rho^2} = \frac{\eta'^2}{a^2} - \frac{H'^2}{\rho'^2}, \tag{3.8.3}$$

$$l = \alpha + \frac{q}{a^2} = \alpha' + \frac{q'}{a^2}, \tag{3.8.4}$$

$$\begin{aligned} K &= (\rho^2 + a^2)\frac{f^2}{\rho^2} + 2\mu k^2\frac{f}{\rho} - \mu^2 G k^2 \\ &= (\rho'^2 + a^2)\frac{f'^2}{\rho'^2} + 2\mu k'^2\frac{f'}{\rho'} - \mu^2 G k'^2. \end{aligned} \tag{3.8.5}$$

由 (3.8.2) 和 (3.8.3) 可以发现, 磁场在冲击之后趋于零的充分且必要条件是它在冲击之前就趋于零.

(2) 设 $\rho', f', u'^{v}\hat{n}_v$, $\eta' = H'^{v}\hat{n}_v$ 和 $|H'|$ 是方程组 (3.8.1)~(3.8.5) 的一组解. 在 Σ 上的一点, 我们引入一瞬时正交标架 $\{e_{(a)}\}$, 使 $e_{(1)}$ 与 $\hat{\boldsymbol{n}}$ 重合. 相对于这一标架, 一般冲击方程 (3.6.5) 和 (3.6.7) 给出

$$\begin{aligned}&H'^1u'^i - u'^1H'^i = H^1u^i - u^1H^i,\\&(\rho'f' + \mu H'^2)u'^1u'^i - \mu H'^1H'^i = (\rho f + \mu H^2)u^1u^i - \mu H^1H^i,\end{aligned} \tag{3.8.6}$$

此处 $i = 0, 2, 3$, $u'^1 = -u^{1\alpha}\hat{n}_\alpha$, $H'^1 = -H^{1\alpha}\hat{n}_\alpha$. 上二式左端以 u'^i 和 H'^i 为未知量的行列式为

$$D' = (\rho'f' + \mu H'^2)(u'^\alpha\hat{n}_\alpha)^2 - \mu(H'^\alpha\hat{n}_\alpha)^2. \tag{3.8.7}$$

如果 $D' \neq 0$, 则方程 (3.8.6) 确定 u'^i 和 H'^i.

在关系式 (3.8.1)~(3.8.5) 中,(3.8.1) 来自一般冲击方程; (3.8.4) 表示 W^μ 的法向分量的不变性; (3.8.2), (3.8.3) 和 (3.8.5) 是 (3.8.1), (3.8.4) 和 (3.8.6) 的结果.

由于阿尔文波是方程 (3.4.23) 的解, 关系式 $D' = 0$ 表示 Σ 在冲击之后是一个阿尔文波. 我们考虑标量

$$\begin{aligned}D &= (\rho f + \mu H^2)(u^v\hat{n}_v)^2 - \mu(H^v\hat{n}_v)^2\\&= \left(\frac{f}{\rho} + \mu\frac{H^2}{\rho^2}\right)a^2 - \mu\eta^2.\end{aligned}$$

由此可得

$$\frac{D}{a^2} = \frac{f}{\rho} + \mu\frac{H^2}{\rho^2} - \mu\frac{\eta^2}{a^2} = \alpha.$$

从而有

$$\frac{D}{a^2} = \alpha, \quad \frac{D'}{a^2} = \alpha'. \tag{3.8.8}$$

根据阿尔文波满足的方程 (3.4.24), 不难知道变量 α 的物理意义.

由 (3.7.24) 可知

$$k^2\alpha^2 = k'^2\alpha'^2, \quad k\alpha = k'\alpha'. \tag{3.8.9}$$

假设 Σ 在冲击之后是一个阿尔文波 ($\alpha' = 0$), 则必有 $G > 0$, 磁场 H'^μ 和 H^μ 在 $x \in \Sigma$ 不等于零; 因此 $k^2 > 0$, 由 (3.8.9) 可知 $\alpha = 0$. 因此 Σ 在冲击之前就是阿尔文波. 我们得到结论: 在非切向冲击中, 冲击之后的波 Σ 为一个阿尔文波的充分且必要条件是在冲击之前就是一个阿尔文波.

如果满足上述条件 (即 $\alpha' = \alpha = 0$), 则冲击称为一个阿尔文冲击.

现在考虑 $\alpha' = \alpha \neq 0$ 的情况. 此时我们有

$$\left[\frac{f}{\rho}\right] = 0. \tag{3.8.10}$$

由 (3.8.9) 可知 $k'^2 = k^2$; 根据 (3.7.20) 我们得到

$$[H^2] = 0. \tag{3.8.11}$$

由 (3.8.4) 可知 $[q] = 0$, 因此有

$$[p] = 0. \tag{3.8.12}$$

为了得到 f 的变化情况, 我们把 K 的表达式改写为

$$K = f^2 + \mu H^2 \frac{f}{\rho} + \mu H^2 \alpha + a^2 \alpha^2, \tag{3.8.13}$$

式中右端后三项在冲击中均不变, 因此有 $[f] = 0$. 又由 (3.8.10) 可知 $[\rho] = 0$. 将上面的结果代入 (3.8.1) 和 (3.8.2), 得到

$$[u^v \hat{n}_v] = 0, \quad [H^v \hat{n}_v] = 0.$$

Σ 是非阿尔文波, 由 (3.8.6) 得到 u^μ, H^μ 和热力学变量通过 Σ 时都是连续的. 因此得到结论: 如果 $\alpha' = \alpha \neq 0$, 则冲击趋于零.

3.9 阿尔文冲击

现在仔细些研究 $\alpha' = \alpha = 0$ 的情况. 我们将 f 和 S 看作主要的热力学变量, 流体动力学波的速度 v_0 由 (3.4.18) 给出

$$r = \frac{f\rho'_f}{\rho} = \frac{1}{v_0^2}.$$

$v_0 < 1$, 故有

$$f\rho'_f - \rho > 0. \tag{3.9.1}$$

我们在上述条件下研究阿尔文冲击. 将 $\alpha = 0$ 代入 (3.7.8) 和 (3.8.10), 有

$$\frac{f}{\rho} = \frac{f'}{\rho'} = \mu G, \quad \left[\frac{f}{\rho}\right] = 0. \tag{3.9.2}$$

由 (3.8.1)~(3.8.4) 得到

$$[ru^v \hat{n}_v] = 0, \quad [f\eta] = 0, \quad \left[\frac{\eta^2}{a^2} - \frac{H^2}{r^2}\right] = 0,$$

$$\left[p+\frac{1}{2}\mu H^2\right]=0. \tag{3.9.3}$$

由 K 的不变性和 (3.8.13) 可以得到

$$\left[f^2+\mu H^2\frac{f}{\rho}\right]=0,$$

将 (3.9.2) 代入得 $[f^2+\mu H^2]=0$. 又因为 $\mu H^2=-[2p]$, 所以有

$$[\rho f-2p]=0. \tag{3.9.4}$$

引入两个热力学变量 φ 和 ψ

$$\varphi=\rho f-2p,\quad \psi=\ln\left(\frac{f}{\rho}\right),$$

考虑这两个变量的独立性. 由于 $\mathrm{d}p=\rho\mathrm{d}f-T\mathrm{d}S$, 我们有

$$\varphi'_f=f\rho'_f-\rho,\quad \psi'_f=-\frac{f\rho'_f-\rho}{\rho f},$$

$$\varphi'_S=f\rho'_S+2\rho T,\quad \psi'_S=-\frac{\rho'_S}{\rho}.$$

相应的 Jacobi 为

$$J\left[\frac{(\varphi,\psi)}{(f,S)}\right]=\frac{2T}{f}(f\rho'_f-\rho)\neq 0.$$

在上述假定下, 变量 φ 和 ψ 是独立的, 而且由 (3.9.2) 和 (3.9.4) 可知, 通过 Σ 时 φ 和 ψ 都是连续的. 因此有

$$[\rho]=0,\quad [f]=0,\quad [p]=0. \tag{3.9.5}$$

代入 (3.9.3), 得到

$$[u^v\hat{n}_v]=0,\quad [H^v\hat{n}_v]=0,\quad [H^2]=0. \tag{3.9.6}$$

冲击之后切向磁场的方向是不确定的. 由 (3.8.6) 得到

$$\left(\frac{f}{\rho}+\mu\frac{H^2}{f^2}\right)\rho u^v\hat{n}_v p[W^\mu]-\mu\eta[t^\mu]=0.$$

下面我们讨论两种阿尔文波. 令

$$\beta=\left(\frac{\rho f+\mu H^2}{\mu}\right)^{1/2}, \tag{3.9.7}$$

则 (3.4.24) 可写为

$$\begin{aligned}&\beta^2(u^\alpha\varphi_{,\alpha})^2-(H^\alpha\varphi_{,\alpha})^2\\=&(\beta u^\alpha\varphi_{,\alpha}+H^\alpha\varphi_{,\alpha})(\beta u^\alpha\varphi_{,\alpha}-H^\alpha\varphi_{,\alpha})=0.\end{aligned}\tag{3.9.8}$$

阿尔文波分 A 波和 B 波两种, 对应于上式中两个因子等于零.

A 波满足方程 $(\beta u^\alpha+H^\alpha)\varphi_{,\alpha}=0$.

B 波满足方程 $(\beta u^\alpha-H^\alpha)\varphi_{,\alpha}=0$.

因此, 阿尔文波是由矢量场

$$A^\alpha=\beta u^\alpha+H^\alpha\quad 或\quad B^\alpha=\beta u^\alpha-H^\alpha\tag{3.9.9}$$

的迹线发生的. 由于 $\beta>0$, 所以矢量 A^α 和 B^α 是类时的. 我们讨论在阿尔文冲击中的矢量 A^α 和 B^α. 由 (3.8.6) 得到

$$\beta^2u^v\hat{n}_v[u^i]-H^v\hat{n}_v[H^i]=0,\quad i=0,2,3.\tag{3.9.10}$$

如果冲击是 A 类阿尔文冲击 (即 Σ 是由 A 的迹线发生的): $A^\alpha\hat{n}_\alpha=0$, 则 (3.9.10) 可写为

$$\beta u^v\hat{n}_v[\beta u^i+h^i]=0.$$

由于冲击是非切向的, 所以 $[\beta u^i+H^i]=[A^i]=0$. A^1 在阿尔文冲击中是不变量, 所以我们得到

$$[A^\alpha]=0.\tag{3.9.11}$$

结论是: 在 A 类 (或 B 类) 阿尔文冲击中, 矢量 A^α(或 B^α) 保持不变.

3.10　矢量 U^μ 在冲击中的性质

考虑一个非切向冲击 $a\alpha\neq0$, 这不是一个阿尔文冲击, 而且 V^μ 不是各向同性的 $(G\neq0)$. 我们有

$$V^\mu=\frac{\eta}{\rho}W^\mu-\frac{a}{\rho}t^\mu.\tag{3.10.1}$$

根据 (3.7.17), W^μ 是类时的且不为零; 由 (3.6.3) 和 (3.6.9) 可知 t^μ 是类空的且有

$$t^\mu V_\mu=H^\mu V_\mu=\frac{a}{\rho}H^2.\tag{3.10.2}$$

由此可见, 如果 $H^\mu\neq0$, 则 $t^\mu\neq0$, 且 V^μ 与 W^μ 不共线.

根据 (3.7.13), X^μ 是在 $x\in\Sigma$ 的二维平面上. 由于 $\alpha\neq0$, 这个二维平面可以由 V^μ 和 W^μ 定义, 而且在冲击中是不变的. 以 Π_x 表示上述二维平面, 则在 $x\in\Sigma$ 处速度和磁场的切向分量在冲击中是 Π_x 上的不变量.

在 2 维平面 Π_x 上, 考虑矢量 U^μ

$$\alpha U^\mu \equiv \frac{G}{a}X^\mu - \frac{f\eta}{a^2}V^\mu. \tag{3.10.3}$$

由 (3.7.14) 和 (3.7.6) 可得

$$\alpha U^\mu V_\mu = \frac{G}{a}X^\mu V_\mu - bG = 0.$$

由 (3.7.13) 得

$$\begin{aligned}\alpha U^\mu &= \frac{G}{a}(a\alpha W^\mu + \mu\frac{\rho\eta}{a}V^\mu) - \frac{f\eta}{a^2}V^\mu \\ &= \alpha G W^\mu - \frac{\rho\eta}{a^2}\left(\frac{f}{\rho} - \mu G\right)V^\mu,\end{aligned}$$

即

$$U^\mu = GW^\mu - \frac{\rho\eta}{a^2}V^\mu \tag{3.10.4}$$

或者写为

$$U^\mu = \frac{\eta}{a}t^\mu - \frac{H^2}{\rho^2}W^\mu. \tag{3.10.5}$$

由 (3.10.3) 得到

$$\alpha^2 U^\mu U_\mu = G^2 K - \frac{b^2}{a^2}G. \tag{3.10.6}$$

代入 L 的表达式 (3.7.23) 和 (3.7.24), 得

$$\alpha^2 U^\mu U_\mu = -GL, \quad U^\mu U_\mu = -GK^2. \tag{3.10.7}$$

矢量 U^μ 在冲击中保持与自身共线, 由 (3.8.9) 有

$$U'^\mu = \frac{\alpha}{\alpha'}U^\mu = \frac{k'}{k}U^\mu,$$

由此得到

$$\begin{aligned}[U^\mu] &= \left(\frac{k'}{k} - 1\right)U^\mu, \\ [U^\mu][U_\mu] &= \left(\frac{k'}{k} - 1\right)^2 U^\mu U_\mu = -G(k'-k)^2.\end{aligned} \tag{3.10.8}$$

3.11 广义相对论 Hugoniot 方程

方程 (3.8.5) 可写为

$$[f^2] + a^2\left[\frac{f^2}{\rho^2}\right] + 2\mu\left[\frac{f}{\rho}k^2\right] - \mu^2 G[k^2] = 0. \tag{3.11.1}$$

我们计算第二项

$$a^2\left[\frac{f^2}{\rho^2}\right]=\left(\frac{f'}{\rho'}+\frac{f}{\rho}\right)a^2\left(\frac{f'}{\rho'}-\frac{f}{\rho}\right)=\left(\frac{f'}{\rho'}+\frac{f}{\rho}\right)a^2[\alpha]. \tag{3.11.2}$$

由 (3.8.4) 和 (3.6.12) 得

$$a^2[\alpha]=-[p]-\frac{1}{2}\mu[H^2]. \tag{3.11.3}$$

而 $[k^2]=[H^2]$, 因此有

$$a^2\left[\frac{f^2}{\rho^2}\right]=-\left(\frac{f}{\rho}+\frac{f'}{\rho'}\right)[p]-\frac{1}{2}\mu\left(\frac{f}{\rho}+\frac{f'}{\rho'}\right)[k^2]. \tag{3.11.4}$$

将上式代入 (3.10.1), 得到

$$\begin{aligned}&[f^2]-\left(\frac{f}{\rho}+\frac{f'}{\rho'}\right)[p]-\frac{1}{2}\mu\left(\frac{f}{\rho}+\frac{f'}{\rho'}\right)[k^2]\\&+2\mu\left[\frac{f}{\rho}k^2\right]-\mu^2H[k^2]=0,\end{aligned} \tag{3.11.5}$$

第四项中的 [ ] 可写为

$$\left[\frac{f}{\rho}k^2\right]=\frac{f'}{\rho'}(k'^2-k^2)+\left(\frac{f'}{\rho'}-\frac{f}{\rho}\right)k^2.$$

又有

$$\left[\frac{f}{\rho}k^2\right]=\left(\frac{f'}{\rho'}-\frac{f}{\rho}\right)k'^2+\frac{f}{\rho}(k'^2-k^2),$$

二式相加, 得到

$$2\left[\frac{f}{\rho}k^2\right]=\left[\frac{f}{\rho}\right](k^2+k'^2)+\left(\frac{f}{\rho}+\frac{f'}{\rho'}\right)[k^2]. \tag{3.11.6}$$

将 (3.11.6) 代入 (3.11.5), 得到

$$[f^2]-\left(\frac{f}{\rho}+\frac{f'}{\rho'}\right)[p]+\frac{1}{2}\mu(\alpha+\alpha')[k^2]+\mu[\alpha](k^2+k'^2)=0. \tag{3.11.7}$$

根据 (3.8.9), 可将上式左端后两项改写为

$$\frac{1}{2}(\alpha+\alpha')[k^2]+[\alpha](k^2+k'^2)=\frac{1}{2}[\alpha](k-k')^2. \tag{3.11.8}$$

下面我们给出 (3.11.8) 的推导. 由 (3.8.9) 可得

$$\begin{aligned}(\alpha+\alpha')[k^2]&=(\alpha+\alpha')(k'^2-k^2)\\&=kk'\alpha-kk'\alpha'+k'^2\alpha-k^2\alpha'\end{aligned}$$

$$= -kk'(\alpha' - \alpha) - (k^2\alpha' - k'^2\alpha),$$

右端第二项为

$$\begin{aligned} k^2\alpha - k'^2\alpha &= k^2(\alpha' - \alpha) - (k'^2 - k^2)\alpha \\ &= -(k'^2 - k^2)\alpha' + k'^2(\alpha' - \alpha) \\ &= \frac{1}{2}\left\{[\alpha](k^2 + k'^2) - (\alpha + \alpha')[k^2]\right\}. \end{aligned}$$

由此得到

$$(\alpha + \alpha')[k^2] = -kk'[\alpha] - \frac{1}{2}[\alpha](k^2 + k'^2) + \frac{1}{2}(\alpha + \alpha')[k^2],$$

于是有 (3.11.8).

将 (3.11.8) 和 (3.10.8) 代入 (3.11.7), 得到

$$[f^2] - \left(\frac{f}{\rho} + \frac{f'}{\rho'}\right)[p] + \frac{1}{2}\mu\left[\frac{f}{\rho}\right]\frac{|[U]|^2}{|G|} = 0. \tag{3.11.9}$$

此即广义相对论 Hugoniot 方程.

第五篇 黑 洞 物 理

在恒星演化过程中, 由于辐射, 核燃料不断消耗, 恒星在引力作用下不断收缩. 随着核燃料消耗殆尽, 老年恒星按质量大小将分别坍缩成白矮星、中子星和黑洞. 广义相对论预言, 质量大于 3.2 倍太阳质量的大质量恒量将坍缩为黑洞. 本篇在阐述黑洞的基本概念和基本性质的基础上, 讨论经典黑洞热力学、黑洞熵的量子修正和黑洞的量子辐射. 关于黑洞的更详细的讨论, 可参阅《经典黑洞和量子黑洞》(王永久, 2008).

第 1 章　Schwarzschild 黑洞

黎曼空间度规张量既取决于空间的几何性质又依赖于坐标系的选择. 因此, 度规的奇异性分为两种：一种是内禀奇异性, 另一种是坐标奇异性. 坐标奇点可以通过坐标变换消除, 而内禀奇点是空间的内禀属性, 不能由坐标变换消除.

1.1　Schwarzschild 面

在 Schwarzschild 外部场中,

$$\mathrm{d}s^2 = \left(1 - \frac{r_s}{r}\right)\mathrm{d}t^2 - \left(1 - \frac{r_s}{r}\right)^{-1}\mathrm{d}r^2 - r^2\mathrm{d}\Omega^2, \tag{1.1.1}$$

$r = r_s = 2m$ 处有 $g_{11} = \infty$, $g_{00} = 0$, 称为**Schwarzschild 奇点**. 由于在 $r = r_s$ 处度规张量的行列式和标曲率都是正常的, $g = -r_s^4\ \sin^2\ \theta$, $R \equiv g^{\mu\nu}R_{\mu\nu} = 12r_s^{-4}$, 可见 $r = r_s$ 处的奇异性并不是度规的内禀特性. 下面将看到, 通过适当的坐标变换可以消除奇点 $r = r_s$, 因此这是坐标奇点. Schwarzschild 度规还有一个奇点, 即 $r = 0$. 由于相应的标曲率 $R = 12r_s^2/r^6 \to \infty$, 所以这一奇点是无法用坐标变换消除的, 这是内禀奇点 (或称真奇点).

Schwarzschild 奇点 $r = r_s$ 构成一个面, 称为**Schwarzschild 面**. 现在我们讨论这个面的性质. 容易发现, 满足条件 $\mathrm{d}t = \mathrm{d}\theta = \mathrm{d}\varphi = 0$ 的线是短程线, 沿着这些线有

$$\mathrm{d}s^2 = -\left(1 - \frac{r_s}{r}\right)^{-1}\mathrm{d}r^2. \tag{1.1.2}$$

这些线在 $r > r_s$ 的区域是类空的, 在 $r < r_s$ 区域是类时的. 但一条短程线的切矢量在沿短程线移动时不能由类时的变为类空的 (只能沿线平移), 因此, 这两个区域在面上无光滑连接. 我们也可以考虑沿径向传播的光线来说明这一点. 此时有

$$\mathrm{d}\theta = \mathrm{d}\varphi = 0, \quad \mathrm{d}s = 0,$$

$$\frac{\mathrm{d}r}{\mathrm{d}t} = \pm\left(1 - \frac{r_s}{r}\right). \tag{1.1.3}$$

类时方向包含在光锥之内, 我们考察当 r 减小时光锥顶角的变化. 在区域 $r > r_s$ 中, 光锥顶角随 r 的减小而减小；当 $r \to r_s$ 时光锥顶角趋于零；进入区域 $r < r_s$ 之后, 坐标 t 的参数线变为类空的, 光锥转 $90°$；r 从 r_s 到 0, 光锥顶角减小. 上述情况如图 5-1 所示. 比较 Schwarzschild 面两侧的两个不同的光锥图, 可见 $r > r_s$ 和 $r < r_s$ 两个区域无光滑连接.

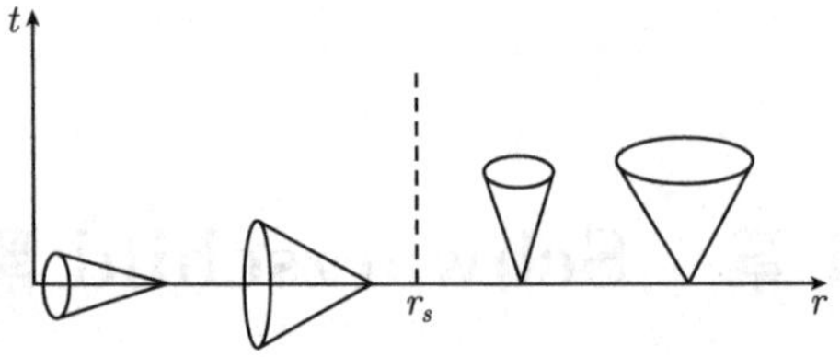

图 5-1

考虑一粒子沿径向自由落下, 此时有

$$u^2 = u^3 = 0, \quad u^\mu = \frac{\mathrm{d}x^\mu}{\mathrm{d}s}.$$

由短程线方程可得

$$\frac{\mathrm{d}u^0}{\mathrm{d}s} + \Gamma^0_{\mu\nu} u^\mu u^\nu = 0,$$

$$\frac{\mathrm{d}u^0}{\mathrm{d}s} = -\Gamma^0_{\mu\nu} u^\mu u^\nu = -g^{00} g_{00,1} u^0 u^1 = -g^{00} \frac{\mathrm{d}g_{00}}{\mathrm{d}s} u^0. \tag{1.1.4}$$

积分, 得到

$$g_{00} u^0 = k = \mathrm{const}. \tag{1.1.5}$$

式中常数 k 是 $u^1 = 0$(开始自由下落) 处 g_{00} 的值. 又由线元的表达式 (1.1.1) 可得

$$g_{\mu\nu} u^\mu u^\nu = g_{00} u^{02} + g_{11} u^{12} = 1. \tag{1.1.6}$$

用 g_{00} 乘 (1.1.6) 并注意 $g_{00} g_{11} = -1$, 得到

$$k^2 - u^{12} = 1 - \frac{r_s}{r},$$

由此得到

$$u^1 = -\left(k^2 - 1 + \frac{r_s}{r}\right)^{1/2} \quad (\text{注意} \ \ u^1 < 0). \tag{1.1.7}$$

由 (1.1.5) 和 (1.1.7) 可知

$$\frac{\mathrm{d}t}{\mathrm{d}r} = \frac{u^0}{u^1} = -k\left(1 - \frac{r_s}{r}\right)^{-1} \left(k^2 - 1 + \frac{r_s}{r}\right)^{-1/2}. \tag{1.1.8}$$

积分上式, 得到

$$t = -\int_{r_0}^{r_s} \frac{k\mathrm{d}r}{(1 - r_s/r)\sqrt{k^2 - 1 + r_s/r}} \to \infty. \tag{1.1.9}$$

此式表明, 自由粒子自 $r = r_0 > r_s$ 处落至 Schwarzschild 面, 在远处观察者看来, 需要经过无限长时间. 自 r_0 至 r_s 的径向距离是有限的, 由 $\mathrm{d}l^2 = \gamma_{ij} \mathrm{d}x^i \mathrm{d}x^j$ 得

$$l = \int_{r_0}^{r_s} \frac{\mathrm{d}r}{\sqrt{1 - r_s/r}}, \tag{1.1.10}$$

此式具有有限值.

在与下落粒子固连的坐标系中, 测得的对应时间间隔为

$$\int_0^s \mathrm{d}s = \int_{r_0}^{r_s} \frac{\mathrm{d}r}{u^1} = -\int_{r_0}^{r_s} \frac{\mathrm{d}r}{\sqrt{k^2 - 1 + r_s/r}}, \tag{1.1.11}$$

此式具有有限值. 这就是说, 对于自由下落的观察者来说, 质点经过有限长时间便可到达 Schwarzschild 面. 此后它可以越过 Schwarzschild 面一直到达 $r = 0$(如果源质量集中在中心奇点). 如果把恒星物质看作零压流体 (“尘埃”), 恒星一经坍缩, 由上面的讨论可知, 在随动坐标系观测, 恒星表面将在有限时间内缩至奇点 $r = 0$. 而在远处观察者看来, 恒星表面缩至 $r = r_s$ 需要无限长时间. 在 2.2 节中我们还要讨论这一问题.

设一束光波由 Schwarzschild 面附近发出, 频率为 ν_A, 远处观察者接收到的频率为 ν_B. 由光谱线的频移公式有

$$\frac{\nu_B}{\nu_A} = \frac{\sqrt{g_{00}^A}}{\sqrt{g_{00}^B}},$$

对无限远处的观察者 B, $g_{00}^B \to 1$. 所以当 $g_{00}^A = 0$ 时出现无限红移. 即当光源位于 Schwarzschild 面上时, 远处观察者测得无限红移. 故称面 $r = r_s(g_{00} = 0$ 的面) 为**无限红移面**. 由此可知, 当试验粒子落到无限红移面上时, 粒子上发生的一切物理过程, 在远处观察者看来都变得无限缓慢.

1.2 自由下落坐标系

在沿径向自由下落的坐标系中测得粒子自 $r = r_0$ 到达 $r = r_s$ 需要有限长时间, 可见在这一坐标系中奇点 $r = r_s$ 已不存在. 因此, 为了把 Schwarzschild 度规延拓到 $r < r_s$ 的区域, 我们寻找一个坐标变换, 由 Schwarzschild 坐标系 (t, r) 变至自由下落坐标系 (τ, ρ). 为此, 令

$$\tau = t + f(r), \quad \rho = t + \varphi(r). \tag{1.2.1}$$

式中 f 和 φ 是待定函数. 我们希望能够通过 f 和 φ 的选择, 以新的线元表达式 $\mathrm{d}\tau^2 - \frac{r_s}{r}\mathrm{d}\rho^2$ 代替 (1.1.1) 的右端, 这样便消除了奇点 $r = r_s$. 由 (1.2.1) 有

$$\begin{aligned}\mathrm{d}\tau^2 - \frac{r_s}{r}\mathrm{d}\rho^2 &= (\mathrm{d}t + f'\mathrm{d}r)^2 - \frac{r_s}{r}(\mathrm{d}t + \varphi'\mathrm{d}r)^2 \\ &= \left(1 - \frac{r_s}{r}\right)\mathrm{d}t^2 - 2\left(f' - \frac{r_s}{r}\varphi'\right)\mathrm{d}t\mathrm{d}r + \left(f'^2 - \frac{r_s}{r}\varphi'^2\right)\mathrm{d}r^2.\end{aligned} \tag{1.2.2}$$

式中 $f' \equiv \dfrac{\mathrm{d}f}{\mathrm{d}r}$. 可见只要选择 f 和 φ, 使之满足

$$f' = \frac{r_s}{r}\varphi', \tag{1.2.3}$$

$$\frac{r_s}{r}\varphi'^2 - f'^2 = \left(1 - \frac{r_s}{r}\right)^{-1}, \tag{1.2.4}$$

从这些方程中消去 f, 得到

$$\varphi' = \left(\frac{r_s}{r}\right)^{-1/2}\left(1 - \frac{r_s}{r}\right)^{-1}, \tag{1.2.5}$$

积分得

$$\varphi = \frac{2}{3A}r^{3/2} + 2Ar^{1/2} - A^2 \ln \frac{r^{1/2}+A}{r^{1/2}-A}, \tag{1.2.6}$$

式中 $A = r_s^{1/2}$. 又由 (1.2.3) 和 (1.2.5) 得

$$\varphi' - f' = \left(1 - \frac{r_s}{r}\right)\varphi' = \left(\frac{r}{r_s}\right)^{1/2},$$

积分上式, 注意到 (1.2.1), 得到

$$\varphi - f = \rho - \tau = \frac{2}{3}r_s^{-1/2}r^{3/2}, \tag{1.2.7}$$

或者

$$r = r_s^{1/3}\left[\frac{3}{2}(\rho - \tau)\right]^{2/3}. \tag{1.2.8}$$

由 (1.2.6) 和 (1.2.7) 便完全确定了变换 (1.2.1):

$$\begin{aligned} r &= r_s^{1/3}\left[\frac{3}{2}(\rho-\tau)\right]^{2/3} \\ t &= \tau - 2\sqrt{r_s r} - r_s \ln \frac{|\sqrt{r}-\sqrt{r_s}|}{\sqrt{r}+\sqrt{r_s}} \\ &= \tau - 2r_s^{2/3}\left[\frac{3}{2}(\rho-\tau)\right]^{1/3} - r_s \ln \frac{\left|\left[\frac{3}{2}(\rho-\tau)\right]^{1/3} - r_s^{1/3}\right|}{\left|\left[\frac{3}{2}(\rho-\tau)\right]^{1/3} + r_s^{1/3}\right|}. \end{aligned} \tag{1.2.9}$$

这就是说, 可以找到满足 (1.2.3)~(1.2.4) 的函数 f 和 φ. 于是 Schwarzschild 度规变为

$$\mathrm{d}s^2 = \mathrm{d}\tau^2 - \left[\frac{3}{2}\left(\frac{\rho-\tau}{r_s}\right)\right]^{-2/3}\mathrm{d}\rho^2 - r_s^{2/3}\left[\frac{3}{2}(\rho-\tau)\right]^{4/3}\mathrm{d}\Omega^2. \tag{1.2.10}$$

此即 Lemaitre 度规.

由 (1.2.7) 可知, 当 $r = r_s$ 时, $\rho - \tau = 2r_s/3$, 此时度规 (1.2.10) 不再有奇异性.

由于度规 (1.2.10) 和 Schwarzschild 度规由坐标变换相联系, 所以度规 (1.2.10) 在 $r > r_s$ 区域满足爱因斯坦方程; 解析延拓至 $r < r_s$ 的区域之后, 由 $r = r_s$ 处无奇

点可以推断, 在 $r \leqslant r_s$ 区域 (1.2.10) 仍满足爱因斯坦方程. 仅在 $r=0$(即 $\rho-\tau=0$) 处有一奇点.

由 (1.2.7) 得到

$$\mathrm{d}\rho = \mathrm{d}\tau + \frac{\sqrt{r}}{\sqrt{r_s}}\mathrm{d}r = \mathrm{d}t + \frac{\sqrt{r}}{\sqrt{r_s}}\frac{\mathrm{d}r}{1-r_s/r}. \tag{1.2.11}$$

由 (1.1.5) 和 (1.1.7) 给出

$$\frac{\mathrm{d}t}{\mathrm{d}s} = \frac{k}{1-r_s/r}, \quad \frac{\mathrm{d}_r}{\mathrm{d}s} = u^1 = -\left(k^2 - 1 + \frac{r_s}{r}\right)^{1/2}. \tag{1.2.12}$$

粒子开始下落时有 $u^1 = 0, r \to \infty$, 代入上式确定 $k=1$, 于是上式给出 $\frac{\mathrm{d}r}{\mathrm{d}s} = -\frac{\sqrt{r_s}}{\sqrt{r}}$, $\frac{\mathrm{d}t}{\mathrm{d}s} = k(1-r_s/r)^{-1}$, 代入 (1.2.11), 得到 $\mathrm{d}\rho = 0$. 这正表明坐标系 (τ, ρ) 是自由下落的.

显然, 度规 (1.2.10) 是一个动态度规.

在 Schwarzschild 度规中, $r > r_s$ 和 $r < r_s$ 两个区域的 g_{00} 和 g_{11} 均反号, 这相当于时间轴和空间轴对换, 导致两个区域不连通, $r = r_s$ 为奇异面. 在 Lemaitre 度规中, 这一奇异性已消除. 由 (1.2.10) 可知, 在 $r > r_s$ 和 $r < r_s$ 两个区域, ρ 恒为空间轴, τ 恒为时间轴, 除 $r=0$ 以外不存在 Schwarzschild 奇点.

1.3 Schwarzschild 黑洞

我们考察沿径向的光信号的行为. 令 $\mathrm{d}s = 0$, $\mathrm{d}\theta = \mathrm{d}\varphi = 0$, 得到

$$\frac{\mathrm{d}\rho}{\mathrm{d}\tau} = \pm c\sqrt{\frac{r}{r_s}}. \tag{1.3.1}$$

式 (1.3.1) 给出的空–时图表明, 在 R 区 ($r > r_s$ 的区域), 沿径向向外发射的光线可达无限远处, 沿径向向内的光线可穿过 Schwarzschild 面到达奇点 $r=0$. 在 T 区 ($r < r_s$ 的区域), 沿两个方向的光线都要到达奇点 $r=0$. 总之, Schwarzschild 面是一个**单向膜**, 外面的粒子或光子可以通过它进入 T 区, 到达奇点 $r=0$, 而里面 (T 区) 的粒子和光子都不可能到达 R 区. 这一单向膜称为**视界**(horizon), T 区称为 Schwarzschild 黑洞 (black hole).

由于爱因斯坦引力场方程在时间反演下是不变的, 所以度规 (1.2.10) 经过时间反演变换后仍满足爱因斯坦方程. 这时有

$$\mathrm{d}s^2 = \mathrm{d}\tau^2 - \left[\frac{3}{2}\frac{\rho+\tau}{r_s}\right]^{-2/3}\mathrm{d}\rho^2 - \left[\frac{3}{2}(\rho+\tau)\right]^{4/3} r_s^{2/3}\mathrm{d}\Omega^2. \tag{1.3.2}$$

这仍是一个动态度规.

对于径向光线 ($\mathrm{d}s=0, \mathrm{d}\theta=\mathrm{d}\varphi=0$), 由空–时图可见, 径向光信号的行为与图 2 给出的相反, 任何粒子和光子都不可能由 R 区进入 $\widetilde{T}$ 区, 而 $\widetilde{T}$ 区的粒子和光子都要进入 R 区. 这样, Schwarzschild 面仍是单向膜, 但只允许由里向外的辐射. $\widetilde{T}$ 区称为**白洞**(white hole).

1.4　Kruskal 坐 标

上节中引入的 Lemaitre 度规虽然消除了 Schwarzschild 度规中的奇点 $r=r_s$, 但是仍不能统一地描述 R 区、T 区和 $\widetilde{T}$ 区的过程. Kruskal (1960) 提出一个坐标变换, 使 Schwarzschild 度规在新坐标系中除了 $r=0$ 以外不存在奇点, 而且可以统一地描述 R 区、T 区和 $\widetilde{T}$ 区的过程 (见图 5-2~ 图 5-4).

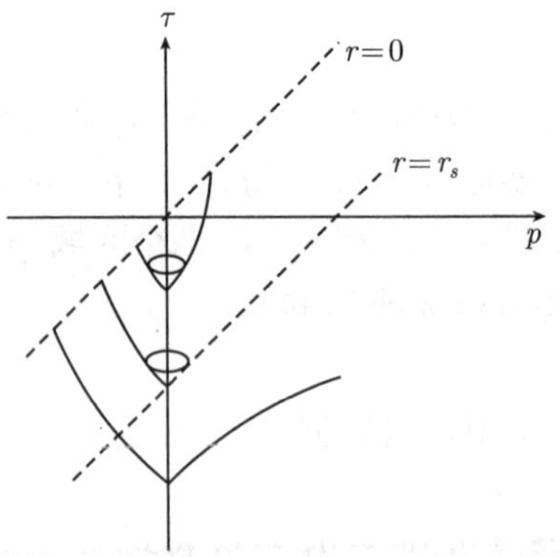

图 5-2

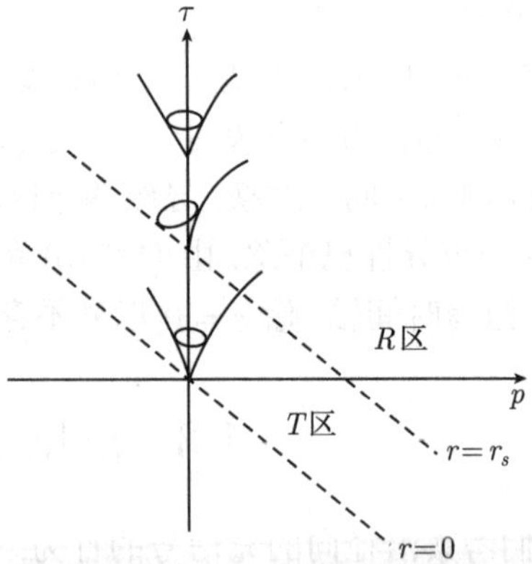

图 5-3

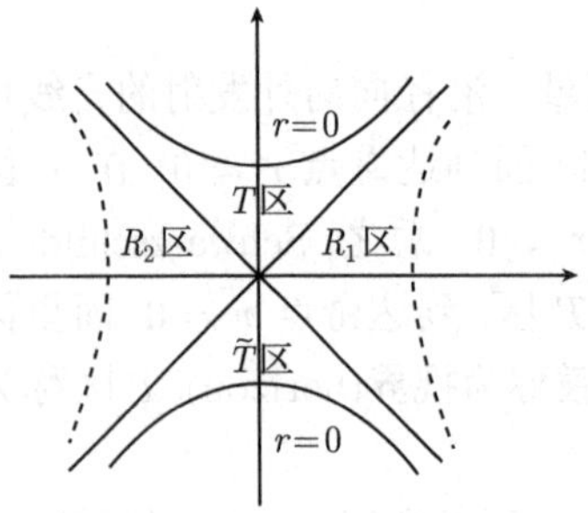

图 5-4

如果从流形中任一点出发的短程线在两个方向上都可无限延长, 或终止于内禀奇点, 则此流形称为**最大解析的流形**. 如果从流形中任一点出发的短程线在两个方向上都可无限延长, 则此流形称为**完备的**. 下面讨论的 Kruskal 流形是最大解析的但不是完备的 (有奇点 $r=0$).

Kruskal 引入一个新的坐标系

$$x^0=v,\quad x^1=u,\quad x^2=\theta,\quad x^3=\varphi. \tag{1.4.1}$$

度规具有形式

$$\mathrm{d}s^2=f^2\mathrm{d}v^2-f^2\mathrm{d}u^2-r^2(v,u)\mathrm{d}\Omega^2. \tag{1.4.2}$$

令 (1.4.2) 和 (1.1.1) 相等, 并要求函数 $f=f(r)$, 当 $v=u=0$ 时, f 有限且不等于

零, 可以确定由 Schwarzschild 坐标变至 Kruskal 坐标的变换式, 当 $r > r_s$ 时, 得

$$
\begin{aligned}
v &= \pm\left(\frac{r}{r_s}-1\right)^{1/2} \exp\left(\frac{r}{2r_s}\right)\mathrm{sh}\left(\frac{t}{2r_s}\right),\\
u &= \pm\left(\frac{r}{r_s}-1\right)^{1/2} \exp\left(\frac{r}{2r_s}\right)\mathrm{ch}\left(\frac{t}{2r_s}\right).
\end{aligned}
\tag{1.4.3}
$$

逆变换为

$$
\begin{aligned}
\left(\frac{r}{r_s}-1\right)\exp\left(\frac{r}{r_s}\right) &= u^2-v^2,\\
\frac{t}{2r_s} &= \mathrm{arcth}\left(\frac{v}{u}\right);
\end{aligned}
\tag{1.4.4}
$$

f 由下式确定:

$$
f^2 = \frac{32m^3}{r}\exp\left(-\frac{r}{r_s}\right) = f^2(u^2-v^2).
\tag{1.4.5}
$$

式中右端表示自变量为 (u^2-v^2) 的一个超越函数.

当 $r < r_s$ 时, 得到

$$
\begin{aligned}
v &= \pm\left(1-\frac{r}{r_s}\right)^{1/2} \exp\left(\frac{r}{2r_s}\right)\mathrm{ch}\left(\frac{t}{2r_s}\right),\\
u &= \pm\left(1-\frac{r}{r_s}\right)^{1/2} \exp\left(\frac{r}{r_s}\right)\mathrm{sh}\left(\frac{t}{2r_s}\right);
\end{aligned}
\tag{1.4.3a}
$$

逆变换为

$$
\begin{aligned}
\left(\frac{r}{r_s}-1\right)\exp\left(\frac{r}{r_s}\right) &= u^2-v^2,\\
\frac{t}{2t_s} &= \mathrm{arcth}\frac{u}{v}.
\end{aligned}
\tag{1.4.4a}
$$

最后得到 Krushal 度规

$$
\mathrm{d}s^2 = \frac{32m^3}{r}\exp\left(-\frac{r}{r_s}\right)(\mathrm{d}v^2-\mathrm{d}u^2) - r^2\mathrm{d}\varOmega^2.
\tag{1.4.6}
$$

由上式可见, 度规除了 $r=0$ 有一奇点以外, 再无奇点. 由 (1.4.4) 可知, $r=r_s$ 对应于 $v=\pm u$, 即空–时图中两条 $\pm\frac{\pi}{4}$ 分角线. 由 (1.4.4) 还可看出, 中心奇点 $r=0$ 对应于 $v^2-u^2=1$, 是两条等轴双曲线, 其渐近线就是上述两条 $\pm\frac{\pi}{4}$ 分角线.

以 $r=0$(两条双曲线) 和 $r=r_s$(两条分角线) 为界, 可将空时分成四个区域: 左右两个区域 (R_2 区和 R_1 区), $r>r_s$; 上下两个区域 (T 区和 $\widetilde{T}$ 区), $r<r_s$.

在 R_1 区和 R_2 区, $r=$ 常数 $>r_s$ 对应于 $u^2-v^2=C>0$, 是以 u 轴为对称轴的双曲面簇.

在 T 区和 $\widetilde{T}$ 区, $r=$ 常数 $< r_s$ 对应于 $v^2 - u^2 = C > 0$, 是以 v 轴为对称轴的双曲面簇.

对于光子的径向运动, $\mathrm{d}s = \mathrm{d}\theta = \mathrm{d}\varphi = 0$, 由 (1.4.6) 得

$$\frac{\mathrm{d}v}{\mathrm{d}u} = \pm 1, \tag{1.4.7}$$

即光锥面与 $\pm\dfrac{\pi}{4}$ 分角线平行, 与狭义相对论中的情形相同. 因此类时线满足

$$\mathrm{d}s^2 > 0, \quad \left|\frac{\mathrm{d}u}{\mathrm{d}v}\right| < 1,$$

与 u 轴夹角大于 $\dfrac{\pi}{4}$. 类空线满足

$$\mathrm{d}s^2 < 0, \quad \left|\frac{\mathrm{d}u}{\mathrm{d}v}\right| > 1,$$

与 u 轴夹角小于 $\dfrac{\pi}{4}$.

由空–时图可见, R_1 区和 R_2 区的粒子随时间坐标 v 的增大不可能进入 $\widetilde{T}$ 区, 只能进入 T 区; T 区的粒子随 v 的增大将一律到达中心奇点 $r=0$, 不可能沿相反方向运动. 因此, T 区即 Schwarzschild 黑洞, $r = r_s$ 为视界.

$\widetilde{T}$ 区内的粒子将一律进入 R 区 (R_1, R_2), 相反的过程是不可能的. 因此, $\widetilde{T}$ 区即 Schwarzschild 白洞, $r = r_s$ 仍为单向膜.

在 Kruskal 空时中存在两个不联通的宇宙, 对应于 R_1 区和 R_2 区. 不可能用任何信号把这两个区域联系起来. 两个区域中间隔一个“喉”(throat) 或称为“虫洞”(wormhole). 这两个宇宙的含义现在尚不清楚.

1.5 Penrose 图

首先区分下列几个不同的无穷远概念:

I^+: 类时未来无穷远

定义 对于任一有限 r 值, 当 $t \to +\infty$ 时, 类时世界线伸展的区域.

I^-: 类时过去无穷远

定义 对于任一有限 r 值, 当 $t \to -\infty$ 时, 类时世界线伸展的区域.

I^0: 类空无穷远

定义 对于任一有限 t 值, 当 $r \to \infty$ 时, 类空世界线伸展的区域.

$\mathscr{L}^+$: 类光未来无穷远

定义 当 $(t-r)$ 为有限值, 而 $(t+r) \to \infty$ 的区域, 或所有出射类光世界线的伸展区域.

$\mathscr{L}^-$: 类光过去无穷远

定义 当 $(t+r)$ 为有限值, 而 $(t-r) \to -\infty$ 的区域, 或发出入射类光世界线的区域.

可以证明, 在共形变换下, 闵可夫斯基时空图 5-5 可变为 Penrose 图 5-6. 同样, Kruskal 时空图 5-4 可变为 Penrose 图 5-7.

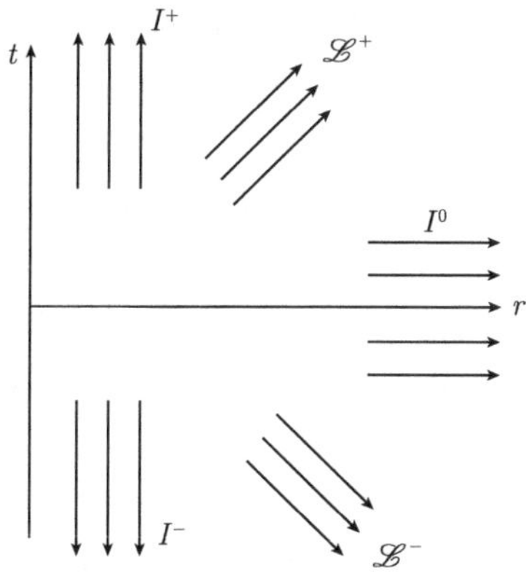

图 5-5

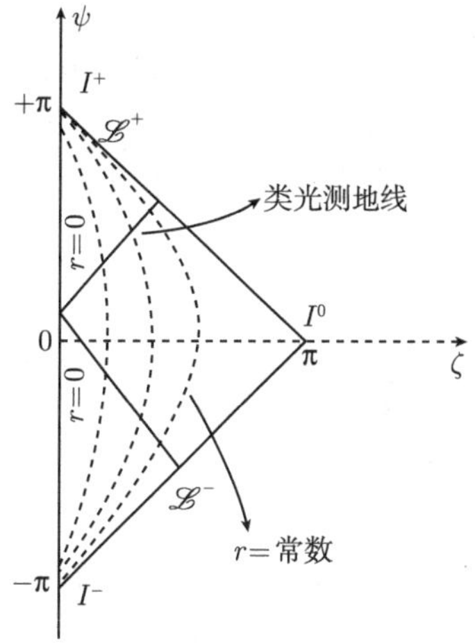

图 5-6

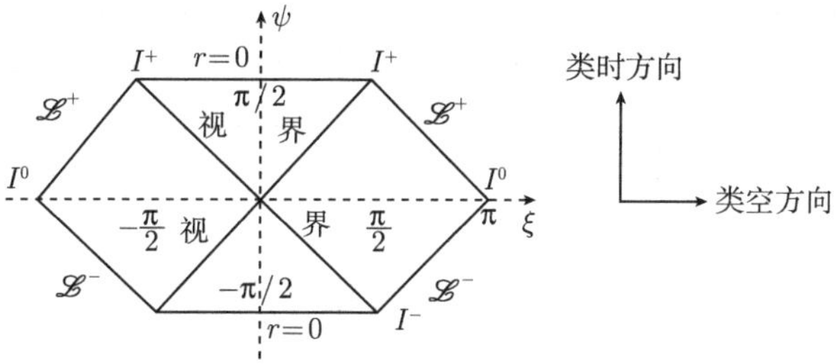

图 5-7

第 2 章　球对称恒星的引力坍缩

一颗温度高于环境温度的恒星会连续发射能量, 它的质量不断减少. 恒星物质在引力的压缩过程中被加热, 使氢核聚变, 成为氦, 从而提供防止恒星冷却的能源, 并产生强大的辐射压与引力相平衡. 这样的恒星的平均密度是 $1\text{g}\cdot\text{cm}^{-3}$. 太阳就是这类恒星的一个例子.

当恒星的氢燃烧殆尽以后, 可以发生其他的核反应过程, 产生更重的核. 但这些过程持续的时间很短. 在强大的引力的作用下, 恒星物质密度迅速增大, 致使恒星物质 (除极薄的外层部分以外) 的电子发生简并, 于是恒星进入一个新的平衡阶段, 由电子的简并压和引力相平衡. 这种恒星的密度约为 $10^7\text{g}\cdot\text{cm}^{-3}$, 白矮星就属于这类恒星.

质量大于 $1.2M_\odot$ 的白矮星不可能稳定, 电子和核内的质子反应变为中子, 从而使恒星物质呈中子态. 中子星便属于这类恒星, 其密度约为 $10^{14}\text{g}\cdot\text{cm}^{-3}$. 如果中子星质量 $M < 3.2M_\odot$, 则可以稳定存在. 现在人们知道, 脉冲星即中子星, 它们发出的光和电磁辐射脉冲周期从 10^{-3}s 到 1s . 观测到的脉冲星周期相当准确, 这只可能解释为中子星在旋转, 而以这样的周期旋转的恒星半径应该相当小. 中子星靠着简并中子气产生的简并压支撑引力以维持力学平衡.

质量大于 $3.2M_\odot$ 的中子星不可能稳定, 它会无限坍缩, 成为黑洞*.

2.1　广义相对论恒星的引力平衡

Schwarzschild 内部解为

$$\mathrm{d}s^2 = \mathrm{e}^\nu \mathrm{d}t^2 - \mathrm{e}^\lambda \mathrm{d}r^2 - r^2\mathrm{d}\Omega^2. \tag{2.1.1}$$

式中 $\nu = \nu(r), \lambda = \lambda(r)$. 度规 (2.1.1) 描述静态球对称恒星内部的引力场. 质量密度 $\rho = \rho(r)$、压力 $p = p(r)$ 的理想流体模型是星际物质的一个很好的近似. 当 ρ 不等于常数时, 解场方程得到 (2.1.1) 中的度规系数

$$\mathrm{e}^{-\lambda} = 1 - \frac{2m(r)}{r}. \tag{2.1.2}$$

式中 $m(r)$ 为质量函数, 定义为

$$m(r) \equiv 4\pi\int_0^r \rho(x)r^2\mathrm{d}r. \tag{2.1.3}$$

---

* 白矮星和中子星的临界质量的数值因态方程 (模型) 不同而略有不同.

采用 (2.1.2), 可将其余场方程写为

$$\nu' = -\frac{2p'}{p+\rho}, \tag{2.1.4}$$

$$kp = \frac{\nu'}{r}\left(1-\frac{2m}{r}\right) - \frac{2m}{r^3}. \tag{2.1.5}$$

我们先讨论 $\rho=\rho(r)$ 的一般情况, 然后再讨论 ρ=const 的情况. 一个稳定平衡的恒星须满足一些物理条件. 设恒星半径为 r_0, $p(r_0)=0$, $p_{\max}=p(0)=$ 有限值, $\rho_{\max}=\rho(0)=$ 有限值; 质量密度 $\rho(r)$ 随 r 的增大而减小

$$\rho'^{(r)} < 0. \tag{2.1.6}$$

在恒星表面, e^{ν} 和它的导数应该是连续的, $m(r_0)$ 应等于 Schwarzschild 外解中的质量 M

$$m(r_0) \equiv M. \tag{2.1.7}$$

由 (2.1.3) 可知, 在 $r=0$ 处 $m(r)/r^3$ 是有限的.

下面我们要寻求对于给定 r_0 的最大可能质量 M, 即寻求恒星的**临界质量**. 令

$$f(r) \equiv e^{\nu/2}, \tag{2.1.8}$$

上述压强有限的条件可表示为

$$f'/rf \text{ 在 } r=0\text{处有限}. \tag{2.1.9}$$

由 (2.1.4) 和 (2.1.5) 可以得到

$$\frac{\mathrm{d}}{\mathrm{d}r}\left[\frac{1}{r}\sqrt{1-\frac{2m}{r}}f'\right] = \frac{f}{\sqrt{1-2m/r}}\frac{\mathrm{d}}{\mathrm{d}r}\left(\frac{m}{r^3}\right). \tag{2.1.10}$$

由 (2.1.6) 可知, $\dfrac{\mathrm{d}}{\mathrm{d}r}\left(\dfrac{m}{r^3}\right) \leqslant 0$, 故有

$$\frac{\mathrm{d}}{\mathrm{d}r}\left[\frac{1}{r}\sqrt{1-\frac{2m}{r}}f'\right] \leqslant 0. \tag{2.1.11}$$

在 $r=r_0$, 就有 $p(r_0)=0$, 且内、外解应光滑连接, 因此有

$$f^2(r_0) = 1-\frac{2M}{r_0}, \quad \left.\frac{\mathrm{d}f}{\mathrm{d}r}\right|_{r=0} = \frac{M}{r_0^2}\frac{1}{\sqrt{1-2M/r_0}}. \tag{2.1.12}$$

用上式对 (2.1.11) 从 r 到 r_0 积分, 得到

$$f'(r) \geqslant \frac{Mr}{r_0^3}\left(1-\frac{2m}{r}\right)^{-1/2}. \tag{2.1.13}$$

应用条件 (2.1.12) 和 (2.1.13), 在 0~ r_0 积分, 得到

$$f(0) \leqslant \left(1-\frac{2M}{r_0}\right)^{1/2} - \frac{M}{r_0^3}\int_0^{r_0}\frac{r\mathrm{d}r}{(1-2m/r)^{1/2}}. \tag{2.1.14}$$

把 $\rho(r)$ 写成

$$\rho(r) = \rho_0 + \mu.$$

式中 $\rho_0 = 6M/kr_0^3$, μ 满足式

$$\int_0^{r_0}\mu(r)r^2\mathrm{d}r = 0, \quad \mu' \leqslant 0, \quad \mu(0) \geqslant 0. \tag{2.1.15}$$

则有

$$m(r) = M\frac{r^3}{r_0^3} + \int_0^r \mu(r)r^2\mathrm{d}r. \tag{2.1.16}$$

式中的积分总是正的. 用 $m(r)$ 代替 Mr^3/r_0^3 将使 (2.1.14) 右端的值增大. 由此可以得到

$$f(0) \leqslant \frac{3}{2}\left(1-\frac{2M}{r_0}\right)^{1/2} - \frac{1}{2}. \tag{2.1.17}$$

注意 $f(0) > 0$, 则由上式得到

$$\frac{2M}{r_0} < \frac{8}{9}. \tag{2.1.18}$$

这就是恒星保持稳定平衡的条件. 应注意上式中 M 和 r_0 的定义. M 是质量密度 ρ 在坐标体积中的积分, 对应于牛顿引力理论中的引力质量. 半径 r_0 的定义要使表面积为 $4\pi r_0^2$. (2.1.18) 表明, 表面积一定的恒星, 只要其质量小于临界质量, 就是稳定的. 质量大于临界质量的恒星不会稳定, 会因引力的作用而坍缩.

当 ρ =const 时, 由 (2.1.3),(2.1.7) 和 (2.1.18) 得到临界质量的表示式

$$M_C = \frac{8}{9}\sqrt{\frac{2}{3kC^2\rho}}. \tag{2.1.19}$$

式中 $C^2 = 1.86\times10^{-27}\text{cm}\cdot\text{g}^{-1}$. 代入几个典型密度, 得到下列临界质量:

$\rho/(\text{g}\cdot\text{cm}^{-3})$	1	10^6	10^{15}
$M_C/M_\odot$	1.14×10^8	1.14×10^5	3.96

这些数值虽不很精确, 但已清楚地表明, 中子星只能具有几倍太阳的质量, 质量再大的中子星将没有稳定的终态.

由 (2.1.18) 及光谱线引力红移的公式可以得到, 稳定的恒星表面发出的光最大的红移值是 $Z = 2$.

2.2 球对称恒星的引力坍缩

2.1 节的讨论已经表明, 在恒星演化的晚期, 如果恒星质量大于中子星的临界质量, 将无限坍缩. 这实际上只是一个直观的假设. 在本节中, 我们利用一个简单的态方程, 进行严格的计算, 来证明上述假设的正确性.

假设恒星物质是零压流体. 由于压强等于零, 只要恒星开始收缩, 就必然要坍缩至一点. 由这一模型所得到的度规在整个空时区域内满足爱因斯坦场方程.

取随动坐标系 (t,r,θ,φ), 解爱因斯坦场方程, 将得到 Tolman 度规

$$\mathrm{d}s^2=\mathrm{d}t^2-\frac{[R'(r,t)]^2}{1+f(r)}\mathrm{d}r^2-R^2(r,t)\mathrm{d}\Omega^2. \tag{2.2.1}$$

式中 $f(r)$ 是满足条件 $f(r)>-1$ 的任意函数. 令 $R(r,t)=R(t)\cdot r,\ f(r)=-kr^2$, 得到一个最简单的恒星内部解:

$$\mathrm{d}s^2=\mathrm{d}t^2-R^2(t)\left(\frac{\mathrm{d}r^2}{1-kr^2}+r^2\mathrm{d}\Omega^2\right). \tag{2.2.2}$$

这正是 Robertson-Walker 度规. 由于它描述均匀、各向同性空–时, 所以在宇宙学中有重要意义.

在随动坐标系中有 $u^i=0,\ u^0=1$, 守恒方程 $T^{\nu}_{\mu;\nu}=0$ 的空间分量自然满足, 时间分量为

$$T^{\nu}_{0;\nu}=-\frac{\partial\rho}{\partial \mathrm{t}}-\rho\left(\frac{\dot a}{2a}+\frac{\dot b}{b}\right)=0. \tag{2.2.3}$$

式中

$$a\equiv-\frac{R^2(t)}{1-kr^2},\quad b\equiv-R^2(t)r^2.$$

又由场方程 $R_{11}-\dfrac{1}{2}g_{11}R=4\pi T_{11}$ 得

$$2k-\ddot R(t)R(t)-2\dot R^2(t)=4\pi\rho. \tag{2.2.4}$$

由 (2.2.3) 和 (2.2.4) 得到 $\rho(t)R^3(t)=$const, 调整径向坐标, 使

$$R(0)=1. \tag{2.2.5}$$

此时有 $\rho(t)R^3(t)=\rho(0)$, 即

$$\rho(t)=\rho(0)R^{-3}(t). \tag{2.2.6}$$

将 (2.2.5)~(2.2.6) 和 (2.2.2) 代入场方程, 可将场方程化为

$$4\pi\rho(0)R^{-1}(t)=2k+R(t)\ddot R(t)+2\dot R^2(t), \tag{2.2.7}$$

$$\frac{4\pi}{3}\rho(0)R^{-1}(t) = -R(t)\ddot{R}(t). \tag{2.2.8}$$

消去 $\ddot{R}(t)$, 得到

$$\dot{R}^2(t) = -k + \frac{8\pi}{3}\rho(0)R^{-1}(t). \tag{2.2.9}$$

假设 $t=0$ 时流体是静止的, 则有

$$\dot{R}(t) = 0. \tag{2.2.10}$$

代入 (2.2.9) 得

$$k = \frac{8\pi}{3}\rho(0). \tag{2.2.11}$$

方程 (2.2.9) 化为

$$\dot{R}^2(t) = k[R^{-1}(t) - 1], \tag{2.2.12}$$

此方程的解具有形式

$$\begin{cases} t = \dfrac{1}{2\sqrt{k}}(\psi + \sin\psi), & (2.2.13) \\ R = \dfrac{1}{2}(1+\cos\psi). & (2.2.14) \end{cases}$$

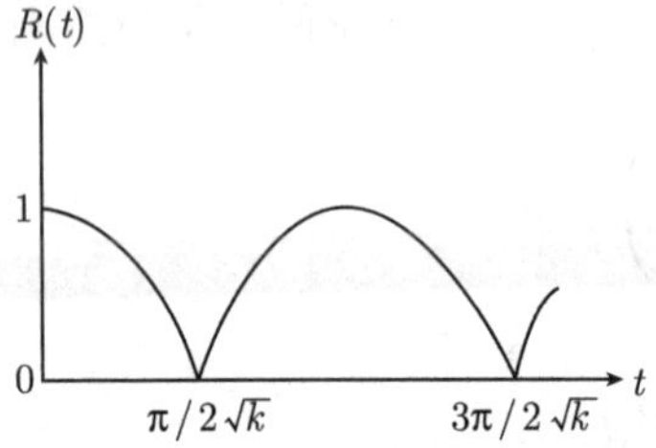

图 5-8

这是摆线 (图 5-8) 的参数方程, 当 $\psi = \pi$, 即当 $t = \pi/2\sqrt{k}$ 时, $R(t) = 0$. 这表明一个零压流体球将在有限长的时间 $\pi/2\sqrt{k}$ 内从静止坍缩到中心奇点.

虽然在随动坐标系中观测, 这一坍缩过程只需要有限长时间, 但是对于远处观察者, 由 1.1 节可知, 星体表面要达到 Schwarzschild 面需经过无限长时间；要坍缩到 $r=0$, 外面的观察者是看不到的.

由随动坐标系变至 Schwarzschild 坐标系, 可以求得远处观察者测得的自星球表面发出的光的红移 (Weinberg,1972)

$$Z \equiv \frac{\Delta\nu}{\nu} = \left(1 - \frac{ka^2}{R(t)}\right)^{-1}\left[\sqrt{1-ka^2} + a\sqrt{k[1-R(t)]R^{-1}(t)}\right] - 1. \tag{2.2.15}$$

对上式的详细分析表明, 由开始坍缩时记时 (对于远处观察者), 红移 Z 由零开始缓慢增大, 然后 Z 的增大速度突然加快 (接近指数规律), 红移趋于无限大. 这就是说, 在远处观察者看来, 坍缩着的恒星实际上是突然消失的.

第 3 章　Kerr 黑洞

Schwarzschild 解是球对称无转动场源的引力场, 这是十分特殊的情况. 一般的引力坍缩不可能是球对称的, 因为各种天体都具有角动量. 本章讨论具有轴对称性的旋转天体的引力性质.

3.1　Kerr 度规

轴对称旋转天体的引力场由 Papapetrou 度规描述

$$\mathrm{d}s^2 = f(\mathrm{d}t - \omega \mathrm{d}\varphi)^2 - f^{-1}[\mathrm{e}^{2r}(\mathrm{d}\rho^2 + \mathrm{d}z^2) + \rho^2 \mathrm{d}\varphi^2]. \tag{3.1.1}$$

变换到椭球坐标

$$\rho = k(x^2-1)^{1/2}(1-y^2)^{1/2}, \quad z = kxy. \tag{3.1.2}$$

令 $k \equiv \dfrac{Mp}{\delta}$, 将场方程的解写为

$$\begin{aligned} &f = A_\delta / B_\delta, \quad \mathrm{e}^{2r} = A_\delta / p^{2\delta}(x^2-y^2)^{\delta^2}, \\ &\omega = -2MqC_\delta(1-y^2)/A_\delta. \end{aligned} \tag{3.1.3}$$

式中 p 和 q 满足条件 $p^2+q^2=1$; 不旋转时 $q=0, p=1.\delta=1$ 对应于 Kerr 解

$$\begin{aligned} &A_1 = p^2x + q^2y - 1, \quad B_1 = (px+1)^2 + q^2y, \\ &C_1 = -(px+1). \end{aligned} \tag{3.1.4}$$

$\delta = 2$ 时的解为

$$\begin{aligned} A_2 =& [p^2(x^2-1)^2 + q^2(1-y^2)]^2 - 4p^2q^2(x^2-1)(1-y^2)(x^2-y^2), \\ B_2 =& (p^2x^4 + q^2x^4 - 1 + 2px^3 - 2px)^2 + 4q^2y^2(px^3 - pxy^2 - y^2 + 1)^2, \\ C_2 =& p^2(x^2-1)[-4x^2(x^2-y^2) + (x^2-1)(1-y^2)] \\ &+ p^3x(x^2-1) \times [-2(x^4-1) - (3+x^2)(1-y^2)] \\ &+ q^2(3x+1)(1-y^2)^3. \end{aligned} \tag{3.1.5}$$

在上述诸式中, 如果 $q=0$, 则 f 和 e^{2r} 的表达式成为第一篇中的 (3.3.30) 和 (3.3.31), $\omega = 0$, 设物体的角动量为 J, 则有

$$J = M^2q = Ma. \tag{3.1.6}$$

将 $\delta = 1$ 的解作变换

$$px = \frac{r}{M} - 1, \quad y = \cos\ \theta, \tag{3.1.7}$$

得到通常形式的 Kerr 度规

$$\begin{aligned} \mathrm{d}s^2 = & \left(1 - \frac{2Mr}{r^2 + a^2\ \cos^2\theta}\right)\mathrm{d}t^2 - \frac{r^2 + a^2\ \cos^2\theta}{r^2 + a^2 - 2Mr}\mathrm{d}r^2 \\ & - (r^2 + a^2\ \cos^2\theta)\mathrm{d}\theta^2 - \left[(r^2 + a^2)\sin^2\theta \right. \\ & \left. + \frac{2Mra^2\sin^4\theta}{r^2 + a^2\cos^2\theta}\right]\mathrm{d}\varphi^2 + \frac{4Mra\ \sin^2\theta}{r^2 + a^2\ \cos^2\theta}\mathrm{d}t\mathrm{d}\varphi. \end{aligned} \tag{3.1.8}$$

3.2 特征曲面

无限红移面是 $g_{00} = 0$ 的面. Schwarzschild 场的无限红移面为 $r = r_s \equiv 2m$, 克尔场中的无限红移面为

$$r_\pm^\infty = M \pm \sqrt{M^2 - a^2\ \cos^2\theta}. \tag{3.2.1}$$

由空–时图可知, 一个超曲面 $f(x^\mu) = 0$ 为单向膜的条件是其法向矢量 $n_\mu = f_{,\mu}$ 为非类空矢量, n_μ 为零矢量, 对应于单向膜开始出现的超曲面, 称为**视界**. 因此, 视界 $f(x^\mu) = 0$ 满足条件

$$n_\mu n^\mu = g^{\mu\nu}\frac{\partial f}{\partial x^\mu}\frac{\partial f}{\partial x^\nu} = 0. \tag{3.2.2}$$

将 Schwarzschild 度规代入上式, 注意到球对称性 $[f(x^\mu) = f(r)]$, 得到

$$g^{\mu\nu}f_{,\mu}f_{,\nu} = -\left(1 - \frac{2M}{r}\right)\left(\frac{\partial f}{\partial r}\right)^2 = 0.$$

此方程的解为 $r = 2M \equiv r_s$. 显然, Schwarzschild 场的视界和无限红移面重合.

将克尔度规 (3.1.8) 代入 (3.2.2), 注意到辐射对称性 $[f(x^\mu) = f(r, \theta)]$, 得到

$$\begin{aligned} g^{\mu\nu}f_{,\mu}f_{,\nu} &= g^{11}f_{,1}^2 + g^{22}f_{,2}^2 \\ &= \frac{2Mr - r^2 - a^2}{r^2 + a^2\ \cos^2\theta}f_{,1}^2 - \frac{1}{r^2 + a^2\ \cos^2\theta}f_{,2}^2 = 0. \end{aligned}$$

由于 $r^2 + a^2\ \cos^2\theta \neq 0$, 得到

$$(r^2 + a^2 - 2Mr)f_{,1}^2 + f_{,2}^2 = 0. \tag{3.2.3}$$

分离变量, 得到此方程的解

$$r_\pm^h = M \pm \sqrt{M^2 - a^2}. \tag{3.2.4}$$

比较 (3.2.4) 和 (3.2.1), 知克尔场的无限红移面和视界不重合.

类似地, 将 Kerr-Newman 度规代入 (3.2.2), 得到视界面

$$r_{\pm}^{h}=M\pm\sqrt{M^2-a^2-kQ^2}. \tag{3.2.5}$$

对于 Kerr-Newman-Kasyua 场, 只要将上式中的 Q^2 换为 (e^2+q^2).

在克尔空–时中, 直角坐标 (x,y,z) 与坐标 (r,θ,φ) 的关系为 (Kerr, 1963)

$$\begin{aligned}x&=(r\ \cos\ \varphi-a\ \sin\ \varphi)\sin\ \theta,\\ y&=(r\ \sin\ \varphi+a\ \cos\ \varphi)\sin\ \theta,\\ z&=r\ \cos\ \theta.\end{aligned} \tag{3.2.6}$$

在直角坐标系中, 克尔度规具有形式

$$\begin{aligned}\mathrm{d}s^2=&\mathrm{d}t^2-\mathrm{d}x^2-\mathrm{d}y^2-\mathrm{d}z^2\\ &-\frac{2Mr}{r^4+a^2z^2}\left[\frac{r(x\mathrm{d}x+y\mathrm{d}y)-a(x\mathrm{d}y-y\mathrm{d}x)}{r^2+a^2}+\frac{z\mathrm{d}z}{r}+\mathrm{d}t\right]^2.\end{aligned} \tag{3.2.7}$$

这一表达式消除了视界处的坐标奇异性. $r=0$ 处仍为奇点. 由 (3.2.6) 可知, 中心奇点对应于

$$z=0,\quad x^2+y^2=a^2\ \sin^2\theta,\quad 0\leqslant\theta\leqslant\frac{\pi}{2}. \tag{3.2.8}$$

这是二维空间 (x,y) 中的一个圆盘. 又由度规 (3.1.8) 可知

$$r^2+a^2\ \cos^2\theta=0 \tag{3.2.9}$$

为奇异面. 上式仅当 $r=0$ 且 $\theta=\dfrac{\pi}{2}$ 时方能成立 $(a\neq 0)$. 由于此时标曲率 $R=\infty$, 可知这一奇异性是内禀的. 在直角坐标系 (3.2.5) 中, 这一奇异性对应于

$$z=0,\quad x^2+y^2=a^2. \tag{3.2.10}$$

这是二维空间 (x,y) 中的一个圆环. 比较 (3.2.10) 和 (3.2.8) 可以发现, 只有圆环 (3.2.10) 才是内禀奇异的.圆盘 (3.2.8) 比圆环 (3.2.10) 多出来的一个开域只是坐标奇异的, 因为在这个开域上 $\left(r=0,\ \theta<\dfrac{\pi}{2}\right)$ 度规 (3.1.8) 是解析的.

由 (3.2.4)、(3.2.6) 和 (3.2.10) 可以看出, 在二维空间 (x,y) 内, 内禀奇异环 (3.2.10) 在视界 $r_{\pm}^{h}$ 的里面. 即**克尔场的视界面包围了真奇点**(内禀奇点), 如图 5-9 所示. 图中虚线表示视界, 实线表示无限红移面, $*$ 表示真奇点.

详细分析表明, $\delta=1,2,3,\cdots$ 对应的轴对称解中, 只有 $\delta=1$ 的解 (Kerr 解) 没有裸奇点.

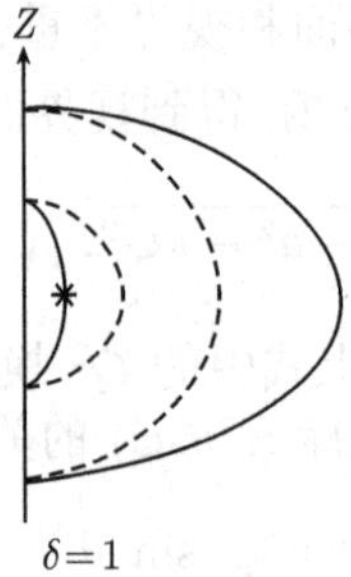

图 5-9

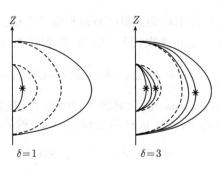

克尔时空的无限红移面 $r^s_\pm$ 和视界 $r^h_\pm$ 满足

$$r^s_+ \geqslant r^h_+ > r^h_- \geqslant r^s_-,$$

如图 5-10 所示. 视界 r^h_+ 和无限红移面包围的区域叫**能层**. 面 r^h_+ 和 r^s_+ 在自转轴处相切. 对于 Schwarzschild 黑洞, $r^h_+ = r^s_+$, 能层不存在.

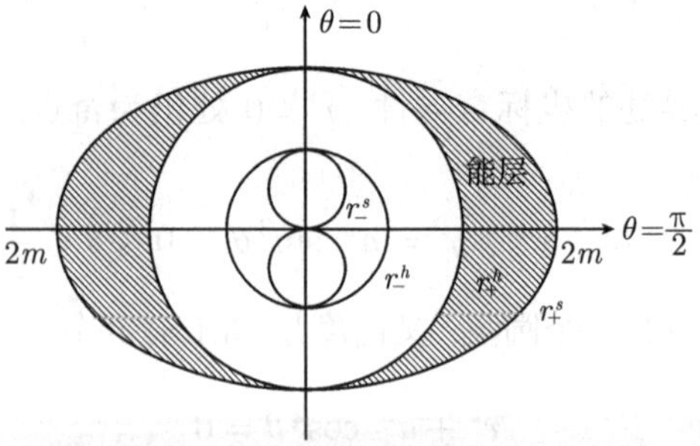

图 5-10

当粒子静止于能层外面时, 有

$$g_{00} = \left(1 - \frac{2mr}{r^2 + a^2\ \cos^2\theta}\right) > 0,$$

$$\mathrm{d}s^2 = g_{00}c^2\mathrm{d}t^2 > 0,$$

世界线为类时曲线, 这当然是合理的. 但是当粒子位于能层内部 (静止) 时

$$g_{00} = \left(1 - \frac{2mr}{r^2 + a^2\ \cos^2\theta}\right) < 0,$$

$$\mathrm{d}s^2 = g_{00}c^2\mathrm{d}t^2 < 0.$$

世界线是类空曲线, 这表明粒子不可能静止于能层内部.

在能层内部, 线元可写为

$$\mathrm{d}s^2 = g_{00}c^2\mathrm{d}t^2 + g_{11}\mathrm{d}r^2 + g_{22}\mathrm{d}\theta^2 + g_{33}\mathrm{d}\varphi^2 + 2g_{03}c\mathrm{d}\varphi\mathrm{d}t,$$

其中

$$g_{00} = \left(1 - \frac{2mr}{r^2 + a^2\ \cos^2\theta}\right) < 0,$$

$$g_{11} < 0, \quad g_{22} < 0, \quad g_{33} < 0, \quad g_{03} > 0.$$

因此, 不能再把 t 看作时间坐标, 把 r, θ, ϕ 看作空间坐标. 但是可以把线元改写为

$$\mathrm{d}s^2 = \left(g_{00} - \frac{g_{02}}{g_{33}}\right) c^2\mathrm{d}t^2 + g_{11}\mathrm{d}r^2 + g_{22}\mathrm{d}\theta^2 + g_{33}\left(\mathrm{d}\phi + \frac{g_{03}}{g_{33}}c\mathrm{d}t\right)^2.$$

由于 $r > r_+^h$ 时有

$$\left(g_{00} - \frac{g_{03}^2}{g_{33}}\right) = \frac{r^2 - 2mr + a^2}{r^2 + a^2 + \dfrac{2mra^2\ \sin^2\theta}{r^2 + a^2\ \cos^2\theta}} > 0,$$

所以只要令

$$\left(\mathrm{d}\phi + \frac{g_{03}}{g_{33}}c\mathrm{d}t\right) = 0,$$

便可以保证 r=const 和 θ =const 时, $\mathrm{d}s^2 > 0$. 这表明, t 仍可作为时间轴, 其余三个轴可看作空间轴. 这正是能层外部观测者所看到的. 但是这时坐标轴随转动球一起作同方向转动. 我们有

$$\dot{\phi} = -\frac{cg_{03}}{g_{33}} = \frac{r_g ar}{(r^2 + a^2\ \cos^2\theta)(r^2 + a^2) + r_g ra^2\ \sin^2\theta},$$

在靠近视界的地方有

$$\dot{\phi} \to a/r_g r_+^h,$$

一般地, 有

$$\dot{\phi}(r = r_+^h) > \dot{\phi}(r > r_+^h),$$

$$r_g = 2m.$$

这就是说, 能层内部的坐标系必须被转动球体拖曳, 以角速度

$$\dot{\phi} = -\frac{cg_{03}}{g_{33}}$$

绕对称轴与球体作同方向转动. 无限红移面是一个静止的界面, 亦称**静界**.

3.3 黑洞的无毛定理

Carter-Robinson 定理断言, 渐近平直稳态轴对称中性黑洞的外部引力场有唯一解, 即克尔解. 这就是说, 所有渐近平直的稳态黑洞, 都只由三个参量唯一确定,

这三个参量就是黑洞的质量 M, 角动量 J(或比角动量 a) 以及电荷 (有电荷时相应的解为克尔–纽曼解).

下面我们导出克尔黑洞的两个基本关系式, 积分关系式

$$M = 2\Omega J + \frac{\kappa}{4\pi}A, \tag{3.3.1}$$

和微分关系式

$$\delta M = \Omega\delta J + \frac{\kappa}{8\pi}\delta A. \tag{3.3.2}$$

稳态轴对称空间存在两个 Killing 矢量, 类时 Killing 矢量 $\xi_{(t)}$ 和类空 Killing 矢量 ξ_φ, 它们满足恒等式

$$\xi_{(t)\mu;\nu} = \xi_{(t)[\mu;\nu]}, \quad \xi_{(\varphi)\mu;\nu} = \xi_{(\varphi)[\mu;\nu]}, \tag{3.3.3}$$

$$\xi_{(t)\mu;\nu}\xi^\nu_{(\varphi)} = \xi_{(\varphi)\mu;\nu}\xi^\nu_{(t)}, \tag{3.3.4}$$

$$\xi^{\mu;\nu}_{(t);\nu} = -R^\mu_\nu\xi^\nu_{(t)}, \tag{3.3.5}$$

$$\xi^{\mu;\nu}_{(\varphi);\nu} = -R^\mu_\nu\xi^\nu_{(\varphi)}. \tag{3.3.6}$$

由关于 $\xi^\mu_{(t)}, \xi^\mu_{(\varphi)}$ 的 Killing 方程

$$\xi_{(t)\mu;\nu} + \xi_{(t)\nu;\mu} = 0,$$

得

$$-\xi_{(t)\nu;\mu} = \xi_{(t)\mu;\nu}.$$

故

$$\xi_{(t)[u;\nu]} \equiv \frac{1}{2}(\xi_{(t)u;\nu} - \xi_{(t)\nu;u}) - \xi_{(t)u;\nu}.$$

类似地可证

$$\xi_{(\varphi)\mu;\nu} = \xi_{(\varphi)[\mu;\nu]}.$$

(3.3.4) 式的证明如下. 设时间位移生成元和 φ 位移生成元分别为

$$I_t = \frac{\partial}{\partial t} = \xi^u_{(t)}\frac{\partial}{\partial x^\mu},$$

$$I_\varphi = \frac{\partial}{\partial \varphi} = \xi^\mu_{(\varphi)}\frac{\partial}{\partial x^\mu}.$$

由于 $I_t \cdot I_\varphi = I_\varphi \cdot I_t$, 故

$$\xi^\mu_{(t)}\frac{\partial}{\partial x^\mu}\left(\xi^\nu_{(\varphi)}\frac{\partial}{\partial x^\nu}\right) = \xi^\nu_{(\varphi)}\frac{\partial}{\partial x^\nu}\left(\xi^\mu_{(t)}\right)\frac{\partial}{\partial x^\mu},$$

即

$$\xi^\mu_{(t)}\xi^\nu_{(\varphi),\mu}\frac{\partial}{\partial x^\nu} = \xi^\nu_{(\varphi)}\xi^\mu_{(t),\nu}\frac{\partial}{\partial x^\mu},$$

或

$$\xi^{\mu}_{(t)}(\xi^{\nu}_{(\varphi);\mu}-\Gamma^{\nu}_{\lambda\mu}\xi^{\lambda}_{(\varphi)})\frac{\partial}{\partial x^{\nu}}=\xi^{\mu}_{(\varphi)}(\xi^{\mu}_{(t);\nu}-\Gamma^{\mu}_{\lambda\nu}\xi^{\lambda}_{(t)})\frac{\partial}{\partial x^{\mu}}$$
$$=\xi^{\mu}_{(\varphi)}(\xi^{\nu}_{(t);\mu}-\Gamma^{\nu}_{\lambda\mu}\xi^{\lambda}_{(t)})\frac{\partial}{\partial x^{\nu}},$$

即

$$(\xi^{\mu}_{(t)}\xi^{\nu}_{(\varphi);\mu}-\xi^{\mu}_{(\varphi)}\xi^{\nu}_{(t);\mu})\frac{\partial}{\partial x^{\nu}}=0.$$

由于这是一个恒等式, 故 (3.3.4) 式得证.

现在四维时空中选一个不含奇异性的类空超曲面 (例 $t=$ 常数), 对 (3.3.5) 式两边进行面积分得

$$\int_S \xi^{\mu;\nu}_{(t);\nu}\mathrm{d}\Sigma_{\mu}=\int_S R^{\mu}_{\nu}\xi^{\nu}_{(t)}\mathrm{d}\Sigma_{\mu}.$$

按高斯定理

$$\int_S \xi^{\mu;\nu}_{(t);\nu}\mathrm{d}\Sigma_{\mu}=\int_{\partial S}\xi^{\mu;\nu}_{(t)}\mathrm{d}\Sigma_{\mu\nu},$$

式中 ∂S 是类空超曲面 S 的边界, 取 ∂S 为

$$\partial S=\partial S_B+\partial S_{\infty},$$

其中 ∂S_B 为包围黑洞的界面, ∂S_{∞} 为无限远界面. 在无限远处度规渐近球对称, $\xi^{\mu}_{(t)}=(\xi^0_t,0,0,0)$, 我们有

$$\int_{\partial S_{\infty}}\xi^{\mu;\nu}_{(t)}\mathrm{d}\Sigma_{\mu\nu}=\int\xi^{0;r}_{(t)}\mathrm{d}\Sigma_{0r}=\int g^{rr}\xi^{0}_{(t);r}\mathrm{d}\Sigma_{0r}$$
$$=\int g^{rr}\left(\frac{\partial\xi^0_{(t)}}{\partial r}+\Gamma^0_{0r}\xi^0_{(t)}\right)\mathrm{d}\Sigma$$
$$=\int g^{rr}\Gamma^0_{0r}\xi^0_{(t)}\mathrm{d}\Sigma_{0r}=\int\frac{1}{2}g^{rr}g^{00}g_{00,r}\mathrm{d}\Sigma_{0r}$$
$$=\int\frac{1}{2}g^{rr}g^{00}g_{00,r}\sqrt{g_{00}g_{rr}}r^2\ \sin\theta\mathrm{d}\theta\mathrm{d}\varphi$$
$$=-\int\left(-\frac{1}{2}\right)\left(-\frac{2M}{r^2}\right)r^2\ \sin\theta\mathrm{d}\theta\mathrm{d}\varphi=-4\pi M.$$

故

$$M=\frac{1}{4\pi}\int_S R^{\mu}_{\nu}\xi^{\nu}_{(t)}\mathrm{d}\Sigma_{\mu}+\frac{1}{4\pi}\int_{\partial S_B}\xi^{\mu;\nu}_{(t)}\mathrm{d}\Sigma_{\mu\nu}.\tag{3.3.7}$$

可见等式右边第一个积分即黑洞外部空间总质量, 右边第二个积分即黑洞总质量. 若选取上述类空超曲面处与 $\xi^{\mu}_{(\varphi)}$ 相切, 并对 (3.3.6) 式两边进行面积分得

$$\int_S \xi^{\mu;\nu}_{(\varphi)\nu}\mathrm{d}\Sigma_{\mu}=-\int_S R^{\mu}_{\nu}\xi^{\nu}_{(\varphi)}\mathrm{d}\Sigma_{\mu},$$

上式左边可化为

$$\int_{\partial S} \xi_{(\varphi)}^{\mu;\nu} \mathrm{d}\Sigma_{\mu\nu}.$$

右边利用

$$R_{\mu\nu} - \frac{1}{2} R g_{\mu\nu} = -8\pi T_{\mu\nu},$$

可化为

$$-4\pi \int_S (2T_\nu^\mu - T\delta_\nu^\mu)\xi_{(\varphi)}^\nu \mathrm{d}\Sigma_\mu = -8\pi \int_S T_\nu^\mu \xi_{(\varphi)}^\nu \mathrm{d}\Sigma_\mu \quad (\text{因 } \xi_{(\varphi)}^\mu \mathrm{d}\Sigma_\mu = 0).$$

令 $\mathrm{d}\Sigma\mu = (\mathrm{d}\Sigma_0, 0, 0, 0)$, 则

$$-\int_S T_\nu^\mu \xi_{(\varphi)}^\nu \mathrm{d}\Sigma_\mu = -\int_S T_\varphi^0 \mathrm{d}\Sigma_0 = J.$$

这显然就是超曲面 S 内的总角动量 J. 若黑洞外无物质分布, J 即黑洞总角动量, M 即黑洞质量.

$$J = -\frac{1}{8\pi} \int_{\partial S_B} \xi_{(\varphi)}^{\mu;\nu} \mathrm{d}\Sigma_{\mu\nu}, \tag{3.3.8}$$

$$M = \frac{1}{4\pi} \int_{\partial S_B} \xi_{(t)}^{\mu;\nu} \mathrm{d}\Sigma_{\mu\nu}. \tag{3.3.9}$$

由于视界的性质, 过视界上任一点有且仅有一光锥和视界面相切, 即有且仅有一根视界面上的零短程线 (称为视界的母线).

沿上述母线上任一点引入以时间 t 为参量的零短程线切矢量

$$l^\mu = \frac{\mathrm{d}x^\mu}{\mathrm{d}t},$$

则

$$l^\mu = \frac{\partial x^\mu}{\partial x^\nu}\frac{\mathrm{d}x^\nu}{\mathrm{d}t} = \delta_t^\mu + \delta_\varphi^\mu \frac{\mathrm{d}\varphi}{\mathrm{d}t} = \xi_{(t)}^\mu + \Omega \xi_{(\varphi)}^\mu. \tag{3.3.10}$$

由于 $\xi_{(t)}^\mu$, $\xi_{(\varphi)}^\mu$ 都是 Killing 矢量, 故 l^μ 也是 Killing 矢量, 满足 Killing 方程

$$l_{\mu;\nu} + l_{\nu;\mu} = 0.$$

由 (3.3.8)、(3.3.9) 式得

$$\begin{aligned}
M &= \frac{1}{4\pi} \int_{\partial S_B} (l^{\mu;\nu} - \Omega \xi_{(\varphi)}^{\mu;\nu}) \mathrm{d}\Sigma_{\mu\nu} \\
&= \frac{1}{4\pi} \int_{\partial S_B} l^{\mu;\nu} \mathrm{d}\Sigma_{\mu\nu} - \Omega \int \frac{1}{4\pi} \xi_{(\varphi)}^{\mu;\nu} \mathrm{d}\Sigma_{\mu\nu} \\
&= \frac{1}{4\pi} \int_{\partial S_B} l^{\mu;\nu} \mathrm{d}\Sigma_{\mu\nu} + 2\Omega J.
\end{aligned} \tag{3.3.11}$$

现在在视界上任一点引入局部零标架 l^μ, n^μ, m^μ, $\bar{m}^\mu$. 其中 l^μ 即沿母线该点的切矢, n^μ 是与 ∂S_B 垂直的法矢, m^μ, $\bar{m}^\mu$ 是在视界内的另两个切矢量. 视界面上的面元可写为

$$\mathrm{d}\Sigma_{\mu\nu}=\frac{1}{2}(l_\mu n_\nu-l_\nu n_\mu)\mathrm{d}A=l_{[\mu}n_{\nu]}\mathrm{d}A.$$

由此得

$$\begin{aligned}&\frac{1}{4\pi}\int_{\partial S_B}l^{\mu;\nu}\frac{1}{2}(l_\mu n_\nu-l_\nu n_\mu)\mathrm{d}A\\=&\frac{1}{4\pi}\int_{\partial B_S}\frac{1}{2}l_\mu n_\nu(l^{\mu;\nu}-l^{\nu;\mu})\mathrm{d}A\\=&\frac{1}{4\pi}\int_{\partial B_S}l_\mu n_\nu l^{\mu;\nu}\mathrm{d}A=-\frac{1}{4\pi}\int_{\partial B_S}l_{\nu;\mu}l^\mu n^\nu\mathrm{d}A\\=&-\frac{1}{4\pi}\int_{\partial S_B}l_{\mu;\nu}n^\mu l^\nu\mathrm{d}A=\frac{1}{4\pi}\int_{\partial S_B}\kappa\mathrm{d}A.\end{aligned}\tag{3.3.12}$$

式中

$$\kappa\equiv-l_{\mu;\nu}l^\nu\cdot n^\mu=-\frac{Dl^\mu}{\mathrm{d}t}\cdot n_\mu,$$

代表与视界一起转动的粒子的坐标加速度的内法向分量, 也就是视界面上的引力加速度, 它满足

$$\kappa_{,\mu}l^\mu=\kappa_{,\mu}m^\mu=\kappa_{,\mu}\overline{m}^\mu=0.$$

因此, κ 在视界面上为一常数. 由 (3.3.11) 和 (3.3.12) 便得到 (3.3.1).

下面计算 Ω, A 和 κ, 能层内各点的拖曳角速度 Ω 具有形式

$$\Omega=-\frac{cg_{03}}{g_{33}},$$

代入 $r=r_+^h$, 便得到视界的角速度

$$\Omega=\frac{a}{r_g r_+^h}=\frac{J}{2M[M^2+(M^4-J^2)^{1/2}]}=\frac{J}{4M\cdot M_{ir}^2}.\tag{3.3.13}$$

式中

$$M_{ir}\equiv\frac{1}{\sqrt{2}}[M^2+(M^4-J^2)^{1/2}]^{1/2}$$

叫黑洞的**不可约质量**. 在 Schwarzschild 黑洞的情况下它等于黑洞的质量 M.

由上式可以看出, 视界上所有的点具有同一个拖曳角速度, 即黑洞做刚性转动, 只有一个角速度 Ω.

令 t=const, $r=r_+^h$, 克尔度规变为

$$\mathrm{d}l^2=-(r_+^{h^2}+a^2\ \cos^2\theta)\mathrm{d}\theta^2-\left[(r_+^{h^2}+a^2)\sin^2\theta+\frac{2mr_+^h a^2\ \sin^4\theta}{r_+^{h^2}+a^2\cos^2\theta}\right]\mathrm{d}\varphi^2,$$

$$g^{1/2}=\begin{vmatrix}g_{\theta\theta} & g_{\theta\varphi}\\ g_{\varphi\theta} & g_{\varphi\varphi}\end{vmatrix}^{1/2}=(r_+^{h^2}+a^2)\sin\theta.$$

故

$$dA = \sqrt{g}d\theta d\varphi,$$

即

$$\begin{aligned} A &= \int dA = 4\pi(r_+^{h^2} + a^2) \\ &= 8\pi[M^2 \pm (M^4 - J^2)^{1/2}] = 16\pi M_{ir}^2. \end{aligned} \tag{3.3.14}$$

对于克尔–纽曼黑洞有

$$A = \frac{4\pi G}{c^4}[2GM^2 - Q^2 + 2(G^2M^4 - J^2c^2 - GM^2Q^2)^{1/2}].$$

由式 (3.3.13) 和 (3.3.14) 可以得到

$$M = 4\pi\frac{J}{A\Omega} = 2\Omega J - 2\Omega J + 4\pi\frac{J}{A\Omega}.$$

而右端第二、三项为

$$4\pi\frac{J}{A\Omega} - 2\Omega J = \left(M^2 - \frac{J^2}{M^2}\right)^{1/2} = \frac{1}{M}(M^4 - J^2)^{1/2},$$

将此二式与 (3.3.1) 比较, 可知

$$\frac{\kappa}{4\pi}A = \frac{1}{M}(M^4 - J^2)^{1/2},$$

即

$$\begin{aligned} \kappa &= 4\pi\frac{(M^4 - J^2)^{1/2}}{MA} = \frac{(M^4 - J^2)^{1/2}}{2M[M^2 + (M^4 - J^2)^{1/2}]} \\ &= \frac{2M_{ir}^2 - M^2}{4MM_{ir}^2} = \frac{(r_+^h - r_-^h)}{2(r_+^{h^2} + a^2)}. \end{aligned}$$

在克尔–纽曼黑洞的情况下 (采用 CGS 制) 有

$$\kappa = \frac{4\pi}{A}\left[G^2M^2 - \frac{J^2c^2}{M^2} - GQ^2\right]^{1/2}.$$

在 Schwarzschild 黑洞的情况下, 显然有 $\kappa = \dfrac{1}{4M} = \dfrac{M}{r_g^2}$, 即 Schwarzschild 黑洞表面的引力加速度.

由克尔情况可知, 当 $M^2 = J$(或 $M = a$) 时 $\kappa = 0$. 这可以解释为惯性离心力和引力相抵消; 这类黑洞称为**极端克尔黑洞**.

如果 $J > M^2$(或者 $a > M$), 视界不存在, 中心奇点裸露, 这在物理学中是不可接受的. 所以 Penrose(1968) 提出:“…… 是否存在一位‘宇宙监督’, 他严禁出现裸奇点, 把每一个奇点都用视界面覆盖住?” 这就是著名的宇宙监督原理. 按照这一原理, 不可能有 $J > M^2$.

下面证明 (3.3.2) 式:

对 M 的定义式

$$2M_{ir}^2 = M^2 + (M^4 - J^2)^{1/2},$$

两边微分, 得到

$$\delta M_{ir} = \frac{M_{ir}}{(M^2 - a^2)^{1/2}} \left[\delta M - \frac{J}{4MM_{ir}^2}\delta J\right].$$

考虑到 (3.3.13) 式知上式即

$$\delta M_{ir} = \frac{M_{ir}}{(M^2 - a^2)^{1/2}}[\delta M - \Omega\delta J].$$

由 (3.3.14)、(3.3.15) 式知上式即

$$\delta M = \Omega\delta J + \frac{\kappa}{8\pi}\delta A.$$

在 CGS 单位制中

$$\delta(Mc^2) = \Omega\delta J + \frac{\kappa c^2}{8\pi G}\delta A.$$

在克尔–纽曼黑洞的情况下有

$$\delta M = \Omega\delta J + \frac{\kappa}{8\pi}\delta A + V\delta Q,$$

$$V = \frac{Qr_+^h}{c^2(r_+^{h2} + a^2)}.$$

3.4 Rindler 变换

这是一个由闵可夫斯基时空坐标 $(X - T)$ 向弯曲时空坐标 $(x - t)$ 的变换, 变换式为

$$\begin{cases} T = x\mathrm{sh}t, \\ X = x\mathrm{ch}t; \end{cases} \quad R\text{区} \tag{3.4.1}$$

$$\begin{cases} T = -x\mathrm{sh}t, \\ X = -x\mathrm{ch}t; \end{cases} \quad L\text{区} \tag{3.4.2}$$

$$\begin{cases} T = x\mathrm{ch}t, \\ X = x\mathrm{sh}t; \end{cases} \quad F\text{区} \tag{3.4.3}$$

$$\begin{cases} T = -x\mathrm{ch}t, \\ X = -x\mathrm{sh}t; \end{cases} \quad P\text{区} \tag{3.4.4}$$

$$Y = y, \quad Z = z.$$

在上述变换下, 线元由闵可夫斯基的

$$ds^2 = dT^2 - dX^2 - dY^2 - dZ^2 \tag{3.4.5}$$

化为

$$ds^2 = x^2dt^2 - dx^2 - dy^2 - dz^2 \quad (R, L\text{区}); \tag{3.4.6}$$

$$ds^2 = -x^2dt^2 + dx^2 - dy^2 - dz^2 \quad (F, P\text{区}). \tag{3.4.7}$$

Rindler 变换把闵可夫斯基时空分为 4 个区域 (图 5-11), 以 T、X 轴的角平分线划分.

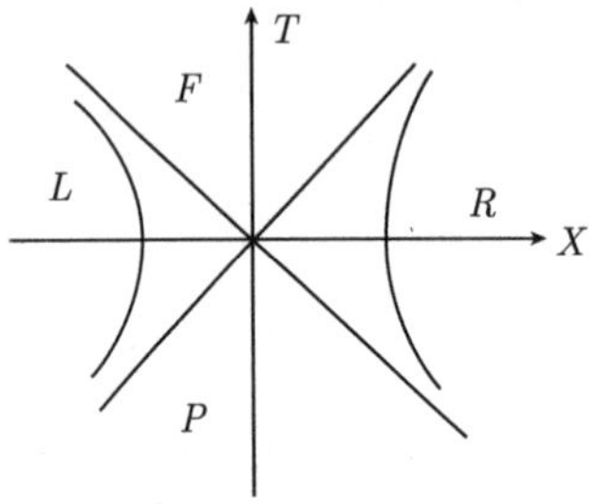

图 5-11

R 区和 L 区是两个 Rindler 时空区, 它们与闵可夫斯基时空一样是静态的, 但都只能覆盖闵可夫斯基时空的一部分. R 区和 L 区没有因果关系, 可以看作互不连通的两个时空. 闵可夫斯基时空无内禀奇点, 也无坐标奇点. Rindler 时空当然也没有内禀奇点, 但在 $x = 0$ 有坐标奇点. 此处有

$$g_{00} = x^2 = 0, \tag{3.4.8}$$

可见这是无限红移面. 考虑到 Rindler 时空有 3 个 Killing 矢量 $\left(\frac{\partial}{\partial t}, \frac{\partial}{\partial y}, \frac{\partial}{\partial z}\right)$, 零曲面方程具有形式

$$\begin{aligned} g^{\mu\nu}\frac{\partial f}{\partial x^\mu}\frac{\partial f}{\partial x^\nu} &= \frac{1}{x^2}\left(\frac{\partial f}{\partial t}\right)^2 + \left(\frac{\partial f}{\partial x}\right)^2 + \left(\frac{\partial f}{\partial y}\right)^2 + \left(\frac{\partial f}{\partial z}\right)^2 \\ &= \frac{1}{x^2}\left(\frac{\partial f}{\partial t}\right)^2 + \left(\frac{\partial f}{\partial x}\right)^2 = 0. \end{aligned} \tag{3.4.9}$$

上式两端乘以 x^2, 消去 $\frac{\partial f}{\partial t}$ 项, 并注意 $\frac{\partial f}{\partial x} \neq 0$, 我们得 到具有 Rindler 时空对称性的零超曲面

$$x = 0. \tag{3.4.10}$$

可以证明, 此面即 Rindler 时空的事件视界.

图 5-12 是闵可夫斯基时空的 Penrose 图. 比较 Rindler 变换和 Schwarzschild 时空的克鲁斯卡变换, 以及二者的时空图和 Penrose 图, 可以发现, 闵可夫斯基时空对应于克鲁斯卡时空, Rindler 时空对应于 Scharzschild 时空, 其 F 区和 P 区分别对应于

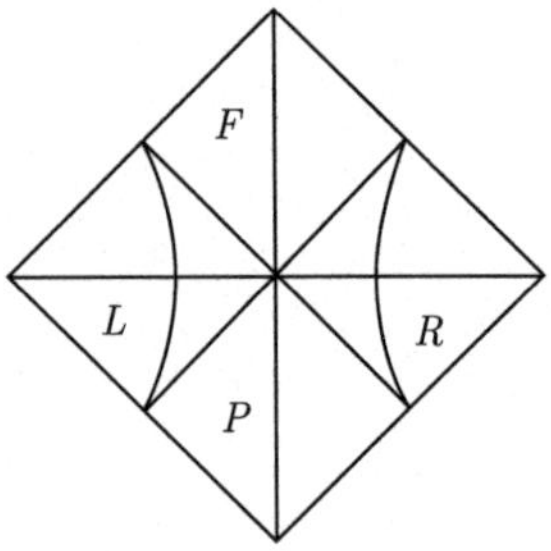

图 5-12

Schwarzschild 的黑洞和白洞.

Rindler 系中静止观测者的固有加速度具有形式

$$\begin{aligned} a &= -\sqrt{-g_{11}}\frac{\mathrm{d}^2 x}{\mathrm{d}\tau^2} = -\sqrt{-g_{11}}\Gamma^1_{00}\left(\frac{\mathrm{d}t}{\mathrm{d}\tau}\right)^2 \\ &= -\sqrt{-g_{11}}\frac{\Gamma'_{00}}{g_{00}} = \frac{1}{x}. \end{aligned} \tag{3.4.11}$$

此式表明, 静止于 x 点的观测者的固有加速度为一常数, 即观测者做匀加速运动. 加速度的方向沿 x 增加的方向, 惯性力指向视界 $x=0$.

在视界 $(x=0), a\to\infty$. 静止于 Schwarzschild 黑洞表面的观测者的固有加速度也等于无限大, 这是事件视界的特点. 人们定义在视界上不发散的“表面引力”加速度

$$\kappa \equiv \lim_{g_{00}\to 0}(a\sqrt{g_{00}}). \tag{3.4.12}$$

对于 Rindler 视界有

$$\kappa = \lim_{g_{00}\to 0}\left(\frac{1}{2}g_{00,1}\sqrt{-g_{11}/g_{00}}\right) = 1. \tag{3.4.13}$$

Rindler 坐标系是一个匀加速系. Rindler 时空是闵可夫斯基时空的一部分, 是静态的, 存在事件视界.

引入新的坐标变换

$$\begin{cases} t = a\eta, \\ x = \dfrac{1}{2} + \xi. \end{cases} \tag{3.4.14}$$

$$(y, z\text{不变})$$

式中 (x, y, z, t) 为 Lindler 坐标, Rindler 变换成为

$$\begin{cases} T = \left(\dfrac{1}{a}+\xi\right)\mathrm{sh}(a\eta), \\ X = \left(\dfrac{1}{a}+\xi\right)\mathrm{ch}(a\eta); \end{cases} \quad R\text{区} \tag{3.4.15}$$

$$\begin{cases} T = -\left(\dfrac{1}{a}+\xi\right)\mathrm{sh}(a\eta), \\ X = -\left(\dfrac{1}{a}+\xi\right)\mathrm{ch}(a\eta); \end{cases} \quad L\text{区} \tag{3.4.16}$$

$$\begin{cases} T = \left(\dfrac{1}{a}+\xi\right)\mathrm{ch}(a\eta), \\ X = \left(\dfrac{1}{a}+\xi\right)\mathrm{sh}(a\eta); \end{cases} \quad F\text{区} \tag{3.4.17}$$

$$\begin{cases} T = -\left(\dfrac{1}{a}+\xi\right)\mathrm{ch}(a\eta), \\ X = -\left(\dfrac{1}{a}+\xi\right)\mathrm{sh}(a\eta); \end{cases} \quad P\text{区} \tag{3.4.18}$$

线元为

$$\mathrm{d}s^2 = \pm(1+a\xi)^2\mathrm{d}\eta^2 \mp \mathrm{d}\xi^2 - \mathrm{d}y^2 - \mathrm{d}z^2. \tag{3.4.19}$$

上面的符号对应于 R 和 L 区, 下面的符号对应于 F 区和 P 区.

变换 (3.4.15)~(3.4.18) 称为局部 Lindler 变换.

代替 (3.4.14), 引入另一坐标变换

$$t = a\eta, \quad x = \frac{1}{a}\mathrm{e}^{a\xi}, \tag{3.4.20}$$

$$(y, z\text{不变})$$

则由 Rindler 变换得到

$$\begin{cases} T = a^{-1}\mathrm{e}^{a\xi}\mathrm{sh}(a\eta), \\ X = a^{-1}\mathrm{e}^{a\xi}\mathrm{ch}(a\eta); \end{cases} \quad R\text{区} \tag{3.4.21}$$

$$\begin{cases} T = -a^{-1}\mathrm{e}^{a\xi}\mathrm{sh}(a\eta), \\ X = -a^{-1}\mathrm{e}^{a\xi}\mathrm{ch}(a\eta); \end{cases} \quad L\text{区} \tag{3.4.22}$$

$$\begin{cases} T = a^{-1}\mathrm{e}^{a\xi}\mathrm{ch}(a\eta), \\ X = a^{-1}\mathrm{e}^{a\xi}\mathrm{sh}(a\eta); \end{cases} \quad F\text{区} \tag{3.4.23}$$

$$\begin{cases} T = -a^{-1}\mathrm{e}^{a\xi}\mathrm{ch}(a\eta), \\ X = -a^{-1}\mathrm{e}^{a\xi}\mathrm{sh}(a\eta); \end{cases} \quad P\text{区} \tag{3.4.24}$$

线元的表示式为

$$\mathrm{d}s^2 = \pm\mathrm{e}^{2a\xi}(\mathrm{d}\eta^2 - \mathrm{d}\xi^2) - \mathrm{d}y^2 - \mathrm{d}z^2. \tag{3.4.25}$$

式中 $+$ 号对应于 R 区和 L 区, $-$ 号对应于 F 区和 P 区. 这一时空的特点是事件视界移至坐标无限远 ($\xi \to -\infty$) 处, 这是乌龟坐标的特点. 由 (3.4.19) 可得

$$\xi = \frac{1}{a}\ln(ax), \tag{3.4.26}$$

可见 ξ 确是 Rindler 时空中的乌龟坐标. 此坐标系中, 静止观测者的固有加速度为 $a\mathrm{e}^{-a\xi}$, 视界面上表面引力加速度为 $\kappa = a$. 在原点 ($\xi = 0$), 加速度也等于 $\kappa = a$. 在原点附近, 线元 (3.4.25) 趋近闵可夫斯基时空的线元.

闵可夫斯基时空的零坐标为

$$V = T + X, \quad U = T - X, \tag{3.4.27}$$

Rindler 时空的零坐标为

$$v = t + \ln x, \quad u = t - \ln x. \tag{3.4.28}$$

和 Schwarzschild 时空相似, 在 R 区有

$$V = \mathrm{e}^{v}, \quad U = -\mathrm{e}^{u}. \tag{3.4.29}$$

在未来视界上, v 为群参量, V 为仿射参量; 在过去世界上, u 为群参量, U 为仿射参量. $\kappa = 1$ 是群参量对仿射参量的偏离.

对于式 (3.4.21) 中的 Rindler 坐标, 相应的零坐标为

$$\widetilde{v} = \eta + \xi, \quad \tilde{u} = \eta - \xi. \tag{3.4.30}$$

在 F 区有

$$V = \mathrm{e}^{a\tilde{v}}, \quad U = \mathrm{e}^{-a\tilde{u}}. \tag{3.4.31}$$

在视界面上, $\kappa = a$ 也表示群参量对仿射参量的偏离.

3.5 稳态时空中的事件视界

超曲面方程可表示为

$$F(x^{\mu}) = 0, \quad \mu = 0, 1, 2, 3, \tag{3.5.1}$$

其法矢量具有形式

$$n^{\mu} = F_{,\mu}. \tag{3.5.2}$$

零超曲面定义为

$$n^{\mu} n_{\mu} = 0, \tag{3.5.3}$$

或

$$g^{\mu\nu} F_{,\mu} F_{,\nu} = 0. \tag{3.5.4}$$

对于稳态时空, (3.5.4) 具有形式

$$g^{00} F_{,0}^{2} + 2g^{03} F_{,03} + g^{11} F_{,1}^{2} + g^{22} F_{,2}^{2} + g^{33} F_{,3}^{2} = 0. \tag{3.5.5}$$

设 $g^{00} \neq 0$, 上式可写为

$$F_{,0}^{2} + (g^{00})^{-1} (2g^{03} F_{,03} + g^{11} F_{,1}^{2} + g^{22} F_{,2}^{2} + g^{33} F_{,3}^{2}) = 0. \tag{3.5.6}$$

稳态条件使 $F_{,0}=0$, 上式化为

$$(g^{00})^{-1}(g^{11}F_{,1}^2+g^{22}F_{,2}^2+g^{33}F_{,3}^2)=0. \tag{3.5.7}$$

此方程可分为两个方程

$$(g^{00})^{-1}=0 \tag{3.5.8}$$

和

$$g^{11}F_{,1}^2+g^{22}F_{,2}^2+g^{33}F_{,3}^2=0. \tag{3.5.9}$$

(3.5.9) 的解和 (3.5.8) 的解均满足 (3.5.7).

(3.5.9) 就是通常稳态视界的方程, 而 (3.5.8) 则常被忽略. 这一忽略, 用数学的语言表述就是解方程丢了根.

采用拖曳坐标时我们有

$$z_{,0}=-g_{03}/g_{33}. \tag{3.5.10}$$

线元可写为

$$\begin{aligned}\mathrm{d}s^2&=g_{00}\mathrm{d}x^{0^2}+2g_{03}\mathrm{d}x^0\mathrm{d}x^3+g_{11}\mathrm{d}x^{1^2}+g_{22}\mathrm{d}x^{2^2}+g_{33}\mathrm{d}x^{3^2}\\&=\hat{g}_{00}\mathrm{d}x^{0^2}+g_{11}\mathrm{d}x^{1^2}+g_{22}\mathrm{d}x^{2^2}+g_{33}\mathrm{d}x^{3^2},\end{aligned} \tag{3.5.11}$$

式中

$$\hat{g}_{00}=g_{00}-\frac{g_{03}^2}{g_{33}}. \tag{3.5.12}$$

容易证明

$$\hat{g}_{00}=(g^{00})^{-1}. \tag{3.5.13}$$

这样, 零曲面条件 (3.5.8) 可写成

$$\hat{g}_{00}=0. \tag{3.5.14}$$

在克尔黑洞的情况下, 坐标为 (t,r,θ,φ). 除了稳态条件 $F_{,0}=0$ 以外, 还有轴对称, 即 $F_{,3}=0$. 于是 (3.5.9) 简化为

$$g^{11}F_{,1}^2+g^{22}F_{,2}^2=0. \tag{3.5.15}$$

不难看出, (3.5.14) 和 (3.5.15) 都化为同一个方程

$$\varDelta=r^2+a^2-2mr=0. \tag{3.5.16}$$

在 Schwarzschild 场的情况下 (静态球对称), 方程 (3.5.7) 化为两个简单的方程

$$g_{00}=0,\quad g^{11}=0,$$

这两个方程是同一个方程, 解为

$$r = 2m.$$

对于 Rindler 时空, $g_{00} = -x^2$, $g_{11} = 1$. 可以发现, 方程 (3.5.9) 无解, 而方程 (3.5.8) 有解:

$$-x^2 = 0, \quad x = 0.$$

即视界位于 $x = 0$ 处. 这表明方程 (3.5.7) 分解成的两个方程 (3.5.8) 和 (3.5.9) 是不能随便丢掉一个的.

熟知, 不是所有的零超曲面都是事件视界. 稳态时空中的事件视界应是满足下述条件的零超曲面: ① 曲面的母线线汇应该是零短程线汇; ② 该线汇的切矢量场应该是零 Killing 矢量场; 这里说的零矢量指 null(类光) 矢量. 也就是说, 作为 Killing 视界的超曲面才是事件视界.

3.6 黑洞的第四个参量

对于真空 Einstein 方程, 唯一性定理告诉我们, 由总质量 M 和角动量 J 这两个参数所表征的 Kerr 度规是最一般的稳态渐近平直黑洞解. 唯一性定理使我们能够划分质量充分大的物体 (如质量超过 Chandrasekhar 极限的恒星) 引力坍缩的最终状态. 真空情况下, 黑洞只具有两种"毛发"或者说"荷", 即质量和角动量. 原来物质分布的许多特性都在引力坍缩中消失了. 正比于其事件视界面积的黑洞的熵就是这样一种信息丢失的例子. 在真空情况下, 除零极矩 (质量) 和一极矩 (角动量) 外, 原来质量分布的所有其他多极矩也都在引力坍缩中被辐射掉了.

如果考虑引力与一个 Abell 规范场 (电磁场) 的耦合, 则黑洞可带有电荷和磁荷. 耦合的 Maxwell-Einstein 方程有一个类似于真空情形的唯一性定理 —— 存在一个由 Kerr-Newmann 度规所描述的唯一的 4 参数黑洞解族. 当将 Abell 规范理论推广到非 Abell 情形时, 目前并没有类似的结果存在. 因为非线性的非 Abell 理论的结构毕竟要比线性的 Abell 情形丰富和复杂得多. 除了质量、角动量和电 (磁) 荷之外, 黑洞是否还能含有第四种参量呢?

正如 Bowick 指出的那样, 目前仍不很清楚黑洞是否可携带非 Abell 荷 (毛发), 如 QCD 颜色荷. 为了研究这个问题, 必须研究引力与 Yang-Mills 场和 Yang-Mills-Higgs 场的耦合, 即耦合 EYM 系统和耦合 EYMH 系统.

引力与 SU(5) 大统一理论的耦合由下述作用量描述:

$$\begin{aligned} S = \int \mathrm{d}^4x\sqrt{-g}\Big[&-\frac{R}{16\pi G} - \frac{1}{2}g^{\mu\rho}g^{\nu\sigma}\mathrm{tr}(F_{\mu\nu}F_{\rho\sigma}) \\ &+g^{\mu\nu}\mathrm{tr}(D_\mu\phi D_\nu\phi) + g^{\mu\nu}(D_\mu H)^+(D_\nu H) - V(\phi, H)\Big], \end{aligned} \tag{3.6.1}$$

其中

$$F_{\mu\nu}=\partial_\mu A_\nu-\partial_\nu A_\mu-\mathrm{i}g'[A_\mu,A_\nu],\quad A_\mu=A_\mu^a\lambda^a,\quad a=1,\cdots,24,$$
$$D_\mu\phi=\partial_\mu\phi-\mathrm{i}g'[A_\mu,\phi],\quad D_\mu H=\partial_\mu H-\mathrm{i}g'A_\mu H,$$

$$\begin{aligned}V(\phi,H)=&a_1\mathrm{tr}\left[\left(\phi-\frac{1}{\sqrt{15}}\nu\right)^2\left(\phi+\frac{3\nu}{2\sqrt{15}}\right)^2\right]\\&+a_2(2\mathrm{tr}\phi^2-\nu^2)^2+a_3(H^+H-\omega^2)^2\\&+a_4H^+\left(\phi+\frac{3}{2\sqrt{15}}\nu\right)^2H,\end{aligned}$$

$$a_i>0,\quad \nu\sim10^{14}\mathrm{GeV},\quad \omega\sim10^2\mathrm{GeV},\quad g'=\left(\frac{8}{3}\right)^{1/2}e,$$

这里 g' 是 SU(5) 规范耦合常数, e 是正电子电荷. 群生成元 λ^α 满足 $\mathrm{tr}\lambda^a\lambda^b=\frac{1}{2}\delta^{ab},\lambda^{+a}=\lambda^a$. Higgs 场 ϕ 和 H 分别是 SU(5) 的 24 维和 5 维表示. 它们的如下真空平均值将 SU(5) 破缺到 $\mathrm{SU}(3)_c\times U(1)_{em}$

$$\langle\phi\rangle=\nu\mathrm{diag}\left[\sqrt{\frac{1}{15}},\quad\sqrt{\frac{1}{15}},\quad\sqrt{\frac{1}{15}},\quad\frac{-3}{2\sqrt{15}},\quad\frac{-3}{2\sqrt{15}}\right],$$

$$\langle H\rangle=\mathrm{Col.}(0,0,0,0,\omega).$$

与 (3.6.1) 式相应的能量-动量张量是

$$\begin{aligned}T^\mu_\nu=&-2g^{\mu\alpha}g^{\rho\beta}\mathrm{tr}(F_{\alpha\beta}F_{\nu\rho})+\frac{1}{2}\delta^\mu_\nu g^{\rho\alpha}g^{\sigma\beta}\mathrm{tr}(F_{\rho\sigma}F_{\alpha\beta})\\&+2g^{\mu\rho}\mathrm{tr}(D_\rho\phi D_\nu\phi)-\delta^\mu_\nu g^{\rho\sigma}\mathrm{tr}(D_\rho\phi D_\sigma\phi)\\&+2g^{\mu\rho}(D_\rho H)^+(D_\nu H)-\delta^\mu_\nu g^{\rho\sigma}(D_\rho H)^+(D_\sigma H)+\delta^\mu_\nu V(\phi,H).\end{aligned}\tag{3.6.2}$$

从 (3.6.1) 式可求出关于 A_μ, $g^{\mu\nu}$, ϕ,H 的运动方程如下:

$$\begin{cases}R^{\mu\nu}-1/2g^{\mu\nu}R=\delta\pi GT^{\mu\nu},\\(\sqrt{-g})^{-1}D_\nu(\sqrt{-g}g^{\mu\rho}g^{\nu\sigma}F_{\rho\sigma})=-\mathrm{i}g'g^{\mu\nu}[\phi,D_\nu\phi]\\\qquad\qquad-\mathrm{i}g'g^{\mu\nu}\lambda^a(H^+\lambda^aD_\nu H-(D_\nu H)^+\lambda^\alpha H),\\(\sqrt{-g})^{-1}D_\mu(\sqrt{-g}g^{\mu\nu}D_\nu\phi)=-\dfrac{1}{2}\dfrac{\partial V(\phi,H)}{\partial\phi},\\(\sqrt{-g})^{-1}D_\mu(\sqrt{-g}g^{\mu\nu}D_\nu H)=-\dfrac{\partial V(\phi,H)}{\partial H^+}.\end{cases}\tag{3.6.3}$$

具有球对称性的最一般的静态度规可表示为

$$g_{\mu\nu} = \mathrm{diag}(\mathrm{e}^A, -\mathrm{e}^B, -r^2, -r^2\sin^2\theta).$$

这里 $\mu,\nu = t, r, \theta, \varphi, A$ 和 B 仅仅是 r 的函数. 为了求得球对称解, 对 A_ν, ϕ, H, 假定

$$\begin{cases} H(r) = \dfrac{1}{g'}\ \mathrm{Col.}(0,0,0,0,h(r)), \\ \phi(r) = \dfrac{1}{g'}\mathrm{diag}(\phi_1(r), \phi_1(r), \phi_2(r) \\ \qquad +\phi_3(r)\hat{r}\cdot\tau, -2(\phi_1(r)+\phi_2 2(r))), \\ A_l(r) = \dfrac{1}{g'}\mathrm{diag}\Big(J_1(r), J_1(r), J_2(r) + \dfrac{1}{2}J_3(r)\hat{r}\cdot\tau, \\ \qquad -2(J_1(r)+J_2(r))\Big), \\ A_i(r) = \dfrac{K(r)-1}{g'r}.(\boldsymbol{T}\times\hat{\boldsymbol{r}})_i, \\ T = \dfrac{1}{2}\mathrm{diag}(0,0,\tau,0), \quad \hat{\boldsymbol{r}} = \dfrac{\boldsymbol{r}}{|\boldsymbol{r}|}. \end{cases} \tag{3.6.4}$$

上述形式是球对称且拓扑稳定的. 这里球对称定义为 $\boldsymbol{L}\times\boldsymbol{T}$ 的不变性 $(L = \mathrm{i}\boldsymbol{r}\times\nabla)$.

利用上述假定, 耦合 EYMH 方程 (3.6.3) 简化为下面的径向方程:

$$\begin{cases} \mathrm{e}^{-B}(rB'-1)/r^2 + 1/r^2 = 8\pi G T_t^t, \\ -\mathrm{e}^{-B}(rA'+1)/r^2 + 1/r^2 = 8\pi G T_r^r, \\ -\dfrac{1}{2}\mathrm{e}^{-B}\left[A'' + \dfrac{1}{2}A'^2 - \dfrac{1}{2}A'B' + (A-B)'/r\right] = 8\pi G T_\theta^\theta = 8\pi G T_\varphi^\varphi, \\ (rJ_1)'' - \dfrac{1}{2}r(A+B)'J_1' + \dfrac{2}{5}r\mathrm{e}^B(J_1+J_2)h^2 = 0, \\ (rJ_2)'' - \dfrac{1}{2}r(A+B)'J_2' + \dfrac{2}{5}r\mathrm{e}^B(J_1+J_2)h^2 = 0, \\ (rJ_3)'' - \dfrac{1}{2}r(A+B)'J_3' + \dfrac{2}{5}r\mathrm{e}^B(J_1+J_2)h^2 - 2\mathrm{e}^B J_3 K^2/r = 0, \\ K'' + \dfrac{1}{2}(A-B)'K' - \mathrm{e}^B K(K^2 - 1 + 4r^2\phi_3^2 - \mathrm{e}^{-A}(rJ_3)^2)/r^2 = 0 \\ (r\phi_1)'' + \dfrac{1}{2}r(A-B)'\phi_1' = -\dfrac{1}{2}g'^2 r\mathrm{e}^B\dfrac{\partial V}{\partial\phi_1}, \\ (r\phi_2)'' + \dfrac{1}{2}r(A-B)'\phi_2' = -\dfrac{1}{2}g'^2 r\mathrm{e}^B\dfrac{\partial V}{\partial\phi_2}, \\ (r\phi_3)'' + \dfrac{1}{2}r(A-B)'\phi_3' - 2\mathrm{e}^B K^2\phi_3/r^2 = \dfrac{1}{2}g'^2 r\mathrm{e}^B\dfrac{\partial V}{\partial\phi_3}, \\ (rh)'' + \dfrac{1}{2}r(A-B)'h_3' + 4r\mathrm{e}^{B-A}(J_1+J_2)^2 h = -rg'^2\mathrm{e}^B\dfrac{\partial V}{\partial h}. \end{cases} \tag{3.6.5}$$

能–动张量则成为

$$\begin{cases} T_t^t = \dfrac{1}{g'^2}\{\mathrm{e}^{-A-B}[2J_1'^2 + 4(J_1' + J_2')^2 + 2J_2'^2 + J_3'^2/2] \\ \quad +\mathrm{e}^{-B}K'^2/r^2 + \mathrm{e}^{-A}J_3^2K^2/r^2 \\ \quad +(K^2-1)^2/2r^4 + \mathrm{e}^{-B}[2\phi_1'^2 + 4(\phi_1' + \phi_2')^2 \\ \quad +2\phi_2'^2 + 2\phi_3'^2] + 4\phi_3^2K^2/r^2 \\ \quad +4\mathrm{e}^{-A}(J_1+J_2)^2h^2 + h'^2/r^2 + g'^2V(\phi, H)\}, \\ T_r^r = \dfrac{1}{g'^2}\{\mathrm{e}^{-A-B}[2J_1'^2 + 4(J_1' + J_2')^2 + 2J_2'^2 + J_3'^2/2] \\ \quad -\mathrm{e}^{-B}K'^2/r^2 + \mathrm{e}^{-A}J_3^2K^2/r^2 + (K^2-1)^2/2r^4 \\ \quad -\mathrm{e}^{-B}[2\phi_1'^2 + 4(\phi_1' + \phi_2')^2 + 2\phi_2'^2 + 2\phi_3'^2] + 4\phi_3^2K^2/r^2 \\ \quad -4\mathrm{e}^{-A}(J_1+J_2)^2h^2 - h'^2/r^2 + g'^2V(\phi, H)\}, \\ T_\theta^\theta = \dfrac{1}{g'^2}\{\mathrm{e}^{-A-B}[2J_1'^2 + 4(J_1' + J_2')^2 + 2J_2'^2 + J_3'^2/2] \\ \quad +\mathrm{e}^{-B}[2\phi'^2 + 4(\phi_1' + \phi_2')^2 + 2\phi_2'^2 + 2\phi_3'^2] \\ \quad -(K^2-1)^2/2r^4 - 4\mathrm{e}^{-A}(J_1+J_2)^2h^2 \\ \quad +h'^2/r^2 + g'^2(V\phi, H)\} = T_\varphi^\varphi. \end{cases} \tag{3.6.6}$$

从方程组 (3.6.5) 的第一和第二两个方程, 可以导出

$$\begin{aligned} \frac{\mathrm{e}^{-B}}{r}\cdot(A+B)' = 8\pi G(T_t^t - T_r^r) \\ &= \frac{16\pi G}{g'^2}[\mathrm{e}^{-B}\{2(\phi_1')^2 + 4(\phi_1' + \phi_2')^2 \\ &\quad + 2(\phi_2')^2 + 2\phi_3'^2\} + \mathrm{e}^{-A}J_3^2K^2/r^2 \\ &\quad + \mathrm{e}^{-B}K'^2/r^2 + h'^2/r^2 + 4\mathrm{e}^{-A}(J_1+J_2)^2h^2] \geqslant 0. \end{aligned} \tag{3.6.7}$$

我们将寻求运动方程的静态球对称解, 故要求 $T_t^t = T_r^r$. 利用 (3.6.7) 式, 有

$$\begin{cases} A + B = C(\text{常数}), \quad \phi_i' = 0,\ i = 1,2,3, \\ h' = 0, \quad K' = 0, \quad J_3K = 0, \quad (J_1+J_2)h = 0. \end{cases} \tag{3.6.8}$$

在下面的讨论中, 将令常数 C 等于零. 这样得到的度规是渐近平直的. 利用 (3.6.8) 式及无穷远处 Higgs 场趋于其真空平均值这一边界条件和 J_i, K 所满足的运动方程, 得到

$$\phi_1 = \sqrt{\frac{1}{15}}\nu g', \quad \phi_2 = -\frac{1}{4\sqrt{15}}\nu g', \quad \phi_3 = \frac{5}{4\sqrt{15}}\nu g',$$

$$h = \omega g', \quad J_1 + J_2 = 0, \quad K = 0.$$

$$J_i = \begin{cases} 0, \\ b_i/r + c_i, \quad \text{且 } b_1 = -b_2,\ c_1 = -c_2. \end{cases} \tag{3.6.9}$$

这里 b_i, c_i 是积分常数. 注意 $J_i = 0$ 的情形对应磁单极解, 而 $J_i \neq 0$ 的情形则与所谓双荷解相对应. 把以上结果代入 (3.6.2) 式便有

$$T_t^t = T_r^r = -T_\theta^\theta = -T_\varphi^\varphi = \frac{1 + 4b_1^2 + 4b_2^2 + b_3^2}{2g'^2 r^4}. \tag{3.6.10}$$

求解关于 A, B 的方程, 可得

$$\mathrm{e}^A = \mathrm{e}^{-B} = 1 - \frac{2GM}{r} + \frac{4\pi G(1 + 4b_1^2 + 4b_2^2 + b_3^2)}{g'^2 r^2}. \tag{3.6.11}$$

这里 M 是积分常数, 它代表本文所求得解的质量.

由于这里所得度规是渐近平直的, 因而, 可利用相应场在无穷远处球面上的积分来求场方程解所具有的电荷、磁荷和色荷. 电磁场强度可以定义为

$$F'_{\mu\nu} \equiv \frac{2}{g'}\mathrm{tr}(F_{\mu\nu}(r)Q(r)). \tag{3.6.12}$$

这里电荷算子 $Q(r) \underset{r\to 0}{\sim} \to \mathrm{ediag}(-1/3,\ -1/3,\ 1/3 - 2\hat{r}/3 \cdot \tau,\ 0)$. 而通常的电场强度 $E(r)$ 和磁场强度 $B(r)$ 由下式给出:

$$\begin{aligned} E_i(\boldsymbol{r}) &\equiv F'_{0i}(r) = \frac{2}{g'}\mathrm{tr}(F_{0i}(\boldsymbol{r})Q(\boldsymbol{r})), \\ B_i(\boldsymbol{r}) &\equiv \frac{1}{g'}\mathrm{tr}(\varepsilon_{ijk}F_{jk}(\boldsymbol{r})Q(\boldsymbol{r})). \end{aligned} \tag{3.6.13}$$

从 (3.6.4) 和 (3.6.9) 式, 可以求得

$$\begin{cases} F_{ij}(\boldsymbol{r}) = -\dfrac{2}{g'r^2}T_a(\varepsilon_{jab}\hat{r}_b\hat{\boldsymbol{r}}_i - \varepsilon_{iab}\hat{r}_b\hat{\boldsymbol{r}}_j - \varepsilon_{ija}) \\ \qquad\qquad -\dfrac{1}{g'r^2}\varepsilon_{ijb}\hat{r}_b\hat{\boldsymbol{r}}\cdot\boldsymbol{T}, \\ F_{0i}(\boldsymbol{r}) = \dfrac{\hat{r}_i}{g'r^2}\mathrm{diag}\left(b_1, b_1, b_2 + \dfrac{b_3}{2}\hat{\boldsymbol{r}}\cdot\boldsymbol{\tau}, 0\right). \end{cases} \tag{3.6.14}$$

这样

$$\boldsymbol{B}(\boldsymbol{r}) \underset{r\to\infty}{\sim} \frac{\hat{r}}{2\mathrm{e}r^2}, \quad \boldsymbol{E}(\boldsymbol{r}) \underset{r\to\infty}{\sim} \frac{-b_1 + b_2 - b_3}{2\mathrm{e}} \cdot \frac{\hat{r}}{r^2}. \tag{3.6.15}$$

而对 $\mathrm{SU}(3)_c$. 色电场 $\boldsymbol{E}^a(\boldsymbol{r})$ 和色磁场 $\boldsymbol{B}^a(\boldsymbol{r})$, 有

$$\begin{cases} \boldsymbol{E}_i^a(\boldsymbol{r}) \equiv 2\boldsymbol{T}_r(\boldsymbol{F}_{0i}(\boldsymbol{r})\lambda^a(\boldsymbol{r})) \underset{r\to\infty}{\sim} \dfrac{4\pi(4b_1 - b_3)}{\sqrt{8}\mathrm{e}}\dfrac{\hat{\boldsymbol{r}}}{4\pi\boldsymbol{r}^2}\delta^{a^8}, \\ \lambda^a \text{是 Gell-Mann 矩阵}, \quad a = 1, \cdots, 8, \\ \boldsymbol{B}_i^a(\boldsymbol{r}) \equiv T_r(\varepsilon_{ijk}F_{ij}(\boldsymbol{r})\lambda^a(\boldsymbol{r})) \underset{r\to\infty}{\sim} \dfrac{1}{\sqrt{3}}\dfrac{\hat{\boldsymbol{r}}}{g'r^2}\delta^{a^8}. \end{cases} \tag{3.6.16}$$

从上述结果可以看出, 场方程解所具有的电荷 Q、磁荷 P 和 QCD 色荷 C^a 分别是

$$\begin{aligned} Q &= \frac{4\pi(-b_1+b_2-b_3)}{2\mathrm{e}}, \quad P = \frac{4\pi}{2\mathrm{e}}, \\ C^a &= \frac{4\pi(4b_1-b_3)}{\sqrt{8}\mathrm{e}}\delta^{a^8}. \end{aligned} \tag{3.6.17}$$

因此, 所得度规便可表示为

$$\begin{aligned} \mathrm{d}S^2 = & \left(1 - \frac{2GM}{r} + \frac{3G}{8\pi r^2}\left(P^2 + \frac{2}{3}(Q^2 + (C^8)^2)\right)\right)\mathrm{d}t^2 \\ & - \left(1 - \frac{2GM}{r} + \frac{3G}{8\pi r^2}\left(P^2 + \frac{2}{3}(Q^2 + C^8)^2)\right)\right)^{-1}\mathrm{d}r^2 \\ & - r^2(\mathrm{d}\theta^2 + \sin^2\theta\mathrm{d}\varphi^2). \end{aligned} \tag{3.6.18}$$

从度规表达式 (3.6.18) 容易证明, 存在如下事件视界:

$$r_H = GM \pm \sqrt{(GM)^2 - \frac{3G}{8\pi}\left(P^2 + \frac{2}{3}(Q^2 + (C^8)^2)\right)}. \tag{3.6.19}$$

因此, 如果

$$\frac{3G}{8\pi}\left(P^2 + \frac{2}{3}(Q^2 + (C^8)^2)\right) \leqslant (GM)^2, \tag{3.6.20}$$

则我们所得的解就代表一个黑洞, 它除了带有通常的电荷和磁荷外, 还带有 $\mathrm{SU}(3)_c$ 色荷.

下面我们给出耦合 EYMH 方程组 (3.6.3) 的一个稳态轴对称解. 对于稳态轴对称情形, 时空度规可表示为如下形式:

$$\mathrm{d}S^2 = X\mathrm{d}t^2 - Y\mathrm{d}r^2 - Z\mathrm{d}\theta^2 - V\mathrm{d}\varphi^2 - 2W\mathrm{d}t\mathrm{d}\varphi. \tag{3.6.21}$$

这里 X, Y, Z, V, W, 只是 r, θ 的函数. 为了寻求场方程的稳态轴对称解, 将球对称的 Dokos Tomaras 假定推广为如下的轴对称形式:

$$\begin{aligned} & A_0(r,\theta) = \frac{1}{g'\Sigma}\mathrm{diag}\left(B_1, B_1, B_2 + \frac{\hat{\boldsymbol{r}}\cdot\boldsymbol{\tau}}{2}B_3, -2(B_1+B_2)\right), \\ & A_r = 0, \quad A_\theta(r,\theta) = \frac{C}{g'\Sigma}(\boldsymbol{T}\times\boldsymbol{R})_\theta, \\ & A_\varphi(r,\theta) = \frac{D}{g'\Sigma}(\boldsymbol{T}\times\boldsymbol{R})_\varphi, \\ & \phi(r,\theta) = \frac{1}{g'\Sigma}\mathrm{diag}(F_1, F_1, F_2 + F_3\hat{\boldsymbol{r}}\cdot\boldsymbol{\tau}, -2(F_1+F_2)), \\ & H(r,\theta) = \frac{1}{g'}\mathrm{Col}(0,0,0,0,/(r,\theta)), \end{aligned} \tag{3.6.22}$$

其中

$$
\begin{aligned}
&T=1/2\mathrm{diag}(0,0,\tau,0),\quad \hat{\boldsymbol{r}}=\frac{\boldsymbol{r}}{|\boldsymbol{r}|},\\
&R=\sin\theta\cos\varphi\boldsymbol{e}_x+\sin\theta\sin\varphi\boldsymbol{e}_y+E(r,\theta)\cos\theta\boldsymbol{e}_z,\\
&\Sigma=r+a^2\cos^2\theta.
\end{aligned}
$$

B_i,C,D,E,F_i,I 均是 r,θ 的函数. 显然, 当转动参数 $a=0$ 时, (3.6.22) 式应回到 (3.6.4) 式, 故应有

$$
\begin{cases}
B_i/\Sigma=J_i(r),\quad \Sigma^{-1}C=(K(r)-1)r^{-1},\\
D/\Sigma=(K(r)-1)/r,\quad a=0.\\
E=1,\quad F_i/\Sigma=\phi_i(r),\quad I=h(r).
\end{cases}
\tag{3.6.23}
$$

对于 $a\neq 0$, 即轴对称情形, 将 (3.6.21) 和 (3.6.22) 代入耦合 EYMH 方程组 (3.6.3), 我们很幸运地找到了场方程的一个严格解如下:

$$
\begin{cases}
B_1=b_1r=-B_2=b_2r,\quad B_3=b_3r-a\cos\theta,\\
C=-\dfrac{\Sigma}{r}\cdot\dfrac{1}{\sin^2\theta+E\cos^2\theta},\\
D=-(r+b_3a\cos\theta),\quad E=\dfrac{r^2+a^2-b_3ra\sin\theta\tan\theta}{r_2+b_3ra\cos\theta},\\
F_1=\sqrt{\dfrac{1}{15}}\nu g'\Sigma,\quad F_2=-\dfrac{1}{4\sqrt{15}}\nu g'\Sigma,\\
F_3=\dfrac{5}{4\sqrt{15}}\nu g'\Sigma,\quad I=\omega g',
\end{cases}
\tag{3.6.24}
$$

及

$$
\begin{cases}
X=1-\dfrac{G}{\Sigma}\left[2Mr-\dfrac{3}{8\pi}\left(P^2+\dfrac{2}{3}(Q^2+(C^8)^2)\right)\right],\\
Y=\Sigma/\Delta,\quad Z=\Sigma,\\
V=\left\{r^2+a^2+\dfrac{G}{\Sigma}\left[2Mr-\dfrac{3}{8\pi}\times\left(P^2+\dfrac{2}{3}(Q^2+(C^8)^2)\right)\right]a\sin^2\theta\right\}\sin^2\theta,\\
W=-\dfrac{G}{\Sigma}\left[2Mr-\dfrac{3}{8\pi}\left(P^2+\dfrac{2}{3}(Q^2+(C^8)^2)\right)\right]a\sin^2\theta,\\
\Delta=r^2+a^2-G\left[2Mr-\dfrac{3}{8\pi}\left(P^2+\dfrac{2}{3}(Q^2+(C^8)^2)\right)\right],
\end{cases}
\tag{3.6.25}
$$

其中, b_i 是积分常数, P,Q,C^8 的值由 (3.6.17) 式给出. 可以看出, M 代表质量, a 代表单位质量的角动量. 至于 P,Q,C^8, 利用与上节同样的分析方法, 即可得出它们分别代表磁荷、电荷和 $\mathrm{SU}(3)_c$ 色荷.

从度规表达式 (3.6.25), 可以证明存在如下事件视界:

$$r_H^{\pm} = GM \pm \left[(GM)^2 - a^2 - \frac{3G}{8\pi}\left(P^2 + \frac{2}{3}(Q^2 + (C^8)^2)\right)\right]^{1/2}. \tag{3.6.26}$$

因此, 若

$$a^2 + \frac{3G}{8\pi}\left(P^2 + \frac{2}{3}(Q^2 + (C^8)^2)\right) \leqslant (GM)^2, \tag{3.6.27}$$

则本节所给出的解就代表一个具有电荷、磁荷及 $SU(3)_c$ 色荷的旋转黑洞. 进一步, 在条件 (3.6.27) 下, 可求出黑洞的无限红移面为

$$r_{\pm}^{\infty} = GM \pm \left[(GM)^2 - a^2\cos^2\theta - \frac{3G}{8\pi}\left(P^2 + \frac{2}{3}(Q^2 + (C^8)^2)\right)\right]^{1/2}. \tag{3.6.28}$$

注意　利用度规表达式 (3.6.21), (3.6.24) 和 (3.6.25), 可计算出 Einstein 张量 $E_\nu^\mu \equiv R_\nu^\mu - \dfrac{1}{2}\delta_\nu^\mu R$ 的非零分量为

$$\begin{aligned}
E_t^t =& \frac{1}{4Y\rho}\left[2X\partial_r^2 V + \partial_r V\partial_r X + 2W\partial_r^2 W + (\partial_r W)^2 - (X\partial_r V + W\partial_r W)\partial_r\left(\mathrm{In}\frac{\rho Y}{Z}\right)\right] \\
&+ \frac{1}{4Z\rho}\left[2X\partial_\theta^2 V + \partial_\theta V\partial_\theta X + 2W\partial_\theta^2 W + (\partial_\theta W)^2 - (X\partial_\theta V + W\partial_\theta W)\partial_\theta\left(\ln\frac{\rho z}{Y}\right)\right] \\
&+ \frac{1}{4YZ}[2\partial_r^2 Z + 2\partial_\theta^2 Y - \partial_r Z\partial_r(\ln YZ) - \partial_\theta Y\partial_\theta(\ln YZ)], \\
E_\varphi^t =& -\frac{1}{4Y\rho}\left[2\partial_r(W\partial_r V - V\partial_r W) - (W\partial_r V - V\partial_r W)\partial_r\left(\ln\frac{\rho Y}{Z}\right)\right] \\
&- \frac{1}{4Z\rho}\left[2\partial_\theta(W\partial_\theta V - V\partial_\theta W) - (W\partial_\theta V - V\partial_\theta W)\partial_\theta\left(\ln\frac{\rho Z}{Y}\right)\right], \\
E_r^r =& \frac{1}{4Y\rho}[\partial_r\rho\partial_r(\ln Z) + \partial_r Z\partial_r V + (\partial_r W)^2] \\
&+ \frac{1}{4Z\rho}[2\partial_\theta^2\rho - \partial_\theta\rho\partial_\theta(\ln\rho Z) - \partial_\theta X\partial_\theta V - (\partial_\theta W)^2], \\
E_\theta^r =& -\frac{1}{4Y\rho}[2\partial_r\partial_\theta\rho - \partial_r\rho\partial_\theta(\ln\rho Y) - \partial_r(\ln Z)\partial_\theta\rho \\
&- (\partial_r X\partial_\theta V + \partial_\theta X\partial_r V + \partial_r W\partial_\theta W)], \\
E_\theta^\theta =& \frac{1}{4Y\rho}[2\partial_r^2\rho - \partial_r\rho\partial_r(\mathrm{In}\rho Y) - \partial_r X\partial_r V - (\partial_r W)^2] \\
&+ \frac{1}{4Z\rho}[\partial_\theta\rho\partial_\theta(\ln Y) + \partial_\theta X\partial_\theta V + (\partial_\theta W)^2], \\
E_\varphi^\varphi =& \frac{1}{4Y\rho}\left[2V\partial_r^2 X + \partial_r X\partial_r V + 2W\partial_r^2 W + (\partial_r W)^2\right. \\
&\left.- (V\partial_r X + W\partial_r W)\partial_r\left(\ln\frac{\rho Y}{Z}\right)\right]
\end{aligned}$$

$$
\begin{aligned}
&+\frac{1}{4Z\rho}\left[2V\partial_\theta^2X+\partial_\theta X\partial_\theta V+2W\partial_\theta^2W+(\partial_\theta W)^2\right.\\
&\left.-(V\partial_\theta X+W\partial_\theta W)\partial_\theta\left(\ln\frac{\rho Y}{Z}\right)\right]+\frac{1}{4YZ}[2\partial_r^2Z+2\partial_\theta^2Y\\
&-\partial_rZ\partial_r(\ln YZ)-\partial_\theta Y\partial_\theta\ln(YZ)],
\end{aligned}
$$

这里 $\rho=XV+W^2$, $\sqrt{-g}=(\rho YZ)^{1/2}$. 从 (3.6.22) 和 (3.6.24), 经过冗长的计算, 有

$$
\begin{aligned}
&F_{tr}=\frac{1}{g'\varSigma^2}\mathrm{diag}(\varGamma_1,\varGamma_1,\varGamma_2+\varGamma_3\hat{r}\cdot\tau/2,-2(\varGamma_1+\varGamma_2)),\\
&F_{t\theta}=\frac{a\sin\theta}{g'\varSigma^2}\mathrm{diag}(\varLambda_1,\varLambda_1,\varLambda_2+\varLambda_3\hat{r}\cdot\tau/2,0),\quad F_{t\varphi}=0,\\
&F_{\theta\varphi}=\frac{1}{g'\varSigma^2}\mathrm{diag}(0,0,\varLambda_3(r^2+a^2)\sin\theta\hat{r}\cdot\tau/2,0),\\
&F_{\varphi r}=\frac{1}{g'\varSigma^2}\mathrm{daig}(0,0,-\varGamma_3a\sin^2\theta\hat{r}\cdot\tau/2,0)\quad F_{r\theta}=0,\\
&D_\mu\phi=0,\quad \mu=t,r,\theta,\varphi,\quad D_\mu H=0,\quad \mu=t,r,\theta,\varphi,
\end{aligned}
$$

(在推导 $D_\mu H=0$ 时, 利用了关系 $B_1=-B_2$,) 其中

$$
\begin{aligned}
&\varGamma_1=b_1(r^2-a^2\cos^2\theta),\quad \varGamma_2=b_2(r^2-a^2\cos^2\theta),\\
&\varGamma_3=-2ra\cos\theta+b_3(r^2-a^2\cos^2\theta),\\
&(B_1=-B_2\Rightarrow b_1=-b_2\Rightarrow \varGamma_1+\varGamma_2=0),\\
&\varLambda_1=-2b_1ra\cos\theta,\quad \varLambda_2=-2b_2ra\cos\theta,\\
&\varLambda_3=-2b_3ra\cos\theta-(r^2-a^2\cos^2\theta)\\
&(B_1=-B_2\Rightarrow b_1=-b_2\Rightarrow \varLambda_1+\varLambda_2=0).
\end{aligned}
$$

为了得到能–动张量的明显表达式, 将用到逆变度规张量 $g^{\mu\nu}$. 按照 (3.6.21), 它们可写为

$$
\begin{aligned}
&g^{tt}=\frac{V}{\rho},\quad g^{rr}=-\frac{1}{Y},\quad g^{\theta\theta}=-\frac{1}{Z},\\
&g^{\varphi\varphi}=\frac{X}{\rho},\quad g^{t\varphi}=-\frac{W}{\rho},\quad \rho=XV+W^2.
\end{aligned}
$$

将上述式子代入 (3.6.2), 可求得能量–动量张量的非零分量为

$$
T_t^t=\frac{3}{64\pi^2}\left(P^2+\frac{2}{3}(Q^2+(C^8)^2)\right)\cdot\frac{1}{\varSigma^3}(r^2+a^2(1+\sin^2\theta))=-T_\varphi^\varphi,
$$

$$
\begin{aligned}
T_{\varphi}^{t} &= -\frac{3}{32\pi^2}\left(P^2+\frac{2}{3}(Q^2+(C^8)^2)\right)\cdot\frac{1}{\Sigma^3}(r^2+a^2)a\sin^2\theta,\\
T_{t}^{\varphi} &= \frac{3}{32\pi^2}\left(P^2+\frac{2}{3}(Q^2+(C^8)^2)\right)\cdot\frac{a}{\Sigma^3},\\
T_{r}^{r} &= \frac{3}{64\pi^2}\left(P^2+\frac{2}{3}(Q^2+(C^8)^2)\right)\cdot\frac{a}{\Sigma^3}=-T_{\theta}^{\theta}.
\end{aligned}
$$

利用前面所给出的一系列结果, 经验证 (3.6.24) 和 (3.6.25) 式的确是耦合 EYMH 方程组 (3.6.3) 的一个严格解.

第 4 章　经典黑洞热力学

1973 年, Bekenstein 指出, 可以在黑洞物理学中引入热力学概念 —— 黑洞也具有温度和熵. 黑洞的熵是以它的面积表征的. 与此相联系, 我们首先讨论黑洞物理学中最重要的一个定理.

4.1　经典黑洞的面积不减定理

经典 Schwarzschild 黑洞的面积唯一地取决于质量, 而经典 Schwarzschild 黑洞的质量不可能减少, 所以它的面积不减是不言而喻的. 一般黑洞没有这么简单, 面积不减这一结论是需要证明的.

面积不减定理的一般证明是霍金于 1972 年给出的.

Penrose 于 1968 年给出一定理, 其内容是: 黑洞的视界以零短程线为其母线 (generator) ; 沿着逆时间方向母线可能在视界上的某一焦散点 (caustic) 离开视界而进入外部空间, 顺着时间方向母线一旦进入视界将不会再离开视界, 而且母线永不相交叉; 母线通过视界上任一点 (焦散点除外) 有一条且仅有一条. 此定理的证明如下.

过视界上任一点都只有一条零短程线. 如果有两条零短程线在视界上一点处相交, 则过此点的局部光锥一定要与视界相交, 这显然是不可能的. 这表明, 视界以零短程线为母线, 且母线在视界上永不相交.

如果沿着顺时针方向, 母线在视界上一点离开视界, 则沿此母线上的点的逆时方向, 母线的切矢量就是该点过去局部光锥与视界的切矢量. 又沿这一母线的顺时针方向, 母线只能在该点的未来局部光锥面上, 由于零短程线在该点的切矢量是唯一的, 故沿顺时针方向, 该点的母线就是未来局部光锥与视界的切线. 这就证明了, 一旦母线进入视界就将永不离开视界.

我们认为光波的波长足够短, 以至于在局部时空中可以把它看作平面波. 这样, 光的传播便遵守几何光学的基本定律.

定义波矢量

$$\kappa_\mu = \frac{\partial\theta}{\partial x^\mu}, \quad \theta\text{为等位相面},$$

可以证明

$$\kappa_{\nu;\mu}\kappa^\mu = 0. \tag{4.1.1}$$

实际上, 我们有

$$\begin{aligned}\frac{\mathrm{D}\kappa_\mu}{\mathrm{d}\lambda} &= \frac{\mathrm{d}\kappa_\mu}{\mathrm{d}\lambda} + \Gamma^\nu_{\mu\rho}\kappa_\nu U^\rho = \frac{\partial\kappa_\mu \mathrm{d}x^\rho}{\partial x^\rho \mathrm{d}\lambda} + \Gamma^\nu_{\mu\rho}\kappa_\nu U^\rho \\ &= \left(\frac{\partial\kappa_\mu}{\partial x^\rho} + \Gamma^\mu_{\mu\rho}\kappa_\nu\right)U^\rho = \kappa_{\mu;\rho}U^\rho = 0, \quad U^\rho \sim \kappa^\rho.\end{aligned}$$

矢势可以展开为

$$A_\mu = (a_\mu + \varepsilon b_\mu + \varepsilon^2 c_\mu + \cdots)\mathrm{e}^{\mathrm{i}\theta(x,t)/\varepsilon}, \tag{4.1.2}$$

其中

$$\theta = \kappa_\mu x^\mu,$$

$\varepsilon \sim \dfrac{\lambda}{L}$, $\lambda \equiv \dfrac{\lambda}{2\pi}$, $\lambda \ll L$, L 即几何光学适用的空间线度. 由广义相对论真空麦克斯韦方程

$$\begin{aligned}&F_{\mu\nu} = A_{\nu;\mu} - A_{\mu;\nu}, \\ &F^{\mu\nu}_{;\nu} = 0, \\ &A^\mu_{;\mu} = 0,\end{aligned} \tag{4.1.3}$$

可以导出

$$-A^{\mu\nu}_{;\nu} + R^\mu_\nu A^\nu = 0. \tag{4.1.4}$$

实际上

$$F^{\mu\nu}_{;\nu} = g^{\mu\lambda}g^{\nu\rho}F_{\lambda\rho;\nu} = g^{\mu\lambda}g^{\nu\rho}(A_{\lambda,\rho} - A_{\rho,\lambda})_{;\nu} = A^{\mu\nu}_{;\nu} - A^{\nu\mu}_{;\nu} = 0.$$

而

$$\begin{aligned}A^{\nu\mu}_{;\nu} &= g^{\mu\lambda}g^{\nu\rho}A_{\rho;\lambda\nu} = g^{\mu\lambda}g^{\nu\rho}(-R^{\alpha\cdots}_{\rho\lambda\nu}A_\alpha + A_{\rho;\nu\lambda}) \\ &= -R^{\alpha\nu\mu}_{\cdots\nu}A_\alpha + A^{\nu\mu}_{;\nu} = -R^{\alpha\nu\mu}_{\cdots\nu}A_\alpha.\end{aligned}$$

此即 (4.1.4) 式. 由 (4.1.2) 式可以得到

$$\begin{aligned}A^\mu_{;\nu} &= \left[(a^\mu + \varepsilon b^\mu + \cdots)_{;\nu} + \frac{\mathrm{i}}{\varepsilon}\kappa_\nu(a^\mu + \varepsilon b^\mu + \cdots)\right]\mathrm{e}^{\mathrm{i}\theta/\varepsilon}, \\ -A^{\mu\nu}_{;\nu} + R^\mu_\nu A^\nu &= \left[\frac{1}{\varepsilon^2}\kappa^\nu\kappa_\nu(a^\mu + \varepsilon b^\mu + \cdots)\right. \\ &-2\frac{\mathrm{i}}{\varepsilon}\kappa^\nu(a^\mu + \varepsilon b^\mu + \cdots)_{;\nu} - \frac{\mathrm{i}}{\varepsilon}\kappa^\nu_{;\nu}(a^\mu + \varepsilon b^\mu + \cdots) \\ &\left.-(a^\mu + \varepsilon b^\mu + \cdots)^\nu_{;\nu} + R^\mu_\nu(a^\nu + \varepsilon b^\nu + \cdots)\right]\mathrm{e}^{\mathrm{i}\theta/\varepsilon} = 0.\end{aligned}$$

合并同阶项, 令其为零, 得到

$$\left(\frac{1}{\varepsilon^2}\right),\quad \kappa^\nu\kappa_\nu a^\mu = 0 \quad \text{或} \quad \kappa_\nu\kappa^\nu = 0,$$

此式表明波矢量为零矢量

$$\left(\frac{1}{\varepsilon}\right),\quad \kappa^\nu\kappa_\nu b^\mu - 2\mathrm{i}\left(\kappa^\nu a^\mu_{;\nu} + \frac{1}{2}\kappa^\nu_{;\nu}a^\mu\right) = 0.$$

于是得到矢量振幅的传播方程

$$a^\mu_{;\nu}\kappa^\nu + \frac{1}{2}\kappa^\nu_{;\nu}a^\mu = 0. \tag{4.1.5}$$

对标量振幅的传播方程而言, 先引入

$$a_\mu = af_\mu,$$

f_μ 是单位极化矢量且 $f_\mu \cdot f^\mu = 1$. 则

$$\begin{aligned} 2a\kappa^\mu a_{;\mu} &= \kappa^\mu a^2_{;\mu} = \kappa^\mu(a_\nu a^\nu)_{;\mu} = \kappa^\mu a_{\nu;\mu}a^\nu + \kappa^\mu a_\nu a^\nu_{;\mu} \\ &= 2\kappa^\mu a^\nu_{;\mu}a_\nu = -\kappa^\mu_{;\mu}a^\nu a_\nu = -a^2\kappa^\mu_{;\mu}, \end{aligned}$$

故得标量振幅的传播方程为

$$\kappa^\mu a_{;\mu} = -\frac{1}{2}a\kappa^\mu_{;\mu}. \tag{4.1.6}$$

我们可以把上式写成一个微分守恒定律

$$\kappa^\mu a^2_{;\mu} + a^2\kappa^\mu_{;\mu} = 0,$$

即

$$(a^2\kappa^\mu)_{;\mu} = 0.$$

取如图 5-13 所示的光束超曲面, 应用高斯定理, 有

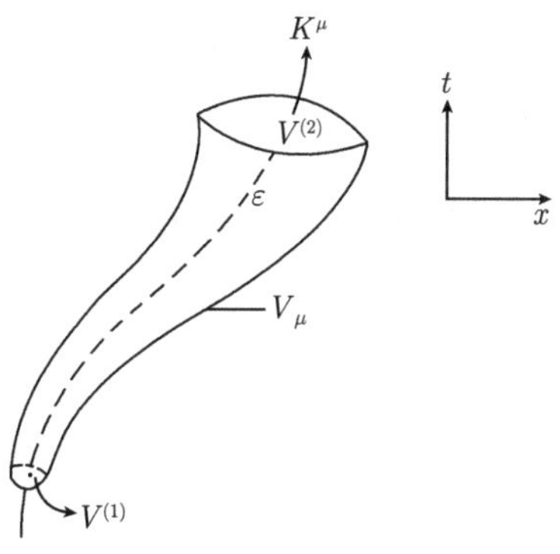

图 5-13

$$\int_{\Sigma}(a^2\kappa^\mu)_{;\mu}\mathrm{d}\Sigma = \int_V (a^2\kappa^\mu)\mathrm{d}V_\mu$$
$$= -\int_{V(1)}(a^2\kappa^\mu)\mathrm{d}V_\mu + \int_{V(2)}(a^2\kappa^\mu)\mathrm{d}V\mu = 0. \tag{4.1.7}$$

式中 Σ 是四维体积, V 是三维超曲面, 侧面与零短程线平行, 上下截面 (端面) 与零短程线垂直. 由此可以得到积分守恒量

$$\int (a^2\kappa^\mu)\mathrm{d}V_\mu = \mathrm{const.}$$

它在光的传播过程中保持不变, 这自然解释为光通量.

对于一个无穷小光束而言, 设它在 t_0 时刻的截面或等位相面为 σ, 则上述积分守恒量可改写为

$$a^2\sigma = 常数.$$

亦即

$$\frac{\mathrm{d}(a^2\sigma)}{\mathrm{d}\lambda} = (a^2\sigma)_{;\mu}\kappa^\mu = 0,$$

式中 λ 是沿某一零短程线的仿射参量.

利用 (4.1.6) 式即得在光束传播过程中, 光束截面积的变化规律

$$\kappa^\mu\sigma_{;\mu} = \kappa^\mu_{;\mu}\sigma. \tag{4.1.8}$$

最后, 我们由自由电磁场方程和 Einstein 引力场方程来推导一个重要的几何光学定理, 即光线束聚焦定理

$$\frac{\mathrm{d}^2\sigma^{1/2}}{\mathrm{d}\lambda^2} = -\left(\delta^2 + \frac{1}{2}R_{\mu\nu}\kappa^\mu\kappa^\nu\right)\sigma^{1/2}, \tag{4.1.9}$$

式中

$$\delta^2 \equiv \frac{1}{2}\kappa_{\mu;\nu}\kappa^{\nu;\mu} - \frac{1}{4}(\kappa^\mu_{;\mu})^2.$$

实际上我们有

$$\frac{\mathrm{d}\sigma^{1/2}}{\mathrm{d}\lambda} = \kappa^\mu(\sigma^{1/2})_{;\mu} = \kappa^\mu\sigma_{;\mu}\frac{1}{2}\sigma^{-1/2}$$
$$= (\kappa^\mu_{;\mu})\sigma\cdot\frac{1}{2}\sigma^{-1/2} = \frac{1}{2}(\kappa^\mu_{;\mu})\sigma^{1/2},$$
$$\frac{\mathrm{d}^2\sigma^{1/2}}{\mathrm{d}\lambda^2} = \frac{1}{2}[(\kappa^\mu_{;\mu})\sigma^{1/2}]_{;\nu}\kappa^\nu$$
$$= \frac{1}{2}[(\kappa^\mu_{;\mu})_{;\nu}\kappa^\nu\sigma^{1/2} + \kappa^\mu_{;\mu}(\sigma^{1/2})_{;\nu}\kappa^\nu]$$
$$= \frac{1}{2}\left[(\kappa^\mu_{;\mu\nu})\kappa^\nu + \frac{1}{2}(\kappa^\mu_{;\mu})^2\right]\sigma^{1/2}$$
$$= \frac{1}{2}\left[(\kappa^\mu_{;\mu\nu})\kappa^\nu - R^\mu_{\alpha\nu\mu}\kappa^\alpha\kappa^\nu + \frac{1}{2}(\kappa^\mu_{;\mu})^2\right]\sigma^{1/2}.$$

又由 $\kappa^{\mu}_{;\nu}\kappa^{\nu}=0$ 得

$$(\kappa^{\mu}_{;\nu}\kappa^{\nu})_{;\mu}=0=\kappa^{\mu}_{;\nu\mu}\kappa^{\nu}+\kappa^{\mu}_{;\nu}\kappa^{\nu}_{;\mu},$$

或

$$\kappa^{\mu}_{;\nu\mu}\kappa^{\nu}=-\kappa^{\mu}_{;\nu}\kappa^{\nu}_{;\mu},$$

以之代入上式即得 (4.1.9) 式. 现引入能量正定条件

$$T_{00}\geqslant 0.$$

在 (4.1.9) 式中 $\delta^2=\frac{1}{2}\kappa_{\mu;\nu}\kappa^{\nu;\mu}-\frac{1}{4}(\kappa^{\mu}_{;\mu})^2$ 是一个广义协变标量, 引入局部惯性系后, 可令 $\kappa_\mu=(\kappa_0,\kappa_3)$, $\kappa^\mu=(\kappa_0,-\kappa_3)$,

$$\delta^2=\frac{1}{4}(\kappa_{0,0}-\kappa_{0,3})^2\geqslant 0,$$

而

$$\begin{aligned}R_{\mu\nu}\kappa^{\mu}\kappa^{\nu}&=\left(\frac{1}{2}Rg_{\mu\nu}+\kappa T_{\mu\nu}\right)\kappa^{\mu}\kappa^{\nu}\\&=\frac{1}{2}Rg_{\mu\nu}\kappa^{\mu}\kappa^{\nu}+\kappa T_{\mu\nu}\kappa^{\mu}\kappa^{\nu}=\kappa T_{\mu\nu}\kappa^{\mu}\kappa^{\nu}.\end{aligned}$$

上述不变量在局部随动惯性系中, $T_{03}=T_{30}=0$.

$$\kappa T_{\mu\nu}\kappa^{\mu}\kappa^{\nu}=\kappa(T_{00}\kappa_0\kappa_0+T_{33}\kappa_3\kappa_3)=\kappa(T_{00}+T_{33})\kappa_0^2.$$

考虑到 $T_{00}=\rho c^2$ 是能量密度, T_{33} 是压强 p, 已知的物态均满足 $\rho c^2\gg p$, 故仅需 T_{00} 或能密度非负, 即有

$$R_{\mu\nu}\kappa^{\mu}\kappa^{\nu}\geqslant 0(\text{所谓零会聚条件}).$$

这就最后证明了

$$\frac{\mathrm{d}^2\sigma^{1/2}}{\mathrm{d}\lambda^2}\leqslant 0. \tag{4.1.10}$$

即光束截面增长率 $\frac{\mathrm{d}\sigma^{1/2}}{\mathrm{d}\lambda}$ 沿光束传播方向永不增加.

下面我们证明霍金的**面积不减定理**: 若宇宙监督原理成立, 能量正定条件成立, 则沿着时间方向, 所有黑洞的总面积永不减少.

实际上, 可以把视界上的母线分成无限多个无穷小线束, 对于任一线束有 (4.1.10) 式, 即

$$\frac{\mathrm{d}^2\sigma^{1/2}}{\mathrm{d}\lambda^2}\leqslant 0\quad 或\quad \frac{\mathrm{d}}{\mathrm{d}\lambda}\left(\frac{\mathrm{d}\sigma^{1/2}}{\mathrm{d}\lambda}\right)\leqslant 0.$$

设当 $\lambda = \lambda_0$ 时, $\left.\dfrac{\mathrm{d}\sigma^{1/2}}{\mathrm{d}\lambda}\right|_{\lambda=\lambda_0} < 0$, 在此点 $\sigma^{1/2}(\lambda)$ 曲线单调下降, 则当 $\lambda_1 > \lambda_0$ 时, 应有

$$\left.\frac{\mathrm{d}\sigma^{1/2}}{\mathrm{d}\lambda}\right|_{\lambda_1>\lambda_0} \leqslant \left.\frac{\mathrm{d}\sigma^{1/2}}{\mathrm{d}\lambda}\right|_{\lambda=\lambda_0}.$$

所以在 λ_1 点, 曲线仍然单调下降. 又因为

$$\frac{\mathrm{d}^2\sigma^{1/2}}{\mathrm{d}\lambda^2} \leqslant 0,$$

所以曲线还是凸的, 肯定要与 λ 轴相交. 这就是说, 经过有限长时间 [对应于 $(\lambda - \lambda_0)$], 使得 $\sigma^{1/2} = 0$, 在视界上同一线束中的诸多条母线互相交叉, 这违背 Penrose 定理. 因此, 要么是由于我们的假设 $\dfrac{\mathrm{d}\sigma^{1/2}}{\mathrm{d}\lambda} < 0$ 不合理; 要么线束中的母线在交叉之前已落入奇点, 这导致奇点裸露, 不符合宇宙监督原理. 既然前提是遵守宇宙监督原理和 Penrose 定理的, 就只能是 $\dfrac{\mathrm{d}\sigma^{1/2}}{\mathrm{d}\lambda} \geqslant 0$. 即任一母线束的截面积在顺时针方向不减少, 故整个视界面积 (线束截面面积之和) 永不减少, 于是证明了黑洞视界面积不减定理.

4.2 经典黑洞的温度和熵

考虑一个由热源、冷源和工作物质组成的热机 (Geroch 引力热机), 如图 5-14 所示.

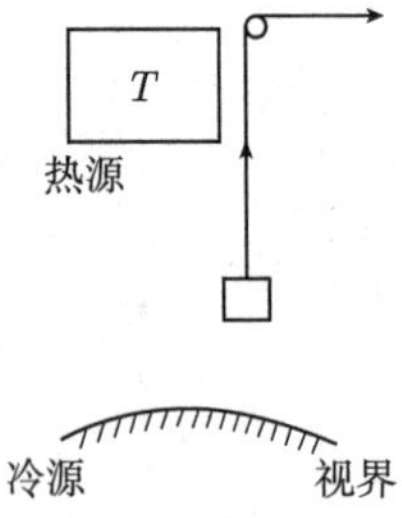

图 5-14

冷源: 克尔–纽曼黑洞.

热源: 距黑洞无限远处一个含有 (温度为 T 的) 黑体辐射的大热库.

工作物质: 盒子和缆绳.

循环过程: 盒子由热源处装满热辐射, 缓慢地移到黑洞视界附近, 这一过程系统 (引力) 对外做功 A_1; 打开盒子, 将质量为 $\delta\mu$ 的辐射注入黑洞; 盒子关上, 缓慢地升至热库处, 这一过程外界对系统做功 A_2.

在一个循环过程中, 系统对外界做功 $(A_1 - A_2)$. 从热源吸出热量 $Q = \delta\mu$. 此热机的效率为

$$\eta = \frac{A_1 - A_2}{Q} = \frac{A_1 - A_2}{\delta\mu}. \tag{4.2.1}$$

设盒子 (静止的) 中心与黑洞视界的固有距离为 d, 我们下面将证明, 这时盒子和黑洞的结合能为

$$B = \mu(1 - \kappa d). \tag{4.2.2}$$

式中 μ 为盒子在渐近平直空间的质量, κ 是黑洞表面的引力加速度, d 远小于黑洞半径. 我们有

$$\begin{aligned} A_1 &= B = \mu(1 - \kappa d), \\ A_2 &= (\mu - \delta\mu)(1 - \kappa d), \\ A_1 - A_2 &= \delta\mu(1 - \kappa d), \end{aligned}$$

于是 (4.2.1) 给出效率

$$\eta = 1 - \kappa d. \tag{4.2.3}$$

下面证明式 (4.2.2).

有电磁场存在时, 质点的哈密顿主函数

$$S = \int L \mathrm{d}\tau$$

满足哈密顿–雅可比方程

$$g^{\mu\nu}\left(\frac{\partial S}{\partial x^{\mu}} - eA_{\mu}\right)\left(\frac{\partial S}{\partial x^{\nu}} - eA_{\nu}\right) + \mu^2 = 0. \tag{4.2.4}$$

式中 e 和 μ 分别为荷电质点的电荷和静质量, A_{μ} 为电磁 4 矢, τ 为固有时. L 可写为

$$L = \frac{\mathrm{d}S}{\mathrm{d}\tau} = \frac{\partial S}{\partial x^{\mu}}\dot{x}^{\mu}. \tag{4.2.5}$$

于是广义动量可写为

$$P_{\mu} = \frac{\partial L}{\partial \dot{x}^{\mu}} = \frac{\partial S}{\partial x^{\mu}}. \tag{4.2.6}$$

克尔–纽曼时空有两个 Killing 矢量: $\dfrac{\partial}{\partial t}$ 和 $\dfrac{\partial}{\partial \varphi}$. 广义动量的 4 个分量可表示为

$$\begin{aligned} P_r &= \frac{\partial S}{\partial r} = \frac{\mathrm{d}}{\mathrm{d}r}R(r), \\ P_{\theta} &= \frac{\partial S}{\partial \theta} = \frac{\mathrm{d}}{\mathrm{d}\theta}H(\theta), \\ P_{\varphi} &= \frac{\partial S}{\partial \varphi} = m, \\ P_t &= \frac{\partial S}{\partial t} = -\omega, \end{aligned} \tag{4.2.7}$$

式中 $R(r)$ 和 $H(\theta)$ 分别表示分离变量后的径向函数和横向函数, m 为磁量子数, ω 为质点能量. 分离变量后, 径向方程和横向方程具有形式

$$\varDelta\left(\frac{\mathrm{d}R}{\mathrm{d}r}\right)^2-\frac{1}{\varDelta}[-\omega(r^2+a^2)+Ma+Qer]^2+\mu^2r^2=-K, \tag{4.2.8}$$

$$\left(\frac{\mathrm{d}H}{\mathrm{d}\theta}\right)^2+\left(\frac{M}{\sin\theta}-a\omega\sin\theta\right)^2+\mu^2a^2\cos^2\theta=K. \tag{4.2.9}$$

式中 M, Q 和 a 分别为黑洞的质量, 电荷和比角动量, K 为分离变量常数.

$$\varDelta=(r-r_+)(r-r_-)=r^2+a^2+Q^2-2Mr, \tag{4.2.10}$$

$$r_\pm=M\pm\sqrt{M^2-a^2-Q^2}. \tag{4.2.11}$$

把 (4.2.7) 代入 (4.2.8), 得到

$$[\omega(r^2+a^2)-(aP_\varphi+Qer)]^2=(P_r\varDelta)^2+(\mu^2r^2+K)\varDelta. \tag{4.2.12}$$

解此方程, 得到

$$\omega=(\varOmega P_\varphi+eV_0)\pm\frac{1}{r^2+a^2}[(P_r\varDelta)^2+(\mu^2r^2+K)\varDelta]^{1/2}. \tag{4.2.13}$$

式中

$$\varOmega=\frac{a}{r^2+a^2},\quad V_0=\frac{Qr}{r^2+a^2}. \tag{4.2.14}$$

对于无限远处的观测者, 相对克尔–纽曼黑洞视界面静止的质点满足

$$\begin{aligned}&r=\text{const},\quad \theta=\text{const},\quad \dot\varphi=-\frac{g_{03}}{g_{33}},\\&P_r=P_\theta=0,\\&P_\varphi=\mu U_3=\mu g_{3\alpha}U^\alpha=\mu\left(g_{03}\frac{\mathrm{d}t}{\mathrm{d}\tau}+g_{33}\frac{\mathrm{d}\varphi}{\mathrm{d}\tau}\right)=0.\end{aligned} \tag{4.2.15}$$

由此可知

$$m=0, \tag{4.2.16}$$

即在拖曳系中观测, 质点不转动. 考虑不带电质点的正能态, (4.2.13) 可简化为

$$\omega=\frac{1}{r^2+a^2}[(\mu^2r^2+K)\varDelta]^{1/2}. \tag{4.2.17}$$

设 δ 很小, 且有

$$r=r_++\delta, \tag{4.2.18}$$

则

$$r^2+a^2\approx(r_+^2+a^2)\left(1+\frac{2r_+\delta}{r_+^2+a^2}\right),$$

$$\mu^2 r^2 + K \approx (\mu^2 r^2 + K)\left(1 + \frac{2r_+\delta\mu^2}{\mu^2 r_+^2 + K}\right),$$
$$\Delta \approx 2\delta(r_+ - M). \tag{4.2.19}$$

将上式代入 (4.2.17), 略去高阶小量, 得到

$$\omega \approx \frac{(\mu^2 r_+^2 + K)^{1/2}}{r_+^2 + a^2}[2\delta(r_+ - M)]^{1/2}. \tag{4.2.20}$$

式中 δ 为坐标距离, 应该用固有距离表之. 固有距离 (纯空间距离) 具有形式

$$\mathrm{d}l^2 = \gamma_{ij}\mathrm{d}x^i\mathrm{d}x^j = g_{11}\mathrm{d}r^2 + \left(g_{33} - \frac{g_{03}^2}{g_{00}}\right)\mathrm{d}\varphi^2. \tag{4.2.21}$$

将克尔–纽曼度规代入上式, 并注意 $\Delta \sim \delta \to 0$, 得到

$$\mathrm{d}l \approx \frac{\rho}{\Delta^{1/2}}\mathrm{d}r. \tag{4.2.22}$$

与 δ 对应的固有距离是

$$d = \int_{r_+}^{r_+ + \delta} \frac{\rho}{\Delta^{1/2}}\mathrm{d}r \approx \left[\frac{r_+^2 + a^2\cos^2\theta}{r_+ - r_-}\right]^{1/2} \int_{r+}^{r_+ + \delta}(r - r_+)\mathrm{d}r. \tag{4.2.23}$$

注意我们用了 δ 很小这一近似条件, 下面不再写近似于的符号,

$$d = 2\delta^{1/2}\left[\frac{r_+^2 - a^2\cos^2\theta}{r_+ - r_-}\right]^{1/2}, \tag{4.2.24}$$

$$\delta = \frac{d^2(r_+ - r_-)}{4(r_+^2 + a^2\cos^2\theta)}. \tag{4.2.25}$$

代入 (4.2.20), 得到

$$\omega = \kappa d\left[\frac{\mu^2 r_+^2 + K}{r_+^2 + a^2\cos^2\theta}\right]^{1/2}, \tag{4.2.26}$$

式中

$$\kappa = \frac{r_+ - r_-}{2(r_+^2 + a^2)} \tag{4.2.27}$$

为视界表面的引力加速度.

由 (4.2.15), (4.2.16) 和 (4.2.9) 可得

$$K = \omega^2 a^2 \sin^2\theta + \mu^2 a^2 \cos^2\theta, \tag{4.2.28}$$

代入 (4.2.26), 得到

$$\omega = \mathrm{d}\kappa\left[\mu^2 + \frac{\omega^2 a^2 \sin^2\theta}{r_+^2 + a^2\cos^2\theta}\right]^{1/2}. \tag{4.2.29}$$

由 (4.2.26) 知 ω 和 d 是同阶小量, 故右端括号中第二项与第一项比较可略去, 于是有

$$\omega = \mu\kappa d. \tag{4.2.30}$$

此即视界面附近一质点具有的引力势能 (无限远处观测). 此质点若静止于无限远处, 其能量为 μ, 因此, 当此质点静止于视界面附近时, 其引力结合能为

$$B = \mu - \omega = \mu(1 - \kappa d).$$

此即式 (4.2.2).

下面我们继续讨论 Geroch 引力热机的效率 (4.2.3). 当 $d \to 0$, 则 $\eta \to 1$ Ceroch(1971) 由此指出第二类永动机的可能性. 但是 Bekenstein(1973) 指出, 量子力学原理不允许 $b = 0$, 给出了盒子大小的下限, 因此效率仍然小于 1.

假设盒子是边长为 l 的正方体, 盒内充满温度为 T 的热辐射. 显然热辐射的最大波长为

$$\lambda_{\max} = l,$$

或

$$\nu_{\min} = c/l.$$

根据维恩位移定律

$$\nu_m^w = 2.822kT/h,$$

式中 k 为波尔兹曼常数. 我们有

$$\nu_{\min} < \nu_m^w,$$

即

$$\frac{1}{2} > \frac{\beta}{T}, \quad \beta = \frac{2\pi\hbar c}{2 \times 2.822k} \approx \frac{\hbar c}{k}.$$

于是有

$$d > \frac{l}{2} > \frac{\beta}{T}.$$

代入 (4.2.3), 得到

$$\eta < 1 - \frac{\beta\kappa}{T}. \tag{4.2.31}$$

另一方面, 由卡诺定理知道

$$\eta < 1 - \frac{T_B}{T}. \tag{4.2.32}$$

式中 T_B 为黑洞 (冷源) 的温度. 人们发现, 式 (4.2.31) 和 (4.2.32) 惊人地相似, 黑洞具有温度

$$T_B = \beta\kappa, \tag{4.2.33}$$

$$T_B = \beta\kappa/c^2 = \hbar\kappa/ck \quad (\text{CGS 单位}). \tag{4.2.34}$$

此式表明, 黑洞的热力学量和它的引力参量有着密切的联系. 由于式中还含有普朗克常数, 此式表明黑洞温度还具有量子论方面的性质.

由上面的讨论可知, 式 (4.2.34) 适用于克尔黑洞和克尔–纽曼黑洞. 对于 Schwarzschild 黑洞这一特殊情况, 我们有

$$\kappa = \frac{c^4}{4GM}, \quad \beta = \frac{\hbar c}{k},$$
$$T_B = \frac{\hbar c^3}{4GMk} \sim 10^{-7}\frac{M_\odot}{M}. \tag{4.2.35}$$

此式表明 Schwarzschild 黑洞的温度由其引力质量唯一确定. 质量越大的黑洞, 温度越低. 当 $M \sim M_\odot$, 则 $T_B \sim 10^{-7}$K. 可见质量大的黑洞温度接近绝对零度. 而当 $M \sim 10^{15}g$, $T_B \sim 10^{12}$K. 可见原初小黑洞的温度极高, 约为太阳中心温度 ($\sim 10^7$K) 的 10 万倍.

黑洞具有非零温度, 按热力学第二定律, 黑洞应该有辐射, 即黑洞不是黑的, 这与经典黑洞理论矛盾. 要解决这一矛盾, 必须突破经典 (非量子) 的概念. 1974 年, 霍金论证了黑洞的量子辐射, 从而解决了这一矛盾. 我们将在第 6 章中专门讨论黑洞的量子辐射.

现在我们继续讨论建立在黑洞温度概念基础上的黑洞热力学问题.

在热力学中, 可以证明, 对于一个转动物体有

$$\delta M = T\delta S + \Omega\delta J. \tag{4.2.36}$$

考虑到 (4.2.33), 式 (3.3.2) 可写为

$$\delta M = T\delta\left(\frac{A}{8\pi\beta}\right) + \Omega\delta J. \tag{4.2.37}$$

比较上二式, 可认为黑洞作为一热力学系统, 具有熵

$$S_B = \frac{A}{8\pi\beta}. \tag{4.2.38}$$

黑洞的熵与其表面积成正比, 即与其引力半径的平方或质量平方成正比. 因此, 一颗恒星的质量为 M, 熵为 S_M, 则坍缩成黑洞后, 其熵与原来的熵之比为

$$\frac{S_B}{S_M} = \alpha M. \tag{4.2.39}$$

对于太阳, $S_\odot \approx 10^{42}\text{erg}\cdot\text{K}^{-1}$, 当 $M_B = M_\odot$ 时, 有 $S_B \approx 10^{60}\text{erg}\cdot\text{K}^{-1}$, 所以

$$\frac{S_B}{S_\odot} = \alpha M_\odot = 10^{18},$$

从而有

$$\alpha = \frac{10^{18}}{M_{\odot}}.$$

(4.2.39) 具体化为

$$\frac{S_B}{S_M} = 10^{18}\frac{M}{M_{\odot}}. \tag{4.2.40}$$

可见恒星坍缩为黑洞的过程中熵增加, 信息量减少.

Bekenstein 曾指出, 在上式中令

$$\frac{S_B}{S_M} = 1,$$

得到

$$M_{\min}^{B} = 10^{15}\text{g}, \quad r_{\min} \approx 10^{-13}\text{cm}. \tag{4.2.41}$$

这是可以坍缩为黑洞的恒星质量下限, 就是原初小黑洞的质量下限. 这类最小的原初小黑洞所含核子数为 10^{39}, 恰等于静电与引力的比值, 它的寿命恰等于宇宙的年龄. 这些看似巧合的事情究竟反映了自然界的什么内在规律至今尚不清楚.

4.3　黑洞热力学的基本定律

前面的讨论可以总结为黑洞热力学的四条基本定律.

1. 热力学第零定律

黑洞可以定义温度. 由于稳态黑洞的表面引力加速度在视界面上是恒定的, 因此可以按 (4.2.33) 定义温度

2. 热力学第一定律

$$\delta M = T\delta S + \varOmega\delta J + V\delta Q.$$

式中

$$T = \beta\kappa, \quad S = \frac{A}{8\pi\beta}, \quad V = \frac{r + Q}{r_+^2 + a^2}.$$

3. 热力学第二定律

$$\delta(S_B + S_m) \geqslant 0,$$

式中 S_m 为黑洞周围物质的熵. 即含黑洞的系统的总熵沿顺时针方向永不减少.

4. 热力学第三定律

不可能通过任何有限步骤把黑洞的表面引力加速度 κ 降到零.

下一章将讨论黑洞热力学的量子修正, 假定读者已经熟悉热力学中各个量和各个方程, 熟悉量子统计和量子场论的知识.

第 5 章　黑洞热力学的量子理论

5.1　离壳与即壳

按照黑洞物理中的热力学类比, 爱因斯坦引力理论中的黑洞熵 (4.2.38) 可写为

$$S^{\mathrm{BH}} = \frac{A^{\mathrm{H}}}{4l_p^2}, \tag{5.1.1}$$

式中 A^{H} 是黑洞视界面积, $l_p = (\hbar G/c^3)^{1/2}$ 是普朗克长度. 在黑洞物理中, Bekenstein-Hawking 熵 S^{BH} 的基本地位与普通热力学中的相同. 它可以由含黑洞系统的自由能对系统温度的偏导数决定. 在欧氏方案中, 自由能直接与真空爱因斯坦方程的规则欧氏解 (Gibbons-Hawking 瞬子) 的欧氏作用量相联系. 按照热力学第一定律, 黑洞的热力学熵定义为

$$\mathrm{d}F = -S^{\mathrm{TD}}\mathrm{d}T. \tag{5.1.2}$$

式中 T 为系统温度, 自由能既含经典 (主级) 贡献, 又含量子 (单圈) 修正. 因此, 热力学熵除了含经典 (主级) 部分 S^{BH} 以外, 还应含有量子修正 S_1^{TD}

$$S^{\mathrm{TD}} = S^{\mathrm{BH}} + S_1^{\mathrm{TD}}. \tag{5.1.3}$$

为了得到 S^{TD}, 须比较两个平衡位形, 为此, 通常确定 S^{TD} 的计算都以规则 G-H 瞬子作为背景度规. 这种计算方法称为即壳 (on shell) 方法.

黑洞热力学的基本问题是其统计力学基础. 这个问题包括三部分: ①定义黑洞的内在自由度; ②计算统计力学熵 $S^{\mathrm{SM}} = -\mathrm{tr}(\hat{\rho}^{\mathrm{H}}\ln\hat{\rho}^{\mathrm{H}})$, 密度矩阵 $\hat{\rho}^{\mathrm{H}}$ 描述动力学自由度; ③建立 S^{SM} 和 S^{TD} 之间的关系.

为避免歧义, 我们使用了“统计力学熵”, 以强调 S^{SM} 是按统计力学规则计算得到的. 至于密度矩阵 $\hat{\rho}$, 其形式和性质依赖于具体模型, 本章我们考虑一类模型, 黑洞的内部自由度就是其量子激发, 这种想法最近有不少文献采用. 这类模型的共同特点是所考虑的 $\hat{\rho}$ 是热的, 有大量文章就各种黑洞模型计算了统计力学熵. 我们下面力图阐明这些计算结果和可观测的热力学黑洞熵 S^{TD} 之间的关系.

应该指出, 对于黑洞, S^{TD} 和 S^{SM} 之间的关系并不简单. 通常的热力学系统, $S^{\mathrm{TD}} = S^{\mathrm{SM}}$. 而黑洞具有与其他热力学系统不同的性质. 在热平衡态下, 黑洞质量 M 是温度 T 的普适函数. 但是质量唯一决定黑洞几何, 从而决定了描述其量子激发的哈密顿的内禀参数. 这个性质带来两个后果: ① S^{TD} 与 S^{SM} 对黑洞来说是不相同的; ②计算 S^{SM} 并与 S^{TD} 比较要用离壳 (off shell) 方法. 这就是必须把温度 T

和黑洞质量 M 看成独立参数. 这导致当 $T \neq T_{\mathrm{BH}} \equiv (8\pi M)^{-1}$ 时, 不存在规则真空欧氏解. 这样, 只能考虑非真空引力场方程解的背景度规, 或者去掉视界附近的时空, 使解不完整, 二者必居其一. 在这两种情况下, 自由能的计算都会遇到问题, 甚至其结果会依赖于具体离壳方法的选择.

下面我们将给出黑洞熵不同定义之间的关系. 我们还将讨论并比较各种离壳方法 (砖墙, 顶角奇异性, 钝锥, 体积截断), 以及它们与即壳方法之间的联系. 我们就一个简化了的 2 维模型说明这些联系. 这是因为在这简化模型中所有计算都能精确进行. 可以明显给出热力学熵与统计学熵不同, 我们可以找到单圈修正的 S^{TD} 和 S^{SM} 之间的关系. 其中一主要结果是, 在所考虑的二维模型中, 量子场对热力学熵的单圈贡献 S_1^{TD} 可写成

$$S_1^{\mathrm{TD}} = S^{\mathrm{SM}} - S_{\mathrm{Rin}}^{\mathrm{SM}} + \Delta S. \tag{5.1.4}$$

式中 $S_{\mathrm{Rin}}^{\mathrm{SM}}$ 是在 Rindler 空间所计算的统计力学熵, ΔS 是一附加的有限修正, 来源于量子效应引起的视界改变. 用砖墙和体积截断方法所计算的熵直接和 S^{SM} 相关, 它正比于 $\ln\epsilon$, 在二维情况下是发散的, 其中 ϵ 是离视界的距离. 另外, 用顶角奇异性和钝锥方法计算的熵与 $(S^{\mathrm{SM}} - S_{\mathrm{Rin}}^{\mathrm{SM}})$ 相符. 因为 S^{SM} 中的对数发散项恰好与 Rindler 熵中的发散项抵消, 所以它是有限的.

如所知, 决定自由能的单圈有效作用量含局域紫外发散. 为了得到定义很好的有限量, 须重整化. 通常假设裸经典作用量所包含的局域结构与单圈计算中出现的相同. 在重整化过程中, 通过对经典作用量中耦合常数的重新定义, 可以去掉局域单圈发散性. 在我们的讨论中, 假设此重整化一开始就已完成, 我们把重整化的可观测量当作即壳解的参数, 这时, 重整化的单圈有效作用量是有限的. 影响此解的量子修正可视为对大质量 (远大于普朗克质量) 黑洞的微扰, 我们发现, 用可观测参数表示的所有黑洞热力学特征量都是有限的, 且其定义不需要普朗克尺度的物理知识. 下面我们首先重温欧氏方案的主要特征, 并给出我们要讨论的熵的一般定义, 然后讨论二维模型和即壳、离壳方案.

5.2　欧氏方案和热力学熵

用欧氏方案解决黑洞热力学问题的出发点是配分函数 $Z(\beta)$ 和有效作用量 $W(\beta)$. 一个有黑洞存在的系统, 其自由能由路径积分定义

$$\mathrm{e}^{-w(\beta)} = Z(\beta) = \int [\mathrm{D}\phi]\mathrm{e}^{-I[\phi]}, \tag{5.2.1}$$

式中 $I[\phi]$ 是欧氏经典作用量, 而所有的物理量 ϕ, 包括引力场 $g_{\mu\nu}$, 在欧氏时间 τ 上都假定为周期性的或反周期性的 (依赖于统计), 周期为 β_∞. (5.2.1) 中的度规是渐

近平直的, 参数 β_∞ 的倒数是空间无穷远处测得的温度. 假定积分测度 $[D\phi]$ 是协变测度.

计算 W 的标准方法是用半经典近似. 若 ϕ_0 是 $I[\phi]$ 的稳态点, 即若

$$\left.\frac{\delta I}{\delta\phi}\right|_{\phi=\phi_0}=0, \tag{5.2.2}$$

则有分解式

$$I[\phi_0+\widetilde{\phi}]=I[\phi_0]+I_2[\widetilde{\phi}]+\cdots, \tag{5.2.3}$$

式中 I_2 是线性化作用量中对涨落 $\widetilde{\phi}$ 为二阶的部分, 而省略号代表 $\widetilde{\phi}$ 的高阶项. 由此可得

$$Z(\beta)=\mathrm{e}^{-I[\phi_0]}\int[\mathrm{D}\widetilde{\phi}]\mathrm{e}^{-I_2[\widetilde{\phi}]}\equiv\mathrm{e}^{-I[\phi_0]}Z_1(\beta). \tag{5.2.4}$$

式中对 $\widetilde{\phi}$ 的高斯积分可用相应的波算符 D_j 的行列式表示

$$Z_1(\beta)\equiv Z_1[\phi_0(\beta)]=\mathop{\varPi}_j\{\det[-\mu^2D_j(\phi_0)]\}^{\pm1/2}. \tag{5.2.5}$$

算符 D_j 由作用量的二阶部分 $I_2=\dfrac{1}{2}\displaystyle\int\mathrm{d}x\sqrt{g\widetilde{\phi}}D_j\widetilde{\phi}$ 决定, 其显式依赖于自旋 j. 例如, 对于 d 维空间中共形不变的无质量标量场, $D_0=\Delta-(d-2)[4(d-1)]^{-1}R$. 式中 $\Delta=\nabla_\mu\nabla^\mu$ 是拉普拉斯算符, R 是标曲率. 常数 μ^2 是一任意的重整化参数, 量纲为长度, 且不依赖于场位形 ϕ. 由 (5.2.5) 可以写出单圈近似下的有效作用量

$$W(\beta)=I[\phi_0(\beta)]-\ln Z_1(\beta)\equiv I[\phi_0(\beta)]+W_1[\phi_0(\beta)]. \tag{5.2.6}$$

单圈贡献 $W_1[\phi_0]$ 是紫外发散的, 且像通常一样, 经典作用量这样选择, 使得只要重新定义 I 中的耦合常数, 就能去掉 W_1 中相应的局域发散性. 现在, 我们假定这些程序已经完成, 且经典作用量是用重整化参数写出来的, ϕ_0 为其极值点. W_1 是重整化的单圈作用量. (5.2.5) 中参数 μ 选择的任意性对应于重整化后作用量可附加一有限部分.

为了把这个一般方案运用于黑洞情况, 我们假设黑洞不旋转, 不荷电, 且不存在对称性破缺, 使得所有场的平均值除引力场外均为零. 而且, 为了给出引力场 (真空) 方程的渐近平直解, 取重整化宇宙常数为零. 其解代表一个 Gibbons-Howking 瞬子, 它在欧氏视界处规则. 在爱因斯坦理论中, 此瞬子由 Schwarzschild 度规描述, 且只依赖于一个常数, 即黑洞质量 m, 这一度规在视界处规则的具体含意是 $\beta_\infty=\beta_H=8\pi m$.

当考虑量子修正时, 须记住, 对给定边界条件 (τ 上的周期性) 的系统, 黑洞与周围的热辐射处于平衡状态, 而此辐射也将对可观测的热力学量有贡献. 对于无限

大尺度的热浴 (heat bath), 此贡献是无限大, 而且黑洞与无限大热浴的平衡是不稳定的. 因此, 必须从一开始就考虑由一有限尺度的边界面 B 包围的黑洞. 我们假定此面不能被场穿透. 这一点可以由相应的边界条件保证. 为简单起见, 设 B 是球面, 半径为 r_B, 黑洞位于球心处. 对于史瓦希黑洞, 若 $r_B < 3m$, 则热稳定性便得到保证. 最后, 在这一问题的描述中, 参数 β 是在 B 上测得的温度的倒数. 另外, 我们假定所有必要的要求都已达到, 不再重复讨论.

(5.2.6) 中的重整化有效作用量 W 是由一个特殊的经典解计算得到的. 它本身由泛函定义

$$W[\phi] = I[\phi] + W_1[\phi], \tag{5.2.7}$$

其中场 ϕ 任意, 边界条件已选定. 极值点

$$\left.\frac{\delta W}{\delta \phi}\right|_{\phi=\overline{\phi}} = 0 \tag{5.2.8}$$

描述一修正的场位形; 与经典解之差为量子修正: $\overline{\phi} = \phi_0 + \hbar\phi_1$. 须强调的是, 如果对单圈效应感兴趣, ϕ_0 和 $\overline{\phi}$ 的 W 值之差将是普朗克常量 $\hbar$ 的二阶项

$$W(\beta) = W[\phi_0(\beta)] = W[\overline{\phi}(\beta)] + o(\hbar^2). \tag{5.2.9}$$

这可由 (5.2.8) 式得出, 只要量子修正解和经典解满足同样的边界条件.

r_B 固定, 自由能 $F(\beta) = \beta^{-1}W(\beta)$ 对温度倒数 β 的变化便可确定黑洞的热力学熵

$$S^{\mathrm{TD}}(\beta) = \beta^2\frac{\mathrm{d}F(\beta)}{\mathrm{d}\beta} = \left(\beta\frac{\mathrm{d}}{\mathrm{d}\beta} - 1\right)W(\beta). \tag{5.2.10}$$

我们记得, 重整化有效作用量 $W(\beta)$ 是即壳计算的, 即 $\beta_\infty = 8\pi m$. 热力学熵可写为

$$S^{\mathrm{TD}} = S_0^{\mathrm{TD}} + S_1^{\mathrm{TD}}. \tag{5.2.11}$$

可以证明

$$S_0^{\mathrm{TD}} = \left(\beta\frac{\mathrm{d}}{\mathrm{d}\beta} - 1\right)I[\phi_0(\beta)] \tag{5.2.12}$$

就是 (5.1.1) 给出的 B-H 熵 S^{BH}, 而

$$S_1^{\mathrm{TD}}(\beta) = \left(\beta\frac{\mathrm{d}}{\mathrm{d}\beta} - 1\right)W_1[\phi_0(\beta)] \tag{5.2.13}$$

表示量子修正. 此修正也含黑洞外热辐射的熵. 由构成来看, 热力学熵 S^{TD} 定义得很好且有限. 所有的计算都是即壳的, 即在一引力场方程的规则完整欧氏解上做出的. 此解的参数仅由重整化耦合常数表示.

5.3 模型描述: 即壳结果

在四维情况下, S_1^{TD} 的计算相当复杂, 为了讨论 S_1^{TD} 的性质及其与 S^{SM} 的联系, 我们考虑一个能够精确计算的简化二维模型. 虽然这些量的二维和四维显式不同, 但研究二维模型可以对四维情况做出一些确定的结论. 为保留与四维情况最大限度的相似性, 我们考虑二维 dilaton 引力. 其作用量为

$$\begin{aligned} I = &-\frac{1}{4}\int_{M^2}[r^2R + 2(\nabla r)^2 + 2]\sqrt{\gamma}\mathrm{d}^2x \\ &-\frac{1}{2}\int_{\partial M^2} r^2(k-k_0)\mathrm{d}y + \frac{1}{2}\int\sqrt{\gamma}\varphi_{,\mu}\varphi^{,\mu}\mathrm{d}x. \end{aligned} \tag{5.3.1}$$

二维度规 γ, dilaton 场 r 和标量场 φ 是这一问题的动力学变量. R 为 γ 的曲率, k 为 ∂M^2 的外曲率. 若标量场 φ 不存在, 此作用量可由四维欧氏爱因斯坦作用量

$$I^{(4)} = -\frac{1}{16\pi}\int_{M^4} R^{(4)}\sqrt{g}\mathrm{d}^4x - \frac{1}{8\pi}\int_{\partial M^4}(K^{(4)} - K_0^{(4)})\sqrt{h}\mathrm{d}^3x \tag{5.3.2}$$

通过球对称度规

$$\mathrm{d}s^2 = \gamma_{ab}\mathrm{d}x^a\mathrm{d}x^b + r^2\mathrm{d}\omega^2 \tag{5.3.3}$$

退化得到. 这里 γ_{ab} 是二维度规, r 是二维流形上的标函数, $\mathrm{d}\omega^2$ 是单位球上的线元, $K_0^{(4)}$ 是标准删除项, 且 $k_0 = K_0^{(4)}$.

由于二维作用量与四维作用量是退化相关的, 场对 (γ_0, φ_0) 显然是泛函数 I 的极值点, 其中 $\varphi_0 = 0; \gamma_0$ 是二维 Schwarzschild 度规

$$\mathrm{d}s^2 = f\mathrm{d}\tau^2 + f^{-1}\mathrm{d}r^2, \quad f = 1 - r_+/r. \tag{5.3.4}$$

$r = r_+$ 处的规则化条件要求 τ 是周期性的, 且周期为 $\beta_H = 4\pi r_+$. 具有度规 (5.3.4) 的 G-H 瞬子, 即规则完整欧氏流形, 如图 5-15(a) 所示.

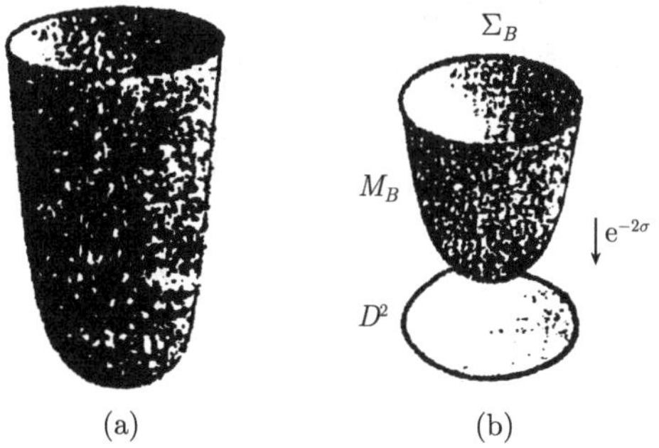

图 5-15

考虑 G-H 瞬子上外边界 $\Sigma_B(r=r_B$, 图 5-15(b)) 内的区域 M_B. 若在面 Σ_B 上固定边界条件, 而 β 是线 $r=r_B$ 的固有长度, 则由边界条件 (β, r_B) 表示的区域 M_B 的经典欧氏作用量为

$$I(\beta, r_B) = I[\gamma_0, \varphi_0] = 3\pi r_+^2 - 4\pi r_+ r_B + \beta r_B. \tag{5.3.5}$$

式中 r_+ 由下式定义:

$$\beta = 4\pi r_+ \left(1 - \frac{r_+}{r_B}\right)^{1/2}. \tag{5.3.6}$$

β 为 r_B 处温度的倒数. 当 $r_B \to \infty$ 时, $\beta = 4\pi r_+$. 经典作用量简化为

$$I(\beta) = \frac{1}{16\pi}\beta^2. \tag{5.3.7}$$

按照 5.2 节中的一般讨论, 有效作用量的单圈贡献为

$$W_1(\beta) = \frac{1}{2}\ln\det(-\mu^2\Delta). \tag{5.3.8}$$

这里, 重整化的行列式是在二维瞬子 (5.3.4) 的区域 M_B 上计算的. 为了具体讨论, 我们假定场 φ 在包围黑洞的边界 Σ_B 上遵从狄里赫利边界条件. 作用量中去掉的发散项是

$$W_1^{\text{div}}[M_B] = -\frac{1}{8\pi\delta}\int_{M_B}\sqrt{\gamma}\mathrm{d}^2x + \frac{\ln\delta}{12}\chi[M_B], \tag{5.3.9}$$

$$\chi[M_B] = \frac{1}{4\pi}\left(\int_{M_B} R\sqrt{\gamma}\mathrm{d}^2x + 2\int_{\Sigma_B} k\sqrt{h}\mathrm{d}y\right). \tag{5.3.10}$$

式中 δ 是紫外规则化参数, $\chi[M_B]$ 是 G-H 瞬子 M_B 的欧拉示性数. 为了去掉体积发散性 $\int_{M_B}$, 须在裸经典作用量中引入宇宙常数 λ. 重整化之后我们令它等于 $-1/2$, 见 (5.3.1) 式. 要去掉 (5.3.10) 中其他发散项, 需在 (5.3.1) 中引入附加项, 但由于此项仅为拓扑不变量, 故可略去.

应用共形变换, 单圈有效作用量 $W_1(\beta)$ 可表为显式. 注意度规 (5.3.4) 可写为

$$\mathrm{d}s^2 = \left(1 - \frac{r_+}{r}\right)\mathrm{d}\tau^2 + \left(1 - \frac{r_+}{r}\right)^{-1}\mathrm{d}r^2 = \mathrm{e}^{2\sigma}\mathrm{d}\tilde{s}^2, \tag{5.3.11}$$

$$\mathrm{d}\tilde{s}^2 = \mu^2(x^2\mathrm{d}\tilde{\tau}^2 + \mathrm{d}x^2). \tag{5.3.12}$$

这里

$$\tilde{\tau} = \frac{\tau}{2r_+}, \quad 0 \leqslant \tilde{\tau} \leqslant 2\pi,$$

$$x = \left(\frac{r - r_+}{r_B - r_+}\right)^{1/2}\mathrm{e}^{(r-r_B)/2r_+}, \quad 0 \leqslant x \leqslant 1, \tag{5.3.13}$$

且共形因子 σ 为

$$\sigma(r) = \frac{1}{2}\left[\ln\left(\frac{r_B - r_+}{r}\right) + \frac{r_B - r}{r_+} + 2\ln\left(\frac{2r_+}{\mu}\right)\right]. \tag{5.3.14}$$

为保持量纲一致, 在平直空间度规 (5.3.12) 中引入了量纲为长度的参数 μ. 上述共形变换

$$\gamma_{\mu\nu} \sim \widetilde{\gamma}_{\mu\nu} = \mathrm{e}^{-2\sigma}\gamma_{\mu\nu} \tag{5.3.15}$$

是区域 M_B 到平直二维单位盘 D^2(用 μ 的单位测量) 上的映射. 可以证明, μ 的选择不影响物理结果.

对于共形场, 此映射下 W_1 的变换式在后面 5.11 节中给出. 用 C 表示单位盘 D^2[(5.3.12) 式] 的重整化单圈有效作用量, 采用关系式 (5.11.9), 得到

$$W_1(\beta, r_B) = \widetilde{W}_1[\beta, y(\beta, r_B)]. \tag{5.3.16}$$

式中 $y = r_+/r_B$, 而且

$$\widetilde{W}_1(\beta, y) = \frac{1}{48}\left[-\frac{2}{y} + 2\ln y + 17 - 2y - 13y^2\right] - \frac{1}{6}\ln\frac{\beta}{2\pi\mu} + C. \tag{5.3.17}$$

此二式需作些解释. 首先, 不仅边界处的温度倒数 β 依赖于“半径” r_B, 单圈有效作用量也依赖于 r_B. 对给定的 r_B 和 β, 引力半径 r_+ 由式 (5.3.6) 定义. 为了简化表达, 我们采用无量纲变量 $y = r_+/r_B$, 而不用 r_B. (5.3.6) 式意味着 y 是由关系式

$$y(1-y)^{1/2} = \frac{\beta}{4\pi r_B} \tag{5.3.18}$$

定义的 β 和 r_B 的函数.

自由能和热力学熵的各自单圈贡献 F_1 和 S_1^{TD} 由下列公式确定:

$$F_1(\beta, r_B) = \beta^{-1}W_1(\beta, r_B),$$

$$S_1^{\mathrm{TD}} = \beta\left.\frac{\partial W_1(\beta, r_B)}{\partial\beta}\right|_{r_B} - W_1(\beta, r_B). \tag{5.3.19}$$

W_1 的导数可用 $\widetilde{W}_1$ 的导数表示

$$\left.\frac{\partial W_1(\beta, r_B)}{\partial\beta}\right|_{r_B} = \left.\frac{\partial\widetilde{W}_1(\beta, y)}{\partial\beta}\right|_{y} + \left.\frac{\partial\widetilde{W}_1(\beta, y)}{\partial y}\right|_{\beta}\left.\frac{\partial y}{\partial\beta}\right|_{r_B}, \tag{5.3.20}$$

式中

$$\left.\frac{\partial y}{\partial\beta}\right|_{r_B} = \frac{2y(1-y)}{\beta(2-3y)}. \tag{5.3.21}$$

后一等式来源于 (5.3.18). 根据 (5.3.19)~(5.3.21), 最后得到

$$\begin{aligned}S_1^{\mathrm{TD}}(y,\beta)=&\frac{1}{48(2-3y)}\left[\frac{8}{y}-13y-28y^2+13y^3\right]\\&-\frac{1}{24}\ln\ y+\frac{1}{6}\ln\frac{\beta}{2\pi\mu}-\frac{17}{48}-C.\end{aligned}\tag{5.3.22}$$

此量是有限的. 无量纲常数 C 不依赖于系统的参数, 而反映熵定义中的不确定性. 对于进一步讨论, 这不确定性并不重要, 因此这项和其他类似常数可省略. 当 r_B 很大 ($r_B \gg r_+$ 或 $y \ll 1$) 时, S_1^{TD} 中的主要项是 $\frac{\pi}{3}r_B\beta^{-1}$. 此项和一维无质量标量量子热气体的熵相合. 我们所考虑的情况总是 $r_B < \frac{3}{2}r_+$, 所以上面的限制只有形式上的意义. 当 $r_B = \frac{3}{2}r_+$ 时, $S_1^{\mathrm{TD}} = \infty$, 致使 $y = \frac{3}{2}$ 时热容量为无限大. 可以预见, 4 维情况下这些量有相同的行为.

5.4 离壳方法

在前面的讨论中我们用到了 (5.3.6) 式. 它可以写成 $\beta_\infty = \beta_{\mathrm{H}}$. 其中 $\beta_\infty = \beta(1-r_+/r_B)^{-1/2}$, 是无限远处观测到的边界 Σ_B 处的温度的倒数, $(1-r_+/r_B)^{-1/2}$ 是红移因子. β_{H} 是 Hawking 温度倒数 (也是在无限远处测量的). $\beta_\infty = \beta_{\mathrm{H}}$ 明显给出了热辐射和黑洞之间的平衡条件. 也正因为有这一条件, 我们才谈及即壳量.

下面我们讨论另一种方法 —— 离壳方法, 其中背景度规不满足 $\beta_\infty = \beta_{\mathrm{H}}$. 这时有效作用量的单圈贡献为三个变量 ($\beta, r_B$ 和 r_+) 的函数:

$$W_1^* = W_1^*(\beta, r_+, r_B, \cdots).$$

用上标 $*$ 表示此量依赖于离壳方案的选择, W_1^* 的自变量中的省略号表示它还可能依赖于某些附加参数, 这些参数由于离壳方案的不同而不相同. 因为这些参量并不重要, 故下面将不再表示出来.

在一般情况下, 离壳熵定义为离壳自由能 $F^* = \beta^{-1}W^*$ 对温度变化的反应. 条件是系统的参数 (r_B) 和黑洞参数 (r_+) 固定. 按这个定义, 单圈离壳熵为

$$S_1^* = \beta\frac{\partial W_1^*}{\partial\beta}\bigg|_{r_B, r_+, \cdots} - W_1^*.\tag{5.4.1}$$

这里假定计算结束后要回到即壳极限. 这就是说, 令 S_1^* 中的 r_+ 等于即壳值, 此值由解相应的引力场方程确定.

如果不采用 r_B 和 r_+, 而采用无量纲变量

$$y = y(r_B, r_+) = \frac{r_+}{r_B},$$

$$\alpha = \alpha(\beta, r_B, r_+) = \frac{\beta_\infty}{\beta_{\rm H}} = \frac{\beta}{4\pi r + \sqrt{1 - \dfrac{r_+}{r_B}}}, \tag{5.4.2}$$

则 W_1^* 和 S_1^* 的显式就可以变得很简单. 变量 α 是离壳参数. 当系统即壳时, $\alpha = 1$. 定义

$$W_1(\beta, r_B, r_+, \cdots) = \widetilde{W}_1(\beta, \alpha(\beta, r_B, r_+), y(r_+, r_B), \cdots). \tag{5.4.3}$$

当固定 r_+ 和 r_B 时, y 也固定, 于是 (5.4.2) 表明 α 正比于 β. 因此有

$$S_1^* = \beta \frac{\partial \widetilde{W}_1^*(\beta, \alpha, y, \cdots)}{\partial \beta}\bigg|_{\alpha, y, \cdots} + \alpha \frac{\partial \widetilde{W}_1^*(\beta, \alpha, y, \cdots)}{\partial \alpha}\bigg|_{\beta, y, \cdots} - W_1^*. \tag{5.4.4}$$

如前所说, 当计算完毕后, 须令 $\alpha = 1$. 于是 S_1^* 相应的即壳值只依赖于边界条件 β 和 r_B. 做了一般的讨论之后, 下面我们讨论具体的离壳方法.

5.5 砖 墙 模 型

1. 有效作用量

作为离壳方法的第一个例子, 我们讨论所谓"砖墙模型" (brick-wall model), 它由't Hooft 提出, 随后有诸多文章讨论. 其基本思想是在离黑洞视界很近的地方 (固有距离为 ϵ), 引入一附加的类光边界 Σ_ϵ. Σ_B 和 Σ_ϵ 之间的区域表示为 $M_{B,\epsilon}$(图 5-16), 按't Hooft 的意见, 进一步假设场 φ 在两边界 Σ_B 和 Σ_ϵ 处都满足狄里赫利条件. 砖墙模型的出发点是在区域 $M_{B,\epsilon}$ 中的无质量标量场的配分函数 $Z_1^{\rm BW}(\beta)$:

$$\ln\ Z_1^{\rm BW}(\beta) = -\frac{1}{2} \ln \det(-\mu^2 \Delta). \tag{5.5.1}$$

式中 β 为 Σ_B 处测得的温度的倒数. "ln det" 理解为重整化量, Δ 是区域 $M_{B,\epsilon}$ 内满足狄里赫利条件的标量场的拉普拉斯算符. 由于内边界 Σ_ϵ 的存在, 热气体不能穿透的黑洞视界附近区域就被完全消除掉了. 因此, 无论参数 β 和 m 的关系如何,

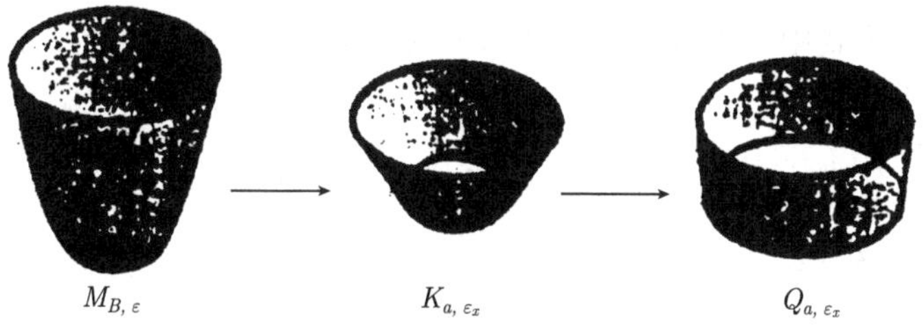

图 5-16

这系统都不是奇异的, 而且砖墙模型适用于离壳情况. 为了区别用这一离壳方法算得的量, 我们用缩写字母 BW 作为上标, 相应的配分函数 Z_1^{BW} 和作用量 W_1^{BW} 不仅依赖于 β 和 r_B, 也依赖于 ϵ 和视界处的 dilaton 值 r_+. 现在我们的任务是求出 $W_1^{\mathrm{BW}}(\beta, r_B, r_+, \epsilon)$.

显然, 这一问题可以简化为某种“标准”二维平直区域的有效作用量的计算. 我们取圆柱面为这一区域 (图 5-16).

一个比较方便的方法是分两次完成共形变换.

首先, 采用映射 (5.3.15), 其中 σ 由 (5.3.14) 给出, 在此变换下, 度规形式为

$$\mathrm{d}\tilde{s}^2 = \mu^2(x^2\mathrm{d}\tilde{\tau}^2 + \mathrm{d}x^2), \quad 0 \leqslant \tilde{\tau} \leqslant 2\pi\alpha,\ \epsilon_x \leqslant x \leqslant 1. \tag{5.5.2}$$

此空间的嵌入图见上图. 它是圆锥 C_α 在面 $\Sigma_B(x=1)$ 和 $\Sigma_\epsilon(\epsilon_x)$ 之间的部分 K_{α,ϵ_x}, $x=\epsilon_x$ 的值和固有距离 ϵ 的联系为

$$\epsilon_x = \epsilon\frac{2\pi\alpha}{\beta}\sqrt{y}\exp\left(\frac{y-1}{2y}\right). \tag{5.5.3}$$

式中参数 y 和 α 由 (5.4.2) 式确定.

其次, 把 K_{α,ϵ_x} 映射到度规为 $\mu^2(\mathrm{d}\tilde{\tau}^2+\mathrm{d}z^2)$ 的圆柱 Q_{α,ϵ_z} 上:

$$\mathrm{d}\tilde{s}^2 = \mu^2(x^2\mathrm{d}\tilde{\tau}^2 + \mathrm{d}x^2) = x^2[\mu^2(\mathrm{d}\tilde{\tau}^2+\mathrm{d}z^2)], \quad z = -\ln\ x. \tag{5.5.4}$$

此柱面周长为 $2\pi\alpha$, 母线长为 $\epsilon_z = -\ln\epsilon$(在 μ 单位下).

因此, 只要知道“标准”柱 Q_{α,ϵ_z} 的有效作用量 $W_1[Q_{\alpha,\epsilon_z}]$, 通过共形变换, 就可以得到作用量 $W_1^{\mathrm{BW}}(\beta, r_B, r_+, \epsilon)$. 可以证明

$$W_1[Q_{\alpha,\epsilon_z}] = -\ln\ \mathrm{tr}e^{-2\pi\alpha\mu\hat{H}}. \tag{5.5.5}$$

式中 $\hat{H}$ 是满足狄里赫利边界条件的无质量标量场在区间 $(0, \mu\epsilon_z)$ 内的哈密顿. 于是, 对于 $\epsilon_z \gg 1$ 有

$$W_1[Q_{\alpha,\epsilon_z}] = -\frac{1}{12\alpha}\epsilon_z - \frac{1}{2}\ln\frac{\pi\alpha}{\epsilon_z} + o\left(\frac{1}{\epsilon_z}\right). \tag{5.5.6}$$

尺度参量 μ 在上式中不出现是因为柱面上的作用量有尺度不变性. 共形变换下有效作用量 $W_1[K_{\alpha,\epsilon_z}]$ 为

$$W_1[K_{\alpha,\epsilon_x}] = W_1[Q_{\alpha,\epsilon_z}] - \frac{\alpha}{12}\epsilon_z, \tag{5.5.7}$$

而变换 (5.3.15) 给出

$$W_1[M_{B,\epsilon}] = W_1[K_{\alpha,\epsilon_x}] + \alpha f(y), \tag{5.5.8}$$

$$f(y) = -\frac{1}{48}\left(-\frac{2}{y} + 2\ln\ y + 2y + 13y^2 - 13\right). \tag{5.5.9}$$

应用 (5.5.6)~(5.5.8), 可以得到最后结果. 用 $(\beta,\alpha,y,\epsilon)$ 写出的有效作用量 $W_1^{\mathrm{BW}}(\beta, r_B, r_+, \epsilon)$ 为

$$W_1^{\mathrm{BW}}(\beta,r_B,r_+,\epsilon)=\widetilde{W}_1^{\mathrm{BW}}(\beta,\alpha(\beta,r_B,r_+),y(r_B,r_+),\epsilon), \tag{5.5.10}$$

$$\begin{aligned}\widetilde{W}_1^{\mathrm{BW}}(\beta,\alpha,y,\epsilon)=&\frac{1}{12}\left(\alpha+\frac{1}{\alpha}\right)\ln\frac{2\pi\alpha\epsilon}{\beta}\\&-\frac{1}{2}\ln\frac{\pi\alpha}{\ln(\beta/2\pi\alpha\epsilon)}+\frac{\alpha}{48}(15-2y-13y^2)\\&+\frac{1}{24\alpha}\left(1-\frac{1}{y}+\ln\ y\right)+o(\ln^{-1}(\beta/\epsilon)).\end{aligned} \tag{5.5.11}$$

当 $\alpha=1$, 就是即壳情况, 此时作用量可以写成和的形式

$$\begin{aligned}\widetilde{W}_1^{\mathrm{BN}}(\beta,\alpha=1,y,\epsilon)=&\widetilde{W}_1(\beta,y)+\frac{1}{6}\ln\epsilon\\&-\frac{1}{2}\ln\frac{\pi}{\ln(\beta/2\pi\epsilon)}+o(\ln^{-1}(B/\epsilon)).\end{aligned} \tag{5.5.12}$$

式中区域 M_B 上的热力学作用量 $\widetilde{W}_1(\beta,y)$ 由式 (5.3.17) 给出, 而附加项来源于墙的存在, 当 $\epsilon\to 0$ 时它对数发散.

2. 熵

砖墙模型的熵 S_1^{BW} 由 (5.4.1) 用 W_1^{BW} 给出. 写成 $(\beta,\alpha,y,\epsilon)$ 的形式为

$$\begin{aligned}S_1^{\mathrm{BW}}(\beta,\alpha,y,\epsilon)=&\frac{1}{12\alpha}\left(2\ln\frac{\beta}{2\pi\alpha\epsilon}-\ln\ y+\frac{1}{y}-1\right)\\&+\frac{1}{2}\ln\frac{\pi\alpha}{\ln(\beta/2\pi\alpha\epsilon)}+o(\ln^{-1}(\beta/\epsilon)).\end{aligned} \tag{5.5.13}$$

令 $\alpha=1$ 便得到 S_1^{BW} 的即壳值.

这里应注意, 重整化参数 μ 未出现于 (5.5.11) 和 (5.5.13), 故砖墙作用量 W_1^{BW} 和熵 S_1^{BW} 都不含有 μ. 这是因为在常共形变换下, 有效作用量需附加一正比于流形的欧拉示性数的项. 但是 $M_{B,\epsilon}$ 与柱面的拓扑相同, 欧拉示性数为零. 因此, 有效作用量在常共形变换下不变, 并不含 μ. 另一方面, 完全规则瞬子的欧拉示性数与 D^2 相同, 都不为零. 结果共形反常积分不为零, 因而 μ 作为维数变换的参数出现在热力学作用量和熵中.

下面我们证明, 砖墙熵 (5.5.13) 和统计力学熵相合并可写成

$$S_1^{\mathrm{BW}}(\beta,\alpha,y,\epsilon)=-\mathrm{tr}[\hat{\rho}_\epsilon^{\mathrm{H}}(\beta)\ln\hat{\rho}^{\mathrm{H}}(\beta)]. \tag{5.5.14}$$

式中 $\hat{\rho}^{\mathrm{H}}(\beta)$ 是黑洞附近区域 $M_{B,\epsilon}$ 中的无质量气体的热密度矩阵, β 是 Σ_B 处测得的温度的倒数. 在't Hooft 的砖墙模型中, 这种热气体被认为是黑洞的内部自由度.

为了证明 (5.5.14) 式, 我们先把 S_1^{BW} 的表示式改写一下. (5.5.7) 和 (5.5.8) 式给出

$$W_1^{\mathrm{BW}}(\beta, r_B, r_+, \epsilon) = \alpha f(y) - \frac{\alpha\epsilon_z}{12} + W_1[Q_{\alpha,\epsilon_z}]. \tag{5.5.15}$$

为了得到 S_1^{BW}, 我们固定 r_B, r_+ 和 ϵ. 于是 y 不依赖于 β, 而 α 正比于 β, 结果 (5.5.15) 中前两项对 S_1^{BW} 无贡献, 故有

$$S_1^{\mathrm{BW}} = \left(\alpha\frac{\partial}{\partial\alpha} - 1\right) W_1[Q_{\alpha,\epsilon_z}] = \frac{1}{6\alpha}\epsilon_z + \frac{1}{2}\ln\frac{\pi\alpha}{\epsilon_z} + o(\epsilon_z^{-1}). \tag{5.5.16}$$

易证此式和 (5.5.13) 相合. 注意 $W_1[Q_{\alpha,\epsilon_z}]$ 由 (5.5.5) 给出, 量 $(1-\beta(\partial/\partial\beta))\ln \mathrm{tr}\mathrm{e}^{-\beta\hat{H}_L}$ 可写成

$$-\mathrm{tr}[\hat{\rho}_L(\beta)\ln\hat{\rho}_L(\beta)].$$

式中 $\hat{H}_L$ 是长 L 区域内的哈密顿, 而

$$\hat{\rho}_L(\beta) = \rho_0\mathrm{e}^{-\hat{\beta}H_L}.$$

应用这些关系式, 可以把 (5.5.16) 写为

$$S_1^{\mathrm{BW}} = -\mathrm{tr}[\hat{\rho}_{\mu\epsilon_z}(2\pi\mu\alpha)\ln\hat{\rho}_{\mu\epsilon_z}(2\pi\mu\alpha)]. \tag{5.5.17}$$

此式表明 S_1^{BW} 是区间 $\mu\epsilon$ 内温度为 $(2\pi\mu\alpha)^{-1}$ 的一维热气体的熵 [由于前面说明的原因, μ 不出现在 (5.5.16) 中].

此结果可以用来证明 (5.5.14) 式, 因为密度矩阵 $\hat{\rho}_{\mu\epsilon_z}(2\pi\mu\alpha)$ 和黑洞密度矩阵 $\rho^{\mathrm{H}}(\beta)$ 相合. 实际上, 我们用了保持对称性 (Killing 矢量) 的共形变换, 并没有影响边界条件. 在这些条件下, 共形无质量场的哈密顿是不变的, 故密度矩阵也是不变的. 但是要注意, 我们用来定义温度和距离的尺度会改变. 为了定义能量、温度等, 我们必须保证 Killing 矢量的归一性. 现在我们选择 (在外边界 Σ_B 处) 条件 $(\xi^2)_B = 1$. 若共形因子 σ 在边界处不为零, 则必须重新标度 $\xi^\mu \to \widetilde{\xi}^\mu = \exp(-\sigma_B)\xi^\mu$, 使得共形变换后, 在边界处有 $\widetilde{\xi}^2 = 1$. 我们有

$$\mathrm{e}^{-\beta\hat{H}_L} = \mathrm{e}^{-\widetilde{\beta}\widetilde{H}_L}, \tag{5.5.18}$$

式中

$$\widetilde{\beta} = \exp(-\sigma_B)\beta, \quad \widetilde{H} = \exp(\sigma_B)\hat{H}.$$

$\widetilde{L}$ 是共形相关度规 $\widetilde{\gamma}_{\mu\nu} = \mathrm{e}^{-z\sigma}\gamma_{\mu\nu}$ 中区间的固有长度.

特别是考虑到我们在第一步中用到的共形映射 (5.3.11) 和 (5.3.14), (5.5.18) 给出

$$\hat{\rho}_\epsilon^{\mathrm{H}}(\beta) = \hat{\rho}_{\mu\epsilon_x}^{\mathrm{R}}(2\pi\mu\alpha). \tag{5.5.19}$$

式中 $\hat{\rho}^{\mathrm{H}}$ 是初始黑洞密度矩阵, $\hat{\rho}^{\mathrm{R}}$ 是 Rindler 空间中的热密度矩阵, 其度规为

$$\mathrm{d}\tilde{s}^2 = \mu^2[x^2\mathrm{d}\tilde{\tau}^2 + \mathrm{d}x^2] = \left(\frac{X}{\mu}\right)^2 \mathrm{d}T^2 + \mathrm{d}X^2. \tag{5.5.20}$$

Rindler 空间的温度倒数 $2\pi\mu\alpha$ 是在边界 $X = \mu$ 处测量的, 此处满足 $g_{TT} = 1$. 参数 $\mu\epsilon_x$ 为内边界到视界的固有距离, 用 Rindler 度规测量. 注意固有距离并非共形不变量. 最后, 把 Rindler 空间映射到平直空间 [相应的有效作用量的变换 $K_{\alpha,\epsilon_x} \to Q_{\alpha,\epsilon_z}$ 由 (5.5.4) 式给出], 可以得到 Rindler 密度矩阵和区间内的密度矩阵之间的关系

$$\hat{\rho}^{\mathrm{R}}_{\mu\epsilon_x}(2\pi\mu\alpha) = \hat{\rho}_{\mu\epsilon_z}(2\pi\mu\alpha). \tag{5.5.21}$$

S_1^{BW} 的统计力学形式 (5.5.14) 便可由 (5.5.17)、(5.5.19) 和 (5.5.21) 得到.

5.6 顶角奇异性方法

我们可以不去掉视界附近的 ϵ-区域, 而直接研究完整的黑洞几何. 但是若 β_∞ 和 Hawking 值 β_H 不同, 时空不再是规则的, 因为视界 $r = r_+$(Killing 矢量的固定点) 处有角亏损为 $2\pi(1-\alpha)$ 的顶角奇异性. 这样的空间在顶角处具有类 δ 的曲率. 因此, 它不是真空爱因斯坦场方程的解. 我们称这空间为奇异瞬子, 用 M_B^α 表示 (图 5-17).

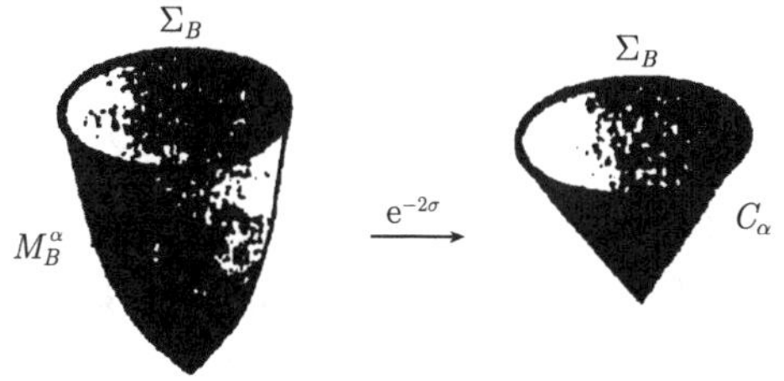

图 5-17

直接用这一流形做单圈计算是可能的. 我们把相应的方法称为顶角奇异性方法. 所得结果和规则空间的区别在于紫外发散性的结构. 顶角奇异性导致有效作用量中出现附加的、源于视界面的发散项; 重整化需要新的项. 但是重要的是这些项的数量级为

$$(\beta_\infty - \beta_H)^2 \sim (1-\alpha)^2,$$

故即壳时它们对黑洞熵和自由能均无贡献.

在二维情况下, 由 (5.11.2) 和 (5.11.3), 可将奇异瞬子 M_B^α 上作用量的发散部分写成:

$$W_l^{\mathrm{div}}[M_B^\alpha] = -\frac{1}{8\pi\delta}\int_{M_B^\alpha}\sqrt{\gamma}\mathrm{d}x^2 + \left(\frac{\ln\delta}{12}\chi[M_B^\alpha] + \frac{1}{2\alpha}(1-\alpha)^2\right). \tag{5.6.1}$$

$$\chi[M_B^\alpha]=\frac{1}{4\pi}\left(\int_{M_B^\alpha}R\mathrm{d}^2x+2\int_{\Sigma_B}k\mathrm{d}y+4\pi(1-\alpha)\right). \tag{5.6.2}$$

如 (5.3.9) 一样, 式中 δ 是紫外截断参数, R 是规则曲率. 量 $\chi[M_B^\alpha]$ 是 M_B^α 的欧拉示性数, 且与 Gibbons-Hawking 瞬子相同

$$\chi[M_B^\alpha]=\chi[M_B]=1.$$

因此, 精确到 $(1-\alpha)^2$, 规则瞬子的发散项与奇异情况相合 [比较 (5.3.9) 和 (5.6.1)], 而其差在即壳时不影响熵. 如前, 我们假设已重整化, 只采用重整化的量.

现在我们用顶角奇异性方法计算离壳有效作用量 W_1^{CS} 和熵 S_1^{CS}.

与前面的讨论相似, β 为 Σ_B 处的温度倒数, $\alpha=\beta_\infty/\beta_H$ 为离壳参数. 我们再次采用共形变换 (5.3.1). 但是现在它把奇异瞬子映射到标准锥 C_α, 其母线为单位长度 (以 μ 为单位)

$$\mathrm{d}\tilde{s}^2=\mu^2(x^2\mathrm{d}\tilde{\tau}^2+\mathrm{d}x^2),\quad 0\leqslant x\leqslant 1,\quad 0\leqslant\tau\leqslant 2\pi\alpha. \tag{5.6.3}$$

利用 (5.3.11)、(5.3.14) 和 (5.11.9) 式, 可以把有效作用量 W_1^{CS} 和 C_α 上的作用量联系起来. 如前, 用变量 (β,α,y) 写出, 此作用量为

$$W_1^{\mathrm{CS}}(\beta,r_B,r_+)=\widetilde{W}_1^{\mathrm{CS}}(\beta,\alpha(\beta,r_B,r_+),y(r_B,r_+)). \tag{5.6.4}$$

$$\begin{aligned}\widetilde{W}_1^{\mathrm{CS}}(\beta,\alpha,y)=&-\frac{\alpha}{48}\left(2y+13y^2-15+4\ln\frac{\beta}{2\pi\mu\alpha}\right)\\&-\frac{1}{24\alpha}\left(\frac{1}{y}-1-\ln\,y+2\ln\frac{\beta}{2\pi\mu\alpha}\right)+C(\alpha).\end{aligned} \tag{5.6.5}$$

式中 $C(\alpha)$ 是单位锥的有效作用量, 当 $\alpha=1$ 时, 与单位盘 D^2 的有效作用量相同: $C(\alpha=1)=C$. 函数 $C(\alpha)$ 不含 μ, 并导致熵的一纯数项. 它的形式对我们不重要.

取即壳极限 $\alpha=1$ 时, 顶角奇异性消失, 故

$$\widetilde{W}_1^{\mathrm{CS}}(\beta,\alpha=1,y)=\widetilde{W}_1(y,\beta). \tag{5.6.6}$$

或 $\widetilde{W}_1(y,\beta)$ 是 (5.3.17) 给出的即壳有效作用量.

熵 S_1^{CS} 由 $\widetilde{W}_1^{\mathrm{CS}}(\beta,\alpha,y)$ 通过式 (5.4.4) 确定, 于是有

$$S_1^{\mathrm{CS}}(\beta,\alpha,y)=\frac{1}{12\alpha}\left(\frac{1}{y}-1-\ln\,y+2\ln\frac{\beta}{2\pi\mu\alpha}\right)+C^{\mathrm{CS}}(\alpha). \tag{5.6.7}$$

式中

$$C^{\mathrm{CS}}(\alpha)=\left(\alpha\frac{\partial}{\partial\alpha}-1\right)C(\alpha) \tag{5.6.8}$$

在 $\alpha=1$ 时是无关常数. 在顶角奇异性方法中, 重整化作用量 W_1^{CS} 和熵 S_1^{CS} 都是有限的.

5.7 钝锥方法

考虑前页图中的奇异瞬子和一系列在顶角处几何略有变化的规则流形 (如图 5-18), 这些几何, 黎曼曲率处处规则, 仅在视界附近和奇异瞬子不同. 我们称这种几何为"钝瞬子", 而把这种离壳延拓称为钝锥方法. 在这一方法中, 可以避免无限曲率流形的量子化和重整化问题. 计算的最后才去掉顶角奇异性的规则化.

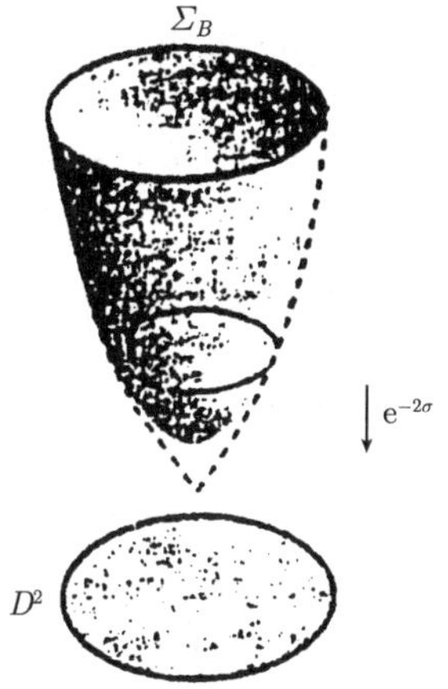

图 5-18

为了简化计算, 我们选择离壳延拓的一种特殊形式. 它由两个参量表征: 离壳参数 $\alpha=\beta_\infty/\beta_H$ 和一个新参数 η, 它描述钝瞬子顶点圆化的程度. 钝瞬子度规取为

$$\mathrm{d}s^2=\left(\frac{\beta}{2\pi}\right)^2(\rho^2\mathrm{d}\tau^2+b^2\mathrm{d}\rho^2),\quad 0\leqslant\tau\leqslant 2\pi,\quad 0\leqslant\rho\leqslant 1;\tag{5.7.1}$$

$$b=\frac{1}{(1-\rho^2+y\rho^2)^2}\frac{\rho^2+\alpha\eta^2}{\alpha\rho^2+\alpha\eta^2}.$$

区域的边界 Σ_B 位于 $\rho=1$, 其长为 β. 如前, 黑洞质量参数含于无量纲量 $y=r_+/r_B$ 中. 唯一确定钝瞬子的参数为 β,r_B,r_+ 和 η. 当 $\alpha=1$, 此度规和 G-H 瞬子度规相同.

为了计算钝瞬子上重整化的单圈有效作用量, 我们把这一钝瞬子映射到一单位盘 D^2 上. 首先考虑一任意的静态欧氏二维流形, 其线元 $\mathrm{d}s^2$ 和单位盘上线元 $\mathrm{d}\tilde{s}^2$ 共形

$$\mathrm{d}s^2=\left(\frac{\beta}{2\pi}\right)^2[a^2\mathrm{d}\tau^2+b^2\mathrm{d}\rho^2]=\exp(2\sigma)\mu^2[x^2\mathrm{d}\tilde{\tau}^2+\mathrm{d}x^2].\tag{5.7.2}$$

式中

$$0\leqslant\tau\leqslant 2\pi,\quad 0\leqslant\tilde{\tau}\leqslant 2\pi,\quad 0\leqslant\rho\leqslant 1,\quad 0\leqslant x\leqslant 1.$$

于是, 度规系数 a, b 和共形因子

$$\sigma(\rho)=\ln\frac{a(\rho)}{a(1)}+\int_\rho^1\mathrm{d}\rho\frac{b}{a}+\ln\left(\frac{\beta}{2\pi\mu}\right)\tag{5.7.3}$$

都只含 ρ. 归一化条件要求

$$\sigma(1)=\ln\frac{\beta}{2\pi\mu}$$

和 $\widetilde{\tau}=\tau$.

把共形反常积分 (见 5.1.1 节) 用于度规 (5.7.2), 得到单圈有效作用量

$$W_1^{\mathrm{BC}}=-\frac{1}{6}\ln\left(\frac{\beta}{2\pi\mu}\right)-\frac{1}{12}\int_0^1\mathrm{d}\rho\frac{(a'-b)^2}{ab}-\left(\frac{a'}{4b}\right)_{\rho=1}+\frac{1}{4}+C. \tag{5.7.4}$$

这里 $a'=\mathrm{d}a/\mathrm{d}\rho$, 常数 C(与前面类似) 是单位盘 D^2 的有效作用量. 在导出此式时已用到视界处度规的规则化条件 $(a'/b)|_{\rho=0}=1$. 对于钝瞬子度规 (5.7.1), 有

$$a=\rho,\quad b=\frac{1}{(1-\rho^2+y\rho^2)^2}\frac{\rho^2+\alpha\eta^2}{\alpha\rho^2+\alpha\eta^2}, \tag{5.7.5}$$

$$\sigma=\ln\rho+\frac{1}{2}\int_{\rho^2}^1\mathrm{d}z\frac{z+\alpha\eta^2}{z(\alpha z+\alpha\eta^2)(1-z+yz)^2}+\ln\left(\frac{\beta}{2\pi\mu}\right).$$

钝锥有效作用量为

$$W_1^{\mathrm{BC}}(\beta,r_B,r_+,\eta)=\widetilde{W}_1^{\mathrm{BC}}(\beta,\alpha(\beta,r_B,r_+),y(r_B,r_+),\eta), \tag{5.7.6}$$

$$\begin{aligned}\widetilde{W}_1^{\mathrm{BC}}(\beta,\alpha,y,\eta)=&-\frac{1}{6}\ln\left[\frac{\beta}{2\pi\mu}\right]-\frac{(\alpha-1)}{24\alpha}\frac{1}{(1+\eta^2-y\eta^2)^2}\ln\left|\frac{\eta^2}{1+\eta^2}\right|\\&+\frac{\alpha-1}{24}(1+\alpha\eta^2-y\alpha\eta^2)^2\ln\left|\frac{\alpha\eta^2}{1+\alpha\eta^2}\right|\\&+\frac{1}{24}\ln|y|\times\left[1-\frac{\alpha-1}{\alpha}\frac{1}{(1+\eta^2-y\eta^2)^2}\right]\\&+\frac{1}{24}(1-y)\left[2\alpha-\frac{1+\alpha\eta^2-y\alpha\eta^2}{\alpha y(1+\eta^2-y\eta^2)}\right]\\&-\frac{1}{48}\alpha(1-y)^2[1-2(\alpha-1)\eta^2]\\&-\frac{1}{4}\times\frac{\alpha+\alpha\eta^2}{1+\alpha\eta^2}y^2+\frac{1}{4}+C.\end{aligned} \tag{5.7.7}$$

参数 η 的作用类似于砖墙模式中的截断参数 ϵ. 当规则化参数 $\eta\to0$ 时, 作用量变为

$$\begin{aligned}\widetilde{W}_1^{\mathrm{BC}}(\beta,\alpha,y,\eta)=&-\frac{1}{6}\ln\frac{\beta}{2\pi\mu}+\frac{1}{48}\left[-\frac{2}{\alpha y}+\frac{2}{\alpha}\ln y-2\alpha y\right.\\&\left.-13\alpha y^2+2(\alpha-1)\ln\alpha+\frac{2}{\alpha}+3\alpha+12\right]\\&+C+\frac{1}{24\alpha}(\alpha-1)^2\ln\eta^2+o(\eta^2).\end{aligned} \tag{5.7.8}$$

在即壳时 $(\alpha=1)$, 度规 (5.7.1) 变为 G–H 瞬子度规, 相应的即壳有效作用量为

$$\widetilde{W}_1^{\mathrm{BC}}(\beta,\alpha=1,y,\eta)=-\frac{1}{6}\ln\frac{\beta}{2\pi\mu}$$

$$+\frac{1}{48}\left[-\frac{2}{y}+2\ln y-2y-13y^2+17\right]+C. \quad (5.7.9)$$

与 (5.3.17) 给出的即壳作用量 $\widetilde{W}_1(\beta,y)$ 相同, 相应的钝锥熵当 $\eta=0$ 时有限, 且为

$$S_1^{\mathrm{BC}}(\beta,1,y,0)=\frac{1}{12y}-\frac{1}{12}\ln y+\frac{1}{6}\ln\frac{\beta}{2\pi\mu}-\frac{1}{2}-C. \quad (5.7.10)$$

此结果和顶角奇异性方法得到的熵 S_1^{CS} 相同 (差一个不重要的常数).

5.8 体积截断方法

本节, 我们再讨论一种黑洞有效作用量 W_1 的离壳定义. W_1 可以表示为某一拉格朗日密度 $\mathscr{L}_1(x)$ 对背景空间的体积分:

$$W_1=\int\sqrt{g}\mathrm{d}x\mathscr{L}(x). \quad (5.8.1)$$

相应的拉氏密度可写成热核算符在坐标表象中的对角元素的项:

$$\mathscr{L}_1(x)=-\frac{1}{2}\int_0^{\infty}\frac{\mathrm{d}s}{s}\langle x|\mathrm{e}^{s\triangle}|x\rangle, \quad (5.8.2)$$

于是, 对作用量本身有标准公式

$$W_1=\frac{1}{2}\ln\det(-\mu^2\triangle)=-\frac{1}{2}\int_0^{\infty}\frac{\mathrm{d}s}{s}\mathrm{tre}^{s\mu^2\triangle}. \quad (5.8.3)$$

现在考虑一奇异瞬子, 并对规则点 $r>r_+$ 计算 $\mathscr{L}_1(x)$. 令 Σ_ϵ 表示距视界一很小距离 ϵ 的面. 把积分限制在 Σ_ϵ 外的区域 $M_{B,\epsilon}$ 中, 如图 5-19 所示. 于是, 作用量 W_1 依赖于新参量 ϵ, 我们称这一离壳方法为体积截断方法, 相应的量用上标 VC 表示.

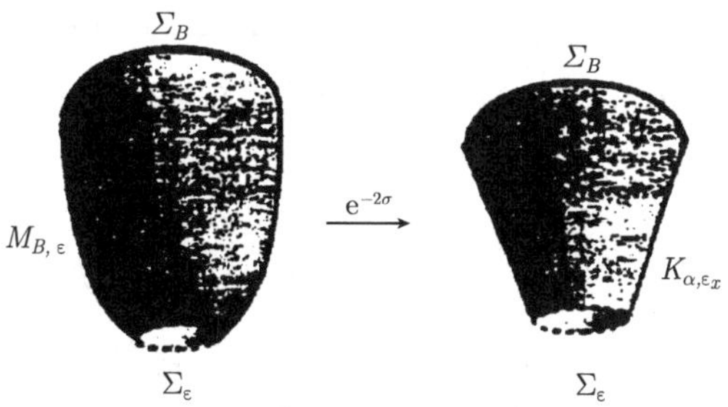

图 5-19

体积截断方法自然地来源于黑洞熵的动力学内部方案. 在这一方法中, 黑洞的内部自由度等同于在视界附近传播的场的态. 由于视界的量子涨落, 对于视界极近

处的传播模式, 其量子涨落幅相对较大, 故将这些模式区分为外部 (在视界外传播) 和内部 (在视界内传播) 是不可能的. 因此, 在此方案中计算黑洞统计力学熵时对模式的求和只能限制为视界涨落区域外的模式. 这等效于上述有效作用量体积分中的截断. 体积截断方法已被许多文章所采用. 黑洞度规被映射到一光学 (极端静态) 度规上, 视界则映射到无限远, 此光学空间的固有体积变成无限大. 为处理这种发散, 很自然地要把体积分限制在一有限区域. 这一方法可以就熵修正获得许多有趣的结果, 即使对高于二维的空间内的有质量场和非零自旋的共形场也能做到这一点.

在某种意义上, 体积截断法很像砖墙法. 但它们肯定是不同的. 因为体积截断法不需要在 Σ_ϵ 上满足任何边界条件. 它还和比 Σ_ϵ 更接近视界的区域内的量子场行为无关.

离壳黑洞解上的拉格朗日 $\mathscr{L}_1$ 的计算可以通过到顶角空间的共形变换进行, 由 (5.11.9) 有

$$\mathscr{L}_1 = \mathrm{e}^{-2\sigma}\mathscr{L}_1(C_\alpha) - \frac{1}{24\pi} \times [R\sigma - (\nabla\sigma)^2 + (2k\sigma + 3\sigma_{,\mu}n^\mu)\delta(r, r_B)]. \tag{5.8.4}$$

式中 $\mathscr{L}_1(C_\alpha)$ 是单位锥 C_α 上的拉格朗日, 只对视界外的区域适用. $\delta(r, r_B)$ 是不变 δ 函数, 可以在外边界处产生表面项. 因子 σ 见 (5.3.14) 式. 注意 (5.11.9) 式中由共形因子 σ 在顶角处的值决定的项对 W_1^{VC}[(5.8.4) 式中] 无贡献.

为找到 $\mathscr{L}_1(C_\alpha)$, 可采用顶角空间 (5.6.3) 上拉普拉斯算符的热核 $K_\alpha(x, x') = \langle x|\mathrm{e}^{s\triangle}|x'\rangle$ 的索末菲表象

$$\begin{aligned} K_\alpha(x, x', \tilde{\tau} - \tilde{\tau}') =& K(x, x', \tilde{\tau} - \tilde{\tau}') \\ &+ \frac{\mathrm{i}}{4\pi\alpha} \times \int_T \cot\left(\frac{w}{2\alpha}\right) K(x, x', \tilde{\tau} - \tilde{\tau}' + w)\mathrm{d}w, \end{aligned} \tag{5.8.5}$$

式中热核 $K(x, x', \tilde{\tau} - \tilde{\tau}')$ 是对单位盘 D^2 的. 积分路径 Γ 位于复平面上, 包括两条曲线, 从 $\mp\pi - (\tilde{\tau} - \tilde{\tau}') \pm \mathrm{i}\infty$ 到 $\mp\pi + (\tilde{\tau} - \tilde{\tau}') \pm \mathrm{i}\infty$, 与实轴的交点位于被积函数的极点 $(-2\pi\alpha, 0)$ 和 $(2\pi\alpha)$ 之间. 锥上的拉格朗日很容易计算, 只要代入 (5.8.5) 和 (5.8.3). 结果很简单:

$$\mathscr{L}_1(C_\alpha) = \mathscr{L}_1(D^2) - \frac{1}{24\pi x^2}\left(\frac{1}{\alpha^2} - 1\right). \tag{5.8.6}$$

式中 $\mathscr{L}_1(D^2)$ 是单位盘 D^2 上的拉格朗日密度. 由于它在 W_1^{VC} 中导致一无关紧要的常数项, 下面将略去它. 第二项产生于 (5.8.5) 中的积分, 而且当 $\alpha = 1$ 时为零. 在这一计算中, 先对 S 积分, 然后再用下面的公式:

$$\frac{\mathrm{i}}{8\pi\alpha}\int_\Gamma \frac{\cot(w/2\alpha)}{\sin^2 w/2}\mathrm{d}w = \frac{1}{6}\left(\frac{1}{\alpha^2} - 1\right). \tag{5.8.7}$$

令 $W_1^{\text{VC}}[C_\alpha]$ 为锥 C_α 上的有效作用量, 可由 (5.8.6) 式积分 (到点 $x=\epsilon_x$) 得到. 和前面类似, ϵ_x 与到视界的距离 ϵ 的关系由 (5.5.3) 给出. 这一泛函为

$$W_1^{\text{VC}}[C_a]=\frac{1}{12}\left(\alpha-\frac{1}{\alpha}\right)\ln\epsilon_x^{-1}. \tag{5.8.8}$$

于是, 由 (5.8.6) 和 (5.8.3) 得到体积截断法中的完全有效作用量

$$\begin{aligned}W_1^{\text{VC}}(\beta,r_B,r_+,\epsilon)=&W_1^{\text{VC}}[C_\alpha]\\&-\frac{1}{24}\pi\left\{\int_{M_{B,\epsilon}}[R\sigma-(\nabla\sigma)^2]+\int_{\Sigma_B}(2K\sigma+3\sigma_{,\mu}n^\mu)\right\}.\end{aligned} \tag{5.8.9}$$

最后我们得到

$$\begin{aligned}W_1^{\text{VC}}(\beta,r_B,r_+,\epsilon)=&\widetilde{W}_1^{\text{VC}}(\beta,\alpha,(\beta,r_B,r_+),y(r_B,r_+),\epsilon),\\ \widetilde{W}_1^{\text{VC}}(\beta,\alpha,y,\epsilon)=&\frac{1}{12}\left(\alpha-\frac{1}{\alpha}\right)\left(\ln\frac{\mu}{\epsilon}-\ln\frac{2\pi\mu\alpha}{\beta}-\frac{1}{2}\ln y-\frac{1}{2}+\frac{1}{2y}\right)\\&+\frac{\alpha}{48\pi}\left(-\frac{2}{y}+2\ln y-2y\right.\\&\left.-13y^2+17+8\ln\frac{2\pi\mu\alpha}{\beta}\right)+o(\epsilon).\end{aligned} \tag{5.8.10}$$

即壳时 $(\alpha=1)$, 发散项 $\ln\epsilon$ 为零, $\widetilde{W}_1^{\text{VC}}$ 和规则空间上的作用量 (5.3.17) 相同:

$$\widetilde{W}_1^{\text{VC}}(\beta,\alpha=1,y,\epsilon)=\widetilde{W}_1(\beta,y). \tag{5.8.11}$$

由作用量 (5.8.10) 得到的熵为

$$\widetilde{S}_1^{\text{VC}}(\beta,\alpha,y,\epsilon)=\frac{1}{12\alpha}\left(2\ln\frac{\mu}{\epsilon}+2\ln\frac{\beta}{2\pi\alpha}-\ln y-1+\frac{1}{y}\right). \tag{5.8.12}$$

即壳时, $\widetilde{S}_1^{\text{VC}}$ 与顶角奇异性熵 $\widetilde{S}_1^{\text{CS}}$ 只差一含 ϵ 的奇异项:

$$\widetilde{S}_1^{\text{VC}}(\beta,\alpha=1,y,\epsilon)=\widetilde{S}_1^{\text{CS}}(\beta,\alpha=1,y)+\frac{1}{6}\ln\frac{\mu}{\epsilon}. \tag{5.8.13}$$

熵 $\widetilde{S}_1^{\text{VC}}$ 也可以写为

$$\widetilde{S}_1^{\text{VC}}(\beta,\alpha,y,\epsilon)=\frac{1}{6\alpha}\ln\epsilon_x^{-1}. \tag{5.8.14}$$

故此量与从作用量 $W_1^{\text{VC}}(C_\alpha)$ 得到的熵相合. 这种吻合的原因是用来区分 $W_1^{\text{VC}}(\beta,\alpha,y,\epsilon)$ 和 $W_1^{\text{VC}}(C_\alpha)$ 的反常项正比于 β, 且对 S_1^{VC} 没有贡献.

另外, S_1^{VC} 与尺度为 $\ln\epsilon^{-1}$ 的体积内的量子气体的热熵相同. 砖墙熵 S_1^{BW} 中的 $\ln\ln\epsilon^{-1}$ 项在体积截断熵中不出现, 因为 Σ_ϵ 处量子场边界条件不必满足, 而场可以自由地在边界上涨落.

5.9　离壳与即壳计算结果的比较

1. 离壳与即壳的有效作用量

本节我们讨论、比较表明黑洞热力学特征的离壳与即壳计算的结果. 先讨论有效作用量的已得结果. 为了表述方便, 引入记号

$$\begin{aligned}U(\beta,\alpha,y)=&-\frac{1}{6}\ln\left[\frac{\beta}{2\pi\mu}\right]\\&+\frac{1}{48}\left[-\frac{2}{y}+2\ln y+17-2y-13y^2\right]\\&+\frac{\alpha-1}{48\alpha}\left(\frac{2}{y}-2\ln y-2+15\alpha-2\alpha y-13\alpha y^2\right)\\&-\frac{(\alpha-1)^2}{12\alpha}\ln\left(\frac{\beta}{2\pi\mu}\right)+\left(\alpha+\frac{1}{\alpha}\right)\ln\alpha.\end{aligned}\tag{5.9.1}$$

各种离壳方法得到的有效作用量单圈贡献可写为

$$\widetilde{W}_1^{\mathrm{CS}}(\beta,\alpha,y)=U(\beta,\alpha,y)+C(\alpha),\tag{5.9.2}$$

$$\widetilde{W}_1^{\mathrm{BW}}(\beta,\alpha,y,\epsilon)=U(\beta,\alpha,y)+\frac{1}{12}\left(\alpha+\frac{1}{\alpha}\right)\ln\left(\frac{\epsilon}{\mu}\right)-\frac{1}{2}\ln\frac{\pi\alpha}{\ln(\beta/2\pi\alpha)},\tag{5.9.3}$$

$$\begin{aligned}\widetilde{W}_1^{\mathrm{BC}}(\beta,\alpha,y,\eta)=&U(\beta,\alpha,y)+\frac{(\alpha-1)^2}{12\alpha}\ln\left(\frac{\eta\beta}{2\pi\alpha\mu}\right)\\&+\frac{\alpha-1}{24}\ln\alpha-\frac{\alpha-5}{4}+C,\end{aligned}\tag{5.9.4}$$

$$\widetilde{W}_1^{\mathrm{VC}}(\beta,\alpha,y,\epsilon)=U(\beta,\alpha,y)-\frac{1}{12}\left(\alpha-\frac{1}{\alpha}\right)\ln\frac{\epsilon}{\mu},\tag{5.9.5}$$

式中

$$y=r_+/r_B,$$

$$\alpha(\beta,r_B,r_+)=\beta/(4\pi r+\sqrt{1-r_+/r_B}).$$

常数 C 和 $C(\alpha)$ 分别是单位盘 D^2 和单位锥 C_α 上的有效作用量

$$W_1=\frac{1}{2}\ln\det(-\mu^2\Delta).$$

用同样的记号, 即壳单圈有效作用量表示为

$$\widetilde{W}_1(\beta,y)=U(\beta,\alpha=1,y)+C.\tag{5.9.6}$$

比较 (5.9.2)、(5.9.4) 和 (5.9.6), 得到

$$\widetilde{W}_1^{\mathrm{CS}}(\beta,\alpha=1,y)=\widetilde{W}_1^{\mathrm{BC}}(\beta,\alpha=1,y,\eta)$$
$$=\widetilde{W}_1^{\mathrm{VC}}(\beta,\alpha=1,y,\epsilon)=\widetilde{W}_1(\beta,y), \tag{5.9.7}$$

这里忽略了 (5.9.4) 和 (5.9.5) 中不重要的常数. 这就是说, 用顶角奇异性、钝锥、体积截断方法计算得到的单圈有效作用量的即壳值和即壳单圈有效作用量 $\widetilde{W}_1(\beta,y)$ 相同. $\widetilde{W}_1^{\mathrm{CS}}$ 总是有限的, 而 $\widetilde{W}_1^{\mathrm{BC}}$ 和 $\widetilde{W}_1^{\mathrm{VC}}$ 仅在即壳 $(\alpha=1)$ 时才是有限的 (即不含 $\ln\eta$ 或 $\ln\epsilon$ 发散项). 唯一发散的即壳值是砖墙有效作用量 $\widetilde{W}_1^{\mathrm{BW}}$.

(5.9.3) 式可以这样解释: 回忆有效作用量 $\widetilde{W}_1^{\mathrm{CS}}$ 的计算过程, 先是共形映射到锥 C_α 上 [见 (5.6.3) 式], 故 $\widetilde{W}_1^{\mathrm{CS}}$ 可以附加一作用量 $W_1[C_\alpha]=C[\alpha]$. 也可以映射到尺度为 ϵ 的锥 $C_{\alpha,\epsilon}$ 上. 这样两种计算结果是可以比较的, 只要采用 $W_1[C_\alpha]$ 和 $W_1[C_\alpha,\epsilon]$ 的差. 而这个差值容易得到, 因为这两个锥互为平凡伸缩

$$\mathrm{d}s^2(C_\alpha)=\left(\frac{\mu}{\epsilon}\right)^2\mathrm{d}s^2(C_{\alpha,\epsilon}). \tag{5.9.8}$$

由 (5.11.9) 得到

$$W_1[C_\alpha]=W_1[C_{\alpha,\epsilon}]+\frac{1}{12}\left(\frac{1}{\alpha}+\alpha\right)\ln\frac{\epsilon}{\mu}. \tag{5.9.9}$$

于是可以把 (5.9.3) 写为

$$W_1^{\mathrm{BW}}(\beta,\alpha,y,\epsilon)=W_1^{\mathrm{CS}}(\beta,\alpha,y)-W_1[C_{\alpha,\epsilon}]+W_1^{\mathrm{Cas}}(\beta,\alpha,\epsilon). \tag{5.9.10}$$

式中

$$W_1^{\mathrm{Cas}}(\beta,\alpha,\epsilon)=-\frac{1}{2}\ln\frac{\pi\alpha}{\ln(\beta/2\pi\alpha\epsilon)} \tag{5.9.11}$$

是 Casimir 效应的贡献.

2. 为什么熵的即壳和离壳单圈贡献会不同

在式 (5.9.7) 中, 所有 (除砖墙) 离壳有效作用量等于即壳有效作用量并不能保证相应的熵也相等. 而且正如下面我们将看到的, 所有离壳计算给出的熵都与即壳熵不同. 在给出具体关系式之前, 先看看这为什么会发生.

离壳计算的出发点是作为参数 β, r_B 和 r_+ 的函数的单圈作用量 W_1. 在砖墙和体积截断方法中, W_1 还含有 ϵ; 在钝锥方法中, 还含有 ϵ 和 η. 量 β 和 r_B 是确定这个问题的外参数. r_+ 由下面的即壳条件给出:

$$\alpha(\beta,r_B,r_+)=\frac{\beta}{4\pi r_+\sqrt{1-r_+/r_B}}=1. \tag{5.9.12}$$

先考虑顶角奇异性方法、钝锥和体积截断方法. 它们的作用量当即壳 (5.9.12) 时, 与 (5.3.16) 和 (5.3.17) 给出的热力学作用量 $W_1(\beta, r_B)$ 相同

$$W_1^*(\beta, r_B, r_+)|_{a=1} = W_1(\beta, r_B). \tag{5.9.13}$$

式中星号代表 CS、BC 和 VC. 热力学熵 S_1^{TD} 由 (5.3.19) 给出

$$S_1^{\mathrm{TD}} = \beta \frac{\partial W_1(\beta, r_B)}{\partial \beta}\bigg|_{r_B} - W_1(\beta, r_B), \tag{5.9.14}$$

而即壳熵由 (5.4.1) 给出

$$S_1^* = \beta \frac{\partial W_1^*(\beta, r_B, r_+)}{\partial \beta}\bigg|_{r_B, r_+} - W_1^*(\beta, r_B, r_+).$$

注意计算 S_1^* 时 r_+ 是固定的. 由此可得两个熵之差:

$$\begin{aligned}\Delta S^* &= S_1^{\mathrm{TD}} - S_1^* \\ &= \beta \left(\frac{\partial}{\partial \beta} W_1(\beta, r_B) - \frac{\partial}{\partial \beta} W_1^*(\beta, r_B, r_+) \right)\bigg|_{a=1}.\end{aligned} \tag{5.9.15}$$

显然, ΔS^* 不为零. 这说明为什么在一般情况下由离壳方法得到的黑洞熵单圈贡献和由即壳作用量经热力学计算得到的贡献不同.

3. 离壳熵与即壳熵的关系

现在我们给出各种离壳熵的显式. 和前面类似, 假定在做完熵的计算后令 $\alpha = 1$. 得到的熵总认为是表征系统的参数 β 和 r_B 的函数. 为了简化, 我们以后略去这些说明. 也要注意, 有效作用量包含任意常数, 记为 C 和 $C(\alpha)$. 类似的常数当然也出现在熵中. 这些常数已出现在前面熵的表达式中. 它们可能对讨论与热力学第三定律有关的问题很重要, 但对我们现在讨论的问题并不重要, 因此我们将不再提及它们. 我们也略去当其他参数取极限值 ($\epsilon = 1,\ \eta = 0$) 时等于零的项.

比较方便的是从顶角奇异性方法得到的熵开始讨论. 由 (5.9.2) 式给出的有效作用量 $W_1^{\mathrm{CS}}(C(\alpha = 1) = 0)$, 或者由 (5.9.1) 式给出的 U, 得到

$$S_1^{\mathrm{CS}} = \frac{1}{12}\left(\frac{1}{y} - 1 - \ln y + 2 \ln \frac{\beta}{2\pi\mu} \right). \tag{5.9.16}$$

令

$$S_1^{\mathrm{T}}(\epsilon) = \frac{1}{6} \ln \frac{\mu}{\epsilon}, \quad S_1^{\mathrm{Cas}}(\epsilon) = \frac{1}{12} \ln \frac{\pi}{\ln \dfrac{\beta}{2\pi\epsilon}}, \tag{5.9.17}$$

则前面所得各结果可表示为

$$S_1^{\mathrm{BW}} = S_1^{\mathrm{CS}} + S_1^{\mathrm{T}} + S_1^{\mathrm{Cas}}, \tag{5.9.18}$$

$$S_1^{\mathrm{VC}} = S_1^{\mathrm{CS}} + S_1^{\mathrm{T}}, \tag{5.9.19}$$

$$S_1^{\mathrm{BC}} = S_1^{\mathrm{CS}}. \tag{5.9.20}$$

这样, 钝锥方法和顶角奇异性方法给出相同的熵 (有限的). 砖墙方法和体积截断方法给出的表达式含发散项 $\ln \epsilon$. S_1^{BW} 和 S_1^{VC} 之差 S_1^{Cas} 来源于两种方法边界条件的不同. 以上所有离壳熵都和 (5.3.22) 式给出的热力学熵单圈贡献 S_1^{TD} 不同. 后者可写为

$$S_1^{\mathrm{TD}} = S_1^{\mathrm{CS}} + \Delta S. \tag{5.9.21}$$

式中

$$\begin{aligned}\Delta S &\equiv \beta \left(\frac{\partial r_+}{\partial \beta} \frac{\partial W_1^{\mathrm{CS}}}{\partial r_+} \bigg|_{\beta, r_B} \right)_{\alpha=1} \\ &= \frac{1}{48(2-3y)}(-14+26y-28y^2+13y^3) + \frac{1}{24}\ln y.\end{aligned} \tag{5.9.22}$$

(5.9.18) 式可以写成另一种便于解释的形式. 由 (5.5.16)、(5.5.17) 和 (5.5.21) 可得

$$S_1^{\mathrm{BW}} = -\mathrm{tr}[\hat{\rho}_\epsilon^{\mathrm{H}}(\beta) \ln \hat{\rho}_\epsilon^{\mathrm{H}}(\beta)]. \tag{5.9.23}$$

另一方面

$$S_1^{\mathrm{T}} + S_1^{\mathrm{Cas}} = S_\epsilon^{\mathrm{R}}(2\pi\mu) = -\mathrm{tr}[\hat{\rho}_\epsilon^{\mathrm{R}}(2\pi\mu) \ln \hat{\rho}_E^{\mathrm{R}}(2\pi\mu)]. \tag{5.9.24}$$

此式就是 Rindler 空间中距视界 (固有距离)ϵ 和 μ 的二镜面间无质量热辐射的熵. 距视界 μ 处测得的辐射温度为 $(2\pi\mu)^{-1}$. 故有

$$S_1^{\mathrm{CS}} = -\{\mathrm{tr}[\hat{\rho}_\epsilon^{\mathrm{H}}(\beta) \ln \hat{\rho}_\epsilon^{\mathrm{H}}(\beta)] - \mathrm{tr}[\hat{\rho}_\epsilon^{\mathrm{R}}(2\pi\mu) \ln \hat{\rho}_\epsilon^{\mathrm{R}}(2\pi\mu)]\}. \tag{5.9.25}$$

容易证明, 在内镜边界 (ϵ 处) 存在时, 只要等式右边的量是用体积截断法计算的, 同样的表达式仍然成立. 对于砖墙法和体积截断法, (5.9.25) 右边的每一项当 $\epsilon \to 0$ 时都发散, 但其差有限. 若形式地定义黑洞和 Rindler 度规背景中的密度矩阵

$$\hat{\rho}^{\mathrm{H}}(\beta) = \lim_{\epsilon \to 0} \hat{\rho}_\epsilon^{\mathrm{H}}(\beta), \hat{\rho}^{\mathrm{R}}(2\pi\mu) = \lim_{\epsilon \to 0} \hat{\rho}_\epsilon^{\mathrm{R}}(2\pi\mu), \tag{5.9.26}$$

则对于体积截断法和砖墙法, 有

$$S_1^{\mathrm{CS}}(\beta, \alpha=1, y) = -\{\mathrm{tr}[\hat{\rho}^{\mathrm{H}}(\beta) \ln \hat{\rho}^{\mathrm{H}}(\beta)] - \mathrm{tr}[\hat{\rho}^{\mathrm{R}}(2\pi\mu) \ln \hat{\rho}^{\mathrm{R}}(2\pi\mu)]\}. \tag{5.9.27}$$

采用 (5.9.21) 式, 我们最后得到

$$S_1^{\mathrm{TD}} = -\{\mathrm{tr}[\hat{\rho}^{\mathrm{H}}(\beta)\ln\hat{\rho}^{\mathrm{H}}(\beta)] - \mathrm{tr}[\hat{\rho}^{\mathrm{R}}(2\pi\mu)\ln\hat{\rho}^{\mathrm{R}}(2\pi\mu)]\} + \Delta S. \tag{5.9.28}$$

这一关系式表明, 热力学熵单圈修正可由统计力学熵用下面的方法得到：先减去 Rindler 熵以消除发散性, 再加上一有限的修正项 ΔS. 后面我们将证明, 第二项 ΔS 就是由于背景时空的量子修正引起的经典 B-H 熵的变化.

这里应提到, 为得到进入黑洞的熵流的正确表达式, Thorne 和 Zurek 提出从统计力学熵中减去黑洞热气的熵. 后者在视界附近和 $S_{\mathrm{Rin}}^{\mathrm{SM}}$ 相同. (5.9.28) 式可以用来证明这个假设. 但是, Thorne 和 Zurek 并未考虑我们这里讨论的熵的量子修正. (5.9.28) 式不仅解释了 S^{SM} 中的无限大体积是如何分割的, 还给出了熵的量子修正依赖于物理特性的精确表达式.

4. *熵和反作用效应*

含量子单圈修正的黑洞热力学熵为

$$S^{\mathrm{TD}} = S^{\mathrm{BH}}(r_+) + S_1^{\mathrm{TD}}. \tag{5.9.29}$$

式中

$$S^{\mathrm{BH}}(r_+) = \pi r_+^2$$

是 Bekenstein-Hawking 熵. 由于量子效应, 含量子修正的 "真实解 $(\overline{\gamma}, \bar{r})$ 与经典 Schwarzschild 解 (γ, r) 不同. 特别是, dilaton 场在 $\overline{\gamma}$ 的视界处取值 $\bar{r}_+$ 与其经典值 r_+ 不同. 现在我们证明 (5.9.29) 式可以写成

$$S^{\mathrm{TD}} = \pi\bar{r}_+^2 + S_1^{\mathrm{CS}}. \tag{5.9.30}$$

证明的第一步是得到决定 $\bar{r}_+$ 的方程. 对于给定的边界条件 (β, r_B), 欧氏有效作用量的极值点确定一规则量子解, 这个解可由解场方程

$$\frac{\delta W}{\delta\overline{\gamma}} = \frac{\delta W}{\delta\bar{r}} = 0$$

得到, 解中的任意常数可由视界规则条件确定, 这样决定了 $\bar{r}_+$ 是 (β, r_+) 的函数. 对于常数的其他选择, 此解有类顶角奇异性. 我们称这解为量子奇异瞬子, 它遵从局域场方程, 但能给出 W 的整体极值点. 量子奇异瞬子由 (β, r_B) 和任意参数 $\bar{r}_+$ 确定. 我们将此解记为 $\overline{\gamma}(\bar{r}_+), \bar{r}(\bar{r}_+)]$. 在量子奇异瞬子上, 计算得到有效作用量为

$$\begin{aligned} W(\beta, r_B, \bar{r}_+) &\equiv W[\beta, r_B, \overline{\gamma}(\bar{r}_+), \bar{r}(\bar{r}_+)] \\ &= I[\beta, r_B, \overline{\gamma}(\bar{r}_+), \bar{r}(\overset{+}{r}{}_+)] + W_1^{\mathrm{CS}}[\beta, r_B, \overline{\gamma}(\bar{r}_+), \bar{r}(\bar{r}_-)]. \end{aligned} \tag{5.9.31}$$

W 的整体极值条件

$$\frac{\partial W(\beta, r_B, r_+)}{\partial r_+} = 0 \tag{5.9.32}$$

给出规则量子瞬子的视界半径 $\bar{r}_+ = \bar{r}_+(\beta, r_B)$. 在这些计算中, 我们只保留到 $\hbar$ 的一阶项. 因此, 可以把 (5.9.31) 中右边的第二项换成由经典奇异瞬子得到的 $W_1^{\rm CS}$

$$W_1^{\rm CS}[\beta, r_B, \overline{\gamma}(\bar{r}_+), \bar{r}(\bar{r}_+)] \to W_1^{\rm CS}[\beta, r_B, \gamma(\bar{r}_+), r(\bar{r}_+)].$$

也可以把 (5.9.31) 中经典作用量 I 中的 $[\overline{\gamma}(\bar{r}_+), r(\bar{r}_+)]$ 替换成经典奇异瞬子解 $[\gamma(\bar{r}_+), r(\bar{r}_+)]$, 只要保持 dilaton 场在视界处的值 $\bar{r}_+$ 不变. 为了证明这一点, 考虑经典作用量 (5.3.1) 的一般变分, 固定 r_B 和 β, 得到

$$\begin{aligned} I[\beta, r_B, \overline{\gamma}, \bar{r}] =& I[\beta, r_B, \gamma, r] \\ &+ \int \left[\left.\frac{\delta I}{\delta \gamma_{ab}}\right|_{\gamma_{ab}} (\overline{\gamma}_{ab} - \gamma_{ab}) + \frac{\delta I}{\delta r}\delta r \right] + r_{,\mu} n^{\mu}|_{r=r_+} \delta r_+ \\ &- 2\pi(1-\alpha) r_+ \delta r_+ + o(\hbar^2). \end{aligned} \tag{5.9.33}$$

假设 dilaton 场在顶角处的值为 r_+, 相应地由 (γ, r) 在 r_+ 处确定的角亏损记为 $2\pi(1-\alpha)$. (5.9.33) 表明, 若 γ 和 $\overline{\gamma}$ 的 r_+ 值相同, 且 (γ, r) 为经典方程 $\delta I/\delta\gamma_{ab} = 0$ 和 $\delta I/\delta r = 0$ 的解, 则由 $(\overline{\gamma}, r)$ 得到的经典作用量的值与经典值 $I[\beta, r_B, \gamma, r]$ 只差一量级为 $o(\hbar^2)$ 的项. 这就是为什么我们可以把 (5.9.31) 中的 $I[\beta, r_B, \overline{\gamma}(\bar{r}_+), \bar{r}(\bar{r}_+)]$ 换成由经典奇异瞬子所得的值 $I(\beta, r_B, r_+)$. 后者容易计算, 其表达式为

$$\begin{aligned} I(\beta, r_B, r_+) &= \beta E(r_B, r_+) - \pi r_+^2, \\ E(r_B, r_+) &\equiv r_B[1 - (1 - r_+/r_B)^{1/2}]. \end{aligned} \tag{5.9.34}$$

式中 E 为准局域能量.

定义量子视界“位置” $\bar{r}_+$ 的 (5.9.32) 可写为

$$\frac{\partial W_1^{\rm CS}(\beta, r_B, r_+)}{\partial r_+} = -2\pi \bar{r}_+ (\overline{\alpha} - 1). \tag{5.9.35}$$

式中

$$\alpha = \alpha(\beta, r_B, r_+) = \beta[4\pi r_+ \sqrt{1 - r_+/r_B}]^{-1},$$

$\overline{\alpha}$ 为与 $r_+ = \bar{r}_+$ 对应的经典离壳参数 α 的值. 对于经典规则瞬子, $\alpha = 1$. 这表明精确到 $\hbar^2$, 我们可以得到

$$2\pi\bar{r}_+(\overline{\alpha} - 1) = 2\pi r_+ \left(\frac{\partial\alpha}{\partial r_+}\right)_{\alpha=1} \Delta r_+. \tag{5.9.36}$$

式中 $\Delta r_+ = \bar{r}_+ - r_+$, 是量子修正引起的黑洞视界“位置”的改变. 由 α 的显式易得

$$\left(\frac{\partial\alpha}{\partial r_+}\right)_{\alpha=1} = -\left[\beta\frac{\partial r_+}{\partial\beta}\right]_{\alpha=1}^{-1}. \tag{5.9.37}$$

因此有

$$2\pi r_+\Delta r_+ = \beta\left[\frac{\partial r_+}{\partial\beta}\frac{\partial W_1^{\rm CS}}{\partial r_+}\right]_{\alpha=1}, \tag{5.9.38}$$

且由 (5.9.22) 得到

$$\Delta S = 2\pi r_+\Delta r_+. \tag{5.9.39}$$

于是, 精确到 $o(\hbar^2)$, 量 ΔS 可以写成

$$\Delta S = S^{\rm BH}(\bar{r}_+) - S^{\rm BH}(r_+).$$

另一方面, 考虑到 (5.9.21), 热力学熵 (5.9.29) 可以写为

$$S^{\rm TD} = S^{\rm BH}(r_+) + \triangle S + S_1^{\rm CS}.$$

至此我们便证明了 (5.9.31) 式.

5.10 小　结

现在讨论把即壳结果和各种离壳结果进行比较所得到的结果. 首先, 我们直接计算证明了, 由自由能对温度变分得到的黑洞热力学熵 $S^{\rm TD}$ 和由 $S^{\rm SM} = -{\rm tr}(\hat{\rho}^{\rm H}\ln\hat{\rho}^{\rm H})$($\hat{\rho}^{\rm H}$ 为黑洞内部自由度的密度矩阵) 确定的统计力学熵 $S^{\rm SM}$ 是不同的. 热力学熵包括主体部分 $S^{\rm BH} = A/4$ 和有限单圈修正 $S_1^{\rm TD}$. 而 $S_1^{\rm TD}$ 可以由即壳有效作用量得到. 统计力学熵 $S^{\rm SM}$ 定义为一单圈量, 且其计算要用离壳方法. $S^{\rm SM}$ 可等同于体积截断熵 $S_1^{\rm VC}$. 于是包含发散项 $\ln\epsilon$, 其中 ϵ 是使体积分有限而引入的固有距离截断. $S^{\rm SM}$ 中主要对数项也出现于砖墙模型中, 但一般地, 由于 Casimir 效应, $S_1^{\rm BM}$ 中有另一发散项 $\ln|\ln\epsilon|$.

$S^{\rm TD}$ 和 $S^{\rm SM}$ 不同的物理原因与作为热力学系统的黑洞的特殊性质有关. 黑洞的内部自由度由在黑洞几何内传播的激发来确定, 而这一几何又由质量参数唯一确定. 在热平衡态中, 质量是外部温度的函数. 因此, 要得到 $S_1^{\rm TD}$ 须改变温度. 这导致描述这些内部激发的哈密顿的改变. 另一方面, 在计算 $S^{\rm SM}$ 时, 黑洞质量和哈密顿是固定的.

我们已经证明, 黑洞的热力学熵可以表示为下面的形式:

$$S^{\rm TD} = S^{\rm BH}(\bar{r}_+) + [S^{\rm SM} - S^{\rm SM}_{\rm Rin}]. \tag{5.10.1}$$

式中 $S^{\rm BH}(\bar{r}_+) = \pi\bar{r}_+^2$ 是 B-H 黑洞的熵, $\bar{r}_+$ 是“量子”黑洞视界的“半径”. 第二项是黑洞和 Rindler 空间的统计力学熵之差. 二者的表达式分别为

$$S^{\rm SM} = -{\rm tr}[\hat{\rho}^{\rm H}(\beta)\ln\hat{\rho}^{\rm H}(\beta)]$$

和

$$S_{\mathrm{Rin}}^{\mathrm{SM}}=-\mathrm{tr}[\hat{\rho}^{\mathrm{R}}(2\pi\mu)\ln\hat{\rho}^{\mathrm{R}}(2\pi\mu)].$$

删减法则自动去掉 S^{SM} 中的发散项.

我们曾在二维情况下用直接计算证明了式 (9.10.1), 但这似乎是普遍性质, 它 (或其推广) 对四维情况肯定成立. 这是因为即壳重整化量 S^{TD} 总是有限的, 故 (5.10.1) 中的差项总会导致 S^{SM} 中体积发散的消除. 在四维情况下导出类似于 (5.10.1) 的关系的一种可行方法是利用光学度规, 使得所需的差项可由高温展开得到. 因此, 差项中奇异项 ϵ 的不同阶的系数必须与 Schwinger-De Witt 系数相联系.

顶角奇异性方法的一个显著特点是 (至少在二维情况下) 可以立即给出有限的结果

$$S_1^{\mathrm{CS}}=S^{\mathrm{SM}}-S_{\mathrm{Rin}}^{\mathrm{CS}}. \tag{5.10.2}$$

S_1^{CS} 有限而 S_1^{VC} 含有体积发散的数学原因与用来计算相应的有效作用量的流形拓扑不同有关. 对于 S_1^{VC}, 标准流形有柱面 (或环) 的拓扑; 而对于 S_1^{CS}, 拓扑为 D^2, 与 G-H 瞬子的拓扑相同. 当从标准单位盘 D^2 上切下一半径为 ϵ 的小盘而变成环时, 其数学操作可解释为减去缠绕熵 $S_{\mathrm{Rin}}^{\mathrm{SM}}=-\mathrm{tr}(\hat{\rho}^{\mathrm{R}}\ln\rho^{\mathrm{R}})$.

再次强调, 在我们所采用的方法中, 一开始就已经完成了重整, 故只有可观测的有限耦合常数出现于结果中. 我们论证了某些离壳方法需要附加一截断参数 ϵ. 它与紫外截断 δ 完全无关, 见 (5.3.9) 和 (5.6.1). 而且参数 ϵ 只出现在中间运算过程中, 不含于最后的可观测结果中. 我们证明了物理可观测量的量子修正总可由即壳量得到. 于是, 对于质量远大于普朗克质量的黑洞而言, 可观测量的量子修正很小, 与普朗克尺度的物理无关. 这就区分了即壳量和离壳量, 如 S^{SM}.

还有一个更一般的问题要说明. 既然表征热平衡黑洞或表征黑洞从一平衡态到另一平衡态的跃迁的可观测量可以只由即壳量得到, 那么为什么在黑洞热力学中还要用离壳方法呢? 我们已经看到, 原因之一是建立统计力学熵和热力学熵之间关系的需要, 在这个意义上, 离壳方法可以看作计算和解释即壳量的有用工具. 但我们相信, 除了这个简单的理由以外, 一定还有更深层次的原因. 离壳方法对描述含黑洞系统的非平衡过程也会是有用的. 在这种情况下, 热力学系统的量子涨落和热涨落可由随机噪声来描述, 这相当于系统离壳情况. 因此, 可以想到, 由视界附近能量激增而激发的黑洞向平衡态过渡的过程, 会用到某些上述的离壳特性.

第 6 章　黑洞的量子效应

6.1　粒子对的自发产生过程

Zeldovich (1972),Starobinsky (1973) 和 Unruh (1974) 研究了稳态时空中粒子对的产生过程.

弯曲时空中自旋为零的荷电粒子的克莱因–高登方程具有形式

$$\frac{1}{\sqrt{-g}}\left[\left(\frac{\partial}{\partial x^\mu}-\mathrm{i}\varepsilon A_\mu\right)\sqrt{-g}g^{\mu\nu}\left(\frac{\partial}{\partial x^\nu}-\mathrm{i}\varepsilon A_\nu\right)\right]\phi(x)-\mu^2\phi(x)=0. \tag{6.1.1}$$

考虑稳态时空背景, 将克尔–纽曼度规代入, 上式可写为

$$\begin{aligned}&\left\{\partial_r\Delta\partial_r-\frac{1}{\Delta}[(r^2+a^2)\partial_t+a\partial_\varphi+\mathrm{i}Q\varepsilon r]^2-\mu^2r^2\right.\\&\left.+\frac{1}{\sin\theta}\partial_\theta\sin\theta\partial_\theta+\left(\frac{1}{\sin\theta}\partial_\varphi+a\sin\theta\partial_t\right)^2-\mu^2a^2\cos^2\theta\right\}\varphi=0.\end{aligned} \tag{6.1.2}$$

此方程可分离变量. 令

$$\varphi=\mathrm{e}^{\mathrm{i}(m\varphi-\omega t)}\chi^{(\theta)}\psi^{(r)}, \tag{6.1.3}$$

得到

$$\left[-\frac{1}{\sin\theta}\frac{\mathrm{d}}{\mathrm{d}\theta}\sin\theta\frac{\mathrm{d}}{\mathrm{d}\theta}+\left(\frac{m}{\sin\theta}-a\omega\sin\theta\right)^2+\mu^2a^2\cos^2\theta\right]\chi=K\chi, \tag{6.1.4}$$

$$\frac{\mathrm{d}^2\psi}{\mathrm{d}z^2}=-V\psi. \tag{6.1.5}$$

式中

$$V=\Delta(\mu^2r^2+K)-[\omega(r^2+a^2)-am-Q\varepsilon r]^2, \tag{6.1.6}$$

$$\mathrm{d}z=-\mathrm{d}r/\Delta. \tag{6.1.7}$$

由 (6.1.5) 知 $V>0$ 是禁区, 我们有 $V<0$, 或

$$[\omega(r^2+a^2)-am-Q\varepsilon r]^2-\Delta(\mu^2r^2+K)\geqslant 0. \tag{6.1.8}$$

在禁区内 $V>0$, 可把有效势 V 看作势垒. 为了看清这一点, 可引入 Tortoise 坐标

$$\frac{\mathrm{d}r^*}{\mathrm{d}r}=\frac{r^2+a^2}{\Delta}. \tag{①}$$

此时视界为

$$r^* = -\infty, \quad V \to -(\omega - m\Omega)^2,$$

空间无限远处为

$$r^* = \infty, \quad V \to -\omega^2,$$

中间为 $V > 0$. 所以 V 为具有一定宽度的势垒.

下面计算自真空中的粒子产生率. 利用量子场论中入射态和出射态的概念, 设外场局限于时空范围 Ω 内, 入射态和出射态分别为 Ω 的过去无限大和将来无限大的态. 分别以

$$P_i^{\text{in}}(x) \quad 和 \quad n_i^{\text{in}}(x) \equiv (P_i^{\text{in}}(x))^*$$

表示入射正能态和负能态, 则它们组成一正交归一的完备集

$$\begin{aligned} &(P_i^{\text{in}}, P_k^{\text{in}}) = \delta_{ik} = \pm(n_i^{\text{in}}, n_k^{\text{in}}), \\ &(P_i^{\text{in}}, n_k^{\text{in}}) = 0. \end{aligned} \tag{6.1.9}$$

式中正负号分别对应于费米子和玻色子.

任意场函数可以展开为

$$\varphi(x) = \sum_i [a_i^{\text{in}} P_i^{\text{in}}(x) + (a_i^{\text{in}}) + n_i^{\text{in}}(x)], \tag{6.1.10}$$

其中 a_i^{in} 和 $(a_i^{\text{in}})^+$ 分别是入射正能粒子的湮灭算符和产生算符. 它们满足下述量子条件:

$$[a_i^{\text{in}}, (a_i^{\text{in}})^+]_\pm = \delta_{ik}. \tag{6.1.11}$$

我们定义入射真空态 $|in>_{\text{vac}}$ 为

$$a_i^{\text{in}}|in>_{\text{vac}} = 0, \quad \forall i. \tag{6.1.12}$$

由此可得 $a_i^+ a_i|in>_{\text{vac}} = 0$, 即 $N_i^{\text{in}}|in>_{\text{vac}} = 0, \forall i$. N_i^{in} 为入射正能粒子数算符. 所以, (8.9.12) 式意味着入射真空态不含入射正能粒子.

完全类似, 我们也可以定义

$$P_i^{\text{out}}(x), \quad n_i^{\text{out}}(x) \quad 和 \quad |\text{out}>_{\text{vac}}.$$

所谓真空中产生粒子, 即入射真空态 $|\text{in}>_{\text{vac}}$ 中包含出射粒子, 或

$$n_i = {}_{\text{vac}}<\text{in}|(a_i^{\text{out}}) + a_i^{\text{out}}|in>_{\text{vac}} \neq 0, \tag{6.1.13}$$

其中 n_i 代表平均粒子数.

由

$$\varphi = \sum_i [a_i^{\rm in} p_i^{\rm in} + (a_i^{\rm in}) + n_i^{\rm in}] = \sum_i [a_i^{\rm out} p_i^{\rm out} + (a_i^{\rm out}) + n_i^{\rm out}],$$

两边同乘以 $(p_i^{\rm out})^+$ 并利用 (8.9.9) 式可得

$$a_i^{\rm out} = \sum_k [(p_i^{\rm out}, p_k^{\rm in}) a_k^{\rm in} + (p_i^{\rm out}, n_k^{\rm in})(a_k^{\rm in})^+], \tag{6.1.14}$$

$$(a_i^{\rm out})^+ = \sum_k [(p_i^{\rm out}, p_i^{\rm in})^+ (a_k^{\rm in})^+ + (p_i^{\rm out}, n_k^{\rm in})^+ a_k^{\rm in}].$$

引入

$$\alpha_{ik} \equiv (p_i^{\rm out}, p_k^{\rm in}), \quad \beta_{ik} \equiv (p_i^{\rm out}, n_k^{\rm in}), \tag{6.1.15}$$

上两式便可简写为

$$\begin{aligned} a_i^{\rm out} &= \sum_k (\alpha_{ik} a_k^{\rm in} + \beta_{ik} a_k^{\rm in+}), \\ (a_i^{\rm out})^+ &= \sum_k [\alpha_{ik}^* (a_k^{\rm in})^+ + \beta_{ik}^* a_k^{\rm in}]. \end{aligned} \tag{6.1.16}$$

这就是 Bogoliubov 变换.

不难得出

$$\begin{aligned} p_i^{\rm out} &= \sum_k [\alpha_{ik} p_k^{\rm in} + \beta_{in} n_k^{\rm in}], \\ n_k^{\rm in} &= \sum_i [\beta_{ik} p_i^{\rm out} + \alpha_{ik} n_i^{\rm out}], \end{aligned} \tag{6.1.17}$$

式中 β_{ik} 叫正负频混合系数.

由 (6.1.16) 式知 (6.1.13) 式中的 n_i 为

$$n_i = \sum_k \beta_{ik}^* \cdot \beta_{ik} = \sum_k |\beta_{ik}|^2 = \sum_k |(p_i^{\rm out}, n_k^{\rm in})|^2. \tag{6.1.18}$$

可见, 自真空中产生粒子, 或入射真空中包含出射粒子的关键是出现正负频的混合.

在弯曲时空中, 只要我们能定义正负频解, 就能定义产生和湮灭算符, 就能定义真空, 而只要两套不同的真空出现正负频混合, 就可以自真空中产生粒子.

在目前所考虑的 Klein 机制中, 正负频混合系数为

$$\beta_{ik} = (p_i^{\rm out}, n_k^{\rm in}),$$

正好就是透射率幅

$$T_{ik} = (p_i^{\rm out}, n_k^{\rm in}). \tag{6.1.19}$$

因此在 Klein 机制中, 强静电场引起正负能级的交错是产生正负频混合的原因.

(8.9.19) 式中 $|T_{ik}|^2 = |\beta_{ik}|^2$ 与自真空中以 "k" 标志的入射负能态 n_k^{in} 产生以 "i" 标志的出射正能态 p_i^{out} 的平均粒子数成正比, 而所产生的平均总粒子数为

$$N = \sum_i n_i \sim \sum_{i,k} |T_{ik}|^2, \tag{6.1.20}$$

式中 "i", "k" 等表示一组完备量子数集合.

考虑到守恒律的限制,

$$T_{ik} = T_i \delta_{ik} = T_{\omega_i \alpha_i} \delta(\omega_i - \omega_k) \delta_{\alpha_i \alpha_k},$$

其中 ω 表示初态或末态的能量, α 表示初态或末态的分立量子数, 则

$$\begin{aligned} n_i &\sim |T_{ik}|^2 = |T_i|^2 = |T_{\omega_i\alpha_i}|^2 [\delta(\omega_i - \omega_k)]^2, \\ N &= \sum_i n_i \sim \sum_{i,k} |T_{\omega_i\alpha_i}|^2 \delta(\omega_i - \omega_k) \frac{1}{2\pi} \int \mathrm{e}^{\mathrm{i}(\omega_i - \omega_k)t} \mathrm{d}t \\ &= \sum_{i,k} |T_{\omega_i\alpha_i}|^2 \delta(\omega_i - \omega_k) \frac{1}{2\pi} \int \mathrm{d}t, \end{aligned}$$

故

$$\begin{aligned} \frac{\mathrm{d}N}{\mathrm{d}t} &\sim \frac{V^2}{(2\pi)^6} \int \mathrm{d}\omega_i \int \mathrm{d}\omega_k \sum_{ki} |T_{\omega_i\alpha_i}|^2 \delta(\omega_i - \omega_k) \frac{1}{2\pi} \\ &= \frac{V^2}{(2\pi)^6} \int \mathrm{d}\omega \sum_i \frac{1}{2\pi} |T_{\omega_i\alpha_i}|^2. \end{aligned} \tag{6.1.21}$$

对于克尔–纽曼时空, 作类似处理, 可以得到黑洞外粒子对的产生率

$$\frac{\mathrm{d}N}{\mathrm{d}t} = \int \frac{\mathrm{d}\omega}{2\pi} \sum_{m,k} |T|^2_{\omega,m,k}. \tag{6.1.22}$$

用 WKB 近似法, 可以计算

$$\xi = 2 \int V^{1/2} \mathrm{d}z, \tag{6.1.23}$$

$$|T^2| = \mathrm{e}^{-\xi},$$

式中积分沿势垒. 引入局部正交标架 ω_μ

$$\mathrm{d}\omega^\mu = \alpha^\mu_\nu \mathrm{d}x^\nu,$$

$$(\alpha^\mu_\nu) = \begin{bmatrix} \dfrac{\Delta^{1/2}}{\rho} & 0 & 0 & -\left(\dfrac{\Delta^{1/2}}{\rho} a \sin^2\theta\right) \\ 0 & \dfrac{\rho}{\Delta^{1/2}} & 0 & 0 \\ 0 & 0 & \rho & 0 \\ -\sin\theta \dfrac{a}{\rho} & 0 & 0 & \sin\theta \dfrac{r^2 + a^2}{\rho} \end{bmatrix} \tag{6.1.24}$$

此时克尔–纽曼度规具有形式

$$ds^2 = -d\omega_0^2 + d\omega_1^2 + d\omega_2^2 + d\omega_3^2,$$

式中

$$\begin{aligned}
d\omega^0 &= \frac{\Delta^{1/2}}{\rho}(dt - a\sin^2\theta d\varphi),\\
d\omega^1 &= \frac{\rho}{\Delta^{1/2}}dr,\\
d\omega^2 &= \rho d\theta,\\
d\omega^3 &= \sin\theta\cdot\frac{1}{\rho}[(r^2+a^2)d\varphi - adt].
\end{aligned} \tag{6.1.25}$$

由于

$$a = \rho^2\sin\theta,\quad \alpha = |\alpha_\nu^\mu|,$$

我们得到

$$(\alpha_\nu^\mu) = \begin{bmatrix} \dfrac{r^2+a^2}{\Delta^{1/2}\rho} & 0 & 0 & \dfrac{a\sin\theta}{\rho} \\ 0 & \dfrac{\Delta^{1/2}}{\rho} & 0 & 0 \\ 0 & 0 & \dfrac{1}{\rho} & 0 \\ \dfrac{a}{\Delta^{1/2}\rho} & & & \dfrac{1}{\rho\sin\theta} \end{bmatrix} \tag{6.1.26}$$

于是在正交标架中有

$$F_{\mu\nu} = \alpha_{\mu'}^{\tau}\alpha_{\nu'}^{\sigma}F_{\tau\sigma}. \tag{6.1.27}$$

电场和磁场的分量分别为

$$\begin{aligned}
E_1 &= e\rho^{-4}(r^2 - a^2\cos^2\theta),\\
B_1 &= e\rho^{-4}2ar\cos\theta.\\
E_0 &= E_2 = E_3 = B_0 = B_2 = B_3 = 0.
\end{aligned} \tag{6.1.28}$$

此式表明, 电场和磁场互相平行, 这是引入上述局部标架的结果.

在局部时空范围内, 我们采用平直时空近似和均匀电磁场近似. 在这种近似条件下, 海森伯和欧拉早就指出, 波函数可以由分离变量法求得. 自旋为 1/2 的解具有形式

$$\varphi = e^{i(k_x x - \omega t)}u_n[(\varepsilon B)^{1/2}(y^2 + k_x/\varepsilon B)]\psi(z), \tag{6.1.29}$$

式中 u_n 为 n 阶谐振子的波函数, $\psi(z)$ 满足方程

$$\frac{d^2\psi}{d\xi^2} + (\xi^2 - \lambda)\psi = 0, \tag{6.1.30}$$

$$\xi = \pi\mu\frac{2}{\varepsilon E_1} + 2\pi\left(n + \frac{1}{2} + \sigma_1\right)\frac{B_1}{E_1}. \tag{6.1.31}$$

透射率

$$T^2 = \mathrm{e}^{-\xi}, \tag{6.1.32}$$

在 $n = 0, \sigma = -1/2$ 时最大

$$u_n = N_n H_n(\alpha\xi)\exp\left(-\frac{1}{2}\alpha^2\xi^2\right). \tag{6.1.33}$$

$n = 0$ 时, 对应谐振子的基态或粒子只有沿 ω_1 方向的运动, $\sigma = -\frac{1}{2}$ 表示透射的费米子流是极化的, 分支比

$$\frac{\Gamma^2_{-1/2}}{\Gamma^2_{1/2}} = \exp(-2\pi B_1/E_1).$$

自旋为 1/2 的费米子, 所产生的总粒子对数为

$$N = \int \sqrt{g}\mathrm{d}^4x\frac{1}{4\pi}\left(\frac{\varepsilon E_1}{\pi}\right)^2\frac{\pi B_1/E_1}{\mathrm{th}(\pi B_1/E_1)}\exp(-\pi\mu^2/\varepsilon E_1), \tag{6.1.34}$$

式中

$$g = \rho^4\sin^2\theta. \tag{6.1.35}$$

6.2 霍金辐射

霍金 (1974) 发现, 黑洞像一个黑体一样, 具有温度 $T_B = \frac{\hbar\kappa}{ck}$ 标志的热辐射. 霍金计算的是一颗坍缩的恒星正在形成黑洞时的量子效应. 后来人们进一步研究发现, 完成坍缩后的永久黑洞以及任何一个具有未来世界的静态和稳态时空都具有完全相同的霍金辐射.

下面就介绍霍金所做的推导.

图 5-20(a) 所示为一已完成坍缩的 Schwarzschild 黑洞的 Penrose 图, 零无限远 J^+ 和 J^- 是渐近闵可夫斯基区. 对 I 区来说, 可以选择 $J^-\bigcup I^-\bigcup H^-$ 为 Cauchy 面. 图 5-20(b) 表示坍缩中的黑洞 (Schwarzschild 黑洞), 阴影部分为坍缩星体占据的部分. 此时 I 区的 Cauchy 面是 $I^-\bigcup J^-$, 而 J^+ 和 J^- 仍为渐近闵可夫斯基区.

设 $\mathscr{J}^-$ 处 $(t = -\infty, r = +\infty)$ 的入射标量波的正、负频解为

$$f_{\omega lm}(r,\theta,\varphi,t), f^*_{\omega lm}(r,\theta,\varphi,t).$$

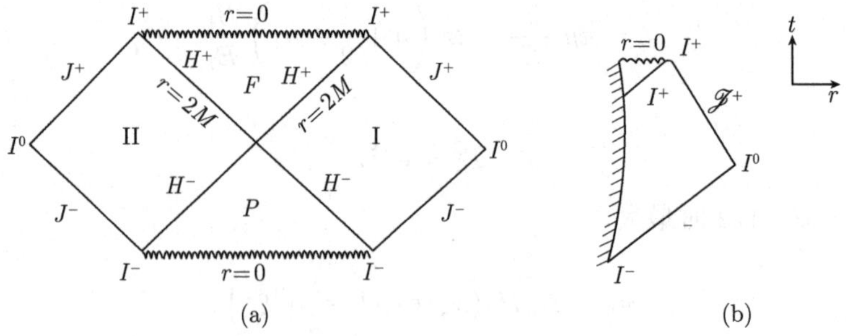

图 5-20

任一标量波函数可如下展开:

$$\varphi(x)=\sum_{l,m}\int \mathrm{d}\omega(a_{\omega lm}f_{\omega lm}+a^{+}_{\omega lm}f^{*}_{\omega lm}). \tag{6.2.1}$$

入射真空 $|0\rangle_{\rm in}$ 的定义为

$$\begin{aligned}&a_{\omega lm}|0\rangle_{\rm in}=0\\&\forall\omega,l,m,\end{aligned} \tag{6.2.2}$$

在 $t=+\infty$ 时的出射标量波可在 $\mathscr{J}^{+}(t=+\infty,r=+\infty)$ 和 $H^{+}(t=+\infty,r=2m)$ 两处出现, 故 $t=+\infty$ 时的正、负频解分别为

$$(p_{\omega lm},p^{*}_{\omega lm})\mathscr{J}^{+}\text{处},\ (q_{\omega lm},q^{*}_{\omega lm})H^{+}\text{处}.$$

任一标量波函数可展开为

$$\varphi(x)=\sum_{l,m}\int \alpha\omega(b_{\omega lm}p_{\omega lm}+b^{+}_{\omega lm}p^{*}_{\omega lm}+c_{\omega lm}q_{\omega lm}+c^{+}_{\omega lm}q^{*}_{\omega lm}). \tag{6.2.3}$$

现在我们感兴趣的是计算正负频混合系数

$$\beta_{\omega lm;\omega' lm}=(p_{\omega lm}f^{*}_{\omega lm}), \tag{6.2.4}$$

及入射真空中所含出射粒子数

$$\underset{\rm in}{\langle}\, 0|N^{\rm out}_{\omega ln}|0\,\underset{\rm in}{\rangle}=\underset{\rm in}{\langle}\, 0|b^{+}_{\omega lm}b_{\omega lm}|0\,\underset{\rm in}{\rangle}=\int \mathrm{d}\omega'|\beta_{\omega lm;\omega' lm}|^{2}. \tag{6.2.5}$$

为了简单, 我们讨论无质量标量粒子的产生.

坍缩星的终态对应的外部度规为 Schwarzschild 外部度规

$$\mathrm{d}s^{2}=\left(1-\frac{2m}{r}\right)\mathrm{d}t^{2}-\left(1-\frac{2m}{r}\right)^{-1}\mathrm{d}r^{2}-r^{2}\mathrm{d}\varOmega^{2}. \tag{6.2.6}$$

在无质量标量场的情况下, 可以用分离变量法解克莱因–高登方程

$$\Delta_\mu \Delta^\mu_\varphi = 0. \tag{6.2.7}$$

令

$$\varphi(r,\theta,\varphi,t) \sim r^{-1} R_{\omega l}(r) Y_{lm}(\theta,\varphi) \mathrm{e}^{\mathrm{i}\omega t}, \tag{6.2.8}$$

则得到径向方程

$$\frac{\mathrm{d}^2}{\mathrm{d}r^{*2}} R_{\omega l} + \left\{\omega^2 - [l(l+1)r^{-2} + 2mr^{-3}]\left(1 - \frac{2m}{r}\right)\right\} R_{\omega l} = 0, \tag{6.2.9}$$

式中

$$r^* \equiv r + 2m \ln\left|\frac{r}{2m} - 1\right|, \tag{6.2.10}$$

为 Tortoise 坐标.

引入有效势

$$V \equiv [l(l+1)r^{-2} + 2mr^{-3}](1 - 2mr^{-1}),$$
$$H \equiv \omega^2,$$

则 (6.2.9) 可写为

$$\frac{\mathrm{d}^2}{\mathrm{d}r^{*2}} R_{\omega l} + (H - V) R_{\omega l} = 0. \tag{6.2.11}$$

当 $r \to \infty (r^* \to \infty)$ 时, $V \to 0$, 于是得到解

$$P_{\omega lm} = r^{-1} \exp(-\mathrm{i}\omega u) Y_{lm} \quad (\text{出射波}), \tag{6.2.12}$$

$$f_{\omega lm} = r^{-1} \exp(-\mathrm{i}\omega v) Y_{lm} \quad (\text{入射波}), \tag{6.2.13}$$

式中

$$u = t - r^*, \quad v = t + r^*,$$

为双零 (类光) 坐标. 在这一坐标系中, Schwarzschild 度规具有形式

$$\mathrm{d}s^2 = (1 - 2mr^{-1})\mathrm{d}u\mathrm{d}v - r^2 \mathrm{d}\Omega^2. \tag{6.2.14}$$

从 $\mathscr{I}^-$ 来的入射波 $f_{\omega lm}$ 沿着零短程线 v =const 传播, 经过坍缩星中心, 然后“反射”, 沿着 u=const 到达 $\mathscr{I}^+$, 变成出射波 $p_{\omega lm}$(图 5-21).

由于星体的塌缩将引起出射波有一甚大的红移, 因此入射波 $f_{\omega' lm}$ 应有一甚高的频率 ω', 这样我们就可采用几何光学近似以讨论上述“反射”过程.

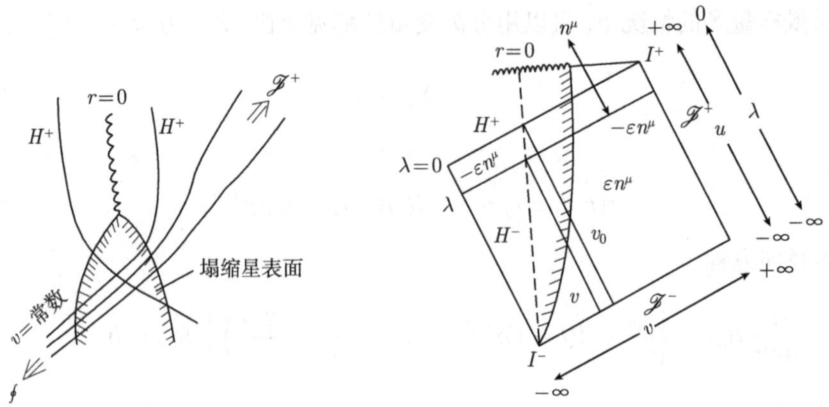

(a) (b)

图 5-21

现在我们希望找出函数关系

$$u = u(v),$$

令 $v = v_0$ 是投射在塌缩星上而变为 H^+ 的入射线路径, 显然所有晚于 $v_0(v > v_0)$ 的入射线都不可能被“反射”出来, 只有早于 $v_0(v < v_0)$ 的入射线才可能被“反射”以形成出射线. 在 H^+ 某点作一指向未来的零矢 n^μ, 设 $-\varepsilon n^\mu$(ε 是一小正数) 是联结此点与一大 u 值的邻近世界线的矢量, 划出完整的 Penrose 图, 把矢量 $-\varepsilon n^\mu$ 沿 H^+ 平行移动到 H^+ 与 H^- 的交点处, 此时矢量 $-\varepsilon n^\mu$ 整个在 H^-, 取 $\lambda = -c\mathrm{e}^{-\kappa u}\left(c > 0, \kappa = \dfrac{1}{4m}\right)$ 为 H^- 上的母线的仿射参量, 在交点引入该点的局部惯性系, 则在交点, 有

$$\lambda = 0, \quad \mathrm{d}x^\mu/\mathrm{d}\lambda = n^\mu,$$

$$\frac{\mathrm{d}^2x^\mu}{\mathrm{d}\lambda^2} = \frac{\mathrm{d}n^\mu}{\mathrm{d}\lambda} = 0.$$

这表明, 在 $\lambda = 0$ 的邻域, n^μ 是一个常矢量, 因而 H^- 上矢量 $-\varepsilon n^\mu$ 的长度即

$$-\varepsilon n^\mu = \int_0^\lambda \frac{\mathrm{d}x^\mu}{\mathrm{d}\lambda}\mathrm{d}\lambda = n^\mu \cdot \lambda = x^\mu(\lambda) - x^\mu(0).$$

由此得

$$\varepsilon = c\mathrm{e}^{-\kappa u}.$$

现在把矢量 $-\varepsilon n^\mu$ 移回原位置, 然后把它平移到 H^+ 与 v_0 的交点, 再沿 v_0 平移到极早时的大 r 处, 由于平移时矢量与短程线间的夹角不变, 所以矢量 $-\varepsilon n^\mu$ 将如图 5-21 所示把 v_0 与某个 v 连接起来, 即

$$v - v_0 = -\varepsilon n^\mu.$$

在 $r=+\infty$, 时空平直, 光线的切矢 $n^\mu=\dfrac{\mathrm{d}x^\mu}{\mathrm{d}\lambda}$ 为一常数 D, 即

$$v-v_0=-\varepsilon D=-cD\mathrm{e}^{-\kappa u}.$$

故

$$u=u(v)=-4m\ln\left(\frac{v_0-v}{cD}\right). \tag{6.2.15}$$

可把出射波

$$P_{\omega lm}=N\omega^{-1/2}r^{-1}\exp(\mathrm{i}\omega u)Y_{lm}$$

改写为

$$\begin{aligned}&P_{\omega lm}=N\omega^{-1/2}r^{-1}\exp\left[\mathrm{i}4m\omega\ln\left(\frac{v_0-v}{cD}\right)\right]Y_{lm},\\&N=2^{-3/2}\cdot\pi^{-1}\quad(v<v_0),\\&N=0,\quad v>v_0.\end{aligned}$$

由

$$P_{\omega lm}=\int\mathrm{d}\omega'(\alpha_{\omega lm;\omega' lm}f_{\omega' lm}+\beta_{\omega lm;\omega' lm}f^*_{\omega' lm})$$

可得

$$\begin{aligned}&\frac{1}{2\pi}\int_{-\infty}^{+\infty}\mathrm{d}v\mathrm{e}^{\mathrm{i}\omega' v}P_{\omega lm}=N\omega'^{-1/2}r^{-1}Y_{lm}\alpha_{\omega lm;\omega' lm},\\&\frac{1}{2\pi}\int_{-\infty}^{+\infty}\mathrm{d}v\mathrm{e}^{-\mathrm{i}\omega' v}P_{\omega lm}=N\omega'^{-1/2}r^{-1}Y_{lm}\beta_{\omega lm;\omega' lm},\end{aligned}$$

故

$$\alpha_{\omega lm;\omega' lm}=\frac{1}{2\pi}\int_{-\infty}^{v_0}\mathrm{d}v\left(\frac{\omega'}{\omega}\right)^{1/2}\mathrm{e}^{\mathrm{i}\omega' v}\exp\left[\mathrm{i}4m\omega\ln\frac{v_0-v}{cD}\right], \tag{6.2.16}$$

$$\beta_{\omega lm;\omega' lm}=\frac{1}{2\pi}\int_{-\infty}^{v_0}\mathrm{d}v\left(\frac{\omega'}{\omega}\right)^{1/2}\mathrm{e}^{-\mathrm{i}\omega' v}\exp\left[\mathrm{i}4m\omega\ln\frac{v_0-v}{cD}\right], \tag{6.2.17}$$

显然

$$\beta_{\omega\omega'}=-\mathrm{i}\alpha_{\omega(-\omega')} \tag{6.2.18}$$

成立, $\alpha_{\omega(-\omega')}$ 可看作是把 $\alpha_{\omega\omega'}$ 延拓到负 ω' 轴上的结果, 但

$$\begin{aligned}\alpha_{\omega\omega'}&=\frac{1}{2\pi}\left(\frac{\omega'}{\omega}\right)^{1/2}\int_{-\infty}^{v_0}\mathrm{d}v\mathrm{e}^{\mathrm{i}\omega' v}\left(\frac{v_0-v}{cD}\right)^{\mathrm{i}\frac{\omega}{\kappa}}\\&=\frac{1}{2\pi}\left(\frac{\omega'}{\omega}\right)^{1/2}\left(\frac{v_0}{cD}\right)^{\mathrm{i}\frac{\omega}{\kappa}}\int_{-\infty}^{v_0}\mathrm{d}v\mathrm{e}^{\mathrm{i}\omega' v}\left(1-\frac{v}{v_0}\right)^{\mathrm{i}\frac{\omega}{\kappa}}\end{aligned}$$

$$= \frac{1}{2\pi}\left(\frac{\omega'}{\omega}\right)^{1/2}\left(\frac{v_0}{cD}\right)^{\mathrm{i}\frac{\omega}{\kappa}} 2\pi(-\omega')^{-\mathrm{i}\frac{\omega}{\kappa}-1}\cdot \mathrm{e}^{\omega}/\Gamma\left(-\mathrm{i}\frac{\omega}{\kappa}\right). \tag{6.2.19}$$

注意, 为了使积分收敛, 我们进行了代换

$$\omega' \to \omega' \to \mathrm{i}\epsilon.$$

$\omega'=0$ 是一个奇点, 为了把 ω' 从正值解析延拓到负值, 我们必须沿下半复 ω' 平面内的半圆周延拓过去 (图 5-22), 即

$$\omega' \to \omega' \mathrm{e}^{-\mathrm{i}\pi},$$

故

$$\alpha_{\omega(-\omega')} = -\mathrm{i}(\mathrm{e}^{-\mathrm{i}\pi})^{-\mathrm{i}\frac{\omega}{\kappa}-1}\alpha_{\omega\omega'} = \mathrm{i}\mathrm{e}^{-\pi\frac{\omega}{\kappa}}\alpha_{\omega\omega'}, \tag{6.2.20}$$

$$\beta^*_{\omega\omega'}\beta_{\omega\omega'} = \mathrm{e}^{-2\pi\frac{\omega}{\kappa}}\alpha^*_{\omega\omega'}\alpha_{\omega\omega'}.$$

由

$$(p_\omega p_\omega) = 1$$

得

$$\int \mathrm{d}\omega'[(\alpha\alpha^*)_{\omega\omega'} - (\beta^*\beta)_{\omega\omega'}] = 1.$$

即

$$\langle N_{\omega lm}\rangle = \int \mathrm{d}\omega'|\beta_{\omega\omega'}|^2 = \frac{1}{\mathrm{e}^{\frac{2\pi\omega}{\kappa}}-1} = \frac{1}{\mathrm{e}^{\frac{\omega}{\kappa T}}-1}, \tag{6.2.21}$$

式中

$$T = \frac{\kappa}{2\pi k}\left(\frac{h\kappa}{2\pi kc}\right).$$

此即著名的霍金辐射公式.

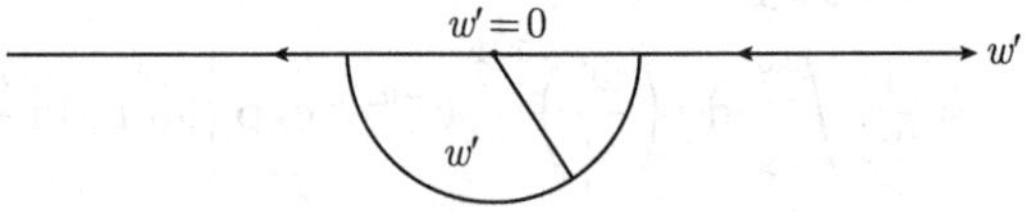

图 5-22

在一般情况下, 可以证明, 任一具有未来视界的静态或稳态时空均具有霍金热辐射.

霍金辐射的发现, 不仅解决了黑洞热力学中存在的矛盾, 而且揭示了引力理论、热力学和量子理论之间的联系.

当黑洞温度总比周围环境的温度高时, 黑洞将不断向外辐射, 失去其质量, 最后可能“爆炸”消失. 下面我们就来讨论黑洞的寿命.

由于霍金公式和普朗克公式相似, 故可利用斯特藩–玻尔兹曼公式估算黑洞的放能率和寿命.

根据斯特藩–波尔兹曼定律, 我们有

$$\frac{\mathrm{d}E}{\mathrm{d}t\mathrm{d}A} = \sigma T^4, \quad \sigma = \frac{2\pi^5 k^4}{15\hbar^3 c^2},$$
$$A = 16\pi G^2 c^{-4} M^2.$$

由此得到放能率

$$\frac{\mathrm{d}E}{\mathrm{d}t} \simeq 10^{46}(M^{-2}) \cdot \Gamma \mathrm{erg} \cdot \mathrm{s}^{-1}, \tag{6.2.22}$$

式中 Γ 为势垒穿透率, 可近似地取为 1.

质量为 M 的黑洞, 其寿命为

$$\tau \approx 10^{-27} M^3 \mathrm{s} \approx 10^{10} \left[\frac{M}{M_\odot}\right]^3 (\mathrm{a}). \tag{6.2.23}$$

若设 $M = M_\odot$, 则 $T \simeq 10^{-6}\mathrm{K}$, 放能率为

$$\frac{\mathrm{d}E}{\mathrm{d}t} \approx 10^{-20} \mathrm{erg} \cdot \mathrm{s}^{-1},$$

寿命为

$$\tau \approx 10^{68} \mathrm{a}.$$

如果按这样的速度减少质量, 这样的恒星在宇宙诞生至今这么长时间里质量只减少 $10^{-22}\mathrm{g}$. 这是完全可以忽略不计的.

如果设 $M < 10^{15}\mathrm{g}$(微黑洞), 比如设

$$M = 3 \times 10^9 \mathrm{g} \approx 3000\mathrm{T},$$
$$T \approx 10^{18} \mathrm{K},$$

则放能率为

$$\frac{\mathrm{d}E}{\mathrm{d}t} \approx 10^{29} \mathrm{erg} \cdot \mathrm{s}^{-1} = 10^{22} \mathrm{W},$$

寿命

$$\tau \approx 10^{-1} \mathrm{s}.$$

对于 $M \approx 10^{15}\mathrm{g}$ 的所谓原初小黑洞, 有

$$T \approx 10^{12} \mathrm{K},$$
$$\frac{\mathrm{d}E}{\mathrm{d}t} \approx 10^{16} \mathrm{erg} \cdot \mathrm{s}^{-1} = 10^9 \mathrm{W},$$
$$T \approx 10^{10} \mathrm{a}. \tag{6.2.24}$$

由于宇宙极早期物质密度的涨落, 有可能形成原初小黑洞和微黑洞. 如果确有许多这类小黑洞, 由 (6.2.24) 可知, 目前应能观测到它们的晚期爆炸 (死亡).

6.3　静态和稳态黑洞的量子辐射

1. 静态黎曼时空中狄拉克粒子的辐射

在静态时空中有 $g_{0i}=0$, 我们讨论已经通过适当坐标变换使度规对角化了的情况:

$$\mathrm{d}s^2=a_0^2\mathrm{d}t^2-a_1^2\mathrm{d}x^2-a_2^2\mathrm{d}y^2-a_3^2\mathrm{d}z^2. \tag{6.3.1}$$

由此我们构造零标架

$$\begin{aligned}
&l_\mu=\frac{1}{\sqrt{2}}(a_0,-a_1,0,0),\quad n_\mu=\frac{1}{\sqrt{2}}(a_0,-a_1,0,0),\\
&m_\mu=\frac{1}{\sqrt{2}}(0,0,a_2,\mathrm{i}a_3),\quad \bar{m}_\mu=\frac{1}{\sqrt{2}}(0,0,a_2,-\mathrm{i}a_3).
\end{aligned} \tag{6.3.2}$$

从而得到 Newman-Penrose 旋系数

$$\begin{aligned}
&\kappa=\frac{1}{2\sqrt{2}}\left(\frac{1}{a_0a_2}\frac{\partial}{\partial y}a_0-\frac{1}{a_1a_2}\frac{\partial}{\partial y}a_1+\frac{\mathrm{i}}{a_0a_3}\frac{\partial}{\partial z}a_0-\frac{\mathrm{i}}{a_1a_3}\frac{\partial}{\partial z}a_1\right),\\
&\pi=-\frac{1}{2\sqrt{2}}\left(\frac{1}{a_0a_2}\frac{\partial}{\partial y}a_0+\frac{1}{a_1a_2}\frac{\partial}{\partial y}a_1-\frac{\mathrm{i}}{a_0a_3}\frac{\partial}{\partial z}a_0-\frac{\mathrm{i}}{a_1a_3}\frac{\partial}{\partial z}a_1\right),\\
&\varepsilon=-\frac{1}{2\sqrt{2}}\frac{1}{a_0a_1}\frac{\partial}{\partial x}a_0,\\
&\rho=\frac{1}{2\sqrt{2}}\left(\frac{1}{a_1a_2}\frac{\partial}{\partial x}a_2+\frac{1}{a_1a_3}\frac{\partial}{\partial x}a_3\right),\\
&\lambda=\frac{1}{2\sqrt{2}}\left(\frac{1}{a_1a_2}\frac{\partial}{\partial x}a_2-\frac{1}{a_1a_3}\frac{\partial}{\partial x}a_3\right),\\
&\alpha=\frac{1}{2\sqrt{2}}\left(\frac{1}{a_2a_3}\frac{\partial}{\partial x}a_3-\frac{\mathrm{i}}{a_2a_3}\frac{\partial}{\partial z}a_2\right),\\
&\sigma=\lambda,\quad \mu=\rho,\quad \beta=-\overline{\alpha},\quad \nu=-\overline{\kappa},\quad \tau=-\overline{\pi},\quad \gamma=\varepsilon.
\end{aligned} \tag{6.3.3}$$

旋坐标形式的狄拉克粒子场方程具有形式

$$\begin{aligned}
&\nabla_{A\dot{B}}P^A+\frac{1}{\sqrt{2}}\mathrm{i}\mu\bar{Q}_{\dot{B}}=0,\\
&\nabla_{A\dot{B}}Q^A+\frac{1}{\sqrt{2}}\mathrm{i}\mu\bar{P}_{\dot{B}}=0.
\end{aligned} \tag{6.3.4}$$

由 (6.3.2~6.3.4) 可以得到

$$\left[\frac{1}{a_0}\frac{\partial}{\partial t}-\frac{1}{a_1}\frac{\partial}{\partial x}-\frac{1}{2a_1}\left(\frac{\partial}{\partial x}\ln\ a_0a_2a_3\right)\right]F_1+\left[-\frac{1}{a_2}\frac{\partial}{\partial y}+\frac{\mathrm{i}}{a_3}\frac{\partial}{\partial z}\right.$$

$$-\frac{1}{2a_2}\left(\frac{\partial}{\partial y}\ln\ a_0a_1a_3\right)+\frac{\mathrm{i}}{2a_3}\left(\frac{\partial}{\partial z}\ln\ a_0a_1a_2\right)\Bigg]F_2-\mathrm{i}\mu G_1=0,$$

$$\left[\frac{1}{a_0}\frac{\partial}{\partial t}+\frac{1}{a_1}\frac{\partial}{\partial x}+\frac{1}{2a_1}\left(\frac{\partial}{\partial x}\ln\ a_0a_2a_3\right)\right]F_2+\Bigg[-\frac{1}{a_2}\frac{\partial}{\partial y}-\frac{\mathrm{i}}{a_3}\frac{\partial}{\partial z}$$

$$-\frac{1}{2a_2}\left(\frac{\partial}{\partial y}\ln\ a_0a_1a_3\right)-\frac{\mathrm{i}}{2a_3}\left(\frac{\partial}{\partial z}\ln\ a_0a_1a_2\right)\Bigg]F_2-\mathrm{i}\mu G_2=0,$$

$$\left[\frac{1}{a_0}\frac{\partial}{\partial t}+\frac{1}{a_1}\frac{\partial}{\partial x}+\frac{1}{2a_1}\left(\frac{\partial}{\partial x}\ln\ a_0a_2a_3\right)\right]G_1+\Bigg[\frac{1}{a_2}\frac{\partial}{\partial y}-\frac{\mathrm{i}}{a_3}\frac{\partial}{\partial z}$$

$$+\frac{1}{2a_2}\left(\frac{\partial}{\partial y}\ln\ a_0a_1a_3\right)-\frac{\mathrm{i}}{2a_3}\left(\frac{\partial}{\partial z}\ln\ a_0a_1a_2\right)\Bigg]G_2-\mathrm{i}\mu F_1=0,$$

$$\left[\frac{1}{a_0}\frac{\partial}{\partial t}-\frac{1}{a_1}\frac{\partial}{\partial x}-\frac{1}{2a_1}\left(\frac{\partial}{\partial x}\ln\ a_0a_2a_3\right)\right]G_2+\Bigg[\frac{1}{a_2}\frac{\partial}{\partial y}+\frac{\mathrm{i}}{a_3}\frac{\partial}{\partial z}$$

$$+\frac{1}{2a_2}\left(\frac{\partial}{\partial y}\ln\ a_0a_1a_3\right)+\frac{\mathrm{i}}{2a_3}\left(\frac{\partial}{\partial z}\ln\ a_0a_1a_2\right)\Bigg]G_1-\mathrm{i}\mu F_2=0, \tag{6.3.5}$$

这一方程可以写成矩阵形式

$$\Bigg\{\gamma^0\frac{\partial}{\partial t}+\gamma^1\left[\frac{\partial}{\partial x}+\frac{1}{2}\left(\frac{\partial}{\partial x}\ln\ a_0a_2a_3\right)\right]+\gamma^2\left[\frac{\partial}{\partial y}+\frac{1}{2}\left(\frac{\partial}{\partial y}\ln\ a_0a_1a_3\right)\right]$$

$$+\gamma^3\left[\frac{\partial}{\partial z}+\frac{1}{2}\left(\frac{\partial}{\partial z}\ln\ a_0a_1a_2\right)\right]-\mathrm{i}\mu I\Bigg\}\psi=0, \tag{6.3.6}$$

$$\gamma^0\equiv\frac{1}{a_0}\begin{pmatrix}0&0&1&0\\0&0&0&1\\1&0&0&0\\0&1&0&0\end{pmatrix}\equiv\frac{1}{a_0}\hat{\gamma}^0,$$

$$\gamma^1\equiv\frac{1}{a_1}\begin{pmatrix}0&0&1&0\\0&0&0&-1\\-1&0&0&0\\0&1&0&0\end{pmatrix}\equiv\frac{1}{a_1}\hat{\gamma}^1,$$

$$\gamma^2 \equiv \frac{1}{a_2}\begin{pmatrix} 0 & 0 & 0 & 1 \\ 0 & 0 & 1 & 0 \\ 0 & -1 & 0 & 0 \\ -1 & 0 & 0 & 0 \end{pmatrix} \equiv \frac{1}{a_2}\hat{\gamma}^2,$$

$$\gamma^3 \equiv \frac{1}{a_3}\begin{pmatrix} 0 & 0 & 0 & -\mathrm{i} \\ 0 & 0 & \mathrm{i} & 0 \\ 0 & \mathrm{i} & 0 & 0 \\ -\mathrm{i} & 0 & 0 & 0 \end{pmatrix} \equiv \frac{1}{a_3}\hat{\gamma}^3, \tag{6.3.7}$$

$$\gamma^\mu\gamma^\nu + \gamma^\nu\gamma^\mu = 2g^{\mu\nu}I, \tag{6.3.8}$$

式中 I 为 4×4 单位矩阵.

在方程 (6.3.6) 中, 令

$$\psi = \frac{1}{(a_0a_2a_3)^{1/2}}\hat{\psi},$$

可以得到

$$\left\{\gamma^0\frac{\partial}{\partial t} + \gamma^1\frac{\partial}{\partial t} + \gamma^2\left[\frac{\partial}{\partial t} + \frac{1}{2}\left(\frac{\partial}{\partial y}\ln\frac{a_1}{a_2}\right)\right]\right.$$

$$\left. + \gamma^3\left[\frac{\partial}{\partial z} + \frac{1}{2}\left(\frac{\partial}{\partial z}\ln\frac{a_1}{a_3}\right) - \mathrm{i}\mu I\right]\right\}\hat{\psi} = 0, \tag{6.3.9}$$

选取坐标, 使得 x 轴平行于视界面 $F(x,y,z)=0$ 的法矢量 n_μ

$$n_\mu = \frac{\partial F}{\partial x^\mu} = \left(0, \frac{\partial F}{\partial x}, 0, 0\right). \tag{6.3.10}$$

由于视界是零曲面

$$g^{\mu\nu}\frac{\partial F}{\partial x^\mu}\frac{\partial F}{\partial x^\nu} = 0, \tag{6.3.11}$$

因而我们得到

$$g^{11}\left(\frac{\partial F}{\partial x}\right)^2 = 0. \tag{6.3.12}$$

这一方程分解为两个方程

$$g^{11} = 0, \quad \frac{\partial F}{\partial x} = 0.$$

我们考虑第一个方程. 在视界面附近 g^{11} 可以表示为

$$g^{11} = -p^2(x,y,z)(x-\xi)^m \tag{6.3.13a}$$

或

$$\frac{1}{a_1} = p(x,y,z)(x-\xi)^{\frac{1}{2}m}, \tag{6.3.13b}$$

这里 $x=\xi$ 是视界面方程. 假定 $p(x,y,z)$ 是非零的有界实函数. 由于 g^{11} 视界两边变号, 而且度规是实函数, 所以 m 必须是正奇数.

进一步假定在视界内外时空坐标互换, g_{00} 也要变号, 所以 g_{00} 可以写成

$$g_{00} = q^2(x,y,z)(x-\xi)^n \tag{6.3.14a}$$

或

$$a_0 = q(x,y,z)(x-\xi)^{\frac{1}{2}n}. \tag{6.3.14b}$$

表面引力加速度 κ 具有形式

$$\begin{aligned}\kappa &= \frac{1}{2}(-g^{11}/g_{00})^{\frac{1}{2}}\frac{\partial}{\partial x}g_{00}\\ &= \frac{p}{2q}(x-\xi)^{\frac{1}{2}(m-n)}\frac{\partial}{\partial x}[q^2(x-\xi)^n]\\ &= \frac{1}{2}npq(x-\xi)^{\frac{1}{2}(m+n-2)}\left[1+\frac{2}{n}\left(\frac{\partial}{\partial x}\ln|q|\right)(x-\xi)\right],\end{aligned} \tag{6.3.15}$$

κ 在视界面附近应为有界, 非零, 于是有

$$m+n=2, \quad n\neq 0,$$

$$\kappa = \frac{1}{2}npq\left[1+\frac{2}{n}\left(\frac{\partial}{\partial x}\ln|q|\right)(x-\xi)\right]. \tag{6.3.16}$$

在视界面上有

$$\lim_{x\to\xi}\kappa = \frac{1}{2}np(\xi)q(\xi_+). \tag{6.3.17}$$

引入 Tortoise 坐标

$$\mathrm{d}\hat{x} = 2\kappa(x-\xi)\mathrm{d}x \tag{6.3.18a}$$

或者

$$\hat{x} = \int^x \frac{\mathrm{d}x}{2\kappa(x-\xi)} = \frac{1}{2\kappa}\ln(x-\xi). \tag{6.3.18b}$$

在视界面附近, 狄拉克方程简化为

$$\begin{aligned}&\left[\hat{\gamma}^0\frac{1}{q(x-\xi)^{\frac{1}{2}n}}\frac{\partial}{\partial t} + \hat{\gamma}^1\frac{1}{nq}(x-\xi)^{\frac{1}{2}m-1}\frac{\partial}{\partial\hat{x}} + \hat{\gamma}^2\frac{1}{a_2}\frac{\partial}{\partial y}\right.\\ &\left. - \hat{\gamma}^2\frac{1}{2a_2}\left(\frac{\partial}{\partial y}\ln|pa_2|\right) + \hat{\gamma}^3\frac{1}{a_3}\frac{\partial}{\partial z} - \hat{\gamma}^3\frac{1}{2a_3}\left(\frac{\partial}{\partial z}\ln|pa_3|\right) - \mathrm{i}\mu I\right]\hat{\psi} = 0,\end{aligned} \tag{6.3.19}$$

每一项乘以 $nq(x-\xi)^{\frac{1}{2}n}$, 并代入条件

$$(x-\xi)\ll 1, \quad m+n=2,$$

此方程进一步简化为

$$\left(\hat{\gamma}^0 n\frac{\partial}{\partial t}+\hat{\gamma}^1\frac{\partial}{\partial \hat{x}}\right)\hat{\psi}=0. \tag{6.3.20}$$

令

$$\hat{\psi}=\mathrm{e}^{-\mathrm{i}\omega t}\phi(x), \tag{6.3.21}$$

则 (6.3.20) 成为

$$-\mathrm{i}\hat{\gamma}^0 n\omega\phi(x)+\hat{\gamma}^1\frac{\mathrm{d}}{\mathrm{d}\hat{x}}\phi(x)=0. \tag{6.3.22}$$

以 T 表示转置, 则此方程的 4 分量解

$$\phi(x)=(f_1,f_2,g_1,g_2)^{\mathrm{T}} \tag{6.3.23}$$

具有形式

$$\begin{aligned}&f_1=\mathrm{e}^{-\mathrm{i}n\omega\hat{x}}, \quad f_2=\mathrm{e}^{\mathrm{i}n\omega\hat{x}},\\ &g_1=\mathrm{e}^{\mathrm{i}n\omega\hat{x}}, \quad g_2=\mathrm{e}^{-\mathrm{i}n\omega\hat{x}}.\end{aligned} \tag{6.3.24}$$

进入视界的入射波和离开视界的出射波分别为

$$\psi_\omega^{\mathrm{in}}\sim \mathrm{e}^{-\mathrm{i}\omega(t+n\hat{x})}\frac{1}{\sqrt{2}}(1,0,0,1)^{\mathrm{T}}=\mathrm{e}^{-\mathrm{i}\omega V}\frac{1}{\sqrt{2}}(1,0,0,1)^{\mathrm{T}}, \tag{6.3.25}$$

$$\begin{aligned}\psi_\omega^{\mathrm{out}}&\sim \mathrm{e}^{-\mathrm{i}\omega(t+n\hat{x})}\frac{1}{\sqrt{2}}(0,1,1,0)^{\mathrm{T}}\\ &=\mathrm{e}^{-\mathrm{i}\omega V}\mathrm{e}^{2\mathrm{i}\omega n\hat{x}}\frac{1}{\sqrt{2}}(0,1,1,0)^{\mathrm{T}}\\ &=\mathrm{e}^{-\mathrm{i}\omega V}(x-\xi)^{\frac{\mathrm{i}n\omega}{k}}\frac{1}{\sqrt{2}}(0,1,1,0)^{\mathrm{T}},\end{aligned} \tag{6.3.26}$$

式中 $V=t+n\hat{x}$ 为超前爱丁顿坐标.

度规行列式 g 在视界面上非零有界, 则有 $m-n=0$, 于是 $m=n=1$.

视界面上每一点均为波函数的分支点, 通过解析延拓, 可以把视界外的波函数延拓至视界内. 视界内的出射波函数为

$$\begin{aligned}\psi_\omega'^{\mathrm{out}}(\xi-x)&\sim \mathrm{e}^{-\mathrm{i}\omega V}[(\xi-x)\mathrm{e}^{-\mathrm{i}\pi}]^{\frac{\mathrm{i}\omega}{k}}\frac{1}{\sqrt{2}}(0,1,1,0)^{\mathrm{T}}\\ &=\mathrm{e}^{-\mathrm{i}\omega V}(\xi-x)^{-\mathrm{i}\omega}\left(\exp\frac{\pi\omega}{\kappa}\right)\frac{1}{\sqrt{2}}(0,1,1,0)^{\mathrm{T}}\end{aligned}$$

$$=\psi_{\omega}^{\text{out}}(\xi-x)\exp\frac{\pi\omega}{\kappa},$$

总的出射波函数为

$$\varPhi'^{\text{out}}_{\omega}=N_{\omega}\left[y(x-\xi)\psi_{\omega}^{\text{out}}(x-\xi)\right.$$
$$\left.+y(\xi-x)\psi_{\omega}^{\text{out}}(\xi-x)\exp\frac{\pi\omega}{\kappa}\right],\tag{6.3.27}$$

式中 $y(x)$ 是阶跃函数, $\psi_{\omega}^{\text{out}}(x-\xi)$, $\psi_{\omega}^{\text{out}}(\xi-x)$ 是归一化的 4 分量狄拉克波函数, 我们有

$$\langle\psi_{\omega}^{\text{out}}(x-\xi),\psi_{\omega}^{\text{out}}(x-\xi)\rangle$$
$$=\int_{t=\text{const}}y(x-\xi)\overline{\psi}_{\omega}^{\text{out}}(x-\xi)\gamma^0\psi_{\omega}^{\text{out}}(x-\xi)\sqrt{-g}\text{d}^3x=1,\tag{6.3.28a}$$
$$\langle\psi_{\omega}^{\text{out}}(\xi-x),\psi_{\omega}^{\text{out}}(\xi-x)\rangle$$
$$=\int_{t=\text{const}}y(\xi-x)\overline{\psi}_{\omega}^{\text{out}}(\xi-x)\gamma^0\psi_{\omega}^{\text{out}}(\xi-x)\sqrt{-g}\text{d}^3x=1,\tag{6.3.28b}$$

式中 N_{ω} 是出射波 $\varPhi_{\omega}^{\text{out}}$ 的归一化因子. 在视界外, 波函数 (6.3.27) 表示离开视界, 向外传播的正能狄拉克粒子流. 在视界内, (6.3.27) 表示向奇点逆时传播的正能狄拉克粒子流, 这等效于向着奇点传播的负能反粒子流; 在视界外部邻域中有正反粒子对产生.

由 $\varPhi_{\omega}^{\text{out}}$ 的归一化条件, 我们得到

$$\langle\varPhi_{\omega}^{\text{out}},\varPhi_{\omega}^{\text{out}}\rangle\equiv N_{\omega}^2\left[\exp\left(\frac{2\pi\omega}{\kappa}\right)+1\right]=1,\tag{6.3.29}$$

或者

$$N_{\omega}^2=\frac{1}{\exp\left(\dfrac{2\pi\omega}{\kappa}+1\right)}=\frac{1}{\exp\left(\dfrac{\omega}{k_bT}\right)+1},\tag{6.3.30}$$

式中 $T\equiv\dfrac{\kappa}{2\pi k_b}$ 是视界的温度, k_b 是玻尔兹曼常量, κ 是视界面上的引力加速度. 式 (6.3.30) 即为静态时空狄拉克粒子的霍金辐射热谱公式.

2. 克尔–纽曼–德西特时空中的霍金辐射

克尔–纽曼–德西特 (Kerr-Newman-de Sitter) 时空不是渐近平直的. 这一时空线元在 Boyer-Lindquist 坐标中具有形式

$$\text{d}s^2=\frac{1}{\Sigma\varXi^2}[\varDelta_r-\varDelta_{\theta}a^2\sin^2\theta]\text{d}t^2-\frac{\Sigma}{\varDelta_r}\text{d}r^2-\frac{\Sigma}{\varDelta_{\theta}}\text{d}\theta^2-\frac{1}{\Sigma\varXi^2}[\varDelta_{\theta}(r^2$$

$$+a^2)^2-\Delta_r a^2\sin^2\theta]\sin^2\theta\mathrm{d}\phi^2+\frac{2a}{\Sigma\Xi^2}\cdot$$
$$[\Delta_\theta(r^2+a^2)-\Delta_r]\cdot\sin^2\theta\mathrm{d}t\mathrm{d}\phi, \tag{6.3.31}$$

式中

$$\begin{aligned}
&\Sigma=r^2+a^2\cos^2\theta,\\
&\Delta_\theta=1+\frac{1}{3}\Lambda a^2\cos^2\theta,\\
&\Delta_r=(r^2+a^2)\left(1-\frac{1}{3}\Lambda r^2\right)-2Mr+Q^2,\\
&\Xi=1+\frac{1}{3}\Lambda a^2.
\end{aligned} \tag{6.3.32}$$

由度规 (6.3.31), 可以得到

$$g=\det(g_{\mu\nu})=-\frac{1}{\Xi^4}\Sigma^2\sin^2\theta, \tag{6.3.33}$$

$g_{\mu\nu}$ 的逆为

$$\begin{aligned}
\frac{\partial^2}{\partial s^2}=&\frac{\Xi^2}{\Sigma\Delta_r\Delta_\theta}[\Delta_\theta(r^2+a^2)^2-\Delta_r a^2\sin^2\theta]\frac{\partial^2}{\partial t^2}-\frac{\Delta_r}{\Sigma}\frac{\partial^2}{\partial r^2}-\frac{\Delta_\theta}{\Sigma}\cdot\frac{\partial^2}{\partial\theta^2}\\
&-\frac{\Xi^2}{\Delta_r\Delta_\theta\Sigma\sin^2\theta}(\Delta_r-\Delta_\theta a^2\sin^2\theta)\frac{\partial^2}{\partial\varphi^2}\\
&+\frac{2\Xi^2 a}{\Sigma\Delta_r\Delta_\theta}[\Delta_\theta(r^2+a^2)-\Delta_r]\frac{\partial^2}{\partial t\partial\phi},
\end{aligned} \tag{6.3.34}$$

度规 (6.3.31) 是含宇宙项的 Einstein-Maxwell 复合场方程的解, 其中电磁势为

$$A_\mu=\frac{1}{\Sigma\Xi}Qr(1,0,0,-a\sin^2\theta). \tag{6.3.35}$$

1) 标量粒子的辐射

将 (6.3.31)~(6.3.35) 代入克莱因–高登方程

$$\frac{1}{\sqrt{-g}}\left(\frac{\partial}{\partial x^\mu}+\mathrm{i}eA_\mu\right)\left[\sqrt{-g}g^{\mu\nu}\left(\frac{\partial}{\partial x^\nu}+\mathrm{i}eA_\nu\right)\Phi\right]+\mu^2\Phi=0, \tag{6.3.36}$$

得到

$$\begin{aligned}
&\frac{\Xi^2}{\Sigma\sin\theta}\left[\left(\frac{\partial}{\partial t}+\mathrm{i}e\frac{1}{\Sigma\Xi}Qr\right)\left\{\frac{\Sigma}{\Xi^2}\sin\theta\frac{\Xi^2}{\Delta_r\Delta_\theta}[\Delta_\theta(r^2+a^2)\right.\right.\\
&\left.-\Delta_r a^2\sin^2\theta]\left(\frac{\partial}{\partial t}+\mathrm{i}e\frac{1}{\Sigma\Xi}Qr\right)\right\}+\left(\frac{\partial}{\partial t}+\mathrm{i}e\frac{1}{\Sigma\Xi}Qr\right)
\end{aligned}$$

$$\cdot\left\{\frac{\Sigma}{\Xi^2}\sin\theta\frac{\Xi^2 a}{\Sigma\Delta_r\Delta_\theta}[\Delta_\theta(r^2+a^2)-\Delta_r]\left(\frac{\partial}{\partial\phi}-\mathrm{i}e\frac{1}{\Sigma\Xi}Qra\sin^2\theta\right)\right\}$$

$$+\left(\frac{\partial}{\partial\phi}-\mathrm{i}e\frac{1}{\Sigma\Xi}Qra\sin^2\theta\right)\left\{\frac{\Sigma}{\Xi^2}\sin\theta\frac{\Xi^2 a}{\Sigma\Delta_r\Delta_\theta}[\Delta_\theta(r^2+a^2)-\Delta_r]\right.$$

$$\left.\cdot\left(\frac{\partial}{\partial t}+\mathrm{i}e\frac{1}{\Sigma\Xi}Qr\right)\right\}-\left(\frac{\partial}{\partial\phi}-\mathrm{i}e\frac{1}{\Sigma\Xi}Qra\sin^2\theta\right)$$

$$\cdot\left[\frac{\Sigma}{\Xi^2}\sin\theta\frac{\Xi^2}{\Sigma\Delta_r\Delta_\theta\sin^2\theta}(\Delta_r-\Delta_\theta a^2\sin^2\theta)\left(\frac{\partial}{\partial\phi}-\mathrm{i}e\frac{1}{\Sigma\Xi}\right.\right.$$

$$\left.\left.\cdot Qra\sin^2\theta\right)\right]-\frac{\partial}{\partial r}\left(\frac{\Sigma}{\Xi^2}\sin\theta\frac{\Delta_r}{\Sigma}\frac{\partial}{\partial r}\right)$$

$$\left.-\frac{\partial}{\partial\theta}\left(\frac{\Sigma}{\Xi^2}\sin\theta\frac{\Delta_\theta}{\Sigma}\frac{\partial}{\partial\theta}\right)\right]\Phi+\mu^2\Phi=0. \tag{6.3.37}$$

此方程可分离变量 t 和 (r,θ), 令

$$\Phi(t,r,\theta,\phi)=\mathrm{e}^{-\mathrm{i}\omega t}\mathrm{e}^{\mathrm{i}m\varphi}\hat{\Phi}(r,\theta), \tag{6.3.38}$$

方程化为

$$\left\{-\frac{\Xi^2}{\Sigma\Delta_r\Delta_\theta}[\Delta_\theta(r^2+a^2)^2-\Delta_r a^2\sin^2\theta]\left(\omega-\frac{1}{\Sigma\Xi}eQr\right)^2\right.$$

$$+2\frac{\Xi^2 a}{\Sigma\Delta_r\Delta_\theta}[\Delta_\theta(r^2+a^2)-\Delta_r]\left(\omega-\frac{1}{\Sigma\Xi}eQr\right)\left(m-\frac{1}{\Sigma\Xi}eQra\sin^2\theta\right)$$

$$\left.+\frac{\Xi^2}{\Sigma\Delta_r\Delta_\theta\sin^2\theta}(\Delta_r-\Delta_\theta a^2\sin^2\theta)\left(m-\frac{1}{\Sigma\Xi}eQra\sin^2\theta\right)^2\right\}\hat{\Phi}(r,\theta)$$

$$-\frac{1}{\Sigma}\frac{\partial}{\partial r}\Delta_r\frac{\partial}{\partial r}\hat{\Phi}(r,\theta)-\frac{1}{\Sigma\sin\theta}\frac{\partial}{\partial\theta}\Delta_\theta\sin\theta\frac{\partial}{\partial\theta}\hat{\Phi}(r,\theta)+\mu^2\hat{\Phi}(r,\theta)=0. \tag{6.3.39}$$

引入 tortoise 坐标 $\hat{r}$, 其微分形式为

$$\mathrm{d}\hat{r}=\frac{1}{\Delta r}(r^2+a^2)\mathrm{d}r \tag{6.3.40a}$$

或者

$$\Delta_r\frac{\mathrm{d}}{\mathrm{d}r}=(r^2+a^2)\frac{\mathrm{d}}{\mathrm{d}\hat{r}}. \tag{6.3.40b}$$

将此式代入 (6.3.39), 得到

$$-\frac{\Xi^2}{\Sigma\Delta_r\Delta_\theta}[\Delta_\theta(r^2+a^2)^2-\Delta_r a^2\sin^2\theta]\left(\omega-\frac{1}{\Sigma\Xi}\mathrm{e}Qr\right)^2$$

$$
\begin{aligned}
&+2\frac{\Xi^2 a}{\Sigma\Delta_r\Delta_\theta}[\Delta_\theta(r^2+a^2)-\Delta_r]\left(\omega-\frac{1}{\Sigma\Xi}\mathrm{e}Qr\right)\left(m-\frac{1}{\Sigma\Xi}eQra\sin^2\theta\right)\\
&+\frac{\Xi^2}{\Sigma\Delta_r\Delta_\theta\sin^2\theta}(\Delta_r-\Delta_\theta a^2\sin^2\theta)\times\left(m-\frac{1}{\Sigma\Xi}eQra\sin^2\theta\right)^2\hat{\Phi}(r,\theta)\\
&-\frac{1}{\Sigma\Delta_t}(r^2+a^2)\frac{\partial}{\partial\hat{r}}(r^2+a^2)\frac{\partial}{\partial\hat{r}}\hat{\Phi}(r,\theta)\\
&-\frac{1}{\Sigma\sin\theta}\frac{\partial}{\partial\theta}\Delta_\theta\sin\theta\frac{\partial}{\partial\theta}\hat{\Phi}(r,\theta)+\mu^2\hat{\Phi}(r,\theta)=0.
\end{aligned}
\tag{6.3.41}
$$

该时空的视界面方程为

$$
\begin{aligned}
\Delta_r&=(r^2+a^2)\left(1-\frac{1}{3}\Lambda r^2\right)-2Mr+Q^2\\
&=-\frac{1}{3}\Lambda\left[r^4-\left(\frac{3}{\Lambda}-a^2\right)r^2+\frac{6M}{\Lambda}r-\frac{3}{\Lambda}(a^2+Q^2)\right]\\
&=-\frac{1}{3}\Lambda(r-r_{++})(r-r_+)(r-r_-)(r-r_{--})=0.
\end{aligned}
\tag{6.3.42}
$$

当 $\frac{1}{\Lambda}\gg M^2>a^2+Q^2$, 方程 $\Delta_r=0$ 有四个实根, r_{++},r_+,r_- 和 r_{--}, 其中 r_{++},r_+,r_- 为正, r_{--} 为负. r_{++},r_{--} 与 de Sitter 宇宙的视界对应, r_+,r_- 与 Kerr-Newman 黑洞的视界对应. 换句话说, r_{++},r_{--} 是受 Kerr-Newman 黑洞作用的 de Sitter 宇宙的视界, r_+,r_- 是受宇宙因子 Λ 作用的 Kerr-Newman 黑洞的视界. 下面只讨论视界 r_+ 和 r_{++} 上的辐射.

在视界附近, $\Delta_r\ll 1$, 用 Δ_r 乘以 (6.3.41) 各项, 得到方程

$$
\begin{aligned}
&\left[-\frac{\Xi^2}{\Sigma}(r^2+a^2)^2\left(\omega-\frac{1}{\Sigma\Xi}eQr\right)^2-\frac{\Xi^2}{\Sigma}a^2\left(m-\frac{1}{\Sigma\Xi}eQra\sin^2\theta\right)^2\right.\\
&\left.+2\frac{\Xi^2 a}{\Sigma}(r^2+a^2)\left(\omega-\frac{1}{\Sigma\Xi}eQr\right)-\left(m-\frac{1}{\Sigma\Xi}eQra\sin^2\theta\right)\right]\hat{\Phi}(r,\theta)\\
&-\frac{1}{\Sigma}(r^2+a^2)\frac{\partial}{\partial\hat{r}}(r^2+a^2)\frac{\partial}{\partial\hat{r}}\hat{\Phi}(r,\theta)=0.
\end{aligned}
\tag{6.3.43}
$$

由于 $\frac{\mathrm{d}r}{\mathrm{d}\hat{r}}=\frac{\Delta_r}{r^2+a^2}\ll 1$, 再设 $\hat{\Phi}(r,\theta)=R(r)\Theta(\theta)$, 可以得到

$$
(r^2+a^2)^2\frac{\mathrm{d}^2}{\mathrm{d}\hat{r}^2}R+\{\Xi[\omega(r^2+a^2)-am]-eQr\}^2R=0. \tag{6.3.44}
$$

令

$$
\pi=\Xi[\omega(r_+^2+a^2)-am]-eQr_+, \tag{6.3.45}
$$

在 r_+ 附近, (6.3.44) 简化为

$$
\frac{\mathrm{d}^2}{\mathrm{d}\hat{r}^2}R+\frac{\pi^2}{(r_+^2+a^2)}R=0. \tag{6.3.46}
$$

解之得

$$R \sim \exp[\pm \mathrm{i}\frac{\pi}{(r_+^2+a^2)}\hat{r}] = \exp[\pm \mathrm{i}(\varXi\omega - \varXi m\varOmega - eV)\hat{r}]$$
$$= \exp[\pm \mathrm{i}\varXi(\omega-\omega_0)\hat{r}]$$
$$= \exp[\pm \mathrm{i}\varXi\omega\hat{r}'], \tag{6.3.47}$$

式中 $\varOmega = \frac{2}{r_+^2+a^2}$ 是视界 r_+ 的角速度, $V = A_0 = \frac{Qr_+}{r_+^2+a^2}$ 是视界 r_+ 上 $\theta = 0$ 处的静电势. $\omega_0 \equiv m\varOmega + \frac{1}{\varXi}eV, (\omega-\omega_0)\hat{r} = \omega\hat{r}'$.

计入时间因子, 则自视界 r_+ 向外的出射波

$$\varPsi_\omega^{\mathrm{out}} \sim \mathrm{e}^{-\mathrm{i}\omega(t-\varXi\hat{r}')}, \tag{6.3.48}$$

进入视界 r_+ 的入射波

$$\varPsi_\omega^{\mathrm{in}} \sim \mathrm{e}^{-\mathrm{i}\omega(t+\varXi\hat{r}')}. \tag{6.3.49}$$

引入超前爱丁顿坐标

$$V = t + \varXi\hat{r}', \tag{6.3.50}$$

则 (6.3.48) 和 (6.3.49) 可以写为

$$\varPsi_\omega^{\mathrm{in}} \sim \mathrm{e}^{-\mathrm{i}\omega V} \tag{6.3.51}$$

$$\varPsi_\omega^{\mathrm{out}}\mathrm{e} \sim^{-\mathrm{i}\omega V} \mathrm{e}^{2\mathrm{i}\omega\varXi\hat{r}'} = \mathrm{e}^{-\mathrm{i}\omega V}\mathrm{e}^{2\mathrm{i}\varXi(\omega-\omega_0)\hat{r}}. \tag{6.3.52}$$

由于 $\frac{\mathrm{d}r}{\varDelta_r} = \frac{\mathrm{d}\hat{r}}{r^2+a^2}$, 所以在视界面 r_+ 附近有

$$\ln(r-r_+) = -\frac{1}{3}\varLambda\frac{1}{r_+^2+a^2}(r_+-r_{++})(r_+-r_-)$$
$$(r_+-r_{--})\hat{r} = 2\kappa_h\varXi\hat{r}, \tag{6.3.53}$$

式中

$$\kappa_h = -\frac{\varLambda}{6\varXi}\frac{1}{r_+^2+a^2}(r_+-r_{++})(r_+-r_-)(r_+-r_{--}), \tag{6.3.54}$$

是视界面 r_+ 上的引力加速度.

由 (6.3.53) 可以得到

$$(r-r_+) = \exp(2\kappa_h\varXi\hat{r}),$$

于是出射波可改写为

$$\varPsi^{\mathrm{out}}\omega \sim \mathrm{e}^{-\mathrm{i}\omega V}(r-r_+)^{\frac{\mathrm{i}}{\kappa_h}(\omega-\omega_0)}. \tag{6.3.55}$$

这一结果是在视界面外部得到的, 用解析延拓的方法可以得到视界面内的波函数

$$\begin{aligned}\Psi_\omega^{\text{out}} &\sim \mathrm{e}^{-\mathrm{i}\omega V}(r_+ - r)^{\frac{\mathrm{i}}{\kappa_h}(\omega-\omega_0)}\mathrm{e}^{\frac{\pi}{\kappa_h}(\omega-\omega_0)}\\ &=\Psi_\omega^{\text{out}}(r_+ - r)\mathrm{e}^{\frac{\pi}{\kappa_h}(\omega-\omega_0)}.\end{aligned}\tag{6.3.56}$$

这样, 由视界面向外的出射波的波函数可以统一写为

$$\Phi_\omega^{\text{out}} = N_\omega\left\{y(r-r_+)\Psi_\omega^{\text{out}}(r-r_+) + y(r_+ - r)\Psi_\omega^{\text{out}}(r_+ - r)\exp\left[\frac{\pi}{\kappa_h}(\omega-\omega_0)\right]\right\},\tag{6.3.57}$$

式中 $y(x)$ 是阶跃函数, $\Psi_\omega^{\text{out}}(r-r_+)$ 和 $\Psi_\omega^{\text{out}}(r_+-r)$ 是已经归一化了的波函数. N_ω 是 Ψ_ω^{out} 的归一化因子.

在视界外 $r > r_+$, 上式代表强度为 N_ω^2 或流密度为 $\frac{1}{2\pi}N_\omega^2$ 从视界向外传播的出射正能粒子流. 在视界内 $r < r_+$, r 为时间轴. 上式代表在引力场中逆着时间前进的正能粒子流, 实际上就是在引力场中顺着时间离开视界传播的负能反粒子流. 这意味着在视界上有正反粒子对产生.

由 Φ_ω^{out} 的归一化条件

$$\langle \Phi_\omega^{\text{our}}, \Phi_\omega^{\text{out}}\rangle = N_\omega^2\left\{\exp\left[\frac{2\pi(\omega-\omega_0)}{\kappa_h}\right] - 1\right\} = 1\tag{6.3.58}$$

得到

$$N_\omega^2 = \frac{1}{\exp\left[\dfrac{2\pi(\omega-\omega_0)}{\kappa_h}\right]-1} = \frac{1}{\exp\left(\dfrac{\omega-\omega_0}{k_b T_h}\right)-1},\tag{6.3.59}$$

式中 k_b 是玻尔兹曼常量,

$$T_h = \frac{\kappa_h}{2\pi k_b},\tag{6.3.60}$$

是黑洞视界的温度.

对于宇宙视界 r_{++}, 用相似的方法经过相似的计算过程, 可得视界表面引力加速度

$$\kappa_c = \frac{\Lambda}{6\Xi}\frac{1}{r_{++}^2 + a^2}(r_{++} - r_+)(r_{++} - r_-)(r_{++} - r_{--}),\tag{6.3.61}$$

视界 r_{++} 的温度为

$$T_c = \frac{\kappa_c}{2\pi k_b}.\tag{6.3.62}$$

当 $\frac{1}{\Lambda} \gg M^2$, 由 (6.3.54) 和 (6.3.61) 得

$$\kappa_h \sim \frac{1}{2}\frac{r_+ - r_-}{r_+^2 + a^2}, r_\pm \sim M \pm \sqrt{M^2 - a^2 - Q^2},\tag{6.3.63}$$

$$\kappa_c \sim \left(\frac{\Lambda}{3}\right)^+. \tag{6.3.64}$$

2) 狄拉克粒子的辐射

由度规 (6.3.31), 构造对称零标架

$$\begin{aligned}
l^\mu &= \left(\frac{1}{2\Sigma\Delta_r}\right)^{\frac{1}{2}}[\Xi(r^2+a^2), \Delta_r, 0, \Xi_a],\\
n^\mu &= \left(\frac{1}{2\Sigma\Delta_r}\right)^{\frac{1}{2}}[\Xi(r^2+a^2), -\Delta_r, 0, \Xi_a],\\
m^\mu &= \left(\frac{1}{2\Sigma\Delta_\theta}\right)^{\frac{1}{2}}\left[\mathrm{i}\Xi a\sin\theta, 0, \Delta_\theta, \frac{\mathrm{i}\Xi}{\sin\theta}\right],\\
\bar{m}^\mu &= \left(\frac{1}{2\Sigma\Delta_\theta}\right)^{\frac{1}{2}}\left[-\mathrm{i}\Xi a\sin\theta, 0, \Delta_\theta, -\frac{\mathrm{i}\Xi}{\sin\theta}\right].
\end{aligned} \tag{6.3.65}$$

由此可以得到零标架的协变分量. 可以证明上述零标架满足伪正交条件和度规条件. 由这些零标架分量, 可以得到 Newman-Penrose 旋系数的表示式

$$\begin{aligned}
\pi &= -\left(\frac{\Delta_\theta}{2\Sigma}\right)^{\frac{1}{2}}\frac{1}{\Sigma}(a^2\sin\theta\cos\theta - \mathrm{i}ra\sin\theta),\\
\varepsilon &= \frac{1}{2}\left(\frac{1}{2\Sigma\Delta_r}\right)^{\frac{1}{2}}\left[-\frac{r}{\Sigma}\Delta_r + \left(1-\frac{1}{3}\Lambda r^2\right)r - \frac{1}{3}\Lambda r(r^2+a^2) - M - \frac{\Delta_r}{\Sigma}\mathrm{i}a\cos\theta\right],\\
\rho &= -\left(\frac{1}{2\Sigma\Delta_r}\right)^{\frac{1}{2}}\frac{\Delta_r}{\Sigma}(r+\mathrm{i}a\cos\theta),\\
\alpha &= -\frac{1}{2}\left(\frac{1}{2\Sigma}\Delta_\theta\right)^{\frac{1}{2}}\left\{\frac{1}{\Sigma}\left[\Delta_\theta(r^2+a^2) - \frac{1}{3}\Lambda\Sigma a^2\sin^2\theta\right]\cot\theta - \frac{\Delta_\theta}{\Sigma}\mathrm{i}ra\sin\theta\right\},\\
\mu &= \rho, \quad \beta = -\alpha, \quad \gamma = \varepsilon, \quad \tau = -\pi.
\end{aligned} \tag{6.3.66}$$

各微分算符的表示式为

$$\begin{aligned}
\mathrm{D} &= l^\mu\frac{\partial}{\partial x^\mu} = \left(\frac{1}{2\Sigma\Delta_r}\right)^{\frac{1}{2}}\left[\Xi(r^2+a^2)\frac{\partial}{\partial t} + \Delta_r\frac{\partial}{\partial r} + \Xi a\frac{\partial}{\partial\phi}\right],\\
\Delta &= n^\mu\frac{\partial}{\partial x^\mu} = \left(\frac{1}{2\Sigma\Delta_r}\right)^{\frac{1}{2}}\left[\Xi(r^2+a^2)\frac{\partial}{\partial t} - \Delta_r\frac{\partial}{\partial r} + \Xi a\frac{\partial}{\partial\phi}\right],\\
\delta &= m^\mu\frac{\partial}{\partial x^\mu} = \left(\frac{1}{2\Sigma\Delta_\theta}\right)^{\frac{1}{2}}\left[\mathrm{i}\Xi a\sin\theta\frac{\partial}{\partial t} + \Delta_\theta\frac{\partial}{\partial\theta} + \frac{\mathrm{i}\Xi}{\sin\theta}\frac{\partial}{\partial\phi}\right],\\
\bar{\delta} &= m^\mu\frac{\partial}{\partial x^\mu} = \left(\frac{1}{2\Sigma\Delta_\theta}\right)^{\frac{1}{2}}\left[-\mathrm{i}\Xi a\sin\theta\frac{\partial}{\partial t} + \Delta_\theta\frac{\partial}{\partial\theta} - \frac{\mathrm{i}\Xi}{\sin\theta}\frac{\partial}{\partial\phi}\right],
\end{aligned} \tag{6.3.67}$$

电磁势的表示式为 (6.3.35), 由 (6.3.65) 和 (6.3.35) 可以得到

$$A_\mu l^\mu = A_\mu n^\mu = \left(\frac{1}{2\Sigma\Delta_r}\right)^{\frac{1}{2}} Qr, \tag{6.3.68}$$

$$A_\mu m^\mu = A_\mu \bar{m}^\mu = 0. \tag{6.3.69}$$

由 (6.3.66) 可得

$$\begin{aligned}\varepsilon - \rho = -(\mu - \gamma) = \frac{1}{2}\left(\frac{1}{2\Sigma\Delta_r}\right)^{\frac{1}{2}} \bigg[\frac{\Delta_r}{\Sigma}(r + \mathrm{i}a\cos\theta) \\ + \left(1 - \frac{1}{3}\Lambda r^2\right) r - M - \frac{1}{3}\Lambda r(r^2 + a^2)\bigg], \\ \pi - \alpha = \beta - \tau = -\left(\frac{1}{2\Sigma}\right)^{\frac{3}{2}} \Delta_\theta^{\frac{1}{2}} \bigg[a^2\sin\theta\cos\theta - \Sigma\cot\theta \\ - \mathrm{i}ra\sin\theta + \frac{1}{3}\frac{\Lambda\Sigma}{\Delta_\theta}a^2\sin\theta\cos\theta\bigg].\end{aligned} \tag{6.3.70}$$

将 (6.3.67)~(6.3.70) 代入狄拉克方程 (6.3.4), 得到

$$\begin{aligned}&\left(\frac{1}{2\Sigma\Delta_r}\right)^{\frac{1}{2}} \bigg\{\Xi(r^2 + a^2)\frac{\partial}{\partial t} + \Delta_r\frac{\partial}{\partial r} + \Xi a\frac{\partial}{\partial\phi} + \frac{1}{2}\bigg[\frac{\Delta_r}{\Sigma}(r \\ &+ \mathrm{i}a\cos\theta) + \left(1 - \frac{1}{3}\Lambda r^2\right) r - M - \frac{1}{3}\Lambda r(r^2 + a^2)\bigg] + \mathrm{i}eQr\bigg\} F_1 \\ &+ \left(\frac{1}{2\Sigma\Delta_\theta}\right)^{\frac{1}{2}} \bigg[-\mathrm{i}\Xi a\sin\theta\frac{\partial}{\partial t} + \Delta_\theta\frac{\partial}{\partial\theta} - \frac{\mathrm{i}\Xi}{\sin\theta}\frac{\partial}{\partial\phi} - \frac{1}{2\Sigma}\bigg(a^2\sin\theta\cos\theta \\ &- \Sigma\cot\theta - \mathrm{i}ra\sin\theta + \frac{1}{3}\frac{\Lambda\Sigma}{\Delta_\theta}a^2\sin\theta\cos\theta\bigg)\bigg] F_2 - \frac{1}{\sqrt{2}}\mathrm{i}\mu G_2 = 0, \\ &\left(\frac{1}{2\Sigma\Delta_r}\right)^{\frac{1}{2}} \bigg\{\Xi(r^2 + a^2)\frac{\partial}{\partial t} - \Delta_r\frac{\partial}{\partial r} + \Xi a\frac{\partial}{\partial\phi} - \frac{1}{2}\bigg[\frac{\Delta_r}{\Sigma}(r \\ &+ \mathrm{i}a\cos\theta) + \left(1 - \frac{1}{3}\hat{\Lambda}^2\right) r - M - \frac{1}{3}\Lambda r(r^2 + a^2)\bigg] + \mathrm{i}eQr\bigg\} F_2 \\ &+ \left(\frac{1}{2\Sigma\Delta_r}\right)^{\frac{1}{2}} \bigg[\mathrm{i}\Xi a\sin\frac{\partial}{\partial t} + \Delta_\theta\frac{\partial}{\partial\theta} + \frac{\mathrm{i}\Xi}{\sin\theta}\frac{\partial}{\partial\phi} - \frac{1}{2\Sigma}\bigg(a^2\sin\theta\cos\theta \\ &- \Sigma\cot\theta - \mathrm{i}ra\sin\theta + \frac{1}{3}\frac{\Lambda\Sigma}{\Delta_\theta}a^2\sin\theta\cos\theta\bigg)\bigg] F_1 - \frac{1}{\sqrt{2}}\mathrm{i}\mu G_2 = 0, \\ &\left(\frac{1}{2\Sigma\Delta_r}\right)^{\frac{1}{2}} \bigg\{\Xi(r^2 + a^2)\frac{\partial}{\partial t} + \Delta_r\frac{\partial}{\partial r} + \Xi a\frac{\partial}{\partial\phi} + \frac{1}{2}\bigg[\frac{\Delta_r}{\Sigma}(r\end{aligned}$$

$$-\mathrm{i}a\cos\theta)+\left(1-\frac{1}{3}\Lambda r^2\right)r-M-\frac{1}{3}\Lambda r(r^2+a^2)\Bigg]+\mathrm{i}eQr\Bigg\}G_2$$

$$-\left(\frac{1}{2\Sigma\Delta_\theta}\right)^{\frac{1}{2}}\Bigg[\mathrm{i}\Xi a\sin\theta\frac{\partial}{\partial t}+\Delta_\theta\frac{\partial}{\partial\theta}+\frac{\mathrm{i}\Xi}{\sin\theta}\frac{\partial}{\partial\phi}-\frac{1}{2\Sigma}\Bigg(a^2\sin\theta\cos\theta$$

$$-\Sigma\cot\theta+\mathrm{i}ra\sin\theta+\frac{1}{3}\frac{\Lambda\Sigma}{\Delta_\theta}a^2\sin\theta\cos\theta\Bigg)\Bigg]G_1-\frac{1}{\sqrt{2}}\mathrm{i}\mu F^2=0,$$

$$\left(\frac{1}{2\Sigma\Delta_r}\right)^{\frac{1}{2}}\Bigg\{\Xi(r^2+a^2)\frac{\partial}{\partial t}-\Delta_r\frac{\partial}{\partial r}+\Xi a\frac{\partial}{\partial\phi}-\frac{1}{2}\Bigg[\frac{\Delta_r}{\Sigma}(r$$

$$-\mathrm{i}a\cos\theta)+\left(1-\frac{1}{3}\Lambda r^2\right)r-M-\frac{1}{3}\Lambda r(r^2+a^2)\Bigg]+\mathrm{i}eQr\Bigg\}G_1$$

$$-\left(\frac{1}{2\Sigma\Delta_\theta}\right)^{\frac{1}{2}}\Bigg[-\mathrm{i}\Xi a\sin\theta\frac{\partial}{\partial t}+\Delta_\theta\frac{\partial}{\partial\theta}-\frac{\mathrm{i}\Xi}{\sin\theta}\frac{\partial}{\partial\phi}-\frac{1}{2\Sigma}\Bigg(a^2\sin\theta\cos\theta$$

$$-\Sigma\cot\theta+\mathrm{i}ra\sin\theta+\frac{1}{3}\frac{\Lambda\Sigma}{\Delta_\theta}a^2\sin\theta\cos\theta\Bigg)\Bigg]G_2-\frac{1}{\sqrt{2}}\mathrm{i}\mu F_1=0. \tag{6.3.71}$$

Γ 矩阵形式的狄拉克方程为

$$\left[\gamma^\mu\left(\frac{\partial}{\partial x^\mu}-\Gamma\mu\right)-\mathrm{i}\mu I\right]\psi=0. \tag{6.3.72}$$

比较 (6.3.71) 和 (6.3.72), 得到

$$\gamma^0=\left(\frac{1}{\Sigma\Delta_r}\right)^{\frac{1}{2}}(r^2+a^2)\hat{\gamma}^0+\left(\frac{1}{\Sigma\Delta_\theta}\right)^{\frac{1}{2}}\Xi a\sin\theta\hat{\gamma}^3,$$

$$\gamma^1=\left(\frac{1}{\Sigma\Delta_r}\right)^{\frac{1}{2}}\Delta_r\hat{\gamma}^1,$$

$$\gamma^2=\left(\frac{1}{\Sigma\Delta_\theta}\right)^{\frac{1}{2}}\Delta_\theta\hat{\gamma}^2,$$

$$\gamma^3=\left(\frac{1}{\Sigma\Delta_r}\right)^{\frac{1}{2}}\Xi a\hat{\gamma}^0+\left(\frac{1}{\Sigma\Delta_\theta}\right)^{\frac{1}{2}}\frac{\Xi}{\sin\theta}\hat{\gamma}^3. \tag{6.3.73}$$

式中右端的 $\hat{\gamma}^\mu$ 各分量分别为

$$\hat{\gamma}^0=\begin{pmatrix}0&0&1&0\\0&0&0&1\\1&0&0&0\\0&1&0&0\end{pmatrix},$$

$$\hat{\gamma}^1 = \begin{pmatrix} 0 & 0 & -1 & 0 \\ 0 & 0 & 0 & 1 \\ 1 & 0 & 0 & 0 \\ 0 & -1 & 0 & 0 \end{pmatrix},$$

$$\hat{\gamma}^2 = \begin{pmatrix} 0 & 0 & 0 & -1 \\ 0 & 0 & -1 & 0 \\ 0 & 1 & 0 & 0 \\ 1 & 0 & 0 & 0 \end{pmatrix},$$

$$\hat{\gamma}^3 = \begin{pmatrix} 0 & 0 & 0 & \mathrm{i} \\ 0 & 0 & -\mathrm{i} & 0 \\ 0 & -\mathrm{i} & 0 & 0 \\ \mathrm{i} & 0 & 0 & 0 \end{pmatrix}. \tag{6.3.74}$$

γ^μ 是克尔–纽曼–德西特时空的狄拉克矩阵, 而 $\hat{\gamma}^\mu$ 是闵可夫斯基时空的狄拉克矩阵. 直接推导可以得到

$$\{\gamma^\mu, \gamma^\nu\} = 2g^{\mu\nu} I. \tag{6.3.75}$$

令

$$F_i = \Delta_r^{-\frac{1}{4}} \hat{F}_i, \quad G_i = \Delta^{-\frac{1}{4}} \hat{G}_i, \quad i = 1, 2, \tag{6.3.76}$$

我们有

$$\frac{\partial F_1}{\partial r} = -\frac{1}{2}\Delta_r^{-\frac{5}{4}} \left[-\frac{1}{3}\Lambda r(r^2+a^2) + \left(1 - \frac{1}{3}\Lambda r^2\right) - M\right] \hat{F}_1 + \Delta_r^{-\frac{1}{4}} \frac{\partial}{\partial r}\hat{F}_1, \cdots \tag{6.3.77}$$

将 (6.3.76) 和 (6.3.77) 代入 (6.3.71), 得到

$$\begin{aligned}
&\left(\frac{1}{\Sigma\Delta_r}\right)^{\frac{1}{2}} \left[\Xi(r^2+a^2)\frac{\partial}{\partial t} + \Delta_r\frac{\partial}{\partial r} + \Xi a\frac{\partial}{\partial \phi}\right. \\
&\left.+ \frac{\Delta_r}{2\Sigma}(r + \mathrm{i}a\cos\theta) + \mathrm{i}eQr\right]\hat{F}_1 + \left(\frac{1}{\Sigma\Delta_\theta}\right)^{\frac{1}{2}} \left[-\mathrm{i}\Xi a\sin\theta\frac{\partial}{\partial t} + \Delta_\theta\frac{\partial}{\partial \theta}\right. \\
&- \frac{\mathrm{i}\Xi}{\sin\theta}\frac{\partial}{\partial \phi} - \frac{1}{2\Sigma}\left(a^2\sin\theta\cos\theta - \Sigma\cot\theta - \mathrm{i}ra\sin\theta\right. \\
&\left.\left.+ \frac{1}{3}\frac{\Lambda\Sigma}{\Delta_\theta}a^2\sin\theta\cos\theta\right)\right]\hat{F}_2 - \mathrm{i}\mu\hat{G}_1 = 0, \\
&\left(\frac{1}{\Sigma\Delta_r}\right)^{\frac{1}{2}} \left[\Xi(r^2+a^2)\frac{\partial}{\partial t} - \Delta_r\frac{\partial}{\partial r} + \Xi a\frac{\partial}{\partial \phi}\right.
\end{aligned}$$

$$
\begin{aligned}
&-\frac{\Delta_r}{2\Sigma}(r+\mathrm{i}a\cos\theta)+\mathrm{i}eQr\Bigg]\hat{F}_2+\left(\frac{1}{\Sigma\Delta_\theta}\right)^{\frac{1}{2}}\Bigg[\mathrm{i}\Xi a\sin\theta\frac{\partial}{\partial t}+\Delta_\theta\frac{\partial}{\partial\theta}\\
&+\frac{\mathrm{i}\Xi}{\sin\theta}\frac{\partial}{\partial\phi}-\frac{1}{2\Sigma}\Bigg(a^2\sin\theta\cos\theta-\Sigma\cot\theta-\mathrm{i}ra\sin\theta\\
&+\frac{1}{3}\frac{\Lambda\Sigma}{\Delta_\theta}a^2\sin\theta\cos\theta\Bigg)\Bigg]\hat{F}_1-\mathrm{i}\mu\hat{G}_2=0,\\
&\left(\frac{1}{\Sigma\Delta_r}\right)^{\frac{1}{2}}\Bigg[\Xi(r^2+a^2)\frac{\partial}{\partial t}-\Delta_r\frac{\partial}{\partial r}+\Xi a\frac{\partial}{\partial\phi}\\
&-\frac{\Delta_r}{2\Sigma}(r-\mathrm{i}a\cos\theta)+\mathrm{i}eQr\Bigg]\hat{G}_1-\left(\frac{1}{\Sigma\Delta_\theta}\right)^{\frac{1}{2}}\Bigg[\mathrm{i}\Xi a\sin\theta\frac{\partial}{\partial t}+\Delta_\theta\frac{\partial}{\partial\theta}\\
&-\frac{\mathrm{i}\Xi}{\sin\theta}\frac{\partial}{\partial\phi}-\frac{1}{2\Sigma}\Bigg(a^2\sin\theta\cos\theta-\Sigma\cot\theta+\mathrm{i}ra\sin\theta\\
&+\frac{1}{3}\frac{\Lambda\Sigma}{\Delta_\theta}a^2\sin\theta\cos\theta\Bigg)\Bigg]\hat{G}_2-\mathrm{i}\mu\hat{F}_1=0,\\
&\left(\frac{1}{\Sigma\Delta_r}\right)^{\frac{1}{2}}\Bigg[\Xi(r^2+a^2)\frac{\partial}{\partial t}+\Delta_r\frac{\partial}{\partial r}+\Xi a\frac{\partial}{\partial\phi}\\
&+\frac{\Delta_r}{2\Sigma}(r-\mathrm{i}a\cos\theta)+\mathrm{i}eQr\Bigg]\hat{G}_2-\left(\frac{1}{\Sigma\Delta_\theta}\right)^{\frac{1}{2}}\Bigg[\mathrm{i}\Xi a\sin\theta\frac{\partial}{\partial t}+\Delta_\theta\frac{\partial}{\partial\theta}\\
&+\frac{\mathrm{i}\Xi}{\sin\theta}\frac{\partial}{\partial\phi}-\frac{1}{2\Sigma}\Bigg(a^2\sin\theta\cos\theta-\Sigma\cot\theta+\mathrm{i}ra\sin\theta\\
&+\frac{1}{3}\frac{\Lambda\Sigma}{\Delta_\theta}a^2\sin\theta\cos\theta\Bigg)\Bigg]\hat{G}_1-\mathrm{i}\mu\hat{F}_2=0.
\end{aligned}
\tag{6.3.78}
$$

引入 Tortoise 坐标 $\hat{r}$,

$$
\mathrm{d}\hat{r}=\frac{1}{\Delta_r}(r^2+a^2)\mathrm{d}r,
\tag{6.3.79a}
$$

或者

$$
\frac{\mathrm{d}}{\mathrm{d}\hat{r}}=\frac{\Delta_r}{(r^2+a^2)}\frac{\mathrm{d}}{\mathrm{d}r}.
\tag{6.3.79b}
$$

将 (6.3.79b) 代入 (6.3.78), 得到

$$
\Bigg[\Xi(r^2+a^2)\frac{\partial}{\partial t}+(r^2+a^2)\frac{\partial}{\partial\hat{r}}+\Xi a\frac{\partial}{\partial\phi}
$$

$$+\frac{\Delta_r}{2\Sigma}(r+\mathrm{i}a\cos\theta)+\mathrm{i}eQr\Bigg]\hat{F}_1+\left(\frac{\Delta_r}{\Delta_\theta}\right)^{\frac{1}{2}}\Bigg[-\mathrm{i}\Xi a\sin\theta\frac{\partial}{\partial t}+\Delta_\theta\frac{\partial}{\partial\theta}$$

$$-\frac{\mathrm{i}\Xi}{\sin\theta}\frac{\partial}{\partial\phi}-\frac{1}{2\Sigma}\Bigg(a^2\sin\theta\cos\theta-\Sigma\cot\theta-\mathrm{i}ra\sin\theta$$

$$+\frac{1}{3}\frac{\Lambda\Sigma}{\Delta_\theta}a^2\sin\theta\cos\theta\Bigg)\Bigg]\hat{F}_2-\mathrm{i}\mu(\Sigma\Delta_r)^{\frac{1}{2}}\hat{G}_1=0,$$

$$\Bigg[\Xi(r^2+a^2)\frac{\partial}{\partial t}-(r^2+a^2)\frac{\partial}{\partial\hat{r}}+\Xi a\frac{\partial}{\partial\phi}$$

$$-\frac{\Delta_r}{2\Sigma}(r+\mathrm{i}a\cos\theta)+\mathrm{i}eQr\Bigg]\hat{F}_2+\left(\frac{\Delta_r}{\Delta_\theta}\right)^{\frac{1}{2}}\Bigg[\mathrm{i}\Xi a\sin\theta\frac{\partial}{\partial t}+\Delta_\theta\frac{\partial}{\partial\theta}$$

$$+\frac{\mathrm{i}\Xi}{\sin\theta}\frac{\partial}{\partial\phi}-\frac{1}{2\Sigma}\Bigg(a^2\sin\theta\cos\theta-\Sigma\cot\theta-\mathrm{i}ra\sin\theta$$

$$+\frac{1}{3}\frac{\Lambda\Sigma}{\Delta_\theta}a^2\sin\theta\cos\theta\Bigg)\Bigg]\hat{F}_1-\mathrm{i}\mu(\Sigma\Delta_r)^{\frac{1}{2}}\hat{G}_2=0,$$

$$\Bigg[\Xi(r^2+a^2)\frac{\partial}{\partial t}-(r^2+a^2)\frac{\partial}{\partial\hat{r}}+\Xi a\frac{\partial}{\partial\phi}$$

$$-\frac{\Delta_r}{2\Sigma}(r-\mathrm{i}a\cos\theta)+\mathrm{i}eQr\Bigg]\hat{G}_1-\left(\frac{\Delta_r}{\Delta_\theta}\right)^{\frac{1}{2}}\Bigg[-\mathrm{i}\Xi a\sin\theta\frac{\partial}{\partial t}+\Delta_\theta\frac{\partial}{\partial\theta}$$

$$-\frac{\mathrm{i}\Xi}{\sin\theta}\frac{\partial}{\partial\phi}-\frac{1}{2\Sigma}\Bigg(a^2\sin\theta\cos\theta-\Sigma\cot\theta+\mathrm{i}ra\sin\theta$$

$$+\frac{1}{3}\frac{\Lambda\Sigma}{\Delta_\theta}a^2\sin\theta\cos\theta\Bigg)\Bigg]\hat{G}_2-\mathrm{i}\mu(\Sigma\Delta_r)^{\frac{1}{2}}\hat{F}_1=0,$$

$$\Bigg[\Xi(r^2+a^2)\frac{\partial}{\partial t}+(r^2+a^2)\frac{\partial}{\partial\hat{r}}+\Xi a\frac{\partial}{\partial\phi}$$

$$+\frac{\Delta_r}{2\Sigma}(r-\mathrm{i}a\cos\theta)+\mathrm{i}eQr\Bigg]\hat{G}_2-\left(\frac{\Delta_r}{\Delta_\theta}\right)^{\frac{1}{2}}\Bigg[\mathrm{i}\Xi a\sin\theta\frac{\partial}{\partial t}+\Delta_\theta\frac{\partial}{\partial\theta}$$

$$+\frac{\mathrm{i}\Xi}{\sin\theta}\frac{\partial}{\partial\phi}-\frac{1}{2\Sigma}\Bigg(a^2\sin\theta\cos\theta-\Sigma\cot\theta+\mathrm{i}ra\sin\theta$$

$$+\frac{1}{3}\frac{\Lambda\Sigma}{\Delta_\theta}a^2\sin\theta\cos\theta\Bigg)\Bigg]\hat{G}_1-\mathrm{i}\mu(\Sigma\Delta_r)^{\frac{1}{2}}\hat{F}_2=0. \tag{6.3.80}$$

令

$$\begin{aligned} \hat{F}_i &= \mathrm{e}^{-\mathrm{i}\omega t}\mathrm{e}^{im\phi}f_i, \\ \hat{G}_i &= \mathrm{e}^{-\mathrm{i}\omega t}\mathrm{e}^{im\phi}g_i, \end{aligned} \qquad i=1,2, \tag{6.3.81}$$

代入 (6.3.80), 得到

$$\begin{aligned}
&\left[-\mathrm{i}\varXi\omega(r^2+a^2)+(r^2+a^2)\frac{\partial}{\partial\hat{r}}+\mathrm{i}\varXi ma+\frac{\varDelta_r}{2\varSigma}(r+\mathrm{i}a\cos\theta)\right.\\
&\left.+\mathrm{i}eQr\right]f_1+\left(\frac{\varDelta_r}{\Delta_\theta}\right)^{\frac{1}{2}}\left[-\varXi a\omega\sin\theta+\varDelta_\theta\frac{\partial}{\partial\theta}+\frac{\varXi m}{\sin\theta}\right.\\
&-\frac{1}{2\varSigma}(a^2\sin\theta\cos\theta-\mathrm{i}ra\sin\theta)+\frac{1}{2}\cot\theta\\
&\left.-\frac{1}{6}\frac{\varLambda}{\varDelta_\theta}a^2\sin\theta\cos\theta\right]f_2-\mathrm{i}\mu(\varSigma\varDelta_r)^{\frac{1}{2}}g_1=0,\\
&\left[-\mathrm{i}\varXi\omega(r^2+a^2)-(r^2+a^2)\frac{\partial}{\partial\hat{r}}+\mathrm{i}\varXi ma-\frac{\varDelta_r}{2\varSigma}(r\right.\\
&\left.+\mathrm{i}a\cos\theta)+\mathrm{i}eQr\right]f_2+\left(\frac{\varDelta_r}{\Delta_\theta}\right)^{\frac{1}{2}}\left[\varXi a\omega\sin\theta+\varDelta_\theta\frac{\partial}{\partial\theta}-\frac{\varXi m}{\sin\theta}\right.\\
&-\frac{1}{2\varSigma}(a^2\sin\theta\cos\theta-\mathrm{i}ra\sin\theta)+\frac{1}{2}\cot\theta\\
&\left.-\frac{1}{6}\frac{\varLambda}{\varDelta_\theta}a^2\sin\theta\cos\theta\right]f_1-\mathrm{i}\mu(\varSigma\varDelta_r)^{\frac{1}{2}}g_2=0,\\
&\left[-\mathrm{i}\varXi\omega(r^2+a^2)-(r^2+a^2)\frac{\partial}{\partial\hat{r}}+\mathrm{i}\varXi ma-\frac{\varDelta_r}{2\varSigma}(r-\mathrm{i}a\cos\theta)\right.\\
&\left.+\mathrm{i}eQr\right]g_1-\left(\frac{\varDelta_r}{\Delta_\theta}\right)^{\frac{1}{2}}\left[-\varXi a\omega\sin\theta+\Delta\theta\frac{\partial}{\partial\theta}+\frac{\varXi m}{\sin\theta}\right.\\
&\left.-\frac{1}{2\varSigma}(a^2\sin\theta\cos\theta+\mathrm{i}ra\sin\theta)+\frac{1}{2}\cot\theta-\frac{1}{6}\frac{\varLambda}{\varDelta_\theta}a^2\sin\theta\cos\theta\right]g_2-\mathrm{i}\mu(\varSigma\varDelta_r)^{\frac{1}{2}}f_1=0,\\
&\left[-\mathrm{i}\varXi\omega(r^2+a^2)+(r^2+a^2)\frac{\partial}{\partial\hat{r}}+\mathrm{i}\varXi ma+\frac{\varDelta_r}{2\varSigma}(r-\mathrm{i}a\cos\theta)\right.\\
&\left.+\mathrm{i}eQr\right]g_2-\left(\frac{\varDelta_r}{\Delta_\theta}\right)^{\frac{1}{2}}\left[\varXi a\omega\sin\theta+\varDelta_\theta\frac{\partial}{\partial\theta}-\frac{\varXi m}{\sin\theta}\right.\\
&-\frac{1}{2\varSigma}(a^2\sin\theta\cos\theta+\mathrm{i}ra\sin\theta)\\
&\left.+\frac{1}{2}\cot\theta-\frac{1}{6}\frac{\varLambda}{\Delta_\theta}a^2\sin\theta\cos\theta\right]g_1-\mathrm{i}\mu(\varSigma\varDelta_r)^{\frac{1}{2}}f_2=0.
\end{aligned} \tag{6.3.82}$$

和在 (1) 中讨论视界面方程 (6.3.42) 的情况一样, 我们只讨论视界面 r_+ 和 r_{++} 处的霍金辐射.

在视界 r_+ 附近, $\Delta_r \to 0$, 于是 (6.3.82) 简化为

$$
\begin{aligned}
&\left[-\mathrm{i}\Xi\omega(r_+^2+a^2)+(r_+^2+a^2)\frac{\mathrm{d}}{\mathrm{d}\hat{r}}+\mathrm{i}\Xi ma+\mathrm{i}eQr_+\right]f_1=0,\\
&\left[-\mathrm{i}\Xi\omega(r_+^2+a^2)-(r_+^2+a^2)\frac{\mathrm{d}}{\mathrm{d}\hat{r}}+\mathrm{i}\Xi ma+\mathrm{i}eQr_+\right]f_2=0,\\
&\left[-\mathrm{i}\Xi\omega(r_+^2+a^2)-(r_+^2+a^2)\frac{\mathrm{d}}{\mathrm{d}\hat{r}}+\mathrm{i}\Xi ma+\mathrm{i}eQr_+\right]g_1=0,\\
&\left[-\mathrm{i}\Xi\omega(r_+^2+a^2)+(r_+^2+a^2)\frac{\mathrm{d}}{\mathrm{d}\hat{r}}+\mathrm{i}\Xi ma+\mathrm{i}eQr_+\right]g_2=0,
\end{aligned}
\tag{6.3.83}
$$

解之得

$$
\begin{aligned}
f_1&=\exp\left[\mathrm{i}\left(\Xi\omega-\frac{\Xi ma+eQr_+}{r_+^2+a^2}\right)\hat{r}\right]\\
&=\exp[\mathrm{i}\Xi(\omega-m\Omega-eV)\hat{r}]\\
f_2&=\exp\left[\mathrm{i}\left(\Xi\omega-\frac{\Xi ma+eQr_+}{r_+^2+a^2}\right)\hat{r}\right]\\
&=\exp[\mathrm{i}\Xi(\omega-m\Omega-eV)\hat{r}]\\
g_1&=\exp\left[\mathrm{i}\left(\Xi\omega-\frac{\Xi ma+eQr_+}{r_+^2+a^2}\right)\hat{r}\right]\\
&=\exp[\mathrm{i}\Xi(\omega-m\Omega-eV)\hat{r}]\\
g_2&=\exp\left[\mathrm{i}\left(\Xi\omega-\frac{\Xi ma+eQr_+}{r_+^2+a^2}\right)\hat{r}\right]\\
&=\exp[\mathrm{i}\Xi(\omega-m\Omega-eV)\hat{r}].
\end{aligned}
\tag{6.3.84}
$$

式中

$$\Omega\equiv\frac{a}{r_+^2+a^2}, \tag{6.3.85}$$

为黑洞视界 r_+ 的角速度;

$$V=A_0=\frac{Qr_+}{\Xi(r_+^2+a^2)}, \tag{6.3.86}$$

为 r_+ 上两极点处的静电势.

令

$$\omega_0=m\Omega+eV \tag{6.3.87}$$

及

$$\Xi(\omega-\omega_0)\hat{r}=\omega\hat{r}', \tag{6.3.88}$$

在 $\hat{F}_i$, $\hat{G}_i$ 中省写因子 $\exp(im\phi)$ 则

$$\begin{aligned}&\hat{F}_1 \sim \mathrm{e}^{-\mathrm{i}\omega(t-\hat{r}')}, \quad \hat{F}_2 \sim \mathrm{e}^{-\mathrm{i}\omega(t+\hat{r}')},\\&\hat{G}_1 \sim \mathrm{e}^{-\mathrm{i}\omega(t-\hat{r}')}, \quad \hat{G}_2 \sim \mathrm{e}^{-\mathrm{i}\omega(t+\hat{r}')}.\end{aligned} \tag{6.3.89}$$

由 (6.3.89) 可知, 进入视界 r_+ 的入射波为

$$\psi_\omega^{in} \sim \mathrm{e}^{-\mathrm{i}\omega(t+\hat{r}')}\frac{1}{\sqrt{2}}(0,1,1,0)^{\mathrm{T}}, \tag{6.3.90}$$

由视界 r_+ 向外的出射波为

$$\psi_\omega^{out} \sim \mathrm{e}^{-\mathrm{i}\omega(t-\hat{r}')}\frac{1}{\sqrt{2}}(1,0,0,1)^{\mathrm{T}}, \tag{6.3.91}$$

式中 T 为转置算符. 可见入射波和出射波正交.

引入超前爱丁顿坐标

$$V = t + \hat{r}', \tag{6.3.92}$$

可将 (6.3.90) 和 (6.3.91) 写为

$$\psi_\omega^{\mathrm{in}} \sim \mathrm{e}^{-\mathrm{i}\omega V}\frac{1}{\sqrt{2}}(0,1,1,0)^{\mathrm{T}}, \tag{6.3.93}$$

$$\begin{aligned}\psi_\omega^{out} &\sim \mathrm{e}^{-\mathrm{i}\omega V}\mathrm{e}^{2\mathrm{i}\omega\hat{r}'}\frac{1}{\sqrt{2}}(1,0,0,1)^{\mathrm{T}}\\&=\mathrm{e}^{-\mathrm{i}\omega V}\mathrm{e}^{2\mathrm{i}\,\varXi(\omega-\omega_0)\hat{r}}\frac{1}{\sqrt{2}}(1,0,0,1)^{\mathrm{T}}.\end{aligned} \tag{6.3.94}$$

在视界面附近, (6.3.79a) 可写为

$$\mathrm{d}\hat{r} = -\frac{3}{\varLambda}\frac{(r_+^2+a^2)\mathrm{d}r}{(r_+-r_{++})(r_+-r_-)(r_+-r_{--})(r-r_+)}. \tag{6.3.95}$$

积分, 得到

$$\ln(r-r_+) = -\frac{1}{3}\frac{\varLambda}{r_+^2+a^2}(r_+-r_{++})(r_+-r_-)(r_+-r_{--})\hat{r} \equiv 2\kappa_+\hat{\varXi}r \tag{6.3.96}$$

式中

$$\kappa_+ = -\frac{1}{6\varXi}\frac{\varLambda}{r_+^2+a^2}(r_+-r_{++})(r_+-r_-)(r_+-r_{--}) \tag{6.3.97}$$

为视界 r_+ 上的引力加速度.

由 (6.3.9), 可以得到

$$(r-r_+) = \exp(2\kappa_+\hat{\varXi}r), \tag{6.3.98}$$

代入 (6.3.94), 可将出射波改写成

$$\psi_\omega^{\text{out}} \sim e^{-i\omega V}(r-r_+)^{i/\kappa_k(\omega-\omega_0)}\frac{1}{\sqrt{2}}(1,0,0,1)^{\text{T}}. \tag{6.3.99}$$

上面的出射波是在视界面外边得到的, 视界面上任一点都是分支点, 即波函数不确定. 可以如前一样地进行解析延拓, 得到视界面内的出射波函数.

$$\begin{aligned}\psi_\omega^{\text{out}} &\sim e^{-i\omega V}(r_+-r)^{\frac{i}{\kappa_+}(\omega-\omega_0)}e^{\frac{\pi}{\kappa_+}(\omega-\omega_0)}\frac{1}{\sqrt{2}}(1,0,0,1)^{\text{T}}\\ &=\psi_\omega^{\text{out}}(r_+-r)e^{\frac{\pi}{\kappa_+}(\omega-\omega_0)}.\end{aligned} \tag{6.3.100}$$

引入阶跃函数

$$y(x)=\begin{cases}1, & \text{当 } x>0,\\ 0, & \text{当 } x<0,\end{cases} \tag{6.3.101}$$

出射波函数可统一表示为

$$\begin{aligned}\Phi_\omega^{\text{out}} =&N_\omega\Big\{y(r-r_+)\psi_\omega^{\text{out}}(r-r_+)+y(r_+-r)\psi_\omega^{\text{out}}(r_+\\ &-r)\exp\left[\frac{\pi}{\kappa_+}(\omega-\omega_0)\right]\Big\},\end{aligned} \tag{6.3.102}$$

式中 N_ω 是 Φ_ω^{out} 的归一化因子.

在视界面外, 上式表示强度为 N_ω^2 的从视界向外传播的正能粒子流; 在视界面内, r 为时间轴, 上式表示逆时传播的正能粒子流, 等效于顺时离开视界的负能反粒子流. 即在视界面上产生了正反狄拉克粒子对.

由 Φ_ω^{out} 的归一化条件

$$\langle\Phi_\omega^{\text{out}},\Phi_\omega^{\text{out}}\rangle = N_\omega^2\left\{\exp\left[\frac{2\pi(\omega-\omega_0)}{\kappa_+}\right]+1\right\}=1, \tag{6.3.103}$$

可以确定归一化常数

$$N_\omega^2=\left\{\exp\left[\frac{2\pi(\omega-\omega_0)}{\kappa_+}\right]+1\right\}^{-1}=\left[\exp\left(\frac{\omega-\omega_0}{k_bT_+}\right)+1\right]^{-1}, \tag{6.3.104}$$

式中 k_b 是玻尔兹曼常量, κ_+ 是外视界上的引力加速度, 而温度

$$T_+\equiv\frac{\kappa_+}{2\pi k_b}. \tag{6.3.105}$$

用类似的方法可以得到宇宙视界 r_{++} 上的引力加速度

$$\kappa_{++}=\frac{1}{6\Xi}\frac{\Lambda}{r_+^2+a^2}(r_{++}-r_+)(r_{++}-r_-)(r_{++}-r_{--}) \tag{6.3.106}$$

和视界温度

$$T_{++} = \frac{\kappa_{++}}{2\pi k_b}. \tag{6.3.107}$$

当 $\frac{1}{\Lambda} \gg M^2$, 有

$$\begin{aligned} &\kappa_+ \sim \frac{1}{2}\frac{r_+ - r_-}{r_+^2 + a^2}, \quad r_\pm \sim M \pm \sqrt{M^2 - a^2 - Q^2}, \\ &\kappa_{++} \sim \left(\frac{\Lambda}{3}\right)^{\frac{1}{2}}. \end{aligned} \tag{6.3.108}$$

本节所得结果相当一般, 可退化为克尔–纽曼黑洞等特殊情况.

《现代物理基础丛书·典藏版》书目

1. 现代声学理论基础　马大猷　著
2. 物理学家用微分几何（第二版）　侯伯元　侯伯宇　著
3. 计算物理学　马文淦　编著
4. 相互作用的规范理论（第二版）　戴元本　著
5. 理论力学　张建树　等　编著
6. 微分几何入门与广义相对论（上册·第二版）　梁灿彬　周　彬　著
7. 微分几何入门与广义相对论（中册·第二版）　梁灿彬　周　彬　著
8. 微分几何入门与广义相对论（下册·第二版）　梁灿彬　周　彬　著
9. 辐射和光场的量子统计理论　曹昌祺　著
10. 实验物理中的概率和统计（第二版）　朱永生　著
11. 声学理论与工程应用　何　琳　等　编著
12. 高等原子分子物理学（第二版）　徐克尊　著
13. 大气声学（第二版）　杨训仁　陈　宇　著
14. 输运理论（第二版）　黄祖洽　丁鄂江　著
15. 量子统计力学（第二版）　张先蔚　编著
16. 凝聚态物理的格林函数理论　王怀玉　著
17. 激光光散射谱学　张明生　著
18. 量子非阿贝尔规范场论　曹昌祺　著
19. 狭义相对论（第二版）　刘　辽　等　编著
20. 经典黑洞和量子黑洞　王永久　著
21. 路径积分与量子物理导引　侯伯元　等　编著
22. 全息干涉计量——原理和方法　熊秉衡　李俊昌　编著
23. 实验数据多元统计分析　朱永生　编著
24. 工程电磁理论　张善杰　著
25. 经典电动力学　曹昌祺　著
26. 经典宇宙和量子宇宙　王永久　著
27. 高等结构动力学（第二版）　李东旭　编著
28. 粉末衍射法测定晶体结构（第二版·上、下册）　梁敬魁　编著
29. 量子计算与量子信息原理　Giuliano Benenti　等　著
——第一卷：基本概念　王文阁　李保文　译

30. 近代晶体学（第二版） 张克从 著
31. 引力理论（上、下册） 王永久 著
32. 低温等离子体 B. M. 弗尔曼 И. M. 扎什京 编著
——等离子体的产生、工艺、问题及前景 邱励俭 译
33. 量子物理新进展 梁九卿 韦联福 著
34. 电磁波理论 葛德彪 魏 兵 著
35. 激光光谱学 W. 戴姆特瑞德 著
——第 1 卷：基础理论 姬 扬 译
36. 激光光谱学 W. 戴姆特瑞德 著
——第 2 卷：实验技术 姬 扬 译
37. 量子光学导论（第二版） 谭维翰 著
38. 中子衍射技术及其应用 姜传海 杨传铮 编著
39. 凝聚态、电磁学和引力中的多值场论 H. 克莱纳特 著 姜 颖 译
40. 反常统计动力学导论 包景东 著
41. 实验数据分析（上册） 朱永生 著
42. 实验数据分析（下册） 朱永生 著
43. 有机固体物理 解士杰 等 著
44. 磁性物理 金汉民 著
45. 自旋电子学 翟宏如 等 编著
46. 同步辐射光源及其应用（上册） 麦振洪 等 著
47. 同步辐射光源及其应用（下册） 麦振洪 等 著
48. 高等量子力学 汪克林 著
49. 量子多体理论与运动模式动力学 王顺金 著
50. 薄膜生长（第二版） 吴自勤 等 著
51. 物理学中的数学方法 王怀玉 著
52. 物理学前沿——问题与基础 王顺金 著
53. 弯曲时空量子场论与量子宇宙学 刘 辽 黄超光 编著
54. 经典电动力学 张锡珍 张焕乔 著
55. 内应力衍射分析 姜传海 杨传铮 编著
56. 宇宙学基本原理 龚云贵 编著
57. B 介子物理学 肖振军 著